MIKROCHIMICA ACTA

ARCHIV FÜR MIKROCHEMIE, SPURENANALYSE UND
PHYSIKALISCH-CHEMISCHE MIKROMETHODEN

JOURNAL FOR MICROCHEMISTRY, TRACE ANALYSIS
AND PHYSICO-CHEMICAL MICROMETHODS

ARCHIVES DE MICROCHIMIE, ANALYSE DES TRACES
ET MICROMÉTHODES PHYSICO-CHIMIQUES

SCHRIFTLEITUNG / EDITORIAL OFFICE / RÉDACTEUR EN CHEF

M. K. ZACHERL - Wien

SUPPLEMENTUM VI

Siebentes Kolloquium über metallkundliche Analyse
mit besonderer Berücksichtigung der Elektronenstrahl-Mikroanalyse
Wien, 23. bis 25. Oktober 1974

MIT 273 ZUM TEIL FARBIGEN ABBILDUNGEN
AUSGEGEBEN IM OKTOBER 1975

1975

SPRINGER-VERLAG WIEN GMBH

ISBN 978-3-211-81328-7   ISBN 978-3-7091-8422-6 (eBook)
DOI 10.1007/978-3-7091-8422-6

Inhaltsverzeichnis

Mikrochimica Acta [Wien], Suppl. 6, 1975, 1—3

Für Walter Koch

Daß Veranstalter, Verlag und Herausgeber ein Symposium bzw. dessen schriftliche Wiedergabe einer Persönlichkeit widmen, ist eine Ausnahme, doch in diesem Fall auch dadurch gerechtfertigt, weil es

sich bei der Würdigung des Pioniers der metallkundlichen Analyse Walter Koch um einen Wissenschafter handelt, der aus der Praxis der Industrie kommend in die reine Forschung fand und dann wieder die industrielle Praxis befruchtete.

Walter Koch, am 16. August 1909 in Essen als Sohn eines Kruppmannes geboren, wuchs sozusagen schon mit Stahl und Eisen auf — der wesentlichen Materie seiner späteren Forschung. Sein Studium führte ihn über Marburg, Wien, Köln nach Münster, wo er zu Beginn des Jahres 1934 nach Abschluß seiner Doktorarbeit über potentiometrische Analyse als Schüler von Geheimrat Prof. Dr. Schenck promoviert wurde. Danach griff er in den Kruppschen Forschungsanstalten, als Assistent gefördert durch Prof. Dr. Edouard Houdremont und Dr. Paul Klinger, die Entwicklung von Verfahren zur Zerlegung von Legierungen in ihre Bestandteile auf. Aus dem Arbeitsgebiet entstand in wenigen Jahren ein Laborbereich mit Koch als Abteilungsleiter.

Hier schon hat er die Bedeutung und Notwendigkeit mikrochemischer Arbeitsweisen im Zusammenhang mit der metallkundlichen Analyse erkannt und vorangetrieben. 1947, nach Entwirrung kriegs- und nachkriegsbedingter Umstände, trat er in das MPI für Eisenforschung in Düsseldorf ein, wo er Wiederaufbau und Leitung des chemischen Labors übernahm, die bei Krupp begonnenen Arbeiten erfolgreich fortsetzte und eine große, in der Fachwelt viel bewunderte Abteilung schuf. Der Teamgeist, den Koch pflegte, schuf eine Atmosphäre, die immer wieder eine große Anzahl junger Wissenschafter anzog, und so hatte er neben seinen ständigen Mitarbeitern aus Ost und West zahlreiche Schüler und viele Doktoranden. Deren Promotionen waren im übrigen immer willkommene Laborfeste, bei denen besonders in der mageren Zeit manches nichtwässerige Solvens getestet wurde. Koch's verständnisvolles Wesen ist aber durchaus nicht Schwäche. Im Gegenteil, das eigene Beispiel gilt ihm mehr als jede Anweisung. Zum Kummer der Nachteulen war er morgens stets der erste und abends dennoch oft der letzte. Feinsinnig blieb auch stets seine Kritik. Schien sich ein Mitarbeiter zu einem unwahrscheinlichen Ergebnis vergallopiert zu haben, so zwang er durch den einfachen Rat „Tragen Sie doch einmal alles zu einer Publikation zusammen" zum gründlichen Nachdenken.

Am 17. Juli 1958 wurde W. Koch zum Honorarprofessor an der Universität Köln ernannt. Dort liest er seither über „Metallkundliche Analyse".

Er sah und sieht die Weiterentwicklung der metallkundlichen Analyse keineswegs als analytisches Eigenproblem an, sondern als Mittel zur zielstrebigen Lösung von Fragen, die ihn im Grund stärker interessieren, so vor allem der Zusammenhang zwischen stofflichen Vorgängen im Werkstoff und Veränderungen seiner Eigenschaften. Dies zeigen seine zahlreichen Arbeiten zur Kinetik der Reaktionen in festen Legierungen, sei es im Zusammenhang mit dem Dauerstandverhalten, mit der Umwandlungskinetik oder in mehr thermodynamischen Untersuchungen über den Zeitverlauf der freien Enthalpie in Austauschreaktionen innerhalb des Gefüges. Die Phasenanalyse, die Mikroanalyse oder spektralanalytische Verfahren galten ihm stets nur als Rüstzeug für Untersuchungen zu Gunsten des technischen Fortschrittes. Sein wissenschaftliches Werk umfaßt bisher 130 Publikationen und zwei Bücher.

Sein Weg zurück zur Industrie war aus seiner Einstellung heraus letztlich zu erwarten. So war es keine Überraschung, daß er 1964 die Leitung der chemischen Laboratorien der August-Thyssenhütte übernahm.

Neben seinen Hobbys, zu denen Orchideenzucht, aber auch das Segeln gehört, und neben seiner Tätigkeit als Professor in Köln und als Direktor in der August-Thyssenhütte ist W. Koch in zahlreichen Fachorganisationen engagiert. So war er mehrere Jahre im Vorstand der Fachgruppe „Analytische Chemie" in der Gesellschaft deutscher Chemiker, Vorsitzender des Chemikerausschusses im Verein deutscher Eisenhüttenleute und Präsident der internationalen Kommission für Gasanalyse in Metallen, um nur einige dieser Aktivitäten zu nennen. Eine besondere Würdigung seiner Leistungen auf dem Gebiet der analytischen Chemie war die Zuerkennung des „Fresenius-Preises" der Gesellschaft deutscher Chemiker.

Seine Verbindung mit Österreich, gefestigt durch die Ehrenmitgliedschaft der Österreichischen Gesellschaft für Mikrochemie und Analytische Chemie, datiert schon aus seiner Studienzeit in Wien, manifestiert sich auch bei den Kolloquien „Die Isolierung von Gefügebestandteilen aus metallischen Werkstoffen" an der Montanistischen Hochschule in Leoben und durch seine aktive Teilnahme an den periodischen Kolloquien des Institutes für Analytische Chemie und Mikrochemie an der Technischen Hochschule Wien über metallkundliche Analyse unter besonderer Berücksichtigung der Elektronenstrahlanalyse.

Hanns Malissa

Mikrochimica Acta [Wien], Suppl. 6, 1975, 5—24

Metallkundliche Analyse einst und jetzt

Von

W. Koch

Mit 18 Abbildungen

(Eingegangen am 25. Oktober 1974)

Man kann die metallkundliche Analyse als ein Hilfsmittel auf dem Teilgebiet Metalle der modernen Werkstofforschung betrachten. Trotz dieser Begrenzung setzt eine Tätigkeit auf diesem Gebiet aber einerseits sehr detailierte Kenntnisse des Sachgebietes und der analytischen Chemie, insbesondere der Mikroanalyse voraus und sie kann andererseits auch nur in enger Berührung mit den verfolgten größeren Zielen sinnvoll eingesetzt werden.

I. Historische Entwicklung

Zunächst zum „einst". Die historische Entwicklung der metallkundlichen Analyse, unter der ich im engeren Sinne das Freilegen bestimmter Gefügebestandteile heterogener Legierungen und die eingehende Untersuchung von Isolat und Lösung mit allen zur Verfügung stehenden Mitteln verstehen will, ging von 2 Impulsen aus.

Den ersten Impuls empfing die metallkundliche Analyse von der Grundlagenforschung an den Hochschulen und Instituten. Man hoffte, durch ein chemisches Herauspräparieren, z. B. intermetallischer Verbindungen aus dem Gefüge der Legierungen oder der Carbide aus dem der Stähle zu neuen Erkenntnissen über den Aufbau dieser Werkstoffe zu kommen, die mit den üblichen Mitteln der Metallkunde am unzerlegten Material nicht zu erhalten waren. Man kann diese Bestrebungen bis zu Anfang des 19. Jahrhunderts zurückverfolgen. Die unterschiedliche Natur der verschiedenen Gefügeteilchen führte bei einigen chemischen bzw. elektrochemischen Lösungsverfahren zu so unterschiedlicher Auflösung der verschiedenen Teilchen der Legierungen, daß es zur erfolgreichen Abtrennung bestimmter Phasen kam.

Der zweite Impuls kam aus der Praxis. Er ist wesentlich jünger und ging von den Stahlwerken aus. Ihr Bestreben war es, Werkstofffehler zu vermeiden, und dazu benötigten sie Kenntnisse über die Zusammensetzung und Eigenschaften der störenden nichtmetallischen Einschlüsse in Stählen und über ihre Entstehung.

Obwohl die Zerlegungen mit relativ einfachen Mitteln durchgeführt wurden, führten sie, wenn die Gefügebestandteile nicht zu klein waren, oft zu bemerkenswerten Erkenntnissen. Abb. 1 gibt als Beispiel die von A. Schrader[1] aus Al-Legierungen isolierten MnAl₃-Phasen wieder. Bei der hier vorliegenden Größe der ausgeschiedenen

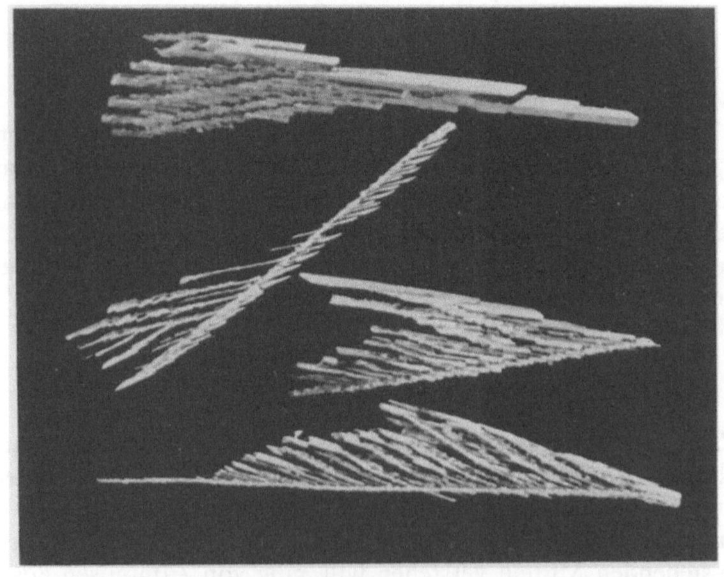

Abb. 1. Große, dendritisch ausgebildete Kristalle der Phase $MnAl_3$ aus einer Mn-Al-Legierung durch elektrolytische Isolierung freigelegt

Teilchen kann man eine Phasenanalyse heute auch ohne Zerlegung der Legierung mit einer Mikrosonde oder einem Elektronenrastermikroskop durchführen, wie aus Vergleichen beider Verfahren[2] (Abb. 2) schon vor mehr als 10 Jahren festgestellt werden konnte.

Um die beim partiellen Lösen in mehr empirisch ermittelten, sauren oder basischen Lösungen oft bedingten Trennfehler herabzusetzen, ging man in den Jahren nach 1930 dazu über, die Lösungsvorgänge systematisch zu studieren und für bestimmte Isolierungs-

aufgaben spezielle Auflösungsbedingungen zu entwickeln. Zumeist
führte das zur anodischen Auflösung in neutralen Elektrolysen unter
bestimmten elektrochemischen Bedingungen. Diese Entwicklung
führte dazu, daß selbst das Freilegen sehr feiner und empfindlicher

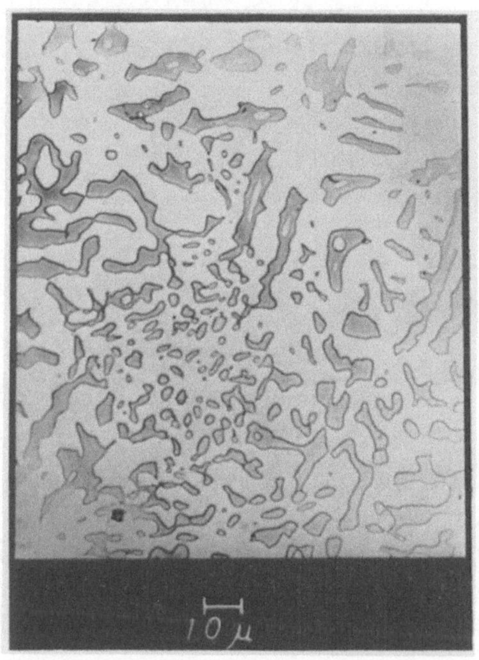

Abb. 2. Gefüge einer austenitischen Legierung, die vergleichend mit der Mikrosonde und durch Isolierung untersucht wurde

Teilchen gelang. Der Einsatz der mineralogischen Mikroskope und
des inzwischen parallel zu den Isolierungsverfahren entwickelten
Elektronenmikroskops ließ an Isolaten schon Anfang der 40er Jahre
viele überraschende Einzelheiten erkennen (Abb. 3). Parallel zur Betrachtung konnten oft die Strukturen aufgeklärt werden (Abb. 4 und 5).

Nun zu dem späteren Impuls, der mehr auf die Beseitigung von
Werkstoffehlern abzielte und von der Praxis ausging. Die älteren
Schmelzverfahren, verbunden mit einer noch relativ einfachen Gieß-
technik, führten bei Stählen häufiger als heute zu Einschlüssen, die
die Festigkeitseigenschaften negativ stark beeinflußten. Das Problem,
die Einschlüsse aus Stählen freizulegen, wurde daher in allen stahl-
erzeugenden Ländern seit Mitte vorigen Jahrhunderts intensiv verfolgt. Es kam zur Gründung von speziellen Studiengruppen, z. B. des

Bureau of Standards, des Iron and Steel Institute und des Vereins Deutscher Eisenhüttenleute, die auf diesem Gebiet wertvolle Arbeit leisteten.

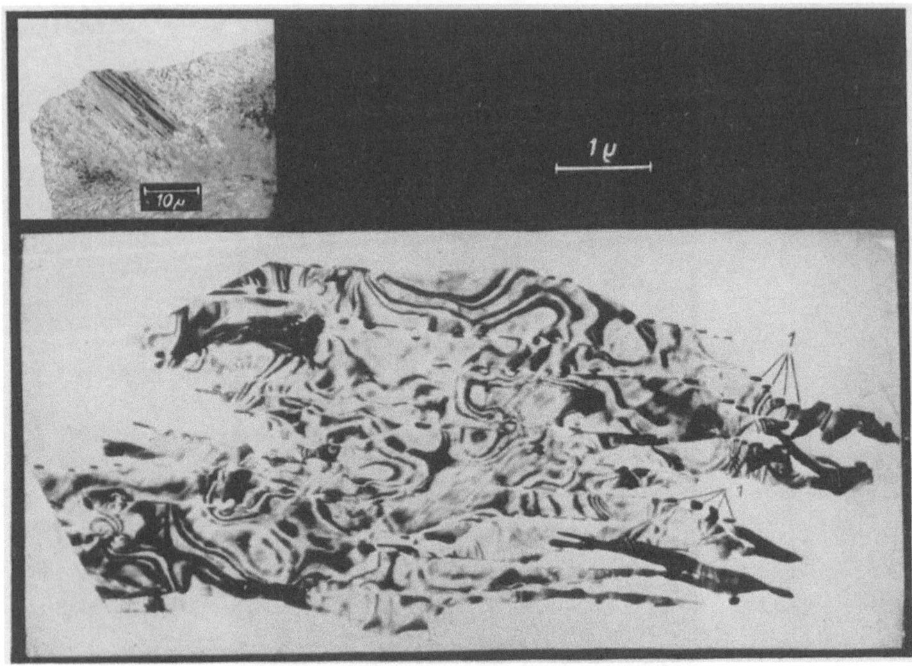

Abb. 3. Schliffbild und isolierte Zementitlamelle. Das Schliffbild (oben links) läßt lediglich den feinstreifigen Perlit erkennen. Die große daraus isolierte Zementitlamelle läßt im Elektronenmikroskop den Ablauf einer Phasenumwandlung erkennen. Die Zementitlamelle beginnt sich bei der Wärmebehandlung streifig aufzulösen, an den Rändern bilden sich neue Carbide (1). Die Phasenumwandlung bildet aus dem chromhaltigen Zementit ein Sondercarbid:

$$(Fe, Cr)_3C \rightarrow (Cr, FeD_7C_3)$$

Zum Freilegen der Einschlüsse versuchte man zunächst, ähnlich wie bei den Carbiden und intermetallischen Verbindungen, die höhere Beständigkeit gewisser Oxide gegenüber sauren Lösungen aus-

---

Abb. 4. Kubischer Nitrid. Bei elektronenmikroskopischer Untersuchung erkennt man im Lackabdruck die feinen kubischen Nitride eines Al-Cr-Nitrierstrahles mit 1% Al und 1,3% Cr (a). Sie lassen sich durch Elektronenbeugung (b) identifizieren

Abb. 5. Im Isolat des Nitrierstrahles von Abb. 4 erkennt man im Elektronenmikroskop neben Zementit (a) dünne Lamellen des kubischen Nitrids (b) in einer Art dendritischer Verwachsung

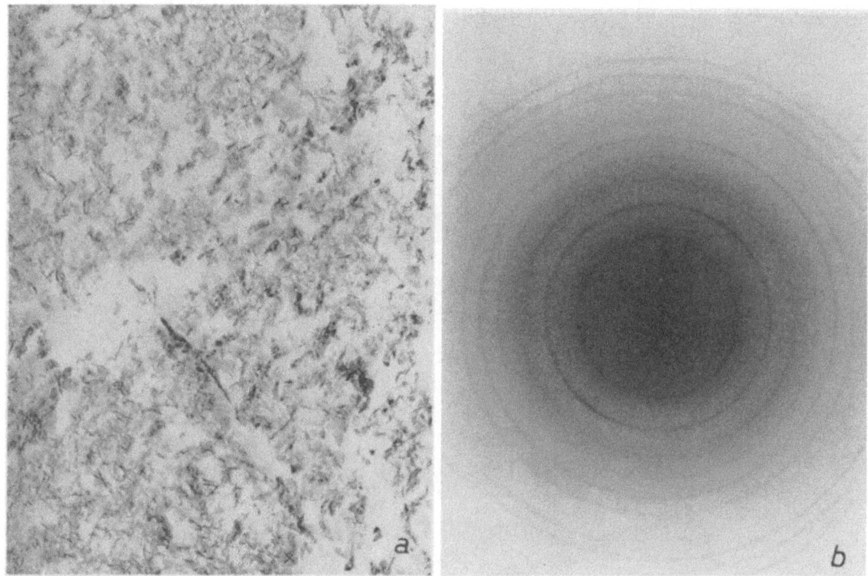

Abb. 4

zunutzen. Man hatte weiterhin gute Erfolge bei der Zerlegung mit Halogenen oder Halogenlösungen und erkannte schließlich, daß auch

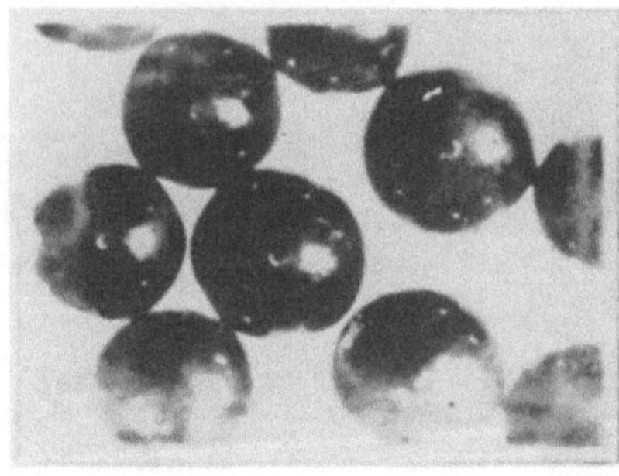

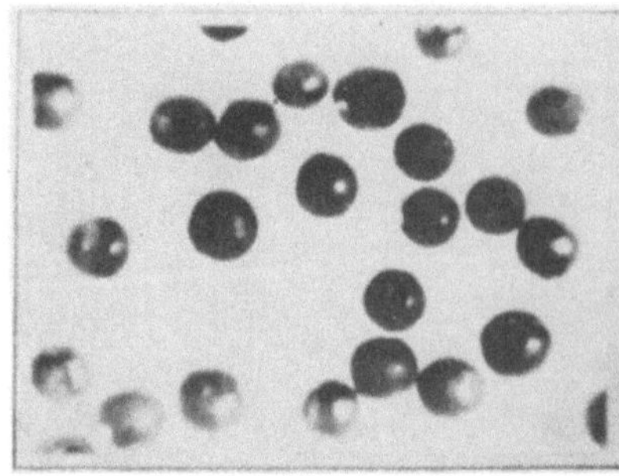

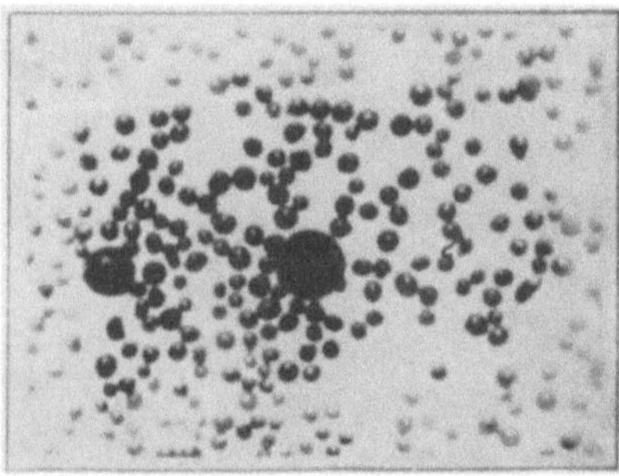

Abb. 6. Elektrolytische Isolierung von Schlackenkugeln nach dem Verfahren von J. Kuschmann und G. von der Dunck. Die isolierten Kugeln können nach Größenfraktionen getrennt und auf ihre Zusammensetzung und Eigenschaften weiteruntersucht werden

für das Freilegen der Einschlüsse die anodische Auflösung in neutralen Elektrolyten besonders gut geeignet war.

Wie aus der Abb. 6 hervorgeht, war es nach einer elektrolytischen Isolierung möglich, die großen kugeligen Einschlüsse durch ein Schlämmverfahren zu separieren und nach Größen zu trennen[3]. Aufbauend auf den zahlreichen Vorarbeiten gelang es Ende der 40er Jahre, eine aus 2 Schritten bestehende Verfahrensweise — Elektrolyse und Chlor-Vakuumtrennung — zu entwickeln, die wohl heute noch den größten Anwendungsbereich hat und Stand der Technik ist[4]. Die Bedingungen, die man für die beiden Schritte wählt, können von

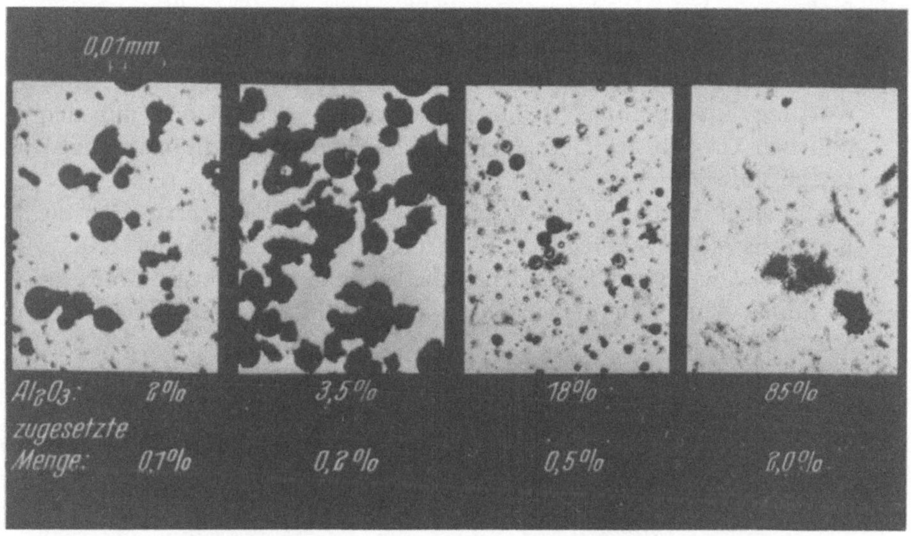

Abb. 7. Einschlüsse bei der Desoxydation mit steigenden Al-Gehalten. Die lichtmikroskopische Abbildungsreihe zeigt, wie in Abhängigkeit von der mit der Desoxydationslegierung zugesetzten Al-Menge der Al_2O_3-Gehalt in den Desoxydationsprodukten ansteigt und die Form der Einschlüsse beeinflußt

Fall zu Fall abgewandelt und den besonderen Eigenschaften des Untersuchungsgutes angepaßt werden. Das Zweistufenverfahren wird angewandt, wenn es gilt, Zusammensetzung, Menge, Größenverteilung, Form und Struktur der Einschlüsse zu bestimmen. Die Abb. 7 läßt beispielsweise erkennen, welche Aussagen man erwarten kann.

Einige Lösungsverfahren haben sich weiterhin als schnelle Teste für bestimmte Aussagen bewährt. Sie sind längst in das tägliche Untersuchungsprogramm der Stahlwerklaboratorien eingegangen. Man erhält heute mit ihrer Hilfe neben der schnellen Elementaranalyse z. B. gewisse Auskünfte über die Bindung des Aluminiums im Rohstahl.

II. Isolierungstechnik und Lokalanalyse

Soweit zum „einst" und nun zum „jetzt", das sich zeitlich nicht streng abgrenzen läßt und in dessen Betrachtung man z. T. Entwicklungen der letzten 10 Jahre einbeziehen muß.

Diese wurden besonders beeinflußt von der stürmischen apparativen Entwicklung auf dem Gebiet der Lokalanalyse, der Mikrosonden, der Elektronenrastermikroskope und neuerdings der Sekundärionen-Massenspektrometer. Erstmals wurde es mit diesen Geräten möglich, Analysen kleiner kreisförmiger Bereiche von der Größenordnung $1\,\mu^2$ durchzuführen, und es stellte sich die Frage nach der Bedeutung dieser wichtigen Entwicklung für die Aufgaben der metallkundlichen Analyse. Welche Fragen können lokalanalytisch, welche weiterhin nur nach einer Zerlegung gelöst werden? Zur Beantwortung hat man das Auflösungsvermögen der Sonden mit den üblichen Größen der Gefügeteilchen zu vergleichen, die man analysieren muß.

Das sei an Hand der Abb. 8 etwas näher betrachtet. Der die Röntgenstrahlung anregende Elektronenstrahl läßt sich auf $\sim 0,5\,\mu$ bündeln. Die Bereiche, aus denen die sekundäre, angeregte Röntgenstrahlung dann stammt, werden, wie das Bild andeutet, je nach der

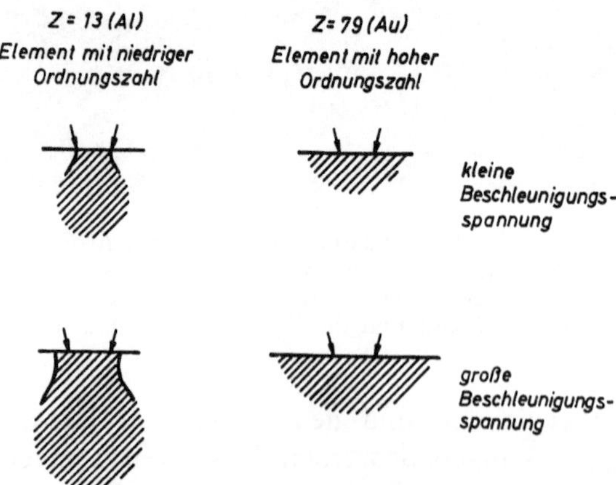

Abb. 8. Schematische Darstellung der Bereiche der Anregung von Röntgenstrahlung, wie sie beim Auftreten eines fokussierten Elektronenstrahls entstehen. Von besonderer Bedeutung sind die Abhängigkeit der Bereiche von der chemischen Zusammensetzung und den Anregungsbedingungen

Strahlspannung bei verschieden schweren Elementen dann etwa 1 bis $5\,\mu^3$ groß. Bieten die in einem Schliff zu analysierenden einzelnen Gefügeteilchen die Gewähr, daß sie dreidimensional diese Bedingungen erfüllen, so wird man die metallkundliche Aufgabe mit geringen

Einschränkungen bei leichten Elementen im Hinblick auf die quantitative Analyse sicher ohne Zerlegung mit Hilfe der Lokalanalyse durchführen können[2] (vgl. Abb. 2). Die Bereiche, aus denen die Röntgenstrahlung emittiert wird, sind hier z. B. in ihrer Dicke vergleichbar mit dem in Abb. 3 links oben schon gezeigten Aufbau des streifigen Perlits mit großen Zementitlamellen, aus dem die Lamelle in der Abb. 3 stammt. Die analytische Aufgabe, die Zusammensetzung der Zementitlamellen und ihre Veränderung bei Wärmebehandlungen oder gar Strukturveränderungen zu ermitteln, ist somit durch eine Lokalanalyse nicht lösbar; das gleiche gilt für alle anderen entsprechend feinen Gefügeteilchen. Durch Zerlegen einer derartigen Legierung kann man dagegen wie am Beispiel eines zeitstandfesten Stahles aus Abb. 9 hervorgeht, nicht nur die bei Zeitbehandlungen von Stählen im Gefüge zwischen den verschiedenen Mischkristallen ablaufenden Reaktionen verfolgen, sondern auch damit verbunden Strukturveränderungen erfassen. Abb. 3 entstammte übrigens den gleichen Untersuchungen und zeigt, wie sich dabei feine Ausscheidungen auf bestimmten Phasengrenzflächen ausbilden. Mit der Mikrosonde lassen sich dagegen — wie A. Rose[5] noch vor kurzem ausführte — die für die Eigenschaften derartiger Stähle ebenso bedeutsamen dendritischen Mischkristallseigerungen durch Bestimmung von Seigerungskoeffizienten erfassen, eine Aussage, die für die angeführte Arbeit über das Zeitstandsverhalten sicherlich von großer zusätzlicher Bedeutung gewesen wäre und mit Hilfe der Isolierungstechnik kaum erfaßbar ist. Das Beispiel möge zeigen, daß man weitestgehende Informationen heute nur bei Kombination beider Verfahren, Lokalanalyse und Isolierungstechnik erhält.

Bei Vorliegen eines Schichtenaufbaues wird man sicherlich ebenfalls von beiden Informationen profitieren. Während man mit der Sonde die kontinuierlichen Konzentrationsänderungen verfolgen kann, erhält man durch Zerlegen (Abb. 10) wieder viele Einzelinformationen über Zusammensetzung, Verteilung und Struktur der Matrix und der ausgeschiedenen Phasen in den verschiedenen Tiefen, hier z. B. der nitrierten Zone eines Si-Stahles.

III. Erfassung des Reaktionsablaufes in festen Legierungen

Dieser kurze Rückgriff auf einige Arbeiten der letzten Jahre hat eigentlich schon gezeigt, wohin die Entwicklung zur Zeit gerichtet ist. Einerseits geht es um die Erfassung der Kinetik der chemischen Abläufe im festen Material, wie sie bei der Warm- und Kaltverformung und -Verarbeitung des Stahles sowie beim Schweißen und bei eventuellen späteren Beanspruchungen ablaufen. Andererseits geht es darum festzustellen, ob und wie die wichtigen Eigenschaften von diesem „Innenleben" der Stähle abhängen. Daß es hier enge Zusam-

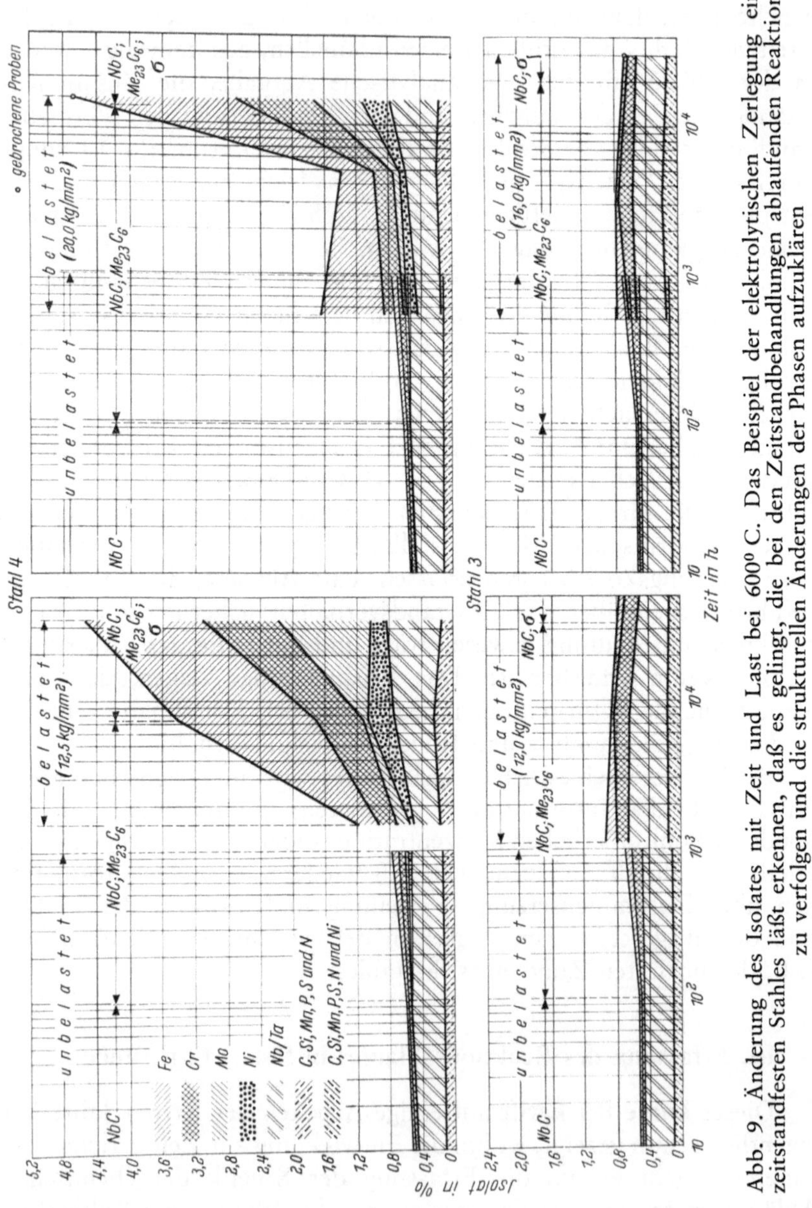

Abb. 9. Änderung des Isolates mit Zeit und Last bei 600° C. Das Beispiel der elektrolytischen Zerlegung eines zeitstandfesten Stahles läßt erkennen, daß es gelingt, die bei den Zeitstandbehandlungen ablaufenden Reaktionen zu verfolgen und die strukturellen Änderungen der Phasen aufzuklären

menhänge gibt, wissen wir seit langem. Ich brauche hier nur Stichworte wie Alterung oder Wasserstoffversprödung oder Grafitisierung anzuführen. Darüber hinaus brauche ich aber auch nur an das komplizierte Innenleben der Einkristalle zu erinnern, wie es von den Metallphysikern heute beschrieben wird. Was wir kennenlernen möchten, ist jedoch mehr[6] als die Beschreibung der Veränderungen eines Gefüges bzw. der Vorgänge im Einkristall. Wir wollen ein

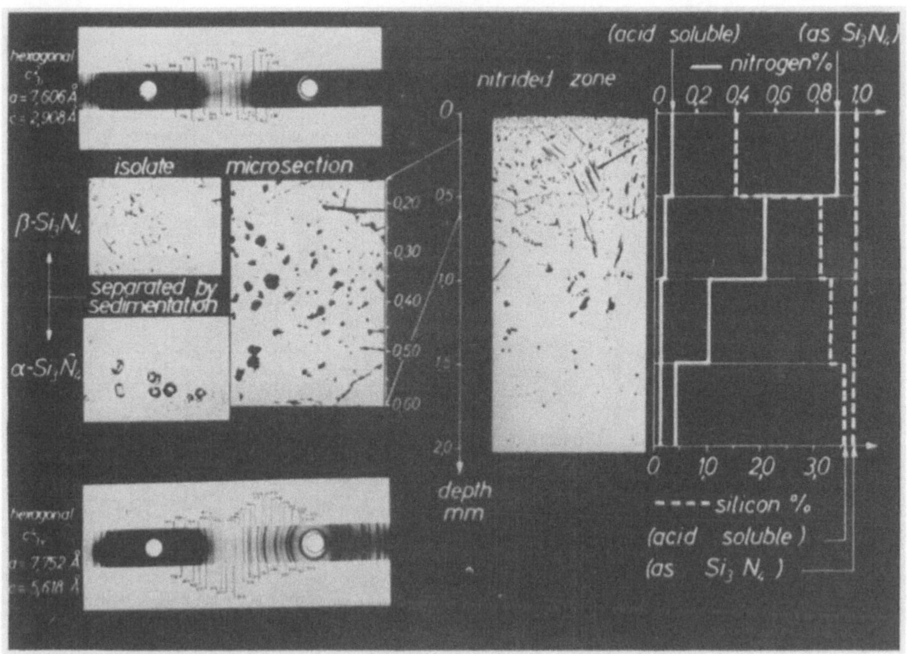

Abb. 10. Nitrierte Zone eines siliziumhaltigen Stahles. Die kombinierte Abbildung zeigt vom Schliffbild der nitrierten Zone ausgehend, wie von einer Schicht von 2 mm Dicke durch schrittweise Isolierung und nachfolgende Untersuchung der Phasenbestand der Si₃N₄-Modifikationen, das Verhältnis von gelöstem und gebundenem Stickstoff, das optische Verhalten des α- und β-Si₃N₄ sowie ihre Kristallstrukturen untersucht werden

möglichst vollständiges Bild über die kinetischen Abläufe dieser Reaktionen im festen Material erhalten, die an das Diffusionsvermögen der einzelnen Elemente in den verschiedenen Phasen und Kristalle gebunden sind. Wir wollen darüber hinaus feststellen, ob und wie die Eigenschaften der Legierungen auch vom kinetischen Zustand abhängen.

Als wichtiger Zwischenschritt dazu gilt es, die Gleichgewichte in den wichtigsten Drei- und Mehrstoffsystemen bei Temperaturen <720⁰ und die Diffusionsbedingungen der einzelnen Elemente im heterogenen Gefüge zu studieren. Welche Möglichkeiten die Isolierungstechnik bietet, sei hier zunächst noch einmal kurz an Abb. 11 erläutert.

Es sind das: Analyse von Matrix und Isolat — absolute Zuordnung der Ergebnisse zu den untersuchten Schichten, ab 10 μ Tiefe möglich — Studien an exakt wärmebehandelten Proben, selbst Dilatometerproben können untersucht werden, Zuordnung zu den Z. T. U.-Schaubildern isothermisch oder kontinuierlich — Feststel-

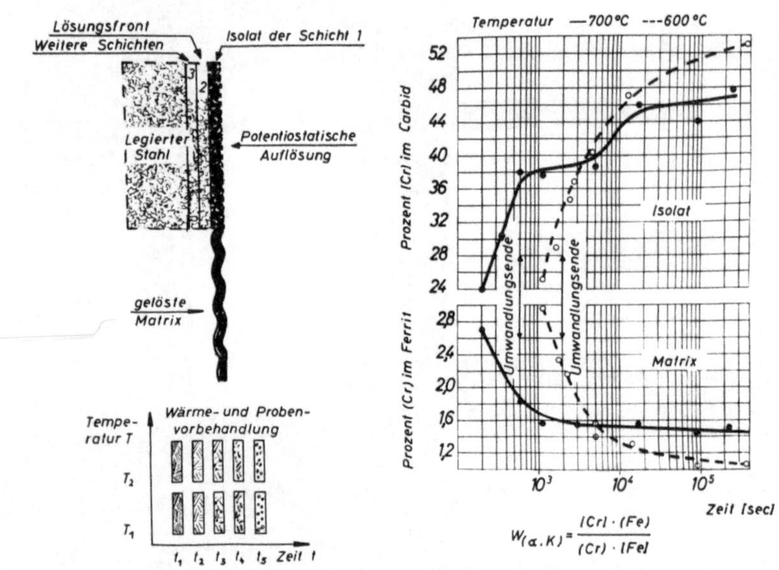

Abb. 11. Verteilung eines Elementes zwischen Matrix und Isolat am Beispiel eines chromhaltigen Stahles. Ausgehend von Proben, die bei verschiedenen Temperaturen und Haltezeiten wärmebehandelt wurden (kinetische Reihen), gelangt man über Isolierung und Analyse von Isolat und Lösung (Matrix) zu den Verteilungswerten zwischen den Phasen. Sie gehen bei entsprechenden Wärmebehandlungszeiten in die Gleichgewichte über

lung der Gleichgewichte durch Glühen bis zu konstanten Verhältnissen. Was als Ergebnis erwartet werden kann, sei beispielhaft an dem bisher am sorgfältigsten untersuchten System Fe-Mn-C bei 600—700° erläutert. Das Studium der Gleichgewichte bei tiefen Temperaturen erbrachte bei diesem System die aus der Abb. 12 hervorgehenden Änderungen. Statt einer schwach endothermen Reaktion handelt es sich beim Mangan-Eisen-Austausch aus dem Ferrit in das Carbid

$$(Mn) + [Fe] \rightleftharpoons [Mn] + (Fe)$$

( ) in Ferrit, [ ] in Carbid

um eine stark exotherme Reaktion. Sie ist charakteristisch für alle unlegierten Stähle. Man findet eine praktisch nur geringe Änderung der Aktivität mit steigendem Mn-Gehalt bis 3% Mn. Der Unterschied

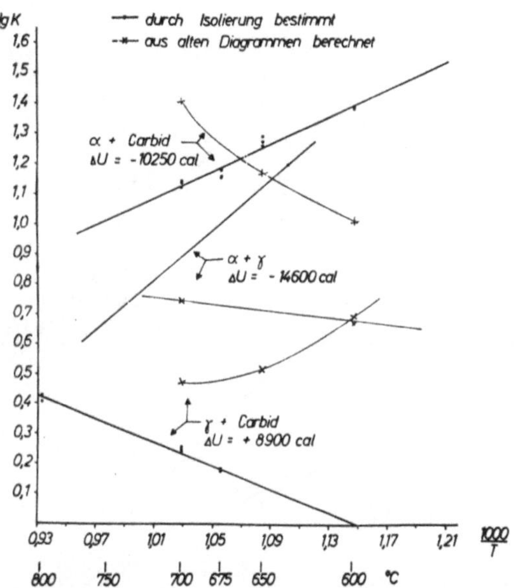

Abb. 12. Temperaturabhängigkeit der Gleichgewichtskonstanten im System Fe-Mn-C bei tiefen Temperaturen. Die Gegenüberstellung der durch Isolierung bestimmten Daten und der aus älteren Diagrammen berechneten zeigt, daß es sich beim Mn-Fe-Austausch aus dem Ferrit in das Carbid um eine exotherme Reaktion handelt

fällt beim Vergleich der thermodynamischen Daten aus alten und neuen Diagrammen (Abb. 13) besonders auf. Wenn man Aussagen über die Richtung der Bewegung der Elemente machen will, sind derartige Grundlagenuntersuchungen unerläßlich.

IV. Vorstellungen über den kinetischen Ablauf der an die Diffusion gebundenen Festkörperreaktionen

Ich habe nun schon mehrfach betont, daß die von uns studierten Reaktionen zwischen Mischkristallen ablaufen und an Diffusionsbedingungen gebunden sind. Nun, der Begriff der Festkörperdiffusion ist für den Chemiker mit einem „historischen Element", dem Phlogiston, verbunden, der Metall-Physiker spricht von Leerstellen. Wir wissen, daß die Diffusion von Metallatomen im Mischkristall und

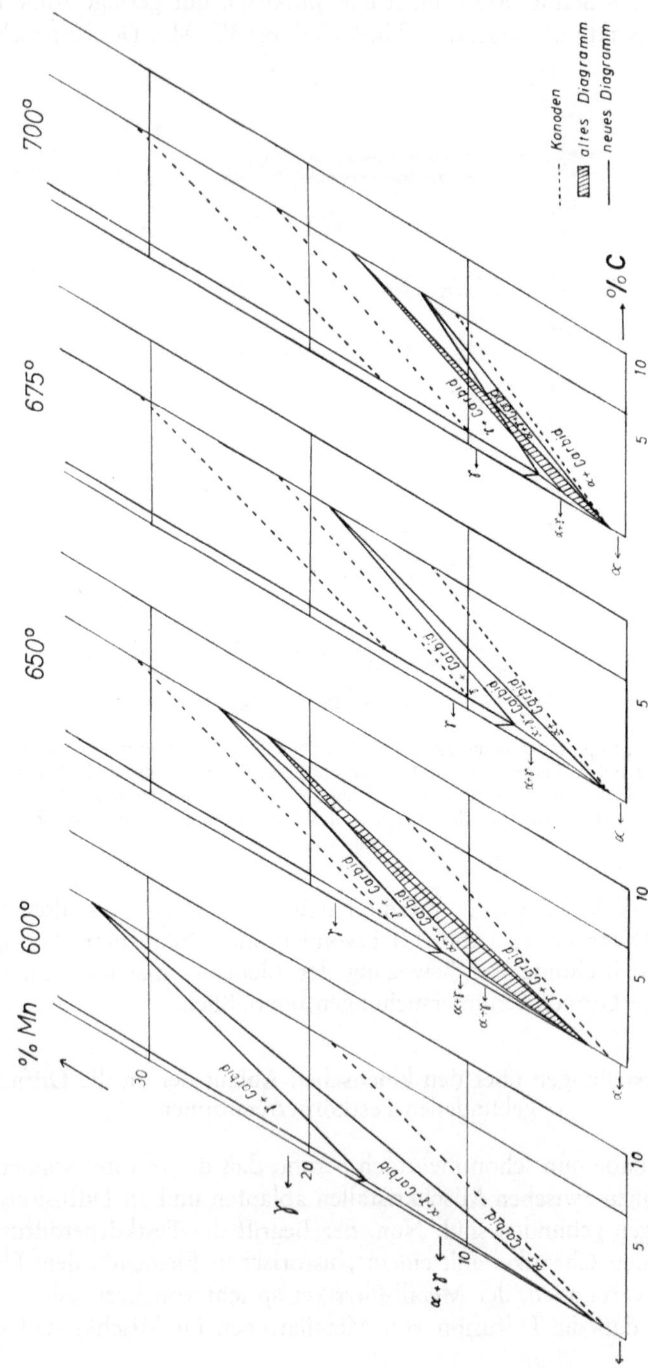

Abb. 13. Phasendiagramm Fe-Mn-C nach isolierungstechnischen Untersuchungen im Vergleich zum alten Diagramm

die Wanderung durch Korngrenzen und Phasengrenzflächen hindurch praktisch an die Anwesenheit und die Diffusion von Leerstellen gebunden ist. Wir wissen darüber hinaus, daß diese sich u. U. an bestimmten Stellen anreichern, und daß die Reaktionen nicht nur zur Auflösung sondern u. U. auch zur Bildung von Spannungen führen können[7].

Bei unterschiedlicher Diffusionsgeschwindigkeit und länger andauernden Austauschvorgängen muß man auf Grund des Kirkendall-Effektes einerseits mit einer Verschiebung der Phasengrenze, durch die ein solcher Austausch erfolgt und andererseits mit starken Leerstellenanreicherungen rechnen (Abb. 14). Die Intensität, mit der

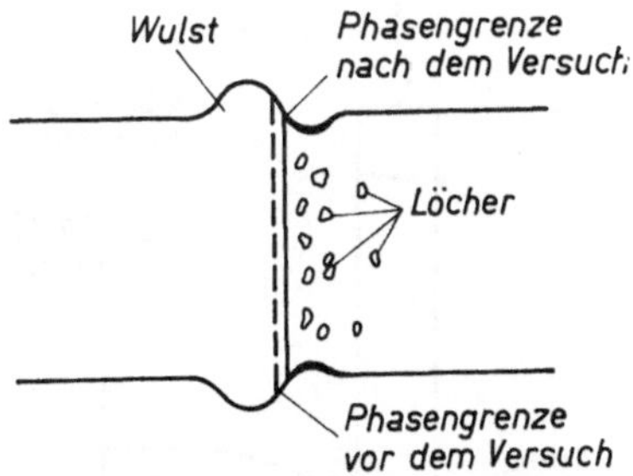

Abb. 14. Schematische Darstellung des Kirkendall-Effektes nach Seith und Hoffmann[7] mit „Loch- und Wulstbildung" in der Nähe der Phasengrenze. Die Phasengrenze selbst verschiebt sich dabei in Richtung der Leerstellenanhäufung

diese Veränderungen auftreten, ist wohl praktisch abhängig von der Konzentration der durch die Grenzflächen hindurchtretenden Atome und den unterschiedlichen Diffusionsgeschwindigkeiten. Alle Bedingungen sprechen für das Mitwirken dieses Effektes bei den von uns untersuchten Reaktionen. Hier seien nun kurz unsere Vorstellungen über die im angelassenen Material ablaufenden Manganaustauschreaktionen nochmal erläutert[8].

An Hand der Abb. 15 seien die in der Umgebung des wachsenden Carbidteilchens sich ausbildenden Konzentrationsunterschiede betrachtet. Das Bild soll unten ein einzelnes vom Ferrit umgebenes Carbidteilchen darstellen. Das Mangan diffundiert auf dieses Carbidteilchen zu, weil auf Grund der Reaktion in unmittelbarer Nachbarschaft des Teilchens im Ferrit eine geringere Mangankonzentration herrscht als weitab vom Carbidteilchen im Innern des Ferrits. Während des kinetischen Ablaufs wird sich die im oberen Teil des Bildes dargestellte Verteilung einstellen. Im Innern des Ferrits herrsche die Mangankonzentration C, dann wird in der verarmten Zone in der Nähe des Carbids die niedrigere Konzentration C_0 herrschen. Das

Carbid selbst enthält wesentlich mehr Mangan als das Ferrit. Auch im Carbidteilchen kann man nicht mit einer gleichmäßigen Manganverteilung rechnen; an der Oberfläche ist der Mangangehalt etwas höher als im Innern.

Um die von den Diffusionsbedingungen abhängigen Vorgänge zu erfassen, ist es wichtig, eine Möglichkeit zu finden, das Diffusionsgefälle $C \rightarrow C_0$ zu bestimmen. Nimmt man einmal an, daß während des kinetischen Ablaufs unmittelbar an der Phasengrenze zwischen

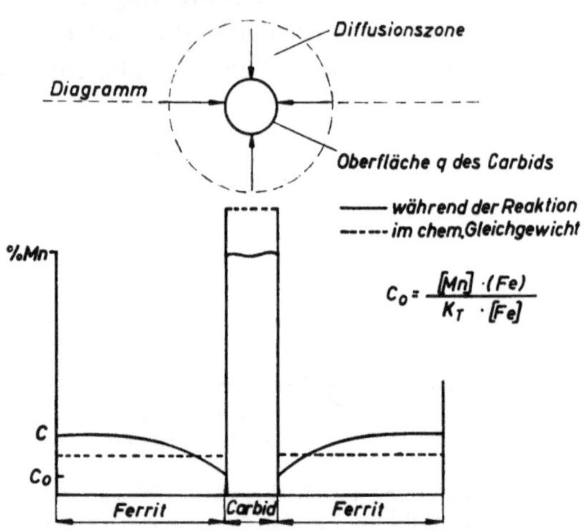

Abb. 15. Vorstellung über die Mn-Verteilung im Ferrit und Carbid

Ferrit und Carbid sich nahezu stationäre Gleichgewichtsbedingungen einstellen, so kann man C_0 aus der Gleichgewichtskonstanten und dem jeweiligen Mangangehalt des Carbids nach der Formel

$$\frac{Mn}{93,3 - [Mn]} = K_{(\alpha,\,K)} \cdot \frac{Mn}{100 - (Mn)}$$

errechnen. C sollte sich andererseits aus der Analyse des Elektrolyten ergeben, wenn man einmal davon ausgeht, daß die Zonen starker Unterschiede des Mangangehalts im Ferrit gegenüber der Gesamtmenge des Ferrits verhältnismäßig klein sind.

Abb. 16 soll die Vorstellung über den Ablauf der Manganaustauschreaktion in einem größeren Stahlvolumen bei Anwesenheit vieler Carbidteilchen wiedergeben. Es gibt wachsende stabile und in Auflösung begriffene instabile Carbidteilchen. Greift man einen kurzen Zeitabschnitt heraus, so werden die wachsenden stabilen Carbidteilchen aber ihrer Zahl und ihrem Mengenanteil nach stark überwiegen, so daß man wohl auch die instabilen vernachlässigen kann. Isoliert man die Carbide, so läßt sich ihre mittlere Größe im

Elektronenmikroskop bestimmen und daraus ihre Oberfläche errechnen. Darüber hinaus gibt es aber auch eine Reihe weiterer Meß-

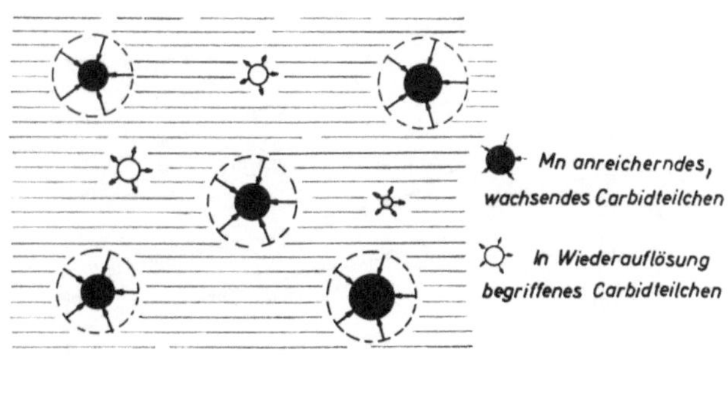

Abb. 16. Vorstellung über den Ablauf der Mn-Austauschreaktion

verfahren, um die spezifische Oberfläche derartiger Carbidteilchen direkt zu erfassen.

Die Austauschreaktion kann nun nur in dem Maße ablaufen, wie das Mangan in die Reaktionszone gelangt. Sie ist insoweit an die Diffusionsgesetze gebunden, wenn man einmal außer Betracht läßt, daß sich die Zahl der Teilchen und damit die Diffusionswege laufend verändern. Betrachtet man die Carbide einmal als kugelförmige Teilchen, die das Mangan aus dem umgebenden Ferrit aufnehmen, so gilt für einen derartigen Vorgang die Gleichung

$$\frac{dQ}{dt} = \sqrt{D} \cdot \frac{(C - C_0) \cdot \Sigma q}{\sqrt{\pi t}}$$

eine spezielle Form des Diffusionsgesetzes, die für ähnliche Fragen schon entwickelt worden ist. Bei Beginn der Reaktion findet zwischen Ferrit und Carbid der weitaus größte Austausch $\frac{dQ}{\Sigma q} \cdot dt$ durch die Phasengrenzfläche statt, vermutlich verbunden mit einer entsprechend starken Bindung der Leerstellen in der Nachbarschaft dieser Bereiche.

V. Kinetischer Zustand und Festigkeitseigenschaften

Zieht man in den Kreis der Betrachtungen nun noch die den einzelnen kinetischen Zuständen zuzuordnenden Festigkeits- und Zähigkeitswerte ein, so kommt man zu einer überraschenden Aussage (Abb. 17).

A. Rose[5] betonte in seinen letzten Veröffentlichungen, daß man gleiche Festigkeiten sehr wohl durch verschiedene Wärmebehandlungen erreichen kann. Die von uns untersuchten Stähle im Zustand

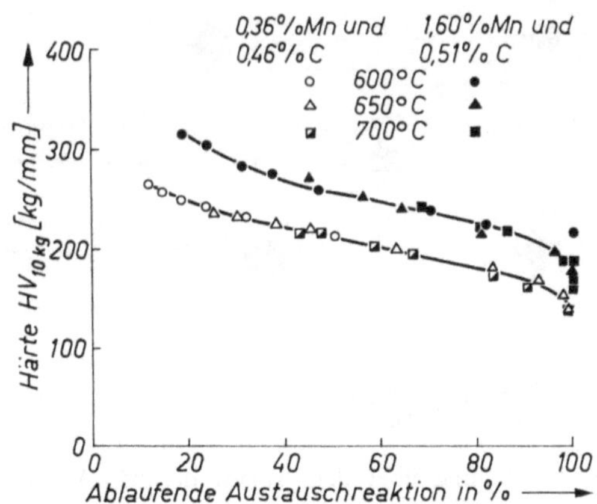

Abb. 17. Härte abhängig vom Stand der Austauschreaktion bei 0,36% und 1,6% Mn

angelassener Martensit lassen nun die Aussage zu, daß man bei einem Stahl eine bestimmte Härte bei einem bestimmten kinetischen Zustand — gekennzeichnet durch die Mn-Austauschreaktion — er-

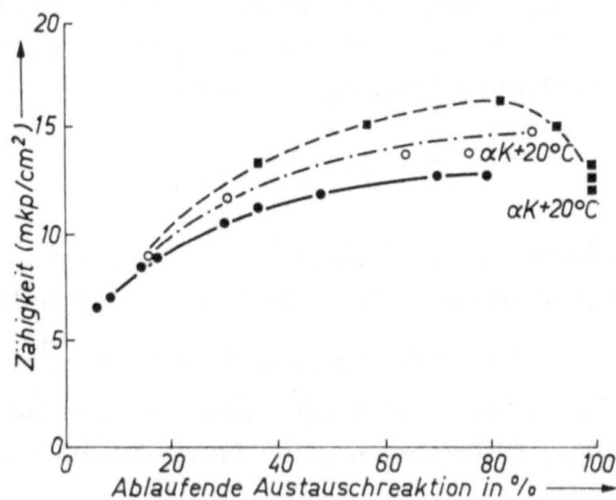

Abb. 18. Kerbschlagzähigkeit bei +20° C abhängig vom Stand der Austauschreaktionen und Reaktionstemperatur

hält, unabhängig davon, wie man diesen Zustand erreicht hat. Über weitere Gefügezustände Perlit, Zwischenstufe etc. können wir leider z. Z. noch nicht berichten. Darüber laufen aber noch Untersuchungen.

Betrachtet man die zugehörigen Kerbschlagwerte (Abb. 18), so scheint auch hier eine gewisse verständliche Gesetzmäßigkeit vorzuliegen. Bis zu 20%igem Reaktionsablauf steigen die Werte gleichmäßig an. Bei weiterem Ablauf erbringen die höheren Anlaßtemperaturen die besseren Werte. Nach Erreichen des Gleichgewichtes, einem Zeitpunkt, in dem der Reaktionsablauf keine Leerstellen mehr bindet, fallen die Werte wieder ab. Leider handelt es sich noch um Einzelbeobachtungen, denn welcher Metallkundler weiß heute überhaupt, in welchem kinetischen Zustand sich seine Legierung befindet und welche chemischen Energien er in seinem Material gespeichert hat?

VI. Schnellisolierung

Den chemisch-metallkundlichen Untersuchungen über eine Isolierung geht heute der Ruf voraus, daß sie sehr arbeits- und zeitaufwendig seien. Nachdem wir über Elektrolyte verfügen, die hohe Stromdichten bei aktiver Auslösung zulassen, und über Geräte, in denen mit hohen Strömen gearbeitet werden kann, kann man in den meisten Fällen derartige Untersuchungen aber bereits in weniger als 1/2 Stunde durchführen[9]. Die anschließende Analyse dauert — wenn sie ebenfalls mit modernen Mitteln, z. B. Flammenabsorptionsspektrometrie oder auch moderner Photometrie durchgeführt wird — noch kürzere Zeit. Man erreicht so leicht einen relativ hohen Durchsatz und der Aufwand ist nicht größer als bei Lokalanalysen und sonstigen Analysen.

VII. Schlußbetrachtung

Ich hoffe, hierdurch dem Leser nahegebracht zu haben, daß die chemisch-metallkundlichen Untersuchungen über die Zerlegung der Gefüge mit den heute durch Großgeräte ermöglichten Lokalanalysen an Schliffen nicht in Konkurrenz stehen, sondern daß beide Untersuchungsrichtungen sich in ihren Aussagen ergänzen.

Die Weiterentwicklung der Metallkunde wird heute noch von drei im Grunddenken etwas unterschiedlichen Fachrichtungen betrieben, die hier mit Metallkunde, Metallphysik und metallkundlicher Analyse bezeichnet seien. Es stellt sich die Frage, warum es überhaupt diese drei Richtungen gibt, denn letztlich geht es doch um Forschungen am gleichen Objekt. Offenbar steht die unterschiedliche Ausbildung des Metallkundlers, des Physikers und des Chemikers an den Hochschulen dahinter.

Bei Hochschulabsolventen ist eine unterschiedliche Grundausbildung sicherlich kein unüberwindliches Hindernis, aber es ist doch wohl ein großer Unterschied, ob man sich zusätzliche Kenntnisse über das Funktionieren eines Gerätes, wie z. B. einer Mikrosonde, zulegt, oder ob man zusätzlich das Grunddenken eines ganzen Gebietes, wie Physik, Chemie oder Metallkunde, hinzulernen muß, um allen Anforderungen gerecht werden zu können. Dieses Zulernen wird zweifellos sehr erleichtert, wenn ein Hochschulabsolvent in ein wissenschaftliches oder technisches Institut kommt, das alle Disziplinen nebeneinander beherbergt, so daß er bei und mit den Kollegen weiter studieren kann. Während das früher noch möglich war, müssen wir heute leider feststellen, daß wir nicht mehr über so breit angelegte metallkundliche Forschungsinstitute verfügen, was für die metallische Werkstoffentwicklung eine große Benachteiligung bedeutet. Man sollte, um dem bewußt entgegenzuwirken, einerseits alle am Objekt arbeitenden Disziplinen schon an der Hochschule hinreichend berücksichtigen und andererseits in Forschungsinstituten die genannten drei Richtungen unter einem Dach zusammenfassen.

Literatur

[1] H. Hanemann und A. Schrader, Atlas Metallographicus, Bd. III/1 u. 2, Berlin: 1941.

[2] W. Koch, Z. analyt. Chem. **192**, 202 (1963).

[3] J. Kuschmann und G. v. d. Dunck, Stahl u. Eisen **80**, 172 (1960).

[4] P. Klinger und W. Koch, Stahl u. Eisen **68**, 321 (1948).

[5] A. Rose, Z. Ver. dtsch. Ing. **113**, 537 (1971).

[6] Vgl. W. Koch, Metallkundliche Analyse, Düsseldorf: Verlag Stahl u. Eisen. 1965. S. 17.

[7] K. Hauffe, Reaktionen in und an festen Stoffen, Berlin—Heidelberg—New York: Springer-Verlag. 1966.

[8] W. Koch, J. Dittmann und H. Keller, Arch. Eisenhüttenwes. **39**, 457 (1968).

[9] El Naggar, W. Koch und E. Schürmann, Arch. Eisenhüttenwes. **44**, 609 (1973).

Korrespondenz und Sonderdrucke: Prof. Dr. W. Koch, Chem. Laboratorien d. Aug.-Thyssen Hütte AG, Kaiser-Wilhelm-Straße 100, D-4100 Duisburg-Hamborn, Bundesrepublik Deutschland.

Mikrochimica Acta [Wien], Suppl. 6, 1975, 25—48

Aus den Forschungsanstalten der Edelstahlwerke Gebr. Böhler & Co.,
Aktiengesellschaft, Kapfenberg

Überlegungen zur Erstellung von Erstarrungsschaubildern*

Von

Alfred Kulmburg

Mit 17 Abbildungen

(Eingegangen am 26. November 1974)

1. Einleitung

1.1. Probleme bei der Beschreibung von Erstarrungsvorgängen mit Hilfe von Zustandsschaubildern

Die bei der Erstarrung von Legierungen ablaufenden Vorgänge
sind besonders in der jüngeren Literatur sehr eingehend beschrieben[1-9]. Diese Arbeiten befassen sich in erster Linie mit den Grundlagen der Erstarrung, insbesondere mit den an der Phasengrenze
fest-flüssig ablaufenden Vorgängen sowie mit der Beeinflußbarkeit
der Erstarrungsstruktur durch die Abkühlungsgeschwindigkeit. Für
die Praxis sind aber zumeist nicht die sehr komplizierten und einer
Messung schwer zugänglichen Vorgänge während der Erstarrung
von Interesse, sondern der unter bestimmten Erstarrungsbedingungen erzielbare Endzustand, der durch folgende Werte charakterisiert
werden kann:

Abstand der Dendritenarme,

Legierungszusammensetzung im Dendritenzentrum (Konzentrationsminimum),

---

* Herrn Prof. Dr. Walter Koch zum 65. Geburtstag gewidmet und
anläßlich des 7. Kolloquiums über metallkundliche Analyse mit besonderer
Berücksichtigung der Elektronenstrahlmikroanalyse, Wien, 23.—25. 10. 1974
vorgetragen.

Legierungszusammensetzung in den interdendritischen Bereichen (Restschmelzenbereich, Konzentrationsmaximum).

Weiters ist noch die Kenntnis der Liquidus- und Solidustemperatur, z. B. zur Festlegung der Gießtemperatur oder der oberen Grenze des Warmverformungstemperaturbereiches, von Interesse.

Die bei der Erstarrung ablaufenden Phasen- und Konzentrationsänderungen können prinzipiell mit Hilfe der Zustandsschaubilder (Zwei- oder Mehrstoffsystem) beschrieben werden. Bei der Beschreibung von Erstarrungs-(und Umwandlungs-)vorgängen mit Hilfe von Zustandsschaubildern ist jedoch folgendes zu beachten:

Zustandsschaubilder werden unter gleichgewichtsnahen „idealen" Bedingungen erstellt und können daher exakt wieder nur zur Beschreibung von Phasenumwandlungen herangezogen werden, die unter gleichgewichtsnahen Bedingungen ablaufen. In der Praxis liegen aber zumeist Ungleichgewichtszustände vor, so daß die Aussagen eines Zustandsschaubildes nur mit Vorbehalt auf diese Zustände

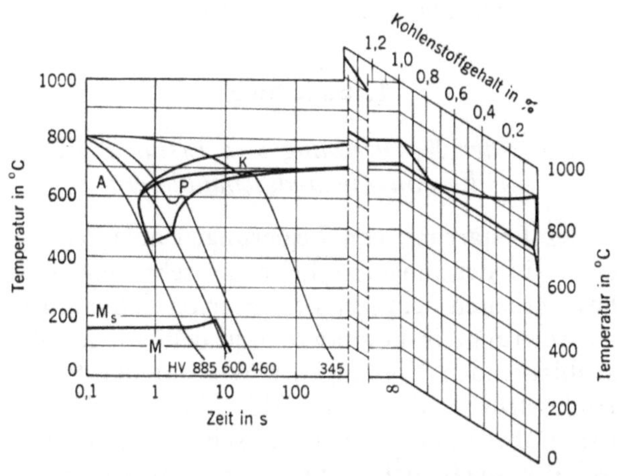

Abb. 1. Das Zustandsschaubild als Grenzfall des ZTU-Schaubildes
(nach A. Rose[10])

übertragbar sind. Als Vergleich sei hier der Zusammenhang zwischen dem Eisen-Kohlenstoffdiagramm als Gleichgewichtsschaubild und den Zeit-Temperatur-Umwandlungsschaubildern von C-Stählen als Ungleichgewichtsschaubildern (Abb. 1) aufgezeigt[10].

Zur Beschreibung von Erstarrungsvorgängen von Mehrstoffsystemen werden in der Literatur Schnitte durch das entsprechende System, z. B. bei konstantem Fe-Gehalt, verwendet[11]. Bedenkt man nun, daß durch die zumeist gleichsinnige Seigerung aller Legierungselemente in den zuletzt erstarrenden Bereichen der Eisengehalt in diesen Bereichen entsprechend geringer sein muß, so kann der Erstarrungsvorgang anhand eines Systemschnittes bei konstantem Fe-Gehalt nicht richtig beschrieben werden.

Da die Zustandsschaubilder weiters nur einen „statischen" Zustand, nicht aber einen dynamischen Vorgang, wie es die Erstarrung ist, beschreiben, läßt sich aus einem Zustandsschaubild z. B. das Ausmaß der Kristallseigerungen nicht unmittelbar voraussagen. Es

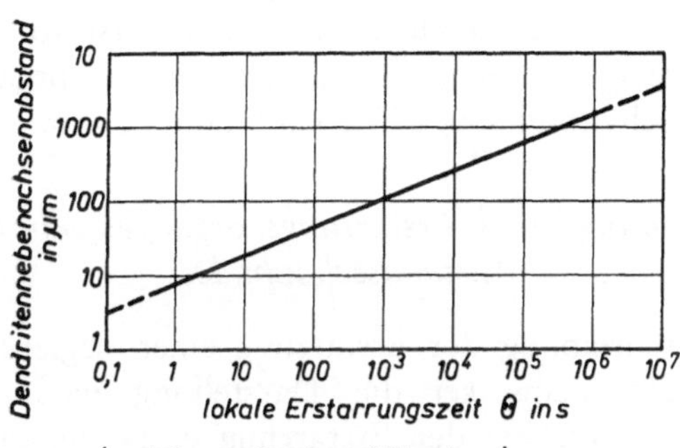

Abb. 2. Abhängigkeit des Abstandes zwischen den Dendritennebenachsen von der lokalen Erstarrungszeit

läßt sich auch nicht ableiten, daß z. B. der Seigerungsgrad der Legierungselemente in den transkristallin erstarrten Bereichen eines Blockes im allgemeinen kleiner als in den globular erstarrten Bereichen ist. Aus Gleichgewichtsschaubildern überhaupt nicht ableitbar sind aber Aussagen über den Abstand der Seigerungsmaxima, der in erster Linie von der Erstarrungsgeschwindigkeit[12] bzw. vom Blockdurchmesser beeinflußt wird (Abb. 2).

Bei den Stahllegierungen ist von Interesse, welchen Einfluß die Legierungselemente, insbesondere der Kohlenstoff, auf das Ausmaß der Kristallseigerungen haben. Auf diesem Gebiet stehen aber zur Zeit nur wenig Unterlagen zur Verfügung[13-16].

1.2. Aufgabenstellung

Aus diesen Überlegungen ergeben sich drei Fragestellungen:

1. Inwieweit können Zustandsschaubilder zur Beschreibung der Vorgänge bei der Erstarrung von Legierungen herangezogen werden? Ist es zulässig, dafür quasibinäre Schnitte, z. B. bei konstantem Eisengehalt, heranzuziehen?

2. In welcher Form läßt sich der bei der Erstarrung von Legierungen sich ergebende Endzustand: Zusammensetzung der zuerst erstarrten Mischkristalle, Zusammensetzung der zuletzt erstarrten Restschmelze, Seigerungsgrad, Solidus- und Liquidustemperatur in einfacher Form darstellen?

3. Welchen Einfluß haben Legierungselemente und insbesondere der C-Gehalt auf die Kristallseigerungen in technischen Fe-Legierungen?

Durch entsprechende Untersuchungen an einigen Stahllegierungen sollten diese Fragen geklärt werden. Vorerst soll jedoch noch einmal kurz gezeigt werden, wie ein Erstarrungsvorgang mit Hilfe eines Zustandsschaubildes beschrieben werden kann.

1.3. Beschreibung eines Erstarrungsvorganges mit Hilfe eines Zustandsschaubildes

Für die Beschreibung der Erstarrung einer Legierung eines einfachen Dreistoffsystems sei die Darstellung nach Leitner und Plöckinger[17] gewählt. Bei der Erstarrung eines flüssigen Dreistoffsystems (Abb. 3 links) nach der Linie a—a' beginnt im Schnitt 1 mit

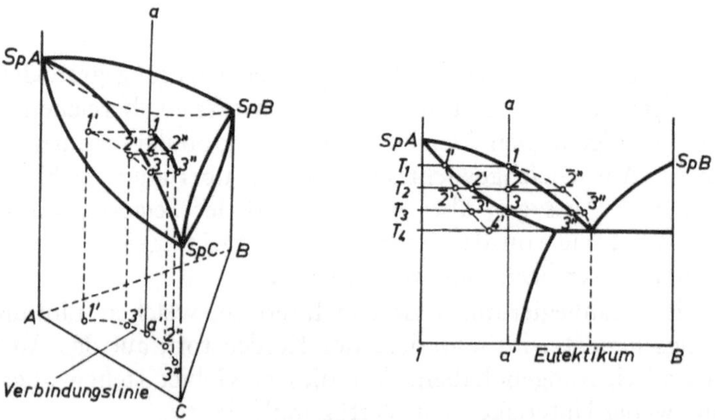

Abb. 3. Ablauf der Erstarrung in einem Dreistoffsystem; Entmischung durch ungenügenden Konzentrationsausgleich im Primärkristallit

der Liquidusfläche die Ausscheidung von Mischkristallen der Zusammensetzung 1'. Beim weiteren Absinken der Temperatur auf 2 und 3 ändert sich die Zusammensetzung der Kristalle längs der Kurve 1' 2' 3 auf der Solidusfläche und die der Schmelze nach der Kurve 1 2" 3" auf der Liquidusfläche. Die jeweiligen Konzentrationsverhältnisse können aus der Projektion auf die Grundebene entnommen werden. Das Ergebnis des idealen Erstarrungsvorganges muß ein homogener Mischkristall der Zusammensetzung 3 sein, wenn der ausgeschiedene Kristall seine Zusammensetzung durch Diffusion nach der Kurve 1' 2' 3 verändert hat.

Die Diffusionsgeschwindigkeit im ausgeschiedenen Mischkristall reicht jedoch bei den üblichen Abkühlungsbedingungen, besonders bei Legierungen mit großem Erstarrungsintervall, nicht aus, um seine Zusammensetzung über den ganzen Querschnitt nach dem durch die Soliduslinie (oder Solidusfläche) gegebenen Verlauf zu verändern. Es wird also kein homogener Mischkristall, sondern ein sogenannter Schichtkristall ausgeschieden. Seine Zusammensetzung am Kristallisationskeim entspricht etwa dem Punkt 1' in den beiden vorgenannten Beispielen, während an der äußersten Zone eine an Stoff B bzw. B und C angereicherte Restschmelze erstarrt.

Als Beispiel zeigt Abb. 3 rechts an einem quasibinären Schnitt durch ein Mehrstoffsystem den schematischen Verlauf der Erstarrung bei üblichen Abkühlungsgeschwindigkeiten mit weitgehender Entmischung. Der Erstarrungsvorgang beginnt bei der Temperatur T_1 mit der Ausscheidung von Mischkristallen der Zusammensetzung 1'. Bei einer weiteren Abkühlung auf die Temperatur T_2 können die ausgeschiedenen Mischkristalle ihre Zusammensetzung durch den mangelnden Diffusionsausgleich nicht nach dem Punkt 2' der Soliduslinie verändern, sondern besitzen eine Durchschnittszusammensetzung, die etwa dem Punkt $\overline{2}'$ entspricht. Die Restschmelze hat sich dementsprechend an Stoff B angereichert und kommt nunmehr der Zusammensetzung des Punktes $\overline{2}''$ gleich. Bei der Temperatur T_3, bei welcher die beendete Erstarrung bei vollkommenem Diffusionsausgleich eintreten würde, hat sich die Zusammensetzung der ausgeschiedenen Mischkristalle nach $\overline{3}'$ verändert, während sich die Schmelze an B bis $3''$ angereichert hat. Die weitere Erstarrung erfolgt längs der gestrichelten Linie, bis bei der Temperatur T_4 die Mischkristalle die Zusammensetzung 4' besitzen, während die Zusammensetzung der Restschmelze die eutektische Konzentration C erreicht. Die Restschmelze erstarrt nunmehr zwischen den Mischkristallen als Eutektikum. Das große Erstarrungsintervall führt zusammen mit der geringen Diffusionsgeschwindigkeit der Komponenten in diesem Fall zu einer weitgehenden Konzentrationsänderung der Restschmelze, so daß es zur Ausscheidung eines Eutektikums kommt, obwohl es nach dem Zustandsschaubild im Gleichgewicht gar nicht existenzfähig ist. Außerdem ergibt sich gegenüber dem Gleichgewichtsfall eine Erniedrigung der Solidustemperatur.

1.4. Beschreibung des Endzustandes nach der Erstarrung

Der Endzustand der Erstarrung einer Legierung kann sowohl im Hinblick auf die abgelaufenen Konzentrationsänderungen als auch auf die Temperaturänderungen betrachtet werden.

Die Konzentrationsänderungen können, wie aus Abb. 3 links zu ersehen ist, durch die Projektion der Raumkurven 1′ 3 und 1 3″ auf die Basisfläche des Dreistoffsystems verfolgt werden. Im allgemeinen wird es genügen, die durchschnittliche Zusammensetzung der Dendritenzentren, die Legierungszusammensetzung (Schmelzanalyse) und die durchschnittliche Zusammensetzung der interdendritischen Bereiche einzutragen und durch eine Gerade oder Kurve zu verbinden, die im folgenden kurz *Verbindungslinie* genannt werden soll. Diese Darstellungsart vermittelt auch ein anschauliches Bild vom absoluten Ausmaß der Kristallseigerungen. Darüberhinaus gibt auch die Lage der Verbindungslinie im Konzentrationsdreieck (Basisfläche eines Dreistoffsystems) die „Richtung" der Konzentrationsänderungen während der Erstarrung ausgehend von der Konzentration des Dendriten bis zur Konzentration der zuletzt erstarrten Schmelze an.

Mit Hilfe dieser Darstellungsart kann die 1. Frage beantwortet werden, d. h. es läßt sich feststellen, ob die Beschreibung eines Erstarrungsvorganges anhand eines quasibinären Schnittes bei konstantem Fe-Gehalt zulässig ist. Trifft dies zu, müßte die Verbindungslinie mit der Schnittlinie zusammenfallen. Ist dies aber nicht der Fall, dann muß der Schnitt entlang der Verbindungslinie geführt werden.

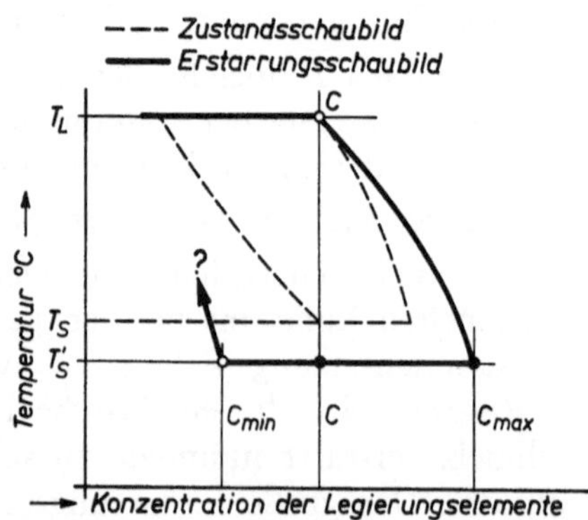

Abb. 4. Gegenüberstellung von Zustandsschaubild und Erstarrungsschaubild

Die zweite Frage — in welcher Form sich der Endzustand nach der Erstarrung darstellen läßt — kann wie folgt beantwortet werden: Wie in Abb. 4 in Anlehnung an Abb. 3 schematisch gezeigt ist, kann durch Eintragen der Werte: Legierungszusammensetzung C — Liquidustemperatur T_L — Zusammensetzung der Dendritenzentren $C_{\min}$ — Solidustemperatur T_s — Zusammensetzung der interdendritischen Bereiche $C_{\max}$, ein Schnitt durch ein unter technischen (realen) Bedingungen erstelltes Zustandsschaubild konstruiert werden, das aber nur für die angewendeten Erstarrungsbedingungen Gültigkeit hat und daher als Erstarrungsschaubild bezeichnet werden soll. Dabei wird vorausgesetzt, daß während der Erstarrung wohl Diffusionsvorgänge ablaufen, die jedoch zu keinem vollständigen Ausgleich der Seigerungen führen. Im Vergleich zum Gleichgewichts-Zustandsschaubild, das strichliert eingezeichnet ist, ergeben sich dadurch folgende Übereinstimmungen bzw. Abweichungen:

1. Auf der Konode der Liquidustemperatur kann die Zusammensetzung der Schmelze C eingetragen werden.

2. Auf der Konode der Solidustemperatur kann die Zusammensetzung der interdendritischen Bereiche $C_{\max}$ eingetragen werden, wobei angenommen wird, daß bei Betrachtung des nicht wärmebehandelten Gußzustandes Diffusionsvorgänge im festen Zustand nur in unwesentlichem Ausmaß abgelaufen sind. Entsprechend dem zu Abb. 3 Gesagten müßte gegenüber dem idealen Zustandsschaubild die Zusammensetzung $C_{\max}$ zu höheren Legierungsgehalten und die Solidustemperatur zu einer niedrigeren Temperatur verschoben werden.

3. Offen ist die Frage, bei welcher Temperatur die Zusammensetzung der Dendritenzentren $C_{\min}$ eingetragen wird. Geht man von der Annahme aus, daß nach dem Erstarren keine Diffusionsvorgänge mehr ablaufen, dann kann $C_{\min}$ auf der Konode der Liquidustemperatur eingetragen werden. In diesem Fall kann aus C und $C_{\min}$ der Verteilungskoeffizient $k_0 = \dfrac{C_{\min}}{C}$ berechnet werden. Nimmt man aber an, daß während der Erstarrung Diffusionsvorgänge in den bereits erstarrten Kristalliten ablaufen, diese Vorgänge aber mit sinkender Temperatur nach dem Ende der Erstarrung auf ein unwesentliches Ausmaß zurückgehen, dann kann $C_{\min}$ auf der Konode der Solidustemperatur eingetragen werden. Da die zuletzt genannte Möglichkeit der Realität eher entsprechen dürfte, wurde diese Darstellungsweise gewählt.

Die Erstellung eines Erstarrungsschaubildes kann dazu dienen, einerseits den Einfluß verschiedener Maßnahmen auf den Endzustand nach der Erstarrung zu ermitteln, andererseits, um die Unterschiede zum idealen Zustandsschaubild aufzuzeigen. Zumeist wird aber weniger dieser Unterschied von Interesse sein, als vielmehr die Frage, in welcher Weise die Seigerungsverhältnisse durch verschiedene Maßnahmen beeinflußt werden können.

Die den Endzustand eines Erstarrungsvorganges kennzeichnenden, eingangs erwähnten Werte können wie folgt ermittelt werden:

Die Art der Erstarrungsform sowie der Abstand der Dendritenarme durch metallographische Untersuchungen z. T. mit Hilfe der quantitativen Metallographie (Linearanalyse).

Die Zusammensetzung der Dendritenzentren und der interdendritischen Bereiche mit Hilfe der Elektronenstrahlmikroanalyse.

Die Liquidus- und Solidustemperatur mit Hilfe der thermischen Analyse bzw. der Differentialthermoanalyse (DTA), die Solidustemperatur außerdem noch mit Hilfe der Hochtemperaturmikroskopie.

Die exaktesten Ergebnisse werden dadurch zu erhalten sein, daß die Proben unter definierten Bedingungen in einer DTA-Apparatur abgekühlt werden und anschließend metallographisch und mit der Mikrosonde untersucht werden. Auf diese Weise besteht auch die Möglichkeit, Einflußgrößen auf den Erstarrungsvorgang durch Variation der Versuchsbedingungen zu erfassen.

2. Versuchsdurchführung

2.1. Probenwerkstoffe

Für die Untersuchungen wurden 5 Schmelzen (Blockgewicht à 2 kg) aus dem System Fe-Cr-Ni, eine Schmelze (Blockgewicht 2 kg) aus dem System Fe-Mn-Ni hergestellt. Weiters wurden Meßergebnisse von Seigerungsuntersuchungen an Proben aus einem 5 kg schweren Block der Qualität 105 WCr 6, aus einem 100 kg Block sowie einem nach dem ESU-Verfahren umgeschmolzenen Block mit 300 mm Durchmesser der Qualität X 38 CrMoV 5 1, sowie einem 5 kg schweren Block und einem nach dem ESU-Verfahren hergestellten Block mit 550 mm Ø der Qualität X 32 CrMoV 3 3. Darüberhinaus wurden noch Literaturangaben[18] mitverarbeitet.

Für die Untersuchung des Einflusses des C-Gehaltes auf das Ausmaß der Kristallseigerungen wurden noch Schmelzen mit jeweils 0,03, 0,25, 0,6 und 1,2% C sowie 1,5, 4,5 und 13% Cr hergestellt und zu 5 kg schweren Blöcken vergossen. Die chemische Zusammensetzung der untersuchten Legierungen ist in Tabelle 1 angegeben.

Die Systeme Fe-Cr-Ni und Fe-Mn-Ni wurden deswegen gewählt, weil ersteres sehr genau untersucht ist, so daß Liquidus- und Solidusfläche gut bekannt[19-22] sind; für das System Fe-Mn-Ni ist die Liquidusfläche angegeben[21]. Es wurden solche Legierungen gewählt, bei denen im festen Zustand aller Voraussicht nach keine komplizierten Umwandlungen ablaufen.

Tabelle 1

System	Schmelze	Zusammensetzung in %							
		C	Si	Mn	Cr	Mo	Ni	V	W
Fe-Cr-Ni	1	0,05	0,13	0,14	25,03	—	29,71	—	—
	2	0,04	0,10	0,18	10,99	—	20,33	—	—
	3	0,07	0,07	0,17	19,27	—	10,89	—	—
	4	0,06	0,08	0,14	39,20	—	15,09	—	—
Fe-Mn-Ni		0,03	0,24	41,5	—	—	29,99	—	—
105 WCr 6 (5-kg-Block)		1,05	0,25	1,00	1,05	—	—	—	1,45
X 38CrMoV 5 1 (100-kg-Block)		0,36	1,02	0,42	5,19	1,36	—	0,43	—
X 38CrMoV 5 1 (ESU-Block ⌀ 300)		0,38	0,98	0,45	5,17	1,38	—	0,45	—
X 32CrMoV 3 3 (5-kg-Block)		0,32	0,29	0,37	3,13	2,66	—	0,49	
X 32CrMoV 3 3 (ESU-Block ⌀ 550)		0,34	0,21	0,37	2,87	2,77		0,47	
Fe-Cr-C-Legierungen		0,03	0,08	0,43	1,29				
		0,25		0,27	1,42				
		0,65		0,48	1,47				
		1,18		0,46	1,49				
		0,03			4,39				
		0,23		0,27	4,72				
		0,36		0,03	4,74				
		0,02		0,42	12,45				
		0,67		0,41	13,68				

2.2. *Untersuchungen mit Hilfe der thermischen Analyse, Hochtemperaturmikroskopie und Elektronenstrahlmikroanalyse*

Die Bestimmung der Liquidustemperatur an den Proben aus dem System Fe-Cr-Ni und Fe-Mn-Ni erfolgte so, daß die Probenblöckchen mit einer Aufheizgeschwindigkeit von 15 bis 35° C/min etwa 80° C über die Liquidustemperatur aufgeheizt und anschließend mit der gleichen Geschwindigkeit abgekühlt wurden. Jede Probe wurde durchschnittlich dreimal aufgeheizt und abgekühlt, so daß 6 Erhitzungs- und Abkühlungskurven aufgenommen werden konnten, da gleichzeitig mit 2 Temperaturmeßgeräten gearbeitet wurde. Um die mit Hilfe der thermischen Analyse ermittelten Werte mit den Untersuchungsergebnissen des Hochtemperaturmikroskopes vergleichen zu können, wurden neben den Liquidustemperaturen der einzelnen Legierungen auch deren Solidustemperaturen bestimmt.

Für die Untersuchungen mit dem Hochtemperaturmikroskop wurden aus den Probeblöcken Heiztischproben entnommen und deren Solidustemperatur in üblicher Weise ermittelt. Je Legierung wurden zu Vergleichszwecken 2 Proben untersucht.

Hier darf gleich vorausgeschickt werden, daß die Übereinstimmung der bei den verschiedenen Versuchen ermittelten Liquidustemperaturen und der mit den beiden Verfahren ermittelten Solidustemperaturen sehr gut war. Die Abweichungen betrugen maximal 15⁰ C.

Die Zusammensetzung in den Dendritenzentren entsprechend den Konzentrationsminima und in den interdendritischen Bereichen (Restschmelzenbereich) entsprechend den Konzentrationsmaxima wurde mit Hilfe der Cameca Mikrosonde MS 46 durch Aufnahme von Konzentrationsprofilen bestimmt.

3. Versuchsergebnisse

3.1. Der Konzentrationsablauf bei der Erstarrung von Mehrstoffsystemen

3.1.1. Stähle 105 W Cr 6, X 38 CrMoV 5 1 und X 32 CrMoV 3 3

In Abb. 5 sind die Ergebnisse der Seigerungsmessungen an den Proben aus den Stählen 105 WCr 6, X 32 CrMoV 3 3 und X 38 CrMoV 5 1 in die Basisfläche eines Dreistoffsystems Fe-Cr-Mo bzw.

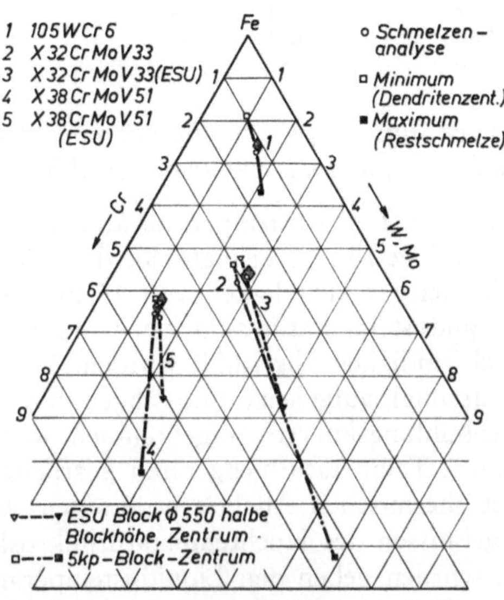

Abb. 5. Verbindungslinien von Chrom-Wolfram- und Chrom-Molybdän-Stähle

Fe-Cr-W eingetragen. Die jeweils zusammengehörenden Gehalte an Cr und Mo bzw. Cr und W der Konzentrationsmaxima und -minima und der Schmelzanalyse sind durch die Verbindungslinie verbunden.

Der schraffierte Bereich um die Legierungszusammensetzung soll die zulässige Analysentoleranz der einzelnen Stähle kennzeichnen. Aus dem Bild ist folgendes zu entnehmen:

1. Eine Beschreibung der Erstarrungsvorgänge der angeführten Legierungen anhand eines quasibinären Schnittes mit konstantem Fe-Gehalt ist *nicht* zulässig: Die Verbindungslinien stehen fast senkrecht auf quasibinären Schnitten mit konstantem Fe-Gehalt.

2. Bei den Stählen X 38 CrMoV 5 1 und X 32 CrMoV 3 3 liegt die Zusammensetzung des Konzentrationsminimums in Richtung zur Eisenecke nur in knapper Entfernung von der Legierungszusammensetzung. Der Abstand entspricht in Relativprozenten bezogen auf die Zusammensetzung der Legierung nur 3 bis 10% (z. B. X 38 CrMoV 5 1 Konzentrationsminimum 5,0% Cr, Cr-Gehalt der Legierung 5,2%, Differenz 0,2% bezogen auf 5,2% entspricht 4%). Bei 105 WCr 6 ist der Unterschied größer, beim Cr beträgt der relative Unterschied ca. 17%, bei W etwa 40%.

Dieser geringe „Abstand" des Konzentrationsminimums, dessen Zusammensetzung der des Dendritenzentrums entspricht, von der durchschnittlichen Legierungszusammensetzung bedeutet, daß das Ausmaß der Bereiche mit einer Zusammensetzung, die unterhalb der Durchschnittszusammensetzung liegt, wesentlich größer sein muß als die räumliche Ausdehnung der Bereiche, deren Zusammensetzung über der durchschnittlichen Zusammensetzung liegt. Daß dies tatsächlich der Fall ist, zeigen die Abb. 6 und 7.

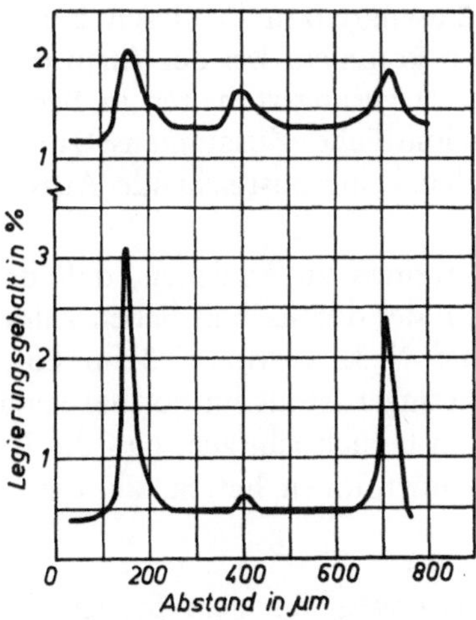

Abb. 6. Seigerungsausmaß von Mangan und Molybdän in einer Legierung mit 0,36% C, 1,30% Mn und 0,50% Mo (nach A. Kohn[4]); oberes Konzentrationsprofil Mangan, unteres Molybdän

Ein Vergleich der Lage der Konzentrationsmaxima mit der Größe des Analysentoleranzbereiches zeigt sehr eindringlich das Ausmaß der Kristallseigerungen. Durch die starke Anreicherung der Legierungselemente in den interdendritischen Bereichen kann es durch

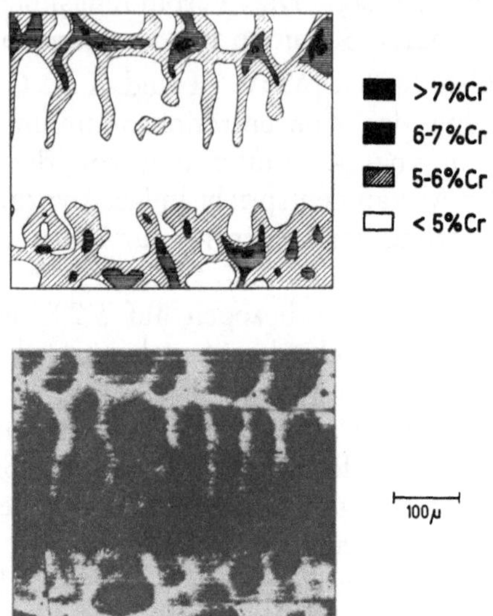

Abb. 7. Isokonzentrationsbereiche einer Eisen-Chrom-Kohlenstofflegierung mit 0,36% C und 4,74% Cr im Gußzustand

Überschreiten von Phasengrenzen in diesen Bereichen zur Bildung unerwünschter Phasen kommen. Bei der Auswahl von Legierungen sollte daher auch das Seigerungsverhalten in Betracht gezogen werden, da die durchschnittliche Zusammensetzung einer Legierung allein unter Umständen keine ausreichende Aussage über mögliche Phasen geben kann.

3. In Abb. 5 ist weiters zu erkennen, daß der „Abstand" der Seigerungsmaxima von der durchschnittlichen Zusammensetzung bei X 38 CrMoV 5 1 und X 32 CrMoV 3 3 im ES-umgeschmolzenen Zustand wesentlich geringer ist als im normal vergossenen Zustand. Dabei ist aber noch zu berücksichtigen, daß die ESU-Blöcke jeweils wesentlich größere Dimensionen hatten, als die konventionell vergossenen Blöcke.

3.1.2. Legierungen aus dem System Fe-Cr-Ni

In Tabelle 2 ist die Zusammensetzung der Konzentrationsmaxima (Restschmelzenbereich) und -minima (Dendritenzentrum) der untersuchten 5 Legierungen zusammengestellt. Darüberhinaus enthält diese Tabelle noch Werte aus der Literatur[18].

Tabelle 2

Bezeich-nung	Schmelze	Seigerungen Maximum			Minimum		
		Fe	Cr	Ni	Fe	Cr	Ni
1	1	43,5	26,5	30,0	48,5	22,5	29,0
2	2	65,1	12,9	22,0	69,5	10,5	20,0
3	3	65,8	22,0	12,2	60,9	18,0	11,1
4	4		38,0	16,4		42,0	12,3
5	Werte aus		16,5	15,4		15,5	12,0
6	der Literatur [18]		17,3	16,9		15,3	13,1
7			18,4	12,9		16,5	11,2
A			22	17,5		17,8	14,0
B			21	13,3		18,0	11,3
C			23	14		19,0	11

Abb. 8 zeigt die Grundfläche der eisenreichen Ecke des Systems Fe-Cr-Ni, in welche die Isothermen der Liquidusfläche[19, 21] eingetragen sind. Die Liquidusfläche weist eine deutlich ausgeprägte Rinne

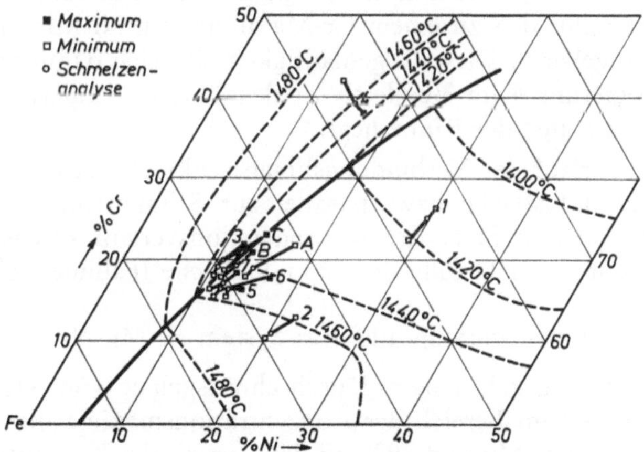

Abb. 8. Eisenecke des ternären Systems Fe-Cr-Ni. Liquidusfläche mit den Verbindungslinien verschiedener Legierungen

auf, die ausgehend von der Eisenecke zur Mitte des Dreistoffsystems hin zu niedrigeren Temperaturen verläuft. Außer den Isothermen sind in die Grundfläche die Verbindungslinien der in Tabelle 2 angegebenen Legierungen eingezeichnet.

Aus diesem Bild ergibt sich folgendes:

1. Mit Ausnahme der Legierung 4, deren Eigenart unten näher behandelt wird, liegen die Verbindungslinien aller Legierungen in keinem Fall parallel zu einem quasibinären Schnitt mit konstantem Fe-Gehalt. Eine exakte Beschreibung des Erstarrungsverlaufes von Fe-Cr-Ni-Legierungen (z. B. von 18-8 CrNi-Stählen) anhand eines quasibinären Schnittes mit konstantem Fe-Gehalt ist daher nicht möglich[11].

2. Die auf die Grundfläche des Dreistoffsystems projizierten Verbindungslinien der Legierungen 1, 2 und 4 stehen nahezu senkrecht auf den Isothermen der Liquidusfläche. Die Verbindungslinien der übrigen Legierungen, deren Zusammensetzung den gebräuchlichsten 18-8 Cr-Ni-Stählen entspricht, liegen sehr nahe bei der Rinne und verlaufen ausschließlich parallel zur Fallrichtung dieser Rinne. Bei der Schmelze 3 biegt die Verbindungslinie zwischen Durchschnittszusammensetzung und Konzentrationsminimum zu höheren Ni-Gehalten ab. Dadurch ist der Ni-Gehalt im Minimum *und* Maximum höher als die Durchschnittsanalyse.

3. Besonders hervorzuheben ist das Verhalten der Legierung 4. Die von dieser Legierung aufgenommenen Konzentrationsprofile der beiden Elemente Cr und Ni zeigen nicht wie bei den übrigen Legierungen einen gleichsinnigen, sondern einen gegensinnigen Verlauf[22]. Das heißt, daß zu einem Cr-Maximum ein Ni-Minimum gehört und umgekehrt. Diese Gegenläufigkeit läßt sich damit erklären, daß die Legierung 4 im Vergleich zu den übrigen Legierungen auf der „anderen Seite" der Rinne liegt.

4. Der Verlauf der Verbindungslinien senkrecht zu den Isothermen der Liquidusfläche bzw. parallel zur Schmelzrinne bedeutet, daß die Erstarrung bzw. der Konzentrationsverlauf offensichtlich dem jeweils steilsten Gefälle der Liquidusfläche (Fallinie) folgt.

3.1.3. Legierung aus dem System Fe-Mn-Ni

Die Legierung mit einem Durchschnittsgehalt von 41,5% Mn und 30% Ni hat im Bereich der Konzentrationsmaxima die Zusammensetzung 49,5% Mn und 39% Ni, im Bereich der Konzentrationsminima 35% Mn und 25% Ni.

Abb. 9 zeigt die Grundfläche des Systems Fe-Mn-Ni, in das die Isothermen der Liquidusfläche und die Verbindungslinie eingetragen sind. Auch bei diesem System steht diese Verbindungslinie praktisch senkrecht zur Projektion der Liquidusisothermen.

Für die Legierungen beider Systeme wurden aus den gemessenen Seigerungswerten die Verteilungskoeffizienten k_0 errechnet. Die gerechneten Werte für Cr, Ni und Mn liegen zwischen 0,77 und 0,96 und stimmen mit den in der Literatur angegebenen Werten[24] sehr gut überein.

3.2. *Zusammenhang zwischen Erstarrungsschaubild und Zustandsschaubild*

3.2.1. Legierung aus dem System Fe-Mn-Ni

In Abb. 9 sind neben den Werten des Konzentrationsminimums und -maximums die gemessenen Werte der Liquidus- und Solidustemperatur eingetragen. Die mit Hilfe der thermischen Analyse ermittelte Liquidustemperatur beträgt 1275° C, die mit Hilfe von

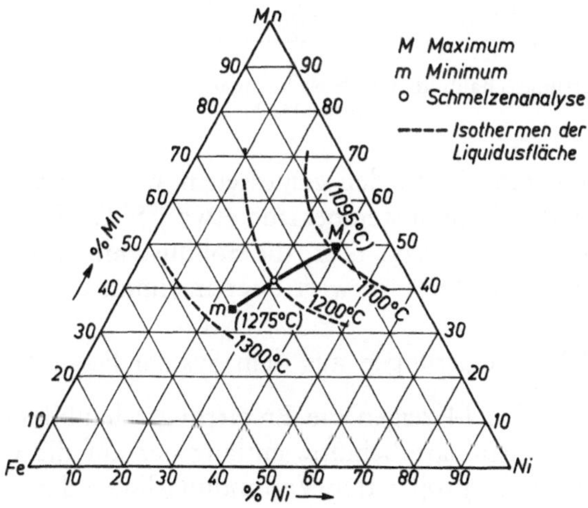

Abb. 9. Ternäres System Fe-Mn-Ni. Liquidusfläche mit der Verbindungslinie einer Eisenlegierung mit 41,5% Mn und 30% Ni

Hochtemperaturmikroskopie und thermischer Analyse ermittelte Solidustemperatur 1090 bzw. 1095° C. Entsprechend der schematischen Darstellung von Abb. 4 müssen beide Werte auf der Liquidusfläche liegen.

Wie ein Vergleich der gemessenen Werte mit den aus der Literatur entnommenen Angaben über die Isothermen der Liquidusfläche zeigt, ist die Übereinstimmung vor allem bei der Solidustemperatur überraschend genau.

Legt man durch das Dreistoffsystem nun einen quasibinären Schnitt entlang der Projektion der Verbindungslinie und trägt entsprechend Abb. 4 in diesen Schnitt bei den Legierungswerten die gemessenen Werte für die Liquidus- und Solidustemperatur ein, so erhält man das für die gewählten Versuchsbedingungen gültige Er-

                                A. Kulmburg:

starrungsschaubild dieser Legierung (Abb. 10). Zum Vergleich zu
den gemessenen Werten ist zusätzlich noch der Verlauf der Liquidustemperatur nach Angaben im Metals Reference Book[21] eingetragen.

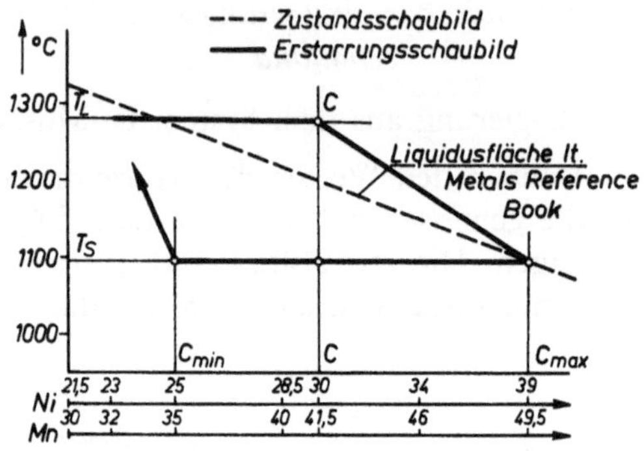

Abb. 10. Erstarrungsschaubild der Eisen-Mangan-Nickellegierung mit 41,5% Mn
und 30% Ni

Aus dem Vergleich mit den gemessenen Werten ergibt sich, daß
der Meßwert der Liquidustemperatur etwa 75⁰ C über dem in der
Literatur angegebenen Wert liegt, die Solidustemperatur aber praktisch genau mit dem Literaturwert übereinstimmt.

3.2.2. Legierungen aus dem System Fe-Cr-Ni

Die Abb. 11 bis 14 zeigen die Erstarrungsschaubilder dieser Legierungen als quasibinäre Schnitte entlang der auf die Grundfläche
des Dreistoffsystems projizierten Verbindungslinien der untersuchten

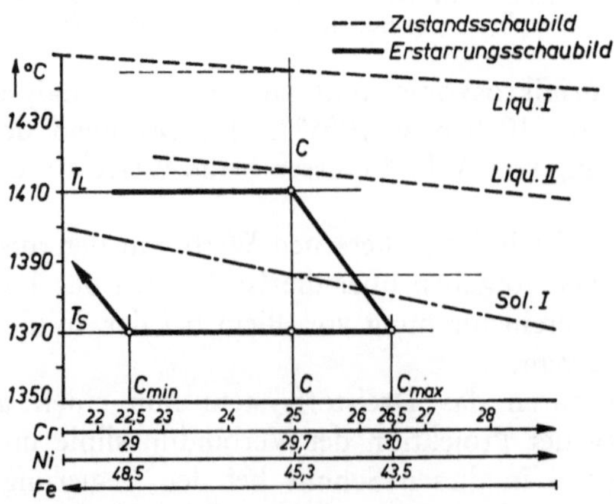

Abb. 11. Erstarrungsschaubild der Eisen-Chrom-Nickellegierung mit 25% Cr und
30% Ni (Schmelze 1)

Legierungen. In diese Schnitte ist der Verlauf der Liquidus- und Solidustemperatur nach Angaben von J. W. Pugh und J. D. Nisbet[20]

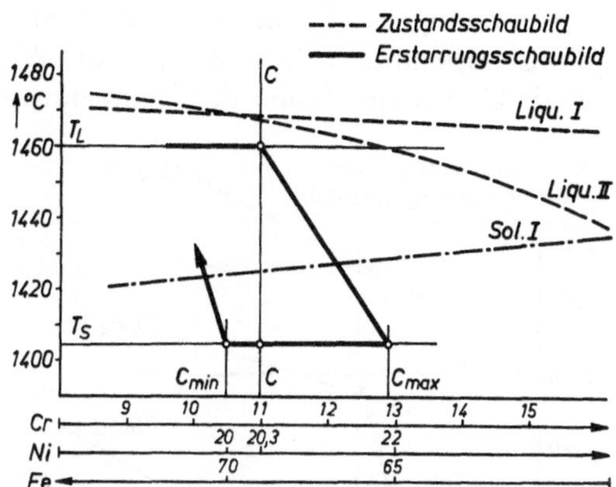

Abb. 12. Erstarrungsschaubild der Eisen-Chrom-Nickellegierung mit 11% Cr und 20% Ni (Schmelze 2)

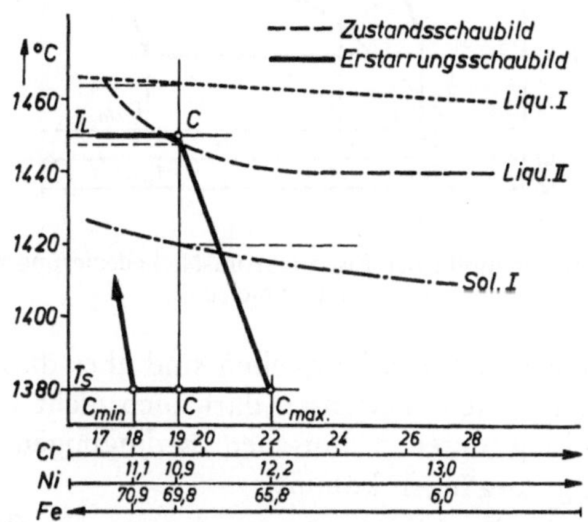

Abb. 13. Erstarrungsschaubild der Eisen-Chrom-Nickellegierung mit 19% Cr und 11% Ni (Schmelze 3)

(Bez.: Liqu I und Sol I) sowie der Verlauf der Liquidustemperatur nach Angaben im Metals Ref. Book[21] (Bez.: Liqu II) eingezeichnet. Die Konstruktion der Erstarrungsschaubilder der untersuchten Legierung aus den angegebenen Meßwerten erfolgte wie in Abb. 4 angegeben. Zusätzlich sind noch feinstrichliert die Konoden für T_L und T_S an den Schnittpunkten von C mit den Liquidus- und Soliduslinien des Zustandsschaubildes eingetragen.

Ein Vergleich der eigenen Werte mit den in der Literatur angegebenen ergibt folgendes:

1. Die Übereinstimmung der Liquidustemperatur ist vor allem bei C beim Vergleich mit den Werten Liqu. II sehr gut. Die größte Abweichung ist kleiner als 10⁰ C.

2. Die Übereinstimmung der Solidustemperatur ist nicht so gut wie bei den Liquidustemperaturen, hier betragen die Abweichungen zwischen 10 und 45⁰ C. Bei der Höhe der Temperaturen und den

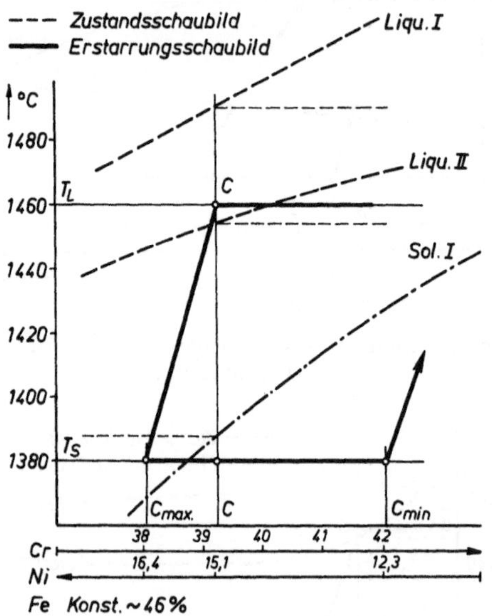

Abb. 14. Erstarrungsschaubild der Eisen-Chrom-Nickellegierung mit 39% Cr und 15% Ni (Schmelze 4)

damit verbundenen Meßschwierigkeiten sind aber diese Abweichungen als gering zu werten. Vergessen darf auch nicht werden, daß es bei der Abkühlung unter technischen Bedingungen offensichtlich zu Unterkühlungsvorgängen kommt.

3. Aus dem in der Literatur angegebenen sehr flachen Verlauf der Liquidus- und Solidustemperatur müßten wesentlich größere Seigerungen zu erwarten sein. Daß dies aber nicht der Fall ist, hängt entweder mit der im Vergleich zu einer Erstarrung unter gleichgewichtsnahen Bedingungen sehr raschen Abkühlung der Proben zusammen oder wird durch Diffusionsvorgänge bereits während der Erstarrung verursacht.

3.3. Einfluß des C-Gehaltes auf das Ausmaß der Kristallseigerungen

Wie aus der Literatur[13-16] sowie aus eigenen Untersuchungen hervorgeht, hat bei Stählen der C-Gehalt einen sehr großen Einfluß auf das Ausmaß der Kristallseigerungen. In praktisch kohlenstofffrei erschmolzenen Legierungen ist das Ausmaß der Seigerungen im allgemeinen sehr gering, z. T. sind Seigerungen nicht einmal metallographisch nachweisbar.

In C-frei erschmolzenen Proben auf der Basis der Stähle 105 W Cr 6 und X 32 CrMoV 3 konnten keine Kristallseigerungen der Legierungselemente Cr und W bzw. Mo nachgewiesen werden.

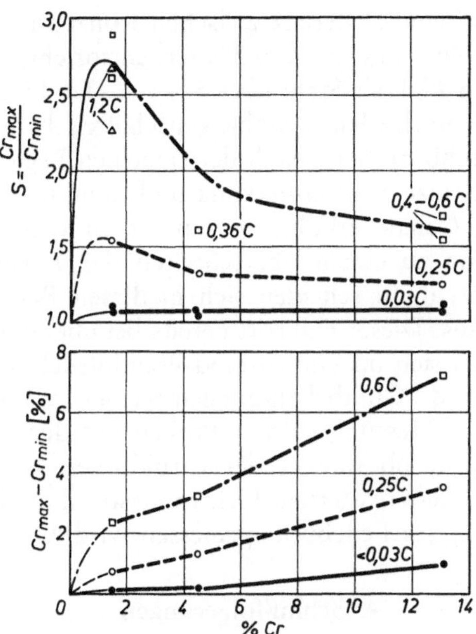

Abb. 15. Einfluß des Kohlenstoffgehaltes auf das Seigerungsausmaß von Chrom in verschiedenen Eisen-Chrom-Kohlenstofflegierungen

Die Ergebnisse der Untersuchungen an Proben mit verschiedenen C- und Cr-Gehalten sind in Abb. 15 dargestellt. Im oberen Teil des Bildes ist der Seigerungsgrad von Chrom $S_{Cr} = \frac{Cr_{max}}{Cr_{min}}$ über dem Cr-Gehalt der Legierungen mit dem C-Gehalt als Parameter aufgetragen. Aus dem Verlauf der Kurven erkennt man, daß der Seigerungsgrad von Cr mit steigendem C-Gehalt zunimmt, mit steigendem Cr-Gehalt zunächst ansteigt, dann aber wieder abfällt. Dieser scheinbare Widerspruch kann geklärt werden, wenn statt des Seigerungsgrades, d. h. statt des Verhältnisses $\frac{Cr_{max}}{Cr_{min}}$, die Differenz der beiden Werte Cr_{max} und Cr_{min} über dem Cr-Gehalt aufgetragen wird, wie dies in dem unteren Bildteil zu sehen ist. Bei dieser Art der Darstellung nimmt die Differenz der beiden Werte sowohl mit steigendem C- als auch Cr-Gehalt stetig zu und erreicht bei den Proben mit 0,6% C und etwa 13% Cr ein Ausmaß von etwa 7%. Die Gegenüberstellung der beiden Bildteile zeigt, daß die Angabe des Seigerungsgrades für ein bestimmtes Legierungsverhältnis allein und ohne Angabe des Legierungsgehaltes irreführend sein kann, da es nicht das gleiche ist, ob der angegebene Seigerungsgrad, z. B. ein Wert für S_{Cr} von 1,4, an einer Probe aus einem Stahl mit 0,5% Cr oder 13% Cr ermittelt wurde. Während nämlich diesem Seigerungsgrad beim ersten Stahl eine Differenz zwischen Konzentrationsmaximum und -minimum von nur etwa 0,2% Cr entspricht, beträgt dieser Unterschied beim 13% Cr-Stahl über 5% Cr. Der Einfluß der Seigerungen auf die verschiedenen Stahleigenschaften hängt aber selbstverständlich vom absoluten Gehalt der einzelnen Legierungselemente im Bereich der Konzentrationsmaxima und -minima ab.

Wird der C-Gehalt erhöht, so daß es in den Bereichen der Seigerungsmaxima zu einem Überschreiten der Lösungsgrenze des Austenits kommt, dann scheiden sich in diesen Bereichen Carbide oder Ledeburit aus. Dieser Fall tritt bereits bei übereutektoiden Stählen ein, bei denen sich im Gußzustand Pseudoledeburit[23] findet, der durch entsprechende Glühbehandlungen wieder in Lösung gebracht werden kann. Bei Messung solcher Proben mit der Mikrosonde ist zu berücksichtigen, ob nur in der carbidfreien Matrix gemessen wird oder ob mit defokussiertem Elektronenstrahl die Durchschnittszusammensetzung des Ledeburits gemessen wird[16].

4. Schlußfolgerungen

Die Untersuchungen haben gezeigt, daß es prinzipiell möglich ist, Erstarrungsschaubilder ähnlich wie Zustandsschaubilder zu erstellen. Der größte Wert dieser Schaubilder liegt vielleicht weniger darin, Vergleiche mit dem (Gleichgewichts-)Zustandsschaubild durchzuführen, sondern vielmehr darin, für eine bestimmte Legierung den Einfluß verschiedener Erstarrungsbedingungen auf den Endzustand nach der Erstarrung zu ermitteln, um dadurch ein optimales Erstarrungsgefüge zu erhalten.

Mißt man neben dem Ausmaß der Seigerungen noch die Abstände der Dendritenarme, so lassen sich mit Hilfe dieser Werte sicherlich verschiedene Schmelz- und Gießverfahren hinsichtlich des erzielbaren Erstarrungsgefüges klassifizieren.

Für eine anschauliche Darstellung kann man die Einflußgrößen „örtliche Erstarrungsgeschwindigkeit" und „% Legierungselement" zusammen mit der Temperatur in einem Raumschaubild darstellen (Abb. 16). Im oberen Bildteil ist schematisch die Änderung des idealen Gleichgewichtszustandsschaubildes (X-Achse: % Legierungselement, Z-Achse: Temperatur in ^{0}C) in Abhängigkeit von der örtlichen Erstarrungsgeschwindigkeit R (Y-Achse) dargestellt. Bei der Erstarrungsgeschwindigkeit R ist die Aufweitung des Solidus-Liquidusbereiches im Vergleich zum Gleichgewichtsschaubild ($R_G \rightarrow \infty$) eingetragen, die durch den mangelnden Diffusionsausgleich während

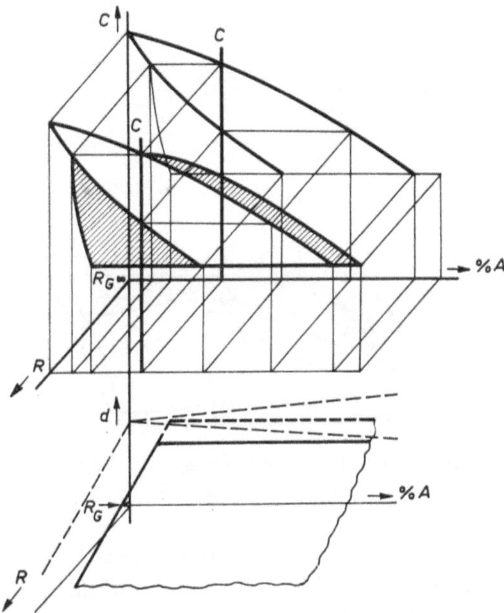

Abb. 16. Räumliche Erstarrungsschaubilder

der Erstarrung verursacht wird. Die Solidustemperatur wird dabei zu tieferen Temperaturen verschoben, wie durch eigene Untersuchungen bestätigt werden konnte[25, 26].

Im unteren Bildteil ist der Einfluß der örtlichen Abkühlungsgeschwindigkeit R und des Legierungsgehaltes A auf den Dendritennebenachsenabstand d schematisch dargestellt. Dieser Abstand wird nicht nur von der Abkühlungsgeschwindigkeit beeinflußt, sondern kann auch von der Legierungszusammensetzung beeinflußt werden[28, 29]. Bei sehr langsamen Erstarrungsgeschwindigkeiten könnten keine Werte angegeben werden. da in diesem Fall keine dendritische Erstarrung abläuft, so daß auch keine Dendritennebenachsenabstände meßbar sind.

Außer diesen beiden Bildern ist es aber auch noch möglich, den Einfluß der örtlichen Erstarrungsgeschwindigkeit R und des Legierungsgehaltes auf den Seigerungsgrad $S = \dfrac{C_0 \, max}{C_0 \, min}$ in einem Raum-

schaubild darzustellen, wobei C_0 max und C_0 min die Legierungszusammensetzung in den Seigerungsmaxima bzw. -minima im Ausgangszustand (z. B. Gußzustand) bedeuten. Aus der Literatur sowie
aus eigenen Untersuchungen ist bekannt, daß der Seigerungsgrad
bei zunehmendem Legierungsgehalt zunächst ansteigt, dann aber
wieder abfällt (Abb. 15). Wie aus der Literatur zu entnehmen ist[27, 28],
nimmt der Seigerungsgrad mit steigender Erstarrungsgeschwindigkeit

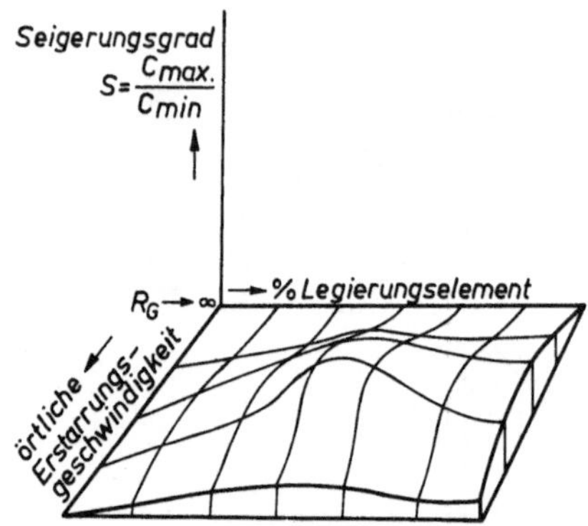

Abb. 17. Zusammenhang zwischen Legierungsgehalt, Erstarrungsgeschwindigkeit
und Seigerungsgrad

zunächst zu, bei sehr hohen Erstarrungsgeschwindigkeiten aber
wieder ab[29]. Aus diesen beiden Zusammenhängen läßt sich schematisch ein Raumschaubild entwickeln, das in Abb. 17 wiedergegeben ist.

Zusammenfassung

Mit Hilfe von Zustandsschaubildern können die bei der Erstarrung unter üblichen technischen Bedingungen ablaufenden Phasen-
änderungen zumeist nicht genau beschrieben werden. Daher sollten
die Möglichkeiten untersucht werden, die bei der Erstarrung unter
praxisnahen Bedingungen ablaufenden Vorgänge in einfacher Weise
darzustellen. Insbesondere sollte geprüft werden, ob es zulässig ist,
Erstarrungsvorgänge z. B. anhand quasibinärer Schnitte von Mehrstoffsystemen zu betrachten.

Von besonderer Bedeutung für die metallurgische Praxis ist die
Kenntnis des Endzustandes nach der Erstarrung. Dieser kann durch
die Konzentration der Legierungselemente in den Seigerungsminima
(Dendritenzentrum) und in den Seigerungsmaxima (Restschmelzenbereich) durch die Liquidus- und Solidustemperatur sowie durch
den Abstand der Seigerungsmaxima charakterisiert werden.

Trägt man die Legierungszusammensetzung der Seigerungsmaxima, der Seigerungsminima und die Zusammensetzung der Schmelze in die Basisfläche des entsprechenden Mehrstoffsystems ein, so können nach Verbinden dieser Werte durch eine Linie oder Kurve die Konzentrationsänderungen während der Erstarrung verfolgt werden.

Bei der Untersuchung technischer Fe-Legierung konnte gezeigt werden, daß diese Verbindungslinie in keinem Fall parallel zu einem Schnitt mit konstantem Fe-Gehalt verläuft, sondern meist sogar nahezu senkrecht dazu. Zur Beschreibung der Vorgänge bei der Erstarrung müssen daher die Schnitte entlang der Verbindungslinie geführt werden.

Den Konzentrationswerten der Seigerungsminima und -maxima kann die Liquidus- und Solidustemperatur zugeordnet werden. Aus diesen 4 zusammengehörenden Werten läßt sich zusammen mit der Schmelzanalyse ein sogenanntes Erstarrungsschaubild konstruieren.

Summary

Considerations Dealing with the Preparation of Solidification Diagrams

It is not possible to describe with the aid of state diagrams accurately the phase changes that occur under the usual technical conditions on solidification. Consequently it appears to be necessary to explore in detail and in simple fashion the events that occur in solidifications under practical conditions. Especially the matters to be explored should include whether it is permissible (for example) to consider solidification phenomena from the standpoint of quasibinary sections of complex systems.

Of special significance for the metallurgical practice is the knowledge of the final state that follows the solidification. This may be characterized from the concentration of the alloying elements in the liquation minima and in the hardening maxima through the liquidus- and the solidus-temperature as well as by the distance of the hardening maxima.

If the alloying composition of the liquation maxima, of the liquation minima, and the composition of the melt are entered in the basis surface of the corresponding complex system, it is possible following the connection of these values to follow by means of a line or a curve the concentration changes that occur during the solidification. In the investigation of technical Fe-alloying it was possible to show that this combining line in no case runs parallel to a section with constant Fe-content, but rather in fact it usually is perpendicular to it. In order to describe the events that occur during solidification, it therefore is necessary to make the sections along the combination line.

The concentration values of the hardening maxima — and minima can be ascribed to the solidus- and the liquidus-temperature. From these 4 correlated values it is possible, along with the melt analysis, to construct a so-called solidification diagram.

Literatur

[1] W. A. Tiller, K. A. Jackson, J. W. Rutter und B. Chalmers, Acta Metallurgica 1, 428 (1953).

[2] A. Kohn und J. Philibert, Mém. sci. rev. métallurg. 57, 291 (1960).

[3] W. C. Winegard, Metallurg. Rev. 6, 57 (1961), Serial Nr. 54.

[4] A. Kohn, Mém. sci. rev. métallurg. 59, 713 (1962).

[5] W. C. Winegard, An Introduction to the Solidification of Metals, Institute of Metals Monograph and Report Series No. 29, London 1964.

[6] B. Chalmers, Principles of Solidification, New York: Wiley. 1964.

[7] T. Z. Kattamis und M. C. Flemings, Trans. AIME 233, 992 (1965).

[8] Solidification of Metals, Vorträge der Tagung in Brighton, Dez. 1967, Iron Steel Inst. Spec. Report 110, 1968.

[9] Kristallisation, Zusammenfassung von Vorträgen, Leipzig: VEB Deutscher Verlag für Grundstoffindustrie, 1969.

[10] A. Rose, Amax-Symposium „Die Verfestigung von Stahl", Tagungsband 1970, 135.

[11] H. J. Schüller, Arch. Eisenhüttenwes. 34, 61 (1963).

[12] T. F. Bower, H. D. Brody und M. C. Flemings, Trans. Metallurg. Soc. AIME 236, 624 (1966).

[13] J. Philibert, E. Weinryb und M. Ancey, Metallurgia 72, 203 (1965).

[14] P. M. Zhurenkow und I. N. Golikow, Metalloved. term. obr. 1964, 38, Nr. 5.

[15] R. D. Doherty und D. A. Melford, J. Iron Steel Inst. 204, 1131 (1966).

[16] M. C. Flemings, D. R. Poirier, R. V. Barone und H. D. Brody, J. Iron Steel Inst. 208, 371 (1970).

[17] Leitner—Plöckinger, Die Edelstahlerzeugung, 2. Aufl., Berlin: Springer-Verlag. 1965. S. 728—730.

[18] J. Lefevre, R. Tricot und R. Castro, Mém. sci. rev. mét. 66, 517 (1969).

[19] C. H. M. Jenkins, E. H. Bucknell, C. R. Austin und G. A. Mellor, J. Iron Steel Inst. 136, 187 (1937).

[20] J. W. Pugh und J. D. Nisbet, J. Metals Trans. AIME 188, 269 (1950).

[21] Metals Reference Book, 2. Aufl., 1. Band, herausgeg. von C. J. Schmithells, London: Butterworths. 1962.

[22] U. Siegel und M. Günzel, Neue Hütte 18, 422, 599 (1973).

[23] W. Peter, H. Finkler und E. Kohlhaas, Arch. Eisenhüttenwes. 41, 749 (1970).

[24] W. Kurz und B. Lux, Schweizer Archiv 35, 49 (1969).

[25] A. Kulmburg und K. Swoboda, Prakt. Metallographie 6, 383 (1969).

[26] A. Kulmburg und K. Swoboda, Härterei-Techn.-Mitt. 26, 34 (1971).

[27] I. Golikov, Dendritenseigerung in Stählen, Moskau: Metallurgisdat. 1958.

[28] H. J. Spies und H. J. Eckstein, Freiberger Forschungshefte 1972, B 166.

[29] H. Warlimont, Z. Metallkunde 63, 113 (1972).

Korrespondenz und Sonderdrucke: Dr. A. Kulmburg, Gebr. Böhler & Co. AG., Edelstahlwerke, A-8605 Kapfenberg, Österreich.

Mikrochimica Acta [Wien], Suppl. 6, 1975, 49—64

Mitteilung aus der Versuchsanstalt der Gebr. Böhler & Co. AG,
Edelstahlwerk Kapfenberg

Untersuchungsmethoden zur Phasenbestimmung in Schnellarbeitsstählen*

Von

D. Krump und **O. Gründler**

Mit 4 Abbildungen

(Eingegangen am 25. November 1974)

1. Einleitung

Werkzeuge aus Schnellarbeitsstählen unterliegen Verschleißbeanspruchungen bei hohen Temperaturen. Um diesen Anforderungen entsprechen zu können, wird durch Wärmebehandlung ein Gefüge angestrebt, das aus einer hoch anlaßbeständigen, gehärteten Matrix und aus möglichst harten Carbiden besteht, die in der Matrix eingelagert sind und den hohen Verschleißwiderstand gewährleisten.

Die Wärmebehandlung besteht aus einer Härtung aus dem Zweiphasengebiet Austenit-Carbid und einer an die Härtung anschließenden Anlaßbehandlung, um den nach dem Abschrecken verbleibenden, weichen Restaustenit in den harten Martensit möglichst vollständig umzuwandeln. Das Gebrauchsverhalten eines Werkzeuges aus einem Schnellarbeitsstahl hängt in hohem Maße von der Menge der vorhandenen Gefügebestandteile ab, also von den Anteilen an Carbiden, Martensit und Restaustenit. Das Ergebnis einer quantitativen Gefügebestimmung kann daher als Kriterium für die Gebrauchseigenschaften des Werkstoffes dienen. Vor allem wird ein zu hoher

---

* Herrn Prof. Dr. Walter Koch zum 65. Geburtstag gewidmet und anläßlich des 7. Kolloquiums über metallkundliche Analyse mit besonderer Berücksichtigung der Elektronenstrahlmikroanalyse, Wien, 23.—25. 10. 1974 vorgetragen.

Restaustenitgehalt für das Versagen eines Werkzeuges oft verantwortlich gemacht. Die Überprüfung des Restaustenitgehaltes ist daher zweckmäßig und vor allem nach einem Schadensfall von großem Interesse.

Zur Bestimmung dieser Gefügeanteile gibt es eine Reihe von Möglichkeiten, wie z. B. die röntgenographische Methode, metallographische Untersuchungen, dilatometrische Verfahren, und die Messung der magnetischen Sättigung.

Das Verfahren der Messung der magnetischen Sättigung gestattet die Bestimmung des magnetischen und unmagnetischen Anteils der Probe, wobei der Restaustenit und die Carbide dem unmagnetischen Anteil zugerechnet werden. Ohne Kenntnis des Volumenanteils der Carbide ist somit eine exakte Restaustenitbestimmung auf magnetischem Wege nicht möglich. Auch das dilatometrische Verfahren gestattet die Ermittlung der Carbidmenge nicht. Der Carbidanteil muß also in diesen beiden Fällen mit anderen Methoden bestimmt werden.

Will man die quantitative Bestimmung aller drei Phasen, nämlich die des Restaustenits, Martensits und der Carbide, mit ein und derselben Methode durchführen, kommen dafür metallographische und Röntgenfeinstrukturuntersuchungen in Frage. Die metallographische Untersuchung ist aber zur Erfassung kleiner Restaustenitgehalte oder bei zu feiner Verteilung des Restaustenits zu dessen quantitativer Bestimmung ungeeignet. Die röntgenographische Methode ist zur gleichzeitigen Bestimmung mehrerer Phasen am geeignetsten, weil eine Röntgenfeinstrukturaufnahme die Bestimmung aller Phasen ab einem Gehalt von 1% qualitativ, ab ungefähr 2% auch quantitativ grundsätzlich ermöglicht.

Dieses Verfahren wurde daher vor allem hinsichtlich seiner Anwendbarkeit zur Untersuchung von Schnellarbeitsstählen untersucht. Dabei müssen wie bei der Untersuchung aller anderen Stähle die hohen Anforderungen an die Präparation der Probenoberfläche selbstverständlich beachtet[1] und Textureinflüsse nach Möglichkeit ausgeschaltet werden[2]. Eine befriedigende Methode zur quantitativen Bestimmung der Carbidphase in diesen Stählen steht aber bisher nicht zur Verfügung. Es war daher ein wesentliches Ziel unserer Bemühungen, diese Schwierigkeit zu beseitigen. Hiefür waren einige Voruntersuchungen notwendig, wie Isolierung der Schnellarbeitsstahlcarbide, röntgenographische Untersuchung des Isolats, metallographische Untersuchungen und Untersuchungen der Carbide und der Matrix mit der Mikrosonde. Über diese Untersuchungen und deren Ergebnisse sowie über deren Anwendung wird nachstehend berichtet.

2. Versuchswerkstoff

Als Versuchswerkstoff dienten zwei Chargen des Schnellarbeitsstahles S 6-5-2, deren Zusammensetzungen aus Tabelle 1 zu entnehmen sind.

Tabelle 1.
Chemische Analyse der untersuchten Chargen des Schnellarbeitsstahl S 6-5-2

	C	Cr	Mo	V	W	
Charge A	0,86	4,09	4,98	1,75	6,45	Gew.%
Charge B	0,84	4,19	4,83	1,75	6,39	Gew.%

Zur Probenherstellung wurde im Falle der Charge A ein gewalzter Knüppel, Ø 80 mm, herangezogen. Die Proben wurden aus dem gewalzten und geglühten Knüppel aus dem Bereich des halben Radius herausgearbeitet. Die Charge B bestand aus einem 5-kg-Gußblock, der nach dem Weichglühen zur Herstellung einer Probe aus dem oberen Blockdrittel, ebenfalls aus dem Bereich des halben Radius, diente. Diese Proben mit den Abmessungen $10 \times 15 \times 50$ mm wurden Wärmebehandlungen unterzogen, die aus Tabelle 2 ersichtlich sind.

Tabelle 2. Wärmebehandlungsangaben der untersuchten Proben

Charge	Pr. Nr.	Härtetemperatur	Tauchzeit
A	1	1190⁰ C	10 Sek./mm
A	2	1210⁰ C	10 Sek./mm
A	3	1230⁰ C	10 Sek./mm
A	4	1250⁰ C	10 Sek./mm
A	5	1190⁰ C	12 Sek./mm
B	6	1240⁰ C	20 Sek./mm

An der Probe 5 wurden die Carbiduntersuchungen vorgenommen. Die Probe 6 wurde zur Bestimmung der Legierungszusammensetzung der Matrixbestandteile — also des Martensits und des Restaustenits — mit der Mikrosonde herangezogen. Die Carbidzusammensetzung wurde an dieser Probe überprüft.

Die Ergebnisse dieser Untersuchungen fanden für die quantitative röntgenographische Bestimmung der Phasen Restaustenit, Martensit und Carbide an den Proben 1 bis 4 Anwendung.

3. Untersuchung der Carbide

3.1. Carbidisolierung

Die Isolierung wurde chemisch in einer Brommethanollösung durchgeführt.

Die Isolatausbeute betrug 10,5 Gewichtsprozent des gesamten Materials. Die Zusammensetzung des Isolats ist in Tabelle 3 angegeben.

Tabelle 3. Chemische Analyse des Carbidisolates in Gewichtsprozenten

Cr	Mo	V	W	Fe	C	Summe
3,5	21,4	8,4	37,2	25,1	4,3	99,9

3.2. Röntgenographische Untersuchung des Isolats

Das Isolat besteht vorwiegend aus M_6C, wobei M für die metallischen Komponenten steht, und aus geringen Mengen VC, wie aus der Röntgenfeinstrukturaufnahme (Abb. 1) zu sehen ist.

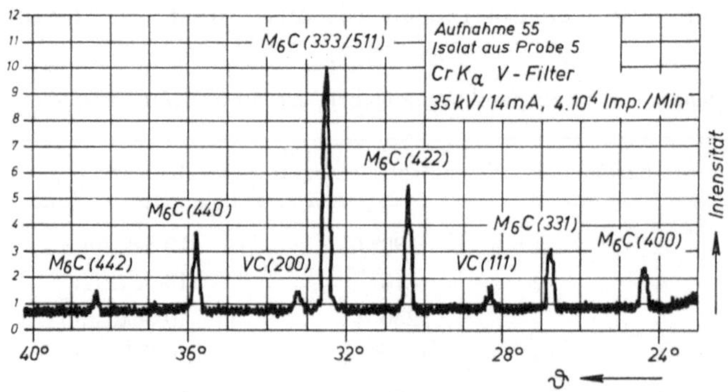

Abb. 1. Röntgenfeinstrukturaufnahme des Isolats des Schnellarbeitsstahles S 6-5-2

3.3. Metallographische Untersuchungen

Um die beiden Carbidtypen M_6C und VC im Schliffbild vor allem im Hinblick auf die Mikrosondenuntersuchungen voneinander unterscheiden zu können, wurden verschiedene potentiostatische Ätzbedingungen angewendet, und zwar wurde für die M_6C-Phase eine 40%ige wäßrige Natronlauge bei einer Spannung von −400 mV, für die VC-Phase eine 10%ige wäßrige Ammoniumacetatlösung bei einer Spannung von +700 mV gewählt. Die Ätzzeit betrug in beiden

Fällen ca. eine Minute. Das unter diesen Bedingungen geätzte Gefüge des Schnellarbeitsstahles zeigt Abb. 2. Das Carbid M_6C ist hell und deutlich umrandet, die Vanadincarbide sind braun bis blau

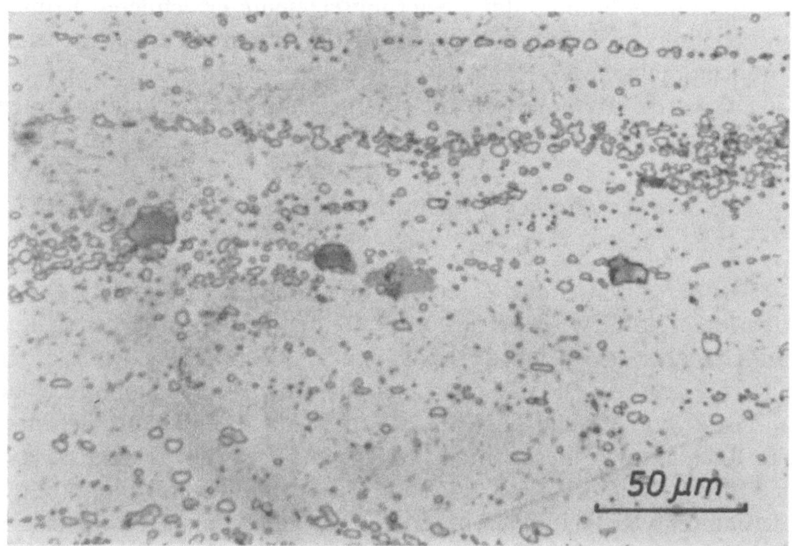

Abb. 2. S 6-5-2 Mikroaufnahme der Probe 5 (Härtetemp. 1190⁰ C, Tauchzeit 12 Sek./mm), potentiostat. geätzt

gcfärbt und größer als das M_6C. Weiters wurden metallographisch die Mengen der einzelnen Carbidtypen in Flächenprozent und die durchschnittliche Größe beider Carbidtypen bestimmt. Für M_6C

Tabelle 4. Mit der Mikrosonde ermittelte Legierungsanteile in den Carbiden M_6C und MC und deren aus der Summe der Legierungsanteile als Rest auf 100% errechnete C-Gehalte

Elemente	M_6C	MC
V	$2,6 \pm 0,1$	$48,5 \pm 2,8$
Cr	$3,7 \pm 0,3$	$4,1 \pm 0,1$
Fe	$34,6 \pm 0,3$	$3,1 \pm 0,6$
Mo	$20,3 \pm 1,0$	$11,2 \pm 0,5$
W	$36,8 \pm 2,0$	$14,1 \pm 1,8$
Summe	$98,0 \pm 0,8$	$81,0 \pm 1,4$
C = 100-Se	$2,0 \pm 0,8$	$19,0 \pm 1,4$

ergab sich ein Wert von 9 Flächenprozent, für VC 1,5 Flächenprozent. Die durchschnittliche Carbidkorngröße betrug für M_6C 3 μm, für VC 7 μm.

3.4. Untersuchung mit der Mikrosonde

An dem Gerät JXA5-A der Firma Jeol wurden Messungen mit einer Beschleunigungsspannung von 20 kV und einer Stromstärke von 30 nA durchgeführt. Die Ergebnisse dieser Messungen und die aus 100 minus Summe der Legierungselemente errechneten Kohlenstoffgehalte der Carbide M_6C und MC sind in der Tabelle 4 zusammengestellt.

Die an der Probe 6 erfolgte Überprüfung der Carbidzusammensetzung ergab dieselben Werte wie in Tabelle 4.

3.5. Überprüfung der Übereinstimmung der bisher erhaltenen Ergebnisse

Aus der durchschnittlichen Zusammensetzung des Isolats, dessen Ausbeute 10,5 Gew.% betrug, und aus den Ergebnissen der Mikrosondenanalyse der Carbide M_6C und VC kann errechnet werden, daß von dem 10,5 Gew.% betragenden Anteil der Carbidphase des Stahles etwa 9,5% auf das M_6C und 1% auf das VC entfallen müssen. Rechnet man diese Anteile von Gew.% auf Vol.% um, ergeben sich für M_6C 8,5 und für VC 1,5 Vol.%, die mit den metallographisch bestimmten Carbidanteilen innerhalb der Fehlergrenzen übereinstimmen, wobei, wie allgemein üblich, die Volumprozente gleich den Flächenprozenten gesetzt wurden.

Die Anteile an Legierungselementen, die in der 10,5 Gew.% des Stahles betragenden Carbidphase insgesamt ausgeschieden wurden, können einerseits aus der Durchschnittsanalyse des Isolats und an-

Tabelle 5. Anteile an Legierungselementen in der Carbidphase, errechnet einerseits aus den mit der Mikrosonde erhaltenen Ergebnissen der Carbidanalysen und andererseits aus der Isolatanalyse

Elemente	Mikrosonden-untersuchung	Isolat-untersuchung
V	$0,74 \pm 0,03$	$0,88 \pm 0,08$
Cr	$0,39 \pm 0,03$	$0,37 \pm 0,03$
Fe	$3,32 \pm 0,03$	$2,64 \pm 0,2$
Mo	$2,04 \pm 0,1$	$2,25 \pm 0,2$
W	$3,64 \pm 0,2$	$3,92 \pm 0,4$
C	n. b.	$0,45 \pm 0,04$
Summe	—	10,51

dererseits aus der Mikrosondenanalyse der Carbide M_6C und VC errechnet werden, wenn man berücksichtigt, daß im Isolat 9,5 Gew.-% auf M_6C und 1,0 Gew.% auf VC entfallen. Beide Berechnungsverfahren müßten im Idealfall zu den gleichen Ergebnissen führen. In Tabelle 5 sind die Ergebnisse dieser Berechnungen zusammengestellt. Sie zeigen bei den Elementen Cr, Mo und W die erwartete Übereinstimmung. Bei Beachtung der angegebenen Fehlergrenzen ist der Unterschied bei V kleiner als 5 rel.%, beim Fe liegen die aus dem Isolat erhaltenen Werte um etwa 15 rel.% vergleichsweise niedriger.

Mit Hilfe der in Gew.% anfallenden Mikrosondenergebnisse wurde nach deren Umrechnung in Atomprozente die Formel für die beiden Carbidtypen aufgestellt. Für M_6C ergab sich die Formel

$$(Fe_{0,84}\ Cr_{0,09}\ V_{0,07})_4\ (W_{0,5}\ Mo_{0,5})_2C,$$

wobei in der eisenreichen Gruppe die Beimengen von Cr und V etwa 16% der Gesamtmenge ausmachen, während in der anderen Gruppe W und Mo in gleich großen Atomanteilen vorhanden sind.

MC ist ein V-reiches Mischcarbid. Cr, Fe, Mo und W sind in Summe zu einem Viertel der Gesamtmenge der metallischen Komponenten im VC enthalten.

$$(V_{0,75}\ Cr_{0,06}\ Fe_{0,04}\ Mo_{0,09}\ W_{0,06})\ C$$

4. Matrixuntersuchung

Da die Matrix des Stahles aus Martensit und Restaustenit besteht, und anzunehmen ist, daß diese beiden Matrixbestandteile nicht die gleiche Zusammensetzung haben, war es vor allem im Hinblick auf die röntgenographische Untersuchung dieses Stahles von Interesse, eine obere Grenze für die Legierungsunterschiede zwischen Martensit und Restaustenit zu ermitteln.

Diese Untersuchung wurde an der Probe 6 durchgeführt, die im Gegensatz zu den anderen Proben nicht aus einem Knüppel, sondern aus einem kleinen Gußblock stammte. Beim Härten dieser Probe von $1240^0 C$ wurde außerdem eine vergleichsweise verlängerte Tauchzeit angewendet. Hierdurch wurde es möglich, metallographisch Restaustenitbereiche und Martensitbereiche voneinander zu unterscheiden. An der in Abb. 3 gezeigten Schlifffläche der Probe 6 wurde eine Carbidätzung durchgeführt. Die verschiedenen Phasen des Stahls sind durch Eindrücke nach Mikrohärteprüfungen mit 50 p Belastung gekennzeichnet. Der größte Eindruck befindet sich zwischen den Carbiden im Austenit, der kleinste im Carbid selbst und der mittelgroße Eindruck im Martensit. An den in dieser Weise markierten Stellen der Probe wurden Punktanalysen mit der Mikrosonde durchgeführt.

In der Tabelle 6 sind die hierdurch ermittelten Zusammensetzungen des Martensits und Restaustenits angegeben.

Tabelle 6. *Zusammensetzung des Martensits und Restaustenits, ermittelt durch Punktanalysen mit der Mikrosonde*

Elemente (Gew.%)	Martensit	Restaustenit
V	$1,25 \pm 0,07$	$1,4 \ \pm 0,03$
Cr	$3,6 \ \pm 0,14$	$5,15 \pm 0,07$
Fe	$82,4 \ \pm 0,6$	$82,35 \pm 0,5$
Mo	$3,98 \pm 0,15$	$5,07 \pm 0,39$
W	$5,15 \pm 0,13$	$4,25 \pm 0,26$

Die Werte für V, Cr und Fe sind Mittelwerte aus 2 Meßserien, die für Mo und W aus 8 bzw. 4 Meßserien. Pro Serie wurden 5 Messungen durchgeführt.

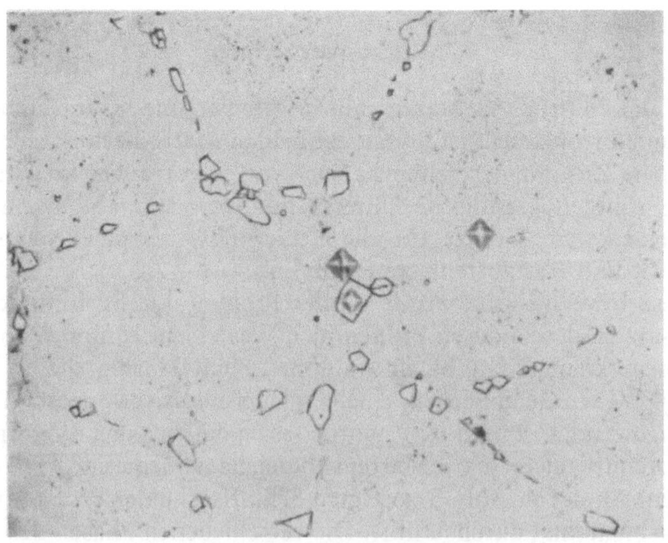

Abb. 3. Mikroaufnahme der Probe 6; Carbid-, Martensit- und Restaustenitzone gekennzeichnet durch Mikrohärteeindrücke

Die Ergebnisse zeigen, daß der Restaustenit höhere Anteile an Cr, V und Mo, hingegen kleinere Anteile an W als der Martensit hat. Die Eisenanteile sind in beiden Gefügebestandteilen gleich groß.

Außerdem wurde mit der Mikrosonde der Wert des Verhältnisses zwischen dem C-Gehalt im Austenit zum C-Gehalt im Martensit zu 1,35 ermittelt. Erwartungsgemäß liegt der C-Gehalt im Austenit höher als im Martensit.

5. Anwendung der Untersuchungen auf die röntgenographische Phasenbestimmung

Unter Anwendung der vorstehend beschriebenen Untersuchungsergebnisse wurde einerseits die röntgenographische Bestimmung der Carbidgehalte ermöglicht, andererseits konnte der relative Fehler der röntgenographisch ermittelten Restaustenitgehalte abgeschätzt werden.

5.1. Röntgenographische Carbidbestimmung

Die röntgenographische Carbidbestimmung erfolgte über einen äußeren Standard. Das Arbeiten mit einem äußeren Standard beruht auf einem Intensitätsvergleich gleich indizierter Linien einer Substanz des Standards und der Probe, wobei Korrekturen wegen des unterschiedlichen Absorptionsverhaltens von Standard und Probe anzubringen sind. Unter diesen Voraussetzungen ergibt sich die Formel für die Bestimmung des Carbidanteils v_K eines Carbidtypes in der Probe zu

$$v_K = \frac{\mu_M}{\mu_S} \cdot \frac{1}{\dfrac{I_S}{v_S \cdot I_K} - 1 + \dfrac{\mu_M}{\mu_S}} \cdot 100\%$$

In dieser Formel bedeuten:

μ_M .... Absorptionskoeffizient der Matrix der Probe

μ_S ..... Absorptionskoeffizient der Standards

I_S ..... Intensität der Linie *hkl* des Carbids im Standard

I_K ..... Intensität der Linie *hkl* des Carbids in der Probe

v_S ..... bekannter Volumsanteil des Carbids im Standard

Als Standard wurde bei der röntgenographischen Carbidbestimmung das Isolat der Probe 5 verwendet und die an dieser Probe erhaltenen Untersuchungsergebnisse der Carbid- und Matrixzusammensetzung für die erforderlichen Berechnungen von μ_M, μ_S und v_S herangezogen.

Für v_S ergab sich im Falle der Bestimmung des M_6C ein Wert von 0,85. Der Absorptionskoeffizient des Standards ergibt sich aus der Mischung der 85 Volumprozent M_6C und 15 Volumprozent VC,

wobei die linearen Absorptionskoeffizienten der einzelnen Carbidtypen aus ihrem Kristallaufbau unter Berücksichtigung der mit der
Mikrosonde bestimmten Zusammensetzung berechnet wurden. Die
so erhaltenen Werte der Absorptionskoeffizienten für Cr-Strahlung
sind unter μ real in Tabelle 7 angeführt.

Tabelle 7. Absorptionskoeffizienten μ der Carbide M_6C und VC für Cr-Strahlung,
ermittelt aus dem Kristallaufbau einerseits unter Berücksichtigung der mit der
Mikrosonde bestimmten Zusammensetzung der Carbide (μ real) und andererseits
unter Berücksichtigung ihrer stöchiometrischen Zusammensetzung (μ stöchiom.)

Carbide		μ real (cm^{-1})	μ stöchiom. (cm^{-1})
M_6C	$Fe_4\,(WMo)_2C$	2968	3050
	$Fe_3\,(WMo)_3C$	—	4215
VC		1126	332

Zum Vergleich dazu wurden die linearen Absorptionskoeffizienten unter Zugrundelegung der stöchiometrischen Formeln berechnet,
wobei auch ein anderer M_6C-Typ, nämlich $Fe_3\,(WMo)_3C$ berücksichtigt wurde. Wie aus den angeführten Werten ersichtlich, ist zur
Ermittlung des Absorptionskoeffizienten des Standards die Kenntnis
der genauen Zusammensetzung der Carbide notwendig.

Für die Absorptionskoeffizienten der Matrix wurde in durchaus
zulässiger Weise der des Martensits eingesetzt, weil sich die Absorptionskoeffizienten des Martensits und Austenits bei Annahme gleicher
Zusammensetzung nur um 4%, im speziellen Fall des untersuchten
Stahles nur um 1% unterscheiden.

5.2. Röntgenographische Restaustenit- und Martensitbestimmung

Der Volumenanteil des Restaustenits, v_A, wird nach der Formel

$$v_A = \frac{I_A}{I_A + k \cdot I_M} \cdot 100\%$$

bzw. durch Korrektur mit dem Volumenanteil Carbid, v_K,

$$v_A = \frac{I_A}{I_A + k \cdot I_M}\,(100 - v_K)\,\%$$

bestimmt.

Mit I_A und I_M sind die Intensitäten der Austenitlinien bzw. der
Martensitlinien bezeichnet. Der Faktor k ist ein Korrekturfaktor,

der den unterschiedlichen Kristallaufbau zweier Phasen, im vorliegenden Fall des Restaustenits und des Martensits, berücksichtigt. Die unterschiedliche Zusammensetzung des Restaustenits und des Martensits beeinflußt den Wert des k-Faktors und ist somit eine von der Probe her bedingte Fehlerquelle.

Für die betriebliche Restaustenitbestimmung werden in der Regel k-Faktoren unter der Annahme eines reinen Eisengitters, jedoch mit jeweils 1 Gew.% gelöstem C verwendet. Diese Werte sind für Cr-Strahlung unter k_1, berechnet für 3 Linienkombinationen $hkl_{Austenit}$ und $hkl_{Martensit}$, in Tabelle 8 eingetragen. Zum Vergleich sind die unter Zugrundelegung der mit der Mikrosonde bestimmten Zusammensetzungen des Restaustenits und des Martensits berechneten k-Faktoren unter k_2, sowie der Unterschied der beiden k-Faktoren Δk in Prozent von k_1 angeführt.

Tabelle 8. Korrekturfaktoren k berechnet für reines Fe mit 1 Gew.% C (k_1) und für S 6-5-2 unter Berücksichtigung der mit der Mikrosonde bestimmten Zusammensetzung des Austenits und des Martensits (k_2) sowie der Unterschied der beiden k-Faktoren Δk in Prozent von k_1

hkl_A / hkl_M		k_1 (1% C)	k_2 (S 6-5-2)	Δk
111	110	0,783	0,751	−4,1%
200	110	0,373	0,358	−4,2%
200	211	0,165	0,156	−5,5%

Diesen Ergebnissen zufolge kann in der Berechnung des relativen Fehlers für den Restaustenitgehalt der relative Fehler von k mit 6% eingesetzt werden, und darf somit, selbst bei kleinen Restaustenitgehalten nicht mehr vernachlässigt werden.

6. Ergebnisse

Die röntgenographische Phasenbestimmung wurde an den Proben 1 bis 4 mit einem Kristalloflex 4 der Fa. Siemens mit Cr- und Mo-Strahlung durchgeführt.

Die Auswertung der erhaltenen Schreiberdiagramme (siehe Abb. 4) zur Bestimmung der α- und γ-Anteile erfolgte bei den Untersuchungen mit Cr-Strahlung durch Ermittlung der Integralintensitäten der Linien γ (200) und α (110), wobei die maximalen Impulshöhen, mit den zugehörigen Halbwertsbreiten multipliziert wurden. Wenn die

     D. Krump und O. Gründler:

Linien γ (111) und α (110) gut trennbar waren, wurde auch diese
Linienkombination verwendet. Zur quantitativen Carbidbestimmung
wurden 3 Linien je Probe herangezogen und aus den erhaltenen
Ergebnissen der Mittelwert gebildet.

Zur Auswertung der mit Mo-Strahlung erhaltenen Schreiberdiagramme wurde die Integralintensität der Linien α (211) und γ (200)
ermittelt. Diese Linien sind die einzigen, die bei Verwendung dieser

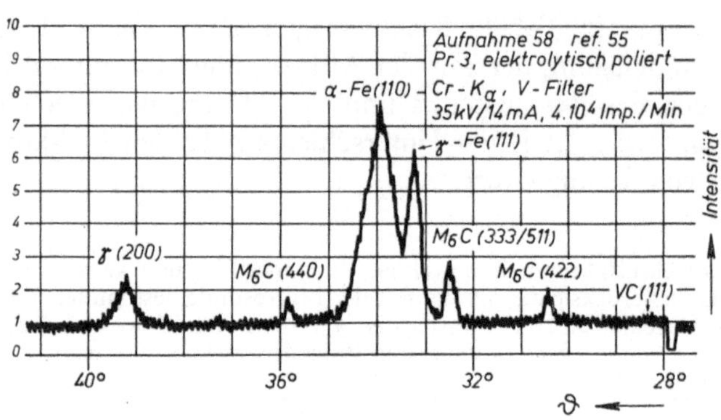

Abb. 4.
S 6-5-2, Röntgenfeinstrukturdiagramm der Probe 3 (1230⁰ C/10 Sek./mm/Öl)

Strahlung nicht von störenden Carbidlinien überlagert sind. Andererseits steht nur eine Carbidlinie für die quantitative Carbidbestimmung zur Verfügung.

Die Ergebnisse dieser Auswertungen sind in der Tabelle 9 zusammengestellt. Die Proben 1 bis 4 wurden bei gleichbleibenden
Tauchzeiten Abschreckbehandlungen von Temperaturen unterzogen,
die für die Probe 1 1190⁰ C, für die Probe 2 1210⁰ C, für die Probe 3
1230⁰ C und für die Probe 4 1250⁰ C betrugen.

Mit steigender Härtetemperatur geht erfahrungsgemäß das M_6C-
Carbid in zunehmendem Maße in Lösung, so daß der Anteil an diesem Carbid kleiner wird. Gleichzeitig wird der Restaustenitanteil
erhöht und der α-Anteil entsprechend vermindert. Aus der Tabelle 9
ist zu ersehen, daß bei Verwendung von Cr-Strahlung der M_6C-Anteil
von 12,1 auf 8,2 Vol.% abnimmt, der Restaustenitanteil von 20,2
auf 25,5 Vol.% zunimmt. Der röntgenographisch bestimmte α-Anteil
zeigt nicht in dem Maße die erwartete Tendenz zur Abnahme, wie
dies bei den magnetisch bestimmten α-Anteilen sowie bei den mit
Mo-Strahlung bestimmten α-Anteilen zum Ausdruck kommt. Die
mit Mo-Strahlung ermittelten α-Anteile gehen mit steigender Härtetemperatur von 65,3 auf 60,5 Vol.% zurück.

Als Fehlergrenzen sind bei den quantitativen Carbidbestimmungen ± 25 rel.%, für den Restaustenitgehalt im Mittel ± 12 rel.%, für den röntgenographisch bestimmten α-Anteil ± 5 rel.% und für den magnetisch bestimmten α-Anteil ± 10 rel.% einzusetzen, wie aus den

Tabelle 9. Meßergebnisse und Angabe der Fehlergrenzen an den Proben 1 bis 4, Schnellstahl S 6-5-2

Pr. Nr.	Vol. % M_6C[a]		Vol. % VC	Summe M_6C u. VC[a]	
	Cr-Str.	Mo-Str.		Cr-Str.	Mo-Str.
1	12,1	11,2	1,5	13,6	12,7
2	10,7	7,6	1,5	12,2	9,1
3	9,7	6,9	1,5	11,2	8,4
4	8,2	7,3	1,5	9,7	8,8

Pr. Nr.	Restaust. (Vol. %)[b]		röntgenog.[c] α-Anteil		magnet.[d] α-Anteil
	Cr-Str.	Mo-Str.	Cr-Str.	Mo-Str.	
1	20,2	22,0	66,1	65,3	71,2
2	22,7	25,0	65,1	65,8	66,9
3	24,8	29,1	64,0	62,5	67,9
4	25,5[e]	30,8	65,1[e]	60,5	63,4

[a]   rel. Fehler ± 25%.

[b]   rel. Fehler im Mittel ± 12%.

[c]   rel. Fehler im Mittel ± 5%.

[d]   rel. Fehler im Mittel ± 10%.

[e]   Mittelwert aus α-Fe(110)/γ-Fe(111) und α-Fe(110)/γ-Fe(200).

Fußnoten der Tabelle ersichtlich. Bei Berücksichtigung der genannten Fehlergrenzen kann man sagen, daß die Ergebnisse dem erwarteten Verhalten des Stahles entsprechen.

Zusammenfassung

Für die röntgenographische Phasenbestimmung an dem Schnellarbeitsstahl S 6-5-2 wurden sowohl Carbiduntersuchungen wie auch Matrixuntersuchungen durchgeführt.

Die Carbidphase des Schnellarbeitsstahles wurde chemisch isoliert, wobei die Isolatausbeute 10,5 Gew.% betrug. Das Isolat wurde analysiert und auf seine Phasen röntgenographisch untersucht. Das Röntgendiagramm zeigte, daß als Hauptbestandteil des Isolats das M_6C-Carbid anzusprechen ist. VC ist in geringen Mengen vorhanden. Metallographisch konnten die beiden Carbidtypen im Schliff durch potentiostatische Ätzverfahren unterschieden werden. Mikrosondenuntersuchungen ergaben die Zusammensetzung der beiden Carbidtypen. Das M_6C-Carbid ist im wesentlichen ein $Fe_4 (WMo)_2C$ mit geringen Beimengen an V und Cr in der Eisengruppe. Das VC ist ein V-reiches Mischcarbid, in dem in Summe etwa 25% an Fe, Cr, Mo und W gelöst sind.

Die Mengenanteile an M_6C und VC im Isolat wurden durch eine Bilanzrechnung unter Anwendung der mit der Mikrosonde erhaltenen Zusammensetzung der Carbide und der Isolatanalyse ermittelt. Nach entsprechenden Umrechnungen wurden die erhaltenen Ergebnisse mit den metallographisch bestimmten Carbidtypenanteilen verglichen.

Das Isolat wurde als Standard zur röntgenographischen Carbidbestimmung herangezogen. Die Berechnung der zur röntgenographischen Carbidbestimmung erforderlichen Absorptionskoeffizienten wurden aufgrund der mit der Mikrosonde bestimmten Zusammensetzungen der Carbidtypen für Cr- und Mo-Strahlung durchgeführt. Die unter Anwendung der Ergebnisse durchgeführte röntgenographische Carbidbestimmung an 4 Proben des Stahles S 6-5-2 mit unterschiedlicher Wärmebehandlung (Härtetemp. 1190⁰ C bis 1250⁰ C; Tauchzeit 10 Sek./mm) ergab Werte von 13,6 Vol.% bis 9,7 Vol.% Carbide für Cr-Strahlung und 12,7 Vol.% bis 8,8 Vol.% Carbide für Mo-Strahlung.

Weiters wurden mit der Mikrosonde Punktanalysen in Martensit- und Restaustenitgebieten des Stahles S 6-5-2 nach einer Wärmebehandlung von 1240⁰ C/20 Sek./mm Tauchzeit durchgeführt, um die Legierungsunterschiede des Martensits und Restaustenits zu erhalten. Diese Legierungsunterschiede wurden für die Berechnung des Relativfehlers von k, dem Korrekturfaktor bei der röntgenographischen Restaustenitbestimmung, herangezogen. Aufgrund der Berechnungen ist der Korrekturfaktor k mit einem relativen Fehler von 6% behaftet.

Unter Berücksichtigung der an den 4 Proben des Stahles S 6-5-2 röntgenographisch bestimmten Carbidanteile wurden an denselben 4 Proben die γ- und α-Anteile röntgenographisch bestimmt. Zur Überprüfung wurden die α-Anteile des Stahles auch auf magnetischem Wege ermittelt und stimmen innerhalb der Fehlergrenzen gut mit den röntgenographisch bestimmten α-Anteilen überein.

Summary

Investigative Methods for Determining Phases in High Speed Steels

Both carbide studies and matrix studies were carried out for X-ray phase determination on the high speed steel S 6-5-2.

The carbide phase was isolated chemically, the isolate yield being 10.5% by weight. The isolate was analysed and its phases investigated X-radiographically. The X-ray diagram showed that M_6C carbide is to be considered the main constituent of the carbide. VC is present in small amounts. The two types of carbide in the cut surface could be distinguished metallographically by a potentiostatic etching procedure. Microprobe studies gave the composition of the two carbide types. The M_6C carbide is essentially a $Fe_4(WMo)_2C$ with slight V and Cr impurities in the iron group. The VC is a V-rich mixed carbide in which about 25% of Fe, Cr, Mo and W are dissolved.

The proportionate amounts of M_6C and VC in the isolate were determined by a balance calculation using the composition of the carbides and isolate analysis obtained with the microprobe. After corresponding conversions the results obtained were compared with the carbide-type constituents determined metallographically.

The isolate was utilized as standard for X-ray determination of carbide. The calculation of the absorption coefficients necessary for X-ray determination of carbides was carried out on the basis of the composition of carbide types for Cr and Mo radiation determined with the microprobe. The X-ray determination of carbides carried out using the results on four samples of the steel S 6-5-2 with differing heat treatment (tempering temperature 1190^0 C, dipping time 10 sec/mm) gave values of 13.6 vol% to 9.7 vol% carbides for Cr radiation and 12.7 vol% to 8.8 vol% carbides for Mo radiation.

In addition, point analyses in martensit and restaustenit regions of the steel S 6-5-2 were carried out with the microprobe after a heat treatment of 1240^0 C 20 sec/mm dipping time in order to obtain the alloying differences of the martensit and restaustenit. These alloying differences were used for calculating the relative error of k, the correction factor in X-ray determination of restaustenit. The calculations indicate that the correction factor k has a relative error of 6%.

Taking into account the carbide constituents as determined X-radiographically in the four samples of the steel S 6-5-2, the gamma and alpha constituents were determined X-radiographically in the same four samples. To check the results, the alpha constituents of the steel were also determined magnetically; they agreed well with X-radiographically determined alpha constituents within the limits of error.

Literatur

[1] J. Robitsch, Acta Physica Austr. **29**, 123 (1969); F. Jeglitsch und H. Scheidl, Prakt. Metallographie **8**, 135 (1971); W. Benmelbery und E. Schreiber, Härterei-Techn. Mitt. **27**, 265 (1972).

[2] R. L. Miller, Trans. ASM **61**, 592 (1968); S. L. Lopata und E. B. Kula, Trans. Metall. Soc. AIME **233**, 288 (1965); U. Wolfstieg, Härterei-Techn. Mitt. **27**, 245 (1972).

Korrespondenz und Sonderdrucke: Frau Dr. Dagmar Krump, Gebr. Böhler & Co. AG., Edelstahlwerke, A-8605 Kapfenberg, Österreich.

Mikrochimica Acta [Wien], Suppl. 6, 1975, 65—69

Staatliches Forschungsinstitut für Werkstoffe, Prag

Über die Auswertung
von Ergebnissen der Phasenisolierung*

Von

Hanuš Tůma

Mit 4 Abbildungen

(Eingegangen am 20. September 1974)

Die Isolierung von Phasen aus Stählen bildet nur einen, wenn auch nicht einfachen Teil der gesamten Phasenanalyse. Über die Isolierungsverfahren besteht eine umfangreiche Literatur. Bei deren Anwendung kann man zu einer guten, praktisch quantitativen Isolierung und Übersicht über die chemische Phasenzusammensetzung sowie über die anwesenden Phasentypen gelangen. Ich möchte mich deshalb der der Isolierung folgenden Aufgabe zuwenden, d. i. der weiteren Auswertung ihrer Ergebnisse.

Bereits die Kenntnis von Änderungen der chemischen Zusammensetzung des Isolats und der Phasentypen können wertvolle Angaben über die im Werkstoff verlaufenden Prozesse während der Wärmebehandlung geben. Doch wäre es von Vorteil, auch numerische Daten über den Verlauf der Ausscheidungsreaktionen in Abhängigkeit von der Temperatur und Probenzusammensetzung zu erhalten. Für diesen Zweck muß selbstverständlich eine Reihe Proben desselben Werkstoffs nach verschiedener Wärmebehandlung untersucht werden. Ferner müssen aus den Gesamtergebnissen der Isolierung die nichtcarbidischen Verunreinigungen ausgeschieden werden, wie der Gehalt an Siliziumverbindungen, Kupfer oder von adsorbierten Gasen, Oxiden u. a. Das kann vorzugsweise rechnerisch unter der

---

* Herrn Prof. Dr. Walter Koch zum 65. Geburtstag gewidmet und anläßlich des 7. Kolloquiums über metallkundliche Analyse mit besonderer Berücksichtigung der Elektronenstrahlmikroanalyse, Wien, 23.—25. 10. 1974 vorgetragen.

Voraussetzung geschehen, daß nur die carbidbildenden Elemente in Carbidform vorliegen und sich an den während der Wärmebehandlung verlaufenden Prozessen beteiligen.

Durch Isolierung von Carbiden aus einer Reihe verschieden wärmebehandelter Proben kann so z. B. die Aktivierungsenergie der Ausscheidungsreaktion, die Temperaturbegrenzung der Ausscheidung gewisser Phasen, gegebenenfalls der Diffusionskoeffizient und der Richtungsfaktor des verlaufenden Prozesses ermittelt werden.

Ausgehend von der allgemeinen Gleichung für die Diffusion im kugelförmigen Raum und von der Arrheniusschen Gleichung kann unter Annahme vereinfachender Voraussetzungen (unveränderliche Konzentration, konstante Keimmenge, Vernachlässigung von weiteren Gliedern unendlicher Reihen) abgeleitet werden, daß im Koordinatensystem $\log M - 1/T$ die experimentellen Ergebnisse Gerade bilden, deren Richtlinien den Aktivierungsenergien der ablaufenden Prozesse entsprechen. M steht hier für der die Änderung des Carbidgehaltes

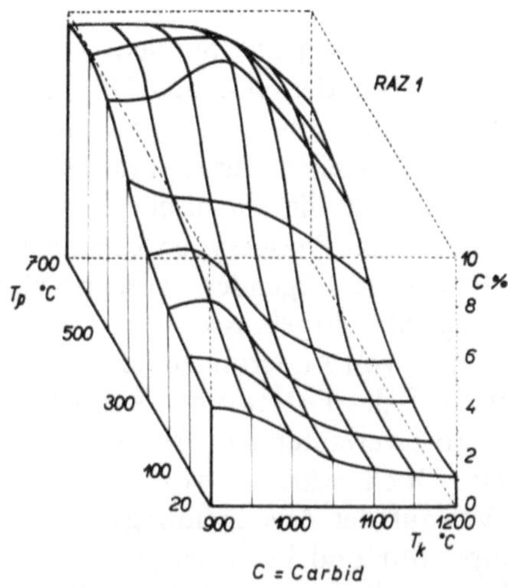

Abb. 1. Gesamtgehalt der Carbide
T_k = Glühtemperatur, T_p = Anlaßtemperatur

bzw. die Änderung des Gehaltes an carbidbildendem Element im Isolat wärmebehandelter Proben, d. i. der gefundene Gehalt nach Abzug des Gehalts im Ausgangszustand; T ist die absolute Temperatur.

In früheren Arbeiten konnte dann unter diesen Voraussetzungen bei Lösungsglühen von kohlenstoffhaltigem Werkzeugstahl der in der Literatur angeführte Wert der Aktivierungsenergie der Kohlenstoffdiffusion in Austenit nachgewiesen werden, während bei dem Anlassen die Knicke der $(\log M - 1/T)$-Geraden die Temperaturbegrenzung der Ausscheidung von ε-Carbid (Fe_xC), χ-Carbid und Zementit anzeigten.

Es wurde nun ein Werkzeugstahl der Zusammensetzung 0,91% C, 4,75% Cr, 0,66% Mo und 0,24% V nach Lösungsglühen von 900 bis 1200⁰ C/2 Std. und Anlassen bis zu 700⁰ C/2 Std. in 100⁰-C-Inter-

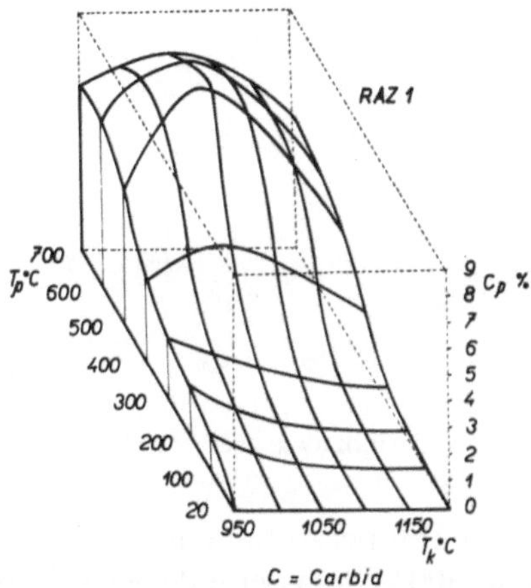

Abb. 2. Zuwachs an Carbiden während des Anlassens

vallen untersucht. Die Carbidisolierung wurde in zitrathaltigem Elektrolyt nach dem üblichen Verfahren vorgenommen. Die Abhängigkeit der Gesamtmenge des Isolats von der Lösungs- und Anlaßtemperatur zeigt das Raumdiagramm in Abb. 1, die Änderung der Carbidmenge nach dem Anlassen das Diagramm in Abb. 2. Die Carbide bestehen aus dem chromlegierten Eisencarbid Fe_3C, den eisenlegierten Chromcarbiden Cr_7C_3 und $Cr_{23}C_6$ mit Molybdängehalt und aus dem Vanadincarbid VC.

Die Abb. 3 zeigt die Abhängigkeit des Carbidzuwachses von der reziproken Temperatur. Man sieht, wie die experimentellen Ergebnisse bei allen Glühtemperaturen an Geraden liegen. Die Richtlinie der Geraden nach dem Lösungsglühen ergibt eine Aktivierungsenergie von 68 200 J/At. (16 300 cal/At.), also einen Wert, der niedriger als die Aktivierungsenergie der Kohlenstoffdiffusion in Austenit liegt. Es scheint, daß die Auflösung von komplexen Carbiden nicht nur Funktion der Kohlenstoffdiffusion ist, und daß das Auflösen während der Glühzeit von 2 Std. nicht vollständig verläuft.

Die den Anlaßbedingungen entsprechenden Geraden zeigen Knicke, die die Anlaßbedingungen klar in zwei getrennte Temperaturabschnitte trennen. Die Strukturanalyse des Isolats weist darauf hin,

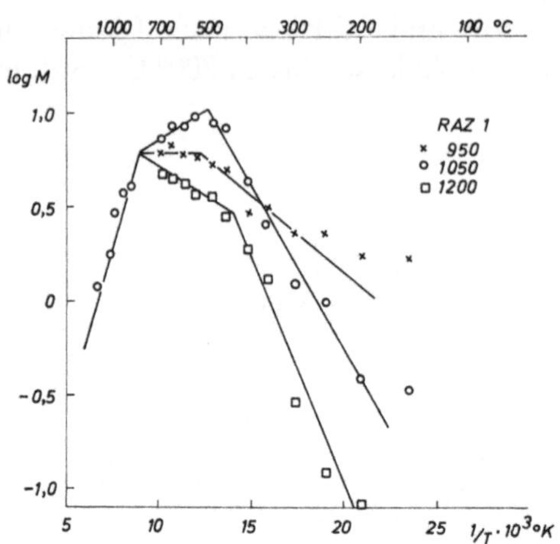

Abb. 3. Abhängigkeit des Carbidzuwachses von der reziproken Temperatur

daß bei den niedrigeren Temperaturen das chromlegierte Eisencarbid, bei höheren (oberhalb 500⁰ C) das eisenlegierte Chromcarbid Cr_7C_3,

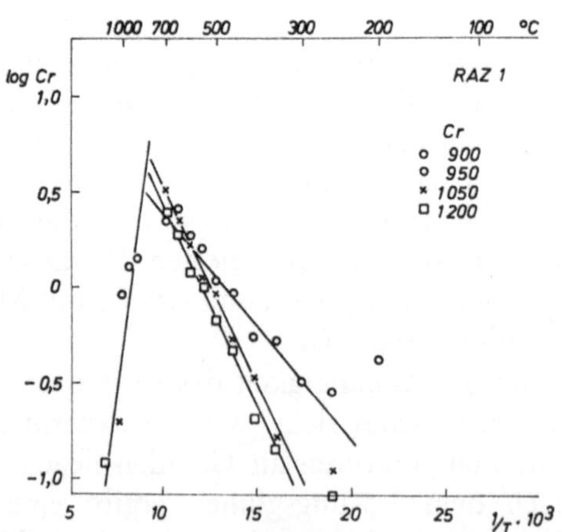

Abb. 4. Abhängigkeit des Chromgehalts von der reziproken Temperatur

weniger das $Cr_{23}C_6$-Carbid ausgeschieden werden. Die Lage der Schnittpunkte der Geraden bei unterschiedlichen Temperaturen beweisen konzentrationsabhängige Ausscheidungsreaktionen nach unvollständigem Lösungsglühen. Doch ergibt sich klar die Temperaturabgrenzung der Ausscheidung beider Carbidtypen.

Wird nun die Konzentrationsänderung der einzelnen Legierungselemente im Isolat aufgetragen (Abb. 4 zeigt den Verlauf des Chromgehalts), so ergeben sich für Chrom, Molybdän bzw. Eisen niedrigere Werte der Aktivierungsenergien, als der Diffusion dieser Elemente entsprechen würden. Demnach muß es sich um addierte Werte von komplex verlaufenden Reaktionen handeln; die Ausscheidung von legierten Carbiden verläuft leichter als die von reinen Carbiden. So wurde z. B. bei Chrom ein Wert um 60 000—80 000 J/At. anstatt mehr als 250 000 J/At. gefunden. Nur bei der Auflösung und Ausscheidung von Vanadin, also bei dem das Grundmetall nicht auflösenden Carbid, wurde der in der Literatur angeführte Wert für die Vanadindiffusion erreicht (ca. 280 500 J/At.).

Die angeführten Verfahren sollen einen weiteren Weg zur Verwertung der Ergebnisse der Phasenisolierung zeigen. Die genaue Deutung der einzelnen Werte sowie Korrekturen der Berechnungsmethoden vom Standpunkt der Thermodynamik werden gewiß noch viel Arbeit verlangen.

Zusammenfassung

Auf einige Möglichkeiten der Auswertung der bei der Phasenanalyse erhaltenen Ergebnisse wurde hingewiesen. Am Beispiel eines Werkzeugstahls wurde gezeigt, wie sich die Menge der carbidischen Phasen während des Glühens und Anlassens ändert. Aus den ermittelten Carbidmengen lassen sich die Aktivierungsenergien berechnen und die Temperaturgrenzen der Ausscheidungsreaktionen bestimmen.

Summary

On the Evaluation of Findings of Phase Isolation

Reference is made to a number of possibilities of the evaluation of results obtained by means of phase analysis. Employing the example of a tool steel, it was shown that the number of carbide phases changes during the annealing and tempering. The activation energies may be calculated from the found carbide amounts and the temperature limits of the separation reactions then determined.

Korrespondenz und Sonderdrucke: Dipl.-Ing. H. Tůma, C. Sc. SVÚM, Opletalova 25, CS-113 12 Praha 1, ČSSR.

Mikrochimica Acta [Wien], Suppl. 6, 1975, 71—80

Aus dem Chemischen Institut „Boris Kidrič", Ljubljana, und Abteilung für Chemie der Fakultät für Naturwissenschaften und Technologie, Universität Ljubljana, Jugoslawien

Aspekte zur Analyse von Elektrolyten und Einschlüssen mittels der Atomabsorptionsspektrometrie*

Von

S. Gomišček und **V. Hudnik**

Mit 4 Abbildungen

(Eingegangen am 26. November 1974)

1. Einleitung

Diese Mitteilung ist eine Ergänzung unserer früheren Versuche, die Möglichkeiten der Elektrolytanalyse mit der Flammen-Atomabsorptionsspektrometrie (AAS) und der Mikroanalyse von Einschlüssen mit der flammenlosen AAS-Technik zu studieren. Die Absicht war nicht, Bestimmungsverfahren für diese Zwecke auszuarbeiten, wir versuchten nur, einige Gesetzmäßigkeiten und Eigenheiten der Atomisierung solcher Proben zu ermitteln, um damit die Möglichkeiten der Anwendung der AAS für diese Analyse noch eingehender kennen zu lernen.

2. Experimentelles

2.1. Meßapparatur

Elektrolyte: Die Messungen wurden mit dem Atomabsorptionsspektrometer der Firma Jarrell Ash, Monochromator 0,5 m, Ebert-Aufstellung, durchgeführt. Als Lichtquellen dienten Hohlkathodenlampen der Firma Westinghouse (Zn, Ca, Mg, Pb, Cr), als Detektor Photomultiplier der Firma

---

* Herrn Prof. Dr. Walter Koch zum 65. Geburtstag gewidmet und anläßlich des 7. Kolloquiums über metallkundliche Analyse mit besonderer Berücksichtigung der Elektronenstrahlmikroanalyse, Wien, 23.—25. 10. 1974 vorgetragen.

Hamamatsu R 213. Die laminare Flamme wurde mit der indirekten Brenneranordnung der Firma Varian-Techtron und mit Gasmischungen C_2H_2-Luft oder C_2H_2-N_2O, die turbulente Flamme aber mit dem direkten HETCO-Brenner der Firma Jarrel Ash und mit der Gasmischung H_2-Luft erzielt. Einschlüsse: Die Proben wurden in dem Graphitrohrofen für die AAS der Firma Perkin Elmer, Modell HGA 70, atomisiert und mit dem Atomabsorptionsspektrometer der Firma Perkin Elmer, Modell 300 S, gemessen. Das Gerät wurde mit dem Deuterium-Untergrundkompensator und mit dem Kompensationsschreiber Perkin Elmer, Modell 56, ausgestattet. Als Lichtquellen dienten Hohlkathodenlampen der Firmen Westinghouse (Cr, Cu, Fe) und Varian-Techtron (Ni, Al, Mn, Co).

2.2. Verfahren

Elektrolyte: Die Probenlösungen wurden in die Flamme versprüht und die Absorption bei den Resonanzspektrallinien und den optimalen Bedingungen gemessen.

Einschlüsse: Bis 1 mg der Probe wurde im PTFE-Autoklav in 1 ml Fluorwasserstoff-Perchlorsäuremischung (4 + 1) bzw. 1 ml Schwefelsäure (1 + 1) bei 220⁰ C in etwa 1 Stunde aufgeschlossen. Anschließend wurde die Probe mit bidestilliertem Wasser in einen 25-ml-Kolben aus Polyäthylen übergeführt. Die Lösungen wurden dann

Tabelle 1. Meßbedingungen bei der flammenlosen AAS

Element	Wellenlänge nm	Temperatur (⁰C) T_1	T_2	T_3	Zeit (s) t_1	t_2	t_3
Al	309,3			2700			10
Co	240,7		1100				
Cr	357,9						
Cu	324,7	100	750	2450	15	30	15
Fe	248,3						
Mn	279,5		1100				
Ni	232,0						20

bei in der Tabelle 1 angegebenen Bedingungen atomisiert und die Absorption gemessen.

Die Chemikalien waren wenn möglich Suprapur-Qualität, das Wasser wurde nach der Entsalzung zweimal in einer Quarz-Apparatur destilliert.

3. Resultate und Diskussion

Für die Flamme sind u. a. das Versprühen der Lösung, die Bildung von Aerosol und sekundäre Reaktionen mit Flammengasen und den Komponenten aus der Probelösung maßgebend.

Organische Substanzen beeinflussen die Atomisierung je nach der Veränderung der Durchflußmenge der Probelösung und je nach der Tröpfchengröße im Aerosol als Folge der veränderten Viskosität und Oberflächenspannung der Lösung. Sie können auch die Flammentemperatur und die Reduktivität der Flamme beeinflussen und damit auf die Zahl der freien Atome einwirken.

In den Elektrolyten für die elektrolytische Isolation sind normalerweise organische Substanzen (Ascorbin-, Essig-, Glukon-, Zitronensäure, ÄDTA oder deren Salze) auch in höheren Konzentrationen anwesend.

Da man diese als wesentliche und charakteristische Komponenten in den Elektrolyten annehmen kann, haben wir deren Einfluß besondere Aufmerksamkeit gewidmet. In der Abb. 1 ist am Beispiel

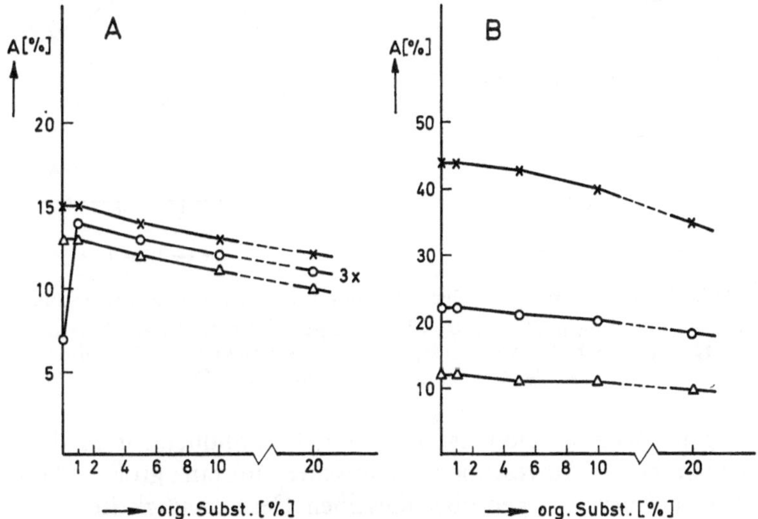

Abb. 1. Die Abhängigkeit der Absorption von der Konzentration der organischen Substanz in der Lösung

A) Calcium, 1 μg/ml Ca^{2+}, B) Zink, 0,5 μg/ml Zn^{2+}; × C_2H_2-Luft, △ C_2H_2-N_2O, ○ H_2-Luft; 3x — dreimalige Skalendehnung

von Calcium und Zink gezeigt, daß steigende Mengen organischer Substanzen vor allem eine Absorptionssignalverminderung wegen der Viskositätssteigerung und der sich daraus ergebenden Verkleinerung der Durchflußmenge zur Folge haben. Eine Ausnahme von dieser allgemein gültigen Regel zeigt Calcium in der H_2-Luft-Flamme, wobei kleinere Substanzmengen einen positiven Einfluß haben. Die Absorptions-Konzentrationskurve nimmt erst nach einem Maximum den normalen Verlauf an. Das kann man der erhöhten Temperatur und der vergrößerten Reduktivität der Flamme zuschreiben, nachdem bei größeren Substanzkonzentrationen der Viskositätseinfluß überwiegt.

Auch die Abhängigkeit der Absorption von der Beobachtungshöhe in der Flamme zeigt keine wesentlichen Unterschiede bei Anwesenheit von organischen Substanzen im Vergleich zu wäßrigen

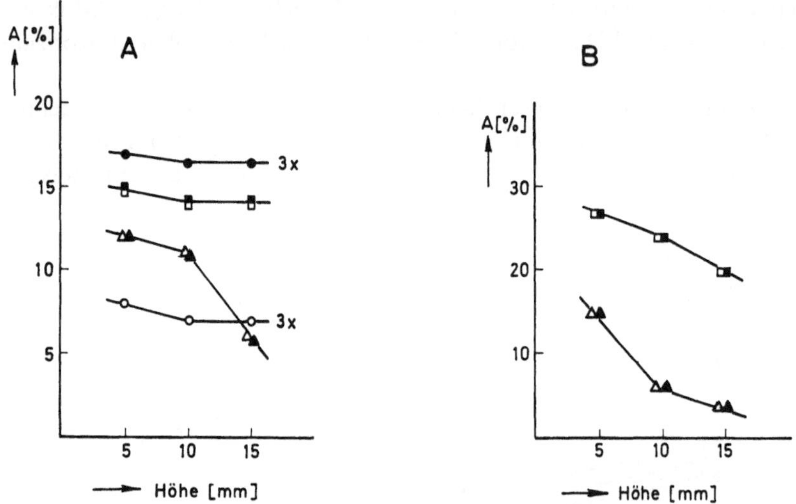

Abb. 2. Die Abhängigkeit der Absorption von der Beobachtungshöhe
A) Calcium, 1 μg/ml Ca^{2+}, B) Chrom, 1 μg/ml Cr^{3+}; $\triangle$, $\blacktriangle$ C$_2$H$_2$-Luft;
$\square$, $\blacksquare$ C$_2$H$_2$-N$_2$O; $\bigcirc$, $\bullet$ H$_2$-Luft; $\triangle$, $\square$, $\bigcirc$ — ohne organische Substanz;
$\blacktriangle$, $\blacksquare$, $\bullet$ mit organischer Substanz (1%)

Lösungen. Beim Calcium ist zwar die Empfindlichkeit in der H$_2$-Luft-Flamme bei Anwesenheit organischer Substanz größer (Abb. 2), die beiden Kurven zeigen aber dieselben Gesetzmäßigkeiten.

In der Abb. 3 ist die Abhängigkeit der Atomisierung von Chrom und Zink von der Zusammensetzung des C$_2$H$_2$-Luft-Gemisches dargestellt. Für Chrom ist charakteristisch, daß es sich in der Flamme rasch rekombiniert, wogegen Zink zu den Elementen gehört, die leicht in der Flamme atomisieren. Wie zu sehen ist, beeinflußt die organische Substanz in beiden Fällen die Größe der Absorptionssignale nicht.

Aus allen diesen Versuchen, in welche Blei, Calcium, Chrom, Magnesium und Zink einbezogen wurden, kann man schließen, daß die organischen Substanzen, die gewöhnlich in den Lösungen für die elektrolytische Isolation anwesend sind, keinen wesentlichen Einfluß auf die Atomisierung ausüben. Man kann deshalb bis zu 1% organischer Substanz ohne weiteres auch mit wäßrigen Eichlösungen arbeiten, höhere Konzentrationen der organischen Substanz sind aber zu berücksichtigen.

Die Elektrolyte enthalten größere Mengen anorganischer Salze und organischer Substanzen. Diese haben im besten Fall p. a.-Qua-

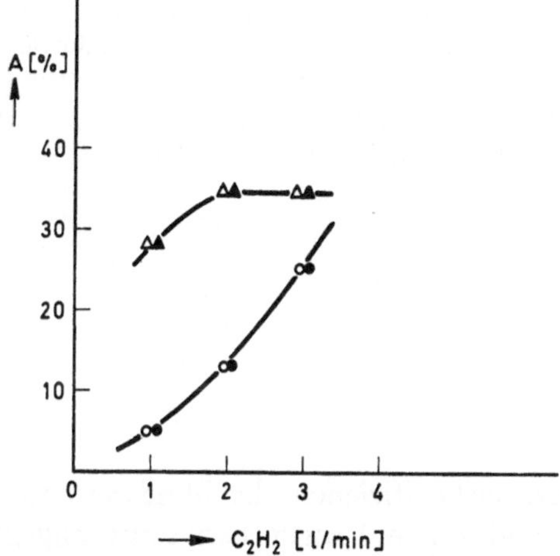

Abb. 3. Die Abhängigkeit der Absorption von der Flammengaszusammensetzung $\bigcirc$, $\bullet$ Chrom, $1\,\mu g/ml$ Cr^{3+}, $\triangle$, $\blacktriangle$ Zink, $0,5\,\mu g/ml$ Zn^{2+}; Flamme C_2H_2-Luft; Beobachtungshöhe 5 mm; $\bigcirc$, $\triangle$ — ohne organische Substanz; $\bullet$, $\blacktriangle$ — mit organischer Substanz (1%)

lität. Die Mengen der gelösten Probe sind relativ klein; deshalb sind die zu bestimmenden Metallkonzentrationen in der Regel niedrig, besonders da das Volumen der Elektrolytlösung groß ist.

Tabelle 2. Die Konzentration einiger Metalle in 1%igen Lösungen von Substanzen, die zur elektrolytischen Isolierung von Einschlüssen verwendet werden ($\mu g/ml$)

Substanz	Element				
	Ca	Cr	Mg	Pb	Zn
Essigsäure	< 0,03	< 0,1	0,02	< 0,3	< 0,02
Ascorbinsäure ...	0,06	< 0,1	0,02	< 0,3	0,03
Zitronensäure ...	0,10	< 0,1	0,02	< 0,3	< 0,02
ÄDTA	0,15	< 0,1	0,03	< 0,3	< 0,02
KCl	< 0,03	< 0,1	< 0,01	0,3	0,02
KBr	< 0,03	< 0,1	< 0,01	0,3	0,02
KJ	< 0,03	< 0,1	< 0,01	< 0,3	0,02
HCl	< 0,03	< 0,1	0,02	< 0,3	< 0,02

Die Blindwerte der Lösung und die Genauigkeit der Bestimmung sind deshalb entscheidend, weil oft an der unteren Nachweisgrenze gearbeitet wird. In der Tabelle 2 sind die Blindwerte für einige 1%ige

Lösungen organischer Substanzen von p. a.-Qualität angegeben. Diese sind für einige Elemente beträchtlich und können daher bei der Bestimmung von Elementen wie Calcium und Magnesium Schwierigkeiten verursachen. In der Tabelle 3 sind die unteren Nachweis-

Tabelle 3. Die Nachweisgrenzen und die Genauigkeit der Messung für die Bestimmung einiger Elemente in 1%iger Essigsäurelösung

Element Flamme	Nachweisgrenze (μg/ml) C_2H_2-Luft	C_2H_2-N_2O	H_2-Luft	Variations-koeffizient* (%)
Ca	0,04	0,03	0,1	1,1
Cr	0,1	0,1	2	1,8
Mg	0,003	0,01	0,02	0,8
Pb	0,3	0,7	0,8	3,1
Zn	0,02	0,02	0,02	1,5

* C_2H_2-Luft

grenzen und Variationskoeffizienten der Blindwerte für die Elemente Ca, Cr, Mg, Pb und Zn in 1%iger Essigsäure angegeben, wie sie bei unseren Versuchsbedingungen ermittelt wurden. Obwohl die Variationskoeffizienten der Messung günstig sind, können die Metallbilanzen in den meisten Fällen nur als annähernd richtig angesehen werden, da die Proben sehr stark verdünnt sind. Wenn die gelösten Metallmengen größer sind, ist die Genauigkeit ausreichend.

In dem Graphitrohrofen sind die früher erwähnten Prozesse zeitlich und hinsichtlich der Temperatur getrennt und man kann zwischen drei Vorgängen unterscheiden: zwischen der Trocknung oder dem Verdampfen des Lösungsmittels, der Zerstörung der organischen oder dem eventuellen Verdampfen leichtflüchtiger anorganischer Substanz und der Atomisierung. In dem Graphitrohrofen verursachen besonders jene Kationen und Anionen Störungen, welche in der Veraschungsphase leichtflüchtige Verbindungen mit dem zu bestimmenden Element bilden. Es besteht auch die Gefahr, daß das Element beim Abdampfen der Matrix mitgerissen wird. Die Temperatur begünstigt diese Effekte. Wenn aber die Matrix erst bei der Atomisierungstemperatur des Elementes verdampft, ist die direkte Bestimmung unmöglich.

Da diese Schwierigkeiten bei der Analyse komplexer Proben oftmals auftreten, trennt man die zu bestimmenden Elemente von der Matrix normalerweise durch Extraktion und bringt die organische Lösung des Metallchelats in den Ofen; meist werden dazu die Metalltetramethylendithiocarbamate (= MeTMDTC) verwendet. Da diese bei der Zersetzungstemperatur in die Oxide, Sulfide oder Sulfoxide übergehen, gelten auch für die Atomisierung von MeTMDTC die allgemeinen Gesetzmäßigkeiten[1].

Bei der Analyse nichtmetallischer Einschlüsse mit der flammenlosen AAS-Technik wurde absichtlich das früher beschriebene Verfahren[2] beibehalten, wobei die Einwaage 1 mg betrug und der Aufschluß im Autoklaven bei 200⁰ C mit Fluorwasserstoff-Perchlorsäuremischung oder Schwefelsäure ausgeführt wurde.

Auch bei der Mikroanalyse von Einschlüssen mit der flammenlosen AAS bestimmen Blindwerte und Genauigkeit deren Anwendbarkeit, da die Konzentrationen der Elemente in der Nähe der Nachweisgrenzen liegen. Aus der Tabelle 4 sind die Blindwerte für

Tabelle 4. Die Blindwerte für einige Metalle nach dem Aufschluß im PTFE-Autoklav (flammenlose AAS), (1 ml Säure/25 ml-10 μl) —

Element	HF + HClO$_4$ 4 : 1		H$_2$SO$_4$ 1 : 1	
	ng/10 μl	%	ng/10 μl	%
Al	1,4	0,28	0,22	0,04
Cr	0,1	0,02	< 0,08	< 0,002
Co	< 0,1	< 0,02	< 0,1	< 0,02
Cu	< 0,06	< 0,01	< 0,06	< 0,01
Fe	(*)	—	0,08	0,02
Mn	0,02	0,004	0,02	0,004
Ni	< 0,4	< 0,08	< 0,4	< 0,08

(*) sehr hoch

7 Elemente in Fluorwasserstoff-Perchlorsäuremischung bzw. Schwefelsäure angegeben. Da der Fluorwasserstoff nur von p. a.-Qualität war, sind die Werte für Fluorwasserstoff-Perchlorsäuremischung für einige Elemente viel größer als bei Schwefelsäure. Die Variationskoeffizienten für die Blindwertbestimmungen waren relativ hoch (12—34%), wobei die Genauigkeit für höhere Konzentrationen (1—2 ng/10 μl) viel größer war und die Variationskoeffizienten sowohl der Messung als auch des gesamten Verfahrens 3% nicht überschritten. Die errechneten Nachweisgrenzen sind niedrig. Das gilt besonders für den Aufschluß mit Schwefelsäure, was sehr günstig für die Analyse von Oxideinschlüssen ist (Tabelle 5).

In der Abb. 4 sind die Absorptionssignale für die Chrombestimmung in den Proben- und Blindprobenlösungen dargestellt. Die Blindwerte sind sehr niedrig und die Absorptionssignale für die Proben- und für die Eichlösungen sind gut reproduzierbar. Die Standardzusatzmethode zeigt vergleichsweise gute Übereinstimmung, was auch ein Beweis für die Richtigkeit der Resultate sein könnte.

Tabelle 5. *Die Nachweisgrenzen für die Bestimmung einiger Elemente mittels flammenloser AAS in Einschlüssen (1 mg Einwaage + 1 ml Säure/25 ml—10 μl)*

| Element | Nachweisgrenze | | | |
| | HF + HClO$_4$ | | H$_2$SO$_4$ | |
	ng/10 μl	%	ng/10 μl	%
Al	0,9	0,2	0,1	0,02
Cr	0,1	0,02	0,08	0,02
Co	0,1	0,02	0,1	0,02
Cu	0,06	0,01	0,06	0,01
Fe	—	—	0,02	0,004
Mn	0,01	0,002	0,01	0,002
Ni	0,4	0,08	0,4	0,08

Für die Prüfung der Richtigkeit des Verfahrens standen keine analysierten oder Standardproben zur Verfügung, deshalb arbeite-

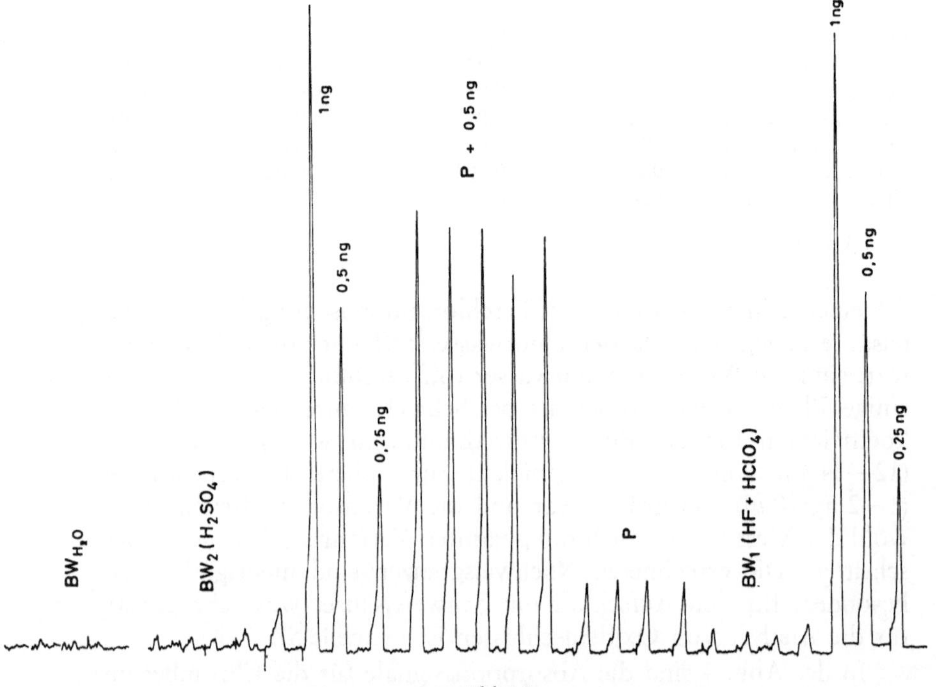

Abb. 4

Die Absorptionssignale bei der Chrombestimmung mit der flammenlosen AAS
P-Probe (1 mg/25 ml—10 μl), BW-Blindprobe

ten wir mit einer Standardprobe Schamottestein BCS 269 und einer Aluminiumoxidprobe, denen bekannte Mengen der untersuchten

Elemente zugegeben wurden. In der Tabelle 6 sind die erzielten Resultate angegeben.

Aus dieser Untersuchung folgt, daß die flammenlose AAS für die Metallbestimmung in Einschlüssen geeignet ist, da sie im Vergleich mit der Flammentechnik beträchtlich niedrigere Nachweisgrenzen ermöglicht. Dabei ist der Aufschluß im PTFE-Autoklav unbedingt anzuwenden, weil die Methode für größere Salzmengen

Tabelle 6. Die Richtigkeit der Bestimmung einiger Metalle mittels flammenloser AAS

Element	Schamottestein		Al_2O_3	
	zugegeben ng/10 μl	gefunden ng/10 μl	zugegeben ng/10 μl	gefunden ng/10 μl
Co	1,00	1,00	1,00	1,04
Cr	0,50	0,46	0,50	0,46
Cu	0,50	0,52	0,50	0,46
Ni	1,00	1,08	1,00	0,86
	gegeben %	gefunden %	—	gefunden %
Fe	2,5*	3,2	—	0,07
Mn	0,02*	0,04	—	< 0,002
Al	18*	21	—	—

* B. C. S. No. 269

ungeeignet ist. Die Flammen-AAS ist aber für die Analyse von Elektrolyten anzuwenden, wobei der Einfluß organischer Substanzen relativ gering ist. Bei höheren Konzentrationen ist deren Einfluß auf die physikalischen Eigenschaften der Lösung (u. a. Viskosität, Oberflächenspannung) zu berücksichtigen.

Zusammenfassung

Die Flammenatomabsorptionsspektrometrie scheint für die Analyse von Elektrolyten nach der elektrolytischen Isolierung geeignet zu sein. Organische sowie anorganische Substanzen, welche in den Elektrolytlösungen anwesend sind, üben auf die Atomisierung keine wesentlichen Störungen aus, erhöhen aber die Blindwerte und beeinflussen auf diese Weise die Nachweisgrenzen der Bestimmung.

Die flammenlose Atomabsorptionsspektrometrie ermöglicht die Bestimmung von Elementen in Nanogrammengen in nichtmetallischen Einschlüssen. In Verbindung mit Autoklavierung und eventueller Extraktion von Metallen in Form ihrer Carbamate sind die Störungen vollkommen beseitigt und die Nachweisgrenzen im Vergleich mit dem direkten Verfahren noch erniedrigt.

Summary

Aspects of the Analysis of Electrolytes and Inclusions by Means of Atomic Absorption Spectrometry

Flame atomic absorption spectrometry appears to be suitable for the analysis of electrolytes following electrolytic isolation. Organic as well as inorganic substances that are present in the electrolyte solutions exert no significant interferences on the atomisation but they do increase the blank values and also in this manner influence the detection limits of the determination. The flameless atomic absorption spectrometry makes possible the determination of elements in nanogram amounts in non-metallic inclusions. In combination with autoclaving and subsequent extraction of the metals in the form of their carbamates, there is complete elimination of interferences, and the detection limits are lowered still more in comparison with the direct procedure.

Literatur

[1] S. Gomišček, Z. Lengar, J. Černetič und V. Hudnik, Analyt. Chim. Acta **73**, 97 (1974).

[2] S. Gomišček, M. Špan, T. Lavrič und V. Hudnik, Mikrochim. Acta [Wien] **1974**, 567.

Korrespondenz und Sonderdrucke: Prof. Dr. S. Gomišček, Fakultät für Naturwissenschaften und Technologie, Aškerčeva 9a, Ljubljana, Jugoslawien.

Mikrochimica Acta [Wien], Suppl. 6, 1975, 81—92

Aus den Dolomitwerken Wülfrath und aus dem Institut für analytische Chemie und Mikrochemie der Technischen Hochschule Wien

Mikrosondenuntersuchungen der Verteilung von Cr, Ni, Mn, W, V bei der Verschlackung von Dolomit- und Magnesiasteinen* **

Von

K. H. Obst, W. Münchberg und M. Grasserbauer

Mit 10 Abbildungen

(Eingegangen am 22. November 1974)

Bisherige Untersuchungen zum Verschlackungsmechanismus basischer feuerfester Stoffe wurden im wesentlichen im Vierstoffsystem Eisenoxid, Kieselsäure, Calciumoxid und Magnesiumoxid durchgeführt. Über das Verhalten von Legierungselementen bei der Verschlackung, wie sie bei der Herstellung hochlegierter Stähle Einsatz finden, gab es bislang keine Untersuchungen.

In gemeinsamen Versuchen der Edelstahlwerke Witten A. G.** mit den Dolomitwerken Wülfrath wurden in einem Elektrolichtbogenofen auswechselbare Versuchsstäbe aus Sinterdolomit- und Sintermagnesiasteinen der Betriebsverschlackung ausgesetzt. Je ein Versuchsstab wurde während des Einschmelzens, des Blasens und des Feinens den jeweiligen Verschlackungsbedingungen unterworfen. Ein weiterer Stab war der Einschmelz- und der Blasphase und wiederum ein weiterer dem Blasen und dem Feinen ausgesetzt, während ein Stab über die gesamte Schmelzdauer verschlackt wurde. Die auf die Versuchsstäbe einwirkenden Schlacken wurden zum Zeitpunkt

---

* Herrn Prof. Dr. Walter Koch zum 65. Geburtstag gewidmet und anläßlich des 7. Kolloquiums über metallkundliche Analyse mit besonderer Berücksichtigung der Elektronenstrahlmikroanalyse, Wien, 23.—25. 10. 1974 vorgetragen.

** Dissertation H. Comes, Clausthal 1974.

des Stabwechsels geprobt und mikroskopisch und mikroanalytisch untersucht.

Als Beispiel sei das Gefüge der hochlegierten Qualität X 10 Cr Ni Nb 18.9 näher beschrieben (Abb. 1):

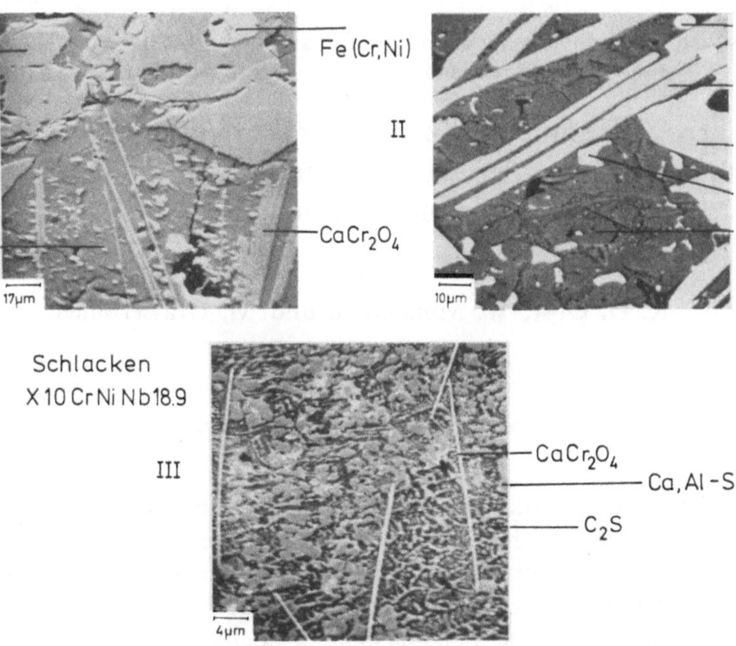

Abb. 1. Mikrostruktur der Einschmelzschlacke (I), Blasschlacke (II), Legierungs-schlacke (III) (REM-Aufnahmen)

Periode I, Einschmelzen:

Als Hauptphasen treten hier Spinelle der Zusammensetzung $(Fe, Mg)O \cdot Cr_2O_3$ und leistenförmige Calciumchromite in einer Matrix aus Dicalciumsilikat auf. Außerdem finden sich zahlreiche Metalleinschlüsse im Gefüge: mit Cr und Ni legiertem Eisen. Sehr feine, dendritische Ausscheidungen im Silikat wurden als Ca-Mn-Ferrit bestimmt.

Periode II, Blasen:

Das Gefüge ist dem der Einschmelzperiode sehr ähnlich. Vereinzelt wurde noch in der Nähe der Leisten eine Ca-Cr-Nb-Verbindung von geringer Abmessung analysiert.

Periode III, Legieren:

Dieses sehr feinkörnige Gefüge ist durch extrem dünne und lange Nadeln eines $CaCr_2O_4$-$CaAl_2O_4$-Mischkristalls in einer Matrix von Ca-Al-Silikat und Dicalciumsilikat gekennzeichnet. Stellenweise tritt überschüssiges CaO als Freikalk auf.

Wichtig ist hierbei die Bindung des Chroms; es tritt in der Einschmelz- und Blasschlacke sowohl in Form von Spinellen als auch von Calciumchromit auf, während es in der Feinungsschlacke nur an CaO gebunden ist.

Die oben erwähnten Versuchsstäbe bestanden aus keramisch gebundenem Dolomit (ca. 38% MgO, 59% CaO und 3% Fremdoxide) und keramisch geb. eisenarmer Magnesia (ca. 95% MgO und

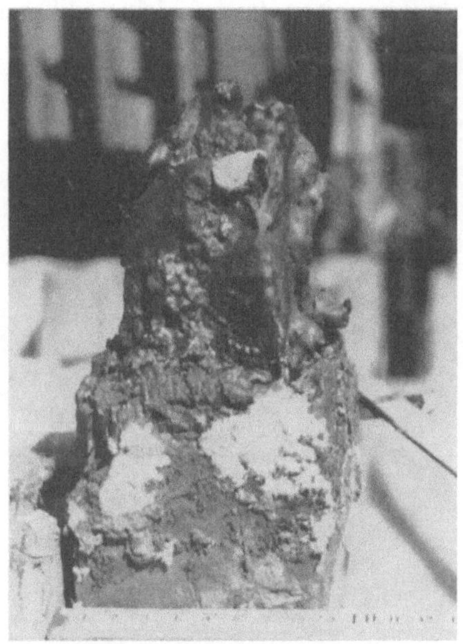

Abb. 2. Feuerfester Probestab nach dem Einsatz

5% Ca-Silikate). Die Schlacken- und Temperatureinwirkung aus dem Ofenraum erfolgte hauptsächlich auf die Stirnfläche 50×50 mm. Die Bedingungen für Temperatur und Atmosphäre waren:

in Periode I,   Einschmelzen: 1000—1300° C   oxydierend
in Periode II, Blasen mit O_2: 1600—1800° C   stark oxydierend
in Periode III, Legieren: 1600° C   stark reduzierend

Das Stabwechselschema wurde bereits oben erläutert. Nach Abkühlung in Argon wurde die verschlackte Stirnseite abgetrennt (Abb. 2)

und wie folgt untersucht: Chemische Analyse — Röntgenbeugungsanalyse — Auflichtmikroskopie — Elektronenstrahlmikroanalyse.
Letztere wurde quantitativ mit der ARL-Mikrosonde mit Hilfe von
selbst hergestellten, präparierten Standards vorgenommen. Dabei
wurden ausgewählte Bereiche der vorher lichtmikroskopisch untersuchten Anschliffe markiert.

Keramisch gebundener Dolomitstein

Schmelze (60 W Cr V 7);

(0,15 Si, 0,35 Mn, 0,06 S, 1,07 Cr, 1,92 W, 0,18 V).

Während der Periode I laufen am Sinterdolomit die bekannten
Verschlackungsvorgänge ab: Der CaO-Anteil reagiert mit Fe_2O_3
und SiO_2 zu Calciumferriten und Calciumsilikaten (Abb. 3). Der

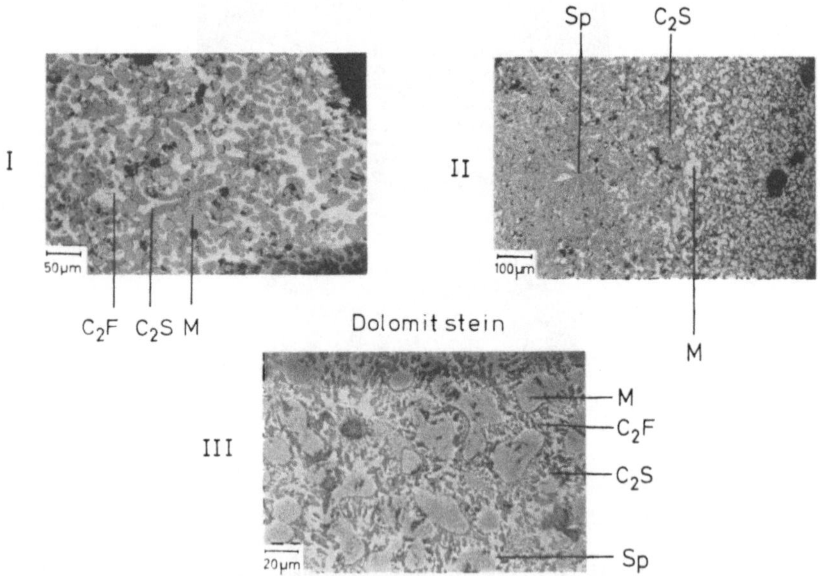

Abb. 3. Mikrostruktur der Verschlackungszone am Dolomitstein
I — Einschmelzen, II — Blasen, III — Legieren (auflichtmikroskopische Bilder)

Periklas (MgO) hat etwas Eisenoxid in sein Gitter aufgenommen
und zeigt Kristallwachstum. Er schwimmt — voneinander isoliert —
in einer Umgebung von C_2F und C_2S. Einige Millimeter hinter der
Verschlackungszone dringt die Schlacke, entlang den Poren, unter
Bildung von C_3S und C_2F örtlich vor.

Während der Periode II wird verstärkt die Bildung von Calciumsilikaten beobachtet, da durch das Sauerstoffblasen das Silizium aus
dem Schrott zu SiO_2 oxydiert.

Charakteristisch ist die Ausbildung sternförmiger Spinellneubildungen der Zusammensetzung $(Mg, Fe)O \cdot (Cr, Fe)_2O_3$ (Abb. 4). Die

Abb. 4. Sekundärelektronen- und Flächenscanningbilder eines Spinellsternes aus
der Verschlackungszone des Dolomitsteines (II — Blasen)

Periklaskristalle sind durch starke FeO-Aufnahme zu Magnesio-
Wüstit umgewandelt, dabei verlieren sie ihre ursprüngliche rundliche
Form.

Periode III zeigt eine Zunahme der Calciumferritbildung, wobei
jetzt Silikat und Ferrit eutektisch miteinander verwachsen sind. Die
Periklase sind korrodiert und besitzen überwiegend längliche Form.
Die ersten, wenn auch noch sehr kleinen Spinellneubildungen treten
auf. In den voreilenden Verschlackungsnestern kommt es zur Ausbildung idiomorph begrenzter Tricalciumsilikatkristalle.

Perioden I und II, II und III:

Die längere Verweilzeit über zwei Perioden hat einen stärkeren
Angriff zur Folge (Abb. 5). Grundsätzlich ändert sich jedoch nichts.
Auch hier ist das zeitliche Vorherrschen von Ferrit- und Silikatneu-

bildungen charakteristisch. Der Stab mit der längsten Verweilzeit enthält in seiner Verschlackungszone relativ große, gut ausgebildete Spinelle der Zusammensetzung $(Mg, Fe)O \cdot (Cr, Fe)_2O_3$, die teilweise mit den Periklasen koaxial verwachsen sind.

Um die Einwanderung und damit das Verhalten der Legierungselemente zu verfolgen, wurden die bei der mikroskopischen Untersuchung gefundenen Hauptphasen Periklas, Calciumsilikat, Calcium-

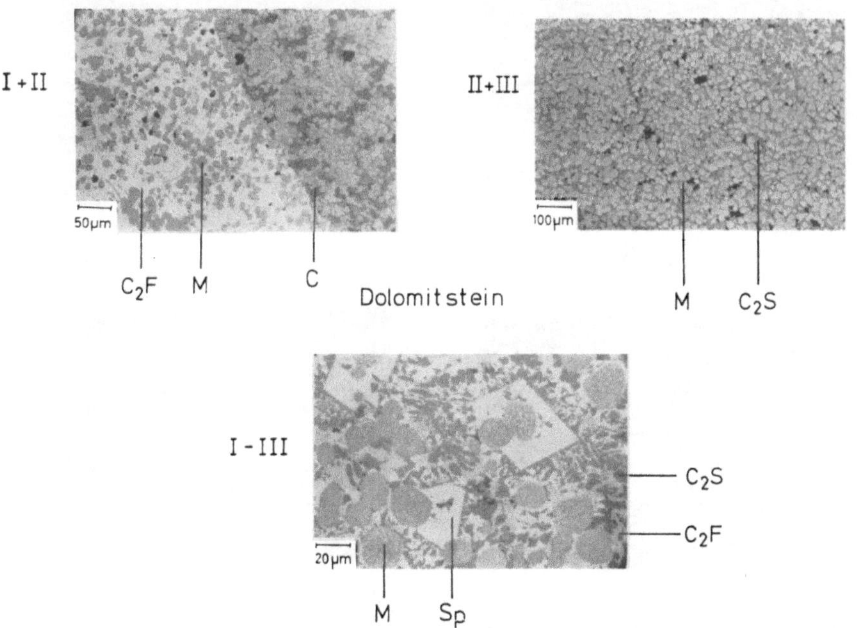

Abb. 5. Mikrostruktur der Verschlackungszone am Dolomitstein
I+II Einschmelzen und Blasen; II+III Blasen und Legieren; I—III Einschmelzen bis Legieren (auflichtmikroskopische Bilder)

ferrit und Spinell quantitativ auf ihren Gehalt an Cr, Mn, W und V untersucht (siehe Abb. 6).

Chrom bevorzugt während aller Perioden den Periklas zunächst unter Aufnahme in sein Gitter, um später dann Spinell zu bilden. In deutlich geringeren Mengen wird Chrom vom Calciumferrit und den Calciumsilikaten aufgenommen. Eine Abhängigkeit des Chromgehaltes von der metallurgischen Arbeit ist nicht festzustellen, da die Schlacke auf Grund der Stahlqualität sehr wenig Chrom enthält.

Manganoxid ist eine sogenannte Durchläuferphase, die vorwiegend im neugebildeten Spinell, im Periklas und im Calciumferrit zu finden ist. Bei längerer Einwirkdauer tritt Mn auch ins Calciumsilikat ein.

Vanadin und Wolfram sind über die gesamte Schmelzdauer ziemlich gleichmäßig im Calciumferrit eingebaut. In der Periode II wird

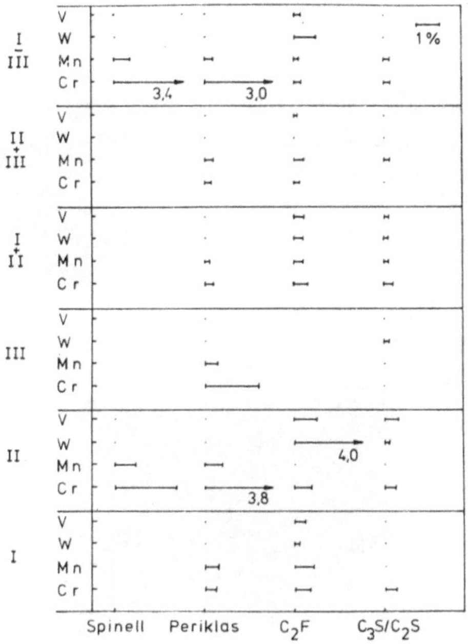

Abb. 6. Verteilung der Legierungselemente für die Schmelze 60 W Cr V 7 beim Dolomitstein

es aber auch im Calciumsilikat gefunden. Darüber hinaus trifft man gelegentlich auf Calciumferrite, die bis zu 6% W enthalten.

Keramisch gebundener eisenarmer Magnesiastein

Schmelze (X 10 Cr Ni Nb 18.9);
(0,18 Si, 1,69 Mn, 0,015 S, 18,2 Cr, 10.98 Ni).

Während der Periode I bildet sich eine dichte Spinell-Calciumsilikatzone an der Feuerseite aus. Die Spinelle der Zusammensetzung $(Fe, Mg)O \cdot (Fe, Cr)_2O_3$ sind auf Grund unterschiedlichen Chromoxidgehaltes zonar gebaut. Der Chromoxidgehalt nimmt außerdem kontinuierlich zur kalten Seite hin ab. Bei der dunklen Matrix handelt es sich vorwiegend um Dicalciumsilikat (Abb. 7).

Die Verschlackung der Periode II ist durch Infiltration von Mg-Ca-Silikaten charakterisiert. Sie füllen zunächst die offenen Poren;

im weiteren Verlauf werden auch Periklase aus ihrem Kornverband
herausgelöst.

Periode III zeigt Parallelen zur Verschlackung von Dolomit: Ein
Eutektikum von Dicalciumferrit und Dicalciumsilikat dringt entlang
der Korngrenze vor und löst die Periklase aus ihrem Verband, um

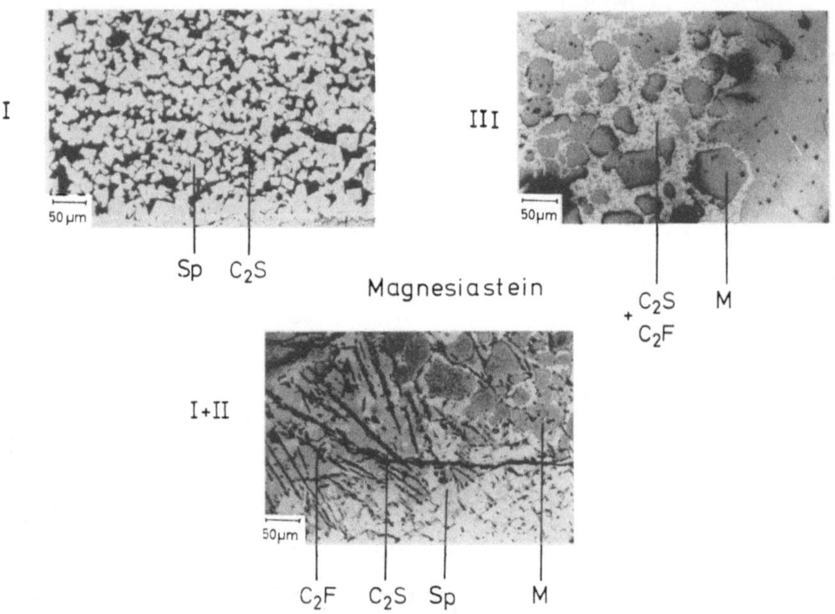

Abb. 7. Mikrostruktur der Verschlackungszone am Magnesiastein
I Einschmelzen; III Legieren; I+II Einschmelzen und Blasen (auflichtmikroskopische Bilder)

sie dann feuerseitig auszuschwemmen. Auch die Periklaskristalle
haben ca. 15% Eisenoxid in Form von Magnesioferrit aufgenommen.

Bei längerer Stabverweilzeit kommt es wiederum zur Ausbildung
von Spinellen der Zusammensetzung $(Fe, Mg)O \cdot (Fe, Cr)_2O_3$ (Abb. 8),
daneben findet man Periklas mit hohem Magnesioferritgehalt. Die
Matrix besteht aus Dicalciumsilikat.

Beim Stab, der während der gesamten Schmelzperiode der Schlacke
ausgesetzt war, ist die Spinellbildung noch weiter fortgeschritten,
die Periklaskristalle sind durch den Schlackenangriff stark zerlöchert
und führen grobkristalline Entmischungen von einem Mischspinell
aus Magnesioferrit und Picrochromit. Auch bei diesem Stein wurden die Hauptphasen der Verschlackungszone auf den Gehalt an
Legierungselementen (Cr, Ni, Mn) mikroanalytisch quantitativ untersucht (siehe Abb. 9).

Wie schon beim Dolomit bevorzugt das Chrom als Wirtkristall den Periklas und den neugebildeten Spinell. Im MgO werden ganz

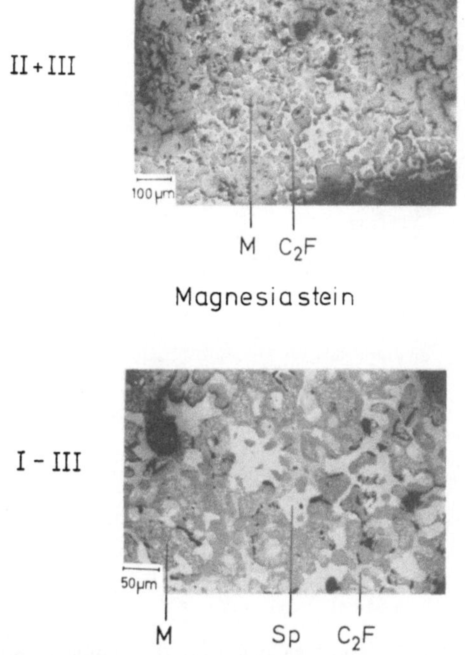

Abb. 8. Mikrostruktur der Verschlackungszone am Magnesiastein
II + III Blasen und Legieren; I—III Einschmelzen bis Legieren (auflichtmikroskopische Bilder)

erhebliche Mengen an Cr_2O_3 (bis zu 8%) aufgenommen. Ebenso findet sich das Legierungselement Nickel (bis auf eine Ausnahme) im Spinell und Periklas, wo es Werte bis zu 5 Gew.% erreichen kann. In geringen Mengen (unter 1%) ist Nickel jedoch auch in den Silikaten zu finden.

Mangan verhält sich wieder als „Durchläuferelement" und tritt in allen untersuchten Phasen auf unter leichter Bevorzugung des Spinells und des Periklas.

Schlußfolgerungen

Die ermittelte Verteilung der Legierungselemente läßt sich im wesentlichen aus der Phasenbildung und kristallchemischen Betrachtungen erklären, wobei der Ionenradius eine wichtige Rolle spielt.

In Abb. 10 sind die Ionenradien der wichtigsten Legierungselemente und der feuerfesten Oxidbildner in Gruppen zusammengefaßt. Ein

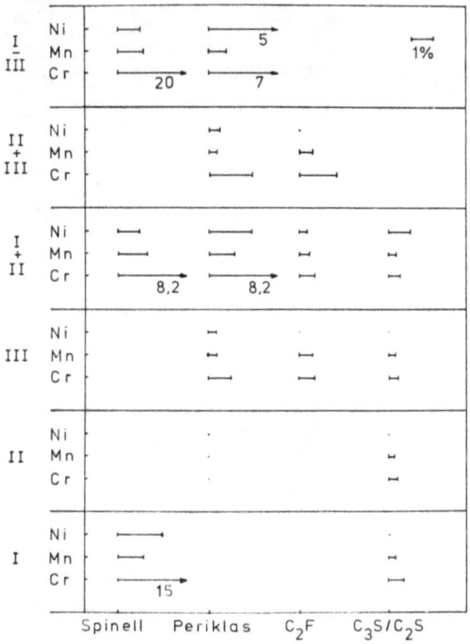

Abb. 9. Verteilung der Legierungselemente für die Schmelze X 10 Cr Ni Nb 18.9 beim eisenarmen Magnesiastein

Einbau erfolgt umso leichter, je mehr sich die Ionen in ihrer Größe gleichen, wobei Unterschiede bis zu 15% noch möglich sind. Gleiche

$$Mg^{2+} = 0{,}78 \longrightarrow Ni^{2+} = 0{,}78 \longrightarrow Mn^{2+} = 0{,}91$$

$$Fe^{3+} = 0{,}67 \longrightarrow Mn^{3+} = 0{,}70 \longrightarrow Cr^{3+} = 0{,}64$$

$$Si^{4+} = 0{,}39 \longrightarrow V^{5+} = 0{,}4$$

$$Fe^{3+} = 0{,}67 \longrightarrow V^{3+} = 0{,}65 \longrightarrow W^{6+} = 0{,}62 \longrightarrow Mo^{6+} = 0{,}62$$

Abb. 10. Ionenradien von Legierungselementen und feuerfesten Oxidbildnern

Wertigkeit ist nicht Voraussetzung, für Ladungsausgleich muß jedoch gesorgt werden.

Periklas als Hauptbestandteil der untersuchten basischen feuerfesten Stoffe bildet mit FeO, MnO und NiO lückenlos Mischkristalle.

Außerdem sind die Spinelle $MgO \cdot Fe_2O_3$ und $MgO \cdot Cr_2O_3$ über 1000^0 C erheblich im MgO löslich. Ähnlich ist es bei den neugebildeten Spinellen des Typs $(Mg, Fe)O \cdot (Cr, Fe)_2O_3$, in denen z. B. das Mg durch Ni und Mn ersetzt werden kann. Ni^{2+} und Mg^{2+} haben die gleichen Ionenradien.

Dicalciumferrit, das besonders bei der Dolomit-, aber auch bei der Magnesitverschlackung entsteht, kann Substitutionsmischkristalle vom Typ $Ca_4(Al_u, Fe_r, Mn_w, Ti_x)_4O_{10}$ bilden, womit das Auftreten des Mn im C_2F erklärbar ist. Seine wechselnde Wertigkeit befähigt es, sowohl für Mg^{2+} als auch für Fe^{3+} einzutreten.

Vanadin bildet mit dem MgO drei Vanadate und mit dem CaO vier Vanadate, wobei es seine verschiedenen Wertigkeiten durchläuft. Wegen seiner hohen Affinität zum CaO tritt es jedoch nur in die Calciumferrite und Calciumsilikate ein.

Wolfram und Molybdän können bei stärkerer Konzentration eigene Ca-Verbindungen bilden: den Scheelit $(CaWO_4)$ und Powelit $(CaMoO_4)$, wie vorhergehende Untersuchungen an Betriebssteinen gezeigt haben. Sind beide Elemente jedoch nur in geringer Konzentration vorhanden, so ersetzen sie im Dicalciumferrit aufgrund des ähnlichen Ionenradius das Eisen.

Das Dicalciumsilikat nimmt Cr_2O_3, Mn_2O_3 und V_2O_5 in Form von Isomorphie- oder Einlagerungsmischkristallen in sein Gitter auf. Ähnliche Ionenradien von Si^{4+} und V^{5+} deuten dabei auf isomorphen Ersatz hin. Somit wären die geringen Gehalte dieser Oxide in den Ca-Silikaten erklärlich.

Die Begründung des Ersatzes von Ionen infolge ähnlicher Ionenradien ist sicher nur eine Möglichkeit. Aktivierungsenergien, Diffusionsgeschwindigkeiten und Phasenbeziehungen müßten ebenso herangezogen werden, nur sind diese Daten für die relativ seltenen Legierungselemente bislang nicht bekannt.

Mit Ausnahme von Chrom rufen also die anderen Legierungselemente keine entscheidende Veränderung des Verschlackungsmechanismus hervor. Chrom verzögert zumindest beim Dolomit und Magnesit den Verschlackungsablauf.

Zusammenfassung

Über den Angriff von Stahlschmelzen auf Sinterdolomit- und Sintermagnesitsteine wurde berichtet. Mit Hilfe der Lichtmikroskopie und der Elektronenstrahlmikroanalyse wurden die auftretenden Phasen identifiziert und das Verhalten der Legierungselemente Fe, Cr, Ni, Mn, V und W verfolgt.

Summary

Microprobe Studies of the Distribution of Cr, Ni, Mn, W, V in the Slagging of Dolomite- and Magnesia Rocks

Information is given regarding the attack by steel melts on sinter dolomite- and sinter magnesia bricks. The resulting phases were identified with the aid of the optical microscope and electron beam microanalysis, and the behavior of the alloying elements Fe, Cr, Ni, Mn, V and W was followed.

Korrespondenz und Sonderdrucke: Prof. Dr. K. H. Obst, Flehenberg 58, D-5603 Wülfrath, Bundesrepublik Deutschland.

Mikrochimica Acta [Wien], Suppl. 6, 1975, 93—104

Aus dem Edelstahlwerk Witten AG

Möglichkeiten der Untersuchung chromhaltiger Oxideinschlüsse in Stählen*

Von

J. Bruch und Hans-Hermann Meier

Mit 6 Abbildungen

(Eingegangen am 23. Oktober 1974)

Einleitung

Infolge der Löslichkeit des Sauerstoffs in der Schmelze enthält jeder Stahl im festen Zustand Oxide, die je nach Art und Menge Einfluß auf bestimmte Stahleigenschaften haben. Dies gilt z. B. besonders für die Polierfähigkeit. Nur wenige eingehende Untersuchungen wurden hierüber angestellt[1-3]. Eine systematische Arbeit über den Einfluß von Oxiden des Systems SiO_2-MnO-Al_2O_3 liegt vor[4], die zur Zeit auf chromhaltige Oxide erweitert wird. Über einige im Rahmen dieser Arbeit gemachte Beobachtungen und Erfahrungen wird im folgenden berichtet.

Obwohl die Zusammensetzung der Oxide von Art, Menge und Verhältnis der desoxydierenden Elemente abhängt[4,5,6], ist sie — bedingt durch Ungleichgewichte, Veränderungen während des Erstarrens und noch nicht genügend bekannte Mehrstoffsysteme — nicht immer vorhersehbar, wie dies vor allem das Auftreten mehrphasiger Einschlüsse zeigt. Deshalb behalten Untersuchungsverfahren für ihre Identifizierung und Charakterisierung große Bedeutung. Dabei kommt man oft nur durch die Anwendung mehrerer Verfahren

---

* Herrn Prof. Dr. Walter Koch zum 65. Geburtstag gewidmet und anläßlich des 7. Kolloquiums über metallkundliche Analyse mit besonderer Berücksichtigung der Elektronenstrahlmikroanalyse, Wien, 23.—25. 10. 1974 vorgetragen.

zu den nötigen Informationen, wie z. B. durch die Kombination von Isolierungsverfahren mit mineralogischen Untersuchungen sowie Röntgenfeinstrukturanalyse und Elektronenstrahlmikroanalyse[7].

Untersuchungsverfahren und untersuchte Schmelzen

Zur Untersuchung von Einschlüssen in stark chromhaltigen und 18/8-Stählen wurden in dieser Arbeit folgende Verfahren angewendet:

1. Elektrolytische Isolierung in 10%iger alkoholischer Salzsäure in Anlehnung an entsprechende Verfahren von W. Koch[8];

2. Brom-Methanol-Isolierung nach U. Grisar[6];

3. Chlorvakuum-Trennung[8] der Rückstände von 1) und 2);

4. Elektrolytische Isolierung und Trennung nach A. More[9];

5. Mikroskopisch-mineralogische Untersuchung;

6. Röntgenfeinstrukturuntersuchung;

7. Spektrochemische Analyse;

8. Elektronenstrahlmikroanalyse (ESMA).

Aus der Vielzahl von Untersuchungen wurden einige charakteristische Beispiele ausgewählt, um die Möglichkeiten und Grenzen der Verfahren aufzuzeigen. Die hierzu herangezogenen Schmelzen sind in ihrer Zusammensetzung mit der Erzeugungsart in Tabelle 1

Tabelle 1. *Zusammensetzung und Erzeugungsart der untersuchten Stähle*
(Bruch 74-294 / *witten-stahl*)

Schmel-ze	Erzeu-gungsart	C %	Si %	Mn %	Cr %	Ni %	Mo %	Al ppm	O ppm
A	HF	0,4	0,2	0,7	16	0,6	1,2	< 30	366
B	HF	0,4	< 0,1	0,6	16	0,7	1,2	< 30	190
C	LD	0,02	0,04	1,2	17	9	0,4	< 30	510
D	ESU	0,01	0,1	1,7	18	14	2,6	40	100
E	ESU	0,02	0,2	1,6	18	14	2,6	40	70
F	Elo	0,4	0,3	0,9	16	0,6	1,2	< 30	115

aufgeführt. Es handelt sich um Chrom-Molybdän- (16% Cr, 1.2% Mo), 18/8- und 18/14- Chrom-Nickel- bzw. Chrom-Nickel-Molybdän-Stähle. Wie ersichtlich, sind A und B Versuchsschmelzen, C ist eine Probe vor der Vakuumbehandlung; alle Proben zeichnen sich durch niedrige Al-Gehalte aus.

Mangan-Chrom-Spinell (MnO·Cr₂O₃) und Chromoxid (Cr₂O₃)

Die im Schliff beobachtbaren Oxide der Schmelzen A, B und C zeigen gleiche Erscheinungsformen (Abb. 1 a), die sowohl bei Mangan-Chrom-Spinell als auch bei Chromoxid (Cr_2O_3) auftreten, wodurch eine Unterscheidung nicht möglich ist.

Die isolierten Oxide sind bei den Schmelzen A und B überwiegend opak. Daneben werden durchscheinende, blättchenförmige Oxide beobachtet. Letztere treten auch bei den Oxiden der Schmelze

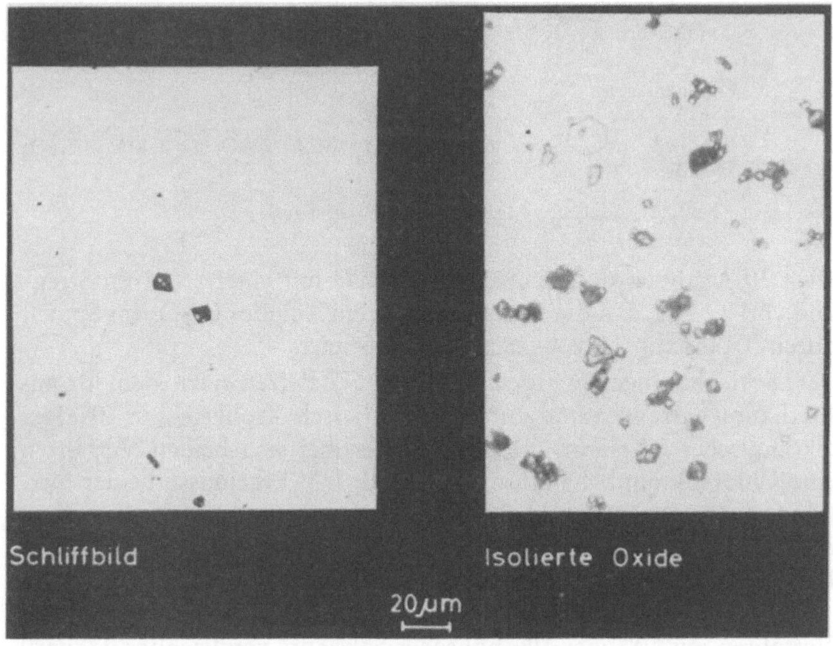

Abb. 1. Mn-Cr-Spinelle der Schmelze C

C auf, während die Hauptphase im Habitus den opaken Einschlüssen der Schmelzen A und B entsprechen, ohne jedoch opak zu sein (Abb. 1 b).

Diesen nur geringen Unterschieden der optischen Verhältnisse steht die Analyse entgegen (Tabelle 2). Die Oxide der beiden ersten Schmelzen enthalten nur 2% MnO, die der dritten Schmelze 25% MnO, d. h. bei A und B erscheinen die Oxide als Chromoxid (Cr_2O_3). Dies wird durch die Feinstrukturanalyse bestätigt. Die Schmelze C weist ebenfalls geringe Anteile an Cr_2O_3 auf, die Hauptmenge besteht jedoch aus Mangan-Chrom-Spinell (MnO·Cr₂O₃). Dem gegenüber liegen die durch ESMA ermittelten Mangan- und Chromoxidgehalte bei den Oxiden aller drei Schmelzen in der Größenordnung der Mangan-Chrom-Spinelle. Es handelt sich um Mittelwerte von jeweils

Tabelle 2. Zusammensetzungen, ermittelt an isolierten Oxiden und durch Elektronenstrahl-Mikroanalysen (ESMA), der Schmelzen A, B und C
(Bruch 74-295 / *witten-stahl*)

Schmel-ze	Verfahren	Zusammensetzung der Oxide in %			Röntgenfeinstruktur
		MnO	Cr_2O_3	TiO_2	
A	Oxidisolierung	2	89	2	Cr_2O_3
	ESMA	31	56	11	
B	Oxidisolierung	2	88	0	Cr_2O_3
	ESMA	28	70	0	
C	Oxidisolierung	25	67	0	$MnO \cdot Cr_2O_3 (a = 8,40 Å) + Cr_2O_3$
	ESMA	27	68	0	

Rest: SiO_2, FeO, Al_2O_3, CaO, MgO in geringen Mengen

etwa 10 Analysen unterschiedlicher Oxide mit einer relativen Streuung von 2—3%. Bei der Schmelze A ist ein Teil des Cr_2O_3 im Spinell durch Titanoxid (berechnet als TiO_2) ersetzt.

Die Isolierungen wurden bei allen Schmelzen nach dem Brom-Methanol-Verfahren und durch elektrolytische Isolierung in 10%iger alkoholischer Salzsäure durchgeführt, wobei sich beiden Verfahren eine Chlorvakuumbehandlung anschloß. Die Ergebnisse beider Verfahren waren praktisch gleich und wurden deshalb in der Tabelle 2 nicht getrennt aufgeführt. Zur weiteren Klärung wurde eine elektrolytische Isolierung und Trennung nach More[8] durchgeführt.

Während die elektrolytische Isolierung dem vorher angewendeten Verfahren mit 10%iger alkoholischer Salzsäure vergleichbar ist, wird zur Entfernung der Carbide anstelle der Chlorvakuumbehandlung eine 5% Kaliumchlorat enthaltende 10%ige Salzsäure verwendet.

Trotz mehrfacher Behandlung mit Kaliumchlorat-Salzsäure konnten die Carbide nicht vollständig zerstört werden. Dies kann möglicherweise durch den relativ hohen Kohlenstoffgehalt dieser Stähle von 0,4% verursacht sein, der gegenüber den durch More untersuchten 18/8-Stählen nicht nur eine höhere Carbidmenge, sondern gröbere Carbide zur Folge hat. Neben $M_{23}C_6$ wurde jedoch schließlich durch Röntgenfeinstrukturanalyse noch das Vorhandensein von Mangan-Chrom-Spinell ($MnO \cdot Cr_2O_3$) festgestellt. Linien geringerer Anteile von Chromoxid (Cr_2O_3) können durch die noch großen Mengen an Carbiden unterdrückt werden.

Zusammenfassend hat diese Untersuchung folgende Ergebnisse gebracht:

1. Es gibt Mangan-Chrom-Spinelle, die sich in ihrem Verhalten chemischen Angriffen gegenüber wesentlich unterscheiden.

2. Bei der Chlorvakuumbehandlung können bestimmte Arten von Mangan-Chrom-Spinellen zerstört werden, wobei praktisch das gesamte Manganoxid und eventuell vorhandene Titanoxide chloriert

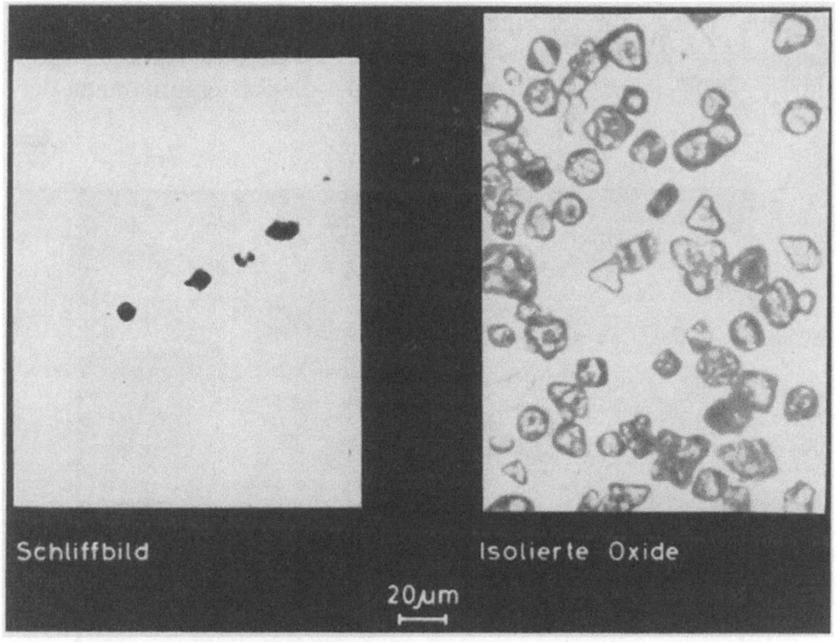

Abb. 2. Mn-Cr-Al-Spinelle der Schmelze D

und anschließend sublimiert werden. Der Chlorierungsrückstand zeigt die unveränderte Form der Spinelle, jedoch sind die Kristalle opak. Die Struktur des Rückstandes entspricht dem Chromoxid (Cr_2O_3), dessen äußere Form übrigens kaum vom Spinell zu unterscheiden ist.

3. Die Behandlung eines Oxid-Carbidgemisches mit Kaliumchlorat-Salzsäure kann bei hohen Carbidmengen und relativ groben Carbiden zur nur unvollständigen Zerstörung der Carbide führen.

4. Das Auftreten geringerer Mengen Chromoxid (Cr_2O_3) neben Mangan-Chrom-Spinell konnte nur durch die mikroskopische Untersuchung der isolierten Oxide und deren Feinstrukturanalyse ermittelt werden.

Mangan-Chrom-Spinell (MnO·Cr₂O₃) mit definierten unterschiedlichen Aluminiumoxidgehalten

Die Schmelzen D und E (Tabelle 1) wurden nach dem Elektroschlacken-Umschmelzverfahren (ESU) erzeugt. Sie haben als 18/14/2-Stähle sehr niedrige Si-Gehalte (0,1 bzw. 0,2%). Der Al-Gehalt von 40 ppm entspricht praktisch dem Al-Gehalt der Mutterschmelzen, während sich die Art der Einschlüsse völlig geändert hat: in den Mutterschmelzen befand sich überwiegend Korund, in den Umschmelzen werden nur Spinelle gefunden (Abb. 2).

Die Elektronenrasterbilder der ESMA (Abb. 3) weisen die Einschlüsse als Mangan-Chrom-Spinelle aus, in denen ein Teil des Cr_2O_3 durch Al_2O_3 ersetzt ist. Gleichzeitig zeigen die Rasteraufnahmen der

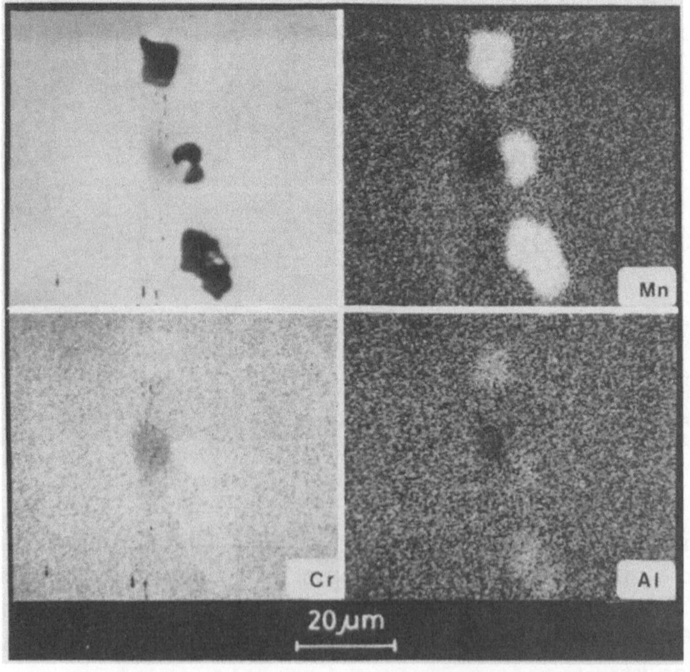

Abb. 3. Elektronenrasterbilder von Mn-Cr-Al-Spinellen der Schmelze D

Oxide der Schmelze D, daß die Spinelle inhomogen zusammengesetzt sind: im Kern der Einschlüsse ist Aluminiumoxid an- und Chromoxid abgereichert; Manganoxid ist vom Rand bis zum Kern homogen verteilt. Demgegenüber sind die Spinelle der Schmelze E homogen. Noch deutlicher wird dies durch die Konzentrationsprofile (Abb. 4). Unter Berücksichtigung der unscharfen Phasenübergänge kann man bei den Oxiden der Schmelze D auf zwei im Cr_2O_3- und Al_2O_3-Gehalt unterschiedliche Phasen schließen.

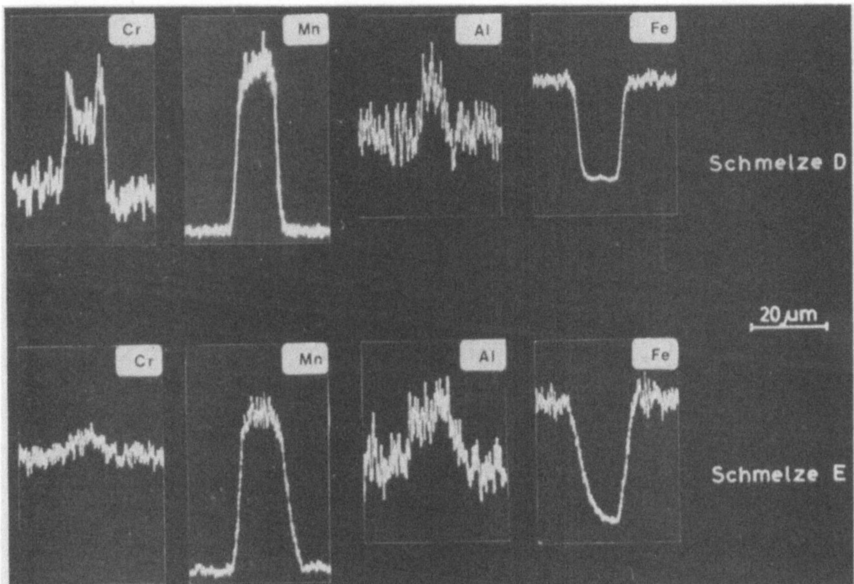

Abb. 4. Konzentrationsprofile von Mn-Cr-Al-Spinellen der Schmelzen D und E

Dieser Befund wird durch Feinstrukturanalysen der isolierten Oxide bestätigt (Tabelle 3). Die Oxide der Schmelze D zeigen zwei definierte Strukturen. Der a-Wert von 8,42 Å liegt nahe dem des Mangan-Chrom-Spinells ($MnO \cdot Cr_2O_3$, $a = 8,44$ Å), während der

Tabelle 3. Zusammensetzungen, ermittelt an isolierten Oxiden und durch Elektronenstrahl-Mikroanalysen (ESMA), der Schmelzen D und E
(Bruch 74-296 / *witten-stahl*)

Schmelze	Verfahren	Zusammensetzung der Oxide in %			Röntgenfeinstruktur
		MnO	Cr_2O_3	Al_2O_3	
D	Oxidisolierung	26	46	18	$MnO \cdot Cr_2O_3 (a = 8,42 Å)$
					$MnO \cdot Al_2O_3 (a = 8,33 Å)$
	ESMA/Rand	30	64	4	
	ESMA/Kern	32	43	22	
E	Oxidisolierung	26	30	36	$MnO \cdot Al_2O_3 (a = 8,26 - 8,32 Å)$
	ESMA	34	29	35	

Rest: SiO_2, FeO, CaO, MgO, TiO_2 in geringen Mengen

Wert von $a = 8,33$ Å dem Wert für Mangan-Aluminium-Spinell ($MnO \cdot Al_2O_3$, $a = 8,27$ Å) nahekommt.

Die quantitativen Mikrosondenanalysen der Einschlüsse ergeben am Rand der Kristalle einen Al_2O_3-Gehalt von 4%, im Kern werden 22% Al_2O_3 ermittelt; die Cr_2O_3-Gehalte verhalten sich reziprok.

Diese Ergebnisse wurden im Rahmen der üblichen Streuungen an allen untersuchten Kristallen gefunden. Hingewiesen sei noch auf den bei den isolierten Oxiden festgestellten mittleren Gehalt von 18% Al_2O_3.

Die Reflexe der Strukturanalysen der isolierten Oxide der Schmelze E sind verwaschen und liegen von $a = 8,26$—$8,32$ Å. Für reines $MnO \cdot Al_2O_3$ (Galaxit) wird $a = 8,27$ Å angegeben[10]. Der Al_2O_3-Gehalt in den isolierten Oxiden und der ESMA beträgt 35 bzw. 36% neben 30 bzw. 29% Cr_2O_3.

Während im allgemeinen angenommen wird, daß $MnO \cdot Al_2O_3$ und $MnO \cdot Cr_2O_3$ vollständig ineinander löslich sind, fanden Kiessling und Lange[10] in Einschlüssen von Ferrochrom aluminiumoxidarmen und aluminiumoxidreichen Spinell, und zwar einmal neben Cr_2O_3 mit einer Gesamtanalyse von 10% MnO, 80% Cr_2O_3, 10% Al_2O_3 und einmal ohne weitere Phasen mit einer Gesamtanalyse von 20% MnO, 65% Cr_2O_3, 15% Al_2O_3. Einen weiteren Hinweis auf die nicht vollständige Mischbarkeit von $MnO \cdot Al_2O_3$ und $MnO \cdot Cr_2O_3$ sehen sie in der Tatsache, daß nach Tempern von synthetischen Schlacken bei 1100° C aus Al_2O_3, Cr_2O_3 und SiO_2 zwei Oxidphasen mit unterschiedlichem $Al_2O_3 : Cr_2O_3$-Verhältnis entstanden, deren Auftreten auf eine Mischungslücke dieses Systems bei niedrigeren Temperaturen schließen läßt.

Die vorliegenden Untersuchungen zeigen, daß auch bei Mangan-Chrom-Aluminium-Spinellen im Stahl aluminiumoxidreiche und aluminiumoxidarme Spinelle auftreten, und geben deren Zusammensetzung und Feinstruktur an.

Ein Vergleich der Al_2O_3-Gehalte der Gesamtzusammensetzungen und Einzelphasen der vorliegenden Untersuchung mit denen von Kiessling und Lange[10] läßt annehmen, daß die Mischungslücke zwischen etwa 5 und 20% Al_2O_3 liegt; die Temperungstemperatur der Schlacke von 1100° C liegt in der Größenordnung der Walztemperatur der Schmelze D. Die MnO-Gehalte streuen zwischen 10 und 32% und lassen keinen sichtbaren Einfluß auf die Lage der Mischungslücke erkennen.

Die jeweils etwas niedrigeren MnO-Gehalte in den isolierten Oxiden gegenüber der ESMA lassen vermuten, daß beim Isolierungsverfahren — wie schon oben festgestellt — MnO-Verluste entstanden sind.

Silikatglasphasen mit unterschiedlichen Al_2O_3-Gehalten und Spinellphasen

Auch dieses letzte Beispiel soll verdeutlichen, daß oft nur die gemeinsame Untersuchung von Oxiden in Stählen mit Isolierungsverfahren und ESMA zu einer vollständigen Information führt. Die ebenfalls aus einem Chrom-Molybdänstahl, der jedoch im Elektroofen erzeugt war, isolierten Oxide sind mehrphasig zusammenge-

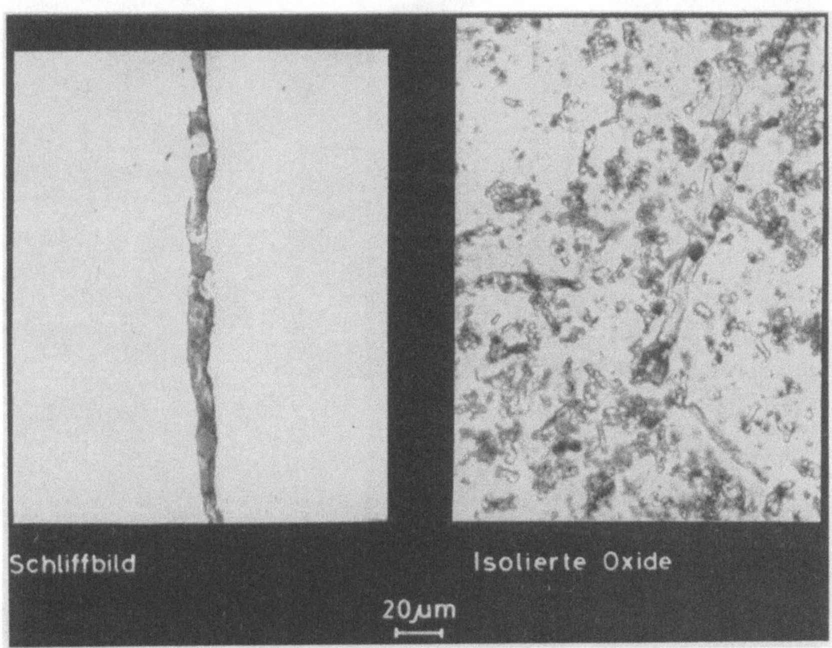

Abb. 5. Silikatgläser mit Mn-Cr-Spinellen der Schmelze F

setzt (Abb. 5). Der Hauptanteil besteht aus 1—4 μm langen verformten Gläsern, die mikroskopisch eine beginnende Kristallisation erkennen lassen. Daneben treten große verformte Gläser auf mit eingeschlossenen Spinellkörnern.

Die Rasterbilder der ESMA (Abb. 6) lassen zunächst erkennen, daß die großen Gläser aus Mangan-Aluminiumsilikaten mit eingelagerten Mangan-Chrom-Aluminium-Spinellen bestehen. Aus den Ergebnissen der quantitativen ESMA in Tabelle 4 sind relativ hohe Al_2O_3-Gehalte im Spinell und in der Glasphase zu schließen, wogegen der Aluminiumoxidgehalt der Gesamtanalyse der isolierten Oxide mit 6% sehr niedrig liegt. Man muß hieraus schließen, daß die kleineren Einschlüsse, die die Hauptmenge ausmachen, nur sehr wenig oder kein Al_2O_3 enthalten. Daraufhin durchgeführte qualitative ESMA an den kleineren Oxiden zwischen 1 und 2 μm erbrach-

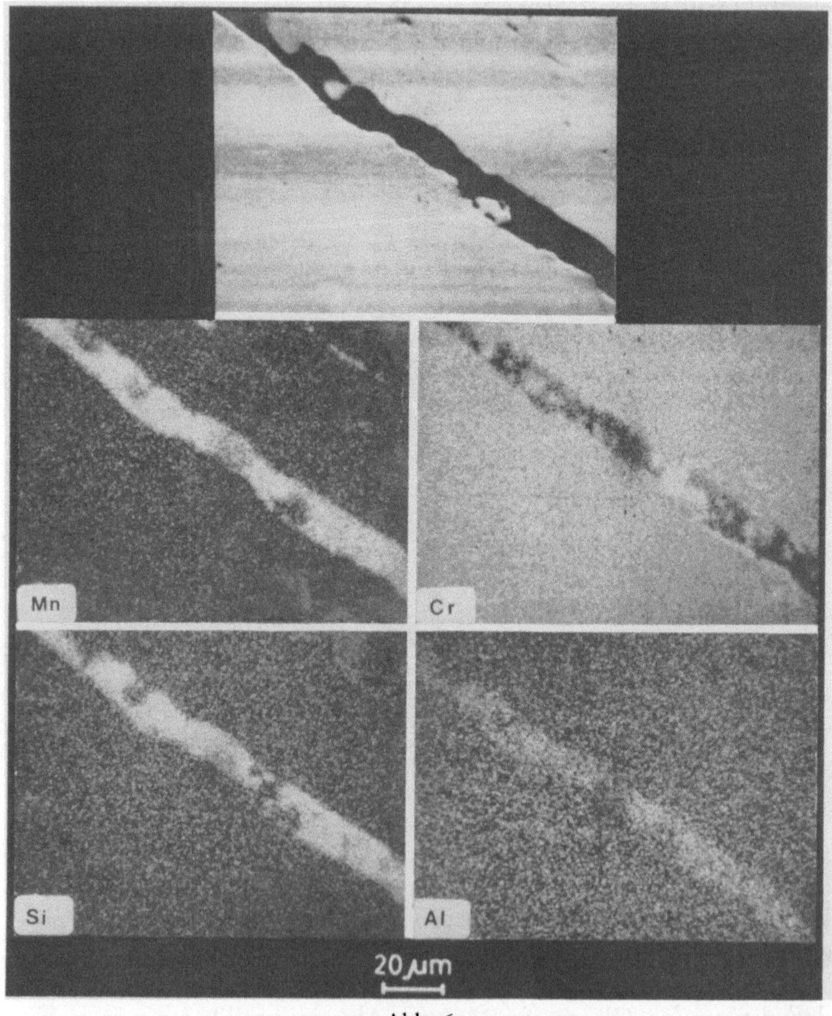

Abb. 6.
Elektronenrasterbilder eines Silikatglases mit Mn-Cr-Spinellen aus der Schmelze F

ten zahlreiche Mangan-Chromsilikate und Mangansilikate und geringere Anteile von Mangan-Chromspinellen ohne Aluminiumoxid.

Aus den unterschiedlichen Gehalten an Aluminiumoxid kann man folgern, daß die großen Silikate mit den eingeschlossenen Al_2O_3-hal-

Tabelle 4. Zusammensetzung, ermittelt an isolierten Oxiden und durch Elektronenstrahl-Mikroanalysen (ESMA), der Schmelze F

Schmelze	Verfahren	Zusammensetzung der Oxide in %				Röntgen-feinstruktur
		SiO_2	MnO	Cr_2O_3	Al_2O_3	
F	Oxidisolierung	47	25	20	6	
	ESMA/Glasphase	52	29	3	12	
	ESMA/Spinellphase	0	31	44	21	

Rest: FeO, CaO, MgO, TiO_2 in geringen Mengen

tigen Mangan-Chrom-Spinellen primäre Desoxydationsprodukte sind und die überwiegende Menge der praktisch Al_2O_3-freien Oxide sekundäre Desoxydationsprodukte darstellen, die bei Abkühlung und Erstarrung entstanden. Der Al-Gehalt < 30 ppm im Stahl unterstützt diesen Schluß.

Zusammenfassung

Im Zusammenhang mit einer metallkundlich-metallurgischen Untersuchung über den Einfluß von chromoxidhaltigen Einschlüssen auf die Polierbarkeit von Stählen wurden Möglichkeiten und Grenzen verschiedener Verfahren an einzelnen Beispielen dargestellt, die zur möglichst vollständigen Kennzeichnung von Oxideinschlüssen dienten. Dabei konnte die Erfahrung bestätigt werden, daß oft nur der gemeinsame Einsatz von Elektronenstrahlmikroanalyse und Isolierung mit anschließender Untersuchung der isolierten Phasen zu vollgültigen Ergebnissen führt.

Zwei unterschiedliche Phasen von Mangan-Chrom-Aluminium-Spinellen wurden gefunden, die auf eine Mischungslücke zwischen $MnO \cdot Cr_2O_3$ und $MnO \cdot Al_2O_3$ hinweisen. Die Zusammensetzung und Feinstruktur dieser Spinelle wurde festgestellt. Damit wurden andere Untersuchungen bestätigt und erweitert, bei denen diese Phasen qualitativ in Ferrochrom ermittelt und im Zusammenhang mit Befunden an getemperten synthetischen Schlacken im System Al_2O_3/Cr_2O_3 eine Mischungslücke vermutet wurde.

Summary

Possibilities of the Investigation of Chrome-containing Oxide Inclusions in Steels

In combination with a metallographic-metallurgical study of the influence of inclusions containing chromium oxides on the polishing capability of steels, the possibilities and limits were set up of a number of procedures by means of individual examples, which served to reveal the highest possible characterization of oxide inclusions. Thereby it was possible to confirm the experiences which frequently lead to the conclusions regarding the combined employment of electron radiation analysis and isolation with subsequent study of the isolated phases to reach completed results. Two different phases of manganese-chromium-aluminium-spinels were discovered, which point to a mixture gap between $MnO \cdot Cr_2O_3$ and $MnO \cdot Al_2O_3$. The fine structure and composition of these spinels were established. Thus other investigations were confirmed and extended, in which these phases were found qualitatively in ferro-chrome and a suspected mixture gap connection with findings on tempered synthetic slacks in the system Al_2O_3/Cr_2O_3.

Literatur

[1] E. Plöckinger, H. Straube und G. Kühnelt, Radex-Rdsch. 2, 447 (1965).

[2] A. Schöberl, W. Holzgruber und E. Kahler, Radex-Rdsch. 6, 722 (1965).

[3] A. Schöberl und W. Holzgruber, Radex-Rdsch. 2, 501 (1969).

[4] J. Bruch und H. H. Meier, Stahl und Eisen 93, 1035 (1973).

[5] A. More, Radex-Rdsch. 2, 524 (1969).

[6] U. Grisar, Arch. Eisenhüttenwes. 42, 887 (1971).

[7] J. Bruch, Mikrochim. Acta [Wien], Suppl. 5, 1974, 137.

[8] W. Koch, Metallkundliche Analyse, Düsseldorf: 1965.

[9] A. More, Arch. Eisenhüttenwes. 37, 473 (1966).

[10] R. Kiessling und N. Lange, Non-metallic Inclusions in Steel, Special Report 90, The Iron and Steel Institute, London SW 1 (1964).

Korrespondenz und Sonderdrucke: Dr. J. Bruch, Edelstahlwerke Witten AG., D-5810 Witten, Bundesrepublik Deutschland.

Mikrochimica Acta [Wien], Suppl. 6, 1975, 105—119
© by Springer-Verlag 1975

Mitteilung aus dem Institut für Härterei-Technik, Bremen-Lesum,
Abhandlung 184

Analysen von Gefügebestandteilen
unter Verwendung gespeicherter Rastermikrographien*

Von

O. Schaaber und H. Vetters

Mit 18 Abbildungen

(Eingegangen am 21. Oktober 1974)

Die Anwendung rastermikroskopischer Untersuchungsmethoden
zur Bestimmung einzelner Gefügebestandteile ist heute Standard
metallographischer Bestimmung. Aus den verschiedenen Informationen, die aus der Wechselwirkung Analysatorstrahl-Probe resultieren, versucht man, eine quantitative Beschreibung des Gefügeauf-
baus zu erhalten.[1] Neben den Problemen vollständiger Bestimmung
der Gefügebestandteile innerhalb einzelner Vergrößerungsbereiche
und ihrer mathematisch darstellbaren quantitativen Angabe zeigt sich
die Schwierigkeit, einzelne gefügespezifische Kenngrößen maßstab-
gerecht zuzuordnen.

Eine anschauliche Darstellung des Analysenergebnisses liefert die
Zusammenfassung der repräsentativen Bildsignale in Flächenrastermikrographien, die auf Kathodenstrahlröhren aufgezeichnet werden.
Mit dieser Methode werden in der Praxis behandelte oder unbehan-
delte Probenoberflächen analysiert[2] und je nach Bedarf qualitativ
und quantitativ ausgewertet. Wie bereits aus vergleichenden Untersuchungen[3,4] hervorgeht, ist die Zuordnung von licht-, elektronen-
und rasterelektronenmikroskopischen Abbildungen bei maßstab-
gerechter Übertragung problematisch.

---

* Herrn Prof. Dr. Walter Koch zum 65. Geburtstag gewidmet und
anläßlich des 7. Kolloquiums über metallkundliche Analyse mit besonderer
Berücksichtigung der Elektronenstrahlmikroanalyse, Wien, 23.—25. 10. 1974
vorgetragen.

Besonders wesentlich sind dabei die Argumente, daß sowohl die Wahl der Versuchsbedingungen bei der Analyse, wie z. B. die Probentemperatur unter dem Analysatorstrahl, als auch die Methoden der Probenpräparation, wie z. B. elektrolytisches Polieren, mechanisches Polieren, Ätzen, Ionenstrahlätzen, Abdünnen etc., die Kontrastsignale unterschiedlich verfälschen[5]. Je nach Wahl des Abbildungsverfahrens werden probenspezifische Kontraste mit unterschiedlicher Vollständigkeit in Mikrographien zusammengefaßt, wobei die Bildsignale entsprechend dem verwendeten Analysenverfahren in ihrer Intensität verschieden gewichtet sind. Belegt man nun, wie in der praktischen Metallographie üblich, solche für Analysen repräsentative Mikrographien mit Erfahrungswerten, so ist es oft schwer, eine befriedigende Übereinstimmung mit den Schliffbildern herzustellen.

Aus diesem Grunde werden auch bei unseren Untersuchungen Hilfsmittel eingesetzt, die eine Zuordnung zu dem metallographisch präparierten Schliff erleichtern.

Die Anwendung der Farbdiazotypie[6, 7] verhilft zu einer übersichtlichen Zuordnung der einzelnen Elementverteilungen (Abb. 1). Die einzelnen Verteilungen werden nach der Analyse von der üblichen Schwarz-Weiß-Aufnahme auf UV-empfindliche durchsichtige Farbfolien kopiert und zu Summenbildern zusammengesetzt*. Mit dieser Hilfe lassen sich zunächst die Oxidbildner von den Mangansulfiden trennen. Die lokale Abgrenzung ist bei diesen Elementen mittlerer Ordnungszahl bei entsprechender Nachweisgenauigkeit und höherer Bildauflösung gut zu erkennen. Wesentlich schwieriger gestaltet sich die Darstellung leichter Elemente, wie die Sauerstoffverteilung in Abb. 2 zeigt. Man erkennt die Anreicherung des Sauerstoffs in Analogie zu der in Abb. 1 gezeigten Aluminium- und Cer-Verteilung. Eine Überlagerung des Compoundbildes mit einer topographie-spezifischen Aufnahme erleichtert die Zuordnung auf der Probenfläche, wie Abb. 3 am Beispiel eines Pellets zeigt. Die Probe wurde isoliert, trocken geschliffen und dann untersucht. Eine Goldbedampfung von 100 Å garantiert die Probenstromleitung. Diese Verfahren sind bekannt und werden bei der Schliffbestimmung eingesetzt.

Wesentlich eleganter ist die Methode der Impulsdiskriminierung über das Probenstromsignal[8]. Wie in Abb. 4 dargestellt, konnte der Sauerstoffanteil in einem Einschluß erheblich genauer diskriminiert

---

* Die hier dargestellten Abbildungen 1 und 2 sind Reproduktionen von Farbdiazotypien. Die Abstufung der Elementverteilungen erfolgt über den entsprechenden Grauwert; Bild 3 zeigt eine Farbwiedergabe.

werden. Ein Vergleich der Linienprofile zeigt die Genauigkeit der
Abgrenzung. Diese Verfahren bieten den Vorteil, in Abhängigkeit

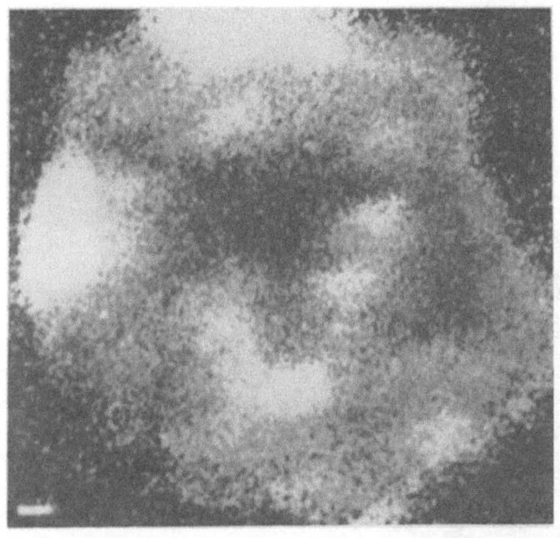

Abb. 1. St 52: Schlackeneinschluß
MnS: weiß, Cer: grau, Al: dunkel; $V = 3400 : 1$

von elementspezifischen Signalen in kurzen Analysenzeiten Verteilungsbilder aufnehmen zu können. Wie bereits beschrieben[9, 10], muß

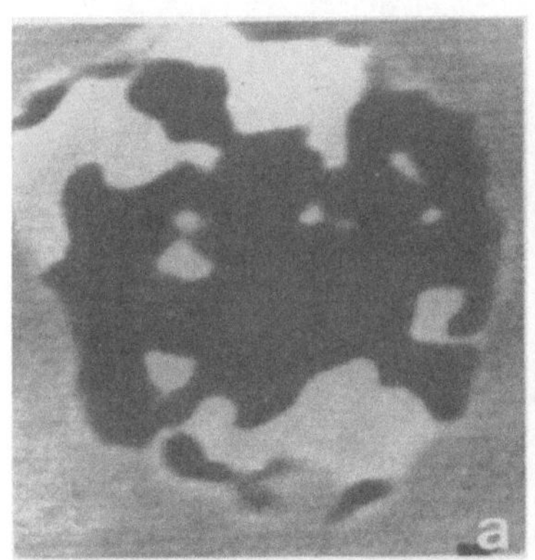
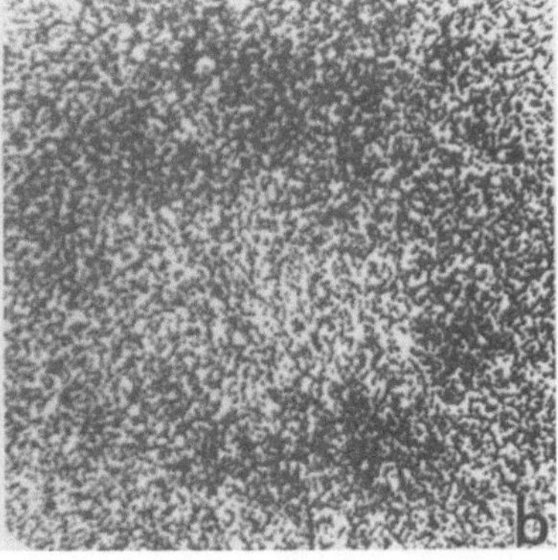

Abb. 2. a) Elektronenbild, $V = 3400 : 1$; b) Sauerstoffverteilung, $V = 3400 : 1$

das elementspezifische Steuersignal auf seine Verläßlichkeit überprüft werden. Folgendes Beispiel soll eine derartige Möglichkeit für

die Mißdeutung von Rastermikrographien in der Metallkunde zeigen: In Abb. 5 ist die Aufnahme einer Cr-Verteilung in einem 17 Ni

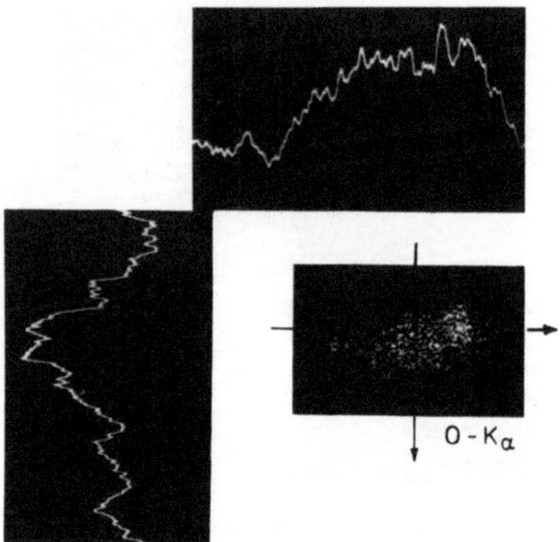

Abb. 4. O-K$_\alpha$-Verteilung, Einschluß. Das diskriminierte Gebiet entspricht der
Form des Einschlusses $V = 2800 : 1$

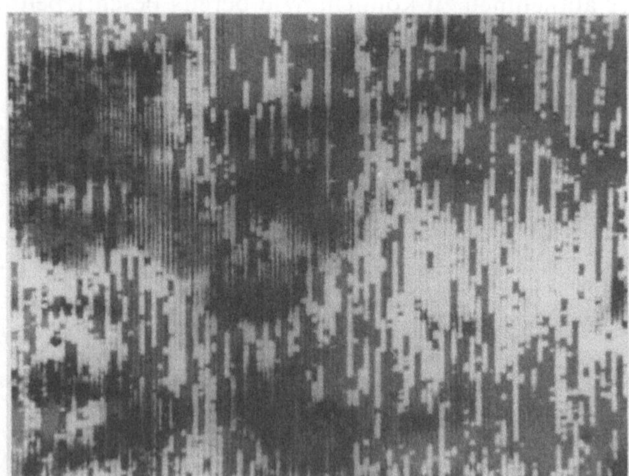

Abb. 5. 17 Ni Cr Mo 14: Cr-K$_\alpha$-Verteilung mit Probenstromsignal diskriminiert
$V = 250 : 1$

Cr Mo 14 Schliff anhand der Röntgenrastermikrographie dargestellt.
Überlagert wurde die Probenstromaufnahme eingetragen. Eine Über-

einstimmung ist hier zwischen den Bildinformationen nicht gegeben. Vergleicht man dagegen, wie in Abb. 6, die geätzte Aufnahme eines G-X6 Cr Ni 13 4 mit der Chromverteilungsaufnahme, so ist die Übereinstimmung deutlich. Die Probe wurde in poliertem, ungeätztem Zustand mit der Elektronenstrahlsonde analysiert, anschließend wurde der Bereich in 4%iger HNO_3 in Isoamylalkohol 10 Minuten angeätzt. An diesem Beispiel erkennt man das Problem, daß die Aussage des Schliffbildes auf die Art des chemischen Angriffs bei Anätzung, die

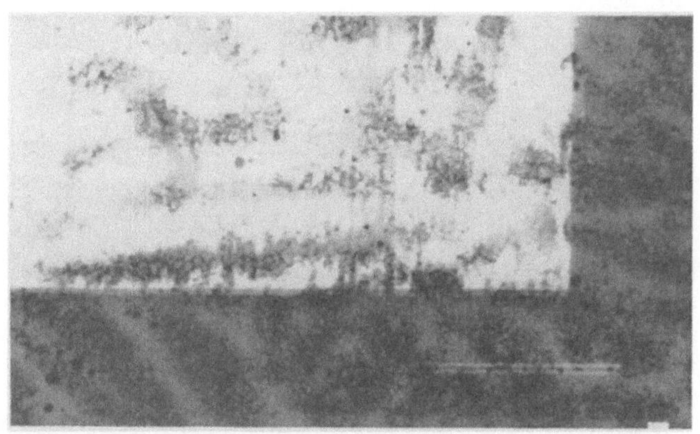

Abb. 6. GX 6 Cr Ni 13 4: Die dunkle Randfolie zeigt den Schliff mit Ätzung: 4% HNO_3 in Isoamylalkohol; die Cr-Karbide erscheinen dunkel. Die überlagerte Cr-K_α-Verteilung, mit der Mikrosonde aufgenommen, erscheint hell. (Schwarz-Weiß-Reproduktion einer Farbdiazotypie: Cr-K_α-Verteilung: gelbe + rote Folie; Schliff: blaue + orange Folie). $V = 50 : 1$

des Probenstrombildes auf die Reflexion bzw. den Einfang der auftreffenden Elektronen des Sondenstrahles gestützt ist. Bei Seigerungsaufnahmen ist die Röntgenverteilung nicht mit dem Elektronenbild, sondern mit dem geätzten Schliffbild zu vergleichen.

Hier ergeben sich Schwierigkeiten bei der Analyse: bis auf wenige Ausnahmen[11] können nur polierte, ungeätzte Proben an der Sonde untersucht werden. Nach der Analyse kann eine Zuordnung der untersuchten Bereiche anhand der Kontaminationsschicht in Makrobereichen erfolgen. Der Vergleich von Mikrobereichen ist in vielen Fällen kaum durchführbar, da Schliffätzung und Elektronenstrahlanalyse zeitlich und räumlich getrennt durchgeführt werden.

Bei niedrigen Konzentrationen ist die Aufnahme von Seigerungsverläufen nur begrenzt durchführbar. Abb. 7 zeigt die Aufnahme der Elektronenrastermikrographie der in Abb. 5 dargestellten 17 Ni Cr Mo 14 Probe, die angeätzt wurde. Mit Hilfe des Impulstores[12, 13] wurde versucht, die Chromseigerungen festzuhalten. In diesem Fall registriert der Mittelwertzähler, wie in Abb. 8 dargestellt, die Chromverteilung innerhalb der Streubreite von:

$$b = \pm \gamma \sqrt{2}\, \sigma_n$$

σ_n ... Streuung, γ ... Apparatkonstante $(\gamma \geqslant 3)$.

Die registrierte Breite b der Seigerungszeile hängt von der Impulsrate N ab und nimmt mit sinkender Maximalintensität gemäß den

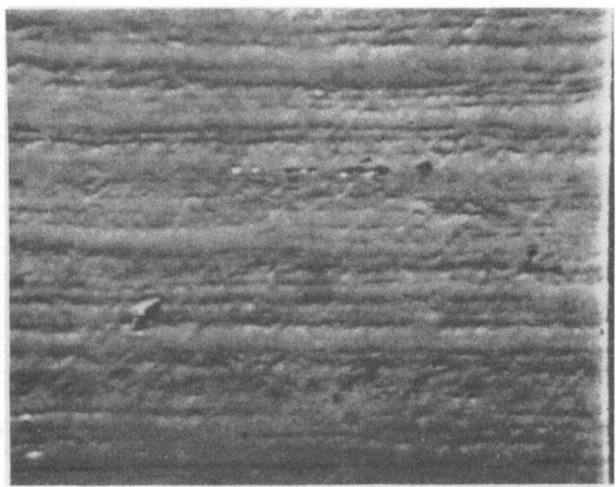

Abb. 7. 17 Ni Cr Mo 14: Elektronenbild von in 2%iger alkoholischer HNO_3 geätzter Probe. $V = 100 : 1$

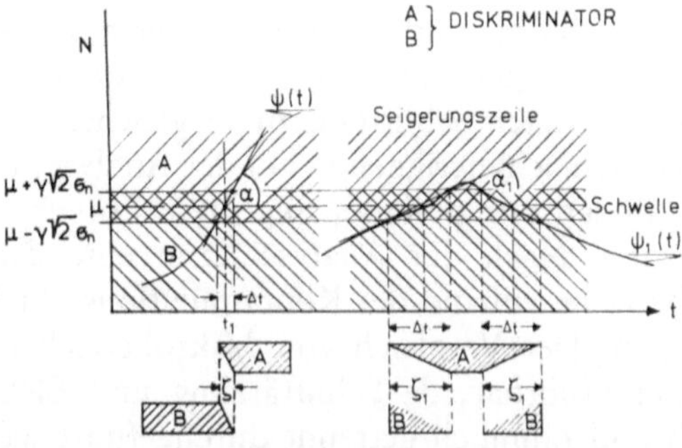

Abb. 8. Aufzeichnung von Seigerungen mit dem Impulstor

statistischen Gesetzen[14] zu. Stellt man nun die Konzentrationsänderung $\psi(t)$ als Funktion von N und t dar, so ergibt sich in der Abhängigkeit von der statistischen Schwankungsbreite b die Streuung in der Schaltzeit Δt des Impulstores. Diese Streuung macht sich auf dem Flächenrasterbild bemerkbar. Zählt man also getrennt die Impulse oberhalb und unterhalb des Mittelwerts μ und zeichnet die Häufigkeiten als Flächenverteilung auf, so ergibt sich bei überlagertem Flächenrasterbild die Streubreite, die nicht zur Deckung gelangt.

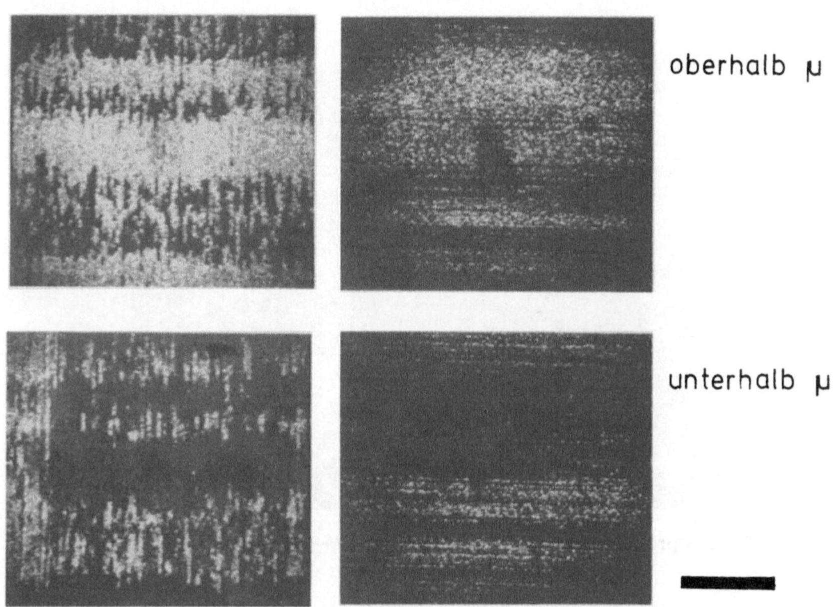

Abb. 9. 17 Ni Cr Mo 14: Aufnahme der Cr-K_α-Verteilung. $V = 250 : 1$

Abb. 9a zeigt die Ungenauigkeit der Schaltzeiten oberhalb des Schwellwertes μ, Abb. 9b die unterhalb des Schwellwertes. Die breiten Streifen ξ_1 und ξ_2 zeigen keine gute Trennung. Wenn, wie hier, zeiliges Seigerungsverhalten vorliegt, kann die Scanningrichtung auch parallel zu den Seigerungszeilen gelegt werden. Das Ergebnis zeigt im Vergleich zu Abb. 9a, Abb. 9c und zu Abb. 9b, Abb. 9d. Registriert wurden die Konzentrationsunterschiede innerhalb des Bereiches von 2,25% bis 2,06% Cr. Die registrierten Konzentrationsschwankungen liegen also bei 0,2% Chrom.

Eine Erweiterung der Möglichkeit, den Analysenvorgang während der Messung zu verfolgen, bietet ein Bildspeicher. Bei der verwendeten Anordnung ist ein Speicheroszillograph parallel zur Anzeigeröhre geschaltet[15, 8].

Wie aus Abb. 10 ersichtlich, konnte die Testprobe, ein Silbernetz mit 4 μm breitem Steg bei drei Vergrößerungsstufen aufgenommen und gespeichert werden. Bei der niedrigsten Vergrößerung ist auch die Topographie des Trägernetzes (Kupfer) zu erkennen. Mit dieser Anordnung ist bei dem Elektronenstrahlanalysator hinreichende Auflösung gewährleistet.

Das Speicherbild dient als Vorlage für die Vermessung der Probenfläche. Mit dem synchron zu dem Bildstrahl des Oszillographen geschalteten Sondenstrahl kann man interessierende Gebiete der

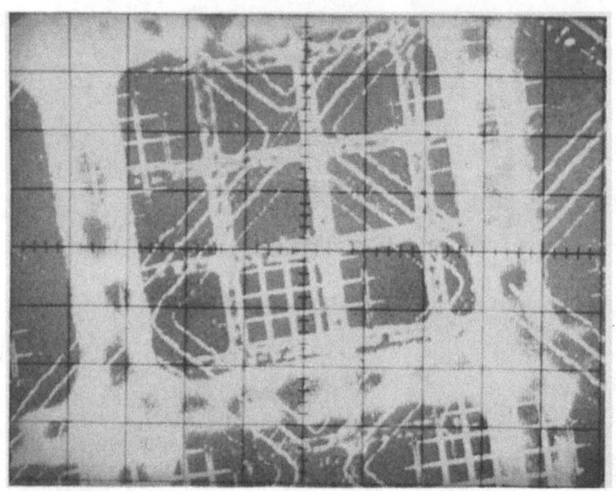

Abb. 10. Testprobe: Ag-Netz (hell) auf Kupferträger bei 3 Vergrößerungsstufen gespeichert. Stegbreite: 4 μm

Probenoberfläche innerhalb kleiner Flächenbereiche oder längs Kurvenzügen abtasten.

Ein Beispiel zeigt die Elektronenmikrographie, Abb. 11, einer Gußprobe G X 40 Cr Ni Si 25 20. An der Stelle 1 ist so ein analysierter Korngrenzenbereich festgehalten. Bei hinreichend guter Überdeckung[16] können auch informative Rastermikrographien von leichten Elementen wesentlich besser als anfangs beschrieben aufgezeichnet werden. Innerhalb kleiner Flächenbereiche werden bei konstanter Zähl(Scanning)-Zeit Verteilungen auf dem Speicherschirm registriert und während der Messung beobachtet. Auf diese Weise entstand die in Abb. 12 angegebene Kohlenstoffverteilung, wie auch die in Abb. 13 registrierte Sauerstoffverteilung. Vergleicht man die Elementverteilung, Abb. 14, so läßt sich eine Zuordnung der Oxid- und Carbidbildner herstellen.

Zur Zeit wird von uns versucht, probenspezifische Videosignale, die zur Herstellung charakteristischer Rastermikrographien verwendet werden, auf mehrspurigen Magnetbändern analog zu speichern. Die Methode, einen Analogcomputer für die Impulsdiskriminierung

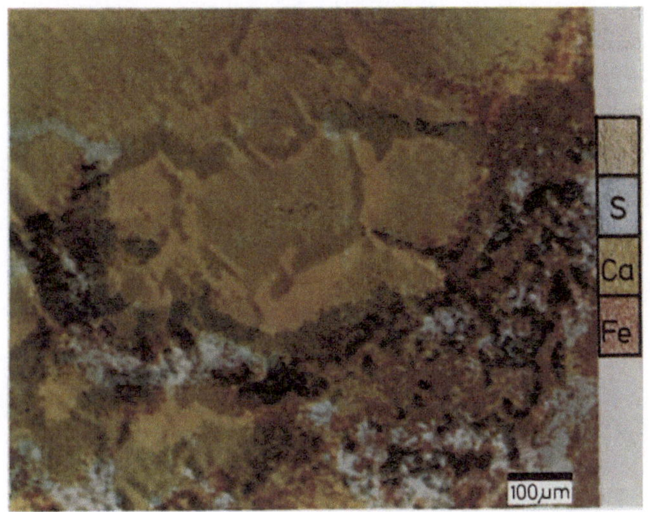

Abb. 3. Schmelzkalk, $V = 80 : 1$

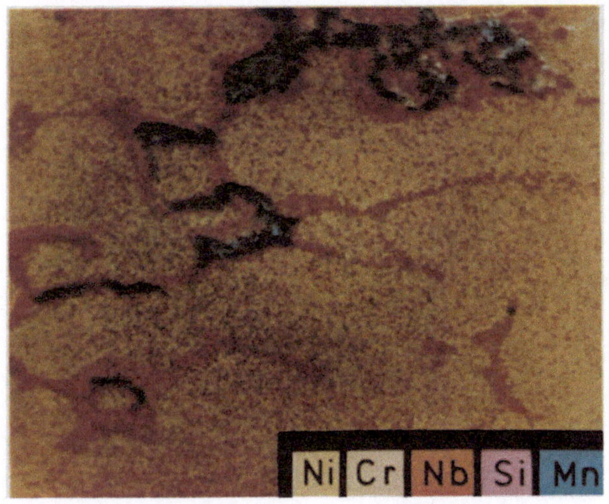

Abb. 14. GX 40 Cr Ni Si 25 20: Element-Verteilung. $V = 200 : 1$

Springer-Verlag/Wien New York   Druck: H. Hießberger, A-2563 Pottenstein

einzusetzen, ist von Dolby und von Duncumb und Mitarbeitern[17] gefunden worden. Im vorliegenden Fall ist aber, wie eingangs beschrieben, Ziel der Entwicklung die Aufzeichnung einzelner Signal-

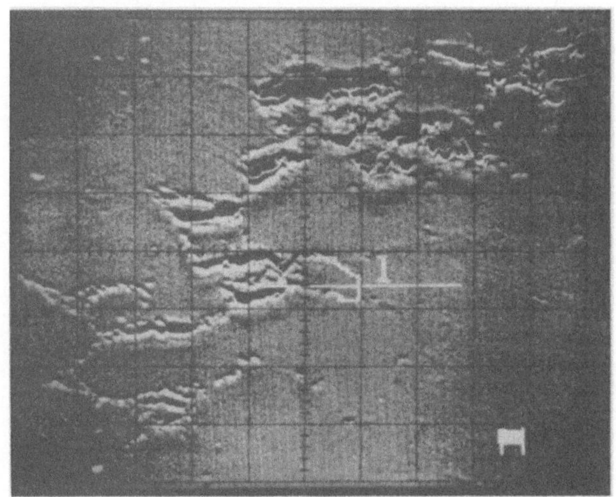

Abb. 11. GX 40 Cr Ni Si 25 20: Speicherbild der Probentopographie. $V = 200 : 1$

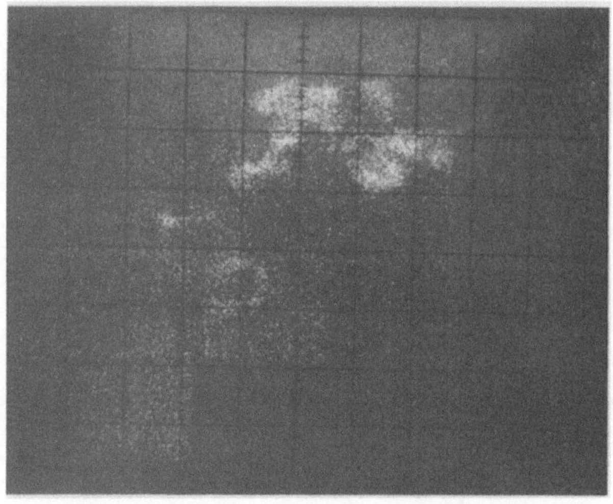

Abb. 12. GX 40 Cr Ni Si 25 20: C-K_α-Verteilung. $V = 200 : 1$

folgen, die aus den verschiedenen physikalischen Prozessen der Wechselwirkung Analysatorstrahl-Probe gewonnen wurden. Die derart ermittelten Signalfolgen können auf einem Wiedergabegerät jederzeit nach der Analyse wieder zu einer Mikrographie zusammengesetzt werden. Bei entsprechender Wahl der Abbildungsmaßstäbe besteht die Möglichkeit, die einzelnen bilderzeugenden, probenspezifischen

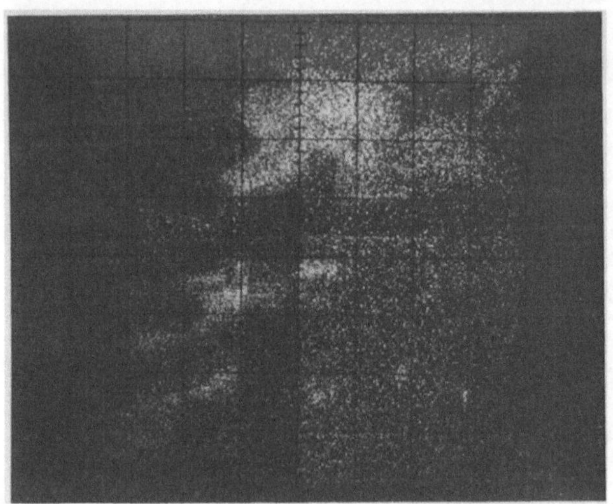

Abb. 13. GX 40 Cr Ni Si 25 20: O-K_α-Verteilung. $V = 200 : 1$

Signale, die bei verschiedenen Analysen zu verschiedenen Zeiten erhalten wurden, synchron zu überlagern. Man hat dann die Möglichkeit, nach den Analysen unter Einschaltung entsprechender Itera-

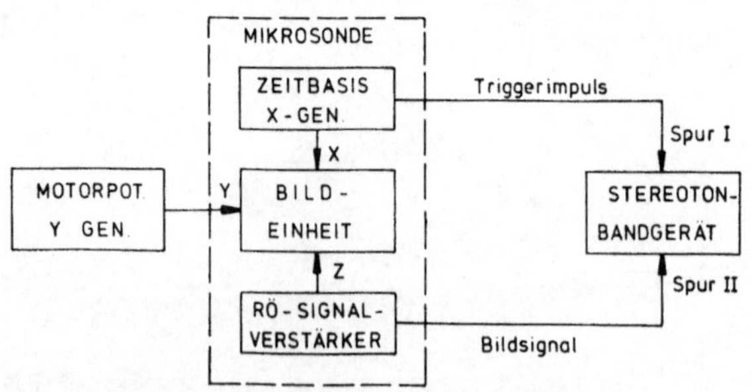

Abb. 15. Bandaufzeichnung, Aufnahme

tionsverfahren gleichmäßig gewichtete Summenverteilungen darzustellen, die mathematisch verknüpfbar sind.

Versuchsweise wurden von uns zunächst Röntgenrastermikrographien auf Band gespeichert. Die Methode zeigt Abb. 15 in einem

Blockdiagramm, das die von I. H. Giese gebaute Anordnung wiedergibt. Da die Aufnahme zwecks optimaler Überdeckung bei niedrigen Rasterfrequenzen aufgenommen wurde, ist ein motorgetriebe-

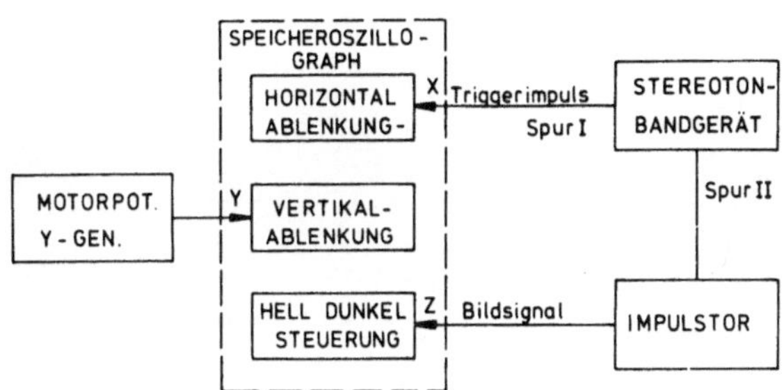

Abb. 16. Bandaufzeichnung, Wiedergabe

nes Potentiometer für die Y-Ablenkung eingebaut. Im ersten Versuchsschritt wurden zunächst die Röntgenzählimpulse an jedem Bildpunkt (X, Y) gezählt und an die Hell-Dunkel-Steuerung des Schrei-

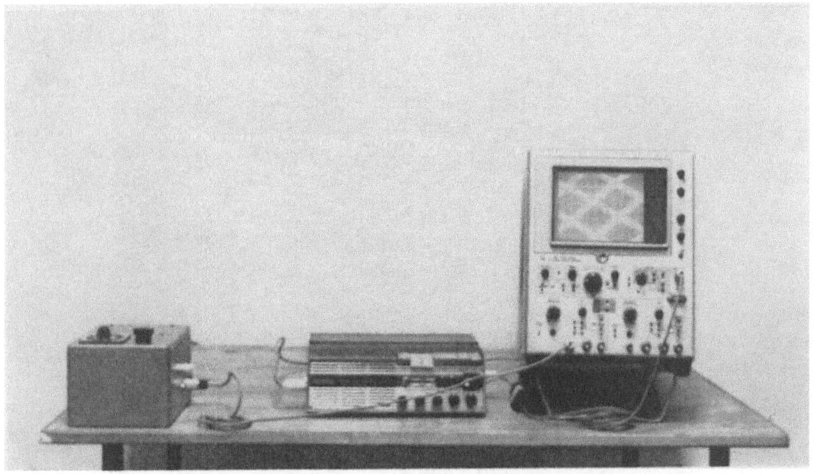

Abb. 17. Anordnung der Bildaufzeichnung

berstrahls der Speicherbildröhre (Z) gegeben. Bei der Wiedergabe, Abb. 16, wurde die Verteilung gespeicherter Bildsignale auf die Speicherröhre übertragen und aufgezeichnet (Abb. 17).

Als Referenz diente die Kupferverteilung des Trägernetzes der Testprobe, wie in Abb. 10 aufgezeichnet. Zur Zeit wird versucht, die Y-modulierten Verteilungsbilder aufzunehmen. Eine Zerlegung der Testprobe in die probenspezifischen Signale zeigt Abb. 18. Abb. 18 a stellt die Intensitätsverteilung des Rückstreuelektronen-

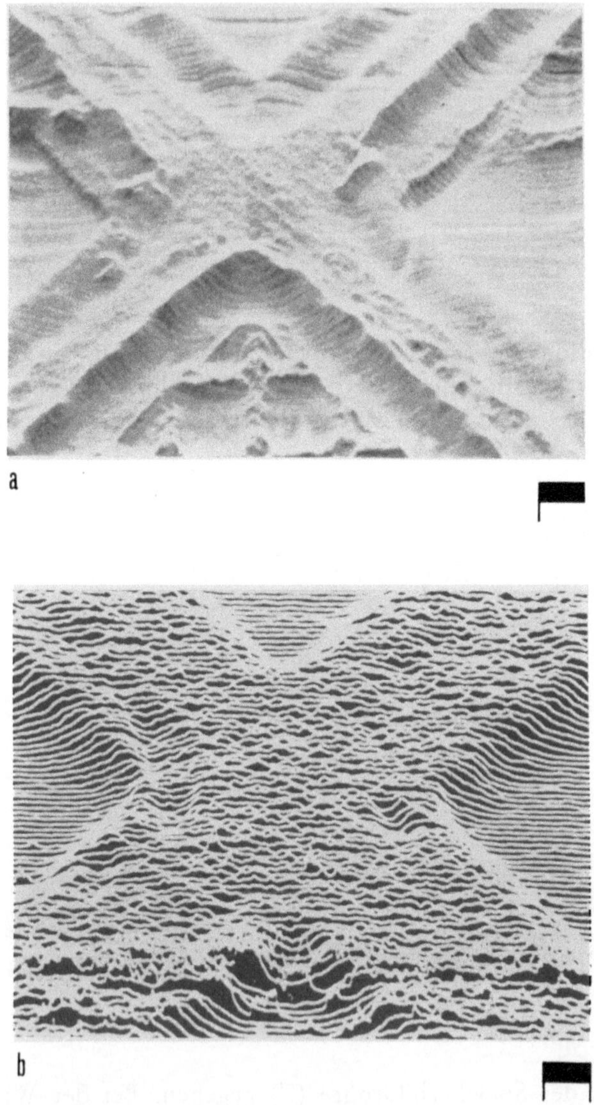

a

b

signals dar, 18 b zeigt die Kupferintensität, 18 c die Silberintensität und 18 d die Restverteilung der Eisenunterlage.

Zunächst ist geplant, eine Verknüpfung dieser Signalverteilungen herzustellen, die in einem Analogcomputer aufgenommen und ver-

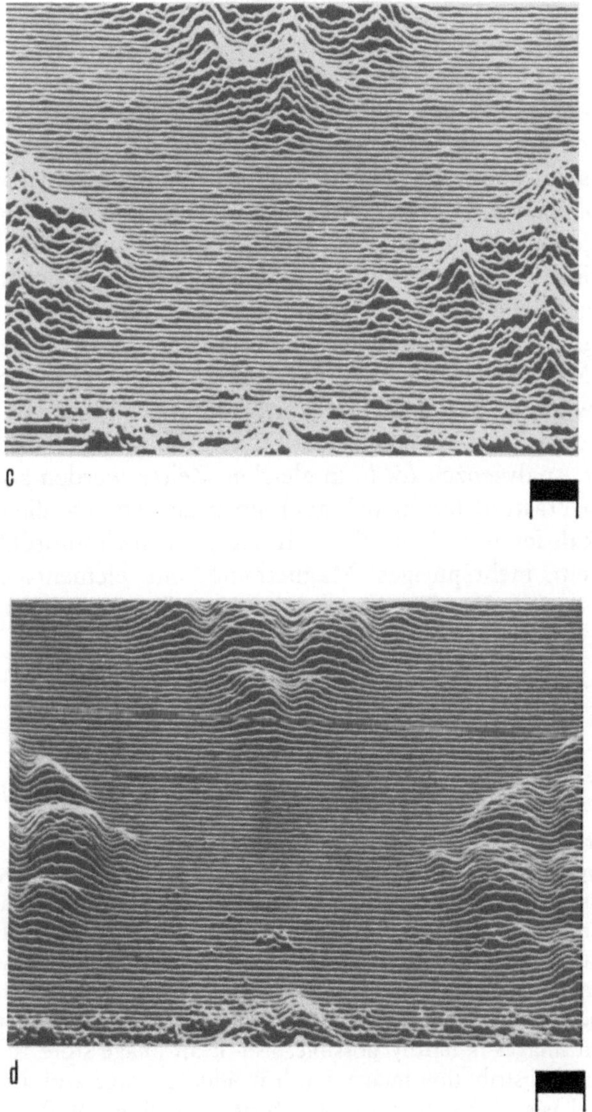

Abb. 18. Testprobe (Abb. 10), Y-moduliert aufgenommen
a) RE$\pm$SE-Verteilung; b) Cu-K$_\alpha$; c) Ag-L$_\alpha$; d) Fe-K$_\alpha$. $V = 800 : 1$

arbeitet werden kann. Weiteres Ziel dieser Untersuchungen soll die Ermittlung gefügespezifischer, mathematisch auswertbarer Verteilungsfunktionen sein, die aus den einzelnen Analysenergebnissen zusammengesetzt sind.

Zusammenfassung

Bei der Bestimmung von Gefügebestandteilen metallischer Schliffe ist eine Zuordnung der Flächenrastermikrographien, der Röntgenrastermikrographien und der geätzten Schlifffläche nicht immer möglich. Anhand von Beispielen wird bei Einschlüssen die Steuerung des Verteilungsbildes durch elementspezifische Signale (Rückstreuelektronen-Probenstrom) gezeigt. Bei der Untersuchung von Seigerungen zeigt sich jedoch keine signifikante Übereinstimmung mit dem Probenstromsignal. Da unter diesen Bedingungen eine Zuordnung der analysierten Probenfläche zu dem Schliff-, wie auch Elektronenbild kaum möglich ist, wird die Verwendung eines Bildspeichers vorgeschlagen. Mit seiner Hilfe soll das signifikante Verteilungsbild gespeichert werden, das dann als Vermessungsgrundlage für weitere Analysen dient. Bei gleicher Wahl der Abbildungsmaßstäbe und synchroner Analysenzeit (d. h. in gleichen Zeiten werden äquivalente Flächen abgerastert) lassen sich auch nach der Analyse die einzelnen Signale lokalisieren und zuordnen. In einer Versuchsanordnung wird zunächst ein mehrspuriges Magnetband mit elementspezifischen Signalen bespielt. Die Wiedergabe der Verteilung erfolgt auf einem Speicheroszillographen. Für das Experiment eignet sich die Verknüpfung y-modulierter Aufnahmen.

Summary

Analyses of Structural Components with the Use of Stored Scan Micrographs

In determining the structural components of polished metal surfaces it is not always possible to coordinate surface-scan micrographs, X-ray scan micrographs and the etched polished surface. With examples, the steering of the distribution image by inclusions is shown by means of element-specific signals (reverse-scatter electron test stream). However, investigation of liquations does not show significant agreement with the test signal stream. Since a coordination of the test surface analysed with the polish and electron images is hardly possible, use of an image store is suggested. The significant distribution image which would be stored with its help then serves as a basis of measurement for further analyses. With selection of the same scale for the figure and with synchronous analysis time (i. e. equivalent surfaces are scanned in the same time) the individual signals can also be localized and coordinated after the analysis. In an experimental arrangement a multitrack magnetic tape is first played with elementspecific signals. The distribution is reproduced on a storage oscillograph. Linkage of gamma-modulated exposures is suitable for the experiment.

Literatur

[1] H. Malissa, Elektronenstrahl-Mikroanalyse, in Handbuch der mikrochemischen Methoden, Bd. IV., Hrsg. F. Hecht und M. K. Zacherl, Wien: Springer-Verlag. 1966.

[2] H. Christian und O. Schaaber, Härterei-Tech. Mitt. **19**, 209 (1964).

[3] F. Hengerer, T. Geiger, M. Semlitsch und P. Brezina, Vergleichende Oberflächenuntersuchungen mit dem Lichtmikroskop, Elektronenmikroskop und Rasterelektronenmikroskop, Praktische Metallographie, Sonderband Fortschritte in der Metallographie, Hrsg. R. Mitsche, F. Jeglitsch und G. Petzow, Stuttgart: Dr. Riederer, 1972.

[4] B. M. Strauss, Metallography **6**, 323 (1973).

[5] G. Dörfler, R. Blöch und E. Plöckinger, Arch. Eisenhüttenwes. **37**, 375 (1966).

[6] L. R. Salvage, Metallography **2**, 101 (1969).

[7] I. Lehnert, Härterei-Tech. Mitt. **28**, 306 (1973).

[8] O. Schaaber und H. Vetters, Mikrochim. Acta [Wien], Suppl. V, **1974**, 99.

[9] O. Schaaber und H. Vetters, Beiträge zur elektronenmikroskopischen Direktabbildung von Oberflächen, 5 (1972)

[10] H. Yakowitz und K. F. J. Heinrich, Metallography **1**, 55 (1968).

[11] K. F. J. Heinrich und D. Rasberry, Electron Probe Microanalysis, in: NBS Technical Note 582, Jan. 1972. S. 35 ff.

[12] H. Christian und O. Schaaber, Härterei-Tech. Mitt. **21**, 210 (1966).

[13] G. Dörfler, Quantitative Evaluation Methods for Alloy Microstructures by Microprobe Analysis, in Quantitative Electron Probe Microanalysis, ed. K. F. J. Heinrich, NBS Spec. publ. 298 (1968). S. 215.

[14] R. Plesch, Gießereitechnik **9**, 430 (1965).

[15] I. H. Giese, Härterei-Tech. Mitt. **28**, 316 (1973).

[16] O. Schaaber, Scanning Electron Microscopy, in F. Weinberg: Tools and Techniques in Physical Metallurgy, New York: Dekker 1970. S. 66.

[17] l. c. 1.

Korrespondenz und Sonderdrucke: Prof. Dr. O. Schaaber, Institut f. Härterei-Technik, Lesumerheerstraße 32, D-2820 Bremen-Lesum, Bundesrepublik Deutschland.

Mikrochimica Acta [Wien], Suppl. 6, 1975, 121—131

Institut für Metallphysik der Universität Göttingen und
Sonderforschungsbereich 126 Göttingen-Clausthal

Die Untersuchungen der Wirkungsweise von Knudsenzellen bei der Elektronenstrahl-Mikroanalyse[*]

Von

Theodor Hehenkamp und Manfred Manz

Mit 4 Abbildungen

(Eingegangen am 24. November 1974)

Zur Ermittlung thermodynamischer Aktivitäten werden in großem Umfang Dampfdruckverfahren angewendet. Eine zusammenfassende Darstellung der Problematik solcher Messungen wurde von L. Komarek[1] veröffentlicht. Meistens beruhen diese Verfahren auf der gaskinetischen Wirkungsweise von Knudsenzellen und unterscheiden sich hauptsächlich durch die Art und Weise des Nachweises des aus einer solchen Zelle strömenden Dampfes oder Dampfgemisches. Der Dampfdruck p_i der Komponente i wird dabei aus der Hertz-Knudsen-Langmuir-Gleichung

$$p_i = \frac{m_i}{t} \cdot \frac{1}{A\,\alpha\,\beta\,k} \cdot \sqrt{\frac{2\pi RT}{M_i}} \tag{1}$$

erhalten. Hier bedeuten m_i die in der Zeit t ausgeströmte Menge der Komponente i, M_i ihr Molekulargewicht, A die Fläche der Zellöffnung, α einen Verdampfungs-, β den Kondensationskoeffizienten, falls der Dampf durch Kondensation nachgewiesen werden soll. Beide Koeffizienten sind für ideale Verhältnisse gleich eins. T stellt die absolute Temperatur und R die allgemeine Gaskonstante dar. Der Faktor k, der nach Clausing[2] eine mögliche Behinderung der

---

[*] Herrn Prof. Dr. Walter Koch zum 65. Geburtstag gewidmet und anläßlich des 7. Kolloquiums über metallkundliche Analyse mit besonderer Berücksichtigung der Elektronenstrahlmikroanalyse, Wien, 23.—25. 10. 1974 vorgetragen.

Ausströmung durch die Öffnung berücksichtigt, kann aus der Geometrie der Öffnung berechnet werden und hängt vom Verhältnis L/d, der Länge L des Öffnungskanals zu seinem Durchmesser d ab (Abb. 1).

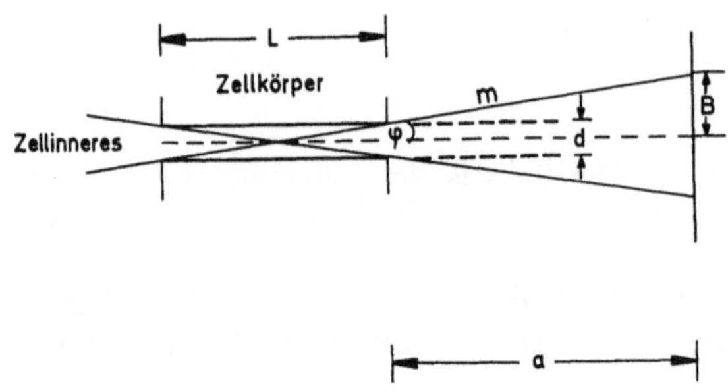

Abb. 1. Schematische Anordnung von Effusionsöffnung, Substrat und Lage des Aufdampfbildes mit Radius B

Die meisten Nachweisverfahren zur Messung der Effusionsrate m_i/t, wie die Massenspektrometrie, die integrale Messung des Gewichtsverlustes der Zelle mit Mikrowaagen oder die Torsionsmethode setzen nun zu ihrer Anwendung voraus, daß die Winkelverteilung der Ausströmung aus der Zelle genau bekannt ist und dem Cosinus-Gesetz entspricht. Dieses gilt für die diffuse Reflexion idealer Gasmoleküle an den Zellwänden, ist von Knudsen[3] bereits benutzt und von Gaede[4] und Clausing[5] bestätigt worden. Es hat allgemein die Form:

$$dN_i\,(\varphi) = \frac{N_i}{V}\,\frac{\bar{v}_i}{4\pi}\,\cos\varphi\,d\omega \qquad (2)$$

N_i/V stellt hierbei die Zahl der Moleküle der Komponente i im Volumen V dar. $\bar{v}_i$ ist die mittlere Molekülgeschwindigkeit, die im Idealfall aus der Maxwell'schen Geschwindigkeitsverteilung erhalten werden kann. φ bedeutet den Winkel zwischen der Richtung des ausströmenden Teilchens und der Wand der Zelle oder des Zellkanals, wie Abb. 1 schematisch erläutert. In den Raumwinkel $d\omega$ werden dabei dN_i Teilchen emittiert. Berücksichtigt man auch hier die Störung der Effusion durch die Öffnung der Knudsenzelle, erhält man aus Gl. (2) mit dem Clausingfaktor $k\,(\varphi,\,L/d)$

$$dN_i{}'\,(\varphi) = \frac{N_i}{V}\,\frac{\bar{v}_i}{4\pi}\,k\,\cos\varphi\,d\omega \qquad (3)$$

Mit $d\omega = 2\pi\,\sin\varphi\,d\varphi$ erhält man aus Gl. (3)

$$dN_i{}'\,(\varphi) = \frac{N_i}{V}\,\frac{\bar{v}_i}{2}\,k\,\sin\varphi\,\cos\varphi\,d\varphi \qquad (4)$$

Die bei der Ableitung dieser Beziehungen gemachten Voraussetzungen, daß sich die Moleküle wie Punktmassen verhalten, zwischen ihnen keine Kräfte wirken, die Geschwindigkeitsverteilung der Maxwellschen entspricht und Isotropie aller Eigenschaften gelten soll, sind bei den niedrigen Drucken, unter denen die Knudsenmethode arbeitet, recht gut gewährleistet. Der brauchbare Druckbereich wird nach oben nur durch die Voraussetzung begrenzt, daß die freie Weglänge der Gasmoleküle groß gegen den Öffnungsdurchmesser d des Zellkanals ist und beträgt bei üblichen Dimensionen ungefähr 10^{-2} Torr. Bei experimentellen Messungen von Dampfdrucken mit den oben erwähnten Verfahren wird daher die Gültigkeit im allgemeinen als gegeben vorausgesetzt, da bei den meisten ohnehin keine Möglichkeit der unmittelbaren experimentellen Überprüfung dieses Gesetzes besteht. Durch verschiedene Untersuchungen und Berechnungen von Winterbottom[6] sowie Winterbottom und Hirth[7] sind in einigen Fällen jedoch Zweifel an der allgemeinen Gültigkeit dieser Voraussetzungen entstanden. Einmal wurden Mechanismen erörtert, die auf anderem Wege als dem der direkten Verdampfung und diffusen Reflexion Moleküle aus dem Zellinnern in den Außenraum befördern, etwa durch Diffusion entlang der Oberfläche des Zellkanals und anschließende Desorption von der Zelloberfläche, andererseits wurden in wenigen Fällen die Verdampfungsprofile des aus der Zelle tretenden Dampfstrahls durch Kondensation des Dampfes auf einem geeigneten Substrat auch direkt gemessen. Die Auswertung erfolgte dann bei den Versuchen von Wahlbeck und Phipps[8] interferenzoptisch, bei den Messungen von Ward und Fraser[9] mit Hilfe radioaktiver Methoden und bei Wang und Wahlbeck[10] durch Oberflächenionisation. Dabei wurde insbesondere festgestellt, daß die Zellöffnung offenbar so etwas wie die innere Struktur des Zellinhalts auf das Substrat nach Art einer Lochkamera „abbildet". Dies führte zusätzlich zu Abweichungen von der Cosinusverteilung. Diese Untersuchungen haben daher eine Reihe neuer Gesichtspunkte ergeben, die die bisher allgemein gemachte Voraussetzung der Gültigkeit des Cosinusgesetzes ebenfalls in Frage stellen. Daß diesen Abweichungen in der Praxis bisher wenig Beachtung geschenkt wurde, ist wohl darauf zurückzuführen, daß die Ermittlung des Verdampfungsprofils von Knudsenzellen mit den erwähnten Methoden entweder völlig unmöglich, relativ ungenau oder sehr umständlich ist. Eine kürzlich veröffentlichte eigene Untersuchung[11] zur Messung partieller thermodynamischer Größen verwendet zum Nachweis der verdampften Menge der Komponente i die Elektronenstrahlmikroanalyse. Wie gezeigt werden konnte, ist bei der Kondensation des Dampfes auf einem Substrat, das die zu untersuchenden Elemente nicht enthält, eine direkte Bestimmung der Massenbelegung möglich, sofern die aufgedampfte Schicht so dünn bleibt, daß die zur Anregung der charakteristischen Röntgenstrahlung der Komponente i verwendeten Elektronen ausreichender Energie die Schicht bis in das Substrat hinein durchdringen können. Die Gesamtmenge des ausgeströmten Dampfes kann durch lokale Analyse der Massenbelegung $\varrho\delta$ und Integration über die Fläche erhalten werden, wobei ϱ die Dichte des aufgedampften Filmes und δ seine lokale Dicke beschreiben. Im Vergleich zu dem interferometrischen Verfahren von Wahlbeck et al.[8] bietet diese Methode den Vorteil, nur vom Produkt $\varrho\delta$ und nicht von der Dicke δ allein abzuhängen, die nur wesentlich ungenauer angegeben werden kann, da die Dichte der Aufdampfschicht ϱ im allgemeinen unbekannt ist. Es konnte gezeigt werden[11], daß die charakteristische Röntgenemission I_{iF} aus der dünnen Schicht als

$$I_{iF} = K\varrho\delta \tag{5}$$

darstellbar ist, wobei ein Ansatz von Hutchins[12] im Bereich kleiner Schichtdicken bis zu 1000—2000 Å verwendet wurde. Damit läßt sich die Menge m_i allgemein ausdrücken

$$m_i = \int_0^\infty \int_0^\infty \varrho\delta\,(y, z)\,dy\,dz = (1/K) \int_0^\infty \int_0^\infty I_{iF}\,(y, z)\,dy\,dz \tag{6}$$

Hierbei bedeutet K einen Eichfaktor, der entweder rechnerisch oder empirisch durch Eichung mit Schichten bekannter Massenbelegung bestimmt werden kann. Wäre nun, wie bei den anderen Meßverfahren vorausgesetzt, das Cosinusgesetz streng erfüllt, ließe sich die Gl. (6) dadurch vereinfachen, daß die Ortsabhängigkeit von I_{iF}, auch Verdampfungsprofil genannt, immer die gleiche ist. Ein Unterschied zwischen verschiedenen Messungen bestände dann nur in der maximalen Amplitude $I_{iF\,max}$, während die Ortsabhängigkeit auf dem Substrat durch eine für alle Versuche gleiche Funktion $F\,(y, z)$ von Cosinusform darstellbar sein sollte. Gl. (6) könnte dann geschrieben werden als

$$m_i = \frac{I_{iF\,max}}{K} \int_0^\infty \int_0^\infty F\,(y, z)\,dy\,dz$$

Experimentelle Messungen nach diesen Verfahren lassen jedoch erkennen, daß das Verdampfungsprofil in manchen Fällen von der Cosinusform deutlich abweicht, wie Abb. 2 für die Verdampfung von Zink aus einer Graphit-Knudsenzelle darstellt, das auf einem Kupfersubstrat kondensiert wurde. Durch gleichmäßige Bedeckung des Zellinnern wurde eine „strukturlose" Effusion angestrebt. Während der Mittelteil genau einer Cosinus-Verteilung folgt, zeigen sich an den Seiten zusätzlich bedampfte Ränder, die dort einsetzen, wo die Basis der Cosinusverteilung sich mit einem scharfen Knick vom Untergrund abzuheben beginnt. Beide Profile wurden bei 575° K,

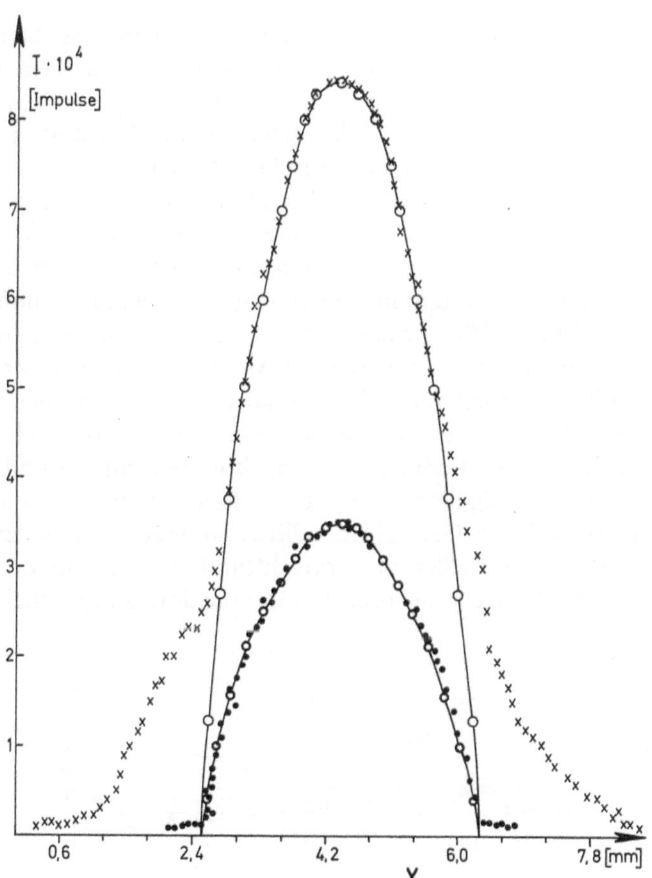

Abb. 2. Verdampfungsprofil von Zink auf Kupfer, $T = 575^0$K. x 3 h nach o gemessen

jedoch nach verschiedener Haltezeit der Zelle bei dieser Temperatur aufgenommen. Die untere Kurve wurde zuerst, die obere etwa 3 h später gemessen. Man erkennt eine von der Knickstelle nach entsprechend kleineren bzw. größeren Werten von y, der Linearkoordinate auf dem Substrat, verlaufende zusätzliche Bedampfung. Da dieser Vorgang offenbar zu seiner Entwicklung Zeit braucht, liegt nahe, darin ein Indiz der Oberflächendiffusion und anschließenden

Desorption zu sehen. Dieser Gesichtspunkt wurde noch dadurch gestützt, daß eine einfache geometrische Überlegung die zu erwartende Breite B des Profils zu ermitteln gestattet.

Die Verhältnisse sind in der Abb. 1 dargestellt. Wie Ward et al.[9,13,14] bei ihrer Beschreibung von Radioaktivitäts-Messungen an Verdampfungsprofilen erläutert haben, bildet die kleine Öffnung der Knudsenzelle das Zellinnere nach Art einer Lochkamera auf das Substrat ab. Sofern der so abgebildete Zellinhalt wie hier keine Struktur hat, sollte man daher als maximales Bündel ein solches erhalten, das durch den eingezeichneten Winkel φ gekennzeichnet ist, bei einem Abstand a der Zelloberfläche vom Substrat. Das entstehende Bild hat dann bei zylindrischen Zellkanal einen Radius B vom Betrage $B = ad/L + d/2$. Aus den Daten der verwendeten Zelle ($L = 7$ mm, $a = 10$ mm, $d = 1$ mm) berechnet sich dieser Radius zu 1,93 mm. Aus der Basisbreite der ungestörten Profile (Abb. 2) ergibt sich ein Meßwert von 1,90 mm in sehr guter Übereinstimmung mit diesem berechneten Wert. Man kann daraus den Schluß ziehen, daß die ausgeströmten und kondensierten Moleküle genau dieser Abbildungsbeziehung gefolgt sind. Für den darüber hinaus reichenden Anteil des Kondensats, der gerade dort einsetzt, wo der Bildbereich dieser Lochkameraabbildung aufhört, könnten nun grundsätzlich mehrere Deutungsmöglichkeiten in Betracht kommen. Die eine davon nimmt an, daß durch Grenzflächendiffusion Material aus dem Zellinneren durch den Zellkanal herausdiffundiert, sich an der Oberfläche der Knudsenzelle ausbreitet und von dort gelegentlich desor-

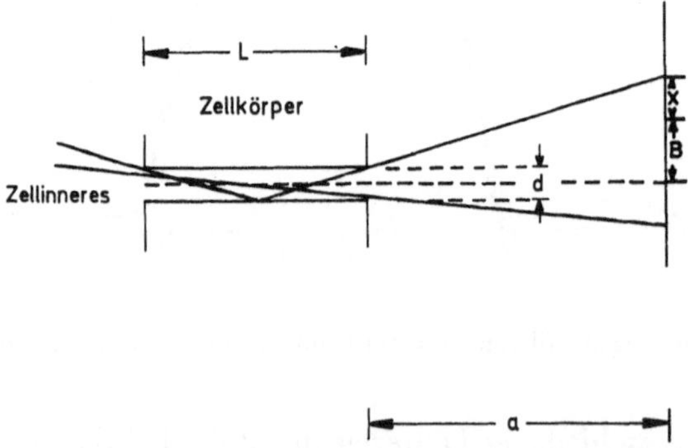

Abb. 3. Schematische Darstellung der Verbreiterung x des Bildradius B durch Reflexion am Zellkanal

biert wird, wobei auch Bereiche des Substrats im „Schatten" des Effusionsstrahls getroffen werden können. Dieser Effekt sollte zeitabhängig sein, wie es sich in Abb. 2 andeutet, sowohl hinsichtlich der Ausbreitungslänge als auch der Intensität. Hier wäre auch die Unsymmetrie zu beiden Rändern des Zellkanals hin zu erwähnen, die offenbar auf zufälligen Unterschieden der Ausbreitung durch Oberflächendiffusion hinweist. Eine andere Deutungsmöglichkeit läge in einer oder mehreren zusätzlichen Vorwärtsreflexionen im Zellkanal, wie in Abb. 3 schematisch dargestellt wird. Durch solche Reflexionen könnten Teilchen um größere Winkel abgelenkt und der Radius des Bildes B dadurch vergrößert werden. Um wieviel sich dabei B vergrößern sollte, kann ebenfalls aus geometrischen Überlegungen leicht abgeschätzt werden. Die Bildbreite B, die sich ohne zusätzliche Reflexion ergibt, vergrößert sich dabei um die Strecke x, die bei einmaliger Reflexion am Punkt $L/2$ den maximalen Betrag von ad/L hat. Dabei ist elastische Reflexion angenommen. Der beobachtete Bildradius B_{gem} kann bei $(n-1)$facher Reflexion allgemein dargestellt werden als

$$B_{\mathrm{gem}} = B + x = B + \left(\frac{j-n}{r} + n - 1\right)\frac{ad}{L} \ \text{ mit } j - n = 1, 2, \ldots, r \qquad (8)$$

Mit den oben erwähnten Zelldaten ergibt einmalige Reflexion einen Wert $B_{\mathrm{gem}} = 3{,}35$ mm und zweimalige Reflexion $B_{\mathrm{gem}} = 4{,}79$ mm. In Abb. 4 sind einige Verdampfungsprofile bei längeren Versuchszeiten und verschiedenen Verdampfungstemperaturen aufgetragen, die zwar teilweise eine Verbreiterung über den Wert $B = 1{,}93$ mm, der ohne Reflexion gilt, erkennen lassen. 3,35 mm oder gar mehr werden jedoch in keinem Falle erreicht, so daß auch von hier aus eine Verbreiterung des Profils über eine Reflexion an den Zellwänden als unwahrscheinlich bezeichnet werden muß. Die Bedampfungszeiten sind, um auch geringe Randeffekte besser erkennen zu können, bei diesen Versuchen teilweise so hoch gewählt worden, daß die Bedingung der dünnen Schicht im Bereich der höchsten Intensitäten nicht mehr gewährleistet war und sich eine Sättigung der Röntgenemission durch starke Abflachung des Profils zu erkennen gibt. Diese Analyse des Verdampfungsprofils etwa der Abb. 2 zeigt deutlich, daß sich eine Diffusionsüberlagerung offenbar nicht so sehr im Zentralteil des Cosinusprofils, sondern mehr am Rande auswirkt. Meßverfahren, die nur diesen Zentralteil zur Ermittlung des Dampfstroms heranziehen, werden daher in viel geringerem Maße verfälschte Resultate liefern als etwa integrale Messungen des Gewichtsverlustes, die die Entfernung von Zellatomen durch Oberflächendiffusion und anschließende Desorption nicht von der eigentlichen Verdampfung unterscheiden können. Der wenig reproduzierbare Charakter des Anteils der Oberflächendiffusion dürfte einer der Gründe sein, warum solche integralen Dampfdruckmessungen oft mit größeren Streuungen der Meßdaten behaftet sind. Die starke Abhängigkeit des Diffusionsanteils von zufälligen Gegebenheiten der Anisotropie um die Zellöffnung herum läßt sich am Beispiel der Abb. 2 ebenfalls gut erkennen. Sind Effusion und Desorption von

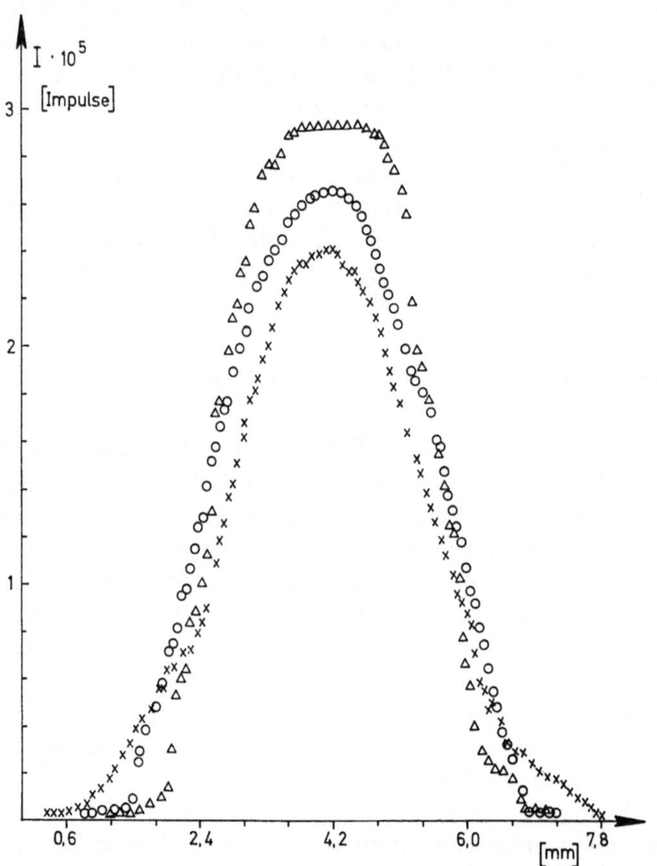

Abb. 4. Verdampfungsprofile von Zink auf Kupfersubstrat nach längeren Aufdampfzeiten unter verschiedenen Bedingungen
(verschiedene Temperatur, verschiedene Haltezeit)

der Zelloberfläche her als additiv anzusehen, ist eine von der Oberflächendiffusion am wenigsten verfälschte Bestimmung von Dampfdrucken dadurch möglich, daß man nicht die gesamte Kondensatmenge bestimmt, z. B. nach Gl. (6) durch Integration des effektiven Profils, sondern nur die ungestörte Cosinusverteilung im Zentrum dazu heranzieht, etwa den ausgezogenen Teil der oberen Kurve in Abb. 2. Damit schneidet man den größten Teil des zusätzlich durch

Desorption aufgedampften Materials ab. Diese durch Betrachten der Abbildungseigenschaften der Knudsenzelle gewonnenen Erkenntnisse lassen es daher für die Auswertung von Versuchen am günstigsten erscheinen, die Maximalintensität $I_{iF\,max}$ zu verwenden, wie in Gl. (7) geschehen ist, wobei die Ortsabhängigkeit durch eine für alle Versuche gleiche Ortsfunktion $F(y, z)$ beschrieben werden kann, die dieser ungestörten Cosinusverteilung entspricht.

Das Abbildungsprinzip der Lochkamera würde damit die folgende Verteilungsfunktion durch Einsetzen der Werte für $\cos\varphi$ und $\sin\varphi$ aus Abb. 1 in Gl. (4) ergeben

$$dN_i' = \frac{N_i}{V}\,\frac{\bar{v}_i}{2}\,k\,\frac{B\cdot(L/2+a)}{B^2+(L/2+a)^2}\,d\varphi \tag{9}$$

Betrachtet man diese Beziehung nicht nur für die in Abb. 1 eingezeichnete maximale Breite B sondern sieht man B als variablen Wert B^* bis zu diesem Maximum an, so kann man (9) integrieren

$$N_i' = \frac{N_i}{V}\cdot\frac{\bar{v}_i}{2}\cdot k\cdot\int_B^0 \frac{B^*\cdot(L/2+a)}{B^{*2}+(L/2+a)^2}\,dB^* \tag{10}$$

und mit Gl. (7) vergleichen. Die Beziehung (10) läßt sich noch umformen unter Verwendung von

$$p_i = \frac{1}{3}\,\frac{N_i}{V}\,M_i\,\bar{v}_i^2 \tag{11}$$

und

$$\bar{v}_i = \sqrt{\frac{8RT}{\pi M_i}} \tag{12}$$

in

$$N_i' = 3p_i\left(\frac{32\,M_i\,RT}{\pi}\right)^{-1/2}\cdot k\cdot\int_B^0 \frac{B^*\cdot(L/2+a)}{B^{*2}+(L/2+a)^2}\,dB^* \tag{13}$$

Der Vorfaktor $3p_i\left(\dfrac{32\,M_i\,RT}{\pi}\right)^{-1/2}\cdot k$ wäre dann mit dem Faktor $\dfrac{I_{iF\,max}}{K}$ und das Integral mit $\displaystyle\int_0^\infty\int_0^\infty F(y, z)\,dy\,dz$ zu vergleichen und entsprächen je einer Amplitude und einem Formfaktor. Bei bekanntem K und p_i wäre daraus der Clausingfaktor k berechenbar.

Der Deutschen Forschungsgemeinschaft sei für die Bereitstellung von Personal- und Sachmitteln herzlich gedankt.

Zusammenfassung

Die meisten Messungen von Dampfdrucken verwenden die Knudsenzelle. Ihre ideale Effusion zeichnet sich durch eine Cosinusverteilung aus. Sehr viele Verfahren zur Registrierung der Ausströmung nehmen diese Verteilung als gegeben an, ohne sie im einzelnen prüfen zu können. Es wird eine neuartige Methode der Auswertung der Kondensation des Effusats auf einem geeigneten Substrat beschrieben, die die Ermittlung sowohl des Dampfdrucks als auch des Verdampfungsprofils mit der Elektronenstrahl-Mikroanalyse gestattet. Einige Versuche der Verdampfung von festem Zink zeigen deutlich einen Einfluß eines weiteren, der reinen Effusion überlagerten Verdampfungsprozesses, der eher einer Oberflächendiffusion mit anschließender Desorption als einer Reflexion an den Wänden des Effusionskanals zugeschrieben werden muß. Es ist zu erkennen, daß daher integrale Meßmethoden, die das Vorliegen des Cosinusgesetzes nicht prüfen, mit Fehlern stark wechselnder Größe behaftet sind. Die zusätzliche Oberflächendiffusion hängt stark von zufälligen Gegebenheiten ab, hat eine Neigung zur Anisotropie und ist dementsprechend wenig reproduzierbar.

Summary

Investigation of Knudsen-Cell-Operations by Means of Microprobe Analysis

Most measurements of vapor pressures use Knudsen-cells. Their ideal effusion is characterized by a cosine-distribution-law. Many methods to measure the flux from the cell assume this distribution to be valid without being able to check it. A new method of condensing the vapor on a suitable substrate is described which permits the determination of the vapor pressure and of the distribution of the condensate by means of electronprobe microanalysis. Some experiments vaporizing solid zinc show clearly the participation of a second mechanism of surface diffusion followed by desorption from the surface of the Knudsen-cell superimposed on the ordinary effusion. It is shown, that integral methods are suffering from errors of changing magnitude, since surface diffusion is influenced strongly by accidental properties of the cell, it has also a tendency toward anisotropy and is hence poorly reproducible.

Literatur

[1] K. Komarek, Z. Metallkunde **64**, 406 (1973).

[2] P. Clausing, Ann. Physik **12**, 961 (1932).

[3] M. Knudsen, Ann. Physik **28**, 75 (1905).

[4] W. Gaede, Ann. Physik **41**, 289 (1913).

[5] P. Clausing, Ann. Pysik **4**, 532 (1930).

[6] W. L. Winterbottom, J. Chem. Phys. **47**, 3546 (1967).

[7] W. L. Winterbottom und J. P. Hirth, J. Chem. Phys. **37**, 784 (1962).

[8] P. G. Wahlbeck und T. E. Phipps, J. Chem. Phys. **49**, 4 (1968).

[9] J. W. Ward und M. V. Fraser, J. Chem. Phys. **50**, 1877 (1969).

[10] K. C. Wang und P. G. Wahlbeck, J. Chem. Phys. **47**, 11 (1967).

[11] Th. Hehenkamp und M. Manz, Z. Metallkunde **65**, 285 (1974).

[12] G. A. Hutchins, The Electron Microprobe, T. D. McKinley, K. F. J. Heinrich, D. B. Wittry, Eds., New York: Wiley. 1966. S. 390.

[13] J. W. Ward, R. N. R. Mulford und M. Kahn, J. Chem. Phys. **47**, 1710 (1967).

[14] J. W. Ward, J. Chem. Phys. **74**, 4030 (1967).

Korrespondenz und Sonderdrucke: Prof. Dr. T. Hehenkamp, Institut f. Metallphysik der Universität Göttingen, Hospitalstraße 12, D-3400 Göttingen, Bundesrepublik Deutschland.

Mikrochimica Acta [Wien], Suppl. 6, 1975, 133—142
© by Springer-Verlag 1975

Metallwerk Plansee AG. & Co. KG., A-6600 Reutte

Die Auswirkung heterogener Eisenmetall-Verunreinigungen auf gesintertes Molybdän und Wolfram*

Von

Erik Lassner und Helmuth Petter**

Mit 9 Abbildungen

(Eingegangen am 23. Oktober 1974)

Einleitung

Aufgrund der enormen Verbreitung von Eisen und Eisenlegierungen als Konstruktionswerkstoffe in der Technik sind kleine, stark eisenhältige Teilchen, die infolge von Abrieb oder Korrosion dieser Werkstoffe anfallen, eine häufig auftretende Verunreinigung anderer Stoffe. Auch die Ausgangsstoffe zur pulvermetallurgischen Molybdän- und Wolframproduktion stellen in dieser Beziehung keine Ausnahme dar. Sowohl in den Oxiden, als auch in den daraus hergestellten Metallpulvern finden sich immer heterogene, stark eisenhaltige Partikel. Absolut gesehen ist ihre Konzentration gering, sie liegt bei 0,001 bis 0,003% und darunter. Bedenkt man jedoch, daß sich die Größe dieser Teilchen zwischen 10 und 100 μm bewegt und ihre Masse sehr gering ist, so ist leicht einzusehen, daß einige tausendstel Prozent eine recht erkleckliche Anzahl solcher Partikel darstellt und, wie im weiteren gezeigt wird, verursacht jedes solche Teilchen einen Materialfehler, der bei dem Drahtziehprozeß Ursache für einen Riß ist.

---

* Anläßlich des 7. Kolloquiums über mtetallkundliche Analyse mit besonderer Berücksichtigung der Elektronenstrahlmikroanalyse, Wien, 23.—25. 10. 1974 vorgetragen.

** Herrn Professor Dr. Otto Russe, Innsbruck, in Dankbarkeit gewidmet.

Bei der pulvermetallurgischen Herstellungsmethode kommt es infolge von Diffusionsprozessen meist nur zu einer sehr ungenügenden Verteilung von Fremdelementen. Diffusionsprozesse im Festkörper sind bekanntlich zeit- und temperaturabhängig und aus ökonomischen Gründen benutzt man beim technischen Sinterprozeß möglichst kurze Sinterzeiten und möglichst niedere Temperaturen. Die Folge davon ist meist eine örtlich hohe Konzentration von Fremdelementen, die eine starke Veränderung der Eigenschaften in diesem Bereich mit sich bringt.

Man könnte nun annehmen, die Art der Fehler, die von Eisen in Molybdän und Wolfram, zwei so nahe verwandten Metallen, hervorgerufen werden, müßten gleich sein. Nun, die Erfahrung lehrt es anders.

In Abb. 1 ist ein durch ein Eisenteilchen hervorgerufener Fehler in Molybdän zu sehen. Man erkennt die Bildung einer eigenen Phase,

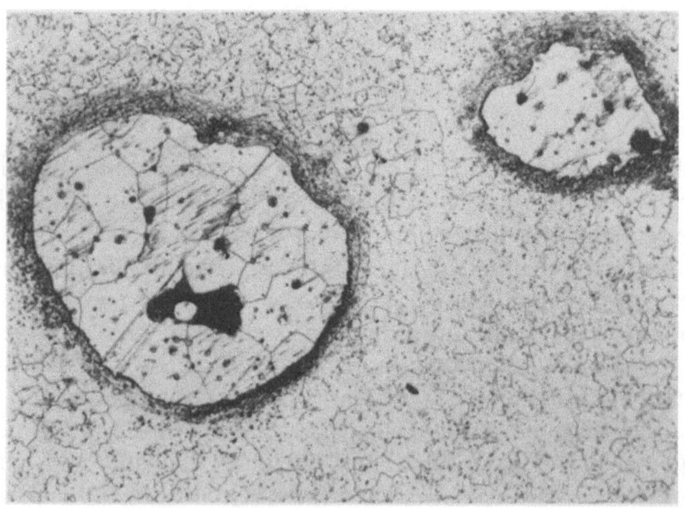

Abb. 1. Molybdän lokal mit Eisen verunreinigt. Gefügebild × 100

die gegen die Matrix scharf abgegrenzt ist und deren Kristallwachstum wesentlich höher ist, als das der Umgebung.

In Abb. 2 wird die Folge des Vorhandenseins eines Eisenteilchens in Wolfram gezeigt. Man erkennt einen Hohlraum, in dessen näherer Umgebung das Kornwachstum des Wolframs etwas größer ist. Die Bildung einer eigenen Phase, wie bei Molybdän, wird hier nicht beobachtet.

Die beiden Bilder zeigen sehr deutlich das unterschiedliche Verhalten von Eisen in Molybdän und Wolfram. Im folgenden soll nun

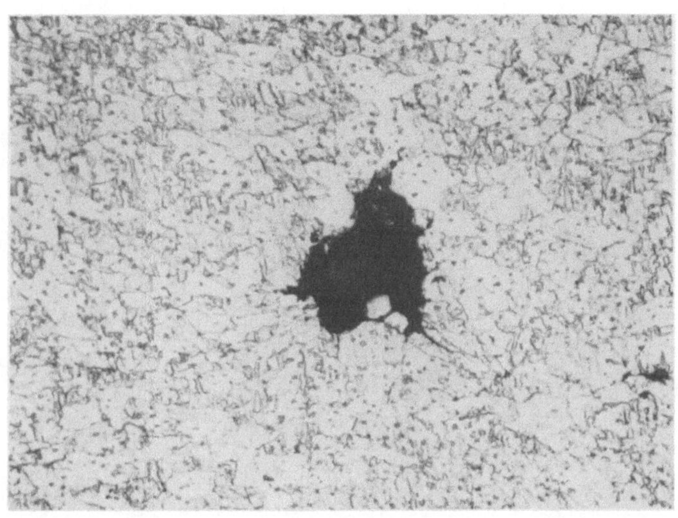

Abb. 2. Wolfram lokal mit Eisen verunreinigt. Gefügebild × 200

erklärt werden, wie diese unterschiedlichen Fehlstellen zustande kommen.

Molybdän

In Abb. 3 wird gezeigt, wie sich Eisenteilchen in Molybdänpulver eingepreßt bei steigender Temperatur verhalten. Bei Temperaturen unter 1400⁰ C überwiegt die Oberflächendiffusion. Dies ist hier nicht sehr ausgeprägt, da die Aufheizzeit kurz war. Ab etwa 1500⁰ C reagiert das Eisen mit dem Molybdän infolge von Volumsdiffusion und Aufschmelzen und es kommt zur Bildung von Eisen-Molybdän-Phasen. Punktmessungen mittels Elektronenstrahlmikrosonde ergaben in dem eutektischen Gebiet Werte bis zu 60% Fe. Da das Gefüge sehr fein ist und vom Elektronenstrahl nicht aufgelöst wird, sind diese Analysen nur sehr schlecht reproduzierbar und von untergeordneter Bedeutung. Für die nach außen gegen das gesunde Molybdän anschließende grobkristalline Mischkristallphase wurde eine Eisenkonzentration von 7% gemessen. Bei steigender Temperatur werden die höherprozentigen Phasen unter Bildung des Mischkristalls Molybdän-Eisen aufgelöst. In diesem liegt eine Eisenkonzentration von 7—10% vor. Inwieweit nun die Auflösung der höherprozentigen

Eisen-Molybdän-Phasen zugunsten des Mischkristalls vollständig ist, hängt von der Größe des verursachenden Eisenteilchens, von der Sinterzeit, vom Aufheizprogramm und der jeweiligen Höchsttemperatur ab. Da die Teilchen durchwegs klein sind, ist die häufigste

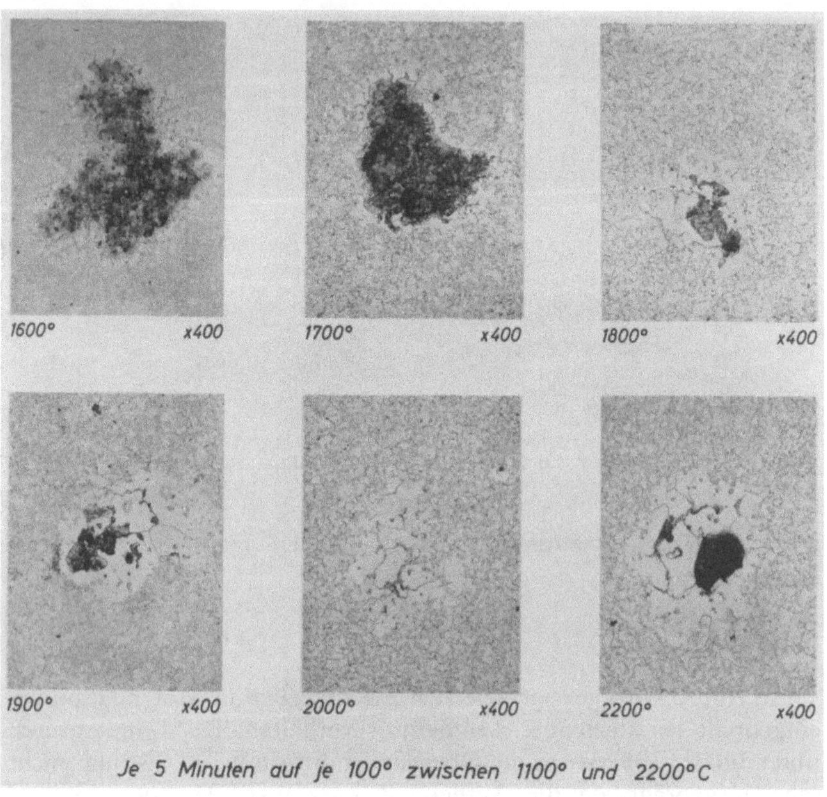

Abb. 3. Heterogene Verunreinigung von Molybdän mit Eisenteilchen. Gefügebild in Abhängigkeit von der Temperatur

Folge ein scharf abgegrenzter Bereich von Molybdän-Eisen-Mischkristallen ohne Diffusionshof, wie er im ersten Bild zu sehen war.

Die anfängliche, insbesondere unterhalb des Eisenschmelzpunktes, ablaufende Oberflächendiffusion wird sehr schnell von der Volumsdiffusion überflügelt. Molybdän weist laut Literatur bei 1480° C eine Löslichkeit für Eisen von 10,5 Gew.-% auf. Die Löslichkeit ist stark temperaturabhängig. Wie im späteren zu sehen sein wird, ist dies ein im Vergleich zu Wolfram sehr hoher Wert.

Die Auswirkung auf die Praxis ist in den zwei folgenden Abb. 4 und 5 zu sehen — stark eisenhaltige Einschlüsse im Molybdän-

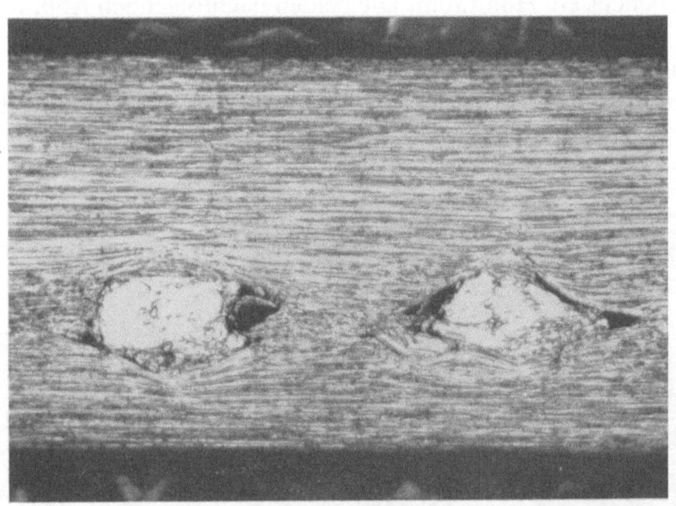

Abb. 4. Fehlstelle in Mo-Draht. Gefügebild ×200

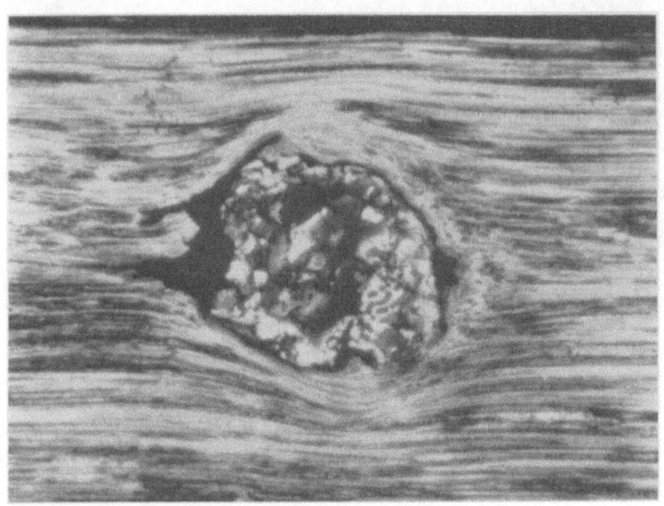

Abb. 5. Fehlstelle in Mo-Draht.
Gefügebild, Farbätzung nach Hasson, ×500

draht, die bei der Feindrahtproduktion die Ursache von Rissen beim Ziehen sind.

       E. Lassner und H. Petter:

Wolfram

Wie bereits in Abb. 2 gezeigt, entsteht bei einer heterogenen Verunreinigung von Wolfram mit Eisen an der ursprünglichen Stelle des Eisenteilchens ein Hohlraum. Die beiden nachfolgenden Abb. 6 und 7 zeigen die Auswirkung von Eisenteilchen in Wolframpulver eingepreßt in Abhängigkeit von der Temperatur. In Abb. 6 erkennt man, daß das Eisen bereits bei 1200⁰ C teilweise oder vollständig in die

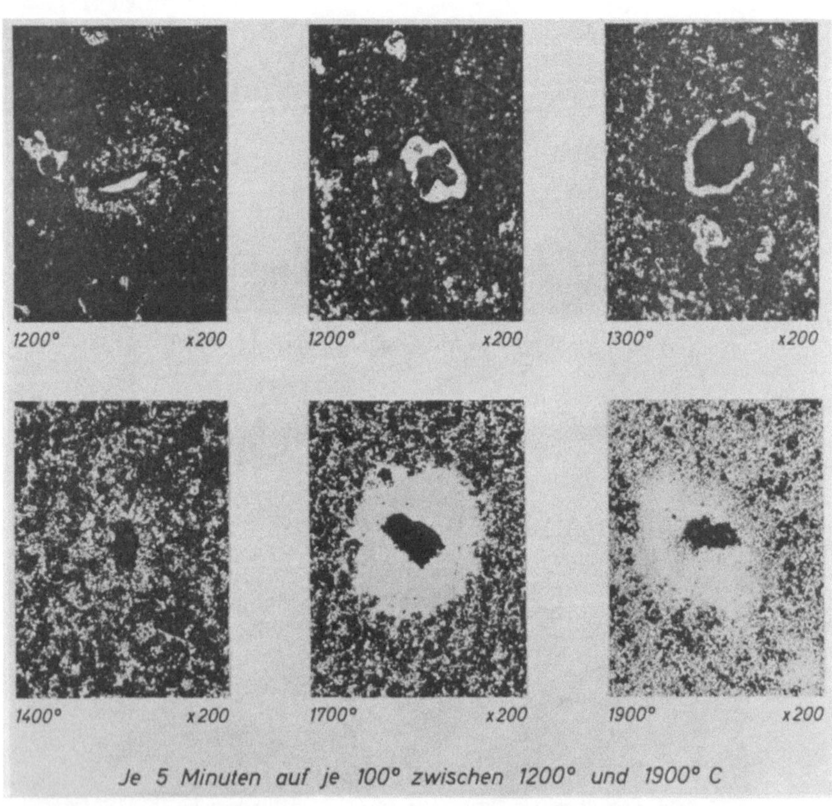

Abb. 6. Heterogene Verunreinigung von Wolfram mit Eisenteilchen. Gefügebilder in Abhängigkeit von der Temperatur (schnelle Temperatursteigerung)

nähere Umgebung diffundiert ist und daß an dessen Stelle ein Hohlraum zurückbleibt. Bei 1300⁰ C ist das Eisen infolge von Oberflächendiffusion weiter gewandert und die höhere Eisenkonzentration in der Umgebung des Hohlraumes ist deutlich an dem Dichtsintern des Wolframs in diesem Bereich zu erkennen. Eisen führt bekanntlich zu einem aktivierten Sintern. Bei den nachfolgenden Temperaturen von 1400, 1700 und 1900⁰ C schreitet die Oberflächendiffusion fort und es kommt zum Dichtsintern größerer Bereiche, die oberflächlich mit Eisen verunreinigt sind.

Die in Abb. 7 gezeigten REM-Aufnahmen in Verbindung mit den Röntgenrasterbildern zeigen deutlich das schnelle Abdiffundieren.

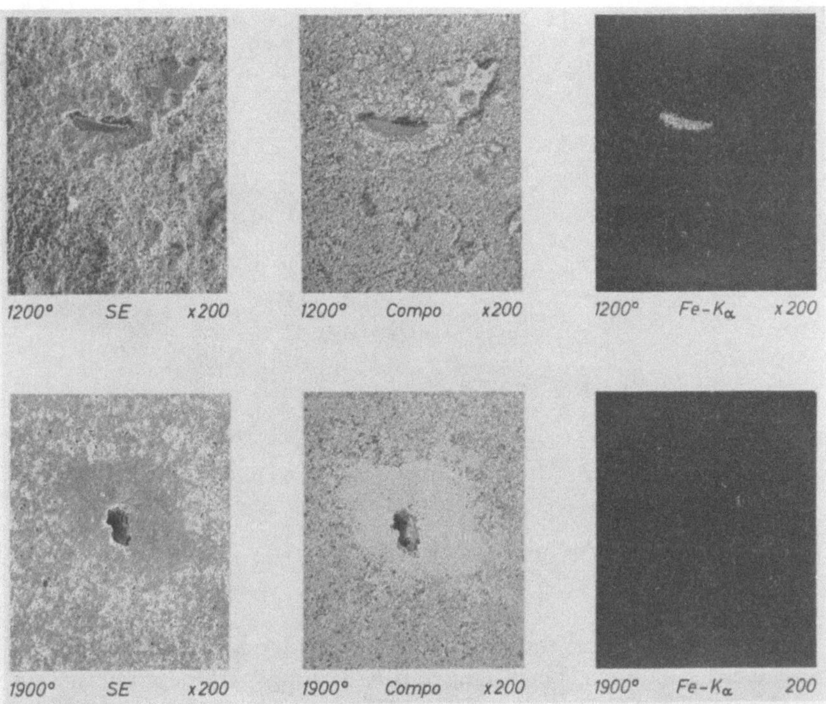

Abb. 7. Heterogene Verunreinigung von Wolfram mit Fe-Teilchen
REM-Untersuchungen

Bei 1900⁰ C kann weder mit einem energiedispersiven System, noch mittels Kristallspektrometer Eisen nachgewiesen werden. Bei 2400⁰ C läßt sich im Gefüge (Abb. 8) nur mehr der Hohlraum erkennen.

Bereits unterhalb der Schmelztemperatur des Eisens tritt also eine sehr intensive Oberflächendiffusion ein. Aufgrund der an den Kornoberflächen gebildeten Wolfram-Eisen-Phasen kommt es zum aktivierten Sintern.

Besonders deutlich ist dieses Verhalten des Eisens in Abb. 9 zu erkennen. Im Vergleich zu den oben beschriebenen Untersuchungen wurden hier die Erhitzungszeiten wesentlich verlängert. Bei 1500⁰ C erkennt man ein feines, bereits dichtes Gefüge, wobei das Eisen vollständig abdiffundiert ist unter Bildung des bereits oben erwähnten Hohlraumes. Ab 1700⁰ C tritt sehr starkes Kornwachstum ein und man bemerkt die Ausbildung von intermetallischen Phasen (Eisen-Wolfram) an den Korngrenzen. Diese werden bei höheren Temperaturen vom Wolfram gelöst, wodurch ab 2300⁰ C weitere Hohl-

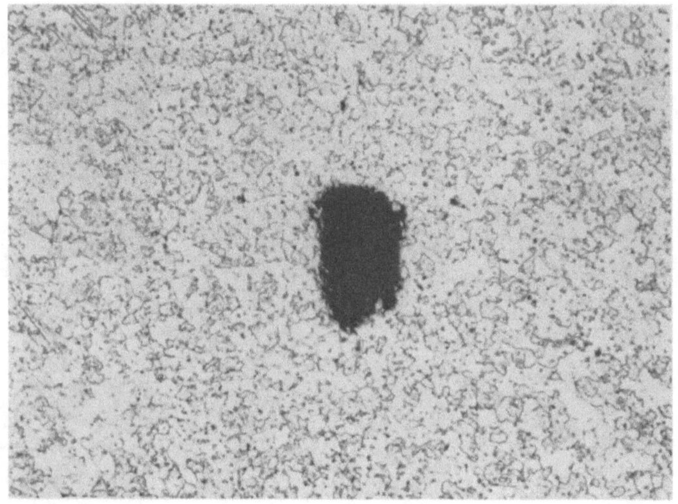

Abb. 8. Wolfram 2400⁰ C, Gefügebild × 200

räume entstehen und sogar ganze Körner oder Kornverbände losgelöst werden können. Nach längeren Erhitzungsperioden, wie sie hier vorliegen, ist das Eisen so gleichmäßig verteilt, daß es sich mittels Elektronenstrahlmikrosonde nicht mehr nachweisen läßt.

Im Gegensatz zu Molybdän überwiegt bei Wolfram die Oberflächendiffusion des Eisens die Volumsdiffusion bei weitem. Laut Literatur ist die Löslichkeit des Wolframs für Eisen wesentlich geringer. Sie liegt bei 1650⁰ C und unter 1% und zeigt keine ausgeprägte Temperaturabhängigkeit. Diese Gegebenheiten erklären sehr gut das oben beschriebene Diffusionsverhalten. Die Folge des Abdiffundierens ist ein Hohlraum und ein aktiviertes Sintern, verbunden mit etwas erhöhtem Kornwachstum in der Umgebung dieses Hohlraumes, wie in Abb. 9 gezeigt wird. Es entsteht hier eigentlich aus einer heterogenen Verunreinigung eine homogene, und als Heterogenität kann lediglich ein Hohlraum angesprochen werden.

Solche Hohlräume stellen natürlich bei der Produktion von Blechen und Drähten immer einen Materialfehler dar, der bei der Weiterverarbeitung Anlaß zu Brüchen und Rissen gibt.

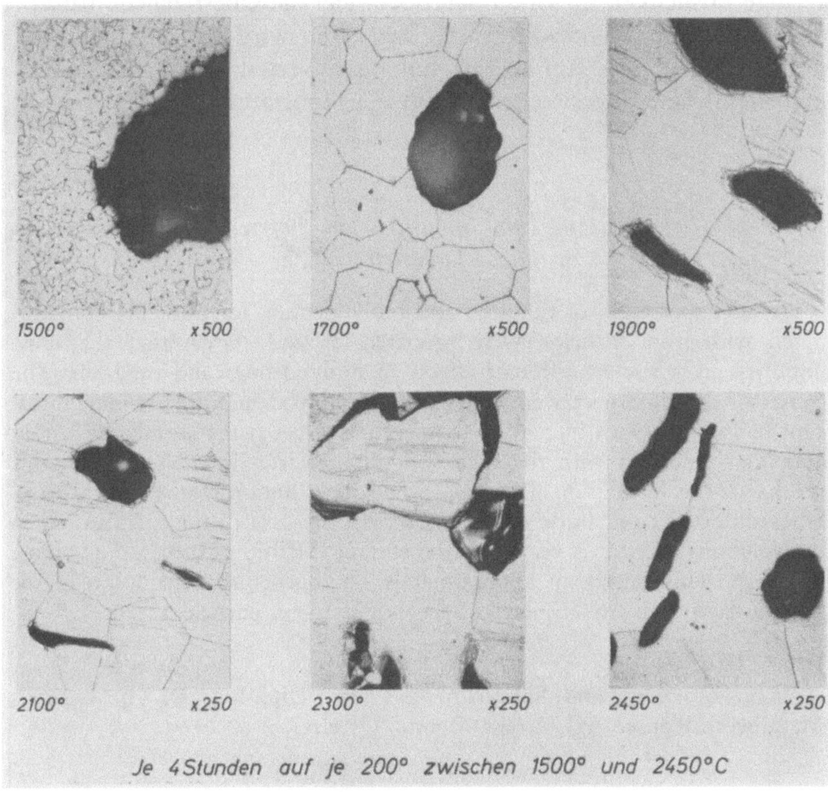

Abb. 9. Heterogene Verunreinigung von Wolfram mit Eisenteilchen. Gefügebilder in Abhängigkeit von der Temperatur

Diese Arbeit wurde vom Forschungsförderungsfonds der gewerblichen Wirtschaft, Wien, unterstützt.

Zusammenfassung

Absichtlich mit Eisenteilchen verunreinigte Wolfram- und Molybdän-Modellproben wurden hergestellt. An Hand dieser wurde gezeigt, daß die gleiche Art der Verunreinigung je nach dem, ob in Molybdän oder Wolfram vorhanden, anders geartete Fehler zur Folge hat. Die Ursachen dafür wurden aufgeklärt. Beim Molybdän überflügelt bei steigender Temperatur die Volumsdiffusion des Eisens sehr bald die Oberflächendiffusion und in Verbindung mit der hohen Löslichkeit, die Molybdän für Eisen besitzt, entstehen lokale Molybdän-Eisen-Mischkristallbereiche, deren Eigenschaften im Vergleich zur Matrix stark verändert sind. Im Fall von Wolfram, das eine sehr geringe Löslichkeit für Eisen hat, überwiegt die Oberflächendiffusion des Eisens die Volumsdiffusion. Das Eisen wird dadurch während des Sinterprozesses annähernd homogen verteilt und anstelle des ursprünglichen Eisenteilchens bleibt ein Hohlraum zurück.

Summary

Effect of Heterogeneous Iron Impurities on Sintered Molybdenum and Tungsten

Model specimens of tungsten and molybdenum, intentionally contaminated with iron particles, were prepared. It was shown that the same impurity gives rise to different effects in molybdenum and tungsten. The causes of this difference were elucidated. In molybdenum, the volume diffusion of the iron with increasing temperature exceeds the surface diffusion, and, in connection with the high solubility of iron in molybdenum, this results in the formation of local Mo-Fe solid solution regions, with properties different from those of the matrix. In the case of tungsten, in which the solubility of iron is very low, the surface diffusion exceeds the volume diffusion. This causes an approximately homogeneous distribution of the iron; a cavity remains in place of the original iron particle.

Korrespondenz und Sonderdrucke: Doz. Dipl.-Ing. Dr. E. Lassner, Metallwerk Plansee AG, A-6600 Reutte, Österreich.

Mikrochimica Acta [Wien], Suppl. 6, 1975, 143—159

Aus dem Max-Planck-Institut für Metallforschung, Institut für
Werkstoffwissenschaften, Stuttgart, Deutschland

Untersuchung der Diffusion im ternären System Ti-V-Zr mittels Mikrosonde*

Von

Arwed Brunsch und **Siegfried Steeb**

Mit 14 Abbildungen

(Eingegangen am 1. Oktober 1974)

1. Einleitung

Mittels Mikrosonde (JEOL, Typ JXA 3) wurde die Diffusion
im ternären System Ti-V-Zr und den beiden Randsystemen Ti-V
sowie Ti-Zr untersucht[1]. Über diese Untersuchungen wird ausführlich
berichtet werden (System Ti-V-Zr: a) Aufbau der Diffusionszonen[2];
b) Quantitative Betrachtungen[3]; System Ti-V[4]; System Ti-Zr[5]). Vorliegender Bericht soll einen Eindruck von der Art der durchgeführten
Untersuchungen vermitteln, wobei die Rolle der Mikrosonde etwas
deutlicher herausgehoben wird.

2. Untersuchungsprogramm

Ähnlich wie bei den Untersuchungen im binären Fall, werden
auch für das ternäre System jeweils zwei Metall- bzw. Legierungs-
klötzchen an einer gemeinsamen Grenzfläche zusammengepreßt und
bei einer bestimmten Temperatur eine bestimmte Zeit lang geglüht.
Die Diffusionsproben werden dabei so dimensioniert, daß die Bedingung des zweifach unendlichen Halbraumes erfüllt ist.

---

* Anläßlich des 7. Kolloquiums über metallkundliche Analyse mit
besonderer Berücksichtigung der Elektronenstrahlmikroanalyse, Wien,
23.—25. 10. 1974 vorgetragen.

Die untersuchten Parameter sind im binären und ternären Fall die folgenden:

2.1 Binäre Systeme

2.1.1 Zeitabhängigkeit des Wachstums der gesamten Diffusionszone und auch der einzelnen Teilgebiete.

2.1.2 Aufbau der Diffusionszone und daraus unter Berücksichtigung der Existenz eines lokalen thermodynamischen Gleichgewichtes Querverbindung zum Zustandsdiagramm.

2.1.3 Berechnung des chemischen Diffusionskoeffizienten nach der Matano-Methode.

Dabei wird ein sogenanntes volumenfestes Bezugssystem verwendet, das ist ein solches, dessen Ursprung mit dem Gitter der Probe weit weg von der Diffusionszone verknüpft ist. Die chemischen Diffusionskoeffizienten bilden wertvolle Bestandteile von Datensammlungen, da mit Hilfe der D. K. nach der Einstein'schen Beziehung leicht die Breite einer sich nach einer bestimmten Glühdauer und Glühtemperatur einstellenden Diffusionszone folgt.

2.1.4 Aus der Temperaturabhängigkeit eines Koeffizienten folgt die Aktivierungsenergie für den entsprechenden Prozeß.

2.1.5 Das Studium des Kirkendall-Effektes liefert die beiden partiellen Diffusionskoeffizienten, wobei ein sogenanntes gitterfestes Bezugssystem verwendet wird, d. i. ein solches, dessen Ursprung mit einer Gitterebene in der Diffusionszone verknüpft ist.

2.2 Ternäres System

2.2.1 Zeitabhängigkeit des Wachstums.

2.2.2 Aufbau der Diffusionszonen und damit Überprüfung bzw. Verbesserung des Zustandsdiagrammes.

2.2.3 Bestimmung der vier Interdiffusionskoeffizienten samt deren Konzentrationsabhängigkeit.

2.2.4 Das Studium der Temperaturabhängigkeit wäre möglich, jedoch dauert allein die vollständige Untersuchung des Diffusionsverhaltens in einem einzigen isothermen Schnitt, hier bei 800° C, etwa vierundzwanzig Monate.

2.2.5 Das Studium des Kirkendall-Effektes liefert die partiellen Diffusionskoeffizienten.

2.2.6 Die unabhängig von einander bestimmten Diffusionskoeffizienten im ternären System müssen in diejenigen der binären Systeme übergehen. Weiterhin erhält man durch Grenzübergänge aus den chemischen Diffusionskoeffizienten die tracer-Diffusionskoeffizienten, die üblicherweise nur durch Messungen mit radioaktiven Isotopen zugänglich sind.

3. Einsatz der Mikrosonde

3.1 Apparatives

Sämtliche Diffusionsproben werden mit einer Mikrosonde der Firma JEOL/Japan (Modell JXA-3A) untersucht. Der Abnahmewinkel der Röntgenstrahlung beträgt 20⁰. Gemessen wird mit einer Beschleunigungsspannung von 25 kV und einem Probenstrom von etwa 0,1 μA. Der effektive Strahldurchmesser beträgt bei allen Messungen etwa 1 bis 2 μm. Zur Untersuchung werden die K_α-Linien der drei Elemente Ti, V und Zr verwendet. Der Spektrometerkristall ist bei Ti und V ein Quarz und bei Zr ein LiF-Kristall. Das Peak-zu-Background-Verhältnis beträgt bei Ti 800, bei V 400 und bei Zr 50, bei einer Peak-Intensität der reinen Elemente von 12 000 Impulsen pro Sekunde bei Ti und V und von 1500 Impulsen pro Sekunde bei Zr.

3.2 Experimentelles

Die Diffusionsproben werden im Probenhalter der Mikrosonde so justiert, daß die Diffusionsrichtung senkrecht zur Abnahmerichtung der Röntgenstrahlung verläuft. Dies ist notwendig, damit die zu messende Röntgenstrahlung durch ein Material der gleichen Zusammensetzung geht, in der sie entstanden ist.

Von den Diffusionszonen werden Scanning-Bilder der absorbierten und der rückgestreuten Elektronen sowie der Röntgenstrahlintensitäten der zwei bzw. drei Elemente Ti, V und Zr aufgenommen, um eine Übersicht über den Aufbau der Diffusionszone zu erhalten. Zur Bestimmung der Konzentrationsprofile werden Linien-Scans herangezogen, wobei die Probe mit einer konstanten Geschwindigkeit unter dem feststehenden Elektronenstrahl bewegt und die auftretende Röntgenstrahlintensität des betreffenden Elements mit einem Schreiber registriert wird. Wie schon in früheren Arbeiten festgestellt, ist infolge der hohen Impulsraten diese Art der Bestimmung des Konzentrationsprofils ebenso genau wie die Punkt-für-Punkt-Messung. Beim Auftreten zweiphasiger Schichten in der Diffusionszone ternärer Proben wird die Zusammensetzung der beiden Phasen zusätzlich durch Punktanalysen bestimmt. Da aus apparativen Gründen immer nur zwei Elemente gleichzeitig gemessen werden können, ist es notwendig, bei den ternären Diffusionsproben jede Stelle zweimal zu überstreichen. Vor dem zweiten Durchgang wird eines der

Spektrometer auf das dritte Element umgestellt. Jede Probe wird nach jeder Glühung an mindestens drei verschiedenen Stellen untersucht, um Unregelmäßigkeiten in der Diffusionszone zu eliminieren.

Die Wanderung der Schweißebene wird mit Hilfe von Wolframdrähten als Marker auf zwei Arten untersucht:

Einmal werden die Wolframdrähte anhand der Scanning-Bilder auf dem Leuchtschirm in der Diffusionszone aufgesucht und ihr Abstand zu den beiden Enden der Probe durch Verdrehen der Mikrometerschrauben des Probentisches auf $\pm 5\,\mu$ genau gemessen. Zum anderen wird mit dem Schreiber der Mikrosonde das Konzentrationsprofil an der Stelle der Schicht aufgenommen, an der sich der Wolframdraht befindet und seine Entfernung von der Matanoebene im Konzentrationsprofil bestimmt.

3.3 Bestimmung der Gewichtsbruchteile aus gemessenen $(I/I_0)_A$-Werten

Die mit der Mikrosonde gemessenen Intensitätsverhältnisse $(I/I_0)_A$ liefern nicht direkt die Gewichtsbruchteile g_A (I = Röntgenstrahlintensität des Elementes A in der Probe; I_0 = Röntgenstrahlintensität des Elementes A im reinen Element A). Um die Gewichtsbruchteile zu erhalten, bedarf es dreier Korrekturen:

1. Der Atomnummerkorrektur F_1,
2. der Absorptionskorrektur F_2,
3. der Fluoreszenzkorrektur F_3.

Dann gilt:

$$(I/I_0)_A = g_A \cdot F_1 \cdot F_2 \cdot F_3$$

Sowohl für die binären als auch die ternären Systeme wird die Atomnummerkorrektur nach der Methode von Duncumb und Shields[6] sowie Nelms[7] durchgeführt und die Absorptionskorrektur nach der von Duncumb und Shields[6] modifizierten Philibert[8]-Methode. Die Fluoreszenzkorrektur kann für die untersuchten Systeme vernachlässigt werden, da sie in allen Fällen weniger als 0,5% beträgt. Die verwendeten Massenabsorptionskoeffizienten stammen von Heinrich[9].

Die theoretisch berechneten Eichkurven können mit Hilfe der hergestellten Ausgangslegierungen bekannter Gewichtskonzentration überprüft werden.

3.4 Eichkurven der binären Systeme Ti-V, Ti-Zr und V-Zr

Bei den Eichkurven binärer Systeme werden die mit der Mikrosonde gemessenen bzw. die theoretisch berechneten Intensitätsverhältnisse $(I/I_0)_A$ über der Gewichtskonzentration aufgetragen. Die

Abb. 1, 2 und 3 zeigen diese Eichkurven für die Systeme Ti-V, Ti-Zr und V-Zr. Die Kurven ohne Eichpunkte stellen die theoretisch berechneten Eichkurven dar, die experimentell ermittelten Eichkurven

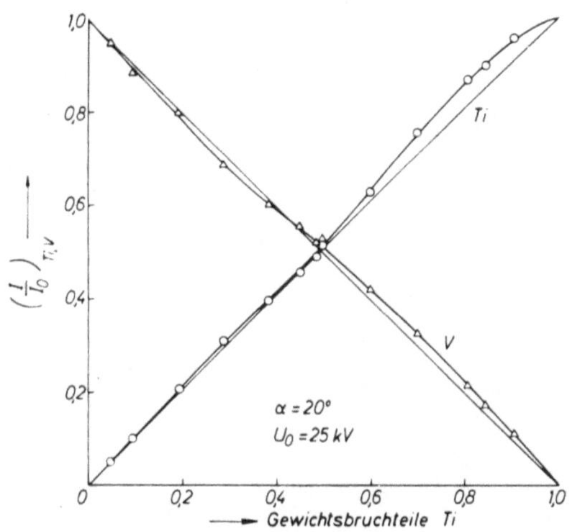

Abb. 1. Theoretische und experimentelle Eichkurven für das System Ti-V

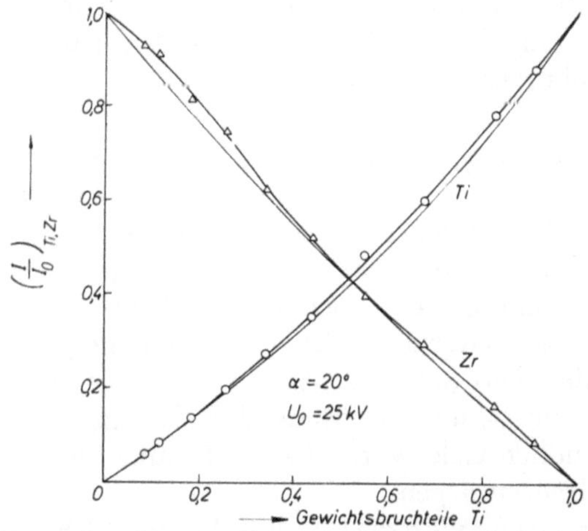

Abb. 2. Theoretische und experimentelle Eichkurven für das System Ti-Zr

verbinden die Eichpunkte (Kreise bzw. Dreiecke) der entsprechenden Legierungen. Die Gewichtskonzentration dieser Legierungen ist durch die Einwaage bekannt und die Intensitätsverhältnisse werden mit der Mikrosonde bestimmt.

Bei den zweiphasigen V-Zr-Legierungen wird die Probe während der Meßzeit mit konstanter Geschwindigkeit unter dem feststehenden Elektronenstrahl verschoben. Dadurch erhält man einen Mittel-

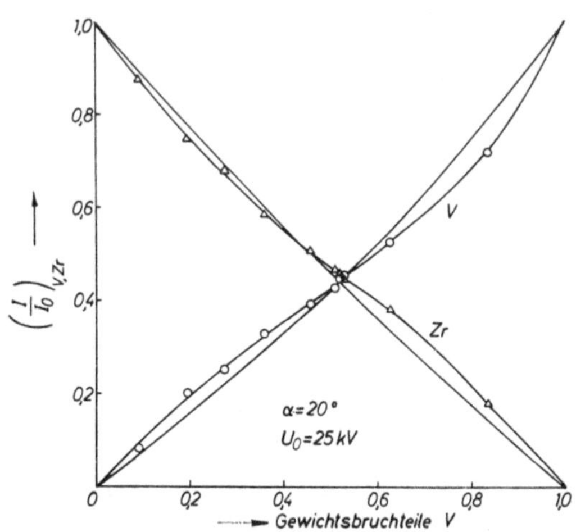

Abb. 3. Theoretische und experimentelle Eichkurven für das System V-Zr

wert der Intensität über beide Phasen. Zur Umrechnung der Intensitätsverhältnisse in Gewichtsbruchteile werden jeweils die experimentellen Eichkurven verwendet.

3.5 Eichkurven des ternären Systems Ti-V-Zr

Für ein ternäres System ist eine Auftragung $(I/I_0)_A$ gegen g_A wie in einem binären System nicht möglich. Für einen festen Wert g_A läßt sich das Verhältnis der beiden anderen Konzentrationen g_B und g_C noch in gewissen Grenzen beliebig variieren und dementsprechend variiert auch der Wert $(I/I_0)_A$, der ja nicht nur eine Funktion von g_A, sondern auch von g_B und g_C ist. Es gibt also für einen festen Wert g_A immer unendlich viele Werte $(I/I_0)_A$, die allerdings zwischen zwei bestimmten Grenzen liegen.

Aus diesem Grund wird die folgende Art von Eichkurven gewählt: In Abb. 4 sind im Dreieckskoordinatensystem mit Gewichtsbruchteilen als Maßeinheit Linien gleicher Intensitätsverhältnisse $(I/I_0)_{Ti}$ eingetragen, mit einer Schrittweite von 0,05, die aber auch beliebig kleiner gewählt werden kann. Diese Linien sind durch die theoretische Berechnung der Korrekturen — wie in den binären Systemen — gewonnen, allerdings leicht korrigiert durch die experimentellen Eichpunkte, die sowohl an den Randlinien (binäre Systeme), wie auch im ternären Gebiet (Punkte mit Zahlen) vorhanden sind.

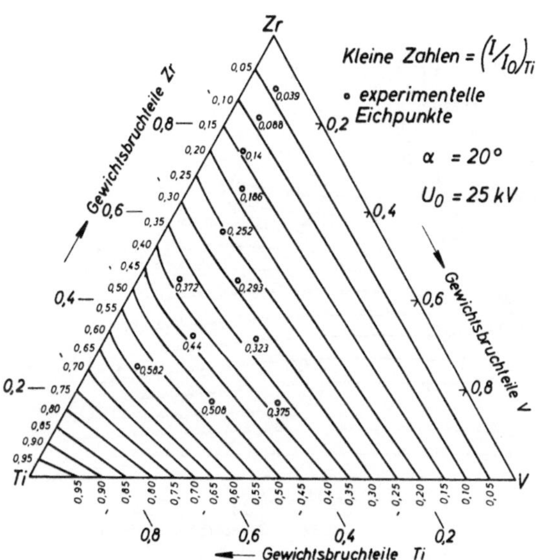

Abb. 4. Linien gleicher Werte $(I/I_0)_{Ti}$ im Dreistoffdiagramm Ti-V-Zr

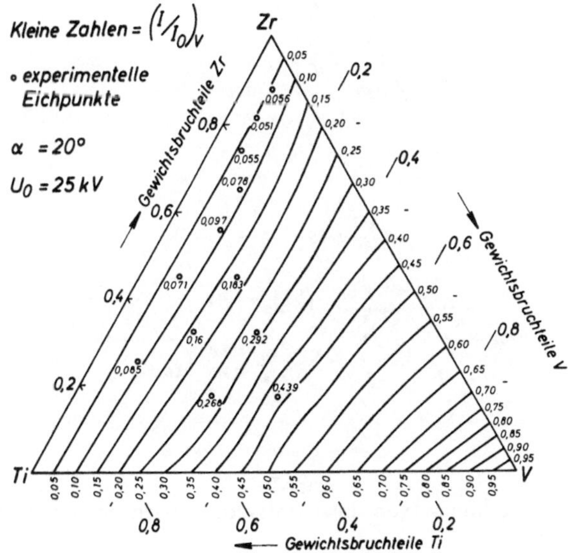

Abb. 5. Linien gleicher Werte $(I/I_0)_V$ im Dreistoffdiagramm Ti-V-Zr

Die Abb. 5 und 6 zeigen die entsprechenden Linien für die Intensitätsverhältnisse $(I/I_0)_V$ und $(I/I_0)_{Zr}$.

Um aus den gemessenen Intensitätsverhältnissen die wirklichen
Gewichtsbruchteile zu erhalten, legt man ein transparentes Dreiecks-

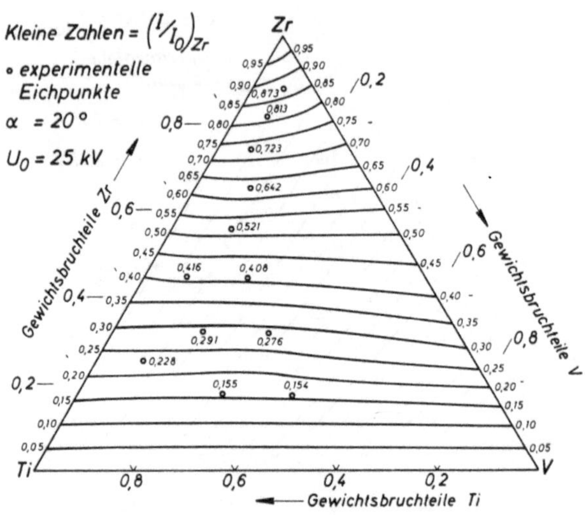

Abb. 6. Linien gleicher Werte $(I/I_0)_{Zr}$ im Dreistoffdiagramm Ti-V-Zr

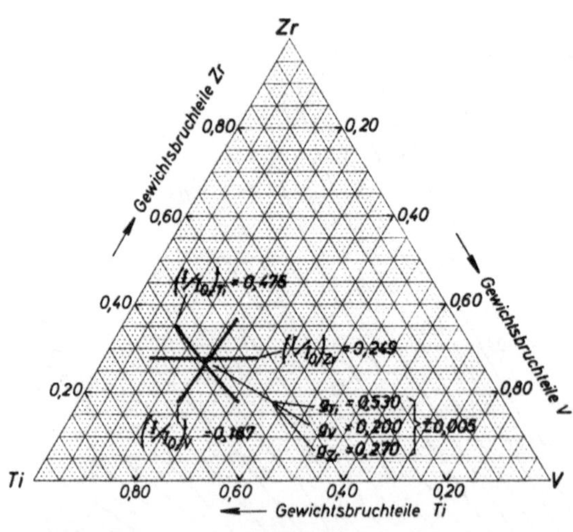

Abb. 7.
Beispiel einer Umrechnung von Intensitätsverhältnissen in Gewichtsbruchteile

koordinatenpapier derselben Größe und ebenfalls mit Gewichtsbruchteilen als Maßeinheit nacheinander auf die Abb. 4, 5 und 6 und
zeichnet jeweils die entsprechende Linie (= gemessenes Intensitätsverhältnis) ein. Alle drei Linien müßten sich in einem Punkt schnei-

den, der dann die zugehörigen Gewichtsbruchteile angibt. Meist schneiden sich die drei Linien jedoch nicht exakt in einem Punkt, sondern umschließen ein kleines Dreieck. Die Größe dieses Dreiecks ist ein Maß für die Größe des Fehlers, der bei der Bestimmung der Gewichtsbruchteile (Schwerpunkt dieses kleinen Dreiecks) gemacht wurde. In Abb. 7 ist ein Beispiel durchgeführt: Für die gemessenen Intensitätsverhältnisse $(I/I_0)_{Ti} = 0{,}475$; $(I/I_0)_V = 0{,}187$ und $(I/I_0)_{Zr} = 0{,}249$ ergeben sich die Gewichtsbruchteile $g_{Ti} = 0{,}530$; $g_V = 0{,}200$ und $g_{Zr} = 0{,}270$ mit einem Fehler von jeweils $\pm 0{,}005$.

4. Ermittlung des ternären Schnittes eines Zustandsschaubildes mittels ternärer Diffusion

Von einer Diffusionsprobe wird zunächst ein Übersichtsbild im Lichtmikroskop oder in der Mikrosonde hergestellt. Abb. 8 zeigt als Beispiel einen Ausschnitt aus der Diffusionszone einer $V_{50}Zr_{50}$-Ti_{100}

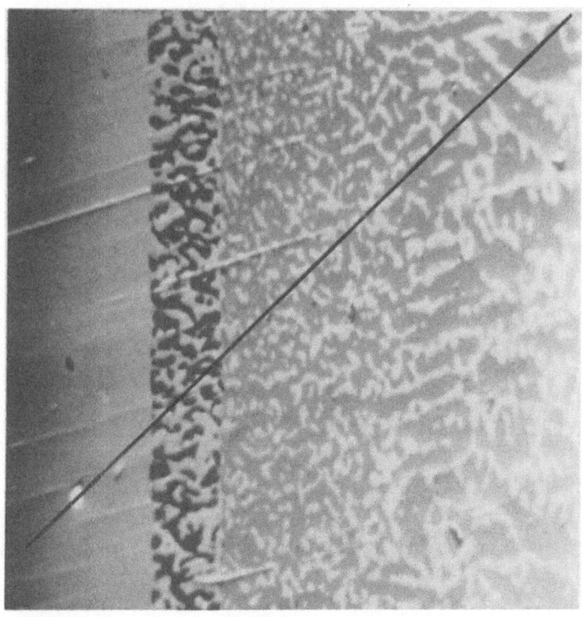

Abb. 8. Probe 46 ($V_{50}Zr_{50}$-Ti_{100}), Bild der rückgestreuten Elektronen, Glühtemperatur 800° C, Glühzeit 181 h, Vergrößerung 850-fach

Diffusionsprobe, die bei 800° C 181 Stunden lang geglüht worden war. Rechts im Bild befindet sich die zweiphasige Ausgangslegierung mit der Zusammensetzung von 50 a/o V und 50 a/o Zr. Nach links schließen sich zwei weitere zweiphasige Schichten $(\beta+\gamma)$ und $(\delta+\beta)$ an, auf die eine einphasige β-Schicht folgt.

Die Konzentrationen der einzelnen Elemente in dieser Probe werden aus einem längs der eingezeichneten Linie registrierten Intensitätsprofil berechnet. Abb. 9 zeigt den Verlauf der Ti K_α- bzw. V K_α-Intensität über der Ortskoordinate. Wie ersichtlich, macht sich ein Zweiphasengebiet durch den raschen Wechsel der Röntgenstrahlintensität zwischen zwei Grenzwerten bemerkbar. In einem einphasigen Gebiet dagegen sind lediglich die durch die Zählstatistik bedingten Schwankungen vorhanden. Die Bestimmung der Schichtdicken der einzelnen Teilbereiche der Diffusionszone erfolgt nach Bildern der in Abb. 8 und 9 gezeigten Art.

Die aus den Intensitäten nach Abschnitt 3.5 ermittelten Gewichtskonzentrationen ergeben, in ein Dreieckskoordinatensystem eingetragen, den sogenannten Konzentrationsverlauf der betreffenden

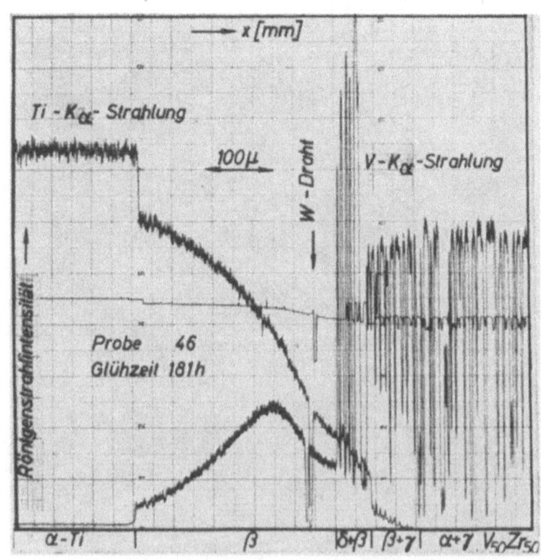

Abb. 9. Probe 46 ($V_{50}Zr_{50}$-Ti_{100}), Intensitätsprofil der Elemente Ti und V, Glühtemperatur 800^0 C, Glühzeit 181 h

Diffusionsprobe. Zu dessen Ermittlung werden außer den Konzentrationen in einphasigen Gebieten auch noch die mittleren und die Grenz-Konzentrationen zu den Zweiphasengebieten herangezogen. In Abb. 10 ist für die in den Abb. 8 und 9 verwendete Probe der Konzentrationsverlauf eingetragen. In den drei Zweiphasengebieten

$(\alpha + \gamma)$, $(\beta + \gamma)$ und $(\beta + \delta)$ sind als durchgezogene Linien die mittleren Konzentrationen der drei Elemente eingezeichnet. Die gestrichelten Teile entsprechen einem Sprung im Konzentrationsprofil. Im Bereich der β-Phase sind mehrere durchgezogene Kurvenzüge, herrührend von Diffusionsproben, die verschieden lang geglüht worden waren, überlagert. Die Doppelpfeile in Abb. 10 verbinden diejenigen Konzentrationswerte miteinander, die in den betreffenden zweiphasigen Gebieten miteinander im Gleichgewicht stehen. Diese Werte ent-

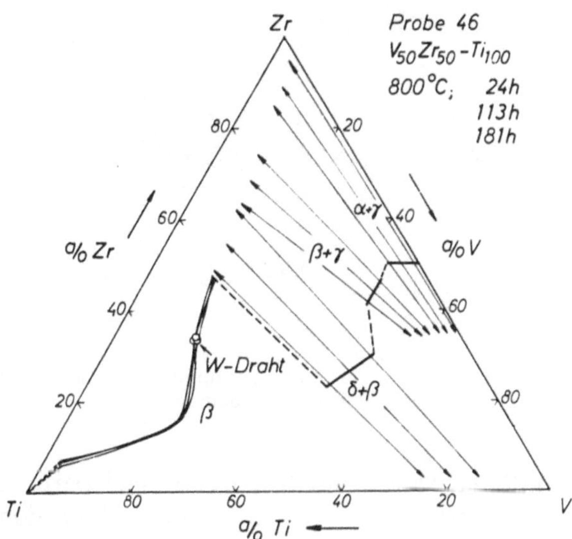

Abb. 10. Probe 46 ($V_{50}Zr_{60}$-Ti_{100}), Konzentrationsverlauf

sprechen damit den Konzentrationen der beiden Phasen an einem bestimmten Ort der zweiphasigen Schicht. Die Pfeillinien können in den meisten Fällen direkt als Konoden in den isothermen Schnitt des Dreistoffsystems eingetragen werden.

Werden nun zahlreiche Elemente und Legierungen miteinander gepaart (z. B. V-Zr-Legierungen mit Ti; Ti-V-Legierungen mit Zr; Ti-Zr-Legierungen mit V und verschiedene binäre und ternäre Legierungen gegeneinander), dann erhält man eine ganze Anzahl von Konzentrationsverläufen.

Schließlich führt die Diskussion dieser Verläufe zu dem in Abb. 11 gezeigten isothermen Schnitt des Zustandsdiagrammes des Systems Ti-V-Zr bei 800° C. Es sei vermerkt, daß insgesamt 36 verschiedene

Diffusionspaare untersucht werden. In Abb. 11 sind deutlich die drei Zweiphasengebiete $(\alpha+\gamma)$, $(\beta+\gamma)$ und $(\beta+\delta)$ ausgebildet, die auch schon in Abb. 10 auftreten.

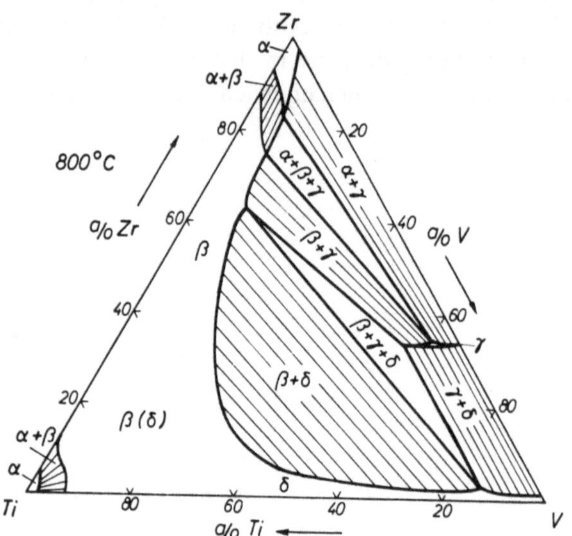

Abb. 11. Isothermer Schnitt des Zustandsdiagramms Ti-V-Zr bei 800° C nach vorliegender Untersuchung

5. Ermittlung der chemischen, tracer- und partiellen Diffusionskoeffizienten bei der ternären Diffusion

Bei der ternären Diffusion wird der Fluß J_i der Atome einer Sorte i nicht nur vom chemischen Potentialgradienten der Atome dieser Sorte, sondern auch von denjenigen der beiden anderen Sorten bestimmt. Für die Zwecke der Praxis werden die chemischen Potentiale durch die Konzentration ersetzt. Da durch zwei Konzentrationen die dritte Konzentration festgelegt, also eine abhängige Konzentration ist, sind in folgender Gleichung (1) die Diffusionskoeffizienten D_{kj}^n auf die Abhängige n bezogen:

$$J_i = - \sum_{j=1}^{n-1} D_{ij}{}^n \, \nabla \, c_j \qquad (i=1, 2, \ldots n) \tag{1}$$

Für die Benennung der Diffusionskoeffizienten muß eine Bezugsebene für die Flüsse eingeführt werden, wodurch sich je nach Wahl der Bezugsebene verschiedene Arten von Diffusionskoeffizienten ergeben, auf die jetzt eingegangen werden soll.

5.1 Chemische oder Interdiffusionskoeffizienten $\widetilde{D}_{ij}^{n}$

Wird eine volumenfeste Bezugsebene gewählt, die außerhalb der Diffusionszone in der Probe fixiert ist, dann geht Gl. (1) in Gl. (2) über:

$$J_i = - \sum_{j=1}^{n-1} \widetilde{D}_{ij}{}^{n} \, \nabla \, c_j \qquad (i = 1, 2, \ldots n-1) \qquad (2)$$

Aus dieser Beziehung folgen die $(n-1)^2$ chemischen oder Interdiffusionskoeffizienten $\widetilde{D}_{ij}^{n}$, die es in einem System mit n Komponenten geben kann.

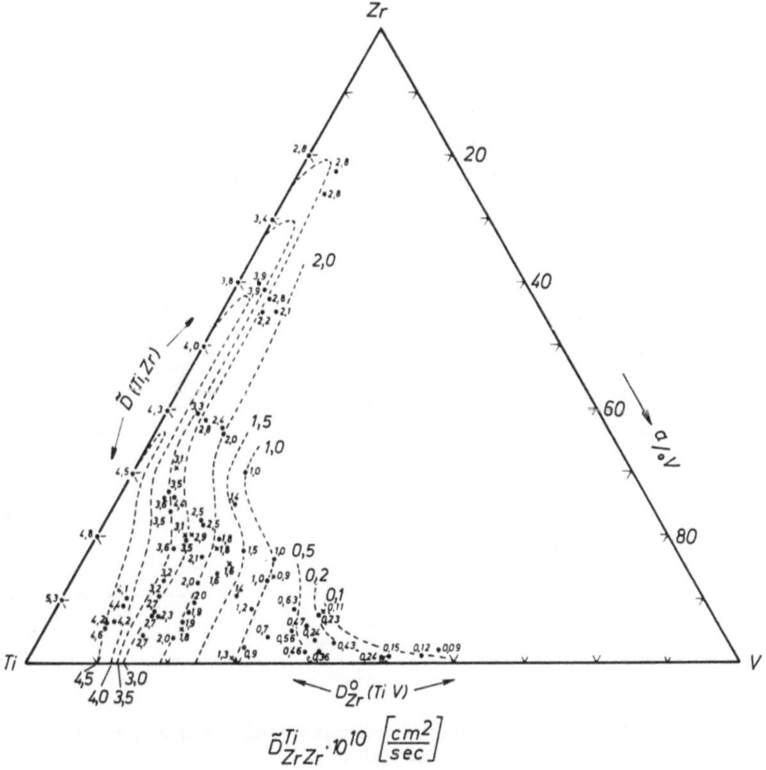

Abb. 12. Konzentrationsabhängigkeit des direkten Interdiffusionskoeffizienten $\widetilde{D}_{ZrZr}^{Ti}$ bei 800° C

Die praktische Bestimmung der Interdiffusionskoeffizienten ist jeweils nur an einem Schnittpunkt von zwei Konzentrationsverläufen möglich. In Abb. 12 ist als Ergebnis zahlreicher derartiger Bestimmungen der Interdiffusionskoeffizient $\widetilde{D}_{ZrZr}^{Ti}$ dargestellt. Daraus ergibt sich dessen Konzentrationsabhängigkeit. Es gibt noch drei ähnliche Bilder für die drei weiteren Interdiffusionskoeffizienten $\widetilde{D}_{VV}^{Ti}$, $\widetilde{D}_{VZr}^{Ti}$ und $\widetilde{D}_{ZrV}^{Ti}$.

Nützlich ist an dieser Stelle vielleicht der Hinweis, daß z. B. $\widetilde{D}_{VZr}^{Ti}$ den Proportionalitätsfaktor darstellt, mit dem ∇c_{Zr} in einer Gleichung nach der Art der Gl. (2) multipliziert wird. Das Produkt

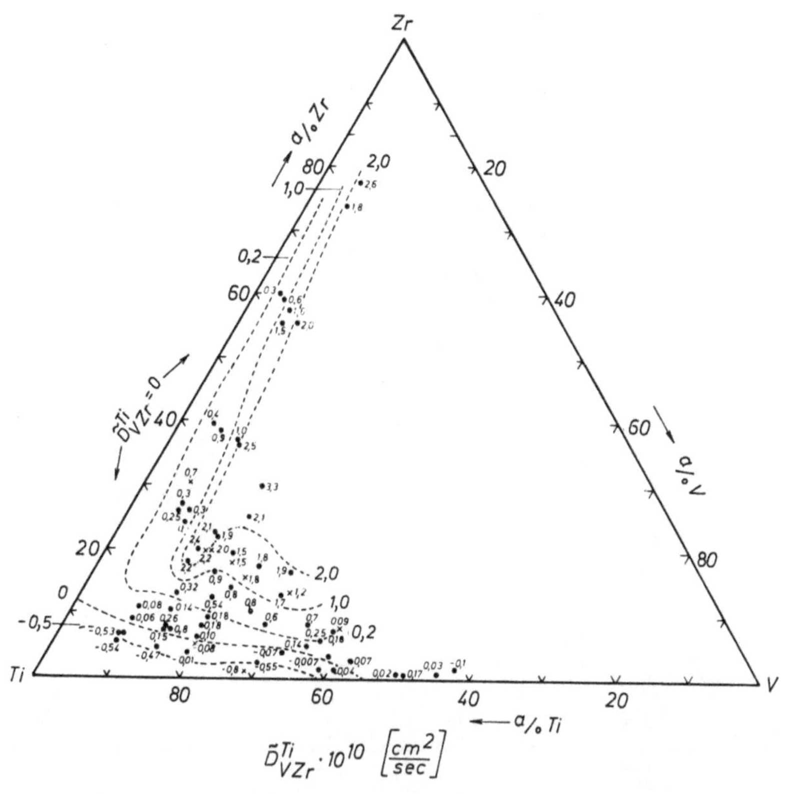

Abb. 13. Konzentrationsabhängigkeit des Kreuz-Interdiffusionskoeffizienten $\widetilde{D}_{VZr}^{Ti}$ bei 800° C

$\widetilde{D}_{VZr}^{Ti} \cdot \nabla c_{Zr}$ ist dann ein Beitrag zum Fluß der V-Atome. Koeffizienten mit gleichen Indizes sind direkte Koeffizienten, die anderen sind Kreuzkoeffizienten.

Da in Abb. 12 sehr zahlreiche Meßpunkte vorliegen, können die Linien gleicher Diffusionskoeffizienten recht genau festgelegt werden.

Eine interessante Aussage kann der Gl. (3) entnommen werden, welche den Fluß der Vanadinatome, wie er sich aus Gl. (2) ergibt, beschreibt:

$$J_V = - \widetilde{D}_{VV}^{Ti} \frac{\partial c_V}{\partial x} - \widetilde{D}_{VZr}^{Ti} \frac{\partial c_{Zr}}{\partial x} \tag{3}$$

Der Fluß der V-Atome wird demnach außer vom Gradienten der Vanadinkonzentration auch noch von demjenigen der Zirkoniumkonzentration beeinflußt und es hängt von der Größe der Interdiffusionskoeffizienten ab, wie stark die jeweilige Beeinflussung ist.

Aus Abb. 13 folgt nun, daß der Koeffizient $\widetilde{D}_{VZr}^{Ti}$ von null auf der Ti-Zr-Seite bis auf $2 \cdot 10^{-10}$ cm²/sec bei etwa 10 a/o V ansteigt. Damit erreicht $\widetilde{D}_{VZr}^{Ti}$ etwa denselben Wert wie $\widetilde{D}_{VV}^{Ti}$. Insgesamt bedeutet dies, daß in diesem Konzentrationsbereich durch geringe V-Zusätze der Fluß von V-Atomen längs eines Zirkonium-Konzentrationsgradienten außerordentlich vergrößert werden kann.

5.2 Tracer-Diffusionskoeffizienten $D_i^0 (j, n)$

Interessant ist, daß durch Grenzübergänge aus den direkten Koeffizienten $\widetilde{D}_{ii}^n$ die binären bzw. die Tracer-Diffusionskoeffizienten folgen:

$$\lim_{c_j \to 0} \widetilde{D}_{ii}^n = \widetilde{D} (i, n) \tag{4}$$

Dabei ist $\widetilde{D} (i, n)$ der binäre Interdiffusionskoeffizient im System i, n.

$$\lim_{c_i \to 0} \widetilde{D}_{ii}^n = D_i^0 (j, n) \tag{5}$$

Dabei ist $D_i^0 (j, n)$ der Tracer-Diffusionskoeffizient für Spuren des Elementes i in j—n Legierungen, der sonst nur mit radioaktiven Isotopen bestimmt werden kann. Als Beispiel wird in Abb. 14 die Abhängigkeit des Tracer-Diffusionskoeffizienten $D^0_{Zr} (Ti, V)$ von der V-Konzentration gezeigt.

Es ergibt sich eine exponentielle Abhängigkeit des Koeffizienten von der V-Konzentration, d. h. die Zr-Atome diffundieren mit zunehmender V-Konzentration in der Ti-V-Legierung immer langsamer.

5.3 Partielle Diffusionskoeffizienten D_{ij}^n

Wird eine gitterfeste Bezugsebene gewählt, die mit einer (beweglichen) Gitterebene innerhalb der Diffusionszone verknüpft ist, dann erhält man $n(n-1)$ partielle Diffusionskoeffizienten D_{ij}^n. Es sei

angemerkt, daß im System Ti-V-Zr die Zirkonium-Atome der Atomsorte angehören, welche den größten partiellen Diffusionskoeffizien-

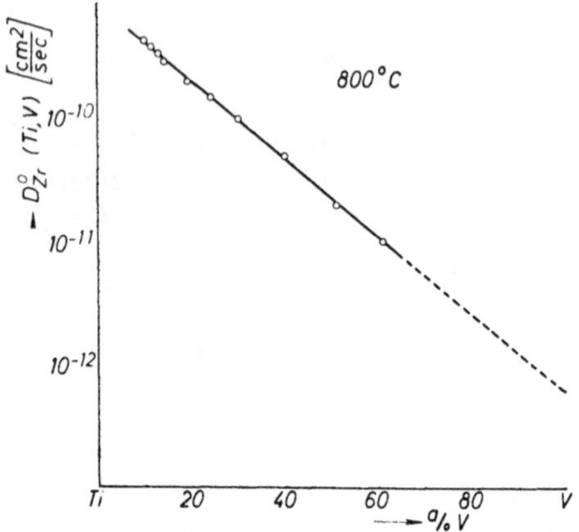

Abb. 14. Tracer-Diffusionskoeffizient D_{Zr}^0 (Ti, V) in Abhängigkeit der V-Konzentration in der (Ti, V)-Legierung

ten aufweisen. Mit anderen Worten bedeutet dies, daß die Zr-Atome
am schnellsten diffundieren, obwohl gerade diese Atome im Vergleich zu den Ti- und V-Atomen das größte Atomvolumen haben.

Der Deutschen Forschungsgesellschaft sei auch an dieser Stelle
für die finanzielle Förderung dieser Arbeiten gedankt.

Vorliegende Arbeit stellt ein gutes Beispiel dar für die beträcht-
lich erweiterten Aussagemöglichkeiten moderner physikalischer
Mikroanalytik gegenüber den konventionellen mikrochemischen
Methoden.

Zusammenfassung

Die vier Interdiffusionskoeffizienten im ternären System Ti-V-Zr
wurden bei 800° C samt ihrer Konzentrationsabhängigkeit bestimmt.
Außerdem wurden durch Extrapolation verschiedene Tracer-Diffusionskoeffizienten ermittelt. Der Einsatz der Mikrosonde für diese
Untersuchungen wird beschrieben.

Summary

Investigation of the Diffusion in the Ternary System Ti-V-Zr
by Means of the Microprobe

The four coefficients of interdiffusion in the ternary system Ti-V-Zr
were obtained at 800° C in dependency of concentration. From these by

extrapolation the coefficients of tracer diffusion were obtained. The use of the electron microprobe for this type of investigation is described. For details of the results see[1-5].

Literatur

[1] A. Brunsch, Dissertation, Universität Stuttgart (1974).

[2] A. Brunsch und S. Steeb, Z. Metallkunde **65**, 714 (1974).

[3] A. Brunsch und S. Steeb, Z. Metallkunde **65**, 765 (1974).

[4] A. Brunsch und S. Steeb, High Temp. High Pressure **6**, 155 (1974).

[5] A. Brunsch und S. Steeb, Z. Naturforsch. **29** *a*, 1319 (1974).

[6] P. Duncumb und P. K. Shields, Brit. J. Appl. Phys. **14**, 617 (1963).

[7] A. T. Nelms, Nat. Bur. Stds. Circular 577 (1956) and Supplement (1958).

[8] J. Philibert, Métaux, Corrosion, Industries **40**, 157, 216, 325 (1964).

[9] K. F. J. Heinrich, „X-Ray Absorption Uncertainty", The Electron Microprobe, T. D. McKinley Ed., New York: Wiley. 1966.

Korrespondenz und Sonderdrucke: Priv.-Doz. Dr. S. Steeb, Max-Planck-Institut f. Metallforschung, Seestraße 92, D-7000 Stuttgart, Bundesrepublik Deutschland.

Mikrochimica Acta [Wien], Suppl. 6, 1975, 161—172

IBM Deutschland, Sindelfingen, Oberflächen- und Strukturanalyse-Labor

Impulsratenerhöhung durch Elektronenstreuschichten bei der Mikrosonden-Analyse dünner Schichten*

Von

M. Schrader

Mit 8 Abbildungen

(Eingegangen am 7. November 1974)

1. Einleitung

Die Elektronenstrahl-Mikroanalyse hat sich als Schichtdicken-Meßverfahren in den letzten Jahren einen festen Platz erobert. Dank verfeinerter Techniken sind mittels der Mikrosonde noch Monolagen von Elementen mittlerer bis hoher Ordnungszahl nachweisbar (Hutchins[1]). Baumgartl, Ryder und Bühler[2] haben Nachweisgrenzen von < 1 Å mittlerer Dicke an Metallen erzielt. Deshalb erhebt sich die Frage, ob eine weitere Steigerung der Nachweisempfindlichkeit praktisch sinnvoll ist.

Die überwiegende Anzahl der Untersuchungen von Dünnschichten wurde an aufgedampften Reinmetallen vorgenommen (Hantsche[3], Büchner und Pitsch[4], Butz und Wagner[6], Kotrba[5]). In der Halbleiterfertigung werden jedoch heute durch thermische Prozesse aufgewachsene bzw. diffundierte Schichten von chemischen Verbindungen mit einer Dicke in der Größenordnung von 100 Å hergestellt, in denen das zu analysierende Element in einer Konzentration von z. B. 1% vorliegt. Müssen an derartigen Schichten noch Konzentrationsprofil-Bestimmungen durchgeführt werden, so kann eine Nachweisgrenze von 1 Å des Reinelementes u. U. nicht mehr ausreichen.

---

* Herrn Prof. Dr. Walter Koch zum 65. Geburtstag gewidmet und anläßlich des 7. Kolloquiums über metallkundliche Analyse mit besonderer Berücksichtigung der Elektronenstrahlmikroanalyse, Wien, 23.—25. 10. 1974 vorgetragen.

2. Nachweisgrenze bei Dünnschichten

Definiert man die minimale nachweisbare Schichtdicke d_{min} (Nachweisgrenze) entsprechend Baumgartl et al.[2] zu

$$d_{min} = 3 \frac{\sqrt{I_0}}{q} \tag{1}$$

mit I_0: Intensität auf Substrat ($d = 0$); q: Proportionalitätsfaktor zwischen Intensität I und Schichtdicke d,

so ist sogleich klar, daß eine Erniedrigung von d_{min} durch eine Erhöhung von q erreicht werden kann. Diese Erhöhung von q setzt eine Erhöhung der Intensität bei einer Schicht konstanter Dicke voraus. Sämtliche Maßnahmen zur Vergrößerung der Netto-Impulsrate (bei $d = $ const.) führen somit zu einer Verbesserung der Nachweisgrenze. Eine dieser Maßnahmen ist dabei die Auswahl der günstigsten Primärelektronen-Energie.

Die Intensitätsverhältnisse an Schichten lassen sich gut mit Hilfe der Tiefenverteilungsfunktion verdeutlichen, die in Abb. 1 für zwei

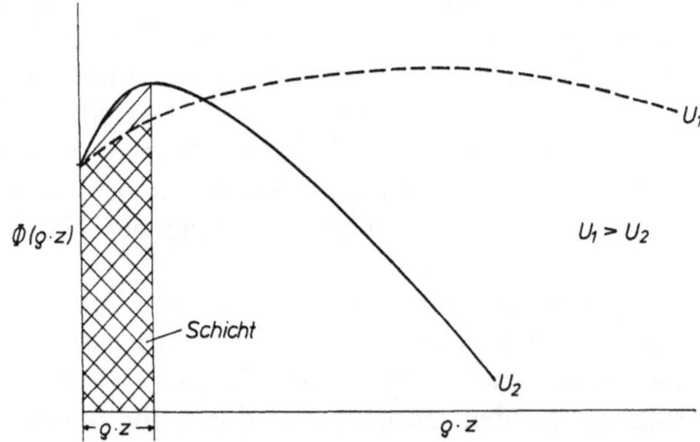

Abb. 1. Tiefenverteilungsfunktion der Röntgenstrahlenproduktion bei verschiedenen Anregungsspannungen

Beschleunigungsspannungen U dargestellt ist. Die in der Schicht erzeugte Intensität I der Röntgenstrahlung ist

$$I \sim \int_0^{\varrho z} \phi\,(\varrho \cdot z)\, d\,(\varrho \cdot z) \tag{2}$$

mit $\varrho \cdot z$: Massendicke,
   $\phi\,(\varrho \cdot z)$: Tiefenverteilungsfunktion.

Danach könnte man bei Anwendung von U_2 eine höhere Impulsrate erwarten als bei U_1. Dies ist jedoch nicht der Fall; eine Integration der $\phi\,(\varrho \cdot z)$-Funktion liefert nur Impulsratenverhältnisse. Ermittelt man für dünne Schichten das Integral (Gl. 2) bei konstanter Schichtdicke für steigende U, so ergibt sich ein leichter Abfall mit steigender Primärelektronen-Energie (Abb. 2). Um absolute Intensitätswerte zu

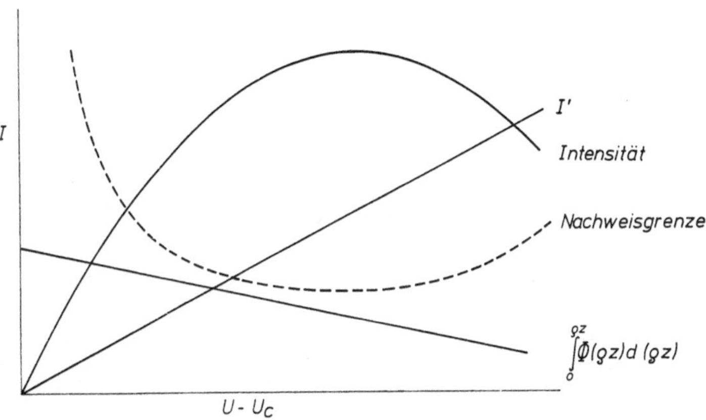

Abb. 2.
Änderung der Röntgenintensität und der Nachweisgrenze mit der Überspannung

erhalten, muß diese Kurve mit der Funktion zwischen relativer Intensität (Intensität/Schichtdicke) I' und Primärelektronen-Energie multipliziert werden. Als Produkt ergibt sich die Abhängigkeit zwischen erzeugter Intensität und Anregungsspannung:

$$I\,(U-U_c) = I'\,(U-U_c)\cdot \int_0^{\varrho \cdot z} \phi\,(\varrho \cdot z)\,d\,(\varrho \cdot z) \tag{3}$$

mit U_c: kritische Anregungsspannung.

Diese Funktion zeigt den aus zahlreichen Veröffentlichungen bekannten Verlauf[6, 7]. In Verbindung mit Gl. (1) ergibt sich die Abhängigkeit der Nachweisgrenze von der Anregungsenergie, wie sie in der Literatur angegeben wird[2].

Vorausgesetzt, alle Geräteparameter sind optimiert, so ist der Maximalwert des Intensitätsfaktors $I'\,(U-U_c)$ unter den gegebenen apparativen Möglichkeiten erreicht. Eine weitere Steigerung der Intensität kann dann nur durch eine Vergrößerung des Faktors $\int \phi\,(\varrho z)\,d\,(\varrho z)$ erreicht werden.

Nachfolgend wird eine Methode, dieses Ziel zu erreichen, angegeben und ihre Wirksamkeit anhand von Meßergebnissen belegt.

3. Impulsratenerhöhung durch Elektronenstreuschichten

3.1. *Prinzip des Verfahrens*

Wie aus der Tiefenverteilungsfunktion hervorgeht, erzeugt eine Schicht konstanter Dicke, die in zunehmender Tiefe eingelagert ist, bei konstanter Anregungsspannung eine zunächst ansteigende, dann abnehmende Röntgenintensität (Abb. 3). Das Ansteigen der Inten-

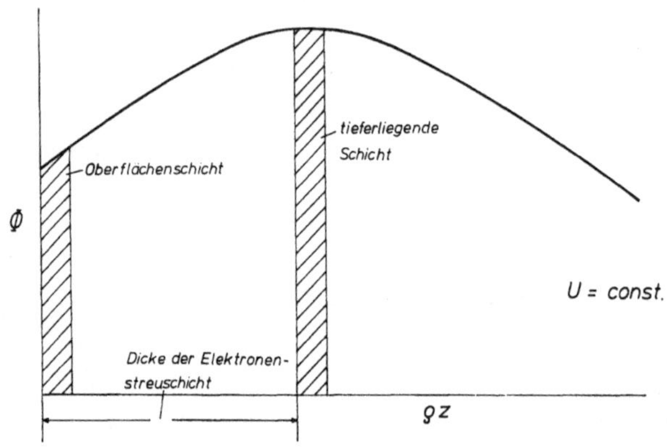

Abb. 3.
Erhöhung der Impulsrate durch Vorschalten einer Elektronenstreuschicht

sität ist auf zunehmende Elektronenstreuung und die daraus folgende höhere Ionisationswahrscheinlichkeit zurückzuführen (Beaman und Isasi[8]). Befindet sich eine zu analysierende dünne Schicht auf einem Substrat, so läßt sie sich dadurch künstlich in größere Tiefen verschieben, daß man dieser dünnen Schicht eine zweite Schicht vorschaltet (Abb. 3). Derartige Elektronenstreuschichten lassen sich z. B. bequem durch Aufdampfen herstellen*. Die durch die Elektronenstreuschicht hervorgerufene Intensitätserhöhung bezieht sich zunächst nur auf die Menge der *erzeugten* Röntgenstrahlung. Die *gemessene* Strahlungsintensität beinhaltet den Absorptionsverlust, der durch die Elektronenstreuschicht hervorgerufen wird. Der verstärkenden Wirkung durch die Elektronenstreuung steht deshalb eine abschwächende Wirkung durch die Röntgenstrahlen-Absorption entgegen. Da jedoch eine Elektronenstreuschicht vorgegebener Massendicke bei geeigneter Wahl des Schichtelementes die Elektronen weit stärker beeinflußt als die Röntgenquanten, ergibt sich trotzdem eine für die Impulsratenerhöhung der zu analysierenden Schicht positive Gesamtbilanz.

---

* Auf die Möglichkeit, Elektronenstreuschichten zu verwenden, haben unabhängig von unseren Untersuchungen kürzlich auch Baumgartl, Ryder und Bühler[2] hingewiesen.

3.2. Experimentelle Ergebnisse

Zur experimentellen Nachprüfung der oben geschilderten Hypothese wurde eine 330 Å dicke Cu-Schicht mit Au-Schichten steigender Dicke bzw. mit je einer Ag- und Al-Schicht bedampft. Als Substrat diente eine polierte Scheibe aus einkristallinem Si. Die so hergestellten Proben sind in Tab. 1 charakterisiert*.

Tabelle 1. Charakterisierung der verwendeten Elektronenstreuschichten auf einer 330 Å dicken Cu-Schicht (Si-Substrat)

Element X	Schicht-dicke z [Å]	Dichte ϱ [g/cm³]	$\varrho \cdot z$ [mg/cm²]	$\left\|\dfrac{\mu}{\varrho}\right\|$ X CuKα $\left[\dfrac{\text{cm}^2}{\text{mg}}\right]$*	$\dfrac{I}{I_0}$ **
Au	63	19,3	0,12	208,6	0,997
	127		0,24		0,994
	341		0,65		0,983
	923		1,78		0,954
	1088		2,09		0,946
Ag	828	10,5	0,8694	217,6	0,976
Al	598	2,7	0,1614	49,6	0,999

* Nach Heinrich[9]; ** $I/I_0 = \exp\left(-\mu/\varrho \cdot \varrho z \cdot \operatorname{cosec} \psi\right)$

In Tabelle 1 sind zusätzlich zu den Probenparametern die Massenabsorptionskoeffizienten sowie die berechneten Transmissionsgrade I/I_0 der Elektronenstreuschichten für CuKα angegeben. Man erkennt aus diesen Daten, daß die verwendeten Streuschichten nur geringe Absorptionsverluste (maximal 5% bei 1088 Å Au) bewirken.

An den beschriebenen Proben sowie an einer unbeschichteten Cu-Schichtprobe wurde die Intensität der CuKα-Strahlung mit Hilfe der Mikrosonde gemessen**. Um den Einfluß der unterschiedlichen Eindringtiefe der Elektronen zu untersuchen, wurden die Messungen bei verschiedenen Hochspannungen zwischen 10 und 28 kV durchgeführt. Die Ergebnisse sind in Abb. 4 in Form der Abhängigkeit der CuKα-Intensität (I_{Cu}) von der Überspannung ($U - U_c$) für verschiedene Dicken (d) der Elektronenstreuschicht dargestellt. Abb. 5 zeigt die I_{Cu} ($U - U_c$)-Funktionen für verschiedene Streumaterialien. Man

---

* Das Aufdampfen erfolgte mit einer Bedampfungsanlage BA 360 G der Fa. Balzers. Die Schichtdicken wurden mit Hilfe der Meßeinrichtung QSG 210 der gleichen Fa. gemessen. Diese Meßeinrichtung war zuvor mittels Vielstrahl-Interferenzmikroskopie geeicht worden.

** Es wurde eine EMX-SM-Sonde der Fa. ARL verwendet. Als Monochromator diente ein LiF-Kristall. Der Probenstrom betrug 50 nA, die Meßdauer pro Meßpunkt 5×10 sec.

sieht aus Abb. 4, daß die CuKα-Impulsrate bei geringen Spannungen (U=const.) mit steigender Schichtdicke der Elektronenstreuschicht kleiner wird und daß erst bei zunehmend höheren Spannungen über-

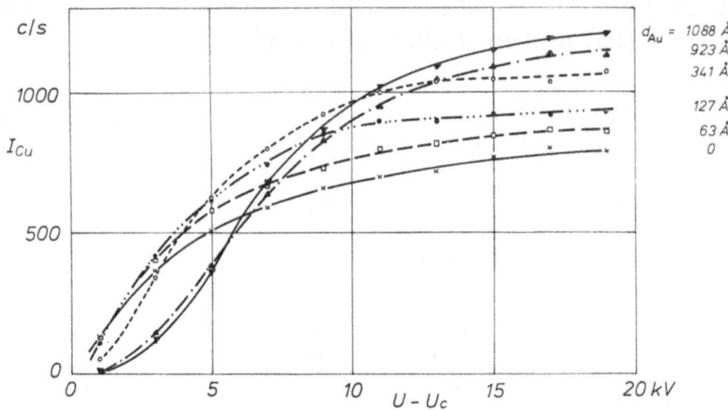

Abb. 4. Cu Kα-Impulsraten von 330 Å Cu mit Au-Streuschichten unterschiedlicher Dicke d als Funktion der Überspannung

haupt CuKα-Strahlung entsteht. Dies ist auf den abbremsenden Einfluß der Schichten auf die Primärelektronen zurückzuführen, die nach Durchlaufen einer zu dicken Schicht eine Energie aufweisen, die ge-

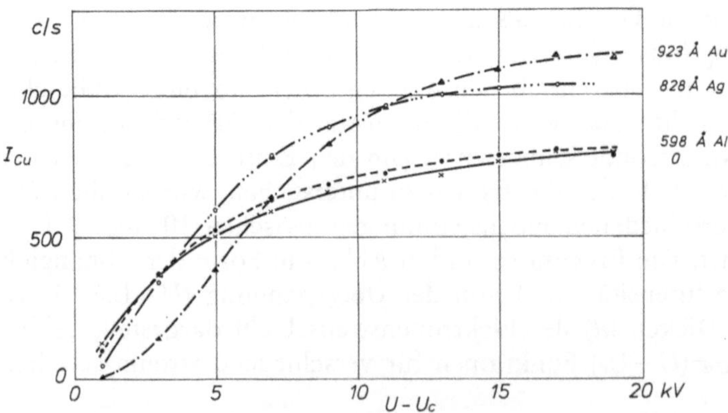

Abb. 5. Cu Kα-Impulsraten von 330 Å Cu mit Streuschichten aus verschiedenen Materialien als Funktion der Überspannung

ringer als die kritische Anregungsenergie ist. Bei höheren Anregungsspannungen tritt dann zunehmend der die Intensität der CuKα-Strahlung verstärkende Einfluß der Streuschicht in Erscheinung. Im untersuchten Dickenbereich (60 bis 1100 Å) nahm der Verstärkungseffekt mit steigender Dicke der Elektronenstreuschicht zu.

Ein Maß für die Verstärkerwirkung der Streuschichten läßt sich angeben, wenn man die jeweiligen Impulsraten von Cu-Schicht + Streuschicht (I_{x+d}) bei $U = $ const. auf die Impulsrate der reinen Cu-Schicht (I_x) bezieht. Die sich derart ergebenden Intensitätserhöhungen $(I_{x+d})/I_x$ als Funktion der Anregungsspannung sind in Abb. 6 wiedergegeben. Es zeigt sich, daß diese Kurven für alle untersuchten

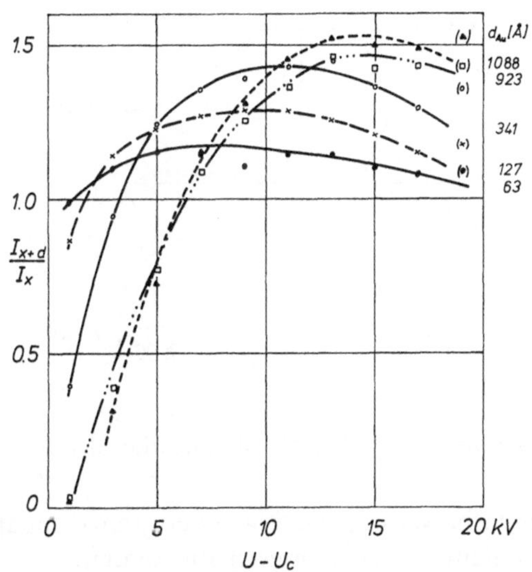

Abb. 6. Impulsratenverbesserungen für 330 Å Cu mit Au-Streuschichten als Funktion der Überspannung

Schichtdicken Maxima durchlaufen, die mit zunehmender Streuschichtdicke einerseits sich zu höheren Spannungen verschieben, andererseits steigende Werte annehmen. Bei der dicksten Elektronenstreuschicht wurden bei Hochspannungen von 22 bis 25 kV Impulsratenerhöhungen von maximal 50% gemessen. Aus Schnitten bei $U = $ const. durch die Impulsratenerhöhungs-Kurven (Abb. 6) erhält man die Impulsratenerhöhung als Funktion der Dicke der Elektronenstreuschicht. Derartige Kurven sind in Abb. 7 für Hochspannungen von 10, 14 und 20 kV wiedergegeben.

3.3. Verbesserung der Nachweisgrenzen

Eine Erhöhung der Impulsrate einer Schicht um einen bestimmten Prozentsatz durch Vorschalten einer Elektronenstreuschicht bewirkt allerdings nicht eine gleich starke Verbesserung der Nachweisgrenze, da in die Nachweisgrenze die Untergrundintensität entscheidend eingeht. Die Untergrundintensität ist aber stark von der Ordnungs- zahl und der Dicke der Streuschicht abhängig und somit kann bei dicken Elektronenstreuschichten aus schweren Elementen trotz höhe-

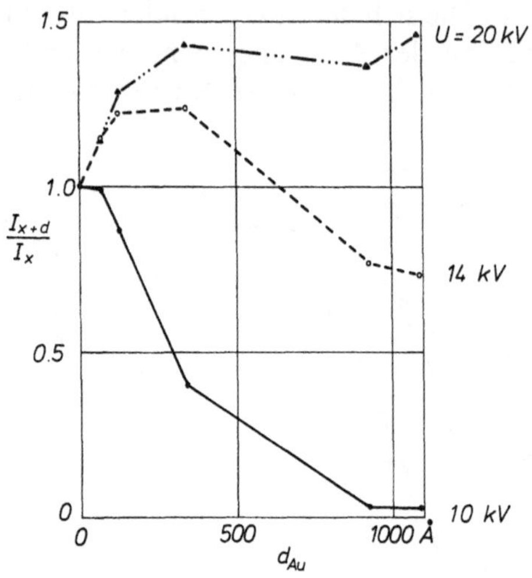

Abb. 7.
Impulsratenverbesserungen für 330 Å Cu als Funktion der Au-Streuschichtdicke

rer Impulsratenverbesserung die Nachweisgrenze niedriger sein als bei dünneren Schichten aus leichteren Elementen.

Zur Ermittlung der Nachweisgrenze (d_{min}) wurde bei unseren Untersuchungen der folgende Ansatz (Malissa[10]) benutzt:

$$d_{min} = d_0 \cdot \frac{3}{\sqrt{t}} \cdot \frac{\sqrt{I_B}}{I_0 - I_B} \tag{4}$$

mit d_0: Dicke der Eichprobe
  t: Meßdauer [sec]
  I_B: Untergrundintensität [c/sec]
  I_0: Intensität auf Eichprobe [c/sec]

Die nach Gl. 4 berechneten Nachweisgrenzen der Mehrschicht- proben sind als Funktion der Hochspannung in Abb. 8 dargestellt. Bei den von uns angewendeten Meßbedingungen (50 nA Proben- strom, 50 sec Meßzeit) tritt bei der unbedeckten Cu-Schicht ein Minimum der Nachweisgrenze bei $U - U_c = 9$ kV ($U = 18$ kV) auf. Mit Au-Elektronenstreuschichten steigender Dicke verschiebt sich dieses Minimum zu höheren Spannungen. Sein absoluter Wert nimmt dabei von $d_{min} = 1{,}45$ Å (Cu) auf $d_{min} = 1{,}23$ Å (Cu + 127 Å Au) ab.

Dickere Elektronenstreuschichten führen zu einem so starken Anstieg der Untergrundintensität, daß die minimal erreichbare Nachweisgrenze wieder ansteigt. Die geringsten Nachweisgrenzen wurden bei einer 828 Å dicken Ag-Elektronenstreuschicht mit $d_{min} = 1{,}21$ Å festgestellt. Dies ist wahrscheinlich ebenfalls auf die ordnungszahlbedingte geringere Untergrundintensität als bei Au zurückzuführen.

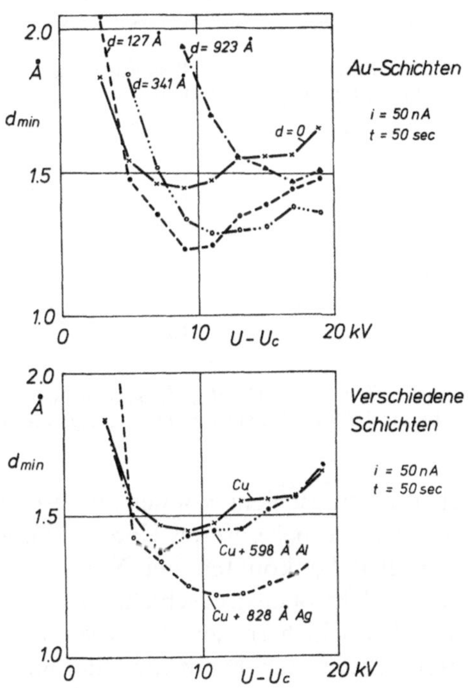

Abb. 8. Nachweisgrenzen für Cu mit Streuschichten als Funktion der Überspannung

Insgesamt wurde somit bei einer 330 Å dicken Cu-Schicht als Eichprobe durch Aufbringen von Elektronenstreuschichten eine Verbesserung der Nachweisgrenze um ca. 17% erreicht.

4. Optimierung der Methode

Zur Optimierung der beschriebenen Methode zur Impulsratenverbesserung ist zu beachten, daß die für die Elektronenstreuschicht charakteristischen Einflußfaktoren (Absorption, Elektronenstreuung, Untergrunderhöhung) sorgfältig aufeinander abgestimmt werden müssen (Tabelle 2). Diese Abstimmung wird dadurch erschwert, daß einige Größen (z. B. Dicke und Dichte der Elektronenstreuschicht) einen gegensinnigen Einfluß auf die Nachweisgrenze haben. Bei zweckmäßiger Wahl von Ordnungszahl, Dicke und Dichte der Elektronenstreuschicht sowie bei entsprechender Berücksichtigung der Absorption der Röntgenstrahlung des Elementes der zu analysieren-

Tabelle 2. Einflußfaktoren auf die Nachweisgrenze dünner Schichten bei Anwendung von Elektronenstreuschichten

Einflußfaktor der Streuschicht	Zunahme des Einflusses mit steigendem	Beeinflussung von	Wirkung auf Nachweisgrenze
Absorption der Röntgenstrahlung	μ/ϱ, ϱ, d	I_0	Verschlechterung
Streuung der Elektronen	ϱ, d	I_0	Verbesserung
Erhöhung der Untergrundintensität	Z, d	I_B	Verschlechterung

μ/ϱ: Massenabsorptionskoeffizient; ϱ: Dichte; d: Schichtdicke; Z: Ordnungszahl der Elektronenstreuschicht; I_0: Signalintensität; I_B: Untergrundintensität

den Schicht durch die Streuschicht können höhere Verbesserungen der Nachweisgrenze als die bei unseren Untersuchungen festgestellten 17% erzielt werden. So konnten bei Nachversuchen an einer Cu-Schicht mit einer Elektronenstreuschicht aus Ni die Nachweisgrenzen von dünnen Cu-Schichten um 25% verbessert werden. Eine systematische Untersuchung zur Ermittlung der günstigsten Streuschicht-Parameter für unterschiedliche zu analysierende Schichten ist in Arbeit.

Frau I. Pfeiffer sei auch an dieser Stelle für die sorgfältige Durchführung der Mikrosonden-Messungen sowie für das Anfertigen der Zeichnungen gedankt.

Zusammenfassung

Ein Verfahren zur Erhöhung der Röntgenintensität bei der Mikrosonden-Analyse dünner Schichten wurde beschrieben. Die zu analysierende Schicht wird mit einer metallischen Elektronenstreuschicht bedampft und dadurch unter die Probenoberfläche verschoben. Da die Produktion von Röntgenstrahlung in einer bestimmten Tiefe größer als an der Probenoberfläche ist, ergibt sich somit eine

Erhöhung der Impulsrate. Der absorbierende Einfluß der Elektronenstreuschicht auf die Röntgenstrahlung ist wegen der geringen Streuschicht-Dicke von untergeordneter Bedeutung. An einer dünnen Cu-Schicht wurden durch Vorschalten von Schichten aus verschiedenen Elementen mit unterschiedlicher Dicke Impulsratenerhöhungen bis 50% und Verbesserungen der Nachweisgrenze bis 17% erzielt.

Summary

Impulse Rating Increase by Means of Electronic Distribution Layers in the Micro Probe Analysis of Thin Layers

A method is described to increase the X-ray intensity when analyzing thin layers by means of the electron microprobe. The layer to be analyzed is evaporated with a metallic electron scattering layer and is thus shifted below the specimen surfaces. As more X-radiation is produced in a certain depth than at the surface, an increase in X-ray intensity is achieved. The absorption of the X-radiation by the electron scattering layer is negligible due to its low thickness. A thin Cu layer was covered with electron scattering layers of different materials and thicknesses. These samples exhibited an increase in CuKα intensity of 50% and an improvement of the limit of detectability of 17%.

Literatur

[1] G. Hutchins, Thickness Determination of Thin Films by Electron Probe Microanalysis, in T. D. McKinley et al. (Editors), The Electron Microprobe, New York: Wiley. 1966. pp. 390—404.

[2] S. Baumgartl, P. L. Ryder und H. E. Bühler, Z. Metallk. **64**, 655 (1973).

[3] H. Hantsche und P. Koschnik, Mikrochimica Acta [Wien], Suppl. V, **1974**, 73.

[4] A. R. Büchner und W. Pitsch, Z. Metallk. **62**, 392 (1971).

[5] Z. Kotrba, Prakt. Metallographie **10**, 628 (1973).

[6] R. Butz und H. Wagner, Surface Science **34**, 693 (1973).

[7] M. Fabbricotti et al., An Electron Microprobe Analysis of Cu$_{2-x}$S Layers Chemiplated on Single Crystals and Thin Films of CdS, V^{ht} Intern. Congr. on X-Ray Optics and Microanalyses, Berlin: Springer-Verlag. 1969.

[8] D. R. Beaman and J. A. Isasi, Electron Beam Microanalysis, ASTM STP 506, 1972.

[9] K. F. J. Heinrich, X-Ray Absorption Uncertainty, in: T. D. McKinley et al. (Editors), The Electron Microprobe, New York: Wiley. 1966. pp. 296—377.

[10] H. Malissa, Elektronenstrahlmikroanalyse (Handb. der mikrochemischen Methoden IV), Wien: Springer-Verlag. 1966.

Korrespondenz und Sonderdrucke: M. Schrader, Abt. 0348, IBM Deutschland GmbH, D-7032 Sindelfingen, Bundesrepublik Deutschland.

Mikrochimica Acta [Wien], Suppl. 6, 1975, 173—193

Bundesanstalt für Materialprüfung, Berlin

Probleme der quantitativen Analyse bei energiedispersiven Systemen*

Von

H. Hantsche

Mit 17 Abbildungen

(Eingegangen am 14. Oktober 1974)

1. Einleitung

Im Titel wurde absichtlich das Wort „Probleme" gewählt, um damit anzudeuten, daß im folgenden keine fertigen Lösungen gebracht werden sollen. Vielmehr soll gezeigt werden, weshalb quantitative Analysen bei energiedispersiven Systemen wesentlich schwieriger sind und deshalb im allgemeinen zu schlechteren Resultaten führen. Gleichwohl kann auf diese Analysenmöglichkeit nicht verzichtet werden, weil es sich um eine ideale Ergänzung zur Mikrosondentechnik handelt[1-4].

2. Unterschiede zur wellenlängendispersiven Analyse

Im Gegensatz zu Mikrosonden mit Kristallspektrometern arbeiten die — vorzugsweise an Rasterelektronenmikroskopen verwendeten — energiedispersiven Systeme mit tiefgekühlten Halbleiterdetektoren (Abb. 1).

Die Röntgenstrahlung wird nicht mit Hilfe eines Kristalles nach Wellenlängen zerlegt, sondern fällt unsortiert auf den Si(Li)-Detektor. Die einfallenden Röntgenquanten rufen in ihm Ionisierun-

---

* Herrn Prof. Dr. Walter Koch zum 65. Geburtstag gewidmet und anläßlich des 7. Kolloquiums über metallkundliche Analyse mit besonderer Berücksichtigung der Elektronenstrahlmikroanalyse, Wien, 23.—25. 10. 1974 vorgetragen.

gen hervor, deren Anzahl streng proportional zur Energie des einfallenden Quants ist. Die entstandenen Ladungen werden nun in
Spannungsimpulse umgesetzt, im ADC digitalisiert und in einem

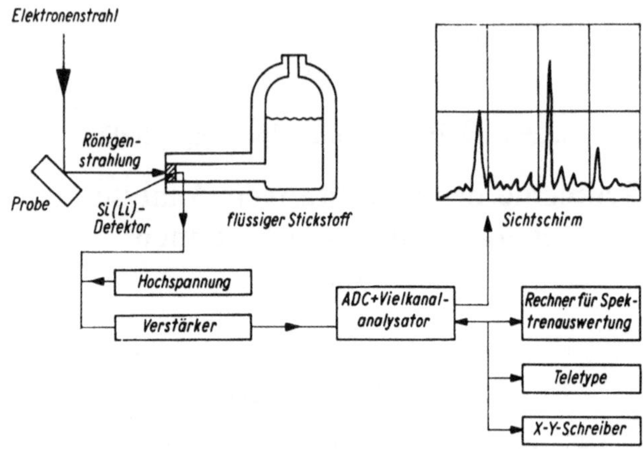

Abb. 1. Blockdiagramm eines energiedispersiven Röntgenanalysators

Vielkanalanalysator nach Energien getrennt. Trägt man die Zahl
der aufgelaufenen Impulse als Funktion der Energie (Kanalnummer)
auf, so erhält man ein Spektrum, das dann z. B. auf einem Sicht-
schirm dargestellt werden kann.

In der folgenden Tabelle sind die hauptsächlichsten Unterschiede
beider Analysatorsysteme zusammenfassend dargestellt.

Tabelle 1. Vergleich zwischen energiedispersivem und wellenlängendispersivem
Analysatorsystem

	Rastermikroskop mit energiedispersivem Analysatorsystem	Mikrosonde mit Kristall-spektrometer
Spektrale Auflösung	niedrig (ca. 160 eV)	hoch (ca. 10 eV)
Signal-Rauschverhältnis	niedrig	hoch
Zählrate bzw.	hoch	niedrig
Probenstrom (Präparatbelastung)	niedrig (ca. 10^{-10} A)	hoch (ca. 10^{-7} A)
Geometrie der Probe	beliebig rauh	polierte Schliffe
Präparat-bewegungsmöglichkeiten	6—7	3
Spektrum erhältlich	simultan	sequentiell
Analysenzeit	kurz	lang
Spektrendarstellung	Bildschirm, x-y-Schreiber	x-t-Schreiber
Analysierter Elementebereich . .	$_9\text{F} - {}_{92}\text{U}$	$_4\text{Be} - {}_{92}\text{U}$
Erfaßter Raumwinkel	groß	klein
Abnahmewinkel	variabel	fest
Quantitative Analyse	nur bedingt möglich	ja

Die spektrale Auflösung ist die Fähigkeit des Systems, die Linien zweier engbenachbarter Elemente noch zu trennen. Sie ist bei Halbleiterdetektoren um rund eine Größenordnung schlechter als bei

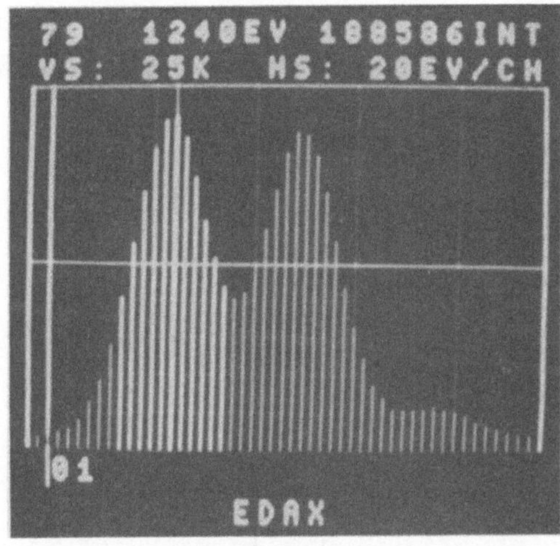

Abb. 2

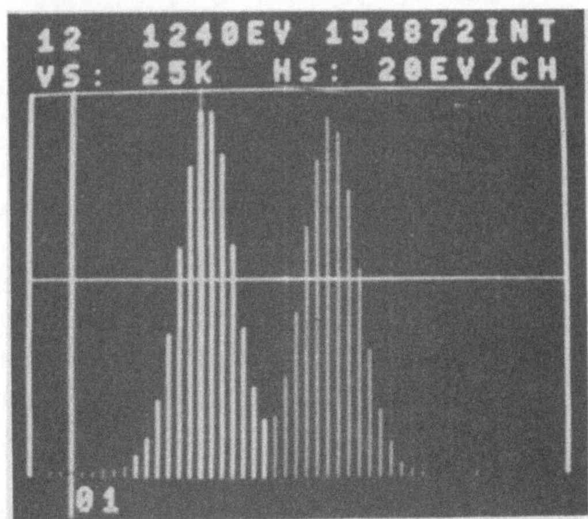

Abb. 3

Abb. 2 und 3. Grenzen des spektralen Auflösungsvermögens des Halbleiterdetektors. Trennung der Mg- und Al-K$_\alpha$-Strahlung unter Verwendung eines Detektors mit ca. 180 eV (Abb. 2) und ca. 120 eV (Abb. 3) Auflösung (bezogen auf diese Linien)

Systemen mit Kristallspektrometern und beträgt ca. 160 eV, bezogen auf die Mn-K$_\alpha$-Linie bei 5900 eV. Die Abb. 2 und 3 zeigen am Bei-

spiel der benachbarten Elemente $_{12}$Mg und $_{13}$Al das Aussehen des
Spektrums für 2 verschiedene Halbleiterdetektoren mit einer Auflösung von 180 bzw. 120 eV. Außer der besseren Separation der beiden Peaks in Abb. 3 sei noch besonders auf den beachtlichen Rück-
gang des Untergrundes hingewiesen.

Demgegenüber zeigt Abb. 4 den Fe-Kα-Peak, aufgenommen mit
einem Kristallspektrometer. Die Halbwertsbreite beträgt ca. 13 eV

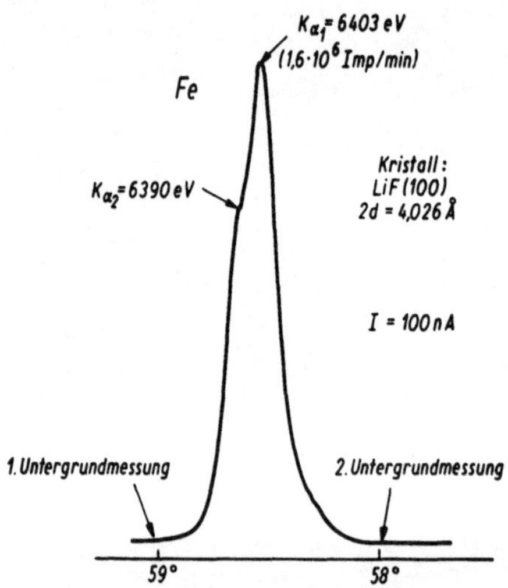

Abb. 4. Auflösung der K_{α_1}- und K_{α_2}-Linie von Fe unter Verwendung eines Kristall-
spektrometers

und gestattet damit noch andeutungsweise die Unterscheidung der
K_{α_1}- und K_{β_2}-Linie.

Verbunden mit dem — im Vergleich zum Kristallspektrometer —
geringen Auflösungsvermögen der energiedispersiven Systeme ist ein
relativ hoher Anteil an Rauschuntergrund, der hauptsächlich aus
Bremsstrahlung besteht. Dadurch wird das Signal-Rauschverhältnis
verschlechtert, was sich auch ungünstig auf die Nachweisgrenze der
Elemente auswirken kann.

Damit aber nicht der Eindruck entsteht, daß energiedispersive
Systeme nur Nachteile bringen, sei von der Tabelle 1 noch ganz kurz
erwähnt, daß die Hauptvorzüge vor allem darin zu sehen sind, daß
man das gesamte Elementespektrum simultan erhält, was in Verbindung mit hohen Zählraten zu kurzen Analysenzeiten führt.

Während sich bei Mikrosonden mit Kristallspektrometern plan-
polierte Metallschliffe am besten für eine Analyse eignen und das
Gerät auch dafür konzipiert wurde, hat man es beim Rastermikro-

skop von Haus aus mit unebenen, rauhen Oberflächen beliebiger Geometrie zu tun. Demzufolge enthält der Probentisch eine Reihe von Präparatbewegungsmöglichkeiten, die nicht immer sehr genau definiert sind, deren Kenntnis für quantitative Analysen aber zumeist unumgänglich ist. Ist außerdem noch ein Detektorsystem mit verschiebbarem Abstand zur Probe vorhanden, so ergibt sich ein weiterer Parameter, der zu berücksichtigen ist. Bremsstrahlungsuntergrund und Probengeometrie sind somit die Hauptprobleme, die sich einer quantitativen Analyse entgegenstellen. Zunächst sollen nun die geometrischen Verhältnisse näher untersucht werden.

3. Probengeometrie

Die quantitative Elektronenstrahl-Mikroanalyse arbeitet seit vielen Jahren mit bewährten Korrekturverfahren, die im allgemeinen gute bzw. sehr gute Resultate erbringen. Außer Totzeitkorrekturen und Untergrundabzug werden vor allem die Einflüsse von Absorption, Fluoreszenz und Atomnummer berücksichtigt. In allen diesen Rechenverfahren spielt der cosec des Abnahmewinkels θ eine maßgebende Rolle[5]. Man geht dabei gewöhnlich von folgenden 4 Voraussetzungen aus:

1. Der Elektronenstrahleinfall soll senkrecht zur Probe erfolgen,

2. die Höhenposition der Probenoberfläche muß stets die gleiche sein,

3. die Probe soll planpoliert sein und

4. die Position des Röntgen-Detektors darf sich nur auf einer feststehenden, durch den Elektronenstrahlauftreffpunkt verlaufenden Ebene verschieben.

Unter diesen Bedingungen ist der Abnahmewinkel eine Apparatekonstante, und in die Rechnungen geht der cosec θ als feste Größe ein.

Bei energiedispersiven Analysatorsystemen, die an einem Rasterelektronenmikroskop betrieben werden, liegen nun eben, wie schon erwähnt, diese Bedingungen im allgemeinen nicht vor. Trotzdem tritt des öfteren der Bedarf nach quantitativen Analysen auf, insbesondere wenn keine Mikrosonde mit Kristallspektrometer zur Verfügung steht oder wenn befürchtet werden muß, daß eine bestimmte Probenstelle nicht wiedergefunden werden kann.

Zu 3.: Der schwierigste Punkt, der jeder quantitativen Analyse entgegensteht, ist die starke Rauhigkeit der Probenoberfläche (Abb. 5), d. h. die Mikrogeometrie.

Für eine Berechnung müßten folgende Größen bekannt sein, um berücksichtigt werden zu können:

a) die lokale Neigung der Oberfläche gegen den Elektronenstrahl,

b) der lokale Abnahmewinkel der Röntgenstrahlung,

c) die Absorption der erzeugten Röntgenstrahlung durch Hindernisse,

d) der Beitrag, der durch Sekundärfluoreszenz an Spitzen erzeugten Röntgenstrahlung.

Da man diese Größen nur in seltenen Ausnahmefällen kennt, muß man sich mit semiquantitativen Aussagen bescheiden. Für quan-

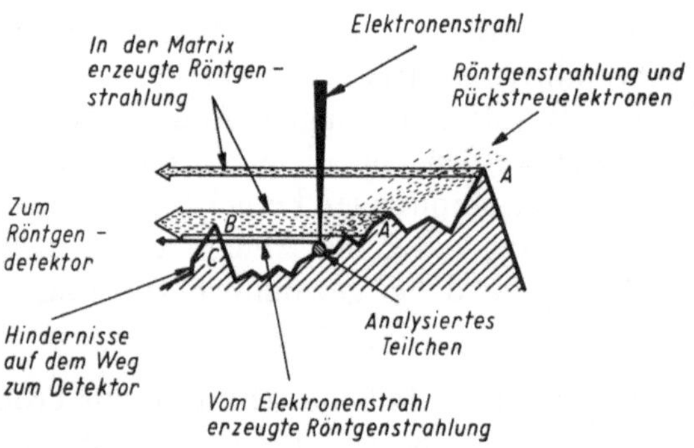

Abb. 5. Störeinflüsse durch rauhe Probenoberflächen

titative Analysen kann man aber von der Forderung nach ebenen Oberflächen im allgemeinen nicht abrücken.

Hat man nun Proben mit planen Oberflächen, so stehen einer quantitativen Analyse noch immer die anderen 3 Punkte im Wege.

Zu 1.: Ein nicht senkrechter Elektronenstrahleinfall kann durch Modifizierung der Formeln berücksichtigt werden. Die Verwendung der Beziehung

$$\sin \varepsilon = \frac{\sin \delta}{\sin \psi} \quad \text{bzw.} \quad \varepsilon = \text{arc cosec} (\sin \psi \cdot \text{cosec } \delta) \tag{1}$$

soll in gewissen Grenzen gute Ergebnisse bringen, berücksichtigt aber nicht die Absorption. Hierbei ist (Abb. 6):

ψ = Winkel zwischen Elektronenstrahl und Probenoberfläche,

t = $90 - \psi$ = Kippwinkel (Tilt),

δ = Abnahmewinkel zwischen *Probenoberfläche* und Röntgendetektor,

θ = Abnahmewinkel zwischen *Horizontaler* und Röntgendetektor,

ε = effektiver, in die Rechnung einzusetzender Abnahmewinkel.

Beide Definitionen unterscheiden sich also gerade um den Kippwinkel t:

$$\delta = \theta + t \tag{2}$$

Damit wird aus Gl. (1):

$$\text{cosec}\,\varepsilon = \frac{\cos t}{\sin(\theta + t)} \qquad \text{bzw.} \qquad \varepsilon = \text{arc}\,\sin\left[\frac{\sin(\theta + t)}{\cos t}\right] \tag{3}$$

Hierbei wird angenommen, daß die Kippachse stets senkrecht zur Achse: „Röntgendetektor—Probe" steht. Kann dagegen, wie im Standardprobentisch, eine Kippung nur in Richtung zum SE-Detektor

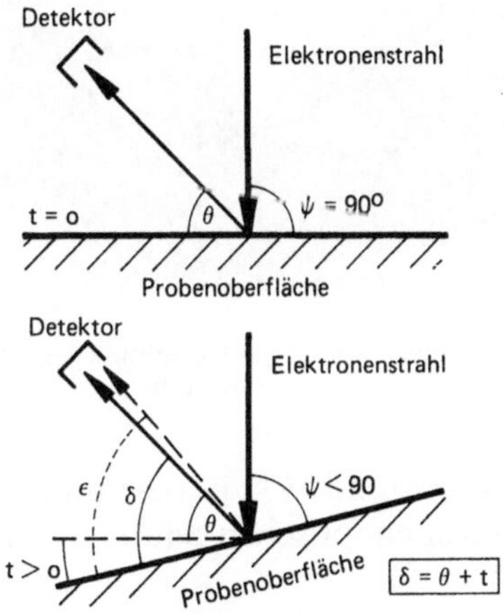

Abb. 6. Zur Definition des Abnahmewinkels

erfolgen, so muß dieser Winkel zwischen beiden Richtungen (in diesem Falle 45°) in den Gleichungen extra berücksichtigt werden.

Zu 2. und 4.: Sowohl eine Änderung in der Höhenposition (Z-Verstellung) als auch eine nicht in Richtung des Abnahmewinkels verlaufende Verschiebung des Detektors beeinflußt den Wert des cosec θ. Abb. 7 zeigt ein verschiebbares Detektorsystem, das ganz nahe an die Probe herangefahren werden kann. Man erhält dadurch

wesentlich höhere Zählraten, was sich bei Röntgenverteilungsbil-
dern angenehm bemerkbar macht.

Zur Ermittlung der geometrischen Verhältnisse wurde eine Nadel
auf einen Probenteller montiert, der Elektronenstrahl auf die Spitze

Abb. 7. Probenkammer eines Rasterelektronenmikroskops mit verschiebbarem
Detektorsystem

fokussiert, der Arbeitsabstand WD notiert und anschließend — nach
Demontage der elektronenoptischen Säule — wurden alle wichtigen
Daten vermessen (Abb. 8).

Senkrechter Abstand zum Detektor D (Strecke AE in Abb. 8):
Die Differenz gegenüber der äußeren Skalenanzeige beträgt 9 mm.
Abstand Mitte des Be-Fensters (Punkt D in Abb. 8) bis Polschuh-
platte: 14,7 mm.

An Stelle des in der Zeichnung eingetragenen Fensterdurchmes-
sers von 7 mm ist in die Rechnung der Durchmesser der wirksamen
Detektorfläche des Si(Li) einzusetzen, der bei unserem System (EDAX)
4 mm beträgt.

Die Aufgabe bestand nun darin, aus den bekannten Größen
(Detektorabstand und Arbeitsabstand) die interessierenden Größen,

nämlich vor allem den mittleren Abnahmewinkel und den Raumwinkel zu errechnen. Durch Anwendung einfacher geometrischer Formeln ergaben sich die Beziehungen:

$$1.\ \mathrm{tg}\left(\theta - \frac{\omega}{2}\right) = \frac{WD - 12{,}7}{D} = \frac{EB}{EA} \qquad\qquad 3.\ r = \frac{D}{\cos\theta}\ [\mathrm{mm}]$$

$$2.\ \mathrm{tg}\left(\theta + \frac{\omega}{2}\right) = \frac{WD - 16{,}7}{D} = \frac{EC}{EA} \qquad\qquad 4.\ \Omega = 2\pi\left(1 - \cos\frac{\omega}{2}\right)$$

Daraus lassen sich die gesuchten Größen auf einfache Weise ermitteln. (Alle Längen sind in mm einzusetzen.)

Für in Stufen von 5 und 10 mm fortschreitende Detektorabstände und in Stufen von 1 mm sich ändernde Arbeitsabstände wurden die

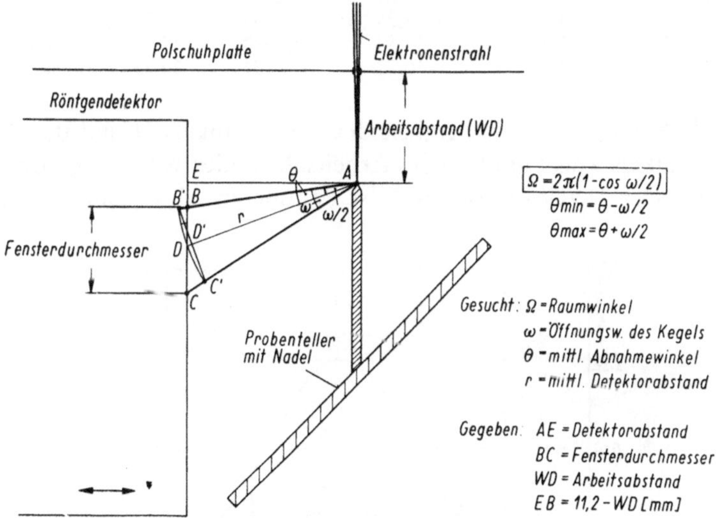

Abb. 8. Zur Berechnung der geometrischen Verhältnisse in der Probenkammer eines Rasterelektronenmikroskops

gewünschten Werte mit einem Tischcomputer WANG 370 errechnet und tabellarisch erfaßt[6].

Die folgende Tabelle 2 zeigt einen Ausschnitt davon. Die Spalte 4 enthält den mittleren *Abnahmewinkel* θ (bezogen auf die Detektorkristallmitte), der für die Absorptionskorrektur gebraucht wird. Der Abnahmewinkel θ wird auch bei geneigter Probe stets von der Horizontalen aus gemessen (s. a. Abb. 6). Man sieht, daß er negative Werte annehmen kann, was bedeutet, daß der Detektor tiefer sitzt als die Probe. Zur Bequemlichkeit ist in Spalte 5 auch gleich der *cosec des Abnahmewinkels* mit angegeben.

Tabelle 2. Äußere Skalenanzeige A (mm): 5
Senkrechter Detektorabstand D (mm): 14

Arb. abst. WD (mm)	Mindest- Kipp- winkel $\theta+\omega/2$	Öffnungs- winkel des Kegels ω (⁰)	Mittlerer Abnahme- winkel θ (⁰)	$1/\sin\theta$ = $\operatorname{cosec}\theta$	Mittlerer Detektor- abstand r (mm)	Raum- winkel Ω
0	50,03	7,81	−46,12	−1,387	20,20	0,01459
1	48,28	8,39	−44,08	−1,437	19,49	0,01683
2	46,40	9,01	−41,89	−1,498	18,81	0,01941
3	44,38	9,66	−39,55	−1,570	18,16	0,02231
4	42,21	10,35	−37,04	−1,660	17,54	0,02561
5	39,89	11,08	−34,35	−1,772	16,96	0,02935
6	37,39	11,82	−31,48	−1,915	16,42	0,03340
7	34,72	12,56	−28,43	−2,100	15,92	0,03770
8	31,86	13,30	−25,21	−2,348	15,47	0,04227
9	28,81	14,01	−21,81	−2,692	15,08	0,04690
10	25,57	14,66	−18,25	−3,193	14,74	0,05135
11	22,15	15,23	−14,54	−3,983	14,46	0,05541
12	18,56	15,70	−10,71	−5,381	14,25	0,05888

Abb. 9 zeigt die Abhängigkeit des Raumwinkels Ω und des Abnahmewinkels θ als Funktion des Arbeitsabstandes WD (ausgezogene Kurven). Der Detektorabstand A ist Parameter. Man sieht, daß der

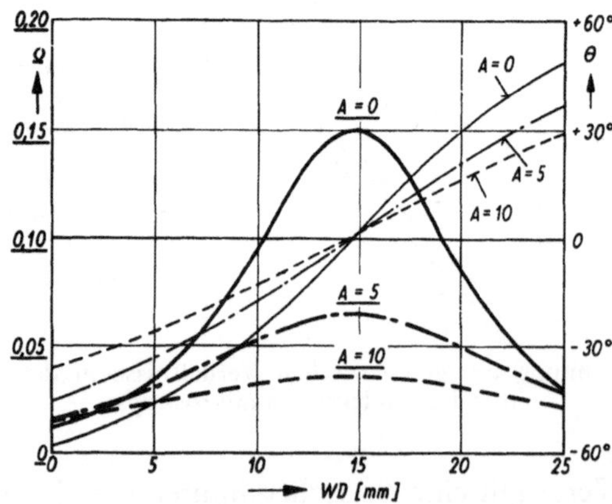

Abb. 9. Abhängigkeit des Raumwinkels Ω und des Abnahmewinkels θ als Funktion des Arbeitsabstandes WD. Parameter: Detektorabstand A

erfaßte Raumwinkel ein Maximum erreicht, wenn sich die Probe gerade in gleicher Höhe wie der Detektor befindet. Demzufolge ist an dieser Stelle auch der Abnahmewinkel $=0^0$ (dünn ausgezogene Kurven). Der Abnahmewinkel variiert zwischen -60^0 und $+50^0$, je nach der Höhenposition der Probe. Für große Detektorabstände nimmt der Einfluß des Arbeitsabstandes auf den Raumwinkel immer mehr ab, so daß er bei Systemen mit feststehenden Detektoren ($D =$ 95 mm) mit $\Phi = 0{,}0013$ als praktisch konstant anzusehen ist. Entsprechend ändert sich auch der Abnahmewinkel nur noch wenig, nämlich von -9^0 auf 6^0.

Noch nicht berücksichtigt wurde bisher, daß sich der Detektor selbst erst einige Millimeter *hinter* dem Be-Fenster befindet. Da dieser Abstand von System zu System schwankt, gibt es darüber keine Angaben, auch direkt meßbar ist er nicht. Jedoch kann man eine radioaktive Standardquelle benutzen (Co 57) und mehrere Messungen in verschiedenen Abständen machen. Da die Intensität mit dem Quadrat der Entfernung abnimmt, läßt sich daraus der unbekannte innere Abstand ermitteln. Er betrug an unserem System 11 mm. Diese Distanz ist also dem Detektorabstand hinzuzurechnen, bevor man die Werte der Tabelle entnimmt.

Bei Verwendung anderer Detektorsysteme gleichen Höhenabstandes muß lediglich die Skalenanzeige neu geeicht, d. h. die Differenz zwischen A und D ausgemessen werden, damit die Tabellen benutzt werden können. Im Kopf eines jeden Blattes der Tabellen ist dann der angegebene A-Wert zu ändern.

Bei Systemen, bei denen sich außerdem eine andere Höhendifferenz als 14,7 mm zwischen Polschuhplatte und Detektorkristallmitte ergibt, muß die 1. Spalte mit dem Arbeitsabstand um den entsprechenden Betrag nach oben oder unten verschoben werden. Vorausgesetzt werden muß allerdings, daß die gleiche wirksame Fläche des Si(Li)-Detektors vorhanden ist.

Damit sind alle geometrischen Probleme abgehandelt worden, und nun sollen Fragen des Untergrundabzuges besprochen werden.

4. Bremsstrahlungsabzug

Wie bereits erwähnt, kann der Anteil an unerwünschter Bremsstrahlung einen erheblichen oder gar überwiegenden Teil des Spektrums ausmachen (Abb. 10).

Die kurzwellige Grenze für die Erzeugung des Bremskontinuums, das dadurch entsteht, daß Elektronen im Inneren der Probe abgebremst werden und dabei ihre kinetische Energie in Form von Strahlung kontinuierlich verlieren, ist bekanntlich durch die Gleichung

$$\lambda_{\min} = \frac{hc}{eU} = \frac{12{,}4}{U\,(kV)} \; [\text{Å}] \tag{4}$$

gegeben. Hierbei bedeuten: h = Plancksches Wirkungsquantum, c = Lichtgeschwindigkeit und e = Elementarladung.

Da das Bremsspektrum keine analytischen Informationen über die Probe enthält, ist es als störender Untergrund zu betrachten, der sich leider nicht so ohne weiteres eliminieren läßt.

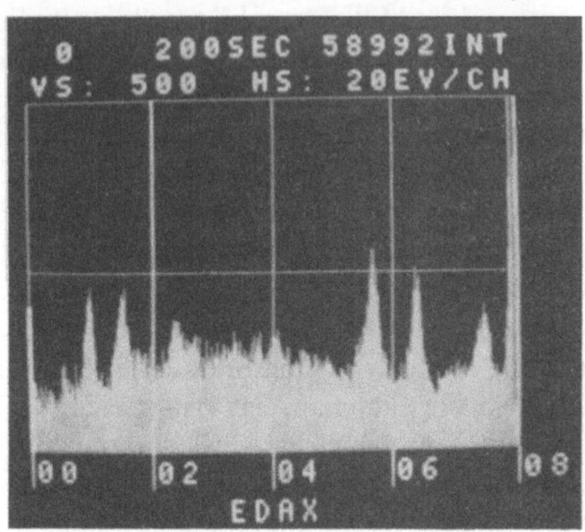

Abb. 10. Beispiel für ein Spektrum mit hohem Bremsstrahlungsanteil

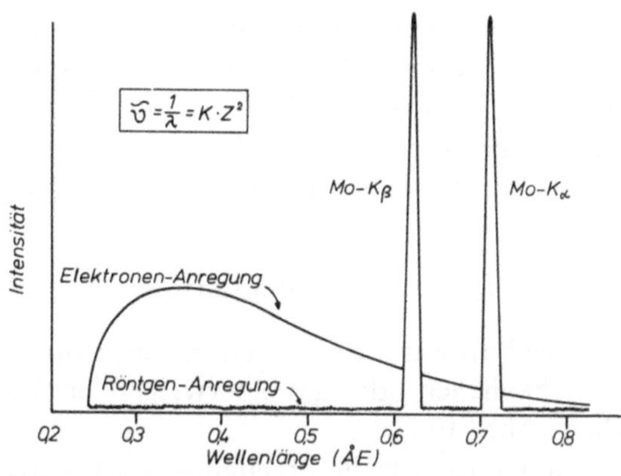

Abb. 11. Verlauf des kontinuierlichen Bremsspektrums bei Elektronenstrahlanregung

Abb. 11 zeigt den schematischen Verlauf des Bremsuntergrundes, wie er bei Elektronenstrahlanregung auftritt. Für die Intensität I der *erzeugten* Bremsstrahlung im Energieintervall dE soll nach Kramers gelten[7]:

$$I_{\text{Brems}} = k \cdot Z \cdot (E_0 - E) \tag{5}$$

(E_0 = Primärenergie des Elektronenstrahls, Z = Ordnungszahl).

Danach müßte das Bremsspektrum linear verlaufen. Verbesserte Theorien gibt es von Wentzel, Sommerfeld sowie neuere Arbeiten von Reed, die sich ausführlich mit den Verhältnissen an kompakten Proben beschäftigen und die Abweichungen von der Kramersschen Beziehung behandeln, die besonders bei niedrigen Energien auftreten. Wichtig ist, daß hier die Absorption der Bremsstrahlung durch die Probe Berücksichtigung fand[8-11].

Auf weitere Einzelheiten soll hier nicht eingegangen werden, da außer den theoretischen Schwierigkeiten noch einige technisch-praktische Umstände in Ansatz gebracht werden müssen, die z. T. nur schwierig zu erfassen sind, nämlich

die spektrale Quantenausbeute des Detektors und

die Absorption des dünnen Fensters.

Während der 2. Faktor berücksichtigt werden kann, wenn die Dicke des Be-Fensters bekannt ist — diese kann z. B. aus dem Verhältnis der Intensitäten der $K_{\alpha,\beta}$-Peaks von Na und Mg bestimmt

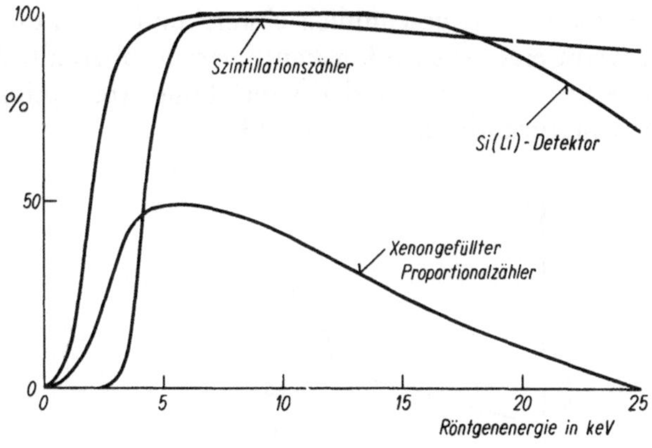

Abb. 12. Spektrale Quantenausbeute verschiedener Röntgendetektoren

werden — ist über die Detektorempfindlichkeit im allgemeinen nur bekannt, daß sie bei hohen Wellenlängen sehr stark abnimmt (Abb. 12), im mittleren Energiebereich jedoch fast 100% beträgt.

Demzufolge ist weder die in der Probe *erzeugte* noch die von der Probenoberfläche *ausgehende* Bremsstrahlungsintensität mit der vom Detektorsystem *gemessenen* identisch. Die theoretisch angesetzten Funktionen müßten also noch mit der spektralen Empfindlichkeitsfunktion und der Absorptionsfunktion für das Fenster multipliziert werden, um den gemessenen Verlauf richtig wiedergeben zu können. Eine weitere Schwierigkeit, die ebenfalls durch das mangelhafte spektrale Auflösungsvermögen des Detektors bedingt ist, ist die Überlappung von Peaks (Linieninterferenzen). Zwar werden von Na aufwärts die K-Linien auch benachbarter Elemente einwandfrei getrennt, doch kommt es in der Praxis recht häufig vor, daß K-, L- und/oder M-Linien miteinander interferieren. (Z. B. S-K$_\alpha$=2308 eV und Mo-L$_\alpha$=2293 eV und/oder Pb-M$_\alpha$=2346 eV.) Weniger gravierend sind Überlagerungen zwischen K$_\alpha$- und K$_\beta$-Linien benachbarter Elemente (z. B. Co-K$_\alpha$=6930 eV und Fe-K$_\beta$=7057 eV), da das Intensitätsverhältnis von $K_\alpha : K_\beta$ bekannt ist und damit rechnerisch Korrekturen angebracht werden können.

Bei diesem Stand der Dinge ist die Frage angebracht, ob nicht vielleicht ein empirischer Weg einfacher und schneller zum Ziel führen könnte. Dazu seien einige Verfahren kurz betrachtet:

1. Die übliche Methode ist der bei Mikrosondenspektren durchgeführte Links-Rechts-Abzug durch lineare Interpolation zwischen den beiden Fußpunkten des Peaks im Abstand von 2 Halbwertsbreiten.

   Diese Methode liefert gewöhnlich Untergrundwerte, die zu niedrig sind, wenn eine Absorptionskante gerade oberhalb des Peakmaximums liegt, weil hinter der Kante hohe Absorption, mithin niedriger Untergrund auftritt (Abb. 13).

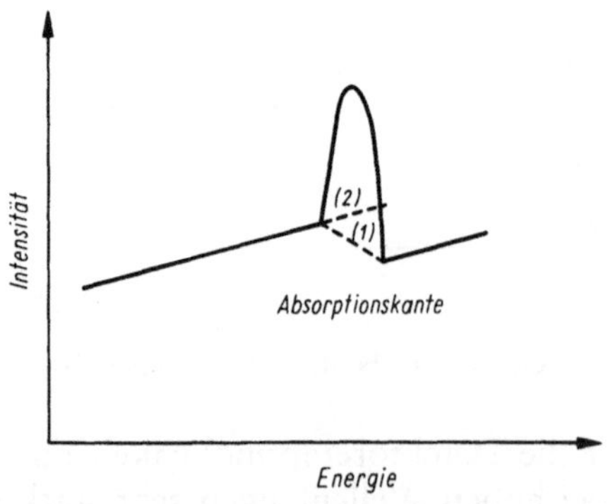

Abb. 13. Einfluß einer Absorptionskante auf den Untergrundverlauf

Der gemessene Untergrund ist also niedriger als der wahre Untergrund unter dem Peak. Man erhält somit zu hohe Peakintensitäten. Außerdem ist stillschweigend vorausgesetzt worden, daß beide Seiten rechts und links vom Peak frei sind, d. h., daß es nicht zu Überlagerungen mit anderen Linien kommt. Die Abb. 14 und 15 zeigen den Chlorpeak und den Einfluß der Absorptionskante auf den Untergrund (Abb. 14, gepunktet: Untergrund ohne Absorptionskante). Auch in diesen Fällen soll ein Bremsstrahlungsabzugsverfahren gute Werte liefern.

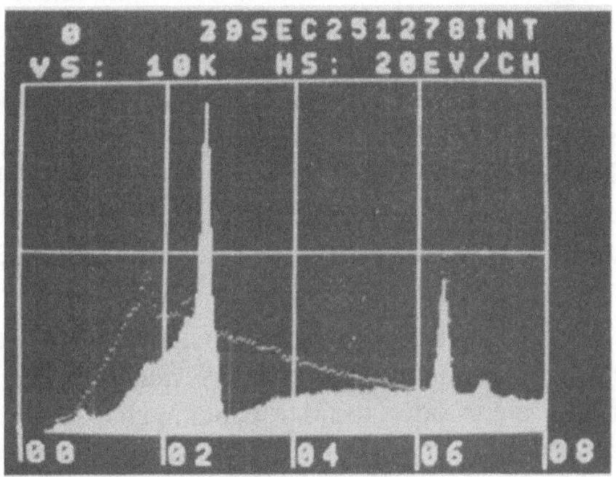

Abb. 14

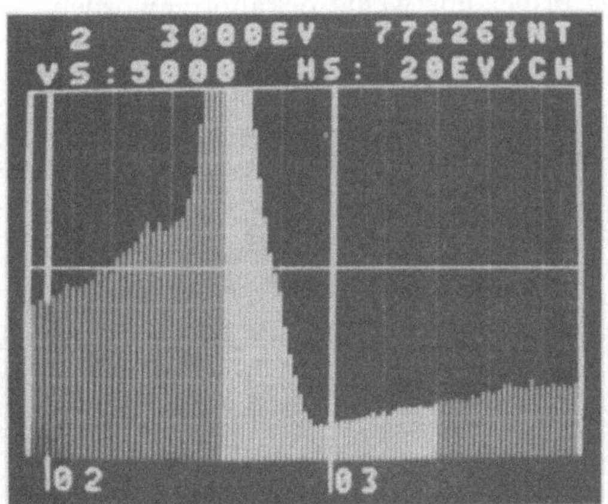

Abb. 15

Abb. 14 und 15. Chlorpeak mit Absorptionskante

2. Eine 2. Methode vermeidet diesen Absorptionskanteneinfluß dadurch, daß sie nur den Untergrundwert auf der linken Seite niedrigerer Energie berücksichtigt. Jedoch krankt dieses Verfahren ebenfalls daran, daß man für eine zuverlässige Extrapolation einen weiten Bereich vor dem Peak benötigt. Im Normalfall ist dort schon der Ausläufer des vorigen Peaks bzw. die Auflösung ist gar

nicht groß genug, um eine einwandfreie Trennung bis auf den Untergrund herunter zu gewährleisten, oder die statistischen Schwankungen sind viel zu groß. In diesen Fällen ist die Methode natürlich nicht anwendbar.

3. Eine 3. Möglichkeit besteht darin, daß man alle einwandfreien Untergrundwerte einer empirisch ermittelten mathematischen Funktion anpaßt, die dann den Bremsstrahlungsuntergrundverlauf wiedergibt. Für das jeweilige Teilstück unter dem Peak integriert man dann diese Funktion und erhält so den insgesamt abzuziehenden Untergrund. Leider ist es bisher nicht gelungen, einen geschlossenen analytischen Ausdruck dafür zu finden, der sich auf alle verschiedenen Probenarten anwenden läßt und Absorptionskanten mitberücksichtigt.

4. Eine 4. Methode wird von einigen Firmen angewendet, die zu ihren energiedispersiven Analysatorsystemen gleich komplette Rechner mit mehr oder minder geheimgehaltenen Programmen verkaufen, nämlich die Methode der Integraltransformation des Spektrums mit anschließender Filterung und Rücktransformation[12, 13]. Abb. 16 zeigt ein solches Spektrum vor und nach dem Bremsstrahlungsabzug. Über die Vertrauensgrenzen dieses Verfahrens ist bisher nur wenig bekannt geworden.

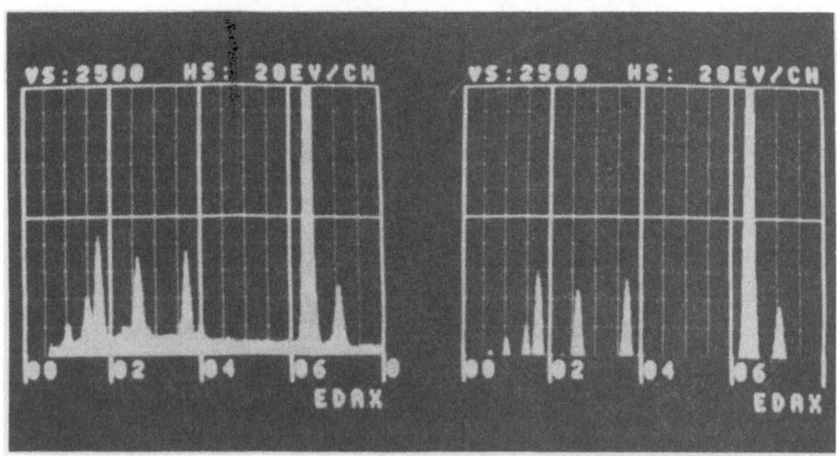

Abb. 16. Spektrum vor und nach Bremsstrahlungsabzug durch einen Rechner

Das gesamte Spektrum wird z. B. einer Fourier-Transformation unterworfen, d. h. aus der Amplitudenverteilung wird eine Frequenzverteilung. Das so fouriertransformierte Frequenzspektrum besteht dann aus verschiedenen Frequenzbereichen unterschiedlicher Herkunft:

a) Aus einem Bereich sehr niedriger Frequenzen, die kontinuierlich, aber nicht linear mit dem Gesamtuntergrund variieren;

b) aus einem Bereich mittlerer Frequenzen, die von dem interessierenden Peak der charakteristischen Röntgenstrahlung stammen;

c) aus hohen Frequenzen, die die statistischen Schwankungen von Kanal zu Kanal repräsentieren, wie sie dem Röntgenstrahlennachweis als Einzelprozeßzählung eigen sind, und aus den diskontinuierlichen Änderungen des Bremsuntergrundes an den Absorptionskantensprüngen.

Könnte man die Anteile a und c aus dem Gesamtspektrum genau herausfiltern und den verbleibenden Rest, der dann nur noch die charakteristischen Linien enthalten sollte, zurücktransformieren, dann wäre das Problem schon gelöst. Leider gibt es jedoch zwischen den einzelnen Frequenzbereichen keine scharfen Abgrenzungen, sondern fließende Übergänge. So enthalten auch die reinen Gauß-Peaks ebenso niederfrequente Anteile wie der Bremsuntergrund. Die Schwierigkeit liegt also in der optimalen Auslegung der mathematischen Filter. Das gefilterte Spektrum wird anschließend zurücktransformiert und gibt die übriggebliebene Intensitätsverteilung der charakteristischen Linien ohne Untergrund wieder. Auf diese Weise wird also der unter den Peaks vorhandene Bremsstrahlungsuntergrund berechnet und schließlich das Integral des reinen Peaks. Das Verfahren liefert noch den vorteilhaften Nebeneffekt, daß im Untergrund fast verschwindende Peaks auf Grund ihres Frequenzspektrums regeneriert werden können.

Wie inzwischen in Erfahrung gebracht werden konnte, wird tatsächlich nicht eine Fourier-Transformation sondern eine Walsh-Transformation vorgenommen. Man geht dabei von dem Gedanken aus, daß die trigonometrischen Funktionen nicht die einzigen Funktionen sind, mit denen eine solche Transformation vorgenommen werden kann. Jedes vollständige Orthonormalsystem leistet diese Aufgabe der Integraltransformation. Die Walsh-Funktionen zeichnen sich dadurch aus, daß sie nur die Werte $+1$ oder -1 annehmen können[14]. Abb. 17 zeigt den Verlauf.

In Anlehnung an „Walsh", „Sinus" und „Cosinus" erhielten die Funktionen die Bezeichnungen sal und cal. Will man diese Unterscheidung nach symmetrischen und unsymmetrischen Funktionen nicht treffen, dann kann man die Funktionen alle wal (n, t) nennen. Der Buchstabe n bedeutet die Sequenz, d. h. die Zahl der Vorzeichenwechsel innerhalb der Periode (in Analogie zu Frequenz bei der

Fourier-Analyse), während t die Variable ist. Die ersten Walsh-Funktionen gleichen regelmäßigen Mäandern mit äquidistanten Nulldurchgängen, jedoch gilt das für höhere Ordnungen nicht mehr, wie am Beispiel von wal$(5, t)$ = sal$(3, t)$ in Abb. 17 rechts unten gezeigt ist.

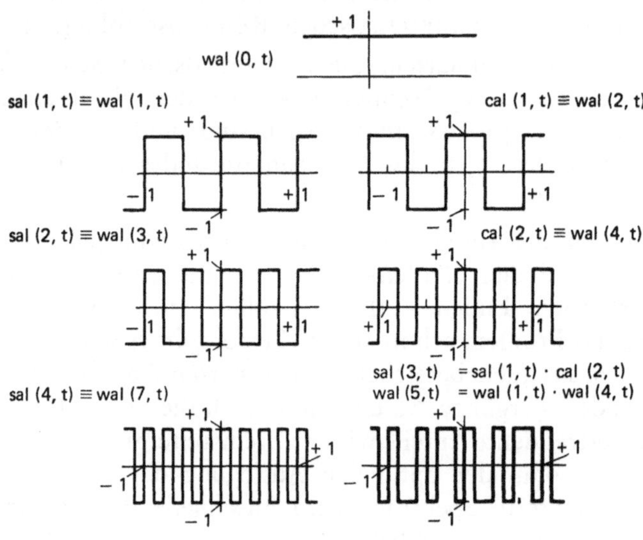

Abb. 17 WALSH-Funktionen

Der Hauptvorteil für die Verwendung von Walsh-Funktionen ist wohl in der Computertechnik zu suchen[15]. Die Multiplikation mit +1 oder −1 beansprucht wesentlich weniger Zeit als die Errechnung von sin- oder cos-Werten. Darüber hinaus ist ein spezielles Matrizenschema, die Fast-Walsh-Transform (FWT), entwickelt worden, wonach sich die Transformation lediglich auf Additionen und Subtraktionen zurückführen läßt. Demgegenüber besteht der Nachteil, daß für eine gleich gute Approximation wesentlich mehr Glieder benötigt werden als bei der Fourier-Analyse. Der Hauptgrund, sich mit der Walsh-Transformation zu befassen, scheint zum gegenwärtigen Zeitpunkt in der begründeten Aussicht zu bestehen, jede beliebige Filterfunktion in Treppenstufenform einfach darzustellen und die entsprechende Walsh-Transformation leicht durchführen zu können[16].

5. Vergleichende Resultate von quantitativen Analysen

Da die Güte des Bremsstrahlungsuntergrundabzugs einen maßgebenden Einfluß auf das Analysenergebnis hat, wurde dieser Frage verhältnismäßig viel Raum gewidmet.

Die Weiterbehandlung der Nettointensitäten der als signifikant angesehenen Peaks erfolgt dann in der üblichen Weise durch Korrektur der Einflüsse von Absorption, Fluoreszenz und Atomnummer. Zur Zeit sind mehrere Verfahren in Gebrauch, die sich im wesentlichen nur in der Berechnung der Stärke der erregten Fluoreszenzstrahlung für L-Linien und in dem benötigten Bedarf an Speicherplätzen unterscheiden.

1. Verfahren Reed: EDIT/ZAF-Programm
2. Verfahren Colby/Burhop: MAGIC-Programm
3. Verfahren Heinrich: FRAME-Programm (4 k)
                                             COR-Programm (50 k)

Generelle Vergleichsuntersuchungen von Beaman und Solosky[17] haben ergeben, daß bei Konzentrationen, die höher als 20 Gewichtsprozent sind, mit einem relativen Fehler von ±6% gerechnet werden muß. Bei niedrigen Konzentrationen wurden sehr oft große positive Fehler registriert. Als Beispiel seien folgende Zahlen genannt:

Von 163 Analysen lagen 27 im Fehlerbereich ±1%
                                      56 im Fehlerbereich ±4%.

Für die Standardabweichung $1\sigma = 68\%$ Wahrscheinlichkeit betrug der mittlere Fehler somit ±6%. Von den 14 Fällen, bei denen das Analysenergebnis um mehr als 20% vom wahren Wert abwich, waren alle 14 auf Proben zurückzuführen, bei denen die Konzentration der Legierungsbestandteile weniger als 20% betrug!

Im Vergleich dazu beträgt der mittlere Fehler bei Verwendung von Kristallspektrometern nur ±2,5%, bezogen auf die gleiche statistische Sicherheit von 68%.

Ein anderer Autor[12] kommt bei seinen Betrachtungen zu etwas optimistischeren Resultaten und erwartet einen relativen Fehler von ±5%, falls das zu analysierende Element mit einem Gehalt von mehr als 5% vorkommt.

Wieder ein anderer Autor[19] fand bei seinen Messungen relative Fehler bis zu 9%, wenn Reinstandards und ein ZAF-Programm benutzt werden.

Ein neues, von Russ und Shen[20] veröffentlichtes Verfahren für energiedispersive Systeme verzichtet sogar weitgehend auf die Verwendung von Standards und berechnet aus 2 Elementen, die man leicht zur Hand hat, nämlich Al und Ni, alle übrigen Standardintensitäten. In dieser Arbeit wird auch eine Formel für die spektrale Quantenausbeute der von der Firma gelieferten Detektorsysteme angegeben. Natürlich kann man von diesem Programm nicht dieselbe Genauigkeit erwarten, die sich bei Verwendung der Reinstandards aller vorkommenden Elemente ergeben würde, doch läßt sich damit eine Menge Zeit sparen. Die weitere Entwicklung tendiert gegenwärtig dahin, in zunehmendem Maße immer mehr energiedispersive Analysatorsysteme, auch für quantitative Analysen, einzusetzen.

Zusammenfassung

Energiedispersive Röntgenanalysatorsysteme bedeuten eine beträchtliche Erweiterung der Anwendungsmöglichkeiten von Rasterelektronenmikroskopen. Obwohl sich die energiedispersive Analysentechnik besonders für die zerstörungsfreie qualitative Analyse der in der Rasterelektronenmikroskopie vorliegenden Präparate mit ihren rauhen Oberflächenstrukturen eignet, stehen doch einer quantitativen Analyse einige Schwierigkeiten im Wege. Neben der Oberflächenmorphologie der Probe selbst muß der Röntgenabnahmewinkel als Funktion von Proben- und Detektorposition berechnet und ein geeignetes Abzugsverfahren für den Bremsstrahlungsuntergrund angewendet werden, bevor die üblichen Korrekturrechnungen für Absorption, Fluoreszenz und Ordnungszahl durchgeführt werden können.

Summary

Problemes of Quantitative Analysis Using the Energy Dispersive Technique

Energy dispersive X-ray analyzer systems improve considerably the range of applications for scanning electron microscopes. Although the energy dispersive technique is especially suited for non-destructive qualitative analysis in the scanning electron microscopy with its specimen surfaces being mostly very rough, a quantitative analysis is connected with some difficulties. Besides the morphology of the specimen itself the X-ray take-off angle has to be calculated as a function of sample- and detector-position and an adequate procedure for background-subtraction is required. After this the ZAF-correction can be made in the usual manner.

Literatur

[1] R. S. Frankel und D. W. Aitken, Appl. Spectroscopy **24**, (6), 557—566 (1970).

[2] J. C. Russ, ASTM Special Technical Publication 485, Philadelphia 1971.

[3] J. C. Russ, Proc. 4th Annual SEM Symposium, S. 65—72. IITRI, Chicago 1971.

[4] H. Hantsche, Mikrosc. Acta **75**, 409 (1974); **76**, 11 (1974).

[5] K. F. J. Heinrich, Mikrochim. Acta [Wien], Suppl. IV, 252 (1970).

[6] H. Hantsche, Beitr. elektronenmikroskop. Direktabb. Oberfl. 7 (1974), im Druck.

[7] H. A. Kramers, Phil. Mag. **46**, 836 (1923).

[8] G. Wentzel, Z. Physik. **27**, 257 (1924).

[9] A. Sommerfeld, Ann. Physik. **11**, 257 (1931).

[10] N. G. Ware und S. J. B. Reed, J. Phys. E: Sci. Instr. **6**, 286 (1973).

[11] S. J. B. Reed und N. G. Ware, X-Ray Spectrom. **2**, 69 (1973).

[12] J. C. Russ und M. W. Barnhart, 6th Intern. Conf. on X-Ray Optics and Microanalysis, Osaka, Japan, Sept. 1971.

[13] J. C. Russ, 7th National Conf. of Electron Probe Analysis Society of America, San Francisco, July 1972.

[14] J. L. Walsh, Amer. J. Math., **45**, 5 (1923).

[15] N. M. Blachman, Proc. IEEE, p. 346—354, Mar. 1974.

[16] H. F. Harmuth, Transmission of Information by Orthogonal Functions. Berlin—Heidelberg—New York: Springer-Verlag. 1969.

[17] D. R. Beaman und L. F. Solosky, Analyt. Chemistry **44**, (9), Aug. 1972.

[18] I. Dienwiebel, 1st EDAX European Users Meeting, Lüttich, Belgien 1973.

[19] F. Blum und M. P. Brandt, X-Ray Spectrom. **2**, 121 (1973).

[20] J. C. Russ und R. B. Shen, EMSA, St. Louis, Aug. 1974 und 7. Koll. Elektronenmikroskop. Direktabb. Oberfl., Frankfurt, Juni 1974.

Korrespondenz und Sonderdrucke: Dr. H. Hantsche, Bundesanstalt für Materialprüfung, Unter den Eichen 87, D-1000 Berlin-Dahlem (45).

Mikrochimica Acta [Wien], Suppl. 6, 1975, 195—204

Deutsche Forschungs- und Versuchsanstalt für Luft- und Raumfahrt
Institut für Werkstoff-Forschung, Porz-Wahn

Einsatz der quantitativen energiedispersiven Mikroanalyse in der Metallkunde*

Von

H. J. Dudek

(Eingegangen am 23. Oktober 1974)

1. Experimentelles

Die Untersuchungen wurden am Raster-Elektronen-Mikroskop Stereoscan S 4 mit einem energiedispersiven System der Fa. EDAX (707 B Analysator, Auflösung des Detektors 165 eV) durchgeführt. Für die quantitative Auswertung stand ein 16 K Rechner von Data General mit einer Computer-Kassette zur Verfügung.

Die Mikroanalyse wurde mit dem Standard-Tisch des Stereoscan durchgeführt, der nur eine Kippung zum Sekundär-Elektronen-Detektor erlaubt. Die Geometrie wurde nach Hantsche[1] ermittelt. Gemessen wurde stets unter einem Elektroneneinfallswinkel von 45°. Bedingt durch etwas unterschiedliche Probenhöhe lag der Röntgenabnahmewinkel im Bereich von 30° bis 37° zur Probenfläche. Die Genauigkeit der Winkeleinstellung dürfte bei ca. ± 1° liegen.

Die Strahlstromkonstanz wurde über einen Faraday-Käfig und über Messungen des Probenstromes kontrolliert. Für die folgende Diskussion werden nur Analysenwerte verwendet, bei denen der Strahlstrom während der Meßzeit nicht stärker als 1% schwankte. Die von dem Detektor verarbeitete Impulsrate lag zwischen 1000 cps und 2000 cps. Der Detektor blieb vom Analysenpunkt stets in einer

---

* Herrn Prof. Dr. Walter Koch zum 65. Geburtstag gewidmet und anläßlich des 7. Kolloquiums über metallkundliche Analyse mit besonderer Berücksichtigung der Elektronenstrahlmikroanalyse, Wien, 23.—25. 10. 1974 vorgetragen.

konstanten Entfernung von 47,2 mm; dabei wurde der Abstand Detektorkristall-Detektorfenster mit 5 mm angenommen.

Analysiert wurde im allgemeinen in der Reihenfolge: Aufnahme des Spektrums der Probe, dann der Standards und zuletzt Aufnahme des Spektrums einer anderen Probenstelle. Für jede Probe wurden auf diese Weise ca. 10 bis 30 Probenstellen analysiert. Zur Analyse wurde stets eine Fläche von ca. $200\,\mu\mathrm{m} \times 150\,\mu\mathrm{m}$ abgerastert. Das Abrastern einer Probenfläche sowie die Mittelung über verschiedene Probenstellen soll eventuelle Inhomogenitäten der Proben integrieren.

Für die Analyse wurden überwiegend sogenannte reine Legierungen verwendet, die aus hochreinen Ausgangsmaterialien erschmolzen werden. Deren Verunreinigungen liegen unter ca. 0,01%. Sie werden hier nicht analysiert. So ist z. B. die analysierte Legierung AlZnMg-Cu[1, 5] frei von den üblichen Verunreinigungen von Eisen, Chrom, Zirkonium usw. Vor der Analyse werden die Legierungen gewalzt und geglüht.

Für die vorliegenden Untersuchungen standen mehrere Analysenprogramme zur Verfügung. Für die halbquantitative Analyse, bei der der Untergrund subtrahiert wird und die Intensitäten ermittelt werden, werden die Programme 7 EM und 7 EP (firmeneigene Bezeichnungen) benutzt, für die ZAF-Korrektur das FRAME und das 7 EP-ZAF. Die ZAF-Programme basieren auf einer Arbeit von Yakowitz, Myklebust und Heinrich[2]. Es sollen nur die Programmteile diskutiert werden, für die bei der Analyse alle Standards erforderlich sind.

2. Ergebnisse

In Tabelle 1 sind Analysenwerte von Aluminium-Legierungen wiedergegeben. Spalte 1 enthält die übliche Legierungsbezeichnung und das Ergebnis von Makroanalysen (Naßanalyse oder Röntgenfluoreszenzanalyse), in Spalte 2 sind das benutzte Programm und die Analysenbedingungen (U Beschleunigungsspannung der Elektronen, T Röntgen-Abnahmewinkel zur Probenfläche, t Analysenzeit, N Anzahl der analysierten Stellen) angegeben. In Spalte 3 befindet sich das aus N Messungen gemittelte Ergebnis mit den beobachteten Schwankungen. C in der Spalte 3 gibt die Summe der Konzentrationen an. Die Analyse ist nicht auf 100% korrigiert, so daß diese Summe einen Hinweis auf die Fehlergröße gibt. Zur Auswertung wird jeweils nur eine Meßreihe verwendet (Ausnahme Tabelle 4, in der für die erste Zeile zwei Meßreihen verwendet werden) und alle Analysen werden benutzt, sofern sie nicht durch Strahlstromschwankungen fehlerhaft sind. In der letzten Spalte ist der relative Fehler, bezogen auf den Wert der Makroanalyse, angegeben.

Für die Legierungen AlCu 4 weicht das Ergebnis der energiedispersiven Analyse (EDA) für Aluminium um 0,6% und für Kupfer um 4,8% vom Ergebnis der Makroanalyse ab.

Bei der Legierung AlMg 7 muß eine Spektrenentflechtung durchgeführt werden, da der Magnesium-Peak und der Aluminium-Peak sich teilweise überlappen. Dazu wird der Aluminium-Peak im Spek-

Tabelle 1. Energiedispersive Analyse von Aluminium-Legierungen

Legierung Makroanalyse Gew.%	Programm Analysenbedingungen	EDA Ergebnis Gew.%	Relativer Fehler %
AlCu4	7EP/FRAME $U = 20$ kV	Al 96.65 ± 0.80 Cu 4.14 ± 0.25	Al $+0.6$ Cu $+4.8$
Al 96.05 Cu 3.95	$T = 34.1^0$ $t = 200$ sec $N = 9$	C 100.79	
AlMg7	7EP/ZAF $U = 4.2$ kV	Al 96.04 ± 2.09 Mg 6.79 ± 0.33	Al $+3.5$ Mg -6.0
Al 92.8 Mg 7.2	$T = 34.1^0$ $t = 100$ sec $N = 17$	C 102.83	
AlMgZn4,8	7EP/FRAME $U = 20$ kV	Al 95.09 ± 0.75 Mg 1.27 ± 0.15 Zn 5.09 ± 0.45	Al $+1.0$ Mg $+15.5$ Zn 7.3
Al 94.14 Mg 1.10 Zn 4.75	$T = 34.1^0$ $t = 200$ sec $N = 14$	C 101.45	
AlMgZn 1	7EM/FRAME $U = 20$ kV	Al 98.53 ± 1.00 Mg 1.10 ± 0.22 Zn 0.68 ± 0.26	Al $+0.5$ Mg $+3.3$ Zn -37.0
Al 98.0 Mg 1.06 Zn 0.93	$T = 32.9^0$ $t = 100$ sec $N = 19$	C 100.30	
AlZnMgCu 1.5	7EM/FRAME $U = 20$ kV	Al 91.94 ± 0.60 Zn 5.35 ± 0.45 Mg 3.15 ± 0.45 Cu 1.21 ± 0.33	Al $+1.8$ Zn -6.1 Mg $+27.4$ Cu -27.1
Al 90.35 Zn 5.68 Mg 2.47 Cu 1.49	$T = 33.0^0$ $t = 100$ sec $N = 11$	C 101.65	

trum des Standards des Aluminiums durch einen geeigneten Multiplikator (Verhältnis der Intensitäten von Meßspektrum und Standard innerhalb der Halbwertsbreite des Al-Peaks) der Höhe des Aluminium-Peaks im Meßspektrum angepaßt und von diesem subtrahiert. Zurück bleibt der Magnesium-Peak, der nun integriert werden kann. Das gleiche Verfahren wird zur Bestimmung der Intensität des Aluminiums angewendet, indem der in der Höhe angepaßte Mg-Peak subtrahiert wird.

Die Magnesium-Intensität muß bei den übrigen Aluminium-Legierungen stets durch Spektrenentflechtung ermittelt werden. Die Spektrenentflechtung führt im allgemeinen zu höheren relativen Fehlern.

Dies zeigt sich besonders bei der Manganbestimmung in den zwei in Tabelle 2 angegebenen Stählen*. Hier wird im energiedispersiven

Tabelle 2. Energiedispersive Analyse von Eisen-Legierungen

Legierung Makroanalyse Gew.%	Programm/ Analysenbedingungen	EDA Ergebnis Gew.%		Relativer Fehler %	
X10CrNiMoTi18/10	7EM/FRAME	Fe	67.95 ± 1.00	Fe	$+1.7$
Nr. 4571	$U = 20\,kV$	Cr	18.76 ± 0.33	Cr	$+4.5$
	$T = 35.9^0$	Ni	11.65 ± 0.55	Ni	$+0.5$
Fe 66.8	$t = 200\,sec$	Mo	2.10 ± 0.10	Mo	-4.6
Cr 17.9	$N = 10$	Mn	2.42 ± 0.10	Mn	$+120.0$
Ni 11.6		Ti	0.43 ± 0.25	Ti	$+18.6$
Mo 2.2					
Mn 1.1		C	103.31		
Ti 0.36					
20CrMoV135	7EM/FRAME	Fe	95.95 ± 1.50	Fe	$+0.1$
Nr. 1.7779	$U = 15.6\,kV$	Cr	3.71 ± 0.15	Cr	$+9.0$
	$T = 35.8^0$	Mo	0.52 ± 0.08	Mo	$+4.7$
Fe 95.1	$t = 200\,sec$	Mn	1.58 ± 0.23	Mn	$+300.0$
Cr 3.4	$N = 14$	Si	0.65 ± 0.15	Si	$+117.0$
Mo 0.5					
Mn 0.4		C	102.41		
Si 0.3					

Spektrum der Mn K_α-Peak völlig durch den Cr K_β-Peak überdeckt. Mangangehalte von ca. 1% führten zu Fehlern von 100%, bei einem halben Gewichtsprozent Mangan liegt das EDA-Ergebnis um den Faktor 4 falsch.

In Tabelle 3 sind einige Analysen von Titan-Legierungen wiedergegeben. Der Kupfergehalt der TiCu-Legierung wird nach 37 Messungen mit nur 2% Fehler wiedergegeben. Bei den folgenden drei Titan-Molybdän-Legierungen werden unter Verwendung des 7 EP/

---

* Herrn Dr. Hillenhagen, Fa. Krupp, Essen, danke ich für das Überlassen der Stähle und der TiCu 2 Legierung.

Tabelle 3. Energiedispersive Analyse von Titan-Legierungen

Legierung Makroanalyse Gew.%	Programm/ Analysenbedingungen	EDA Ergebnis Gew.%		Relativer Fehler %	
TiCu2	7EP/FRAME	Ti	100.00 ± 2.04	Ti	$+2.5$
	$U = 20\,kV$	Cu	2.30 ± 0.31	Cu	-2.2
Ti 97.56	$T = 35.4^0$				
Cu 2.35	$t = 200\,sec$	C	102.30		
	$N = 37$				
TiMo16	7EP/ZAF	Ti	85.08 ± 1.90	Ti	$+1.3$
	$U = 10\,kV$	Mo	16.24 ± 0.68	Mo	$+1.2$
Ti 83.96	$T = 33.7^0$				
Mo 16.04	$t = 200\,sec$	C	101.32		
	$N = 12$				
TiMo20	7EP/ZAF	Ti	80.56 ± 1.60	Ti	$+0.9$
	$U = 10\,kV$	Mo	19.40 ± 0.50	Mo	-3.9
Ti 79.85	$T = 33.7^0$				
Mo 20.15	$t = 100\,sec$	C	99.96		
	$N = 12$				
TiMo25	7EP/ZAF	Ti	76.04 ± 4.00	Ti	$+1.1$
	$U = 10\,kV$	Mo	24.72 ± 1.50	Mo	-0.2
Ti 75.23	$T = 33.8^0$				
Mo 24.77	$t = 200\,sec$	C	100.75		
	$N = 11$				

ZAF-Programmes die Makroanalysenwerte mit einem relativen Fehler von 0 bis 4% gut wiedergegeben. Die einzelnen Meßwerte schwankten jedoch stärker, was wohl auf Inhomogenitäten in diesen Legierungen zurückzuführen ist.

3. Beispiele

An zwei Beispielen aus dem Bereich der Werkstoffe für die Luft- und Raumfahrt soll der Einsatz der quantitativen energiedispersiven Analyse im Mikrobereich diskutiert werden.

Bei der Titanlegierung TiAl6V4 möchte man gern wissen, wie die mechanischen Eigenschaften durch die Vorbehandlung beeinflußt werden. Dazu ist die Kenntnis der Zusammensetzung der Phasen Alpha und Beta in der Legierung wichtig. In Tabelle 4 sind die Analysenwerte an einer bei 950^0 C fast 100% verformten und anschließend eine Stunde bei 800^0 C ausgelagerten Probe wiedergegeben*. In der

---

* Präparat Gazioglu, DFVLR, Porz-Wahn.

obersten Zeile befindet sich die Flächenanalyse dieser Legierung. Zur Bestimmung von Vanadin muß Spektrenentflechtung durchgeführt werden: der V K_α-Peak wird völlig durch den Ti K_β-Peak überdeckt. Hier funktioniert das Spektrenbearbeitungsverfahren recht gut. Der Vandinwert weist nur einen relativen Fehler von 7,6% auf. Die Verunreinigung von 0,11% Eisen kann nicht nachgewiesen werden.

Um Meßfehler möglichst klein zu halten, werden bei der Punktanalyse die Alpha- und Beta-Phase abwechselnd analysiert. In der mittleren Zeile der Tabelle 4 ist das Ergebnis der Punktanalyse der Alpha-Phase und in der untersten Zeile dasjenige der Beta-Phase wiedergegeben. Gegenüber der Flächenanalyse erkennen wir in der

Tabelle 4. Energiedispersive Analyse der Legierung TiAl6V4

Legierung Makroanalyse Gew.%	Programm/ Analysenbedingungen	EDA Ergebnis Gew.%		Relativer Fehler %	
TiAl6V4	7EM/FRAME	Ti	$88.90 + 2.00$	Ti	-0.2
Flächenanalyse	$U = 14.0$ kV	Al	$7.40 + 0.63$	Al	± 17.4
	$T = 34.0^0$	V	$4.63 + 0.48$	V	± 7.6
Ti 89.1	$t = 100$ sec	Fe	< 0.01		
Al 6.3	$N = 11$				
V 4.3		C	100.93		
Fe 0.11					
TiAl6V4	7EM/FRAME	Ti	92.62 ± 1.7		
Alpha	$U = 14.0$ kV	Al	$8.68 \begin{cases} +5.9 \\ -1.9 \end{cases}$		
Punktanalyse	$T = 34.0^0$				
	$t = 100$ sec	V	$2.46 \begin{cases} +1.6 \\ -0.5 \end{cases}$		
	$N = 10$				
		Fe	< 0.01		
		C	103.78		
TiAl6V4	7EM/FRAME	Ti	$79.41 \begin{cases} +8.7 \\ -4.5 \end{cases}$		
Beta	$U = 14.0$ kV				
Punktanalyse	$T = 34.0^0$	Al	6.57 ± 1.10		
	$t = 100$ sec	V	$6.77 \begin{cases} +2.5 \\ -3.7 \end{cases}$		
	$N = 10$				
		Fe	0.29		
		C	93.04		

Alpha-Phase eine deutliche Abnahme des Vanadin- und eine Zunahme des Titan-Gehaltes. Eisen ist auch hier nicht nachweisbar. Die Punktanalyse der Beta-Phase ergibt deutlich weniger Titan und etwa den dreifachen Wert für Vanadin gegenüber der Alpha-Phase. In der Beta-Phase ist Eisen einwandfrei nachweisbar. Letzteres entspricht der Erfahrung, daß Eisen beta-stabilisierend wirkt. Die Ergebnisse der Punktanalyse der Phasen, insbesondere der Beta-Phase streuen stärker, da der Durchmesser der Phasen etwa dem Durchmesser des Elektronenstreuhofes entspricht.

Die Einsatzmöglichkeiten der quantitativen energiedispersiven Analyse bei der Entwicklung hochwarmfester eutektischer Legierungen prüfen wir gegenwärtig an einfachen Systemen. In Tabelle 5

Tabelle 5. Energiedispersive Analyse der Eutektischen Legierung AlCu

Legierung Makroanalyse Gew.%	Programm/ Analysenbedingungen	EDA Ergebnis Gew.%		Relativer Fehler %	
AlCu	7EM/FRAMF	Al	79.27 ± 2.2	Al	$+9.2$
Flächenanalyse	$U = 20\,kV$	Cu	29.20 ± 3.7	Cu	$+6.2$
	$T = 31.4^0$				
Al 72.5	$t = 100$ sec	C	108.47		
Cu 27.5	$N = 10$				
AlCu	7EM/FRAME	Al	$94.94 \begin{cases} +2.0 \\ -4.2 \end{cases}$	Al	± 0.0
Al-reiche Phase	$U = 20\,kV$	Cu	$5.32 \begin{cases} +3.1 \\ -2.0 \end{cases}$	Cu	$+6.3$
	$T = 31.4^0$				
	$t = 100$ sec				
Al 95.0+0.7	$N = 10$	C	100.25		
Cu 5.0+0.7					
AlCu	7EM/FRAME		$\begin{cases} +2.7 \\ -1.4 \end{cases}$	Al	$+8.7$
Cu-reiche Phase	$U = 20\,kV$			Cu	$+3.0$
	$T = 31.4^0$	Cu	$54.05 \begin{cases} +0.6 \\ -2.8 \end{cases}$		
	$t = 100$ sec				
Al 47.5	$N = 10$				
Cu 52.5		C	105.71		

* Legierung knapp untereutektisch (vgl. Text), Analysenweite aus dem Zustandsdiagramm entnommen und mit DTA überprüft.

ist die Analyse einer kanpp untereutektischen Aluminium-Kupfer-Legierung* wiedergegeben. Die Flächenanalyse führt zu einem weitgehend richtigen Kupfergehalt, während der relative Fehler von 9% für Aluminium zu hoch erscheint. Die Punktanalysen der aluminium- und kupferreichen Phasen führen zu einer Übereinstimmung mit den aus dem Zustandsdiagramm für die „Makroanalyse" entnommenen Werten.

---

* Präparate Dr. Blank, DFVLR, Porz-Wahn.

In Tabelle 6 ist das Ergebnis einer Analyse an der eutektischen
Legierung AlSi wiedergegeben. Die Analysenwerte sind unter Einsatz der Spektrenentflechtung erhalten. Der recht hohe Fehler für

Tabelle 6. *Energiedispersive Analyse der Eutektischen Legierung AlSi*

Legierung Makroanalyse Gew.%	Programm Analysenbedingungen	EDA Ergebnis Gew.%		Relativer Fehler %	
AlSi Flächenanalyse	7EM/FRAME $U = 5\,kV$ $T = 30.5^0$ $t = 100$ sec	Al	83.44 ± 8.1	Al	-6.3
		Si	14.76 ± 3.2	Si	$+30.6$
Al 88.7 Si 11.3	$N = 12$	C	98.20		
AlSi Al-reiche Phase	7EM/FRAME $U = 5\,kV$ $T = 30.5^0$ $t = 100$ sec	Al	101.87 ± 2.9	Al	$+3.6$
		Si	1.21 ± 0.5	Si	-36.9
Al 98.35 Si 1.65	$N = 16$	C	103.08		
AlSi Si-reiche Phase	7EM/FRAME $U = 5\,kV$ $T = 30.5^0$ $t = 100$ sec	Al	2.44 ± 1.25	Al	
		Si	94.81 ± 7.0	Si	-5.5
Al 0.0 Si 100.0	$N = 16$	C	97.25		

Aluminium (2,44 statt 0,0 Gew.%) ist auf den geringen Durchmesser
der siliziumreichen Phase zurückzuführen. Die „Makroanalysenwerte" sind wiederum aus dem Zustandsdiagramm entnommen.

4. Fehlerquellen

Die diskutierten Analysenwerte sind durch folgende Fehlerquellen im Detektorsystem beeinträchtigt. Die Linien der Spektren weisen
gelegentlich eine Verbreiterung und Verschiebung auf der Energieskala
auf. Die vorliegenden Messungen wurden unter ständiger Kontrolle
der Energieeichung durchgeführt, und die Versuche bei Auftreten
einer Spektrenverschiebung unterbrochen. Dennoch kann der Einfluß
des Gerätedriftes auf die Analysendaten nicht ausgeschlossen werden.
Dies zeigt folgender Versuch. An den Detektor wurde eine radioaktive Quelle angeschlossen, die den Eisenpeak emittiert. Während
einer Stunde wurden 30 Spektren aufgenommen und die Eisenlinie

integriert (Raumtemperatur konstant 26^0 C, Impulsrate ca. 2000 cps). Eine Spektrenverschiebung konnte nicht beobachtet werden. Die Intensitäten der Eisenlinie schwankten unsystematisch zwischen 100000 und 105000 Impulsen. Gegen diesen Fehler kann man sich nur durch vielfache Wiederholung der Messung schützen*.

5. Schlußbemerkungen

Die erhaltenen relativen Fehler an Aluminium-, Titan- und Eisen-Legierungen entsprechen etwa den Ergebnissen, die andere Autoren[3-6] an anderen Systemen erhalten haben. Der Vorteil automatischer Spektrenauswertung bei der quantitativen energiedispersiven Analyse wird wohl aber nur dann zum Tragen kommen, wenn eine hohe Stabilität der Analysengeräte gewährleistet ist.

Zusammenfassung

Die Einsatzmöglichkeiten der quantitativen energiedispersiven Analyse am Raster-Elektronen-Mikroskop für Probleme der Metallkunde hängen entscheidend von der Genauigkeit der Analysenwerte ab. Mit einem handelsüblichen System wurden Analysen an Legierungen bekannter Zusammensetzung durchgeführt. Der Einsatz der quantitativen energiedispersiven Analyse an Werkstoffen für die Luft- und Raumfahrt wurde anschließend an zwei Beispielen diskutiert.

Summary

Employment of Quantitative Energy-dispersive Microanalysis in Metallography

The employment possibilities of the quantitative energy-dispersive analysis to the Raster-electron-microscope for solving problems of metallography depend crucially on the precision of the analytical values. Analyses of alloys of known compositions were conducted with a commercial system. The employment of the quantitative energy-dispersive analyses on work materials intended for air- and space travel were discussed subsequently with regard to two instances.

Literatur

[1] H. Hantsche, Zur quantitativen Röntgenmikroanalyse: Die Ermittlung notwendiger geometrischer Daten für energiedispersive Systeme mit verschiebbarem Detektor. Vortrag Bedo, Frankfurt 1974.

---

* Fa. EDAX versichert uns, daß die Fehler durch Auswechseln des Detektors behoben werden.

[2] H. Yakowitz, R. L. Myklebust und F. J. Heinrich, Frame: An On-Line Correction Procedure for Quantitative Electron Probe Microanalysis. Institute for Materials Research, National Bureau of Standards, Washington, D. C. 20234.

[3] D. R. Beaman und J. A. Isasi, Electron Beam Microanalysis, ASTM, STP 506, 1972.

[4] R. L. Myklebust und K. F. J. Heinrich, Rapid Quantitative Electron Probe Microanalysis with Nondiffractive Detector System, ASTM-EDS, p. 232.

[5] H. Tenny, Rapid Analysis of Particles Using Microprobe and a Nondispersive X-Ray Analyser, Metallography MEIJA, Vol. 1, No. 2, 1968, p. 221.

[6] J. C. Russ, Energy Dispersion X-Ray Analysis: X-Ray and Electron Probe Analysis, ASTM, STP 485, 1971.

Korrespondenz und Sonderdrucke: Dr. H. J. Dudek, Deutsche Forschungs- und Versuchsanstalt für Luft- und Raumfahrt, D-5050 Porz-Wahn, Bundesrepublik Deutschland.

Mikrochimica Acta [Wien], Suppl. 6, 1975, 205—215

Aus dem Institut für analytische Chemie und Mikrochemie der
Technischen Hochschule Wien

Ein System für die automatische quantitative Gefügeanalyse mit der Mikrosonde*

Von

H. Malissa, M. Grasserbauer und **E. Hoke**

Mit 4 Abbildungen

(Eingegangen am 12. Februar 1975)

1. Einleitung

Die Gefügeanalyse zählt im Rahmen der stereometrischen Analyse[1] zu den wichtigsten Methoden der Charakterisierung von Werkstoffen. Zur Ermittlung der Gefügeparameter werden meist lichtoptische Verfahren herangezogen, die vorwiegend nach dem Prinzip der Linear- oder Flächenanalyse arbeiten. Als Vorteile der lichtoptischen Gefügeanalyse sind die hohe Arbeitsgeschwindigkeit und der hohe Automatisierungsgrad der auf dem Markt befindlichen Geräte zu nennen. Demgegenüber steht als Nachteil, daß das ausgewertete Signal, nämlich die lichtoptische Reflektivität der verschiedenen Phasen, in vielen Fällen keine eindeutige Beziehung zur chemischen Zusammensetzung hat. Daher werden bei diesen Verfahren Phasen gleicher Reflektivität und verschiedener chemischer Zusammensetzung nicht differenziert. Um entsprechende Unterschiede in der Reflektivität bei verschiedenen Phasen zu erhalten, muß die Probenoberfläche in den meisten Fällen durch selektive Ätzung oder Aufdampfen von kontrasterhöhenden Schichten behandelt werden.

---

* Herrn Prof. Dr. Walter Koch zum 65. Geburtstag gewidmet und anläßlich des 7. Kolloquiums über metallkundliche Analyse mit besonderer Berücksichtigung der Elektronenstrahlmikroanalyse, Wien, 23.—25. 10. 1974 vorgetragen.

206 H. Malissa et al.:

Diese Probleme bei den lichtoptischen Verfahren führten zu einer Reihe von Versuchen, durch Anwendung der Mikrosonde und Auswertung der Röntgensignale eine chemisch-spezifische Gefügeanalyse zu ermöglichen. Wichtige Arbeiten auf diesem Gebiet stammen

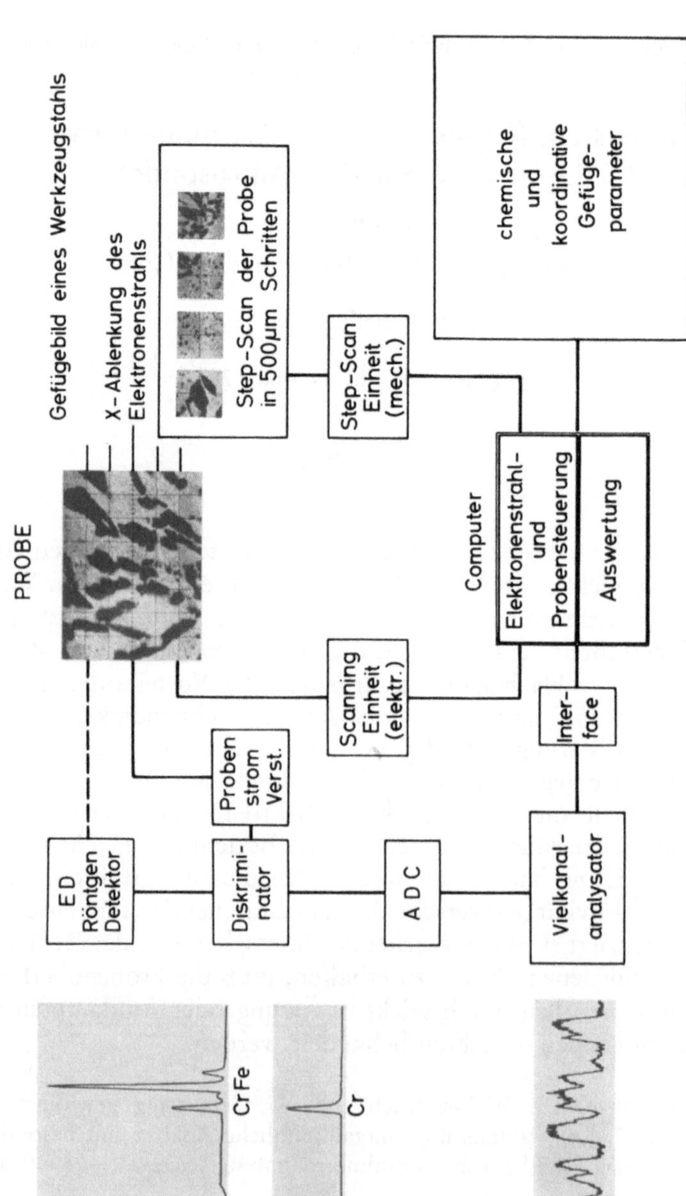

Abb. 1. Blockschema der automatischen Linearanalyse mit Mikrosonde und energiedispersivem Röntgenspektrometer

von Ogilvie[2], Fegeš et al.[3], Dörfler[4] und Russ[5], oder kommen von Geräteherstellern[6]. Allen diesen Entwicklungen ist gemeinsam, daß versucht wurde, die chemisch-spezifischen Signale der Mikrosonde entweder manuell oder mit Hilfe von Zusatzgeräten (wie dem Phasenintegrator) zur Gewinnung von Gefügeparametern auszuwerten. Man bediente sich dabei sowohl der Linearanalyse als auch der Flächenanalyse, wobei letztere eine weitgehende Gefügebeschreibung ermöglicht[7]. Der Nachteil der Flächenanalyse gegenüber der Linearanalyse liegt aber in dem höheren Zeitaufwand für die Gewinnung von repräsentativen Gefügedaten, da die einzelnen Linien lückenlos nebeneinandergelegt werden müssen und so in einer vorgegebenen Zeit nur ein wesentlich geringerer Probenbereich untersucht werden kann als mit der Linearanalyse. Dieser Nachteil der Flächenanalyse gegenüber der Linearanalyse kommt besonders bei Einsatz der Mikrosonde zur Geltung, da bei Auswertung der Röntgensignale wesentlich niedrigere Signalintensitäten als bei lichtoptischen Verfahren erhalten werden und daher zur Erzielung eines auswertbaren Signals nur eine langsame Relativbewegung zwischen Elektronenstrahl und Probe möglich ist. Der Zeitaufwand für die Ausführung einer Gefügeanalyse liegt daher um den Faktor 10 bis 100 höher als bei Anwendung lichtoptischer Methoden.

Der Einsatz der Mikrosonde erscheint daher im Routinebetrieb nur sinnvoll, wenn ein vollautomatisches linearanalytisches Verfahren zur Verfügung steht, so daß der Operator während der ein- bis mehrstündigen Analysendauer nicht vollständig blockiert ist. Weiters wäre es wünschenswert, die Gefügeanalyse mit der Mikrosonde mit einer Standardausrüstung (darunter soll hier ein Grundgerät mit mindestens einem energiedispersiven Röntgenspektrometer und einem Kleincomputer verstanden werden) durchführen zu können, um weitere Geräteanschaffungskosten zu vermeiden. Aus diesen Überlegungen wurde ein Verfahren zur automatischen Gefügeanalyse unter Verwendung einer Mikrosonde mit einem energiedispersiven Spektrometer (EDS) und einem Computer entwickelt.

2. Energiedispersive Gefügeanalyse mit der Mikrosonde

Abb. 1 stellt das Blockschema der automatischen energiedispersiven Linearanalyse mit der Mikrosonde (ENDIMISOLA) dar. Die metallographisch polierte Probe wird vom Elektronenstrahl zeilenförmig abgetastet. Aus dem vom EDS aufgenommenen Röntgenspektrum wird durch elektronische Diskriminierung eine zur chemischen Charakterisierung einer Phase geeignete Röntgenlinie ausgewählt (hier die CrKα-Linie), deren Intensität als Funktion der abgetasteten Wegstrecke im Vielkanalanalysator (VKA) dargestellt wird. Die Verwendung des EDS ermöglicht die elektronische Abtastung der Probe bis zu Streckenlängen von 500 μm ohne Impulsratenverlust[8]. Der Speicherinhalt eines Kanals im VKA ist ein Maß für die durchschnittliche chemische Zusammensetzung der einem Kanal entsprechenden Weglänge (= MYPK, Mikrometer pro Kanal). Nach Abtastung der Probe durch den Elektronenstrahl liegt somit im VKA ein Konzentrationsprofil des ausgewählten Elementes entlang einer bestimmten Strecke vor. Nach der Übertragung der Meßdaten in einen Computer wird der Elektronenstrahl um einen bestimmten Betrag in Y-Richtung verschoben, die Abtastung in X-Richtung neuerlich begonnen und das erhaltene Konzentrationsprofil im VKA gespeichert und anschließend wie das vorige verarbeitet. Nach einer gewissen Anzahl von Rasterlinien wird die Probe mit einem Schrittschaltmotor (z. B. um 500 μm) weiterbewegt, eine neuerliche lineare Abtastung der Fläche durchgeführt, und die beschriebenen Vorgänge bis zur Erreichung einer gewünschten Genauigkeit der stereometrischen Analyse fortgesetzt.

Nach Aufnahme einer genügenden Anzahl von Konzentrationsprofilen können folgende Gefügeparameter ermittelt werden:

a) chemische Zusammensetzung der Einzelteilchen,

b) Teilchenzahl,

c) Teilchenabstand,

d) lineare Mittelkorngröße,

e) Schnittlängenverteilung,

f) Flächen- und Volumenanteile,

g) Verteilungskenngrößen,

h) Richtungskenngrößen.

Die Ermittlung der Teilchenzahlen, Teilchenabstände, linearen Mittelkorngrößen und der daraus abgeleiteten Parameter erfolgt durch Schnitt des Konzentrationsprofiles in halber Höhe zwischen Matrix und Phase. Der Schwellwert für die geometrische Auswertung wurde also bei 50% der Intensitätsdifferenz zwischen Matrix und Phase gelegt. Peaks im Konzentrationsprofil, die unterhalb dieses Schwellwertes liegen, werden nicht ausgewertet.

Zur Steuerung des Analysenablaufes und zur Auswertung des in großer Menge digital anfallenden Datenmaterials wird ein an die Mikrosonde und das EDS gekoppelter Computer eingesetzt, wodurch sowohl statistisch gesicherte Daten über das Gefüge wie auch Informationen über Einzelteilchen gewonnen werden können, da die gesamte bei der Abtastung der Probe gewonnene Information ausgewertet werden kann. Die Automatisierung kann bei Verwendung des EDS relativ einfach durchgeführt werden, da die auszuwertenden Konzentrationsprofile im VKA bereits digital vorliegen und bei modernen Geräten diese Daten sehr rasch in den Computer übertragen werden können.

Das beschriebene Verfahren zur automatischen Linearanalyse kann natürlich auch zur automatischen Flächenanalyse eingesetzt werden, wenn die Zeilen lückenlos nebeneinander gelegt werden. Nach Abrasterung einer Fläche liegt im Computer das vollständige, chemisch-spezifische Gefügebild vor, aus dem zumindest prinzipiell alle Gefügeparameter[7] berechnet werden können. Diese Vorgangsweise empfiehlt sich, wenn ein kleiner Probenbereich (etwa eine Fläche von $500 \times 500 \ \mu m$) möglichst vollständig charakterisiert werden soll. Da aber im vorliegenden Fall die Gefügeanalyse zur Beschreibung technischer Werkstoffe eingesetzt werden, die Ergebnisse für den gesamten Werkstoff repräsentativ sein sollten und eine Analysendauer von zwei Stunden nicht zu überschreiten war, wurde bei allen Untersuchungen die Linearanalyse angewendet.

3. Optimierung des Verfahrens

Die energiedispersive Linearanalyse muß in Hinblick auf die Gewinnung maximaler Gefügeinformation, auf hohe statistische Sicherheit der Aussage bei geringstem Zeitaufwand und auf maximales Auflösungsvermögen optimiert werden.

Die Optimierung des Verfahrens wurde an einer Gold-Kupfer-Sandwichprobe und einem ledeburitischen Werkzeugstahl (X300-Cr 12) durchgeführt, der neben der Matrix (α-Phase) Chrom-Eisencarbideinschlüsse (M_7C_3 und $M_{23}C_6$) in einer Menge von rund 27 Gew.-% enthielt.

Die wichtigsten Größen, die bei der Durchführung einer Linearanalyse mit Mikrosonde und energiedispersivem Röntgenspektrometer optimiert werden müssen, sind die Anregungsspannung und -intensität, die Relativgeschwindigkeit zwischen Probe und Elektronenstrahl und die Zeitkonstante des EDS (dwell time). Die Optimierung der Anregungsspannung muß in der Richtung erfolgen, daß bei möglichst hohen Röntgenimpulsraten ein möglichst gutes Auflösungsvermögen erzielt wird. Da die Signalintensitäten umso höher werden, je größer die Anregungsspannung ist, sich aber umgekehrt das Auflösungsvermögen im gleichen Maße verschlechtert (siehe unten) empfiehlt es sich bei Phasen mittlerer Ordnungszahl, mit 25 bis 30 kV Anregungsspannung zu arbeiten.

Die Optimierung der Anregungsintensität (also des Probenstroms) muß ebenfalls unter denselben Gesichtspunkten durchgeführt werden. Der Zusammenhang zwischen der Erhöhung der Strahlintensität und der Verschlechterung des Auflösungsvermögens ist allerdings nicht so einfach zu erfassen wie dessen Abhängigkeit von der Anregungsspannung. Deshalb mußte ein einfaches Maß für die Schärfe eines Schnittes des Elektronenstrahls mit der Phasengrenzfläche zur Erfassung dieser Einflüsse herangezogen werden, nämlich der Anstieg des Konzentrationsprofils an einer senkrechten Phasengrenzfläche als tg $\varphi = \dfrac{\Delta H}{\Delta W}$, $\Delta H =$ Stufenhöhe, $\Delta W =$ Stufenweite. Da nun in der Stahlprobe nur wenige Carbidteilchen eine zur Schliffoberfläche senkrechte Grenzfläche aufweisen und daher der Anstieg der Chrom-Konzentrationsprofile von der Lage der analysierten Phase in der Probe abhängt (siehe Abb. 2) mußte für die Optimierung der

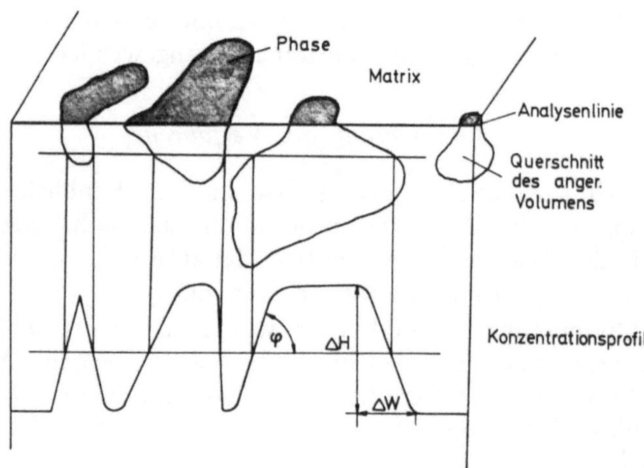

Abb. 2. Einfluß der Phasenform auf den Flankenanstieg in Konzentrationsprofilen

Anregungsintensität eine Gold-Kupfer-Sandwichprobe herangezogen werden. Die Konzentrationsprofile dieser Probe, die senkrechte Goldschichten von 0,27 μm, 0,54 μm, 0,76 μm, 0,95 μm, 1,81 μm und 3,59 μm Dicke aufweist, sind in Abb. 3 wiedergegeben. Die bezüglich Signalintensität (angegeben als Stufenhöhe in cps) und Flankenanstieg tg φ optimalen Werte liegen im Bereich zwischen 20 und 60 nA. Bei niedrigeren Werten ist, bedingt durch kleinere ΔH, eine deutliche Verschlechterung der Auflösung kleiner Phasen und des Flankenanstiegs zu beobachten. Derselbe Effekt tritt im Bereich von über 60 nA infolge von Totzeiteffekten im EDS auf.

Die Relativgeschwindigkeit zwischen Probe und Elektronenstrahl bestimmt in Abhängigkeit von der gewünschten statistischen Sicherheit des Ergebnisses und dem mittleren Teilchenabstand den Zeitaufwand für die Durchführung der Linearanalyse und soll aus Rentabilitätsgründen möglichst hoch gewählt werden. Sie ist aber nach

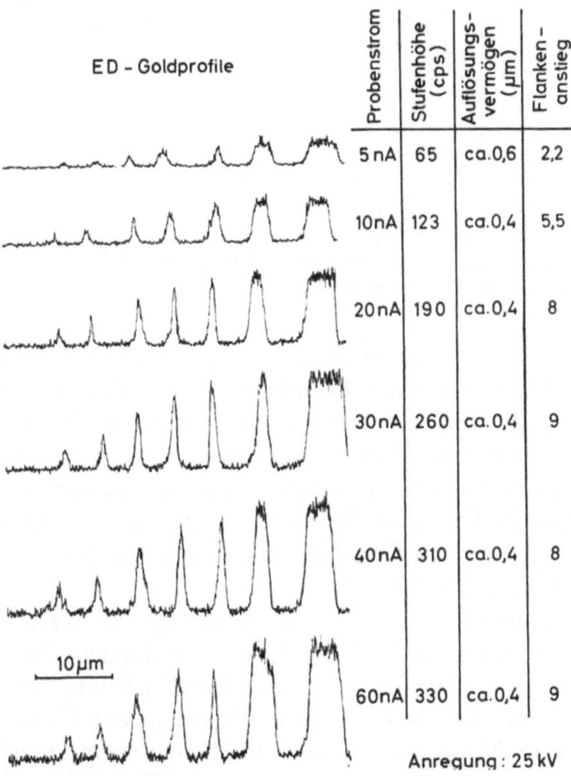

Abb. 3. Goldkonzentrationsprofile einer Gold-Kupfer-Sandwich-Probe in Abhängigkeit vom Probenstrom

oben hin durch die Zählstatistik und durch das Auflösungsvermögen begrenzt. In jedem Kanal, der eine bestimmte Wegstrecke (MYPK = 0,5—1,0 μm) repräsentiert, müssen genügend elementspezifische Impulse registriert werden, um den statistischen Fehler, der der Wurzel aus der Impulszahl jedes Kanals umgekehrt proportional ist, möglichst klein zu halten. Um den durch die Zählstatistik verursachten Fehler unter 5% zu halten, sind Versuchsbedingungen zu wählen, die mindestens 400 Impulse pro Kanal gewährleisten. In unmittelbarem Zusammenhang mit der Relativgeschwindigkeit Probe-Elektronenstrahl steht die Wahl der geeigneten Zeitkonstanten des EDS

Tabelle 1. Eignung verschiedener dwell-time-Einstellungen für verschiedene
Probenvorschubgeschwindigkeiten

| dwell-time | Probenvorschubgeschwindigkeiten (in μm pro sec) | | | | | |
	1	2	4	10	15	20
0,01 sec	—	—	—	—	—	—
0,02 sec	—	—	—	+	+	+
0,05 sec	—	—	+ +	+ +	+ +	—
0,10 sec	—	+	+ +	+ +	—	—
0,20 sec	+	+	+	—	—	—
0,30 sec	+	+	—	—	—	—
0,50 sec	—	—	—	—	—	—

Erklärung:

+ + … geeignete Kombination, das Auflösungsvermögen von ca. 1 μm bei geringer Analysenzeit ist gewährleistet;

— … ungünstige Kombination, Verschlechterung des Auflösungsvermögens,
unnötig lange Aufnahmezeit oder schlechte Statistik;

+ … mögliche, aber nicht optimale Kombination.

(dwell time). Diese ist gleich der Zeit der Ablagerung aller elementspezifischen Impulse in einen Kanal des Vielkanalanalysators. Durch
Verkleinerung der Zeitkonstanten, soweit dies die Zählstatistik erlaubt, erzielt man eine Verbesserung des Auflösungsvermögens bis
maximal zu der durch die Elektronendiffusion vorgegebenen Grenze.
Gleichzeitig vergrößert sich aber der Zeitaufwand, so daß eine sorgfältige Abstimmung zwischen Abtastgeschwindigkeit und dwell time
getroffen werden muß (Tab. 1).

Die Optimierung der Abtastgeschwindigkeit liefert aufgrund
obiger Überlegungen von Probe zu Probe verschiedene Werte, jedoch
kann für Anregungsspannungen von 25 bis 30 kV und Probenströme
von 20 bis 30 nA bei Analysen von Phasen in der Größenordnung
zwischen 1 und 20 μm unter Verwendung elementspezifischer Strahlung im Bereich um 2 Å im allgemeinen mit Werten zwischen 4 und
20 μm/sek gearbeitet werden. Bei einem mittleren Teilchenabstand
von 30 μm beträgt damit der Zeitaufwand für die Erfassung von
1500 Teilchen ohne Datenübertragungs- und Rechenzeit ca. eine
Stunde.

4. Auflösungsvermögen der energiedispersiven Linearanalyse

Das Auflösungsvermögen der energiedispersiven Linearanalyse
wurde an der Gold-Kupfer-Sandwichprobe überprüft. Die Resultate
der Schnittlängenbestimmung sowie deren Reproduzierbarkeit sind
in Abb. 4 den wahren (lichtmikroskopisch ausgemessenen) Gold-
schichtdicken gegenübergestellt. Es ergab sich, daß bereits eine

Schichtdicke von 0,54 μm richtig gemessen wird. Die Standardabweichungen dieser Schnittlängenbestimmungen liegen im Bereich von

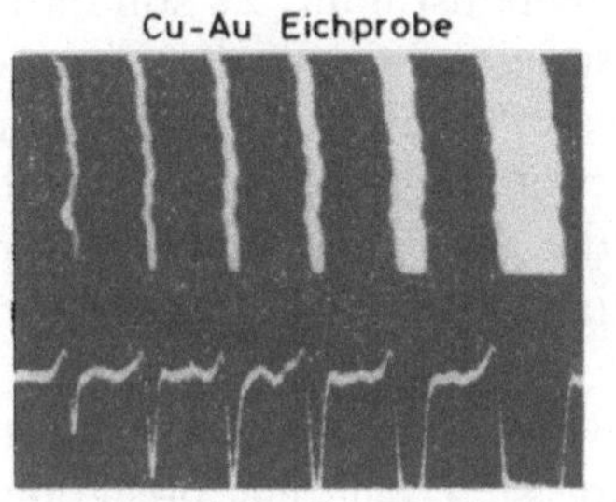

ENDIMISOLA Au-Profil

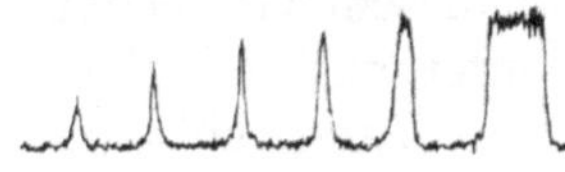

Schnittlängen ENDIMISOLA (μm)	0,1*	0,45	0,88	0,9	2,1	3,8
$s_{(8)}$ (μm)	–	0,15	0,20	0,15	0,3	0,3
wahre Schnittlängen (μm)	0,27	0,54	0,76	0,95	1,81	3,59

experimentell ermitteltes Auflösungsvermögen ~ 0,5 μm

*Diese Goldschichten wurden insgesamt nur zweimal registriert

Abb. 4. Ermittlung des Auflösungsvermögens, der Reproduzierbarkeit und Richtigkeit an einer Gold-Kupfer-Sandwich-Probe

0,15 bis 0,30 μm. Die Richtigkeit der Schichtdickenbestimmung mit Hilfe der energiedispersiven Linearanalyse beträgt ca. 5 bis 10 Relativprozent.

Für die mathematische Beschreibung des experimentell erhaltenen Auflösungsvermögens eignet sich die unten angeführte Formel von Reed[9], welche den Zusammenhang zwischen Auflösungsvermögen, Anregungs- und Probenparametern wiedergibt und so die Berechnung des Auflösungsvermögens der energiedispersiven Lienaranalyse von anderen Proben ermöglicht:

$$a = 0{,}077 \cdot (V_0^{1,5} - V_c^{1,5}) \cdot 1/\varrho$$

a = Auflösungsvermögen (μm)

V_0 = Anregungsspannung (kV)

V_c = krit. Anregungsspannung (kV)

ϱ = Dichte (g/cm^3)

Durch Einsetzen der entsprechenden Werte in diese Gleichung erhält man für Cu K$_\alpha$-Strahlung einen Wert von 0,82 μm, und für die Au L$_\alpha$-Strahlung $a = 0,33$ μm, was mit dem experimentell erhaltenen Wert sehr gut übereinstimmt. Es soll darauf hingewiesen werden, daß das Auflösungsvermögen der energiedispersiven Linearanalyse wesentlich besser ist als das einer quantitativen Elementaranalyse, da zur Registrierung der Phase nur eine Überschreitung des Schwellwertes (50% der Maximalintensität) und nicht die vollständige Erfassung aller im angeregten Volumen erzeugten Röntgenimpulse notwendig ist.

Wendet man die Reed-Formel auf die Linearanalyse der Carbide in Stahl an, so ergibt sich bei den oben angeführten optimalen Anregungsbedingungen ein Auflösungsvermögen von 1,3 μm.

Die Forschungen auf diesem Gebiet wurden mit Unterstützung seitens des Forschungsförderungsfonds der gewerblichen Wirtschaft (Nr. 8964/5/84) sowie der Österreichischen Nationalbank (Projekt Nr. 752) durchgeführt. Daher wird an dieser Stelle den genannten Institutionen unser Dank ausgesprochen.

Zusammenfassung

Ausgehend von den Verfahren zur Gefügeanalyse mit lichtoptischen und elektronenstrahlmikroanalytischen Methoden wird eine neue Möglichkeit der automatischen Linearanalyse mit Mikrosonde, energiedispersivem Röntgenspektrometer und Computer beschrieben. Weiters werden Fragen der Optimierung und des Auflösungsvermögens der energiedispersiven Linearanalyse mit der Mikrosonde behandelt.

Summary

A System for the Automatic Quantitative Structural Analysis with the Microprobe

Starting from the procedure for structural analysis with light-optical and electron beam microanalysis methods a new possibility has been described for the automatic linear analysis with the microprobe, energy-dispersive Röntgen-spectrometer and computer. In addition, questions regarding the optimization and the resolving capability of the energy-dispersive linear analysis with the microprobe are discussed.

Literatur

[1] H. Malissa, Z. analyt. Chem. 273, 449 (1975).

[2] R. E. Ogilvie et al.: Computer Controlled Scanning Electron Microscope, V[th] International Congress on X-Ray Optics and Microanalysis, Tübingen 1968, Berlin: Springer-Verlag. 1969. S. 337.

[3] J. Feges, K. Swoboda und H. Malissa, Mikrochim. Acta [Wien] 1971, 173.

[4] G. Dörfler, Prakt. Metallogr. 6, 144 (1969).

[5] G. Dörfler und J. C. Russ, A System for Stereometric Analysis with the Scanning Electron Microscope, Scanning Electron Microscopy 1970, IIT Research Institute, Chicago.

[6] Image Analyzer for Scanning Microscope, JEOL NEWS, Vol. 11 e, 1, 11 (1973).

[7] H. Malissa, J. Kaltenbrunner und M. Grasserbauer, Mikrochim. Acta [Wien], Suppl. 5, 1974, 453.

[8] H. Malissa, M. Grasserbauer und E. Hoke, Mikrochim. Acta [Wien], Suppl. 5, 1974, 465.

[9] S. J. B. Reed, Spatial Resolution in Electron Probe Microanalysis, X-Ray Optics and Microanalysis, Paris: Herman. 1966.

Korrespondenz und Sonderdrucke: Prof. Dr. H. Malissa, Institut für analytische Chemie und Mikrochemie der Technischen Hochschule Wien, Getreidemarkt 9, A-1060 Wien, Österreich.

Mikrochimica Acta [Wien], Suppl. 6, 1975, 217—225

Aus dem Institut für analytische Chemie und Mikrochemie der Technischen Hochschule Wien und den Edelstahlwerken Gebrüder Böhler A. G., Kapfenberg

Einsatz der Mikrosonde zur Gefügeanalyse eines Werkzeugstahls*

Von

M. Grasserbauer, E. Hoke und K. Reisenhofer

Mit 4 Abbildungen

(Eingegangen am 12. Februar 1975)

1. Einleitung

Unter Nutzung der Vorteile einer Mikrosonde mit energiedispersivem System (Digitalausgabe, Wegfall der Rowlandkreisbedingungen u. a.) und elektronischer Datenverarbeitung wurde ein System zur automatischen Gefügeanalyse auf der Basis der Linearanalyse (ENDIMISOLA) entwickelt und beschrieben[1]. In dieser Arbeit soll dessen praktischer Einsatz behandelt werden.

2. Das Computerprogramm der ENDIMISOLA

Für die Verarbeitung der im Vielkanalanalysator des energiedispersiven Systems gespeicherten Konzentrationsprofile und zur Steuerung des Analysenablaufs wurden geeignete Programme entwickelt. Abb. 1 zeigt das Flußschema des verwendeten Auswerteprogramms.

Nach der manuellen Eingabe der Probenkennzeichnung und dem Einlesen der zur Berechnung von Schwellwert (d. i. arithmetisches Mittel der in Phase und Matrix gemessenen Intensitäten des Leit-

---

* Herrn Prof. Dr. Walter Koch zum 65. Geburtstag gewidmet und anläßlich des 7. Kolloquiums über metallkundliche Analyse mit besonderer Berücksichtigung der Elektronenstrahlmikroanalyse, Wien, 23.—25. 10. 1974 vorgetragen.

elements) und Kanalbreite (auf einen Kanal entfallende Wegstrecke auf der Probe) erforderlichen Daten werden die Profile abschnittweise (zu je 10 Kanälen) aus dem Vielkanalanalysator abgerufen und verarbeitet.

Die Ermittlung der Schnittlängen einer Phase erfolgt derart, daß kanalweise abgefragt wird, ob der Schwellwert überschritten wird.

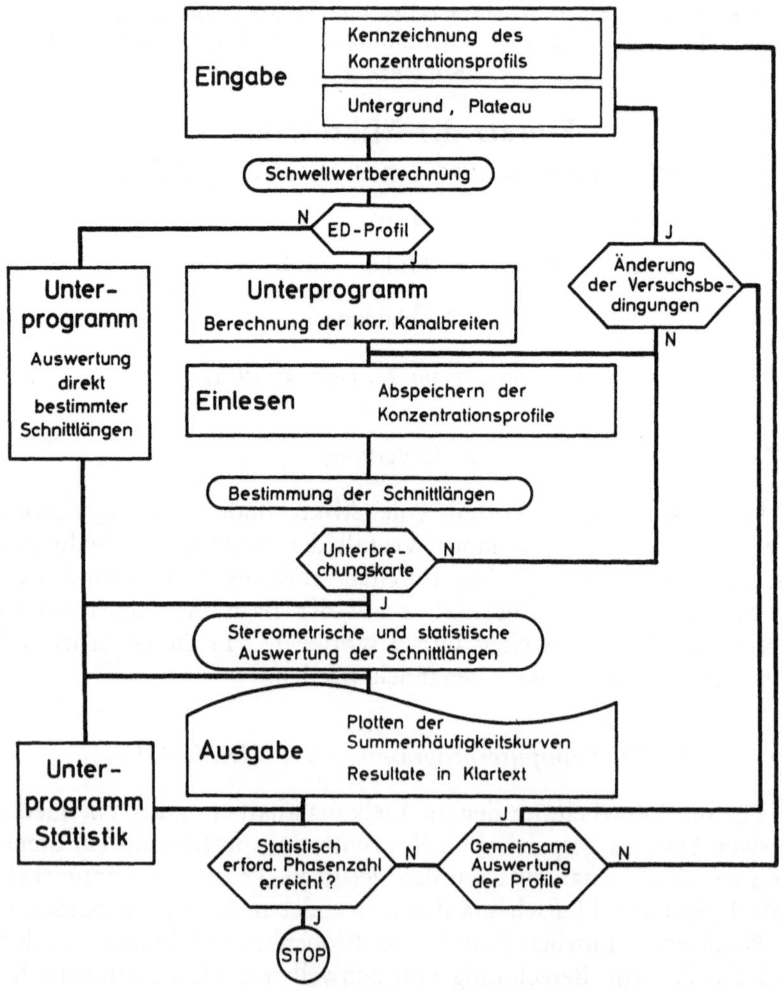

Abb. 1. Blockschema des Auswerteprogramms der ENDIMISOLA

Liegt die Intensität des Leitelements über dem Schwellwert, wird erstens zum vorhergehenden Kanal linear interpoliert, zweitens die Anzahl der nachfolgenden über dem Schwellwert liegenden Kanäle bestimmt und nach dem letzten wieder linear interpoliert. Die so erhaltene, auf eine Phase entfallende Zahl der Kanäle, multipliziert mit der Kanalbreite, liefert die Phasenschnittlänge. In analoger Weise wird im gleichen Rechenschritt die Matrixschnittlänge ermittelt.

Nach der Auswertung jedes Konzentrationsprofils bestehen folgende Möglichkeiten:

a) Ausgabe der aus dem Konzentrationsprofil berechneten Gefügeparameter Teilchenzahl, Teilchenabstand, lineare Mittelkorngröße, Schnittlängenverteilung, Flächen- und Volumenanteile.

b) Aufnahme und gemeinsame Verarbeitung von weiteren Konzentrationsprofilen. Bei Auswertung einer entsprechend großen Anzahl von Konzentrationsprofilen können zusätzlich zu den oben angeführten Parametern Verteilungs- und Richtungskenngrößen berechnet werden.

c) Aufnahme eines neuen Profils unter Berücksichtigung von Änderungen der Versuchsbedingungen und gemeinsame Auswertung mit vorangegangenen Analysen.

d) Linearanalyse einer anderen Probe.

Diese Art der Auswertung ermöglicht die Verarbeitung beliebig langer Profile, da diese zu keinem Zeitpunkt im Kernspeicher abgespeichert zu werden brauchen, so daß auch Rechner mit geringerer Speicherkapazität verwendet werden können.

Zur Ermittlung der statistischen Sicherheit werden von Saltykov[2] und Underwood[3] angegebene Rechenoperationen verwendet.

3. Gefügeanalyse eines ledeburitischen Werkzeugstahls

3.1 Allgemeines

Die stereometrischen Analysen wurden an Ledeburitstählen durchgeführt. Hiefür waren folgende Gründe maßgeblich:

a) Es liegen chemisch gut unterscheidbare Phasen vor.

b) Die Stähle sind gut ätzbar.

c) Die chemische Isolierung der Carbide liefert Resultate von hoher Genauigkeit.

Die verwendeten Proben waren X300-Cr12-Werkzeugstähle mit ledeburitischen Chromcarbidphasen. Röntgenographische Untersuchungen zeigten die Anwesenheit von α-Phase (Matrix), einer Me_7C_3- und einer $Me_{23}C_6$-Phase. Die Probenahme erfolgte in der Weise, daß aus einem gegossenen und geschmiedeten Werkstück ein Zylinder senkrecht zur Längsachse herausgeschnitten wurde. Dieser wurde, wie in Abb. 2 dargestellt, halbiert. Von der einen Hälfte wurden sechs metallographische Schliffe hergestellt (1—6) und die jeweils axiale Schlifffläche untersucht, da diese die Gewinnung maximaler Information über das Gefüge (Verteilungshomogenitäten, Orien-

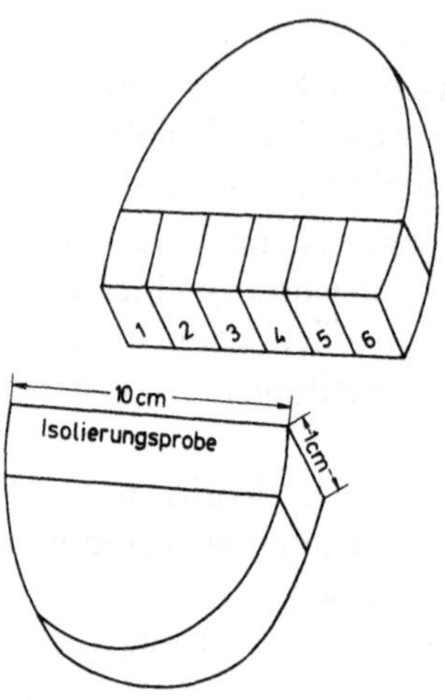

Abb. 2
Probenahme des Stahlgußkörpers für ENDIMISOLA und Vergleichsverfahren

tierungseffekte u. a.) ermöglicht. Der diesen Flächen gegenüberliegende Teil des Werkstücks wurde für die chemische Isolierung der Carbide eingesetzt. Durch diese Art der Probenahme sollte eine möglichst große Ähnlichkeit der für die verschiedenen Methoden eingesetzten Probenstücke gewährleistet werden.

Als Vergleichsmethoden für die ENDIMISOLA wurden eine manuelle, mikroskopische Linearanalyse und eine chemische Isolierung der Carbide zur Bestimmung ihres Volumenanteils herangezogen.

3.2 Ergebnisse der energiedispersiven Linearanalyse mit der Mikrosonde

Die in Tabelle 1 angeführten X300-Cr12-Stähle A und B unterscheiden sich durch einige Legierungselemente, und zwar enthält Stahl A 2,77 Gew.% C, 14,2 Gew.% Cr, 0,26 Gew.% Mo, 0,46 Gew.% V und 1,2 Gew.% W, Stahl B 2,86 Gew.% C und 11,9 Gew.% Cr.

Die Gefüge der Stähle zeigen als Folge der mechanischen Vorbehandlung eindeutige Vorzugsrichtungen. Die Gefügekennzahlen wurden daher durch getrennte Linearanalysen parallel und normal zur Vorzugsrichtung ermittelt. Das Vorliegen einer Vorzugsrichtung zeigt sich in den Gefügeparametern. Die Mittelkorngrößen sind bei Linearanalyse parallel zur Vorzugsrichtung um 30% bei A bzw. um 10% bei B, die Teilchenabstände um 25%, bzw. 30% größer.

Tabelle 1. Gesamtergebnis der energiedispersiven Linearanalyse mit der Mikrosonde von X300-Cr12-Stählen

Probe	Stahl A		Stahl B	
Richtung	//	$\perp$	//	$\perp$
Mittelkorngröße (μm)	7,3	5,2	7,0	6,3
Teilchenabstand (μm)	22,8	16,1	28,5	20,5
Korngrenzenfläche (mm^2)	298	404	298	319
Phasenzahl pro mm^3	500 000	770 000	310 000	610 000
Volumenanteil (%)	25,5	25,3	23,9	25,3
L_{50}/L_{84}	3,0/13	3,4/9,5	3,5/12	4,2/11

Korngrenzflächen und Phasenzahlen pro Volumseinheit (berechnet nach Saltykov[2]) zeigen den Mittelkorngrößen analoge Abweichungen. Die Volumsprozente bei A (25,3 bzw. 25,5%) stimmen zwi-

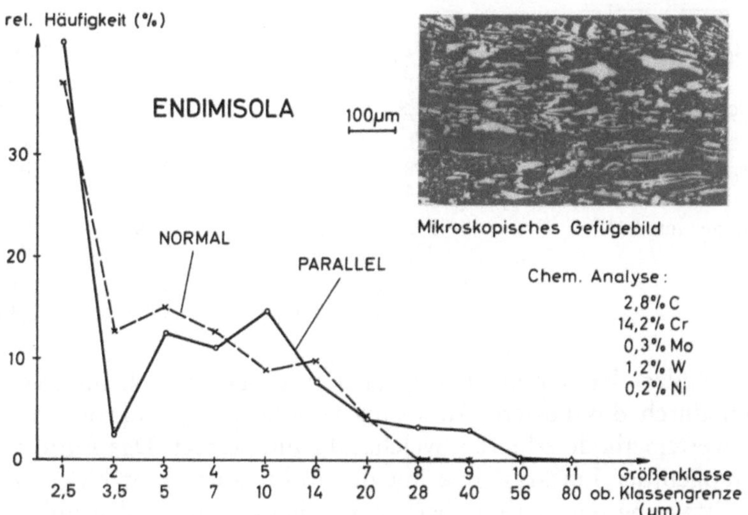

Abb. 3. Schnittlängenverteilung parallel und normal zur Vorzugsrichtung, X300-Cr12, Stahl A

schen beiden Analysenrichtungen innerhalb von 1 rel%, bei B (23,9 bzw. 25,3%) innerhalb von 6 rel.% überein. Die Kennzahlen aus den Summenhäufigkeitskurven zeigen bei // kleinere Werte für L_{50}

und höhere für L$_{84}$. Das bedeutet, daß bei // gegenüber ⊥ ein höherer Anteil an Carbiden unter 3 μm und über 10 μm und nur relativ wenig dazwischenliegende Phasen registriert werden, wie auch aus den entsprechenden Häufigkeitskurven (Abb. 3) ersichtlich ist.

3.3 Ergebnisse der Vergleichsmethoden

Als erstes Vergleichsverfahren zur ENDIMISOLA wurde eine manuelle Linearanalyse von lichtmikroskopischen Aufnahmen (500-fache Vergrößerung am Bild) des geätzten Schliffs durchgeführt, die trotz des großen Zeitaufwandes durch ihre hohe Genauigkeit von Bedeutung ist.

In Tabelle 2 sind die Ergebnisse von ENDIMISOLA und manueller Auswertung einander gegenübergestellt. Die Divergenzen bei den

Tabelle 2. Vergleich der mittels energiedispersiver Linearanalyse mit der Mikrosonde und der mittels manueller Auswertung einer lichtmikroskopischen Abbildung (MMA) erhaltenen Gefügeparameter

Probe Verfahren		Stahl A ENDIMISOLA	MMA	Stahl B ENDIMISOLA	MMA
Mittelkorngröße (μm)	//	7,3	4,0	7,0	5,1
	⊥	5,2	3,3	6,3	3,8
Teilchenabstand (μm)	//	22,8	10,4	28,5	11,1
	⊥	16,1	7,9	20,5	9,7
Korngrenzenfläche (mm²)	//	298	469	298	390
	⊥	404	597	319	530
Volumenanteil (%)	//	25,5	28,0	23,9	31,5
	⊥	25,3	29,7	25,3	28,3
L$_{50}$/L$_{84}$	//	3,0/13	2,2/6,5	3,5/12	2,1/8,5
	⊥	3,4/9,5	2,0/6,5	4,2/11	2,4/6,5

Kennzahlen der Summenhäufigkeitskurven lassen sich im wesentlichen durch das bessere Auflösungsvermögen der mikroskopischen Auswertemethode erklären, welches 0,2 μm beträgt. Das Auflösungsvermögen der Linearanalyse mit der Mikrosonde liegt hingegen für die Erfassung der Carbide bei 1,2 μm. Bei der manuellen mikroskopischen Auswertung können daher im Gegensatz zur ENDIMISOLA Teilchen im Bereich zwischen 0,2 und 1,0 μm erfaßt werden.

Der daraus resultierende Effekt auf die Korngrößenverteilung ist in Abb. 4 in einer Gegenüberstellung der Häufigkeitskurven beider Verfahren zu erkennen. Bei der ENDIMISOLA liegen 30—40% der Schnittlängen in Größenklasse 1 ($<2,5$ μm), während die manuelle

Auswertung ca. 50% der Teilchen dieser Klasse zuordnet. Demzufolge ist der Anteil größerer Phasen bei der ENDIMISOLA deutlich höher.

Die Volumenanteile sind bei der manuellen Auswertung um 14% rel. bei Stahl A, bzw. 21% rel. bei Stahl B größer als bei der energiedispersiven Linearanalyse. Diese Unterschiede lassen sich zum Teil mit der Nichterfassung von Phasen unter 1 μm bei der Linearanalyse mit der Mikrosonde erklären, welche eine Verminderung der Gesamtschnittlänge der Carbide und damit ihres Volumenanteils bewirkt. Weiters wurden bei der manuellen Linearanalyse nach Mög-

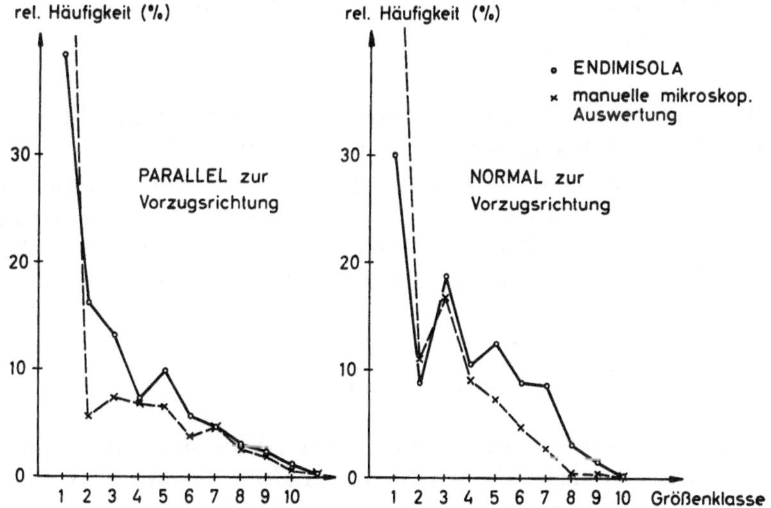

Abb. 4. Schnittlängenverteilung bei ENDIMISOLA und mikroskopischer manueller Linearanalyse, X300-Cr12, Stahl B

lichkeit ausgebrochene Phasen berücksichtigt, bei der energiedispersiven Analyse jedoch nicht. Ihr Flächenanteil betrug bis zu 0,5% abs. Schließlich liefert die energiedispersive Linearanalyse die Information „Phase" ausschließlich dann, wenn die Chromkonzentration einen vorgegebenen Wert überschreitet, während lichtoptische Verfahren jeden Bereich vorgegebener Reflektivität als Phase werten, also auch nichtcarbidische Einschlüsse registrieren.

Neben diesen am ebenen Schliff durchgeführten Analysen wurde eine chemische Isolierung der Carbide mit Brom-Methanol-Lösung durchgeführt. Die röntgenographische Untersuchung des Isolats ergab die Anwesenheit der Me_7C_3 und der $Me_{23}C_6$-Phasen. Da die Erfassungsgrenze der Röntgenstrukturanalyse im Prozentbereich liegt, wurden keine Fremdphasen im Isolat gefunden. Die chemische

Analyse des Isolats zeigte jedoch, daß der Chrom-Eisencarbidanteil im Isolat von Stahl A nur 90%, bzw. 98% im Isolat von Stahl B betrug und ca. 10% bzw. 2% Fremdphase vorlagen (SiO_2, VC etc.). Berücksichtigt man dies, so liefert die chemische Isolierung einen Gewichtsanteil der Chrom-Eisencarbide von 25,0% für Stahl A, bzw. 25,5% für Stahl B. Unter Verwendung des Literaturwertes der Carbiddichte[4] berechnen sich aus den Gewichtsanteilen die Volumenanteile der Carbide mit 27,9% für Stahl A und 28,4% für Stahl B. Diese Werte liegen um rund 10% rel. über den mit der Mikrosonde erhaltenen Mittelwerten der Stähle. Dieser Unterschied läßt sich auch hier durch den oben beschriebenen Einfluß des Auflösungsvermögens und durch das Ausbrechen von Carbidphasen bei der Schliffherstellung erklären.

Die Autoren danken Herrn Prof. Dr. H. Malissa für die wertvollen Anregungen und die stete Förderung dieser Arbeit. Die Forschungen wurden mit Unterstützung seitens des Forschungsförderungsfonds der gewerblichen Wirtschaft (Nr. 11151/5/110) sowie der Österreichischen Nationalbank (Projekt Nr. 752) durchgeführt. Daher wird an dieser Stelle den genannten Institutionen unser Dank ausgesprochen.

Zusammenfassung

Das Computerprogramm für die energiedispersive Linearanalyse mit der Mikrosonde wurde beschrieben und ihr Einsatz zur Gefügeanalyse eines ledeburitischen Werkzeugstahls behandelt. Die gemessenen Gefügeparameter werden mit den Resultaten einer manuellen lichtmikroskopischen Linearanalyse und der chemischen Isolierung der Carbide verglichen. Die Unterschiede der mit den verschiedenen Verfahren ermittelten Volumenanteile der Carbide betragen etwa 10—20 rel.%.

Summary

Employment of the Microprobe for the Structural Analysis of a Tool Steel

The computer program for the energy-dispersive linear analysis with the microprobe is described and its employment for the structural analysis of ledeburitic tool steel is discussed. The measured structural parameters are compared with the results of a manual optical microscopic linear analysis and the chemical isolation of the carbides. The differences in the volume proportions of the carbides as compared with the results revealed by various procedures averaged around 10—20 relative per cent.

Literatur

[1] H. Malissa, M. Grasserbauer und E. Hoke, Mikrochim. Acta [Wien], Suppl. VI, **1975**, 205.

[2] S. Saltykov, Stereometrische Metallographie, Moskau: Staatl. Techn. Wiss. Verlag der Lit. f. Schwarz- und Buntmetallurgie, 1958.

[3] E. Underwood, Quantitative Stereology, Reading, Mass.: Addison-Wesley. 1970.

[4] R. Kieffer und F. Benesovsky, Hartstoffe, Wien: Springer-Verlag. 1963.

Korrespondenz und Sonderdrucke: Doz. Dipl.-Ing. Dr. M. Grasserbauer, Institut für analytische Chemie und Mikrochemie der Technischen Hochschule Wien, Getreidemarkt 9, A-1060 Wien, Österreich.

Mikrochimica Acta [Wien], Suppl. 6, 1975, 227—250
© by Springer-Verlag 1975

Max-Planck-Institut für Eisenforschung GmbH, Düsseldorf

A New Correction Method for the Fluorescence Effect in Quantitative Microprobe Analysis*

By

A. R. Büchner and J. P. M. Stienen

With 6 Figures

(Received December 3, 1974)

A main problem in quantitative microprobe analysis is the conversion of measured X-ray intensities into the concentration values of the corresponding elements in the specimen. This is usually done with the following equation, given first by Castaing[1]:

$$\frac{J_{sp}}{J_{st}} = c \cdot K_Z \cdot K_A \cdot K_{Fl} \tag{1}$$

J_{sp}: X-ray intensity, measured on the specimen to be analysed;

J_{st}: X-ray intensity, measured on the standard (the pure element);

c: weight concentration of the measured element in the specimen;

K_Z: correction factor for the atomic number effect;

K_A: correction factor for the absorption effect;

K_{Fl}: correction factor for the fluorescence excitation due to the characteristic lines of other elements in the specimen.

An important prerequisite necessary to calculate the corrections is the knowledge of the depth distribution of the generated X-rays. Several different approaches have been made to investigate the depth distribution: experimentally by the tracer technique[2-4], by Monte Carlo calculations[5,6] or other theoretical methods[7,8].

---

* Herrn Prof. Dr. Walter Koch zum 65. Geburtstag gewidmet und anläßlich des 7. Kolloquiums über metallkundliche Analyse mit besonderer Berücksichtigung der Elektronenstrahlmikroanalyse, Wien, 23.—25. 10. 1974 vorgetragen.

The first two methods have been successfully applied in the correction calculation in several special cases; however, for a general application more data than hitherto given by them are necessary.

The exact theoretical treatment of the problem seems too complicated, some approximations are necessary and so sometimes these methods work unsatisfactorily[9, 10].

Recently a new investigation was carried out which was based on a special experimental technique, the wedge specimen method[11–13]. From the results an analytical expression for the depth distribution was deduced which was tested successfully in atomic number and absorption corrections[13–16]. This new information on the depth distribution will be applied in the present calculation of the fluorescence correction. Furthermore, some recently published data for the fluorescence yield and a new investigation of the intensity ratios of lines corresponding to different series are used here. Finally, the influence of the Coster-Kronig transitions are taken into consideration, which are important if the measured line is an L_α line.

General Features of the Fluorescence Correction

In contrast to the absorption and atomic number corrections the fluorescence correction has to be calculated only in those cases when in addition to the analysed element, A, the specimen contains another element, B, which has characteristic lines just beyond the absorption edge of the element A. In this case the intensity J_A produced consists of two contributions. One is due to the excitation by electrons, and the other results from the excitation by the characteristic X-rays of the element B. Both parts have to be taken into account in the calculation of the concentration c_A.

A schematic illustration of the fluorescence excitation is given in Fig. 1 (for the sake of simplicity only the most intense lines of

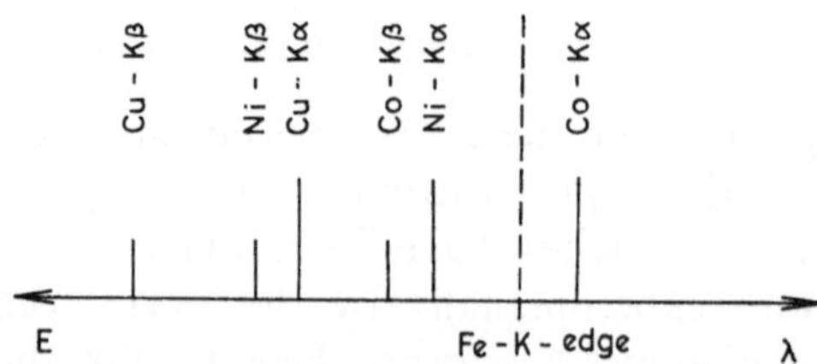

Fig. 1. Schematic illustration of the fluorescence excitation of the Fe K series; only the most intense lines are shown, for simplification

the K series are shown). The Fe K series can be excited by the whole K series of all elements with an atomic number greater than that of iron, except for Co, which is the neighbouring element in the periodic system and which excites only by its K_β line. The upper limit for the atomic number of the exciting element B is given by the fact that the ionization of the Fe K edge becomes more unlikely with increasing difference in energy.

Hence the fluorescence effect is important only for special combinations of elements, which are presented in Table 1. The tabulation is simplified by considering that

(a) all elements A up to arsenic are analysed by means of their $K_{\alpha_{12}}$ line; this line is produced by ionizations of the K level;

(b) all elements A heavier than arsenic are analysed by their $L_{\alpha_{12}}$ line; this line is produced by ionizations of the L_{III} level; elements heavier than bismuth need not be considered, because of their radioactivity;

(c) the fluorescence excitation can be caused by K, L, or M series of an element B (it will turn out later that the contributions of the M series are negligibly small).

The fluorescence excitation of the A line is due to all B lines at shorter wavelength than the A absorption edge. That means one should calculate the correction for each of these B lines. For simplification we consider only two cases:

(d) The most intense line of the B series, which is always the α line ($K_{\alpha_{12}}$, L_α, or $M_{\alpha_{12}}$) lies at wavelengths shorter than the A absorption edge. This α line has nearly the lowest energy of the series[17], i. e. the whole B series contributes to the fluorescence excitation. In this case it is assumed for simplification that all the B lines are concentrated in the α line. This means that the intensities of all the lines are taken into account but not their exact energies, which differ very little from that of the α line. In accordance with this simplification, only those excitation voltages which correspond to the α lines are used in the calculation.

(e) The α line of the B series has a lower energy than the A absorption edge but the next intense line has enough energy of fluorescence excitation. This is the $K_{\beta_{1/3}}$, L_{β_1}, or M_β line of the element B[17]. In this case it is supposed that all B lines of wavelength shorter than the A edge are concentrated in this β line. As a further simplification the excitation voltages of the α lines are still used, to avoid a complicated distinction of cases. The error is small because the differences between the absorption edges within one series are small compared to the overvoltages generally used in practice.

230 A. R. Büchner and J. P. M. Stienen:

Table 1. Numbers needed for the fluorescence correction are given for those A B pairs (B excites A) where the fluorescence effect may exceed 3% under extreme conditions. Asterisks indicate that fluorescence excitation seems probable from the pattern of the whole table and that some data needed to calculate the number are not available. Also because of missing data the table begins with element 12. For the calculations these numbers must be multiplied by 10^{-4} cm² mg⁻¹.

Table 1 a

Z_B	\$Z_A\$ ($K\alpha_1$ line measured)																		Z_B
	12	13	14	15	16	17	18	19	20	21	22	23	24	25	26	27	28	29	
83	*	*	*	*	*	*	*	*	*	*	*	*	*	*	*	*	221	252	83
82	*	*	*	*	*	*	*	*	*	*	*	*	*	*	*	215	230	262	82
81	*	*	*	*	*	*	*	*	*	*	*	*	*	*	*	226	241	274	81
80	*	*	*	*	*	*	*	*	*	*	*	*	*	*	*	231	255	290	80
79	*	*	*	*	*	*	*	*	*	*	*	*	*	*	220	251	266	306	79
78	*	*	*	*	*	*	*	*	*	*	*	*	*	*	230	262	280	318	78
77	*	*	*	*	*	*	*	*	*	*	*	*	*	*	242	275	295	335	77
76	*	*	*	*	*	*	*	*	*	*	*	*	*	229	253	289	309	116	76
75	*	*	*	*	*	*	*	*	*	*	*	*	*	243	269	307	327	125	75
74	*	*	*	*	*	*	*	*	*	*	*	*	220	254	282	321	343	132	74
73	*	*	*	*	*	*	*	*	*	*	*	*	233	270	300	340	124	140	73
72	*	*	*	*	*	*	*	*	*	*	*	*	199	284	314	358	131	142	72
71	*	*	*	*	*	*	*	*	*	*	*	*	261	303	335	133	141	*	71
70	*	*	*	*	*	*	*	*	*	*	*	238	275	319	353	139	143	*	70
69	*	*	*	*	*	*	*	*	*	*	*	256	295	342	379	152	*	*	69
68	*	*	*	*	*	*	*	*	*	*	*	270	312	362	142	162	*	*	68
67	*	*	*	*	*	*	*	*	*	*	240	287	331	384	152	*	*	*	67
66	*	*	*	*	*	*	*	*	*	*	256	306	353	148	163	*	*	*	66
65	*	*	*	*	*	*	*	*	*	*	275	329	379	160	*	*	*	*	65
64	*	*	*	*	*	*	*	*	*	243	292	349	403	171	*	*	*	*	64
63	*	*	*	*	*	*	*	*	*	266	320	383	163	*	*	*	*	*	63
62	*	*	*	*	*	*	*	*	*	284	341	408	175	*	*	*	*	*	62
61	*	*	*	*	*	*	*	*	*	307	369	166	*	*	*	*	*	*	61
60	*	*	*	*	*	*	*	*	258	330	397	179	*	*	*	*	*	*	60
59	*	*	*	*	*	*	*	*	281	360	432	196	*	*	*	*	*	*	59
58	*	*	*	*	*	*	*	263	301	385	177	*	*	*	*	*	*	*	58
57	*	*	*	*	*	*	*	284	325	416	191	*	*	*	*	*	*	*	57
56	*	*	*	*	*	*	*	*	304	347	172	*	*	*	*	*	*	*	56
55	*	*	*	*	*	*	297	334	381	190	*	*	*	*	*	*	*	*	55
54	*	*	*	*	*	*	*	***	***	***	*	*	*	*	*	*	*	*	54
53	*	*	*	*	*	*	*	349	393	176	*	*	*	*	*	*	*	*	53
52	*	*	*	*	*	*	*	367	414	*	*	*	*	*	*	*	*	*	52
51	*	*	*	*	*	*	302	406	***	*	*	*	*	*	*	*	*	*	51
50	*	*	*	*	*	331	445	200	*	*	*	*	*	*	*	*	*	*	50
49	*	*	*	*	*	366	491	*	*	*	*	*	*	*	*	*	*	*	49
48	*	*	*	*	308	402	217	*	*	*	*	*	*	*	*	*	*	*	48
47	*	*	*	*	340	441	*	*	*	*	*	*	*	*	*	*	*	*	47
46	*	*	*	*	373	485	*	*	*	*	*	*	*	*	*	*	*	*	46
45	*	*	*	*	418	222	*	*	*	*	*	*	*	*	*	*	*	*	45
44	*	*	*	321	460	*	*	*	*	*	*	*	*	*	*	*	*	*	44
43	*	*	*	***	***	*	*	*	*	*	*	*	*	*	*	*	*	*	43
42	*	*	*	394	*	*	*	*	*	*	*	*	*	*	*	*	*	*	42
41	*	*	325	438	*	*	*	*	*	*	*	*	*	*	*	*	*	*	41
40	*	*	354	*	*	*	*	*	*	*	*	*	*	*	*	*	*	*	40
39	*	*	391	*	*	*	*	*	*	*	*	*	*	*	*	*	*	158	39
38	*	*	*	*	*	*	*	*	*	*	*	*	*	*	*	*	163	194	38
37	*	367	*	*	*	*	*	*	*	*	*	*	*	*	*	174	190	225	37
36	*	*	*	*	*	*	*	*	*	*	*	*	*	*	173	200	219	259	36
35	*	*	*	*	*	*	*	*	*	*	*	*	*	184	206	239	261	308	35
34	382	*	*	*	*	*	*	*	*	*	*	*	*	211	237	275	302	356	34
33	*	*	*	*	*	*	*	*	*	*	*	*	218	254	284	329	359	425	33
32	*	*	*	*	*	*	*	*	*	*	*	224	254	297	333	384	422	498	32
31	*	*	*	*	*	*	*	*	*	*	222	267	303	354	396	458	501	592	31
30	*	*	*	*	*	*	*	*	*	214	255	304	346	403	452	522	571	64	30
29	*	*	*	*	*	*	*	*	*	249	296	353	401	467	525	605	62	*	29
28	*	*	*	*	*	*	*	*	241	306	363	434	495	576	646	70	*	*	28
27	*	*	*	*	*	*	*	234	272	346	410	490	558	649	68	*	*	*	27
26	*	*	*	*	*	*	*	281	324	412	490	584	665	73	*	*	*	*	26
25	*	*	*	*	*	*	289	324	374	476	566	675	72	*	*	*	*	*	25
24	*	*	*	*	*	268	347	390	449	572	678	75	*	*	*	*	*	*	24
23	*	*	*	*	*	311	402	451	513	661	73	*	*	*	*	*	*	*	23
22	*	*	*	*	292	378	488	549	631	804	*	*	*	*	*	*	*	*	22
21	*	*	*	*	352	455	586	660	758	*	*	*	*	*	*	*	*	*	21
20	*	*	*	368	450	579	752	843	*	*	*	*	*	*	*	*	*	*	20
19	*	*	323	431	527	682	878	*	*	*	*	*	*	*	*	*	*	*	19
18	*	*	362	483	590	763	*	*	*	*	*	*	*	*	*	*	*	*	18
17	*	368	467	624	760	*	*	*	*	*	*	*	*	*	*	*	*	*	17
16	344	471	597	797	*	*	*	*	*	*	*	*	*	*	*	*	*	*	16
15	414	566	716	*	*	*	*	*	*	*	*	*	*	*	*	*	*	*	15
14	535	731	*	*	*	*	*	*	*	*	*	*	*	*	*	*	*	*	14
13	657	*	*	*	*	*	*	*	*	*	*	*	*	*	*	*	*	*	13
12	*	*	*	*	*	*	*	*	*	*	*	*	*	*	*	*	*	*	12
	12	13	14	15	16	17	18	19	20	21	22	23	24	25	26	27	28	29	

Table 1b

Z_B	Z_A (K_α line measured)				Z_A (L_α line measured)														Z_B
	30	31	32	33	34	35	36	37	38	39	40	41	42	43	44	45	46	47	
83	271	315	103	109	.	.	.	.	.	.	.	.	.	.	.	.	.	.	83
82	282	330	108	114	.	.	.	.	.	.	.	.	.	.	.	.	.	.	82
81	295	109	115	121	.	.	.	.	.	.	.	.	.	.	.	.	.	.	81
80	312	116	123	.	.	.	.	.	.	.	.	.	.	.	.	.	.	.	80
79	312	123	130	.	.	.	.	.	.	.	.	.	.	.	.	.	.	.	79
78	111	129	.	.	.	.	.	.	.	.	.	.	.	.	.	.	.	.	78
77	118	138	.	.	.	.	.	.	.	.	.	.	.	.	.	.	.	.	77
76	124	.	.	.	.	.	.	.	.	.	.	.	.	.	.	.	.	.	76
75	133	.	.	.	.	.	.	.	.	.	.	.	.	.	.	.	.	.	75
74	.	.	.	.	.	.	.	.	.	.	.	.	.	.	.	.	.	.	74
73	.	.	.	.	.	.	.	.	.	.	.	.	.	.	.	.	.	.	73
72	.	.	.	.	.	.	.	.	.	.	.	.	.	.	.	.	.	.	72
71	.	.	.	.	.	.	.	.	.	.	.	.	.	.	.	.	.	.	71
70	.	.	.	.	.	.	.	.	.	.	.	.	.	.	.	.	.	.	70
69	.	.	.	.	.	.	.	.	.	.	.	.	.	.	.	.	.	.	69
68	.	.	.	.	.	.	.	.	.	.	.	.	.	.	.	.	.	.	68
67	.	.	.	.	.	.	.	.	.	.	.	.	.	.	.	.	.	.	67
66	.	.	.	.	.	.	.	.	.	.	.	.	.	.	.	.	.	.	66
65	.	.	.	.	.	.	.	.	.	.	.	.	.	.	.	.	.	.	65
64	.	.	.	.	.	.	.	.	.	.	.	.	.	.	.	.	.	.	64
63	.	.	.	.	.	.	.	.	.	.	.	.	.	.	.	.	.	.	63
62	.	.	.	.	.	.	.	.	.	.	.	.	.	.	.	.	.	.	62
61	.	.	.	.	.	.	.	.	.	.	.	.	.	.	.	.	.	.	61
60	.	.	.	.	.	.	.	.	.	.	.	.	.	.	.	.	.	.	60
59	.	.	.	.	.	.	.	.	.	.	.	.	.	.	.	.	.	.	59
58	.	.	.	.	.	.	.	.	.	.	.	.	.	.	.	.	.	.	58
57	.	.	.	.	.	.	.	.	.	.	.	.	.	.	.	.	.	294	57
56	.	.	.	.	.	.	.	.	.	.	.	.	.	.	.	.	.	314	56
55	.	.	.	.	.	.	.	.	.	.	.	.	.	.	.	.	325	344	55
54	.	.	.	.	.	.	.	.	.	.	.	.	.	.	.	***	***	***	54
53	.	.	.	.	.	.	.	.	.	.	.	.	.	.	325	351	381	403	53
52	.	.	.	.	.	.	.	.	.	.	.	.	.	***	342	369	401	394	52
51	.	.	.	.	.	.	.	.	.	.	.	.	.	***	377	407	410	435	51
50	.	.	.	.	.	.	.	.	.	.	.	.	346	***	413	446	449	430	50
49	.	.	.	.	.	.	.	.	.	.	.	354	382	***	455	454	447	166	49
48	.	.	.	.	.	.	.	.	.	.	.	386	416	***	458	447	171	.	48
47	.	.	.	.	.	.	.	.	.	.	390	426	459	***	470	207	.	.	47
46	.	.	.	.	.	.	.	.	.	366	428	467	463	***	474	.	.	.	46
45	.	.	.	.	.	.	.	.	399	434	478	480	481	***	.	.	.	.	45
44	.	.	.	.	.	.	.	.	438	477	526	491	511	.	.	.	.	.	44
43	.	.	.	***	***	.	.	***	***	***	***	***	***	.	.	.	.	.	43
42	.	.	***	***	***	.	.	485	535	535	526	211	.	.	.	.	.	.	42
41	.	***	***	***	***	.	***	537	545	550	213	.	.	.	.	.	.	.	41
40	***	***	***	***	***	461	***	536	551	211	.	.	.	.	.	.	.	.	40
39	188	221	247	275	457	507	***	546	.	.	.	.	.	.	.	.	.	.	39
38	217	251	283	314	489	543	***	568	.	.	.	.	.	.	.	.	.	.	38
37	253	292	329	366	548	518	***	.	.	.	.	.	.	.	.	.	.	.	37
36	290	338	378	422	***	.	.	.	.	.	.	.	.	.	.	.	.	.	36
35	345	399	450	500	570	.	.	.	.	.	.	.	.	.	.	.	.	.	35
34	396	459	517	60	.	.	.	.	.	.	.	.	.	.	.	.	.	.	34
33	474	550	63	.	.	.	.	.	.	.	.	.	.	.	.	.	.	.	33
32	555	63	.	.	.	.	.	.	.	.	.	.	.	.	.	.	.	.	32
31	64	.	.	.	.	.	.	.	.	.	.	.	.	.	.	.	.	.	31
30	.	.	.	.	.	.	.	.	.	.	.	.	.	.	.	.	.	.	30
29	.	.	.	.	.	.	.	.	.	.	.	.	.	.	.	.	.	.	29
28	.	.	.	.	.	.	.	.	.	.	.	.	.	.	.	.	.	.	28
27	.	.	.	.	.	.	.	.	.	.	.	.	.	.	.	.	.	.	27
26	.	.	.	.	.	.	.	.	.	.	.	.	.	.	.	.	283	295	26
25	.	.	.	.	.	.	.	.	.	.	.	.	.	.	.	307	326	340	25
24	.	.	.	.	.	.	.	.	.	.	.	.	.	.	347	367	391	407	24
23	.	.	.	.	.	.	.	.	.	.	.	.	335	***	400	424	451	470	23
22	.	.	.	.	.	.	.	.	.	.	341	376	406	***	485	514	546	569	22
21	.	.	.	.	.	.	.	.	397	435	409	450	487	***	561	616	654	681	21
20	.	.	.	.	.	.	.	464	506	561	522	574	620	***	740	784	833	770	20
19	.	.	.	.	.	445	***	542	591	647	609	670	723	***	863	802	797	78	19
18	.	.	.	.	433	496	***	605	659	722	680	748	806	***	782	67	68	.	18
17	.	.	.	.	556	637	***	776	846	927	872	833	836	***	.	.	.	.	17
16	.	.	.	.	707	812	***	988	1075	1013	946	.	.	.	.	.	.	.	16
15	.	.	.	.	844	967	***	1005	1094	.	.	.	.	.	.	.	.	.	15
14	.	.	.	.	1081	1359	***	.	.	.	.	.	.	.	.	.	.	.	14
13	.	.	.	.	1121	.	.	.	.	.	.	.	.	.	.	.	.	.	13
12	.	.	.	.	.	.	.	.	.	.	.	.	.	.	.	.	.	.	12
	30	31	32	33	34	35	36	37	38	39	40	41	42	43	44	45	46	47	

With these simplifications, all cases of fluorescence excitation are presented in Table 1, which lists all combinations of elements A and B examined. All those AB pairs for which a fluorescence cor-

Table 1c

Z_A ($L\alpha$ line measured)

Z_B	48	49	50	51	52	53	54	55	56	57	58	59	60	61	62	63	64	65	Z_B
83	·	·	·	·	·	·	·	·	·	·	·	·	·	·	·	·	·	·	83
82	·	·	·	·	·	·	·	·	·	·	·	·	·	·	·	·	·	·	82
81	·	·	·	·	·	·	·	·	·	·	·	·	·	·	·	·	·	·	81
80	·	·	·	·	·	·	·	·	·	·	·	·	·	·	·	·	·	225	80
79	·	·	·	·	·	·	·	·	·	·	·	·	·	·	·	·	225	236	79
78	·	·	·	·	·	·	·	·	·	·	·	·	·	·	·	218	235	246	78
77	·	·	·	·	·	·	·	·	·	·	·	·	·	·	·	228	247	258	77
76	·	·	·	·	·	·	·	·	·	·	·	·	·	·	227	238	257	269	76
75	·	·	·	·	·	·	·	·	·	·	·	·	·	228	242	253	273	268	75
74	·	·	·	·	·	·	·	·	·	·	·	·	224	239	252	265	•••	280	74
73	·	·	·	·	·	·	·	·	·	·	·	·	237	252	266	279	283	284	73
72	·	·	·	·	·	·	·	·	·	·	·	233	249	265	280	276	286	299	72
71	·	·	·	·	·	·	·	·	·	·	237	248	265	282	279	297	304	300	71
70	·	·	·	·	·	·	·	·	·	235	245	261	279	280	294	297	321	116	70
69	·	·	·	·	·	·	·	·	243	252	262	280	299	299	303	318	119	126	69
68	·	·	·	·	·	·	·	·	254	266	276	295	296	323	320	117	108	120	68
67	·	·	·	·	·	·	·	248	269	282	293	295	302	322	•••	116	123	122	67
66	·	·	·	·	·	·	•••	265	287	320	299	314	322	307	109	116	·	·	66
65	·	·	·	·	·	263	•••	284	308	303	321	324	326	112	120	·	·	·	65
64	·	·	·	·	·	283	•••	301	327	322	328	325	112	121	·	·	·	·	64
63	·	·	·	·	276	327	•••	334	337	339	339	139	125	·	·	·	·	·	63
62	·	·	·	269	294	327	•••	331	364	341	139	126	·	·	·	·	·	·	62
61	·	·	271	290	318	353	•••	356	356	146	144	·	·	·	·	·	·	·	61
60	·	·	291	347	347	379	•••	•••	148	134	·	·	·	·	·	·	·	·	60
59	·	295	317	339	372	378	•••	370	140	·	·	·	·	·	·	·	·	·	59
58	294	316	339	362	374	390	•••	137	·	·	·	·	·	·	·	·	·	·	58
57	317	340	365	369	404	391	•••	151	·	·	·	·	·	·	·	·	·	·	57
56	338	363	392	393	394	142	•••	·	·	·	·	·	·	·	·	·	·	·	56
55	371	398	434	393	•••	159	·	·	·	·	·	·	·	·	·	·	·	·	55
54	•••	•••	•••	•••	•••	·	·	·	·	·	·	·	·	·	·	·	·	·	54
53	436	•••	413	163	·	·	·	·	·	·	·	·	·	·	·	·	·	·	53
52	427	419	161	·	·	·	·	·	·	·	·	·	·	·	·	·	·	·	52
51	428	165	·	·	·	·	·	·	·	·	·	·	·	·	·	·	·	·	51
50	165	·	·	·	·	·	·	·	·	·	·	·	·	·	·	·	·	·	50
49	·	·	·	·	·	·	·	·	·	·	·	·	·	·	·	·	·	·	49
48	·	·	·	·	·	·	·	·	·	·	·	·	·	·	·	·	·	·	48
47	·	·	·	·	·	·	·	·	·	·	·	·	·	·	·	·	·	·	47
46	·	·	·	·	·	·	·	·	·	·	·	·	·	·	·	·	·	·	46
45	·	·	·	·	·	·	·	·	·	·	·	·	·	·	·	·	·	·	45
44	·	·	·	·	·	·	·	·	·	·	·	·	·	·	·	·	·	·	44
43	·	·	·	·	·	·	·	·	·	·	·	·	·	·	·	·	·	·	43
42	·	·	·	·	·	·	·	·	·	·	·	·	·	·	·	·	·	·	42
41	·	·	·	·	·	·	·	·	·	·	·	·	·	·	·	·	·	·	41
40	·	·	·	·	·	·	·	·	·	·	·	·	·	·	·	·	·	·	40
39	·	·	·	·	·	·	·	·	·	·	·	·	·	·	·	·	·	·	39
38	·	·	·	·	·	·	·	·	·	·	·	·	·	·	·	·	·	·	38
37	·	·	·	·	·	·	·	·	·	·	·	·	·	·	·	·	·	·	37
36	·	·	·	·	·	·	·	·	·	·	·	·	177	187	·	·	·	·	36
35	·	·	·	·	·	·	·	·	·	·	·	185	195	211	222	·	·	·	35
34	·	·	·	·	·	·	·	·	·	·	188	201	213	223	241	255	·	·	34
33	·	·	·	·	·	·	·	·	·	203	211	229	240	253	266	288	304	·	33
32	·	·	·	·	·	·	·	·	214	223	237	247	262	280	296	312	335	355	32
31	·	·	·	·	·	·	·	236	254	265	280	293	311	332	351	368	398	420	31
30	·	·	·	·	·	251	•••	268	299	322	320	333	353	378	399	418	451	433	30
29	·	·	·	236	262	292	•••	311	335	349	370	386	409	437	462	439	474	469	29
28	·	·	273	290	322	359	•••	382	411	428	454	473	501	535	513	506	538	•••	28
27	270	286	308	327	362	404	•••	429	463	482	510	531	512	•••	535	56	57	60	27
26	321	340	367	389	432	461	•••	512	550	572	552	541	563	61	59	62	·	·	26
25	373	391	422	448	497	554	•••	587	577	•••	589	61	60	·	·	·	·	·	25
24	443	469	506	536	594	662	•••	640	641	66	65	·	·	·	·	·	·	·	24
23	511	540	583	617	•••	664	•••	68	68	·	·	·	·	·	·	·	·	·	23
22	619	654	706	682	704	73	•••	·	·	·	·	·	·	·	·	·	·	·	22
21	741	709	•••	74	77	·	·	·	·	·	·	·	·	·	·	·	·	·	21
20	787	80	82	·	·	·	·	·	·	·	·	·	·	·	·	·	·	·	20
19	80	·	·	·	·	·	·	·	·	·	·	·	·	·	·	·	·	·	19
18	·	·	·	·	·	·	·	·	·	·	·	·	·	·	·	·	·	·	18
17	·	·	·	·	·	·	·	·	·	·	·	·	·	·	·	·	·	·	17
16	·	·	·	·	·	·	·	·	·	·	·	·	·	·	·	·	·	·	16
15	·	·	·	·	·	·	·	·	·	·	·	·	·	·	·	·	·	·	15
14	·	·	·	·	·	·	·	·	·	·	·	·	·	·	·	·	·	·	14
13	·	·	·	·	·	·	·	·	·	·	·	·	·	·	·	·	·	·	13
12	·	·	·	·	·	·	·	·	·	·	·	·	·	·	·	·	·	·	12
Z_B	48	49	50	51	52	53	54	55	56	57	58	59	60	61	62	63	64	65	

rection has to be calculated are indexed by a number which is needed for the correction calculation and the meaning of which will be explained later. As a compromise between accuracy of the analysis and trouble in the correction calculations the table marks only those

Table 1 d

Z_A (L_α line measured)

Z_B	66	67	68	69	70	71	72	73	74	75	76	77	78	79	80	81	82	83	Z_B
83	.	217	230	242	255	248	262	263	277	291	111	100	92	95	100	103	.	.	83
82	217	227	239	252	266	258	261	274	288	288	100	92	96	100	103	.	.	.	82
81	226	237	249	262	259	258	273	286	286	101	93	98	101	105	.	.	.	.	81
80	239	250	263	260	278	273	286	302	101	94	100	104	107	.	.	.	.	.	80
79	251	263	269	273	276	287	302	103	91	101	106	110	.	.	.	.	.	.	79
78	261	274	286	272	287	299	103	90	101	106	106	.	.	.	.	.	.	.	78
77	274	269	272	286	301	102	***	102	107	107	.	.	.	.	.	.	.	.	77
76	269	***	284	299	103	110	102	107	107	.	.	.	.	.	.	.	.	.	76
75	289	286	300	***	113	99	109	109	.	.	.	.	.	.	.	.	.	.	75
74	286	299	281	113	106	109	110	.	.	.	.	.	.	.	.	.	.	.	74
73	302	299	114	101	112	111	.	.	.	.	.	.	.	.	.	.	.	.	73
72	284	116	102	113	113	.	.	.	.	.	.	.	.	.	.	.	.	.	72
71	119	105	115	115	.	.	.	.	.	.	.	.	.	.	.	.	.	.	71
70	106	117	117	.	.	.	.	.	.	.	.	.	.	.	.	.	.	.	70
69	120	120	.	.	.	.	.	.	.	.	.	.	.	.	.	.	.	.	69
68	.	.	.	.	.	.	.	.	.	.	.	.	.	.	.	.	.	.	68
67	.	.	.	.	.	.	.	.	.	.	.	.	.	.	.	.	.	.	67
66	.	.	.	.	.	.	.	.	.	.	.	.	.	.	.	.	.	.	66
65	.	.	.	.	.	.	.	.	.	.	.	.	.	.	.	.	.	.	65
64	.	.	.	.	.	.	.	.	.	.	.	.	.	.	.	.	.	.	64
63	.	.	.	.	.	.	.	.	.	.	.	.	.	.	.	.	.	.	63
62	.	.	.	.	.	.	.	.	.	.	.	.	.	.	.	.	.	.	62
61	.	.	.	.	.	.	.	.	.	.	.	.	.	.	.	.	.	.	61
60	.	.	.	.	.	.	.	.	.	.	.	.	.	.	.	.	.	.	60
59	.	.	.	.	.	.	.	.	.	.	.	.	.	.	.	.	.	.	59
58	.	.	.	.	.	.	.	.	.	.	.	.	.	.	.	.	.	.	58
57	.	.	.	.	.	.	.	.	.	.	.	.	.	.	.	.	.	.	57
56	.	.	.	.	.	.	.	.	.	.	.	.	.	.	.	.	.	.	56
55	.	.	.	.	.	.	.	.	.	.	.	.	.	.	.	.	.	.	55
54	.	.	.	.	.	.	.	.	.	.	.	.	.	.	.	.	.	.	54
53	.	.	.	.	.	.	.	.	.	.	.	.	.	.	.	.	.	.	53
52	.	.	.	.	.	.	.	.	.	.	.	.	.	.	.	.	.	.	52
51	.	.	.	.	.	.	.	.	.	.	.	.	.	.	.	.	.	.	51
50	.	.	.	.	.	.	.	.	.	.	.	.	.	.	.	.	.	.	50
49	.	.	.	.	.	.	.	.	.	.	.	.	.	.	.	.	.	.	49
48	.	.	.	.	.	.	.	.	.	.	.	.	.	.	.	.	.	.	48
47	.	.	.	.	.	.	.	.	.	.	.	.	.	.	.	.	.	.	47
46	.	.	.	.	.	.	.	.	.	.	.	.	.	.	.	.	.	.	46
45	.	.	.	.	.	.	.	.	.	.	.	.	.	.	.	.	***	***	45
44	.	.	.	.	.	.	.	.	.	.	.	.	.	.	***	***	***	***	44
43	.	.	.	.	.	.	.	.	.	.	.	.	***	***	***	***	***	***	43
42	.	.	.	.	.	.	.	.	.	.	***	***	***	***	***	***	***	***	42
41	.	.	.	.	.	.	.	.	***	***	***	***	***	***	***	***	***	***	41
40	.	.	.	.	.	.	***	***	***	***	***	***	***	***	***	***	***	***	40
39	.	.	.	.	168	177	190	203	219	235	250	266	281	311	336	300	298	318	39
38	.	.	169	179	191	201	216	232	250	266	284	301	326	294	295	314	335	346	38
37	154	183	196	208	221	231	251	***	290	309	329	302	319	319	342	355	375	45	37
36	176	211	225	238	254	268	288	308	330	353	330	321	339	354	373	45	47	50	36
35	209	250	267	283	300	318	341	365	354	349	365	371	390	45	48	51	54	.	35
34	240	287	305	324	344	365	353	378	380	***	409	198	46	49	53	.	.	.	34
33	287	342	364	386	411	393	394	420	444	***	49	51	53	.	.	.	.	.	33
32	333	398	423	409	405	427	451	***	51	54	56	.	.	.	.	.	.	.	32
31	395	428	426	449	472	***	52	55	59	.	.	.	.	.	.	.	.	.	31
30	***	456	477	***	51	54	57	.	.	.	.	.	.	.	.	.	.	.	30
29	435	***	52	55	.	.	.	.	.	.	.	.	.	.	.	.	.	.	29
28	50	59	.	.	.	.	.	.	.	.	.	.	.	.	.	.	.	.	28
27	.	.	.	.	.	.	.	.	.	.	.	.	.	.	.	.	.	.	27
26	.	.	.	.	.	.	.	.	.	.	.	.	.	.	.	.	.	.	26
25	.	.	.	.	.	.	.	.	.	.	.	.	.	.	.	.	.	.	25
24	.	.	.	.	.	.	.	.	.	.	.	.	.	.	.	.	.	.	24
23	.	.	.	.	.	.	.	.	.	.	.	.	.	.	.	.	.	.	23
22	.	.	.	.	.	.	.	.	.	.	.	.	.	.	.	.	.	.	22
21	.	.	.	.	.	.	.	.	.	.	.	.	.	.	.	.	.	.	21
20	.	.	.	.	.	.	.	.	.	.	.	.	.	.	.	.	.	.	20
19	.	.	.	.	.	.	.	.	.	.	.	.	.	.	.	.	.	.	19
18	.	.	.	.	.	.	.	.	.	.	.	.	.	.	.	.	.	.	18
17	.	.	.	.	.	.	.	.	.	.	.	.	.	.	.	.	.	.	17
16	.	.	.	.	.	.	.	.	.	.	.	.	.	.	.	.	.	.	16
15	.	.	.	.	.	.	.	.	.	.	.	.	.	.	.	.	.	.	15
14	.	.	.	.	.	.	.	.	.	.	.	.	.	.	.	.	.	.	14
13	.	.	.	.	.	.	.	.	.	.	.	.	.	.	.	.	.	.	13
12	.	.	.	.	.	.	.	.	.	.	.	.	.	.	.	.	.	.	12
	66	67	68	69	70	71	72	73	74	75	76	77	78	79	80	81	82	83	

AB pairs for which the fluorescence effect may exceed 3% under extreme conditions. Thus Table 1 has two aims: it shows whether the fluorescence correction is necessary at all, and if so, it gives a number which is needed for the correction calculation.

Calculation of the Fluorescence Correction Factor

In the following, the fluorescence correction will be calculated in a similar way as done by Castaing[1] and Reed[18] but with the distinctions mentioned in the introduction. Without loss of generality, we consider a specimen containing only two elements A and B; one series of B is assumed to be able to excite the measured A line. According to Castaing[1] this is taken into account by means of the correction factor

$$K_{\mathrm{Fl}} = 1 + \frac{J_{\mathrm{Fl\,A}}^{\mathrm{AB}}}{J_{\mathrm{A}}^{\mathrm{AB}}} \tag{2}$$

where $J_{\mathrm{A}}^{\mathrm{AB}}$ is the A intensity from a specimen AB due only to electron excitation; $J_{\mathrm{Fl\,A}}^{\mathrm{AB}}$ is the A intensity of the specimen AB excited only by the B radiation. These two intensities will now be calculated, beginning with $J_{\mathrm{Fl\,A}}^{\mathrm{AB}}$.

To evaluate $J_{\mathrm{Fl\,A}}^{\mathrm{AB}}$ we start with the consideration of the intensity $dJ_{\mathrm{Fl\,A}}^{\mathrm{AB}}$ generated in a volume element $d\tau_{\mathrm{A}}$ at a depth z' (Fig. 2). $dJ_{\mathrm{Fl\,A}}^{\mathrm{AB}}$ is excited only by an intensity $dJ_{\mathrm{B}}^{\mathrm{AB}}$ produced in another volume element $d\tau_{\mathrm{B}}$ at a depth z. For reasons of symmetry, $d\tau_{\mathrm{A}}$ is a ring in

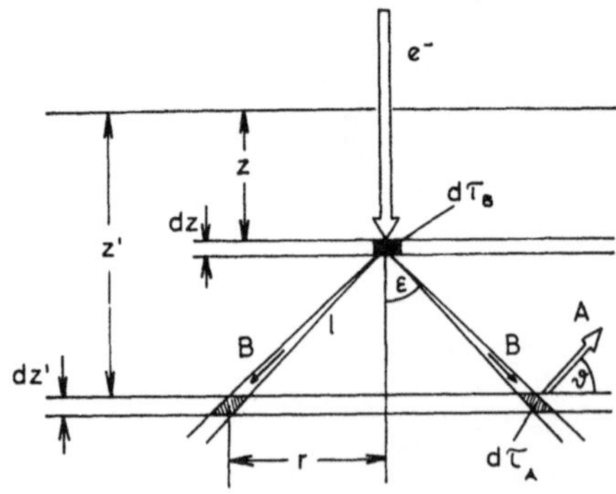

Fig. 2. Geometrical illustration of the fluorescence excitation; the A radiation is excited in a volume $d\tau_A$ by B radiation produced in a volume $d\tau_B$; ϑ is the take-off angle of the spectrometer

a layer at depth z' with thickness dz'. Assuming this layer to be of infinite extension (the dimensions of the specimen are "infinite" compared with the excited volume) we can consider the B intensity produced along the entire layer at depth z to be concentrated in the volume element $d\tau_{\mathrm{B}}$. The B intensity generated in $d\tau_{\mathrm{B}}$ is given[19] by the absolute depth distribution ψ_B:

$$d J_B^{AB}(z) = \psi_B^{AB}(z)\, dz = F_B^{AB} \cdot \varphi_B^{AB}(z) \cdot c_B \cdot \frac{v \cdot N}{m_B}\, w_B \cdot \zeta_B \cdot dz \qquad (3)$$

A or B: referring to the radiation of element A or B;

AB: referring to the specimen AB;

ψ: absolute depth distribution;

φ: relative (normalized) depth distribution;

F: normalization factor of ψ;

c: weight concentration;

v: Avogadro's number;

m: atomic weight;

N: beam flux, electrons per second;

w: fluorescence yield;

ζ_B: intensity of the exciting B lines as a fraction of the intensity of the whole B series;

z, z':   mass depth, density times geometrical depth.

This intensity is emitted isotropically. Thus in a small solid angle $d\Omega$

$$d^2 J_B^{AB}(z, \Omega) = \psi_B^{AB}(z)\, dz \cdot \frac{d\Omega}{4\pi} \qquad (4)$$

The B radiation is partially absorbed in the specimen within the distance l between $d\tau_B$ and $d\tau_A$. Hence

$$d^2 J_B^{AB}(z, \Omega, l) = \psi_B^{AB}(z)\, dz \cdot \frac{d\Omega}{4\pi} \cdot e^{-\mu_B^{AB} \cdot l} \qquad (5)$$

μ_B^{AB}:   mass absorption coefficient of the B radiation in the specimen AB.

This is the B radiation from $d\tau_B$ which is available in $d\tau_A$ for excitation. We need now to calculate the resulting A intensity. Only that part of the B radiation can excite the A radiation which is absorbed along ds in $d\tau_A$ by the A atoms. According to Fig. 2 we have

$$ds = \frac{d z'}{\cos \varepsilon} \qquad (6)$$

The intensity absorbed is in general

$$J_{abs} = J_{in} - J_{out} = J_{in} - J_{in} \cdot e^{-\mu_B^{AB} \cdot ds} \qquad (7)$$

Since ds is small, the exponential function can be approximated by $1-\mu_B^{AB}\cdot ds$. Thus, taking Eqs. (6) and (7), we have

$$J_{abs}=J_{in}\cdot\mu_B^{AB}\frac{dz'}{\cos\varepsilon} \tag{8}$$

The absorption coefficient μ_B^{AB} can be written as

$$\mu_B^{AB}=c_A\cdot\mu_B^A+c_B\cdot\mu_B^B \tag{9}$$

Thus the absorption is resolvable into two parts, that from A and that from B. Hence from Eqs. (8) and (9) it follows that

$$J_{abs}=J_{in}\cdot(c_A\cdot\mu_B^A+c_B\cdot\mu_B^B)\cdot\frac{dz'}{\cos\varepsilon} \tag{10}$$

The intensity absorbed in $d\tau_A$ by A atoms now is given by

$$d^3 J_{abs\,A}=d^2\,J_B^{AB}\,(z,\,\Omega,\,l)\cdot c_A\cdot\mu_B^A\cdot\frac{dz'}{\cos\varepsilon} \tag{11}$$

This intensity absorbed by A is equal to the number of ionizations of A per second and these ionizations are responsible for the X-ray production from A. Only part of these ionizations is due to the A edge giving rise to the line investigated. This part is given[20] by

$$q=\frac{r-1}{r} \tag{12}$$

where r is the ratio of the upper and lower mass absorption coefficients near the A absorption edge.

Only that portion of the A edge ionizations which is given by the fluorescence yield w_A, produces X-ray transitions, and of these only a fraction ζ_A [definition: see Eq. (3)] contributes to the intensity of the investigated A line. Finally, taking into account the absorption of the A line in the specimen (see Fig. 2) and a wavelength-dependent equipment factor $E(\lambda)$, we get the A intensity from $d\tau_A$ due to B excitation from $d\tau_B$:

$$d^3 J_{Fl\,A}^{AB}=F_B^{AB}\cdot\varphi_B^{AB}\,(z)\cdot c_B\,\frac{v\cdot N}{m_B}\cdot w_B\cdot\zeta_B\cdot dz\cdot\frac{d\Omega}{4\pi}\cdot e^{-\mu_B^{AB}\cdot l}\cdot$$
$$\cdot c_A\cdot\mu_B^A\cdot\frac{dz'}{\cos\varepsilon}\cdot\frac{r-1}{r}\cdot w_A\cdot\zeta_A\cdot e^{-\mu_A^{AB}\cdot z'\cdot\cosec\,\Theta}\cdot E\,(\lambda) \tag{13}$$

In order to calculate the whole fluorescence intensity, Eq. (13) must be integrated with respect to Ω, z' and z. To do that, the depth distribution developed in the wedge-specimen technique is used[12, 13]:

$$\varphi_B^{AB}(z) = a_B \cdot n \cdot (a_B \cdot z)^{n-1} \cdot e^{-(a_B \cdot z)^n} \tag{14}$$

$$a_B = \left(\frac{34 - 0.7\,U_{eB} + \dfrac{36}{5 + U_{eB}^2}}{U - U_{eB}} \right)^{1.5 - \frac{U_{eB}}{27}} \tag{15}$$

$$n = \frac{205 - Z_{AB}}{113} \tag{16}$$

U and U_{eB} are the beam voltage and the excitation voltage of the element B, in kV. Z_{AB} is the mean atomic number of the specimen AB given[21] by

$$Z_{AB} = \sqrt{c_A^* \cdot Z_A^2 + c_B^* \cdot Z_B^2} \tag{17}$$

c^*: atomic concentration.

F_B^{AB} is also part of the depth distribution[12, 13]. Since F_B^{AB} does not depend on the depth coordinate it will be discussed later.

The integration is complicated and will be outlined here only very briefly. First we integrated with respect to Ω, substituting Ω by r (see Fig. 2).

$$d\Omega = \frac{(z' - z) \cdot r \cdot dr}{2 \cdot [(z' - z)^2 + r^2]^{3/2}} \tag{18}$$

This integration could be done exactly. In the integration on z' which followed, some distinctions of cases were necessary; in all cases, however, the integration could be carried out exactly. The third integration on z was done numerically with the help of the Romberg method[22]. The complete integral, abbreviated by I in the following, is given by a computer program in Fortran IV. For a calculation of I, the following data are needed: beam voltage, excitation voltages, atomic numbers, atomic weights, concentrations, and absorption coefficients of all elements in the specimen. Hence the fluorescence intensity to be measured is:

$$J_{Fl\,A}^{AB} = E(\lambda_A) \cdot c_A \cdot \mu_B^A \cdot \frac{r-1}{r} \cdot w_A \cdot \zeta_A \cdot$$

$$\cdot c_B \cdot \frac{v \cdot N}{m_B} \cdot w_B \cdot \zeta_B \cdot F_B^{AB} \cdot I\,(U, U_e, Z, m, c, \mu) \tag{19}$$

and the first intensity term of Eq. (2) is calculated.

We then calculated J_A^{AB}, the second intensity term in Eq. (2). In a way equivalent to Eq. (3) we obtained for the A intensity produced in the depth z in an AB specimen

$$dJ_A^{AB}(z) = F_A^{AB} \cdot \varphi_A^{AB}(z) \cdot c_A \cdot \frac{v \cdot N}{m_A} \cdot w_A \cdot \zeta_A \cdot dz \qquad (20)$$

Taking into consideration the absorption effect and the equipment factor, we obtained, after integration,

$$J_A^{AB} = E(\lambda_A) \cdot c_A \cdot \frac{v \cdot N}{m_A} \cdot w_A \cdot \zeta_A \cdot F_A^{AB} \cdot f_A^{AB}(\chi) \qquad (21)$$

The quantity $f_A^{AB}(\chi)$ takes into account the absorption of the A line in the AB specimen[12, 13]; $\chi = \mu_A^{AB}/\sin\Theta$. From Eqs. (2), (19) and (21) the total correction factor can be written as

$$K_{Fl} = 1 + c_B \cdot I \cdot \frac{1}{f_A^{AB}(\chi)} \cdot \frac{m_A}{m_B} \cdot \frac{F_B^{AB}}{F_A^{AB}} \cdot w_B \cdot \zeta_B \cdot \mu_B^{A} \cdot \frac{r-1}{r} \qquad (22)$$

This equation holds generally for the fluorescence excitation of an $A\,K_\alpha$ or $A\,L_\alpha$ line by $B\,K$, $B\,L$, or $B\,M$ lines. The individual terms can be interpreted as follows:

$\dfrac{I}{f_A^{AB}(\chi)}$ accounts for the geometrical situation in the specimen with respect to the excitation and absorption of the X-rays;

$\mu_B^{A}\dfrac{r-1}{r}$ takes into account the energy resonance of the B line with the A edge;

$\dfrac{F_B^{AB}}{F_A^{AB}} \cdot w_B \cdot \zeta_B$ describes the influence of the intensity ratio of the exciting B lines and the excited A line.

The Intensity Ratios of Lines from Different Series

As pointed out by Heinrich[23], insufficient information on the ratios between the A and B intensities may be a main factor of uncertainty in the correction calculation if these two radiations belong to different series. Therefore the quantity in Eq. (22), corresponding to the intensity ratio, will now be investigated.

It is useful to discuss the quotient

$$Q\left(\frac{B}{A_\alpha}\right) = \frac{F_B^{AB} \cdot w_B \cdot \zeta_B}{F_A^{AB} \cdot w_A \cdot \zeta_{A_\alpha}} \qquad (23)$$

The argument $\dfrac{B}{A_\alpha}$ in brackets is meant to indicate that Q is the abbreviation for a quotient of two quantities $(F \cdot w \cdot \zeta)$ belonging to a B radiation (the B intensity is variable and is to be determined in each particular case) and an A_α line (only A_α lines are measured) respectively.

Some general remarks[19] concerning the term F are appropriate: F is proportional to the X-ray line intensity produced. It is a function of the beam voltage U, the excitation voltage U_e, the mean atomic number Z of the specimen, and the type of the series to which the investigated line belongs (for the dependence of the type of series on the ionization cross-section q, see Ref. 19).

As has been shown[12], $F(U, U_e, Z, q)$ can be written as a product of terms, one of which describes the total influence of Z. For a B line of an AB specimen we get

$$F_B^{AB}(U, U_{eB}, Z_{AB}, q) = \frac{G(U, U_{eB}, q)}{185 - Z_{AB}} \tag{24}$$

where G is a function which does not depend on Z. From Green and Cosslett[24] we obtain as further information the dependence of the intensity on U and U_e which was also found empirically:

$$J_B \sim \left(\frac{U}{U_{eB}} - 1\right)^{1.67} \tag{25}$$

Since J_B is proportional F_B, we have from Eq. (24):

$$F_B^{AB} = \frac{\left(\dfrac{U}{U_{eB}} - 1\right)^{1.67}}{185 - Z_{AB}} \cdot G'_B(q) \tag{26}$$

G' is another function independent of U, U_e and Z. Similar considerations apply to the influence of the element A. For an AB specimen we get from Eqs. (23) and (26):

$$Q\left(\frac{B}{A_\alpha}\right) = \frac{G'_B \cdot w_B \cdot \zeta_B}{G'_A \cdot w_A \cdot \zeta_{A_\alpha}} \cdot \left(\frac{\dfrac{U}{U_{eB}} - 1}{\dfrac{U}{U_{eA}} - 1}\right)^{1.67} \tag{27}$$

We consider now the following term, and how it can be obtained experimentally:

$$Q'\left(\frac{B}{A_\alpha}\right) = \frac{G'_B \cdot w_B \cdot \zeta_B}{G'_A \cdot w_A \cdot \zeta_{A_\alpha}} \tag{28}$$

(The abbreviation Q' has a meaning similar to that of Q.) As will be explained later it is not possible to obtain directly $Q'\left(\frac{B}{A_\alpha}\right)$ but only the quotient

$$Q'\left(\frac{C_\alpha}{A_\alpha}\right) = \frac{G'_C \cdot w_C \cdot \zeta_{C_\alpha}}{G'_A \cdot w_A \cdot \zeta_{A_\alpha}} \tag{29}$$

where C is a fictitious auxiliary element, subject to the following conditions: the $C\,\alpha$ line should have the same wavelength as the $A\,\alpha$ line but must belong to the same series as the exciting B lines. Since λ_B is close to the A edge (that means it is also close to $\lambda_A = \lambda_C$) the element C must also lie in the neighbourhood of B in the periodic system.

Following the explanation of the abbreviation Q' the measurable quotient $Q'\left(\frac{C_\alpha}{A_\alpha}\right)$ and the required quotient $Q'\left(\frac{B}{A_\alpha}\right)$ are related by the identity

$$Q'\left(\frac{B}{A_\alpha}\right) = Q'\left(\frac{B}{C_\alpha}\right) \cdot Q'\left(\frac{C_\alpha}{A_\alpha}\right) \tag{30}$$

Hence the comparison of the A and B intensities is divided into two steps. The quotient $Q'\left(\frac{B}{C_\alpha}\right)$ results from lines of different wavelength belonging to the same series, whereas the quotient $Q'\left(\frac{C_\alpha}{A_\alpha}\right)$ is due to two lines with the same wavelength but from different series.

Let us evaluate the first quotient $Q'\left(\frac{B}{C_\alpha}\right)$. As mentioned earlier, the elements B and C have similar atomic numbers. How does the quantity $G'(q)$ change for such elements? By comparison of the intensity measurements by Green and Cosslett[24] with the formalism of the wedge-specimen method [Eqs. (21) and (26)], it follows that $G'(q)$ changes very slowly over the periodic system and hence for our purpose we can write without loss of much accuracy

$$G'_C = G'_B. \tag{31}$$

The values of w and ζ are available from the literature and thus the first quotient

$$Q'\left(\frac{B}{C_\alpha}\right) = \frac{w_B \cdot \zeta_B}{w_C \cdot \zeta_{C_\alpha}} \tag{32}$$

is determined.

To evaluate the second quotient $Q'\left(\dfrac{C_\alpha}{A_\alpha}\right)$ we investigate the intensities for the elements A and C, using Eqs. (21), (26) and (28):

$$\frac{J^{C}_{C_\alpha}}{J^{A}_{A_\alpha}} = \frac{E\,(\lambda_{C_\alpha})}{E\,(\lambda_{A_\alpha})} \cdot \frac{m_A}{m_C} \cdot \frac{\dfrac{f_C\,(\chi)}{185-Z_C}}{\dfrac{f_A\,(\chi)}{185-Z_A}} \cdot \left(\frac{\dfrac{U}{U_{eC}}-1}{\dfrac{U}{U_{eA}}-1}\right)^{1.67} \cdot Q'\left(\frac{C_\alpha}{A_\alpha}\right) \qquad (33)$$

Now $Q'\left(\dfrac{C_\alpha}{A_\alpha}\right)$ can be calculated if $\dfrac{f\,(\chi)}{185-Z}$ has been determined[13] and if the values for m, U_e and U are inserted. Furthermore the equipment factor $E\,(\lambda)$ must be known. $E\,(\lambda)$ contains mainly the geometry of the spectrometer and the sensitivity of the analyser crystal and the counter. $E\,(\lambda)$ is generally not known and is very difficult to determine. However, the great advantage of introducing the auxiliary element C is that $E\,(\lambda)$ is no longer needed in this special case, since C and A have by definition the same wavelength of their α lines under consideration; $E\,(\lambda_{A_\alpha})$ is equal to $E\,(\lambda_{C_\alpha})$ and both cancel out in Eq. (33).

The condition of equal wavelength for the A and C lines has an important consequence for the application of Eq. (33). In order to calculate $Q'\left(\dfrac{C_\alpha}{A_\alpha}\right)$ one would generally choose two elements A and C with atomic numbers Z_A and Z_C, measure the intensities $J\,(Z_A)$ and $J\,(Z_C)$ at the wavelength $\lambda_A\,(=\lambda_C)$ and take from the literature all additionally needed values such as m, U and U_e for the atomic numbers Z_A and Z_C. However, since we have an important condition for the wavelength it is of advantage to regard the wavelength as the original independent parameter instead of the atomic numbers. Although this treatment is somewhat unusual, it does not introduce ambiguities, because the wavelengths of relevant lines and the atomic numbers are closely related by Moseley's law. This technique encounters a difficulty, however, as most elements are not available as a standard and only in rare exceptions do the wavelengths of the α lines lie close enough together. Therefore the determination of $Q'\left(\dfrac{C_\alpha}{A_\alpha}\right)$ was carried out in the following way.

(1) The intensities of the K_α, L_α and M_α lines of all available standards were measured with a 30 kV and 20 kV beam voltage and constant beam current. Plots of these intensities versus the wavelength are shown in Figs. 3a—3e; since these curves are smooth and continuous for any series and fixed apparatus conditions, it is supposed that the intensities not measured may be

obtained by interpolation. In Fig. 3*d* and 3*e* some points deviate strongly from the mean line; this is a consequence of the *K* edge of phosphorus in the ADP analyser crystal of the spectrometer. For this reason these curves were interpolated through this range for further calculations.

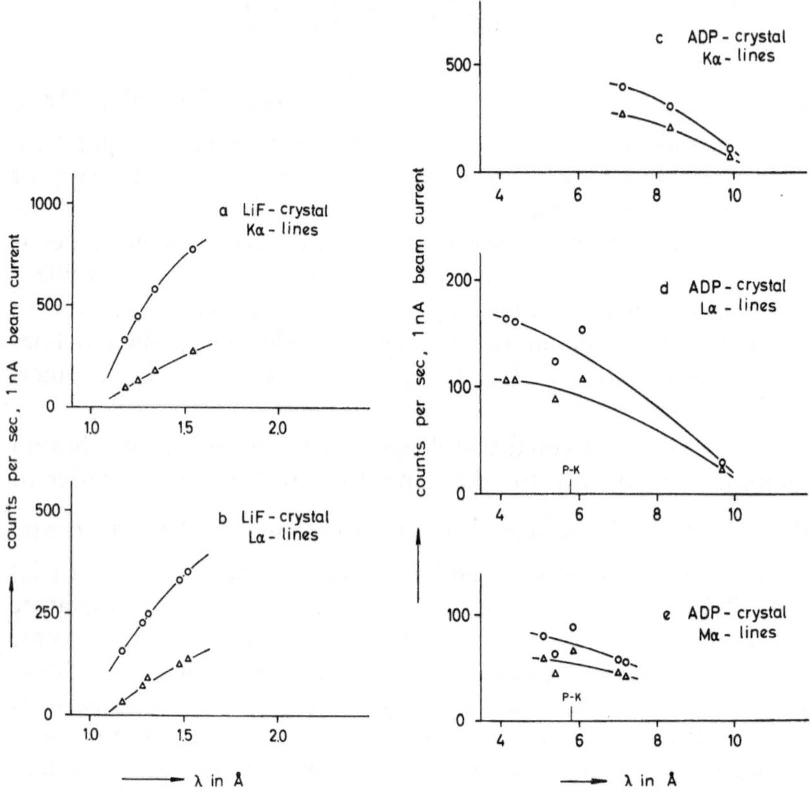

Fig. 3. Measured intensities of K_α, L_α, and M_α lines versus wavelength λ; beam voltage 20 kV ($\triangle$) and 30 kV ($\bigcirc$); the lines are the best fits to the measured values

(2) After choice of a suitable wavelength λ_0 the intensities $J_{A\alpha}(\lambda_0)$ and $J_{C\alpha}(\lambda_0)$ were obtained from Fig. 3. These intensities in general are not measured but interpolated values. Thus it is not to be expected that elements really exist which have their α lines at λ_0; i. e. the intensities $J_{A\alpha}(\lambda_0)$ and $J_{C\alpha}(\lambda_0)$ belong to imaginary elements which are only defined by the fact that they have α lines with the wavelength λ_0.

(3) Since according to Moseley's law there is a fixed connection between the wavelength and the atomic number we can now define the atomic numbers $Z_{A\alpha}(\lambda_0)$ and $Z_{C\alpha}(\lambda_0)$ with the help

of Fig. 4. $Z_{A\alpha}(\lambda_0)$ and $Z_{C\alpha}(\lambda_0)$ are the atomic numbers of two elements A and C which would have their α lines at λ_0 with intensities $J_{A\alpha}(\lambda_0)$ and $J_{C\alpha}(\lambda_0)$.

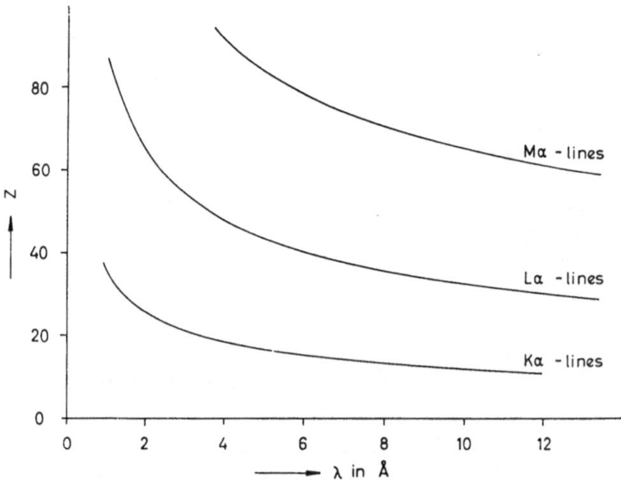

Fig. 4. Atomic number Z versus wavelength λ of the K_α, L_α, and M_α lines of the element Z

(4) The relation between atomic number and atomic weight is given by the periodic table. Thus the values of $m(Z_A)$ and $m(Z_C)$ corresponding to $Z_{A\alpha}(\lambda_0)$ and $Z_{C\alpha}(\lambda_0)$ can be determined.

(5) From Fig. 5, which shows the excitation voltage U_e versus the corresponding wavelengths of the α lines, we get $U_{eA}(\lambda_0)$ and $U_{eC}(\lambda_0)$ for the elements A and C.

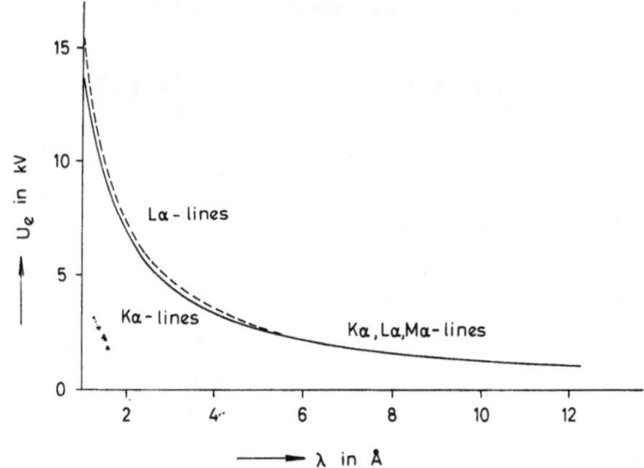

Fig. 5. Critical excitation voltages U_e of the K_α, L_α, and M_α lines versus wavelength λ of these lines (M_α curve only for $\lambda > 5$ Å)

(6) From Fig. 6, which shows the self-absorption coefficients versus the corresponding wavelengths of the α lines, we get $\mu^A_{A\alpha}(\lambda_0)$ and $\mu^C_{C\alpha}(\lambda_0)$ for the elements A and C.

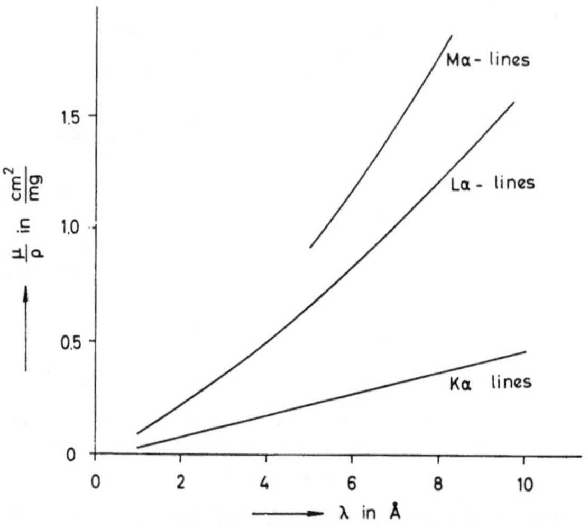

Fig. 6. Self-absorption coefficients μ/ϱ for the K_α, L_α, and M_α lines versus wavelength λ of these lines (from Heinrich[20])

By use of steps (1)—(6) and Eq. (33), $Q'\left(\dfrac{C_\alpha}{A_\alpha}\right)$ was determined for a number of values of λ_0 as shown in Table 2. The Q' values show a certain statistical scatter but obviously no systematic dependence on

Table 2. Experimental Values of Q'

λ_0	$Q'\left(\dfrac{C\,K_\alpha}{A\,L_\alpha}\right)$		$Q'\left(\dfrac{C\,L_\alpha}{A\,M_\alpha}\right)$	
[Å]	30 kV	20 kV	30 kV	20 kV
1.2	1.02	1.00		
1.4	1.02	0.96		
1.6	0.97	0.92		
5			1.12	1.02
6			1.03	0.99
7			0.99	0.98
7	0.97	1.06		
8	0.99	1.10		
9	1.00	1.15		

the beam voltage U or on the wavelength λ_0 is found. Hence from Table 2 we have as mean values:

$$Q'\left(\frac{C\,K_\alpha}{A\,L_\alpha}\right)=1 \qquad\qquad Q'\left(\frac{C\,L_\alpha}{A\,M_\alpha}\right)=1 \tag{34}$$

This extraordinarily simple result may give the impression that there is a fundamental connection between the intensities of the α lines of different series. Whether such a correlation exists was not investigated in more detail, and Eq. (34) is accepted here merely as an experimental result.

Using Eqs. (23), (27), (28), (30), (32) and (34) we get for the investigated intensity-controlling ratio

$$\frac{F_B^{AB}\cdot w_B\cdot\zeta_B}{F_A^{AB}\cdot w_A\cdot\zeta_{A\alpha}}=\left(\frac{\dfrac{U}{U_{eB}}-1}{\dfrac{U}{U_{eA}}-1}\right)^{1.67}\cdot\frac{w_B\cdot\zeta_B}{w_C\cdot\zeta_{C\alpha}} \tag{35}$$

We obtain now for the total fluorescence correction factor, from Eqs. (22) and (35):

$$K_{Fl}=1+\left[\,c_B\cdot I\cdot\frac{1}{f_A^{AB}(\chi)}\cdot\left(\frac{\dfrac{U}{U_{eB}}-1}{\dfrac{U}{U_{eA}}-1}\right)^{1.67}\right]\cdot$$

$$\cdot\left[\frac{m_A}{m_B}\cdot\mu_B^A\cdot\frac{r-1}{r}\cdot\frac{w_A\cdot w_B}{w_C}\cdot\frac{\zeta_{A\alpha}\cdot\zeta_B}{\zeta_{C\alpha}}\right] \tag{36}$$

The terms in Eq. (36) are separated into two brackets with the following aim. The first bracket contains mainly quantities depending on the special experimental conditions and on the specimen itself. This entity is always to be calculated in actual cases. The second bracket depends only on terms which are given by the AB pair under consideration, independent of concentrations or experimental data. Thus it is possible to calculate a fixed number valid for all cases of that AB combination. These are the numbers listed in Table 1, modified, however, as shown in following section.

The Influence of the Coster-Kronig Transitions

Since the term in the second bracket in Eq. (36) may be listed as a number, it is possible to introduce a further refinement which increases the accuracy of the correction without increasing the complexity of the correction procedure.

In the previous section the excitation of A lines was taken into account only as a consequence of the ionizations of the basic A level due to B radiation. If the measured A line is an L_α line, an additional ionization mechanism for the corresponding basic level L_{III} can be activated. This contribution is now considered.

Besides the L_{III} level the exciting B lines can also ionize the L_I and L_{II} levels. In this case radiationless transitions between the L levels are possible (Coster-Kronig transitions, see e. g. Ref. 25) which produce further ionizations in the L_{III} level and increase the A intensity due to fluorescence excitation. The additional ionizations of the L_{III} level depend on the ionization frequency of L_I and L_{II} (which is proportional to the partial mass-absorption coefficients at the edges) and on the probability of the Coster-Kronig transition.

From Eqs. (8) and (12) the absorbed intensity (i. e. the number of ionizations) at a single edge, e. g. a K edge, is generally given by

$$J_{\text{abs }K} \sim \mu_K = \left(1 - \frac{1}{r_K}\right) \cdot \mu_{\text{total}} \tag{37}$$

μ_K: partial absorption coefficient for the K edge;
r: see Eq. (12).

Equivalent relations are obtained for the three L edges if the exciting B line lies at shorter wavelength than all edges.

$$J_{\text{abs } L_I} \sim \mu_{L_I} = \left(1 - \frac{1}{r_I}\right) \cdot \mu_{\text{total}}$$

$$J_{\text{abs } L_{II}} \sim \mu_{L_{II}} = \left(1 - \frac{1}{r_{II}}\right) \cdot \mu_{\text{total}} \cdot \frac{1}{r_I} \tag{38}$$

$$J_{\text{abs } L_{III}} \sim \mu_{L_{III}} = \left(1 - \frac{1}{r_{III}}\right) \cdot \mu_{\text{total}} \cdot \frac{1}{r_I \cdot r_{II}}$$

If the B line lies at higher energy than L_{II} and L_{III} only, we obtain similar relations corresponding to these two levels; if the B line excites only the L_{III} level, we have the same situation as in Eq. (37).

The Coster-Kronig transition-probability is described and listed for all elements in Ref. 25, where, e. g. f_{13} is the probability for the transition between the L_I and the L_{III} level, f_{23} and f_{12} are defined correspondingly. Now the total ionization of the A L_{III} level can be calculated; it is, if the B line lies at an energy above all A L edges, proportional to

$$\left[\frac{1}{r_I \cdot r_{II}} \cdot \left(1 - \frac{1}{r_{III}}\right) + \frac{1}{r_I} \cdot \left(1 - \frac{1}{r_{II}}\right) \cdot f_{23} + \left(1 - \frac{1}{r_I}\right) \cdot (f_{13} + f_{12} \cdot f_{23})\right] \cdot \mu_B^A$$

This quantity has to be used in Eq. (36) instead of $\mu_{\mathrm{B}}^{\mathrm{A}} \cdot \dfrac{r-1}{r}$. If the B line lies at an energy above A L_{II} and A L_{III}, a similar expression is obtained and if only the A L_{III} level is excited, Eq. (36) remains unchanged. The influence of the Coster-Kronig transitions may change the fluorescence intensity of the A line by up to 30%. It was calculated in all cases by using the r and f values (r from Ref. 20, f from Ref. 25) and is taken into account in Table 1. Representing the values of Table 1 by T, we obtain [from Eq. (36)] for the fluorescence correction factor:

$$K_{\mathrm{Fl}} = 1 + T \cdot c_{\mathrm{B}} \cdot \frac{I}{f_{\mathrm{A}}(\chi)} \cdot \left(\frac{\dfrac{U}{U_{\mathrm{eB}}} - 1}{\dfrac{U}{U_{\mathrm{eA}}} - 1} \right)^{1.67} \tag{39}$$

Application of the Correction

In a practical case of fluorescence correction calculation, the qualitative analysis of the specimen must be known. Using Table 1, one has to decide whether a fluorescence correction is necessary at all. The correction calculation is carried out by a computer program (Fortran IV, available upon request) using as input data the beam and excitation voltages, atomic numbers, atomic weights, and mass-absorption coefficients. Since the wedge-specimen correction method was developed by using the mass-absorption coefficient table of Heinrich[20], in the correction calculation these absorption coefficients have also to be applied[13].

Table 3. Some Data for the Experimental Test of the Fluorescence Correction; Beam Voltage = 30 kV, Spectrometer Take-off Angle = 52.5°

Specimen	Measured line	Exciting series	$\dfrac{J_{\mathrm{sp}}}{J_{\mathrm{st}}}$ [%]	Calculated concentration [%]
0.8% Zn in Au	Zn-K_α	Au-L	1.15	0.785
55.0% Hf in Ge	Hf-L_α	Ge-K	50.5	54.1
7.9% Fe in Ni	Fe-K_α	Ni-K	11.1	8.0

The fluorescence correction, developed here, was tested in three cases. The data for the test specimens and the experimental conditions are listed in Table 3.

The authors thank Professor Dr. W. Pitsch for many helpful discussions. The assistance of Mrs. U. Plückthun with the experimental procedure is gratefully acknowledged. Thanks are also due to the Verein Deutscher Eisenhüttenleute and the Kommission der Europäischen Gemeinschaften, Direktion Stahl, for financial support.

Summary

A New Correction Method for the Fluorescence Effect in Quantitative Microprobe Analysis

In this paper a new correction method is developed for the fluorescence effect due to characteristic lines. The considerations are similar to those presented in the work of Castaing and Reed, but with the following distinctions:

(*a*) the geometrical situation concerning the excitation and absorption of the X-rays in the specimen is taken into account exactly;

(*b*) the fact is taken into consideration that the fluorescence excitation is caused by the whole line series of an exciting element or sometimes only by several lines;

(*c*) the depth distribution of the wedge-specimen method is used;

(*d*) a special investigation of the intensity ratios of different series is carried out; hence the fluorescence correction can be calculated for the excitation of K_α or L_α lines by K, L and M series; it turns out that the influence of M series is negligibly small;

(*e*) recent data for the fluorescence yield[25] are used;

(*f*) for the measurement of L_α lines Coster-Kronig transitions are important and are taken into account.

The correction method is tested successfully in three cases. The error of the total correction is about 2%.

Zusammenfassung

Der Korrekturfaktor für die Fluoreszenzanregung durch charakteristische Linien wurde berechnet. Der Gang der Überlegungen wurde im wesentlichen von den entsprechenden Arbeiten von Castaing und Reed übernommen. Abweichend davon wurde aber

a) die Berechnung der geometrischen Anregungsverhältnisse exakt durchgeführt;

b) in zwei Schritten unterteilt berücksichtigt, welche Linien der anregenden Serie zur Fluoreszenzanregung beitragen;

c) die Röntgenstrahlanregungstiefenverteilung nach dem Keilprobenverfahren verwendet;

d) eine neue Untersuchung über die Intensitätsverhältnisse zwischen Linien verschiedener Serien durchgeführt; damit sind Fluoreszenzkorrekturen berechenbar für Anregung der $K\alpha$- oder $L\alpha$-Linie durch K-, L- oder M-Serien; die Anregung durch die M-Serien wird allerdings nicht weiter berücksichtigt, weil der Fluoreszenzeffekt nie 2,6% überschreitet;

e) als Fluoreszenzausbeute w die neuen Werte von Bambyneck[25] verwendet;

f) bei Messungen von $L\alpha$-Linien Coster-Kronig-Übergänge berücksichtigt.

Das Korrekturverfahren wurde an drei Beispielen erfolgreich getestet; die Fehler der Gesamtkorrektur liegen bei 2%.

References

[1] R. Castaing, Thesis, University of Paris, 1951.

[2] R. Castaing and J. Descamp, J. Phys. Rad. **16**, 304 (1955).

[3] G. Shinoda, Optique des Rayons X et Microanalyse, Paris: Hermann. 1966. p. 97.

[4] A. Vignes and G. Dez, Brit. J. Appl. Phys., Ser. 2, **1**, 1309 (1968).

[5] M. Green, Proc. Phys. Soc. **82**, 204 (1963).

[6] H. E. Bishop, Proc. Phys. Soc. **85**, 855 (1965).

[7] J. Philibert, Meteaux Corrosion Industries (1964), Nr. 465, p. 157, Nr. 466, p. 216, Nr. 469, p. 325.

[8] P. Duncumb and P. K. Shields, The Electron Microprobe, New York: Wiley. 1966. p. 284.

[9] C. H. Thoma and P. Höller, Vth Int. Congress on X-Ray-Optics and Microanalysis, Berlin: Springer-Verlag. 1969. p. 160.

[10] C. H. Thoma, Mikrochim. Acta [Wien], Suppl. IV, **1970**, 102.

[11] U. Schmitz, P. L. Ryder, and W. Pitsch, Vth Int. Congress on X-Ray-Optics and Microanalysis, Berlin: Springer-Verlag. 1969. p. 104.

[12] A. R. Büchner and W. Pitsch, Z. Metallkunde **62**, 392 (1971).

[13] A. R. Büchner and W. Pitsch, Z. Metallkunde **63**, 398 (1972).

[14] A. Kohlhaas and F. Scheiding, Arch. Eisenhüttenwes. **43**, 241 (1972).

[15] A. R. Büchner, Z. Metallkunde **65**, 375 (1974).

[16] S. Gadea and M. Petrescu, Studii si Cercetari de Metalurgie, Tom 18, Nr. 2, 163, 1973, Ed. Acad. R. S. R.

[17] E. W. White et al., X-Ray Wavelength and Crystal Interchange Settings for Wavelength Geared Curved Crystal Spectrometers, Metals Research Lab., 1964, Pennsylvania State University.

[18] S. B. J. Reed, Brit. J. Appl. Phys. **16**, 913 (1965).

[19] A. R. Büchner, Quantitative Analysis with Electron Microprobes and Secondary Ion Mass Spectrometry, Jül-Conf-8 (1973), Edited by E. Preuss, p. 26.

[20] K. F. J. Heinrich, The Electron Microprobe, New York: Wiley. 1966. p. 296.

[21] A. R. Büchner, Arch. Eisenhüttenwes. **44**, 143 (1973).

[22] A. Ralston and H. S. Wilf, Mathematical Methods for Digital Computers, Vol. 2, New York: Wiley. 1967.

[23] K. F. J. Heinrich and H. Yakowitz, Mikrochim. Acta [Wien] **1968**, 905.

[24] M. Green and V. E. Cosslett, Brit. J. Appl. Phys., Ser. 2, **1**, 425 (1968).

[25] W. Bambyneck et al., Rev. Mod. Phys. **44**, 716 (1972).

Korrespondenz und Sonderdrucke: Dr. A. R. Büchner, Max-Planck-Institut für Eisenforschung, Max-Planck-Str. 1, D-4000 Düsseldorf, Bundesrepublik Deutschland.

Mikrochimica Acta [Wien], Suppl. 6, 1975, 251—256

Institut für analytische Chemie der Universität Wien,
A-1090 Wien, Währinger Straße 38

Über die Zusammensetzung meteoritischen Kupfers[*]

Von

A. Kracher, H. Malissa jun., H. H. Weinke und W. Kiesl

Mit 1 Abbildung

(Eingegangen am 20. November 1974)

1. Einleitung

Einschlüsse von metallischem Kupfer finden sich sowohl in Eisenmeteoriten als auch in Chondriten und Achondriten. Nach den wenigen veröffentlichten Analysen haben diese Einschlüsse Eisengehalte zwischen 1,1 und 4,5 Gew.-%[1,2]. Diese Ergebnisse stehen in Widerspruch zum Phasendiagramm Kupfer—Eisen[3]. Danach sollten die zu erwartenden Eisengehalte des metallischen Kupfers, das bei der Abkühlung des Meteoritenmutterkörpers unterhalb 450⁰ C bis 500⁰ C gebildet wurde, sehr niedrig sein.

Da die Kupfereinschlüsse in Meteoriten im allgemeinen sehr klein (1—20 μm) und häufig eisenreiche Minerale (Troilit) benachbart sind, ergeben sich Schwierigkeiten bei der Messung des Eisengehaltes mit der Elektronenstrahl-Mikrosonde. Fluoreszenzanregung des Fe in den umgebenden Phasen durch die CuKα-Strahlung sowie die Durchstrahlung der dünnen Kupferlamellen können höhere Eisenwerte vortäuschen. Neuere Messungen scheinen jedoch zu bestätigen, daß Kupferkörner in den Meteoriten Kendall County[4] und Landes[5,6] mehrere Prozent Fe und Ni und im Campo del Cielo[4] auch Zn enthalten.

---

[*] Herrn Prof. Dr. Walter Koch zum 65. Geburtstag gewidmet und anläßlich des 7. Kolloquiums über metallkundliche Analyse mit besonderer Berücksichtigung der Elektronenstrahlmikroanalyse, Wien, 23.—25. 10. 1974 vorgetragen.

2. Aufgabenstellung und Durchführung

Aus diesen Gründen wurde in Meteoriten verschiedener Klassen nach Kupfereinschlüssen gesucht. Von neun hier untersuchten Chondriten enthielten zwei, der Hypersthenchondrit L'Aigle (Klasse CL6) und der Bronzitchondrit Pultusk (Klasse CH5), winzige, mit dem Mikroskop sichtbare, aber analytisch nicht verwertbare Kupferkörnchen. Die Untersuchungen wurden daher an den bis zu 80 μm großen Kupfereinschlüssen des Landes-Meteorits, der zur Klasse der silikatführenden Eisenmeteorite gehört, ausgeführt.

Um die erwähnten Störungen durch Fluoreszenzanregung und Durchstrahlung möglichst gering zu halten, wurde die Anregungsenergie bei allen Analysen, mit Ausnahme der Analyse 5 B (siehe Tabelle 1), mit 12 keV sehr niedrig gehalten. Zur Auswertung der Impulsraten steht ein Korrekturprogramm zur Verfügung (Weinke und Mitarb.[7]), das die einzelnen Elemente mit verschiedenen Anregungsspannungen zu messen erlaubt. Daher wurde zur Messung von Fe in Analyse 5 B die Anregungsenergie auf 10 keV herabgesetzt. Die Messung der Signal-Hintergrund-Verhältnisse für Cu und Fe bei 12 keV ergab, daß dies möglich ist: Bei 10 keV sank das Signal-Hintergrund-Verhältnis für CuKα auf den Wert 11 ab, während es für FeKα mit 82 immer noch recht hoch war.

Der Fluoreszenzeffekt kann vollständig ausgeschaltet werden, wenn man eine Anregungsspannung wählt, die unterhalb der kritischen Anregungsspannung für die CuKα-Linie liegt, doch wird dann die Nachweisgrenze für Eisen sehr hoch.

3. Ergebnisse

Abb. 1 zeigt einen der Kupfereinschlüsse, wie sie für den Landes-Meteorit charakteristisch sind. Auf diesem Bild sind auch die im allgemeinen mit dem Kupfer zusammen vorkommenden Phasen zu sehen: Troilit, Nickeleisen, Graphit, Silikat (Plagioklas). Ein sehr kleines Körnchen Awaruit (ungefähre Zusammensetzung Ni_3Fe) wurde nur hier gefunden. An anderen Stellen war Pentlandit [Zusammensetzung $(Ni, Fe)_9S_8$] den Kupfereinschlüssen benachbart. Die Korngröße der einzelnen Kupfereinschlüsse variiert sehr stark und das in Abb. 1 gezeigte Korn gehört zu den größten, die gefunden werden konnten.

In Tabelle 1 sind die Analysen einiger Kupfereinschlüsse im Landes-Meteorit zusammengefaßt. Die unter 1 angeführten Werte sind Analysen des in Abb. 1 gezeigten Kornes. Dabei wurde das Korn mit einem Raster von Meßpunkten im Abstand von 1 μm überzogen.

Der Verlauf der Eisenkonzentration über das ganze Korn hinweg wies ein Minimum auf und stieg gegen den Rand deutlich an. Der in der Tabelle 1 angegebene Wert entspricht diesem Minimum. Die Körner 2 bis 4 sind sehr klein (etwa 10 μm im Durchmesser) und

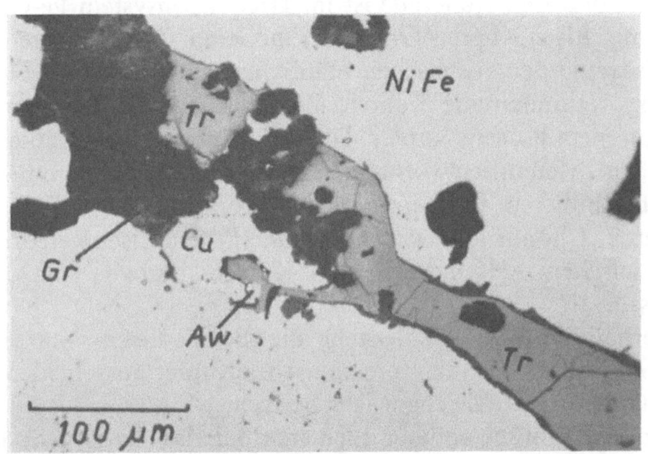

Abb. 1. Kupfereinschluß im Landes-Meteorit (Auflicht)
(Cu = Kupfereinschluß, NiFe = Nickeleisenmetall, Tr = Troilit, Gr = Graphit, Aw = Awaruit)

hauptsächlich von Graphit und Silikaten, also Mineralen mit niedrigem Eisengehalt, umgeben. Die außerordentlich ähnlichen Analysen an drei verschiedenen Körnern und der nahezu identische Eisenwert von 1,41 Gew.-%, den Bunch und Mitarb.[5] an Kupfereinschlüssen desselben Meteorits erhielten, schließen einen Störeffekt praktisch aus.

Tabelle 1.
Chemische Zusammensetzung einiger Kupfereinschlüsse im Landes-Meteorit

Gew.-%	1	2	3	4	5 A	5 B
Cu	95,8	97,0	96,9	97,1	94,9	95,1
Ni	2,14	1,84	1,90	2,02	2,29	2,28
Fe	2,74	1,34	1,33	1,33	2,90	2,48
Σ	100,68	100,18	100,13	100,45	100,09	99,86

Das Korn Nr. 5 wurde ebenfalls mit einem Punktraster überzogen, wobei das Eisen in 5 B mit nur 10 keV Anregungsenergie gemessen wurde. Bei dieser Analyse ist der Eisenwert mit 2,48 Gew.-% etwas niedriger als bei 5 A, die Werte nehmen gegen die Mitte des Kornes nicht ab und zeigen längs einer Punktreihe keinen erkennbaren Gang.

4. Diskussion

Der Eisengehalt der Kupfereinschlüsse im Landes-Meteorit liegt also bei etwa 1,3 bis 2,9 Gew.-%. Es erhebt sich nun die Frage, wie dies mit den experimentell ermittelten Phasendiagrammen in Einklang gebracht werden kann.

Nach Yund und Kullerud[8] ist im Dreiphasensystem Fe-Cu-S die Anordnung Eisen-Kupfer-Troilit bei höheren Temperaturen nicht stabil. Für eine der kosmischen Häufigkeit entsprechende Elementverteilung verhindert die Konode Bornit (Cu_5FeS_4)-Eisen das Auftreten von metallischem Kupfer. Da sich keine Hinweise fanden, daß Bornit je in Meteoriten vorhanden war, wurde angenommen, daß Kupfer bei höheren Temperaturen im Troilit gelöst vorliegt (Duke und Brett[2]). Chondrite sowie die Mehrzahl der Eisenmeteorite enthalten zwischen 100 und 250 ppm Kupfer, bezogen auf die Gesamtmasse[9−11].

Unterhalb von 475° C besteht die Bornit-Eisen-Konode nicht mehr[8]. Somit kann sich dann metallisches Kupfer ausscheiden, wenn thermodynamisches Gleichgewicht herrscht.

Über den Einfluß anderer Elemente auf das Cu-Fe-S-System ist wenig bekannt. Um nun beurteilen zu können, ob das Kupfer bei diesen Temperaturen die gemessene Eisenmenge aufnehmen kann, muß das Cu-Fe-Ni-Phasensystem herangezogen werden. Bei hoher Temperatur sind die beteiligten flächenzentrierten Metallphasen Cu, Ni und γ-Fe vollständig mischbar, zwischen dem raumzentrierten α-Fe und den beiden anderen Metallen bestehen große Mischungslücken (Hansen und Anderko[3]).

In der im Jahre 1935 veröffentlichten Studie von Köster und Dannöhl[12] über dieses Dreistoffsystem wurde die Zusammensetzung in der kupferreichen Ecke kaum untersucht. Bradley und Mitarb.[13] erstellten 1940 ein revidiertes Phasendiagramm, demzufolge in der Nähe des Dreiphasengleichgewichtes ein Löslichkeitsmaximum von Eisen in Kupfer auftreten sollte. Nach Shunk[16] ist die Mischungslücke im Ni-Fe-Diagramm bei tiefen Temperaturen wesentlich größer, als damals bekannt war. Dieses Löslichkeitsmaximum von Eisen in Kupfer im Dreiphasengleichgewicht könnte zumindest qualitativ mit den vorliegenden Analysendaten übereinstimmen. Palmer und Wilson[14] legten jedoch 1952 eine Arbeit vor, deren Ergebnisse diesen hohen Eisengehalt von einigen Prozent sowie das Löslichkeitsmaximum nicht zeigten. Auch Mößbauer-Untersuchungen, ausgeführt in neuerer Zeit von Swartzendruber[15], konnten das Vorliegen eines Löslichkeitsmaximums nicht nachweisen.

Es ist denkbar, daß als Ursache für die Ähnlichkeit der Messungen von Bradley und Mitarb.[13] mit den hier vorliegenden Werten eine extreme Hemmung der Gleichgewichtseinstellung (Unterkühlung) verantwortlich ist. Wahrscheinlicher ist aber, daß während der Bildung des meteoritischen Kupfers eine uneingeschränkte thermodynamische Gleichgewichtseinstellung nicht möglich war. Auch die Nickeleisenphase selbst nimmt in Meteoriten keinen thermodynamischen Gleichgewichtszustand ein, sondern es treten in den bekannten Widmannstättenschen Strukturen steile Konzentrationsgradienten von Ni auf, und nach Shunk[16] sollte die Ni-reiche Phase Taenit mit 45 Gew.-% Nickel bei Raumtemperatur gar nicht vorkommen.

Bedingt durch die Eigenart des Phasenüberganges war es lange Zeit unbekannt, daß unterhalb von 345⁰ C der Kamazit eigentlich mit Ni_3Fe (Awaruit) koexistiert. Qualitativ wurde dieses Diagramm allerdings schon 1904 von Osmond und Cartaud[17] aus der Beobachtung von Meteoriten abgeleitet. Tatsächlich ist am Rand des Kupferkornes, das in der Tabelle mit Nr. 1 bezeichnet ist, ein sehr kleines Awaruitkörnchen gefunden worden (Abb. 1).

Etwa 10 Meteorite der Klasse der silikatführenden Eisenmeteorite haben Silikateinschlüsse, die große Ähnlichkeit mit den gewöhnlichen Chondriten aufweisen[6, 18]. Daher haben diese Folgerungen möglicherweise auch für gewöhnliche Chondrite Gültigkeit.

Abschließend sei der Österreichischen Akademie der Wissenschaften und dem Fonds zur Förderung der wissenschaftlichen Forschung (Projekt Nr. 1833) für die Unterstützung gedankt.

Zusammenfassung

Der Eisengehalt der Einschlüsse von metallischem Kupfer im Landes-Meteorit von 1,3 bis 2,9 Gew.-% ist trotz möglicher Fehler bei der Analyse sehr kleiner Kupfereinschlüsse mit der Elektronenstrahl-Mikrosonde — wie Fluoreszenzanregung des Eisens in den umgebenden Mineralphasen infolge $CuK\alpha$-Strahlung oder die ebenfalls mögliche Durchstrahlung — als gesichert anzusehen. Diese Resultate stimmen jedoch mit dem experimentell ermittelten Mischungsverhalten der Phasen nicht überein. Es besteht Grund zu der Annahme, daß bei der Bildung des Kupfers eine dauernde thermodynamische Gleichgewichtseinstellung nicht gegeben war.

Summary

The Composition of Meteoritic Copper

Inclusions of metallic copper in the Landes-meteorite are found to contain iron in the range from 1.3 to 2.9 wt.-%. Errors in the electron

microprobe measurements which are possibly caused by fluorescence excitation of Fe in the surrounding mineral phases by the $CuK\alpha$ line and by
electron penetration of thin Cu-inclusions have been taken into account.
The results are not consistent with experimentally determined phase relations.
It appears that thermodynamic equilibrium was not maintained continuously
during the formation of copper grains.

Literatur

[1] K. Keil und K. Fredriksson, Geochim. Cosmochim. Acta **27**, 939 (1963).

[2] M. B. Duke und R. Brett, U. S. Geol. Survey Prof. Paper **525-B**, B 101 (1965).

[3] M. Hansen und K. Anderko, Constitution of Binary Alloys. New York: McGraw-Hill. 1958.

[4] T. E. Bunch, K. Keil und E. Olsen, Contr. Mineral. Petrol. **25**, 297 (1970).

[5] A. Kracher, in: Analyse extraterrestrischen Materials. Wien—New York: Springer-Verlag. 1974. S. 315.

[6] T. E. Bunch, K. Keil und G. I. Huss, Meteoritics **7**, 31 (1972).

[7] H. H. Weinke, H. Malissa jun., F. Kluger und W. Kiesl, Mikrochim. Acta [Wien], Suppl. V, **1974**, 233.

[8] R. A. Yund und G. Kullerud, J. Petrol. **7**, 454 (1966).

[9] R. Schaudy, W. Kiesl und F. Hecht, Chem. Geol. **2**, 279 (1967).

[10] R. Schaudy, W. Kiesl und F. Hecht, Chem. Geol. **3**, 307 (1968).

[11] R. Bauer und R. Schaudy, Chem. Geol. **6**, 119 (1970).

[12] W. Köster und W. Dannöhl, Z. Metallkunde **27**, 220 (1935).

[13] A. J. Bradley, W. F. Cox und H. J. Goldschmidt, J. Inst. Metals **67**, 189 (1941).

[14] E. W. Palmer und F. H. Wilson, Trans. AIME **4**, 55 (1952).

[15] L. J. Swartzendruber, NBS Techn. Note 463 (1968).

[16] F. A. Shunk, Constitution of Binary Alloys, Second Supplement. New York: McGraw-Hill. 1969.

[17] F. Osmond und G. Cartaud, Rev. mét. **1**, 69 (1904).

[18] M. Wichtl, Dissertation, Univ. Wien (1973).

Korrespondenz und Sonderdrucke: Dr. A. Kracher, Naturhistorisches Museum, Mineralogisch-Petrographische Abteilung, Postfach 417, A-1014 Wien, Österreich.

Dr. H. Malissa jun., Dr. H. H. Weinke, Doz. Dr. W. Kiesl, Institut für analytische Chemie der Universität Wien, Währinger Straße 38, A-1090 Wien, Österreich.

Mikrochimica Acta [Wien], Suppl. 6, 1975, 257—291
© by Springer-Verlag 1975

Aus dem Institut für technische Elektrochemie der Technischen Hochschule
Wien, A-1060 Wien, Getreidemarkt 9

Elektronische Struktur und Valenzbandspektren einiger metallischer Hartstoffe*

Von

A. Neckel, K. Schwarz, R. Eibler, P. Rastl und **P. Weinberger**

Mit 23 Abbildungen

(Eingegangen am 15. Januar 1975)

1. Einleitung

In jüngster Zeit gelang es, den Informationsgehalt von weichen
Röntgenemissionsspektren zur Lösung analytischer Fragestellungen
heranzuziehen. Malissa[1] und Grasserbauer[2] konnten in einer Reihe
von Arbeiten zeigen, daß man mit Hilfe der Röntgen-Valenzbandemissionsspektren in der Elektronenstrahlmikroanalyse Verbindungen identifizieren und quantitativ bestimmen kann. Für die analytische Auswertung der Spektren ist die Kenntnis der Herkunft sowie
die theoretisch zu erwartende Form und Lage der Banden von Nutzen.

Im folgenden wird der Versuch unternommen, die charakteristischen Merkmale der weichen Röntgenemissionsspektren einiger Über-
gangsmetallverbindungen auf Grund von Bandstrukturrechnungen
nach der Augmented-Plane-Wave-(APW-)Methode[3] zu interpretie-
ren. Bei den untersuchten Verbindungen handelt es sich um Vertreter
der „Metallischen Hartstoffe", nämlich um einige in der NaCl-Struktur kristallisierende Verbindungen der allgemeinen Zusammensetzung
MX (M = Ti, V; X = C, N, O). Die metallischen Hartstoffe zeichnen
sich einerseits durch hohe Schmelzpunkte und große Härte aus, also

---

* Herrn Prof. Dr. Walter Koch zum 65. Geburtstag gewidmet und
anläßlich des 7. Kolloquiums über metallkundliche Analyse mit besonderer
Berücksichtigung der Elektronenstrahlmikroanalyse, Wien, 23.—25. 10. 1974
vorgetragen.

durch Eigenschaften, wie sie für kovalent gebundene Kristalle typisch sind, andererseits besitzen diese Substanzen metallische Leitfähigkeit*. Diese ungewöhnliche Kombination von Eigenschaften hat die metallischen Hartstoffe nicht nur zu wertvollen Werkstoffen gemacht, sondern auch das Interesse an der Natur der chemischen Bindung in diesen Substanzen erregt.

2. Elektronische Energiebandstruktur

Um einen Einblick in die elektronische Struktur dieser Verbindungen zu erhalten, wurden Bandstrukturrechnungen nach der quasiselbstkonsistenten Augmented-Plane-Wave-Methode durchgeführt[9]. Die bei den untersuchten Verbindungen zu beobachtende Nichtstöchiometrie wurde, mit Ausnahme von VC_x, nicht berücksichtigt**.

In den APW-Bandstrukturrechnungen wurden die Energieeigenwerte und die Wellenfunktionen für $256\,\vec{k}$-Punkte (19 nichtäquivalente $\vec{k}$-Punkte) in der 1. Brillouin-Zone berechnet. Um eine verläßliche Zustandsdichte zu erhalten, wurden weitere Energieeigenwerte nach dem LCAO-TB-Interpolationsverfahren von Slater und Koster[13] bestimmt. Als Basisfunktionen für dieses Verfahren dienten die $2s$- und $2p$-Funktionen des Nichtmetallatoms und die $3d$-Funktionen des Übergangsmetallatoms. Mit Hilfe dieses Interpolationsverfahrens wurden die Energieeigenwerte für $55\,296\,\vec{k}$-Punkte in der 1. Brillouinzone berechnet. Die Berechnung der Zustandsdichte (Zahl der Energiezustände mit beiden Spineinstellungen pro primitiver Elementarzelle im Einheitsintervall der Energie) aus den interpolierten Energiewerten erfolgte nach der Methode von Gilat und Raubenheimer[14]. Das Interpolationsverfahren von Slater und Koster gestattet — ent-

---

* Morin[4] beobachtete an VO bei 126^0 K eine Halbleiter-Metall-Umwandlung. Seine Ergebnisse wurden von Austin[5] für eine nichtstöchiometrische Probe ($VO_{0,9}$) bestätigt. Kawano et al[6]. sowie Loehman et al.[7] konnten allerdings bis 250^0 K nur Halbleitereigenschaften beobachten. Möglicherweise sind gewisse Voraussetzungen der APW-Methode im Falle von VO nicht erfüllt. Ferner ist zu berücksichtigen, daß stöchiometrisch zusammengesetztes VO etwa 15% Leerstellen auf den Vanadin- und den Sauerstoff-Gitterplätzen besitzt[8].

** Das in der NaCl-Struktur kristallisierende Vanadincarbid kann nicht stöchiometrisch erhalten werden. Die Phase mit dem höchsten Kohlenstoffgehalt hat die Zusammensetzung $VC_{0,87}$[10]. Daher wurde versucht[11], die Nichtstöchiometrie der Vanadincarbidphasen durch Anwendung der virtual crystal approximation von Schoen[12] für Bandstrukturrechnungen zu berücksichtigen.

sprechend den Atomorbitalen, die als Basisfunktionen Verwendung
finden — eine Zerlegung der Zustandsdichte in partielle l-Zustands-
dichten. [Die partielle l-Zustandsdichte gibt die Zahl der Zustände
(beide Spinrichtungen) mit einer bestimmten Drehimpulsquantenzahl l pro primitiver Elementarzelle im Einheitsintervall der Energie

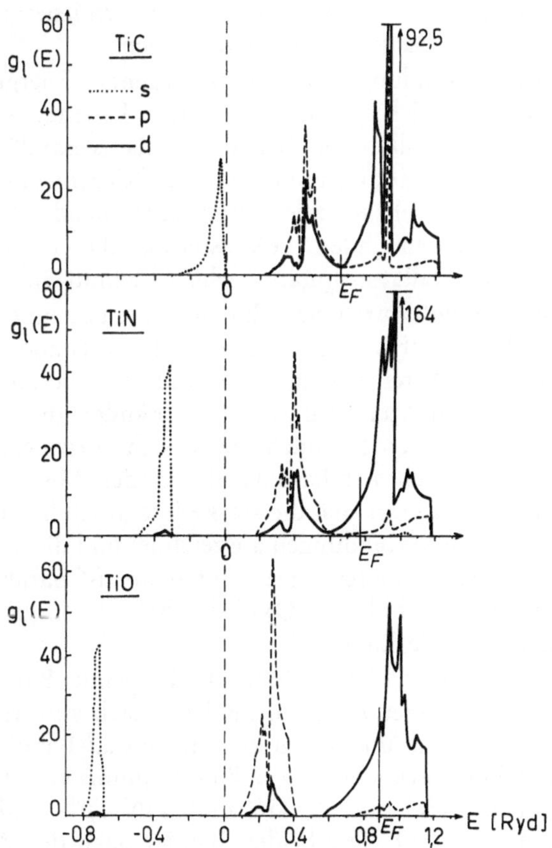

Abb. 1. Partielle LCAO Nichtmetall $2s$- und $2p$- und Titan $3d$-Zustandsdichten
für TiC, TiN und TiO

an]. Die Summe der partiellen Zustandsdichten ist gleich der gesamten Zustandsdichte. Entsprechend den Basisfunktionen, die für die
untersuchten Verbindungen verwendet wurden, kann die Zustandsdichte in die partiellen $2s$-, $2p$- und $3d$-Zustandsdichten zerlegt
werden.

Im folgenden sollen die sich aus den Bandstrukturrechnungen[9]
ergebenden partiellen l-Zustandsdichten für die einzelnen Verbindungen kurz diskutiert werden. Abb. 1 zeigt die partiellen Zustands-

dichten für die Verbindungen TiC, TiN und TiO in Abhängigkeit von der Energie in Rydberg*. Auf der Energieskala eingezeichnet ist die Fermienergie E_F. Beim absoluten Nullpunkt sind alle Zustände bis zur Fermienergie besetzt; alle oberhalb der Fermienergie liegenden Zustände sind unbesetzt. Beim Übergang vom Carbid über das Nitrid zum Oxid nimmt die Zahl der Valenzelektronen jeweils um eins zu, dementsprechend verschiebt sich die Fermienergie nach höheren Energien (TiC besitzt 8 Valenzelektronen).

In allen drei Verbindungen tritt ein tiefliegendes Energieband auf, das nahezu ausschließlich s-Charakter besitzt. Es leitet sich vom $2s$-Zustand des Nichtmetallatoms ab und soll als „s-Band" bezeichnet werden. Mit zunehmender Ordnungszahl des Nichtmetallatoms wird das „s-Band" energetisch abgesenkt und zunehmend schmäler, entsprechend einer zunehmenden Lokalisierung dieser Zustände im Bereich der Nichtmetallatomsphäre (siehe Abschnitt 3).

Von dem „s-Band" durch eine Energielücke getrennt folgen drei überlappende Bänder (bis zum Minimum der Zustandsdichte), die neben einem hohen Anteil p-artiger Zustände eine beträchtliche Zumischung von d-Charakter besitzen. Diese Bänder, die kurz als das „p-Band" bezeichnet werden sollen, leiten sich vorwiegend von den $2p$-Zuständen des Nichtmetallatoms ab. In der Mischung von p- und d-Zuständen offenbart sich die starke Nichtmetall-Metall-Wechselwirkung, die diese Verbindungen auszeichnet und die die kovalente Bindungskomponente darstellt. Der Anteil an d-Charakter im „p-Band" nimmt vom Carbid zum Oxid deutlich ab. In gleicher Richtung verringert sich die Bandbreite.

An das „p-Band" schließen fünf überlappende Bänder an, die überwiegend d-Charakter besitzen. Sie leiten sich von den $3d$-Orbitalen des Titanatoms ab und sollen kurz als das „d-Band" bezeichnet werden. Die p-Zustandsdichte im „d-Band" nimmt vom Carbid zum Oxid deutlich ab. Während in TiC und TiN „p"- und „d-Band" überlappen, sind in TiO diese beiden Bänder nach den APW-Bandstrukturrechnungen durch eine Energielücke von 2,18 eV getrennt.

Ein ähnliches Verhalten wie bei den Titanverbindungen beobachtet man auch bei den Verbindungen VC**, VN und VO. Abb. 2 zeigt die partiellen l-Zustandsdichten für die genannten Substanzen. Man erkennt wiederum das tiefliegende „s-Band", das mit zunehmender Ordnungszahl des Nichtmetallatoms abgesenkt und schmäler wird. Der Anteil der partiellen d-Zustandsdichte im „p-Band" ist gering-

---

* 1 Rydberg = 13,6 eV.

** Die partiellen l-Zustandsdichten beziehen sich auf die hypothetische stöchiometrische Verbindung VC.

fügig größer als bei den entsprechenden Titanverbindungen. Auch
bei den Vanadinverbindungen nimmt die partielle d-Zustandsdichte
im „p-Band" vom Carbid über das Nitrid zum Oxid ab, wobei die
Abnahme beim Übergang vom Nitrid zum Oxid besonders ausgeprägt

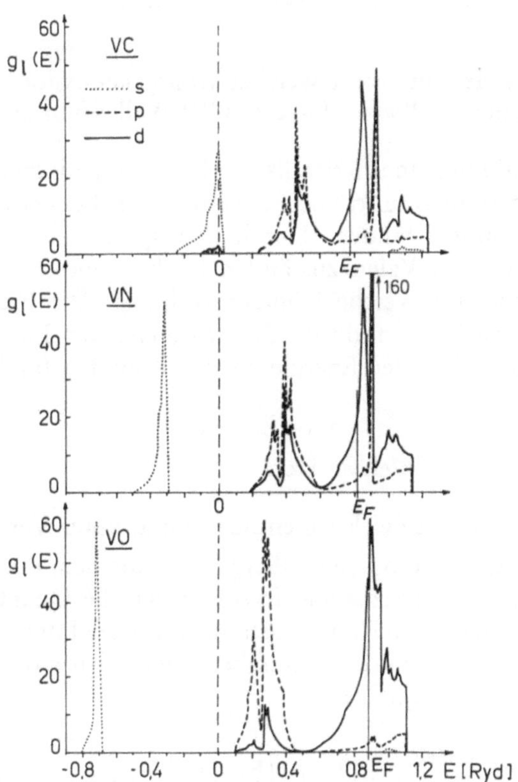

Abb. 2. Partielle LCAO Nichtmetall $2s$- und $2p$- und Vanadin $3d$-Zustands-
dichten für VC, VN und VO

ist. In gleicher Weise verringert sich der Anteil der partiellen p-Zu-
standsdichte im „d-Band" mit zunehmender Ordnungszahl des Nichtmetallatoms, wobei wiederum die Abnahme beim Übergang vom
Nitrid zum Oxid besonders deutlich ist. Wie bei den entsprechenden
Titanverbindungen überlappen in VC und VN „p-" und „d-Band",
während in VO „p"- und „d-Band" durch eine Energielücke von
1,67 eV getrennt sind.

In allen untersuchten Verbindungen liegt das Ferminiveau im
Bereich überlappender Bänder, so daß auf Grund der Bandstrukturrechnungen diese Substanzen metallische Leitfähigkeit zeigen sollten.

Dieses Verhalten ist auch bei den genannten Verbindungen mit Ausnahme von VO bei tiefen Temperaturen (siehe Fußnote auf Seite 260) experimentell bestätigt worden.

Die berechneten Bandstrukturen erlauben die Interpretation einer Reihe weiterer physikalischer Eigenschaften, wie beispielsweise des Elektronenbeitrags zur Molwärme oder der magnetischen Suszeptibilität, die an anderer Stelle diskutiert werden.

3. Berechnung der Intensität weicher Röntgenemissionsspektren mit Augmented Plane Wave (APW)-Wellenfunktionen

Die Bestrahlung eines Kristalls mit hochenergetischen Elektronen oder Röntgenstrahlen führt zur Erzeugung von Löchern in den elektronischen Rumpfzuständen. Durch den spontanen Übergang von Elektronen aus den Valenzzuständen in die unbesetzten Rumpfzustände entsteht eine weiche Röntgenstrahlung. Die Frequenz ν der emittierten Strahlung ist durch die Differenz der Energie $E_{n\vec{k}}$ des Valenzzustandes und der Energie E^c des Rumpfzustandes bestimmt

$$h\nu = E_{n\vec{k}} - E^c \tag{1}$$

n: Bandindex, $\vec{k}$: Wellenvektor.

Im Rahmen der Einelektronentheorie und unter Verwendung der Dipolnäherung ist die bei den Übergängen aus dem durch $n\vec{k}$ und σ charakterisierten Valenzzustand in den durch die Quantenzahlen n', l', m' und σ_c festgelegten Rumpfzustand emittierte Intensität (Zahl der emittierten Photonen in der Zeiteinheit nach allen möglichen Raumrichtungen) gegeben durch:

$$I_{n\vec{k}\sigma}(\nu) = \frac{2\pi^2}{3} e^2 \frac{(2\pi\nu)^3}{h\,c^3} \left| \int \Psi^*_{n\vec{k}\sigma} (E_{n\vec{k}}, \vec{r})\, \vec{r}\, \Psi^c_{n'\,l'\,m'\,\sigma_c} (E^c, \vec{r})\, d\vec{r} \right|^2 \tag{2}$$

$\Psi_{n\vec{k}\sigma} (E_{n\vec{k}}, \vec{r})$:   Wellenfunktion des Valenzzustandes,

$\Psi^c_{n'\,l'\,m'\,\sigma c} (E^c, \vec{r})$: Wellenfunktion des Rumpfzustandes,

σ, σ_c: Spinzustand des Valenz- bzw. Rumpfzustandes,

$\vec{r}$:   Lagevektor.

Näherungsweise wird angenommen, daß die Kristallwellenfunktion durch das Loch im Rumpfzustand nicht geändert wird. Ferner wird angenommen, daß die Wellenfunktion des unbesetzten Rumpfzustandes durch die Wellenfunktion des Rumpfelektrons, das diesen Zustand besetzt, beschrieben werden kann. Die Spin-Bahn-Wechselwirkung sowie alle Mehrelektroneneffekte werden in den folgenden Betrachtungen außer acht gelassen.

Unter diesen Annahmen und unter Verwendung von APW-Wellenfunktionen für den Valenzzustand haben Goodings und Harris[15] die Intensität der weichen Röntgenspektren von Kupfer berechnet. Eine ähnliche Rechnung für Aluminium wurde von Smrčka[16] durchgeführt. Die folgende Ableitung folgt im wesentlichen dem Gedankengang von Goodings and Harris[15].

Die Wellenfunktion $\Psi^c_{n'\,l'\,m'\,\sigma_c}\,(E^c,\vec{r})$ eines Rumpfzustandes in einem Kristall ist stark lokalisiert und hat praktisch nur innerhalb eines engen Bereichs um die Lage des Atoms p, zu dem der Übergang des Elektrons stattfindet, einen von Null verschiedenen Wert. Dieser Bereich wird mit der APW-Atomsphäre identifiziert. (In der APW-Methode wird üblicherweise der Kristall in kugelförmige Bereiche um die einzelnen Atomlagen geteilt. Diese Bereiche, „Atomsphären" genannt, sollen einander nicht durchdringen. Innerhalb der Atomsphären wird das Potential sphärisch symmetrisch angenommen, in dem Bereich zwischen den Atomsphären als konstant angesehen).

Wegen der sphärischen Symmetrie des Potentials innerhalb einer Atomsphäre, kann man für den Raumanteil $\psi^c_{l'\,n'\,m'}\,(E^c,\vec{r})$ eines in der p-ten Atomsphäre lokalisierten Rumpfzustandes schreiben

$$\psi^c_{n'\,l'\,m'}\,(E^c,\vec{r}) = R^c_{n'\,l'}\,(E^c,\varrho_p)\,Y_{l'\,m'}\,(\hat{\varrho}_p) \tag{3}$$

wobei $\vec{\varrho}_p = \vec{r} - \vec{r}_p$ bedeutet. $\vec{r}_p$ ist der Lagevektor vom Ursprung zum Mittelpunkt der p-ten Atomsphäre, ϱ_p ist somit ein Lagevektor mit dem Mittelpunkt in der p-ten Atomsphäre als Ursprung. $Y_{l'\,m'}\,(\hat{\varrho})$ ist eine Kugelflächenfunktion, die den winkelabhängigen Anteil der Rumpffunktion angibt.

Die Lokalisierung des Rumpfzustandes bedingt, daß die Radialfunktion $R^c_{n'\,l'}\,(E^c,\varrho_p)$ nur innerhalb der p-ten Atomsphäre (mit dem Radius R_p) von Null verschiedene Werte besitzt

$$R^c_{n'\,l'}\,(E^c,\varrho_p) = 0 \qquad \text{für } \varrho_p \geqslant R_p. \tag{4}$$

Da die Wellenfunktion des Rumpfzustandes nur innerhalb einer Atomsphäre von Null verschiedene Werte besitzt, ist im Integral (2) für $I_{n\vec{k}\sigma}(\nu)$ auch nur jener Anteil der Valenzfunktion zu berücksichtigen, der innerhalb der betrachteten Atomsphäre liegt.

Für den Zustand $E_{n\vec{k}}$ ist im APW-Formalismus der Raumteil $\psi_{n\vec{k}}\,(E_{n\vec{k}},\vec{r})$ der Valenzfunktion in der p-ten Atomsphäre durch

$$\psi_{n\cdot}(E_{n\vec{k}},\vec{r}) = \frac{1}{\sqrt{N}}\,\sum_j C_j\,(n\vec{k})\,\sum_{l=0}^{\infty}\,\sum_{m=-l}^{l}\,A_{plm}\,(\vec{k}_j)\,u_{pl}\,(E_{n\vec{k}},\varrho_p).$$
$$Y_{lm}\,(\hat{\varrho}_p) \tag{5}$$

gegeben.

$C_j\,(n\vec{k})$:   Koeffizienten in der Entwicklung der Kristallwellenfunktion nach APW's.

$A_{plm}\,(\vec{k}_j)$:   Koeffizienten der Entwicklung der Wellenfunktion innerhalb der p-ten Atomsphäre. (Die Koeffizienten $A_{plm}\,(\vec{k}_j)$ werden durch die Bedingung, daß die Wellenfunktion stetig aus der p-ten Atomsphäre in den Bereich zwischen den Atomsphären übergeht, festgelegt).

$u_{pl}\,(E_{n\vec{k}}, \varrho_p)$:   Radiale Wellenfunktion innerhalb der p-ten Atomsphäre.

$Y_{lm}\,(\hat{\varrho}_p)$:   Kugelflächenfunktion.

N: Normierungsfaktor.

Auf Grund von Gl. (5) kann für $\psi_{n\vec{k}}$ geschrieben werden:

$$\psi_{n\vec{k}}\,(E_{n\vec{k}}, \vec{r}) = \sum_l \sum_m B_{lm}^p\,(n\vec{k})\, u_{pl}\,(E_{n\vec{k}}, \varrho_p)\, Y_{lm}\,(\hat{\varrho}_p) \tag{6}$$

$$= \sum_l \sum_m \phi_{lm}^p\,(E_{n\vec{k}}, \vec{\varrho}_p), \tag{7}$$

mit

$$B_{lm}^p\,(n\vec{k}) = \frac{1}{\sqrt{N}} \sum_j C_j\,(n\vec{k})\, A_{plm}\,(\vec{k}_j) \tag{8}$$

Gl. (7) zeigt, daß $\psi_{n\vec{k}}\,(E_{n\vec{k}}, \vec{r})$ im Bereich der p-ten Atomsphäre in eine Summe von Partialfunktionen $\phi_{lm}^p\,(E_{n\vec{k}}, \vec{\varrho}_p)$ zerlegt werden kann. Jede Partialfunktion ist durch die Quantenzahlen l und m charakterisiert. Wie aus (6) und (7) hervorgeht, besitzen die Partialfunktionen $\phi_{lm}^p\,(E_{n\vec{k}}, \vec{\varrho}_p)$ die gleiche Form wie die Wellenfunktion eines Einelektronenzustandes in einem Atom. Die Berechnung der Übergangswahrscheinlichkeiten für weiche Röntgenemissionsspektren ist daher weitgehend analog dem entsprechenden atomaren Problem[17].

Setzt man (3) und (6) in (2) ein, so erhält man

$$\frac{I_{n\vec{k}\sigma}(\nu)}{\nu^3} \propto \Big| \sum_l \sum_m B_{lm}^{p*}\,(n\vec{k}) \int_0^{R_p} u_{pl}\,(E_{n\vec{k}}, \varrho_p)\, \varrho_p^3\, R_{n'l'}^c\,(E^c, \varrho_p)\, d\varrho_p$$
$$\cdot \int Y_{lm}^*\,(\hat{\varrho}_p)\, \hat{\varrho}_p\, Y_{l'm'}(\hat{\varrho}_p)\, d\hat{\varrho}_p \Big|^2 \delta_{\sigma, \sigma_c} \tag{9}$$

$\delta_{\sigma, \sigma_c}$ berücksichtigt die Auswahlregel für die Spinzustände, wonach nur Übergänge zwischen gleichen Spinzuständen erlaubt sind.

Zur Abkürzung werden folgende Bezeichnungen eingeführt

$$T_p\,(l, n'l', E_{n\vec{k}}, E^c) = \int_0^{R_p} u_{pl}\,(E_{n\vec{k}}, \varrho_p)\, \varrho_p^3\, R_{n'l'}^c\,(E^c, \varrho_p)\, d\varrho_p \tag{10}$$

Die Energie E^c des Rumpfzustandes ist durch die Quantenzahl $n'l'$ hinlänglich charakterisiert, so daß das Symbol E^c weggelassen werden kann. Da der Wert des Integrals T nicht explizit vom Wellenvektor $\vec{k}$ abhängt, wird im folgenden für die Energie des Valenzzustandes das Symbol E verwendet. Für $T_p\,(l, n'l', E_{n\vec{k}}, E^c)$ wird daher die Abkürzung $T_p\,(l, n'l', E)$ benützt. Der Wert von $T_p\,(l, n'l', E)$ hängt noch von der Normierung von u_{pl} ab.

Die winkelabhängigen Anteile von (9) werden in dem Vektor

$$\vec{\gamma}_{lml'm'} = \int Y^*_{lm}\,(\hat{\varrho}_p)\,\hat{\varrho}_p\,Y_{l'm'}\,(\hat{\varrho}_p)\,d\hat{\varrho}_p \qquad * \tag{11}$$

zusammengefaßt.

Der Vektor $\vec{\gamma}_{lml'm'}$ beinhaltet die atomaren Auswahlregeln, wonach $\vec{\gamma}_{lml'm'}$ und somit die Übergangswahrscheinlichkeit nur dann von Null verschieden ist, wenn $l = l' \pm 1$ ist; x- und y-Komponente sind nur für $m = m' \pm 1$ und die z-Komponente nur für $m = m'$ von Null verschieden. Mit (10) und (11) erhält man für (9)

$$\frac{I_{nk\sigma}\,(v)}{v^3} \propto \Big|\sum_{lm} B^{p*}_{lm}\,(n\vec{k})\,T_p\,(l, n'l', E)\,\vec{\gamma}_{lml'm'}\Big|^2. \tag{12}$$

Werte für die Größe $|\vec{\gamma}_{lml'm'}|^2$, die als skalares Produkt aufzufassen ist, sind in Tabelle 1 angegeben.

Um die Wahrscheinlichkeit des Übergangs zu den $(2l'+1)$ Rumpfzuständen m' gleicher Energie E^c zu erhalten, summiert man über m'. Die gesamte Intensität für diese Übergänge ist somit proportional zu

$$\sum_{m'}\Big|\sum_{lm} B^{p*}_{lm}\,(n\vec{k})\,T_p\,(l, n'l', E)\,\vec{\gamma}_{lml'm'}\Big|^2 =$$

$$\sum_{lm\,LM} B^p_{lm}\,(n\vec{k})\,B^{p*}_{LM}\,(n\vec{k})\,T_p\,(l, n'l', E)\,T_p\,(L, n'l', E)$$

$$\sum_{m'} (\vec{\gamma}_{lml'm'} \cdot \vec{\gamma}_{LMl'm'})\,\delta_{\sigma,\sigma_c}. \tag{13}$$

---

* $\vec{\gamma}_{lml'm'}$ kann in folgender Form geschrieben werden:

$$\vec{\gamma}_{lml'm'} = \vec{\alpha}_{l'm'm}\,\delta_{l,l'-1} + \vec{\alpha}^*_{lmm'}\,\delta_{l,l'+1}$$

mit den Komponenten

$$\vec{\alpha}_{lmm'} = \frac{1}{\sqrt{(2l-1)\,(2l+1)}} \begin{Bmatrix} {}^1\!/_2\,[\sqrt{(l-m)\,(l-m')}\,\delta_{m',m+1} - \sqrt{(l+m)\,(l+m')}\,\delta_{m',m-1}] \\ {}^1\!/_2\,i\,[\sqrt{(l-m)\,(l-m')}\,\delta_{m',m+1} + \sqrt{(l+m)\,(l+m')}\,\delta_{m',m-1}] \\ \sqrt{(l-m)\,(l+m)}\,\delta_{m'm} \end{Bmatrix}$$

Tabelle 1. Werte für die skalaren Produkte $|\vec{\gamma}_{lm\,l'm'}|^2$ der nach Gl. (11) definierten Vektoren $\vec{\gamma}_{lm\,l'm'}$

| l' | 0 | 1 | 1 | 1 | 2 | 2 | 2 | 2 | 2 |
| m' | 0 | -1 | 0 | 1 | -2 | -1 | 0 | 1 | 2 |
l	m								
0	0		$^1/_3$	$^1/_3$	$^1/_3$				
1	-1	$^1/_3$				$^6/_{15}$	$^3/_{15}$	$^1/_{15}$		
1	0	$^1/_3$					$^3/_{15}$	$^4/_{15}$	$^3/_{15}$	
1	1	$^1/_3$						$^1/_{15}$	$^3/_{15}$	$^6/_{15}$
2	-2		$^6/_{15}$							
2	-1		$^3/_{15}$	$^3/_{15}$						
2	0		$^1/_{15}$	$^4/_{15}$	$^1/_{15}$					
2	1			$^3/_{15}$	$^3/_{15}$					
2	2				$^6/_{15}$					
3	-3					$^{15}/_{35}$				
3	-2					$^5/_{35}$	$^{10}/_{35}$			
3	-1					$^1/_{35}$	$^8/_{35}$	$^6/_{35}$		
3	0						$^3/_{35}$	$^9/_{35}$	$^3/_{35}$	
3	1							$^6/_{35}$	$^8/_{35}$	$^1/_{35}$
3	2								$^{10}/_{35}$	$^5/_{35}$
3	3									$^{15}/_{35}$

Für die Summe über m' in (13) findet man

$$\sum_{m'} \left(\vec{\gamma}_{lml'\,m'} \cdot \vec{\gamma}_{LMl'\,m'}\right) =$$

$$= \delta_{mM}\,\delta_{lL}\left(\frac{l'}{2\,l'-1}\,\delta_{l,\,l'-1} + \frac{l'+1}{2\,l'+3}\,\delta_{l,\,l'+1}\right) = \delta_{mM}\,\delta_{lL}\,W_{ll'} \tag{14}$$

Durch die Summation über m' verschwinden in (14) die skalaren Produkte für $L \neq l$ und $M \neq m$. Die Gewichtsfaktoren $W_{ll'}$ sind unabhängig von m. Zahlenwerte für $W_{ll'}$ sind in Tabelle 2 angegeben.

Tabelle 2. Die Gewichtsfaktoren $W_{ll'}$ nach Gl. (14)

| l' | 0 | 1 | 2 | 3 |
l				
0		1		
1	$^1/_3$		$^2/_3$	
2		$^2/_5$		$^3/_5$
3			$^3/_7$	

Für die Intensität $I_{n\vec{k}\sigma}(\nu)$ eines Übergangs aus dem Valenzzustand $\Psi_{n\vec{k}\sigma}(E_{n\vec{k}},\vec{r})$ in den $(2\,l'+1)$-fach entarteten Rumpfzustand $\Psi^c_{n'\,l'\,\sigma_c}$ erhält man mit (13) und (14)

$$\frac{I_{n\vec{k}\sigma}(\nu)}{\nu^3} \propto \sum_l T_p\,(l,\,n'l',\,E)^2\,W_{ll'} \sum_m |B^p_{lm}\,(n\vec{k})|^2\,\delta_{\sigma,\,\sigma_c} \tag{15}$$

Die Summe über l besteht höchstens aus zwei Termen, weil entsprechend (14) $W_{ll'}$ nur für $l = l' \pm 1$ von Null verschieden ist.

Die in (15) auftretende Größe $\sum_m |B^p_{lm}(n\vec{k})|^2$ kann durch die l-artige Ladung $q^p_l(n\vec{k})$ in der p-ten Atomsphäre ausgedrückt werden, die aus einer APW-Rechnung folgt. $q^p_l(n\vec{k})$ gibt die Wahrscheinlichkeit dafür an, daß ein Elektron, das den Zustand $\psi_{n\vec{k}}(E_{n\vec{k}}, \vec{r})$ besetzt, sich in der p-ten Atomsphäre befindet und die Drehimpulsquantenzahl l besitzt. $q^p_l(n\vec{k})$ ist definiert durch [18]

$$q^p_l(n\vec{k}) = \int_0^{R_p} (\sum_m \phi^p_{lm})^* \, (\sum_M \phi^p_{LM}) \, d\vec{r} \tag{16}$$

Berücksichtigt man die aus (6) und (7) folgende Form der $\phi^p_{lm}(n\vec{k})$, so erhält man wegen der Orthogonalität der Kugelflächenfunktionen

$$q^p_l(n\vec{k}) = \sum_m |B^p_{lm}|^2 \int_0^{R_p} u^2_{pl}(E_{n\vec{k}}, \varrho_p) \, \varrho^2_p \, d\varrho_p. \tag{17}$$

Man kann nun $\sum_m |B^p_{lm}|^2$ durch $q^p_l(n\vec{k})$ ausdrücken und erhält mit

$$M_p(l, n'l', E)^2 = \frac{T_p(l, n'l', E)^2}{\int_0^{R_p} u^2_{pl}(E_{n\vec{k}}, \varrho_p) \, \varrho^2_p \, d\varrho_p} =$$

$$= \frac{\left[\int_0^{R_p} u_{pl}(E_{n\vec{k}}, \varrho_p) \, \varrho^3_p R^c_{n'l'}(E^c, \varrho_p) d\varrho_p\right]^2}{\int_0^{R_p} u^2_{pl}(E_{n\vec{k}}, \varrho_p) \, \varrho^2_p \, d\varrho_p} \tag{18}$$

für (15)

$$\frac{I_{n k \sigma}(\nu)}{\nu^3} \propto \sum_l M_p(l, n'l', E)^2 \, W_{ll'} \, q^p_l(n\vec{k}) \, \delta_{\sigma, \sigma_c} \tag{19}$$

$M_p(l, n'l', E)^2$ wird als „radiale Übergangswahrscheinlichkeit" bezeichnet und ist von der für u_{pl} verwendeten Normierung unabhängig.

Die gesamte Emissionsintensität $I_\Gamma(\nu)$ mit der Frequenz ν erhält man durch Summation über alle (besetzten) Elektronenzustände, welche der Beziehung

$$I_\Gamma(\nu) = \sum_{n\vec{k}} (g \, n\vec{k}) I_{n k \sigma}(\nu) \, \delta(E_{n\vec{k}} - E^c - h\nu) \tag{20}$$

genügen. (Der Index Γ charakterisiert den Rumpfzustand).

Im APW-Formalismus entspricht die Summe

$$\sum_{n\vec{k}} g\,(n\vec{k})\; q_l^p\,(n\vec{k})\; \delta\,(E_{n\vec{k}} - E) = \chi_l^p\,(E) \tag{21}$$

der l-Charakterdichte $\chi_l^p\,(E)$ in der p-ten Atomsphäre, wobei $g\,(n\vec{k})$ der Entartungsgrad des Zustandes $E_{n\vec{k}}$ ist. Unter $\chi_l^p\,(E)$ versteht man[19] die Zahl der durch die Drehimpulsquantenzahl l charakterisierten Zustände (Elektronen) in der p-ten Atomsphäre im Einheitsintervall der Energie für einen Spinzustand. Um diese Größe von den partiellen l-Zustandsdichten, die sich auf eine Elementarzelle beziehen, auch sprachlich zu unterscheiden, soll für $\chi_l^p\,(E)$ der Ausdruck „l-Charakterdichte für die Atomsphäre p" verwendet werden. Berücksichtigt man (20) und (21), so erhält man aus (19)

$$\frac{I_\Gamma(\nu)}{\nu^3} \propto \left\{ \sum_l M_p\,(l,\,n'l',\,E)^2\; W_{ll'}\,\chi_l^p\,(E)\,\delta_{\sigma,\,\sigma_c} \right\}\,\delta\,(E - E^c - h\nu) \tag{22}$$

Gl. (22) stellt die Verallgemeinerung der von Goodings und Harris[15] für ein L-Spektrum abgeleiteten Beziehung dar. Bezieht man, bei festgelegtem Rumpfzustand alle energieabhängigen Größen auf den gleichen Energienullpunkt, so kann (22) geschrieben werden

$$\frac{I_\Gamma(E)}{\nu^3} \propto \sum_l M_p\,(l,\,n'l',\,E)^2\; W_{ll'}\,\chi_l^p\,(E)\,\delta_{\sigma,\,\sigma_c} \tag{23}$$

Der mit Hilfe des APW-Formalismus abgeleitete Ausdruck (23) entspricht einer Beziehung, die Skinner[20] auf Grund formaler Überlegungen bereits im Jahre 1940 angegeben hat.

4. Interpretation der weichen Röntgenemissionsspektren

Eine Reihe verschiedenartiger Prozesse[21] führt zu einer Verbreiterung der Spektren. So bewirkt die endliche Lebenszeit des Loches im Rumpfzustand eine Verbreiterung dieses Zustandes. Die Lebenszeit des Loches, das nach dem Übergang im Valenzzustand verbleibt, wird durch Auger-Prozesse verkürzt, die zu einer Verzerrung des Spektrums insbesondere an dessen langwelligem Ende führen („low energy tailing"). Ferner ist auch auf das Auflösungsvermögen der Apparatur Bedacht zu nehmen.

Beschränkt man sich auf den durch (23) bedingten Intensitätsverlauf eines Spektrums, so ist für die Berechnung der Intensität neben den l-Charakterdichten $\chi_l^p\,(E)$ die Kenntnis der radialen Übergangswahrscheinlichkeiten $M_p\,(l,\,n'l',\,E)^2$ erforderlich. Für VN als ausgewähltes Beispiel sind in den Abb. 3 und 4 die radialen Übergangswahrscheinlichkeiten für den Übergang eines Elektrons aus einem p-artigen Valenzzustand in den 1s-Rumpfzustand von Stickstoff bzw. Vanadin wiedergegeben. In Abb. 5 findet man die radialen Übergangswahrscheinlichkeiten für den Übergang eines Elektrons aus einem d-artigen bzw. s-artigen Valenzzustand in den 2p-Zustand

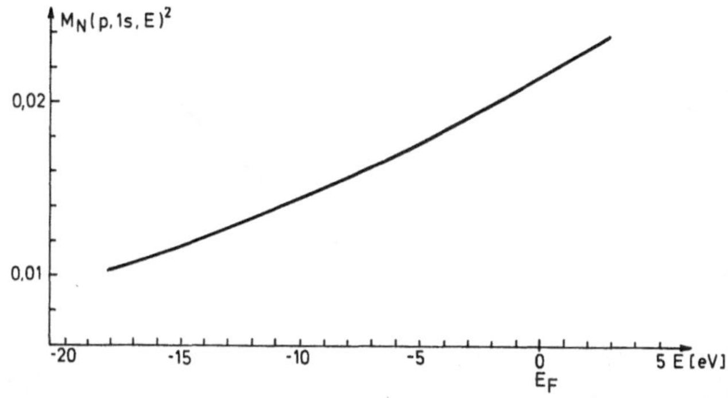

Abb. 3. Energieabhängigkeit der radialen Übergangswahrscheinlichkeit für den Übergang aus einem p-artigen Valenzzustand in der Stickstoffsphäre zum Stickstoff 1s-Niveau für VN

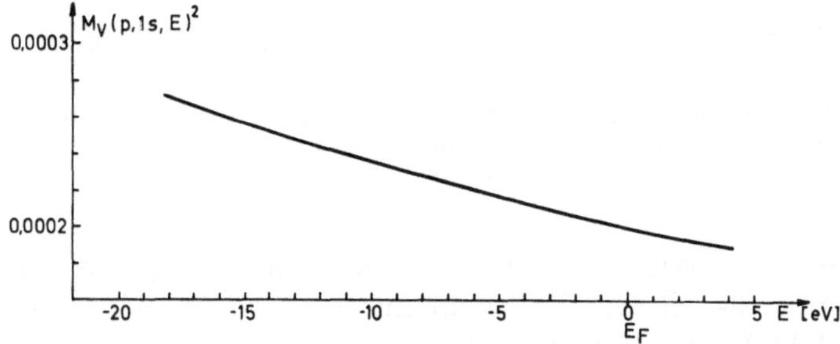

Abb. 4. Energieabhängigkeit der radialen Übergangswahrscheinlichkeit für den Übergang aus einem p-artigen Valenzzustand in der Vanadinsphäre zum Vanadin 1s-Niveau für VN

von Vanadin. Die in den radialen Übergangswahrscheinlichkeiten auftretenden Radialfunktionen der Rumpfzustände wurden unter Verwendung eines modifizierten Herman-Skillman-Programmes[22] mit dem selbstkonsistenten Kristallpotential berechnet.

Da wir uns in der vorliegenden Arbeit nur für die Herkunft und Lage der Hauptbanden interessieren und keine Berechnung der Intensitäten der weichen Röntgenspektren anstreben, werden in der folgenden Diskussion der Faktor v^3 sowie die radialen Übergangswahrscheinlichkeiten außer acht gelassen.* Diese Faktoren werden

---

* Ein ähnlicher Vergleich der Intensitäten von Röntgenspektren mit l-Charakterdichten wie in der vorliegenden Arbeit wurde für TiC und NbC von Conklin, Averill und Hattox[23] durchgeführt.

zweifellos die Intensitäten eines Spektrums beeinflussen, die Bandenlagen jedoch kaum verändern, da v^3 und $M_p\,(l, n'\,l', E)^2$ nur langsam und stetig mit der Energie variieren.

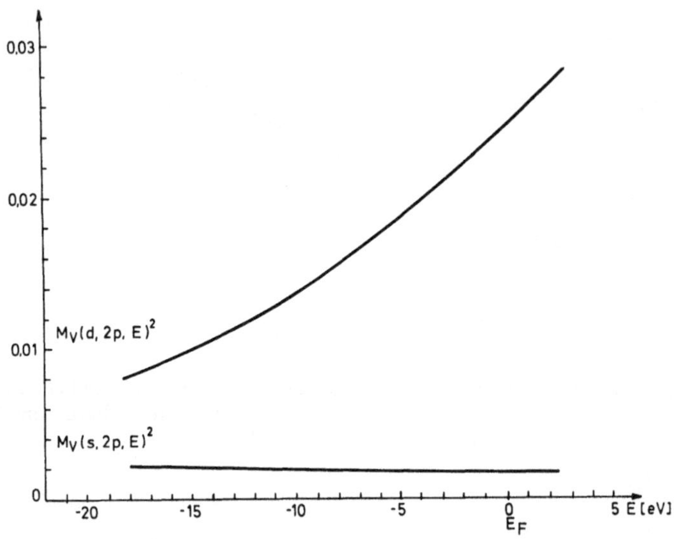

Abb. 5. Energieabhängigkeit der radialen Übergangswahrscheinlichkeiten für die Übergänge aus einem d-artigen (oben) und einem s-artigen (unten) Valenzzustand in der Vanadinsphäre zum Vanadin $2p$-Niveau für VN

In den folgenden Abbildungen werden daher die Spektren (Intensitäten in willkürlichen Einheiten) nur mit den l-Charakterdichten $\chi_l^p\,(E)$ [Zahl der durch die Drehimpulsquantenzahl l charakterisierten Zustände (Elektronen) in der p-ten Atomsphäre für einen Spinzustand pro Rydberg] verglichen. Die l-Charakterdichten sind nach einer Histogrammtechnik[19] berechnet und beruhen auf 256 $\vec{k}$-Punkten in der 1. Brillouinzone. Auf der Abszisse ist die Energie in eV aufgetragen. Energienullpunkt ist die Fermi-Energie. Da die experimentelle Bestimmung der Lage der Fermi-Energie im Spektrum schwierig ist, dürften die experimentellen Fermi-Energien mit einer Unsicherheit von ± 2 eV behaftet sein.

Nichtmetall-K-Spektren

Anwendung von (23) auf ein Nichtmetall-K-Spektrum führt bei Berücksichtigung der besprochenen Näherungen zu

$$I_K\,(E) \propto v^3\,M_X\,(p, 1s, E)^2\,\chi_p^X\,(E) \approx \text{prop.}\;\chi_p^X\,(E) \qquad (24)$$

$\chi_p^X(E)$ ist die p-Charakterdichte (mit $l=1$) in der Atomsphäre des Nichtmetallatoms X. Die K-Spektren der Nichtmetallatome liefern somit ein Abbild der energetischen Verteilung der p-artigen Valenzzustände im Bereich der Nichtmetallatomsphäre. Das Hauptmaximum (KII) in den Nichtmetall-K-Spektren (Abb. 6—11) wird durch $\chi_p^X(E)$ im Bereich des „p-Bandes" hervorgerufen. Die Bande KI ist durch den Anteil p-artiger Zustände im Bereich des „d-Bandes" bedingt.

Titanverbindungen

TiC:

Die ausgezogene Kurve in Abb. 6 stellt das Kohlenstoff-K-Spektrum nach Holliday[24] mit der von Ramqvist et al.[25] bestimmten Lage der Fermi-Energie dar. Strichliert eingezeichnet ist das Kohlenstoff-

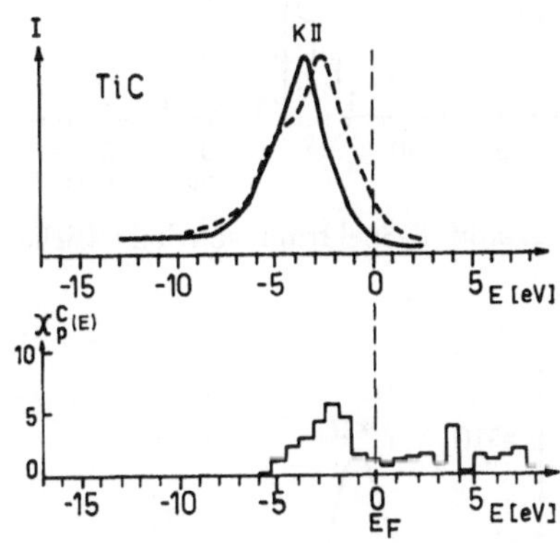

Abb. 6. Kohlenstoff K-Spektrum von TiC
(Oben: experimentelle Intensität; unten: p-Charakterdichte in der Nichtmetallatomsphäre)

K-Spektrum wie es bei Menshikov et al.[26] zu finden ist. Dieses Spektrum beruht offenbar auf den Messungen von Brytov et al.[27]. Das Kohlenstoff-K-Spektrum wurde auch von Zhurakovskii[28] gemessen. Wie aus Abb. 6 ersichtlich, führt die bei Menshikov et al.[26] angegebene Lage der Fermi-Energie zu einer besseren Übereinstimmung von Spektrum und $\chi_p^C(E)$.

TiN:

Das in Abb. 7 gezeigte Stickstoff-K-Spektrum ist der Arbeit von Menshikov et al.[26] entnommen. Das Stickstoff-K-Spektrum wurde ebenfalls von Fischer und Baun[29], Brytov et al.[30] und Zhurakovskii und Vasilenko[31] untersucht.

TiO:

Abb. 8 zeigt das Sauerstoff-*K*-Spektrum nach Menshikov et al.[26]. Es stimmt im wesentlichen mit dem von Fischer und Baun[32] gemessenen Spektrum überein. Die nach den APW-Rechnungen zwischen

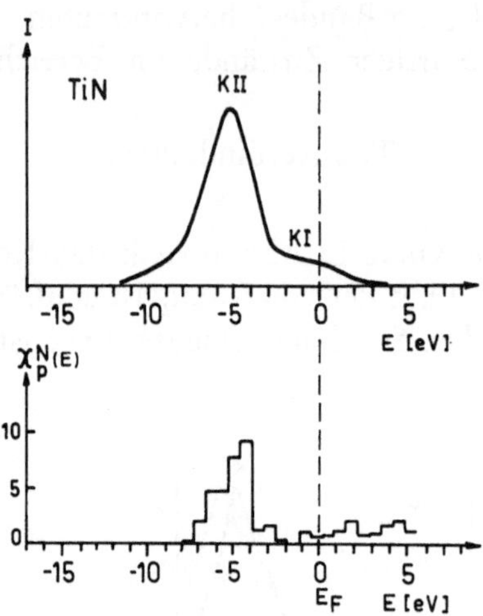

Abb. 7. Stickstoff K-Spektrum von TiN (siehe Abb. 6)

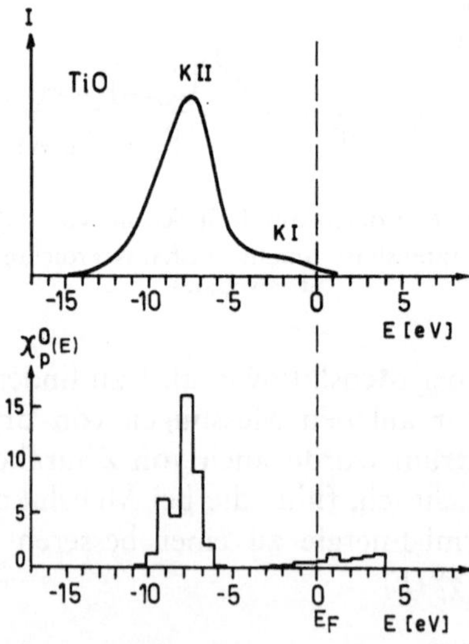

Abb. 8. Sauerstoff K-Spektrum von TiO (siehe Abb. 6)

„*p*-" und „*d*-Band" auftretende Energielücke von 2,18 eV ist im Spektrum nicht eindeutig zu erkennen.

Ein Vergleich der Nichtmetall-K-Spektren der Titanverbindungen TiX (X = C, N, O) zeigt, daß die Bande KII mit zunehmender Ordnungszahl zu tieferen Energien (gegenüber der Fermi-Energie) verschoben wird. Dieser Effekt ist im wesentlichen auf das Ansteigen der Fermi-Energie, bedingt durch die zunehmende Zahl der Valenzelektronen, zurückzuführen. Die Fermi-Energie verschiebt sich aus dem Minimum der Zustandsdichte zwischen „p-Band" und „d-Band" bei TiC in den Bereich des „d-Bandes" bei TiN und TiO. Die Bande KI wird durch den Anteil p-artiger Zustände im Bereich des „d-Bandes" hervorgerufen. Sie tritt in den Verbindungen TiN und TiO auf, nicht hingegen in TiC, da hier das „d-Band" noch nicht besetzt ist.

Vanadinverbindungen

VC:

In Abb. 9 ist das Kohlenstoff-K-Spektrum nach Holliday[24] mit der von Ramqvist et al.[25, 33] ermittelten Lage der Fermi-Energie wiedergegeben. Der Kohlenstoffgehalt wurde nicht spezifiziert. Zum

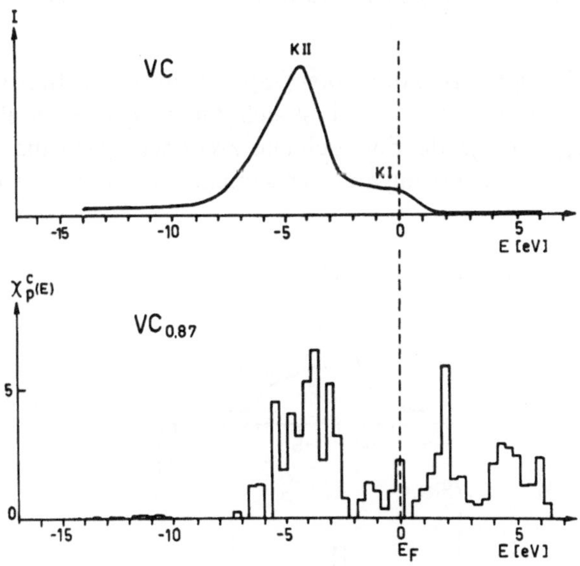

Abb. 9 Kohlenstoff K-Spektrum von VC (siehe Abb. 6)

Vergleich ist $\chi_p^C(E)$ nach Lit. 11 für die kohlenstoffreichste Phase VC$_{0,87}$ angegeben. Das Kohlenstoff-K-Spektrum ist auch von Zhurakovskii[28] untersucht worden.

VN:

Abb. 10 stellt das Stickstoff-*K*-Spektrum nach Brytov et al.[27] dar. Es liegen ferner Messungen von Zhurakovskii und Vasilenko[31] vor.

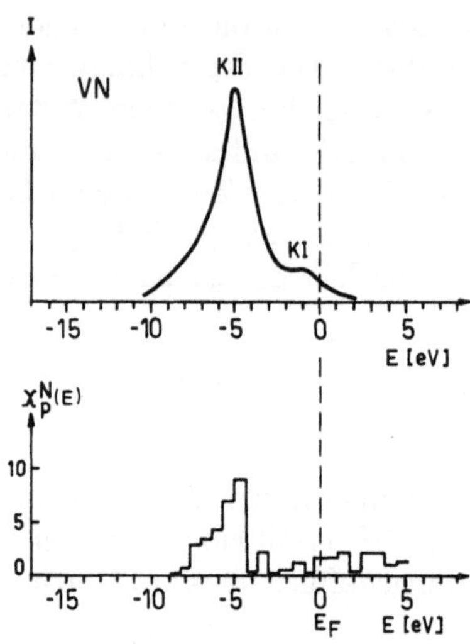

Abb. 10. Stickstoff K-Spektrum von VN (siehe Abb. 6)

VO:

Abb. 11 zeigt das Sauerstoff-*K*-Spektrum nach Brytov et al.[27]. Ähnlich wie im Falle von TiO läßt sich die aus den APW-Bandstrukturrechnungen folgende Energielücke zwischen „*p*-" und „*d*-Band" von 1,67 eV im Spektrum nicht erkennen. Es hat im Gegenteil den

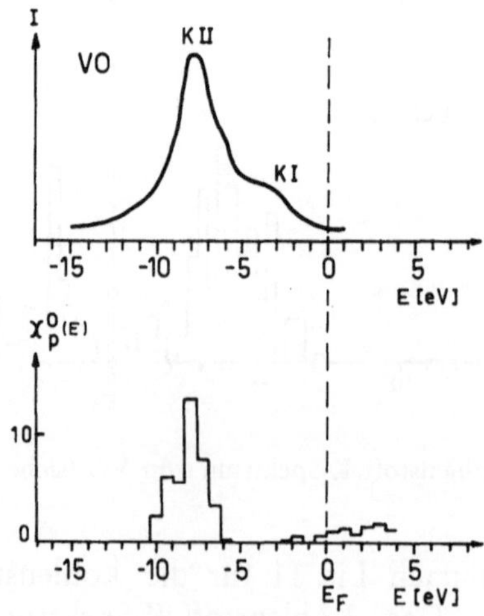

Abb. 11. Sauerstoff K-Spektrum von VO (siehe Abb. 6)

Anschein als ob im Bereich der Energielücke ein nicht unbeträchtlicher Anteil an p-Zuständen vorhanden sein müßte, um die Form der Bande KI zu erklären. Im Vanadin-K-Spektrum von VO liegt das Maximum von $\chi_p^V(E)$ um etwa 2 eV tiefer als die entsprechende Bande ($K\beta_5^{II}$). Es wäre daher denkbar, daß die Lage der Fermi-Energie im Sauerstoff-K-Spektrum unrichtig und das Spektrum um etwa 2 eV nach höheren Energien zu verschieben ist. Dies würde dann bedeuten, daß die APW-Rechnung ein zu tief liegendes „p-Band" liefert. Die Energielücke wäre dann kleiner oder möglicherweise gar nicht vorhanden.

Ebenso wie bei den Titanverbindungen verschiebt sich die Bande KII mit zunehmender Ordnungszahl des Nichtmetallatoms zu tieferen Energien (gegenüber der Fermi-Energie). Im Falle von VN und VO stimmt die Lage der Bande KII mit der in TiN bzw. in TiO überein. Da VC ein Valenzelektron mehr besitzt als TiC, liegt die Fermi-Energie bereits im Bereich des „d-Bandes", so daß die Bande KI auftritt, die in TiC fehlt.

Mit steigender Ordnungszahl des Nichtmetallatoms nimmt der besetzte Bereich des „d-Bandes" zu, andererseits nimmt das Verhältnis der p-Charakterdichte im „d-Band" zu jener im „p-Band" ab. Die beiden einander entgegenwirkenden Effekte bedingen offenbar, daß das Intensitätsverhältnis KII/KI keine starken Änderungen zeigt.

Metall-K-Spektren

Für die Intensität eines Metall-K-Spektrums erhält man aus (23) näherungsweise

$$I_K(E) \propto v^3\, M_M(p,1s,E)^2\, \chi_p^M(E) \approx \text{prop. } \chi_p^M(E) \qquad (25)$$

wobei $\chi_p^M(E)$ die p-Charakterdichte in der Metallatomsphäre bedeutet. Die Metall-K-Spektren spiegeln somit die energetische Verteilung der p-artigen Zustände in der Atomsphäre des Metalls wieder. Es sei bemerkt, daß die p-Charakterdichte in der Metallatomsphäre eine kleine Komponente darstellt.

Die K-Spektren der Metalle der in dieser Arbeit betrachteten Verbindungen besitzen — mit Ausnahme von TiC — alle drei Banden, die mit $K\beta''$, $K\beta_5^{II}$ und $K\beta_5^{I}$ bezeichnet werden. $K\beta''$ ist durch den Anteil p-artiger Zustände in der Metallatomsphäre im „s-Band", $K\beta_5^{II}$ durch $\chi_p^M(E)$ im „p-Band" und $K\beta_5^{I}$ durch $\chi_p^M(E)$ im „d-Band" bedingt. $K\beta''$ gibt im wesentlichen die energetische Lage des „s-Bandes" im Kristall an. Für die Banden $K\beta_5^{II}$ und $K\beta_5^{I}$ gilt dies nicht im gleichen Maße, da p- und d-Charakterdichte im „p-" und „d-Band" etwas verschiedene energetische Verteilung zeigen.

Titanverbindungen

TiC:

Abb. 12 zeigt das von Nemnonov und Kolobova[34] untersuchte Titan-*K*-Spektrum. Es ist gegenüber dem von Ramqvist et al.[35] ge-

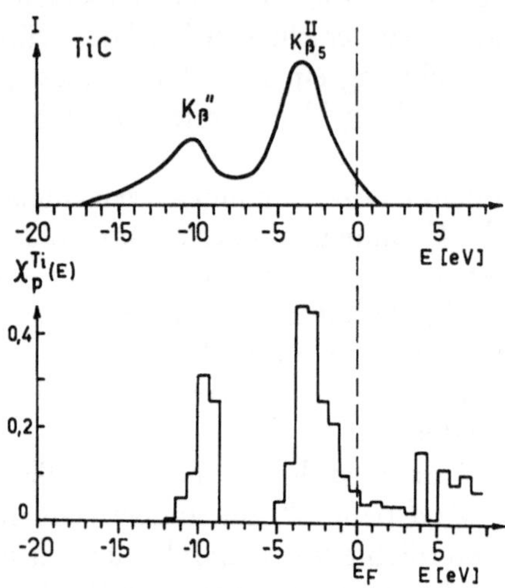

Abb. 12. Titan K-Spektrum von TiC
(Oben: experimentelle Intensität, unten: *p*-Charakterdichte in der Metallatomsphäre)

messen Spektrum, das hier nicht wiedergegeben ist, um etwa 0,5 eV zu höheren Energien verschoben.

TiN:

In Abb. 13 stellt die ausgezogene Kurve das Titan-*K*-Spektrum nach Nemnonov und Kolobova[34] dar, während die strichlierte Kurve das Spektrum nach Ramqvist et al.[35] wiedergibt.

TiO:

In Abb. 14 gibt die ausgezogene Kurve das Titan-*K*-Spektrum nach Nemnonov und Kolobova[34] und die strichlierte Kurve das Spektrum nach Ramqvist et al.[35] wieder.

Die von Nemnonov und Kolobova gemessenen Spektren stimmen mit den von Ramqvist et al. erhaltenen nicht vollkommen überein. Die Unterschiede, die keinen systematischen Gang erkennen lassen, betragen etwa 1—2 eV.

Vergleicht man die Lage der $K\beta''$-Bande in den von Nemnonov und Kolobova[34] gemessenen Spektren mit der Lage des Maximums von $\chi_p^{Ti}(E)$ im Bereich des „*s*-Bandes", so findet man, daß dieses Maximum im TiC um etwa 1 eV, im TiN um etwa 1,5 eV und in

TiO um etwa 1 eV höher liegt. Die Lage der $K\beta_5^{II}$-Bande stimmt in TiC und TiN gut mit dem Maximum von $\chi_p^{Ti}(E)$ im Bereich des „p-Bandes" überein, in TiO hingegen liegt das Maximum von $\chi_p^{Ti}(E)$

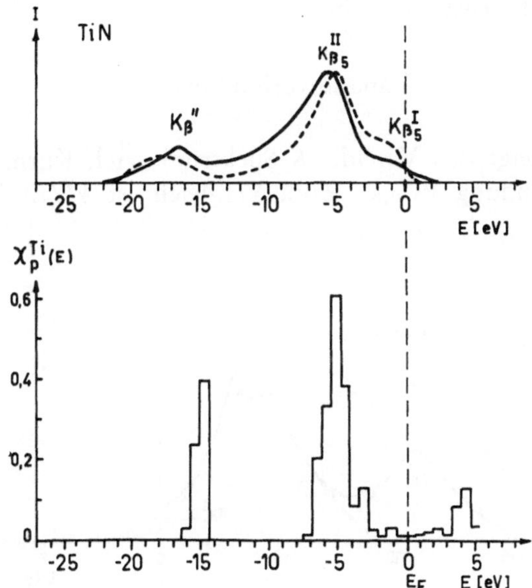

Abb. 13. Titan K-Spektrum von TiN (siehe Abb. 12)

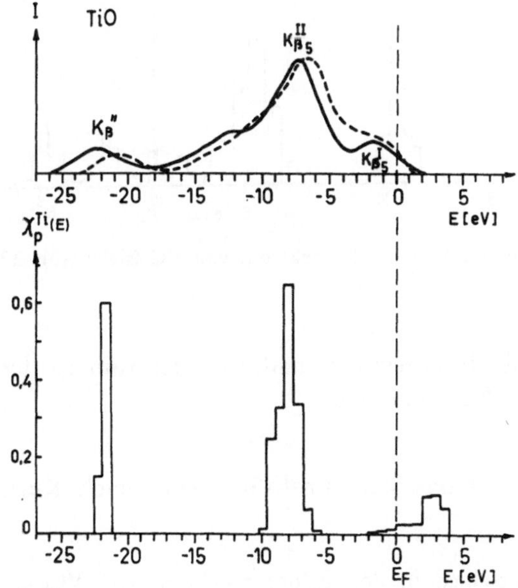

Abb. 14. Titan K-Spektrum von TiO (siehe Abb. 12)

um etwa 0,5 eV tiefer. Im Falle von TiO kann man auch im Titan-K-Spektrum die aus der APW-Bandstrukturrechnung folgende Energielücke zwischen „p-" und „d-Band" nicht eindeutig erkennen. Auch ist die $K\beta_5^I$-Bande ausgeprägter, als man aufgrund von $\chi_p^{Ti}(E)$ in diesem Bereich erwarten sollte.

Vanadinverbindungen

VC:

Abb. 15 zeigt das Vanadin-K-Spektrum nach Kurmaev et al.[36] für die Verbindung $VC_{0,84}$. Zum Vergleich ist $\chi_p^V(E)$ für $VC_{0,87}^*$ aufgetragen[11].

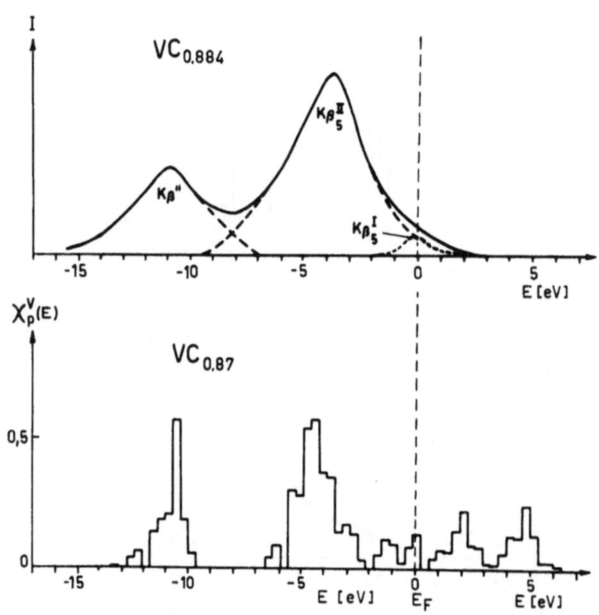

Abb. 15. Vanadin K-Spektrum von VC (siehe Abb. 12)

VN:

Das in Abb. 16 gezeigte Vanadin-K-Spektrum ist der Arbeit von Kurmaev et al.[36] entnommen.

VO:

In Abb. 17 ist das Vanadin-K-Spektrum nach Kurmaev et al.[36] dargestellt.

---

* Der Unterschied in den Röntgenspektren von $VC_{0,884}$ und $VC_{0,87}$ dürfte weit innerhalb der experimentellen Fehlergrenzen liegen.

Während die $K\beta''$-Bande von $VC_{0,884}$ praktisch mit dem Maximum von $\chi_p^V(E)$ im Bereich des „s-Bandes" übereinstimmt, liegt für

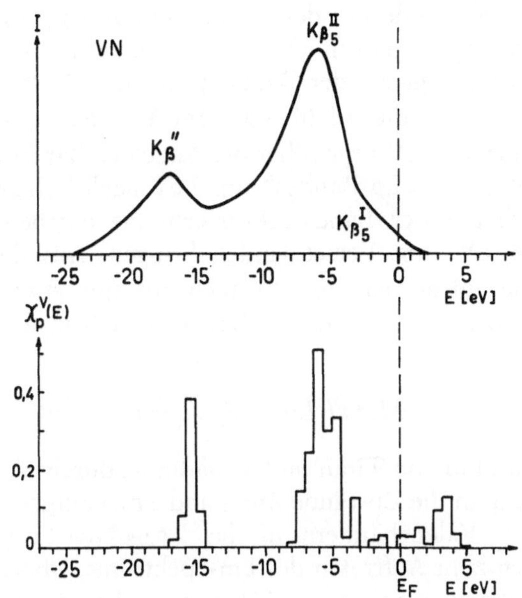

Abb. 16. Vanadin K-Spektrum von VN (siehe Abb. 12)

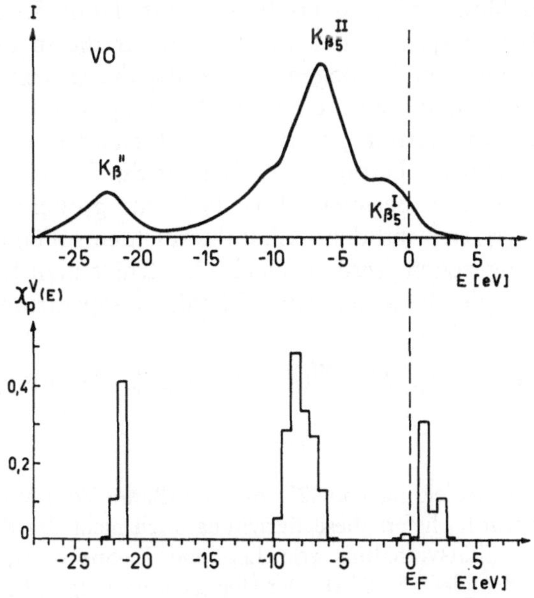

Abb. 17. Vanadin K-Spektrum von VO (siehe Abb. 12)

VN dieses Maximum von $\chi_p^V(E)$ etwa 1,5 eV, für VO um etwa 1 eV höher als die $K\beta''$-Bande. Ein ähnliches Verhalten wurde auch bei den entsprechenden Titanverbindungen beobachtet. Der Vergleich der Lage der $K\beta_5^{II}$-Bande mit dem Maximum von $\chi_p^V(E)$ im Bereich des „p-Bandes" ergibt, daß in $VC_{0,884}$ das Maximum von $\chi_p^V(E)$ um etwa 0,8 eV tiefer liegt als der Bandenpeak. In VN stimmen $\chi_p^V(E)$ und $K\beta_5^{II}$-Bande befriedigend überein. Im VO liegt das Maximum von $\chi_p^V(E)$ um etwa 2 eV gegenüber der Lage der Bande $K\beta_5^{II}$ zu tief. Eine Verschiebung des „p-Bandes" um 2 eV nach höheren Energien würde die sich aus der Bandstrukturrechnung ergebende Energielücke von 1,67 eV zum Verschwinden bringen. Aus der Intensität der $K\beta_5^{I}$-Bande würde man in VO auch auf eine etwas höhere p-Charakterdichte im Bereich dieser Bande schließen, als theoretisch gefunden wird.

Metall $L_{II, III}$-Spektren

Der $2p$-Zustand von Titan und Vanadin ist durch die Spin-Bahn-Wechselwirkung in die Zustände $2p_{3/2}$ und $2p_{1/2}$ aufgespalten. Übergänge aus den Valenzbändern in das $2p_{3/2}$-Niveau (Spinzustand $\sigma_c = 1/2$) führen zum Auftreten des L_{III}-Spektrums, Übergänge in das $2p_{1/2}$-Niveau (Spinzustand $\sigma_c = -1/2$) verursachen das L_{II}-Spektrum. Ermittelt man die Größe der Aufspaltung des $2p$-Niveaus für die freien Atome mit Hilfe der Störungstheorie nach der Methode von Herman und Skillman[22], so ergibt sich für Titan 5,7 eV und für Vanadin 7,0 eV. Experimentell findet man für die in dieser Arbeit untersuchten Titanverbindungen eine Aufspaltung von etwa 6 eV. Man beobachtet daher stets eine Überlagerung von L_{III}- und L_{II}-Spektrum. Das theoretisch zu erwartende Intensitätsverhältnis* von L_{III}- zu L_{II}-Spektrum beträgt 2:1. Bedingt durch Auger-Übergänge findet man jedoch experimentell vielfach ein größeres Verhältnis.

Für den Vergleich mit den l-Charakterdichten sollen nur die L_{III}-Spektren herangezogen werden. Nach (23) erhält man für die Energieabhängigkeit der Intensität eines Metall-L_{III}-Spektrums

$$I_{L_{III}}(E) \propto \nu^3 \left\{ M_M(s, 2p, E)^2 \chi_s^M(E) + 2/5\, M_M(d, 2p, E)^2 \chi_d^M(E) \right\} \delta_{\sigma, 1/2}$$

$$(26)$$

---

* Da bei der Ableitung von (23) die Spin-Bahn-Wechselwirkung nicht berücksichtigt wurde, liefert diese Beziehung auch nicht das theoretisch zu erwartende Intensitätsverhältnis von L_{III}- und L_{II}-Spektrum, sondern für beide Spektren den gleichen Wert. Der Übergang nach $2p_{3/2}$ bzw. $2p_{1/2}$ wird lediglich durch $\delta_{\sigma, \sigma_c}$ geregelt.

Ein L_{III}-Spektrum (wie auch ein L_{II}-Spektrum) stellt somit eine Überlagerung von Beiträgen der s- und d-Charakterdichte dar. Man beachte, daß für die untersuchten Verbindungen $\chi_s^M(E)$ eine kleine Komponente darstellt und höchstens im Bereich des „s-Bandes" mit $\chi_d^M(E)$ vergleichbar wird. Das Ausmaß, in dem d- und s-Charakterdichte zur Intensität beitragen, hängt noch von den radialen Über-

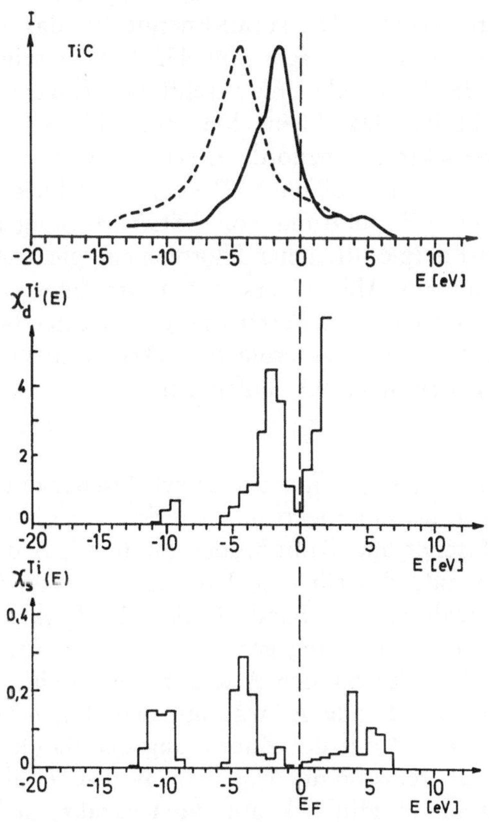

Abb. 18. Titan L_{II}, $_{III}$-Spektrum von TiC (oben: experimentelle Intensität; Mitte: d-Charakterdichte in der Metallatomsphäre; unten: s-Charakterdichte in der Metallatomsphäre)

gangswahrscheinlichkeiten ab. Wie man aus Abb. 5 erkennt, ist für VN der Faktor $2/5\ M_V\,(d, 2p, E)^2$ im Bereich des „s-Bandes" etwa 1,8mal, im Bereich des „d-Bandes" etwa 5mal größer als $M_V\,(s, 2p, E)^2$. Aus diesen Verhältnissen geht hervor, daß im Bereich des „p-" und „d-Bandes" die Intensität fast ausschließlich durch die d-Charakterdichte bestimmt wird, während im Bereich des „s-Bandes"

auch die *s*-Charakterdichte in geringem Maße zur Intensität bei-
trägt. Ähnliche Verhältnisse sind auch bei den anderen in der
vorliegenden Arbeit untersuchten Verbindungen zu erwarten.

Titanverbindungen

TiC:

Die ausgezogene Kurve in Abb. 18 zeigt das Titan $L_{II, III}$-Spektrum
nach Fischer und Baun[32]. Die Fermi-Energie für das L_{III}-Spektrum
entspricht einer Photonenenergie von 452,3 eV. Fischer und Baun
bemerken, daß die L_{II}-Bande eine wesentlich geringere Intensität als
die L_{III}-Bande besitzt. Das kleine Maximum bei 4,5 eV in Abb. 18
dürfte dem L_{II}-Spektrum zuzuordnen sein. Strichliert eingezeichnet
in Abb. 18 ist das von Holliday[24, 37] gemessene Spektrum mit der
von Ramqvist et al.[25] aufgrund von ESCA-Messungen ermittelten
Lage der Fermi-Energie, die einer Photonenenergie von 455 eV entspricht. Wie man aus Abb. 18 erkennt, führt die von Fischer und
Baun[32] angegebene Lage der Fermi-Energie zu einer besseren Übereinstimmung mit den Charakterdichten. Das Titan-$L_{II, III}$-Spektrum
wurde auch von Brytov et al.[27] untersucht.

TiN:

Abb. 19 zeigt das $L_{II, III}$-Spektrum nach Fischer und Baun[32]. Die
Fermi-Energie für das L_{III}-Spektrum entspricht einer Photonenenergie
von 453,7 eV. Fischer und Baun ordnen die Bande A dem L_{III}-Spek-
trum zu. Die Bande B stellt eine Überlagerung von L_{III}- und L_{II}-
Spektrum dar, während die Bande C dem L_{II}-Spektrum angehört.
In dem von Brytov et al.[30] angegebenen Titan-L_{III}-Spektrum ist das
Intensitätsverhältnis der Banden A und B vertauscht. Die Bande B
ist intensiver als die Bande A, was mit dem $L_{II, III}$-Spektrum von
Fischer und Baun und mit der Zuordnung der Banden durch diese
Autoren nicht übereinstimmt. Das von Brytov et al. angegebene
Spektrum ist auch in Hinblick auf die Charakterdichten weniger
wahrscheinlich, da die Bande A durch die *d*-Charakterdichte im „*p*-
Band" und der L_{III}-Anteil der Bande B durch die *d*-Charakterdichte
im „*d*-Band" hervorgerufen werden sollte. Der gesamte *d*-Anteil im
besetzten Bereich des „*d*-Bandes" ist aber geringer als der gesamte
d-Anteil im „*p*-Band". Die Diskrepanz zwischen dem L_{III}-Spektrum
von Brytov et al. und dem $L_{II, III}$-Spektrum von Fischer und Baun
ist möglicherweise auf die Schwierigkeit der Zerlegung des $L_{II, III}$-
Spektrums in seine Komponenten zurückzuführen.

$L_{II, III}$-Spektren von TiN_x ($x = 0,2—0,7$) wurden von Holliday[37]
untersucht.

TiO:

Abb. 20 zeigt das $L_{II, III}$-Spektrum nach Fischer und Baun[32]. Die Fermienergie für das L_{III}-Spektrum entspricht einer Photonenenergie von 453,6 eV. Fischer und Baun ordnen die Banden A und B dem L_{III}-Spektrum zu. Die Bande B enthält noch einen geringen Anteil

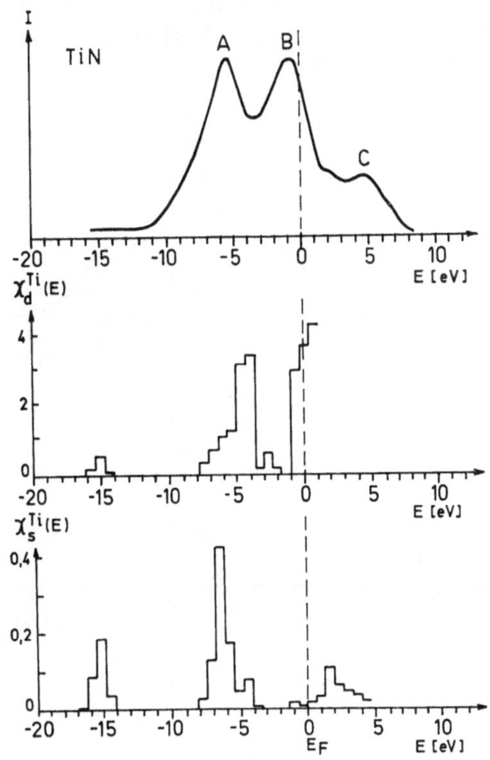

Abb. 19. Titan $L_{II, III}$-Spektrum von TiN (siehe Abb. 18)

des L_{II}-Spektrums, während die Bande C dem L_{II}-Spektrum zugeordnet wird. Das von Holliday[38] gemessene Spektrum stimmt weitgehend mit dem von Fischer und Baun angegebenen überein. Ichikawa et al.[39] haben die $L_{II, III}$-Spektren von TiO_x ($x = 0{,}8$; $0{,}84$; $0{,}9$; $1{,}0$ und $1{,}1$) untersucht. Das für TiO erhaltene Spektrum ist praktisch mit dem von Fischer und Baun[32] gemessenen identisch. Das Titan $L_{II, III}$-Spektrum wurde auch von Brytov et al.[30] untersucht.

Bei dem Vergleich von Spektrum und Charakterdichte ist zu beachten, daß auch die stöchiometrisch zusammengesetzte Verbindung TiO eine Defektstruktur besitzt, wobei etwa 15% der Titan- und der Sauerstoff-Gitterplätze unbesetzt sind. In den vorliegenden APW-

                    A. Neckel et al.:

Bandstrukturrechnungen wurde die Defektstruktur nicht berücksichtigt.

Ein Vergleich der L_{II}-Spektren der drei untersuchten Titanverbindungen zeigt, daß beim Übergang von TiC zu TiN eine neue Bande (B) auftritt, deren Intensität in TiN kleiner ist als die der Bande A. Beim Übergang von TiN zu TiO nimmt die Intensität der Bande B relativ zur Intensität der Bande A zu, so daß sich das Intensitätsverhältnis umkehrt. Dieses Verhalten wird verständlich,

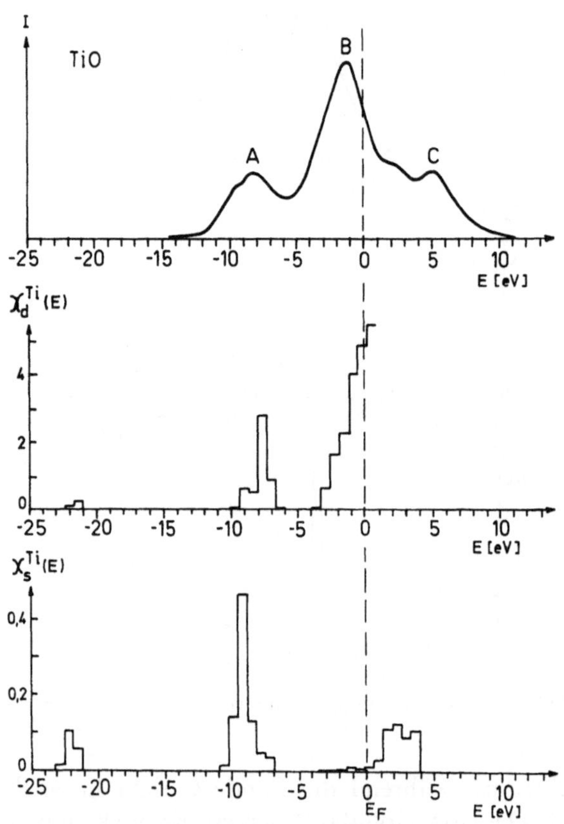

Abb. 20. Titan $L_{II, III}$-Spektrum von TiO (siehe Abb. 18)

wenn man berücksichtigt, daß die Bande A durch die d- und die s-Charakterdichte im Bereich des „p-Bandes", die Bande B hingegen durch die d- und s-Charakterdichte im Bereich des „d-Bandes" hervorgerufen wird. Beim Übergang von TiC zu TiN verschiebt sich die Fermi-Energie aus dem Minimum der Zustandsdichte zwischen „p-" und „d-Band" in den Bereich des „d-Bandes". Beim Übergang von TiN zu TiO nimmt sowohl der besetzte Bereich des „d-Bandes" zu als auch die d-Charakterdichte im „p-Band" ab. Beide Effekte führen in TiO zu einer Erhöhung der Intensität der Bande B gegenüber der Bande A.

In den L$_{III}$-Spektren der drei Titanverbindungen wäre eine Bande geringer Intensität im Bereich des „s-Bandes" zu erwarten, die offenbar noch nicht beobachtet worden ist.

Vanadinverbindungen

VC:

In Abb. 21 zeigt die ausgezogene Kurve das Vanadin L$_{II, III}$-Spektrum nach Fischer[40, 41] (Kohlenstoffgehalt nicht spezifiziert). Die

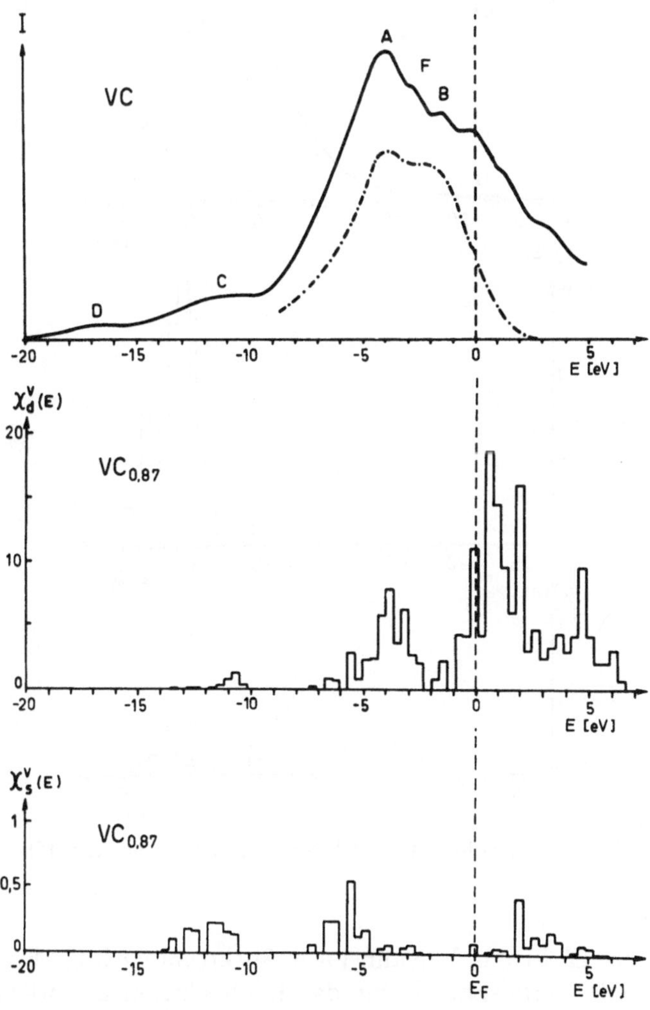

Abb. 21. Vanadin L$_{II, III}$-Spektrum von VC (siehe Abb. 18)

Lage der Fermi-Energie entspricht einer Photonenenergie von 512,5 eV für das L_{III}-Spektrum. Die mit A, B, C, D, F bezeichneten Banden ordnet Fischer[40] dem L_{III}-Spektrum zu. Strichpunktiert eingezeichnet ist das L_{III}-Spektrum nach Brytov et al.[30]. Die Bande A ist im wesentlichen durch die Vanadin-d-Charakterdichte im „p-Band", die Bande B durch die d-Charakterdichte im „d-Band" bedingt. Zur Bande C, die im Bereich des „s-Bandes" liegt, dürfte neben $\chi_d^V(E)$ auch $\chi_s^V(E)$ beitragen. Die Bande D kann aufgrund der Charakterdichten nicht interpretiert werden.

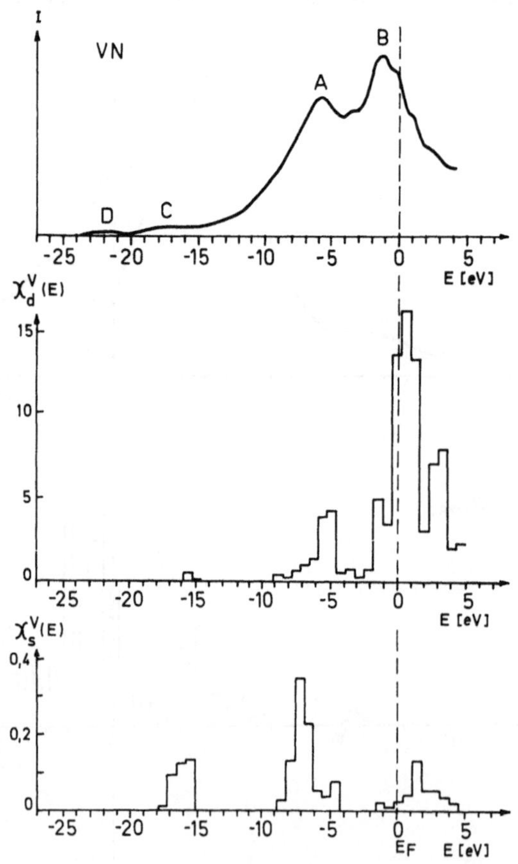

Abb. 22. Vanadin $L_{II, III}$-Spektrum von VN (siehe Abb. 18)

VN:

In Abb. 22 ist das Vanadin-$L_{II, III}$-Spektrum nach Fischer[40] dargestellt. Die Fermi-Energie für das L_{III}-Spektrum entspricht einer Photonenenergie vom 512,8 eV. Die mit A, B, C, D bezeichneten

Banden werden von Fischer[40] dem L_{III}-Spektrum zugeordnet. Das Vanadin-L_{III}-Spektrum ist ebenfalls von Brytov et al.[30] untersucht worden. Für die Zuordnung der Banden gilt das für VC gesagte.

VO:

Abb. 23 gibt das von Brytov et al.[30] gemessene Vanadin-L_{III}-Spektrum wieder.

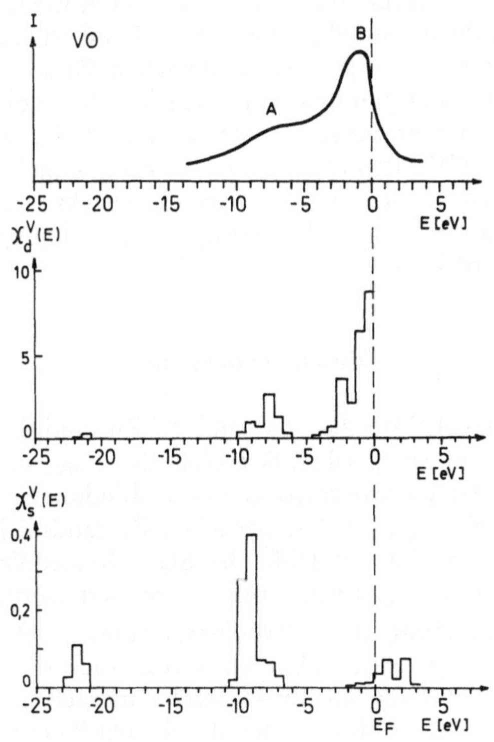

Abb. 23. Vanadin L_{III}-Spektrum von VO (siehe Abb. 18)

In den Vanadin-L_{III}-Spektren der untersuchten Verbindungen nimmt die Intensität der Bande B gegenüber der Intensität der Bande A mit steigender Ordnungszahl des Nichtmetallatoms zu. Dieses Verhalten beruht auf der Tatsache, daß die Bande B durch $\chi_d^V(E)$ im Bereich des „d-Bandes" hervorgerufen wird, während die Bande A durch $\chi_d^V(E)$ im Bereich des „p-Bandes" bedingt ist. Mit zunehmender Ordnungszahl des Nichtmetallatoms wächst der besetzte Bereich des „d-Bandes", während gleichzeitig der Anteil der d-Charakterdichte in der Vanadinsphäre im „p-Band" abnimmt. Beide Effekte führen zu einer Zunahme der Intensität der Bande B gegenüber der Bande A.

Schlußbemerkung

Der Vergleich der weichen Röntgenemissionsspektren mit den l-Charakterdichten zeigt, daß man aufgrund von APW-Bandstrukturrechnungen die Herkunft der wesentlichen Banden in den Röntgenspektren der untersuchten Substanzen erklären kann. Die energetische Lage der Banden läßt sich mit einer Genauigkeit von 1—2 eV vorhersagen. Dieses Ergebnis erscheint befriedigend, wenn man berücksichtigt, daß in die quasi-selbstkonsistenten Bandstrukturrechnungen außer der Gitterkonstante keine empirischen Parameter eingehen. Die geringere Übereinstimmung, die man bei VO beobachtet, kann möglicherweise darauf zurückgeführt werden, daß gewisse Voraussetzungen der APW-Methode bei dieser Substanz nicht mehr erfüllt sind. Eine andere Ursache könnte aber die Defektstruktur sein, die VO besitzt und die in den APW-Bandstrukturrechnungen nicht berücksichtigt worden ist.

Zusammenfassung

Die partiellen LCAO $2s$-, $2p$- und $3d$-Zustandsdichten werden herangezogen, um einen Überblick über die Lage und Natur der Energiebänder der Valenzelektronen der Verbindungen MX (M = Ti, V; X = C, N, O) zu geben. Die partiellen Zustandsdichten beruhen auf Energiewerten, die mit Hilfe des Slater-Koster-Verfahrens auf Grund von APW-Energieeigenwerten interpoliert wurden.

Unter Verwendung des APW-Formalismus wird ein auf der Dipolnäherung basierender allgemeiner Ausdruck für die Intensität der Röntgen-Valenzbandemissionsspektren angegeben. Die Energieabhängigkeit der Intensität ist neben der dritten Potenz der Frequenz durch die radialen Übergangswahrscheinlichkeiten und die l-Charakterdichten [Zahl der durch die Drehimpulsquantenzahl l charakterisierten Zustände (Elektronen) in der p-ten Atomsphäre für einen Spinzustand pro Rydberg] bestimmt.

Um die Herkunft der wesentlichen Röntgenbanden in den Spektren der genannten Verbindungen zu erklären, werden die der Literatur entnommenen Nichtmetall-K-Spektren, Metall-K- und L_{III}-Spektren den l-Charakterdichten in den entsprechenden Atomsphären gegenübergestellt. Diese Darstellung erlaubt eine Interpretation der wesentlichen Banden der Röntgen-Valenzbandemissionsspektren der untersuchten Verbindungen. Die Lage der Hauptbanden kann mit einer Genauigkeit von etwa 1—2 eV vorhergesagt werden. Eine geringere Übereinstimmung beobachtet man bei VO.

Summary

Electronic Structure and Valence Band Spectra of Several Refractory Metal Compounds

The partial LCAO $2s$-, $2p$- and $3d$-density of states are used to analyse the energy bands of the valence states for the compounds MX (M = Ti, V, X = C, N, O). The partial density of states are based on energy values which have been obtained by means of a Slater-Koster interpolation of APW energy eigenvalues.

Using the APW formalism a general expression for the intensity of X-ray valence band spectra within the dipole approximation is presented. Irrespective of the factor frequency cubed the energy dependence of the intensity is determined by the radial transition probabilities and the l-character densities [number of states (electrons) which are characterized by the azimuthal quantum number l within the p-th atomic sphere for one spin per Rydberg].

In order to explain the origin of the main peaks of the X-ray band spectra for the compounds mentioned, the non-metal K-spectra, the metal K- and L_{III}-spectra taken from literature are compared with the l-character densities within the corresponding atomic sphere. This comparison makes it possible to interpret the main features of the X-ray valence band emission spectra of the compounds investigated. The position of the main peaks can be predicted to an accuracy of about 1—2 eV. In the case of VO there is less agreement.

Literatur

[1] H. Malissa und M. Grasserbauer, Mh. Chem. **102**, 1545 (1971).

[2] M. Grasserbauer, Mikrochim. Acta **1975 I**, 597, **1975 II**, 55, 69.

[3] J. C. Slater, Physic. Rev. **51**, 846 (1937).

[4] F. J. Morin, Physic. Rev. Lett. **3**, 34 (1959).

[5] I. G. Austin, Phil. Mag. **7**, 961 (1962).

[6] S. Kawano, K. Kosuge und S. Kochi, J. Phys. Soc. Japan **21**, 2744 (1966).

[7] R. E. Loehman, C. N. R. Rao und J. M. Honig, J. Phys. Chem. **73**, 1781 (1969).

[8] C. H. Mathewson, E. Spire und C. H. Samans, Trans. Amer. Soc. Steel Treating **20**, 357 (1932).

[9] A. Neckel, P. Rastl, R. Eibler, P. Weinberger und K. Schwarz, Inst. f. Techn. Elektrochem. Report No. 14 (1974).

[10] R. K. Storms, The Refractory Carbides, New York: Academic Press. 1967.

[11] A. Neckel, P. Rastl, K. Schwarz und Renate Eibler-Mechtler, Z. Naturforsch. **29 a**, 107 (1974).

[12] J. M. Schoen, Physic. Rev. **184**, 858 (1969).

[13] J. C. Slater und G. F. Koster, Physic. Rev. **94**, 1498 (1954).

[14] G. Gilat und L. J. Raubenheimer, Physic. Rev. **144**, 390 (1966).

[15] D. A. Goodings und R. Harris, J. Phys. C **2**, 1808 (1969).

[16] L. Smrčka, Czech. J. Phys. **B 21**, 683 (1971).

[17] W. Weizel: Lehrbuch der theoretischen Physik, Bd. 2, 2. Aufl., Berlin: Springer-Verlag. 1958. 899 ff.

[18] L. F. Mattheiss, J. H. Wood und A. C. Switendick, Methods in Computational Physics, Vol. 8, 63, New York: Academic Press. 1968.

[19] K. Schwarz, P. Weinberger und A. Neckel, Theoret. Chim. Acta **15**, 149 (1969).

[20] H. W. B. Skinner, Phil. Trans. **239**, 95 (1940).

[21] D. J. Fabian, L. M. Watson und C. A. W. Marshall, Reports on Progress in Physics **34**, 601 (1971).

[22] F. Herman und S. Skillman, Atomic Structure Calculations, Englewood Cliffs: Prentice-Hall. 1963.

[23] J. B. Conklin Jr., F. W. Averill und T. M. Hattox, J. Phys. (Paris) **33**, C 3—213 (1972).

[24] J. Holliday, J. Appl. Phys. **38**, 4720 (1967).

[25] L. Ramqvist, K. Hamrin, G. Johansson, A. Fahlman und C. Nordling, J. Phys. Chem. Solids **30**, 1835 (1969).

[26] A. Z. Menshikov, I. A. Brytov und E. Z. Kurmaev, J. phys. stat. sol. **35**, 89 (1969).

[27] I. A. Brytov, E. Z. Kurmaev und S. A. Nemnonov, Fiz. metal. metalloved. **26**, 366 (1968), engl. Übersetz.: Physic Metals Metallogr. **26**, 178 (1968).

[28] E. A. Zhurakovskii, Sov. Phys.-Techn. Phys. **14**, 168 (1969).

[29] D. W. Fischer und W. L. Baun, J. Chem. Phys. **43**, 2075 (1965).

[30] I. A. Brytov, M. A. Rumsh und A. S. Parobets, Sov. Phys.-Solid State **10**, 621 (1968).

[31] E. A. Zhurakovskii und N. N. Vasilenko, Sov. Phys.-Techn. Phys. **14**, 710 (1970).

[32] D. W. Fischer und W. L. Baun, J. Appl. Phys. **39**, 4757 (1968).

[33] L. Ramqvist, B. Ekstig, E. Källne, E. Noreland und R. Manne, J. Phys. Chem. Solids **32**, 149 (1971).

[34] S. A. Nemnonov und K. M. Kolobova, Fiz. metal. metalloved. **22**, 680 (1966), engl. Übersetz.: Physics Metals Metallogr. **22**, 36 (1966).

[35] L. Ramqvist, B. Ekstig, E. Källne, E. Noreland und R. Manne, J. Phys. Chem. Solids **30**, 1849 (1969).

[36] E. Z. Kurmaev, S. A. Nemnonov, A. Z. Menshikov und G. P. Shveikin, Bull. Acad. Science USSR, Phys. Ser. **31**, 1011 (1967).

[37] J. E. Holliday, J. Phys. Chem. Solids **32**, 1825 (1971).

[38] J. E. Holliday, Soft X-Ray Band Spectra, ed. D. J. Fabian, London—New York: Academic Press. 1968. S. 101.

[39] K. Ichikawa, O. Terasaki und T. Sagawa, J. Phys. Soc. Japan **36**, 706 (1974).

[40] D. W. Fischer, J. Appl. Phys. **40**, 4151 (1969).

[41] D. W. Fischer, J. Appl. Phys. **41**, 3561 (1970).

Korrespondenz und Sonderdrucke: Dr. A. Neckel, Institut für technische Elektrochemie der Technischen Hochschule, Getreidemarkt 9, A-1060 Wien, Österreich.

Mikrochimica Acta [Wien], Suppl. 6, 1975, 293—310
© by Springer-Verlag 1975

Sektion Physik der Universität München,
D-8000 München 22, Bundesrepublik Deutschland

Röntgenspektroskopie mit hochauflösenden Spektrometern*

Von

G. Wiech

Mit 10 Abbildungen

(Eingegangen am 17. Oktober 1974)

1. Einleitung

Röntgenspektroskopische Methoden wurden in den letzten Jahren in zunehmendem Maß sowohl für die qualitative und quantitative Analyse (Röntgenfluoreszenzanalyse, Mikrosondenanalyse) als auch für die Untersuchung der elektronischen Struktur von Festkörpern und freien Molekülen angewandt. Die für Analysenzwecke und für das Studium der Elektronenstruktur benutzten Spektrometer unterscheiden sich im Bauprinzip praktisch nicht, jedoch sind die Anforderungen an die spektrale Auflösung der Geräte sehr verschieden.

Für die Analyse ist im Prinzip eine Auflösung ausreichend, die es gestattet, zwei im Periodensystem benachbarte Elemente eindeutig zu unterscheiden. Hier ist man vor allem an einer kurzen Meßdauer interessiert. Bei Untersuchungen, die Information über die elektronische Struktur liefern sollen, spielt die Meßdauer eine sekundäre Rolle; dagegen möchte man sämtliche Strukturdetails der Spektren erfassen.

---

* Herrn Prof. Dr. Walter Koch zum 65. Geburtstag gewidmet und anläßlich des 7. Kolloquiums über metallkundliche Analyse mit besonderer Berücksichtigung der Elektronenstrahlmikroanalyse, Wien, 23.—25. 10. 1974 vorgetragen.

Im folgenden soll zunächst dem vorwiegend analytisch arbeitenden Physiker oder Chemiker anhand einiger Daten, die charakteristisch für hochauflösende Spektrometer sind, ein Vergleich mit entsprechenden Daten von Analysengeräten ermöglicht werden. Sodann wird an einigen Beispielen von Emissionslinien und Emissionsbanden gezeigt, wie groß die beobachteten Linienverschiebungen sein können und welche Unterschiede zwischen der Intensitätsverteilung der Emissionsbanden verschiedener Verbindungen auftreten. Die Ergebnisse werden im Zusammenhang mit der Bandstruktur und der Kristallstruktur diskutiert. — Da die beobachteten Effekte z. T. sehr groß sind, ergeben sich daraus Anwendungsmöglichkeiten für die Analyse auch bei geringerer Auflösung der verwendeten Apparatur.

2. Einige experimentelle Daten

Für festkörperspektroskopische Untersuchungen eignen sich insbesondere die leichteren Elemente. Abb. 1 zeigt ein Energieniveauschema für die besetzten Zustände eines Elementes der 3. Periode, z. B. Silicium, in das die Übergänge für die charakteristische Rönt-

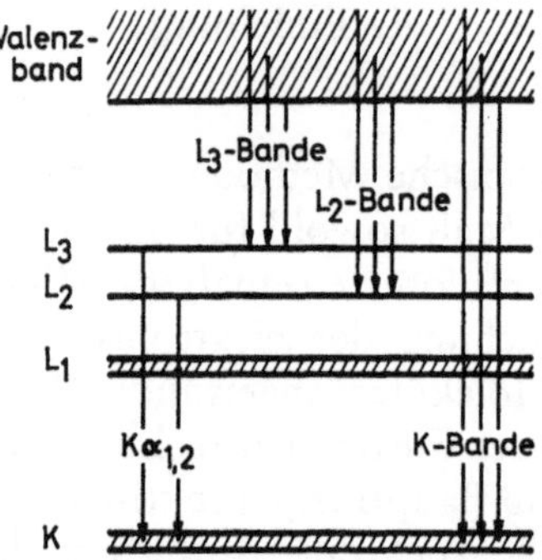

Abb. 1. Niveauschema der besetzten Zustände und mögliche Röntgenübergänge
für Elemente der dritten Periode

genstrahlung eingezeichnet sind. Elektronenübergänge zwischen inneren Niveaus liefern die Emissionslinien $K\alpha_1$ und $K\alpha_2$; Übergänge zwischen dem Valenzband und inneren Niveaus liefern die K- und $L_{2,3}$-Emissionsbanden*. Die K- und L-Emissionsbanden können einander mit Hilfe der Kα-Linien energetisch zugeordnet werden.

Bei den Kα-Linien beobachtet man als Folge der unterschiedlichen chemischen Bindung im wesentlichen eine Wellenlängenänderung, in

---

* Übergänge vom Valenzband in das K-Niveau werden bei Elementen der 2. Periode oft fälschlicherweise auch als Kα-*Linien* bezeichnet.

geringem Maß auch eine Änderung der Halbwertsbreite und der Symmetrie. Die Emissionsbanden zeigen mehr oder weniger strukturierte Intensitätsverteilungen, die von Verbindung zu Verbindung sehr stark variieren können.

Um der natürlichen Linienbreite der Kα-Linien, d. h. der Halbwertsbreite der Linien, die sich aus der Breite der beiden am Übergang beteiligten Niveaus ergibt, in der Messung möglichst nahe zu kommen, muß man die Halbwertsbreite der Fensterkurve des Spektrometers kleiner als die natürliche Linienbreite wählen. — Bei den Emissionsbanden wird die „natürliche Intensitätsverteilung", die aus der Breite der inneren Niveaus und der Bandstruktur resultiert, noch durch Augerprozesse beeinflußt, die insbesondere im niederenergetischen Teil der Banden zu einer starken Verschmierung der Strukturen und damit zu einem Verlust an Information führen.

Bis etwa 20 Å werden für Untersuchungen der elektronischen Struktur meist Spektrometer nach Johann oder Doppelkristallspektrometer verwendet, über 20 Å Konkavgitterspektrometer. Für die Aufnahme der K- und L-Spektren leichter Elemente variieren die Werte hinreichend schmaler Fensterkurven zwischen rund 0,1 eV und 1...2 eV.

Das im Rahmen unserer Untersuchungen eingesetzte Johann-Spektrometer hat einen Kristallradius von etwa 1 m und arbeitet mit Sekundäranregung. Charakteristische Aufnahmedaten für die Si Kα- und die Si Kβ-Spektren verschiedener Verbindungen sind in Tabelle 1 zusammengestellt. Zum Vergleich enthält die Tabelle Da-

Tabelle 1. Orientierungsdaten für röntgenspektroskopische Messungen

| Untersuchungsziel | Spektrum | Röntgenröhre | | Maximale Impulsrate | Zeitaufwand für eine Schreiberkurve | Halbwertsbreite der Fensterkurve (eV) |
		Spannung (kV)	Strom (mA bzw. nA)	Imp/min		
Elektronische Struktur	Si Kα (sek.)	10	100—200 mA	$3 \cdot 10^4$—$3 \cdot 10^5$	$^1/_2$—$^3/_4$ Std.	0,35
	Si Kβ (sek.)	10	200—300 mA	$3 \cdot 10^3$—$1 \cdot 10^4$	$1^1/_2$—2 Std.	0,45
Mikrosondenanalyse (Si in SiO$_2$)	Si Kα (prim.)	10	150 nA	$5 \cdot 10^5$	1 min	3—4
	Si Kβ (prim.)	10	150 nA	$1 \cdot 10^4$	10 min	
Elektronische Struktur	Si L$_{2,3}$ (prim.)	3	0,5—3,0 mA	$1 \cdot 10^3$—$3 \cdot 10^4$	1 Std.*	0,26

* Für eine punktweise Messung beträgt die Meßzeit je nach Verbindung und Meßpunktdichte zwischen 6 und 12 Stunden.

ten, deren Größenordnung typisch für die Mikrosondenanalyse ist*. Schließlich sind noch Zahlenwerte für Messungen mit unserem Konkavgitterspektrometer (Gitterradius 2 m; Echelettegitter, 600 Striche/mm) angegeben. Die Spektren werden primär angeregt. Erwähnt sei, daß hierbei die Flächenbelastung der Probe um 4—5 Größenordnungen unter der der Mikrosonde liegt. Trotzdem wird bei manchen Substanzen unter dem Einfluß des Elektronenbombardements eine Zersetzung beobachtet.

Die Tabelle zeigt deutlich die großen Unterschiede bei den Fensterkurven bzw. den Registrierzeiten zwischen Geräten, die für die Mikrosondenanalyse und solchen, die zur Untersuchung der Elektronenstruktur eingesetzt werden.

3. Die Kα-Linien

Tabelle 2 gibt einen Überblick über die Lage bzw. die Verschiebung von Si Kα und Al Kα in verschiedenen Verbindungen. Bei den intermetallischen Verbindungen sind die Verschiebungen am kleinsten (i. a. etwa 0,1 eV und darunter); das Kα-Dublett ist — bezogen auf das jeweilige Element — sowohl nach größeren als auch nach kleineren Energien verschoben. Für Sauerstoff- und insbesondere für Fluorverbindungen sind die Verschiebungen wesentlich größer. Hier besteht ein enger Zusammenhang zwischen der Linienverschiebung und der Ladung des emittierenden Atoms: je positiver seine Ladung, d. h. je größer die Elektronegativität seiner Bindungspartner, nach desto größeren Energien ist das Kα-Dublett verschoben. Analoge Beobachtungen werden auch bei anderen Elementen der 3. Periode gemacht (siehe hierzu [7]).

Der Fehler für die Energie des Dublettmaximums beträgt bei den in Tabelle 2 dargestellten Ergebnissen ±0,05 eV, der Fehler für die Verschiebungen ±0,01 eV[6,8]. Angesichts dieser Meßgenauigkeit stellen die Verschiebungen relativ große Effekte dar, insbesondere auch, wenn man bedenkt, daß die gemessene Halbwertsbreite des Kα-Dubletts von Aluminium 4,54 ± 0,02 XE (entsprechend 0,812 ± 0,004 eV[6], und von Silicium 4,50 XE (entsprechend 1,10 eV[8]) beträgt. Für die Halbwertsbreiten der Kα$_1$-Linie von Aluminium und Silicium ergeben sich bei Zerlegung des Dubletts in seine Komponenten die Werte 0,52 ± 0,03 eV bzw. 0,67 ± 0,03 eV. Das bedeutet, daß die Verschiebungen etwa von der Größe der Halbwertsbreite der jeweiligen Kα$_1$-Linie sind.

---

* Diese Zahlenangaben verdanke ich den Herren Dr. E. Wolfgang und Dr. H. Oppolzer, Forschungslaboratorium der Siemens AG, München.

Tabelle 2. Verschiebung des Kα-Dubletts in Silicium- und Aluminiumverbindungen

Substanz	$\Delta\lambda$ (XE)	ΔE (eV)	Referenz
Silicium			
Kα_1: $\lambda = 7110,95$ XE $\quad$ $E = 1739,91$ eV	—	—	(1)
CaSi$_2$	$-0,18$	0,045	(1)
BaSi$_2$	$-0,28$	0,07	(1)
V$_3$Si	$-0,47$	0,115	(2) (8)
Mo$_3$Si	$-0,80$	0,195	(2) (8)
Fe$_3$Si	$-0,80$	0,195	(2) (8)
SiC	$-0,94$	0,23	(3)
Mg$_2$SiO$_4$	$-2,15$	0,53	(4)
SiO$_2$	$-2,44$	0,60	(3) (5)
Na$_2$SiF$_6$	$-3,68$	0,91	(5)
Aluminium			
Kα_1: $\lambda = 8322,35$ XE $\quad$ $E = 1486,65$ eV	—	—	(1)
CaAl$_2$	$+0,30$	$-0,055$	(1)
CeAl$_2$	$+0,24$	$-0,045$	(1)
ErAl$_2$	$+0,30$	$-0,055$	(1)
Al$_4$C$_3$	$-0,40$	$+0,07$	(6)
AlSb	$-0,11$	$+0,02$	(6)
AlN	$-0,49$	$+0,09$	(6)
AlPO$_4$	$-1,23$	$+0,22$	(6)
Al$_2$O$_3$ (Korund)	$-0,2$	$+0,36$	(6)
Be$_3$Al$_2$(Si$_6$O$_8$) (Beryll)	$-2,60$	$+0,47$	(6)
K$_3$AlF$_6$	$-2,72$	$+0,49$	(6)
AlF$_3$	$-2,99$	$+0,54$	(6)

4. Die Emissionsbanden

Die Intensitätsverteilung von Röntgenemissionsbanden $I(\omega)$ ist in der Einelektronennäherung gegeben durch den Ausdruck

$$I(\omega) \sim \omega^2 \int_{BZ} |H_{cv}|^2 \cdot \delta\,(E_c - E_{v\vec{k}} + \hbar\omega)\,d^3k \qquad (1)$$

Darin bedeuten ω die Frequenz der emittierten Strahlung, $|H_{cv}|$ das Matrixelement der Übergangswahrscheinlichkeit, die Indices c und $v\vec{k}$ bezeichnen die Elektronenzustände der inneren Niveaus bzw. des Valenzbandes, E_c und $E_{v\vec{k}}$ sind die entsprechenden Elektronenenergien. Die Integration ist über die Brillouinsche Zone BZ auszuführen. Formel (1) zeigt, daß die Intensität von Röntgenemissionsbanden

G. Wiech:

N(E)
D
B
A
C
E
v_1
v_2
v_3
v_4
a
-13 -12 -11 -10 -9 -8 -7 -6 -5 -4 -3 -2 -1 0
Si L$_{2,3}$
Theory(1)
Theory(2)
100
50
0
E
D
C
B
A
I(E)/ν^2
b
85 90 95 100
Si L$_{2,3}$
Exp.
100
50
E
D
C
A
C
A
x 2
I(E)/ν^2
c
85 90 95 100
Si Kβ
Theory (1)
Theory (2)
Exp
100
50
E
D
C
B
A
I(E)/ν^2
d
1825 1830 1835 1840
Energie (eV)

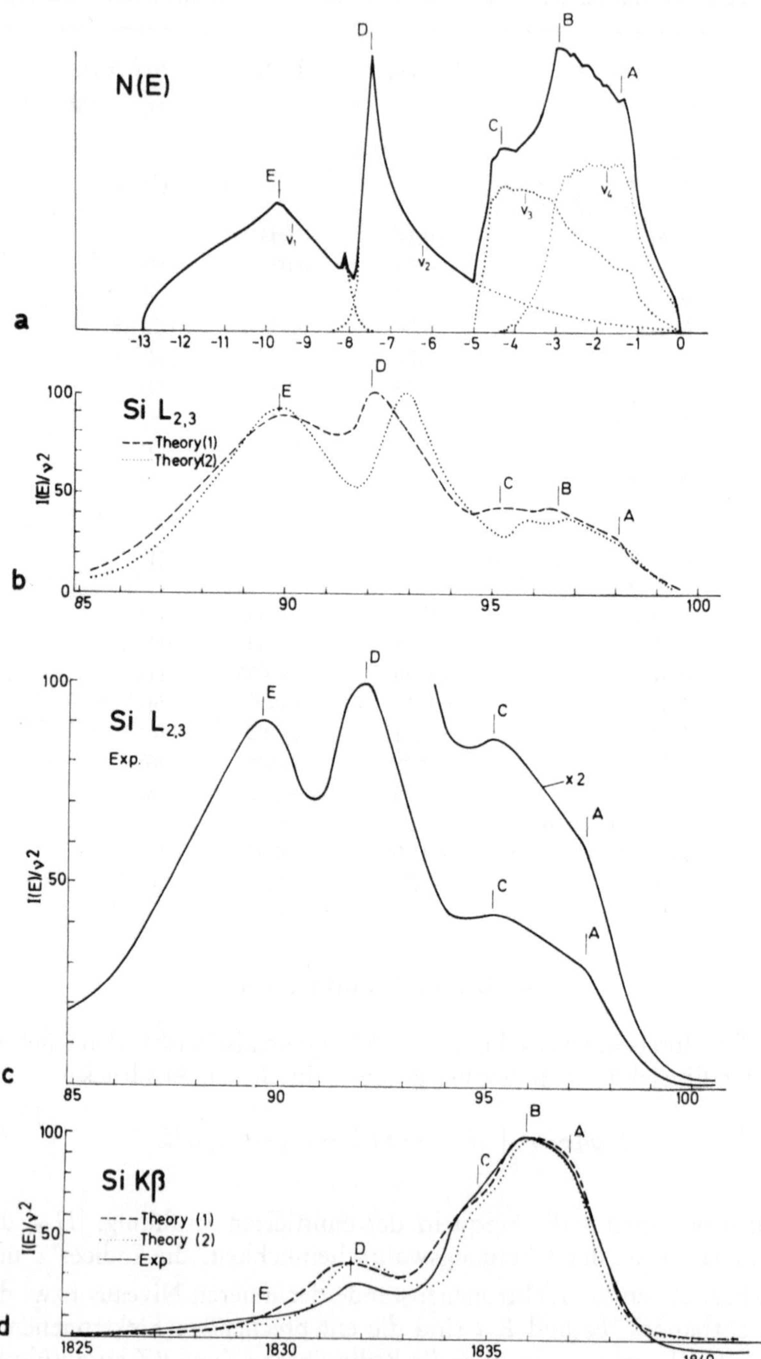

mit der Bandstruktur $E_{v\vec{k}}$ und der Zustandsdichte $N(E)$, die durch den Ausdruck

$$N(E) \sim \int_{BZ} \delta\,(E - E_{v\vec{k}})\, d^3k \qquad (2)$$

gegeben ist, in enger Beziehung steht.

Wegen der Auswahlregeln liefern die K-Banden $(V \to 1s)$ Information über Elektronen mit p-Charakter, die L-Banden $(V \to 2p)$ Information über Elektronen mit s- und d-Charakter. Wegen der z. T. sehr verschiedenen Form und Breite der Emissionsbanden ist es bei den Elementen der 3. Periode unbedingt nötig, die *K- und L*-Banden zu messen.

Im folgenden soll anhand einiger Beispiele der Zusammenhang zwischen Röntgenemissionsbanden und Elektronenstruktur aufgezeigt werden. Die Beispiele sollen ferner zeigen, in welchem Ausmaß die Kristallstruktur die Form der Spektren charakterisiert und beeinflußt.

a) Silicium

Eines der wenigen Beispiele, in denen nicht nur die Bandstruktur und evtl. auch die Zustandsdichte berechnet wurden, sondern nach Formel (1) direkt die Intensitätsverteilung der K- und L-Emissionsbanden, ist elementares kristallines Silicium. Dadurch wird ein direkter Vergleich zwischen Theorie und Experiment möglich[9].

In Abb. 2a ist die Zustandsdichte $N(E)$ zusammen mit den Einzelbeiträgen v_1, v_2, v_3 und v_4 der 4 Energiebänder nach Berechnungen von Klima[10] dargestellt. Die Bereiche v_1 und v_2 haben überwiegend s-Charakter, in den Bereichen v_3 und v_4 überwiegt der p-Charakter. Die L- und K-Emissionsbanden (Abb. 2b und 2d) wurden von Klima nach zwei verschiedenen Theorien berechnet; dabei wurde außer der Breite des K- und L-Niveaus auch die Augerverbreitung semiempirisch berücksichtigt. Abb. 2c zeigt die von Wiech und Zöpf[9,11] gemessene $L_{2,3}$-Bande, Abb. 2d die von Läuger[12] gemessene $K\beta$-Bande. Die Übereinstimmung zwischen den gemessenen und nach Theorie I berechneten Intensitätsverteilungen ist sehr gut.

Die Strukturdetails der $N(E)$-Kurve finden sich sowohl in der K- als auch in der L-Bande wieder. Allerdings sind aufgrund der Auswahlregeln die Strukturen im oberen Teil des Valenzbandes deut-

---

Abb. 2. Valenzbandstruktur von Silicium

a) Zustandsdichte $N(E)$; nach Klima[10]; b) Berechnete $L_{2,3}$-Emissionsbanden; nach Klima[10]; c) Gemessene $L_{2,3}$-Emissionsbanden; nach [11]; d) Berechnete (nach Klima[10]) und gemessene (nach Läuger[12]) $K\beta$-Emissionsbande

licher in der K-Bande, die im unteren Teil des Valenzbandes deutlicher in der L-Bande ausgeprägt. Diese Beobachtung macht man sehr häufig.

b) Amorphes Silicium

Die K- und L-Emissionsbanden von amorphem Silicium sind in Abb. 3 wiedergegeben[13]. Die Intensitätsverteilungen stimmen in den wesentlichen Zügen mit denen von kristallinem Silicium überein; im

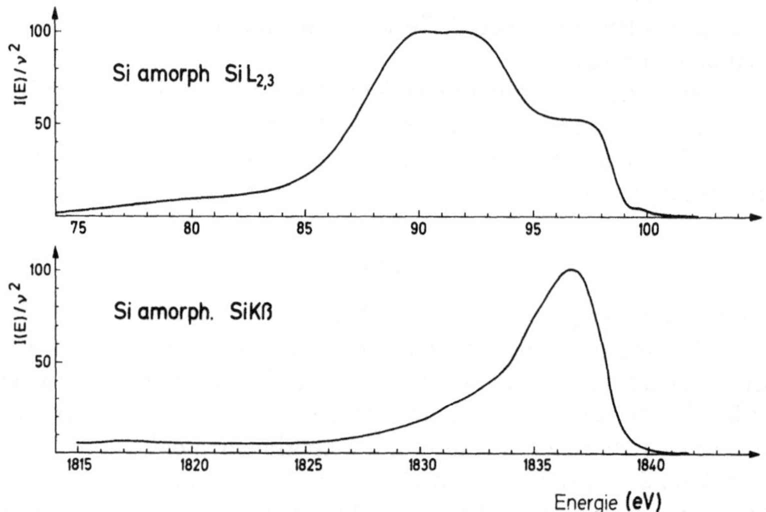

Abb 3. Kβ- und $L_{2,3}$-Emissionsbanden von amorphem Silicium. Die energetische Zuordnung der beiden Spektren erfolgte über die Kα_1-Linie ($E = 1739{,}92$ eV); nach [13]

Detail ergeben sich jedoch deutliche Unterschiede: so ist die Feinstruktur der Banden weitgehend verschwunden; insbesondere die beiden Maxima der L-Bande sind nur noch andeutungsweise vorhanden. — Eine ähnliche Verschmierung der Strukturdetails haben wir auch bei den Spektren anderer amorpher Substanzen beobachtet, z. B. bei FeSi$_2$ und bei Kohlenstoff.

Man nimmt heute allgemein an, daß das einzelne Siliciumatom auch im amorphen Zustand seine 4 Valenzen in der Weise betätigt, daß es weitgehend tetraedrisch von seinen nächsten Nachbarn umgeben ist. Im Nahbereich ist also die Struktur ähnlich wie im Kristall. Die Fernordnung dagegen fehlt, d. h. die Tetraeder sind gegeneinander verdreht; es bildet sich ein unregelmäßiges räumliches Netzwerk aus. Die Verwandtschaft der Spektren von kristallinem und amorphem Silicium zeigt, daß die Elektronenstruktur schon wesentlich durch die Nahordnung bestimmt wird.

c) *Silicium, Diamant*

Silicium und Diamant besitzen die gleiche Kristallstruktur und
die gleiche Valenzelektronenkonfiguration. Man erwartet daher, daß
die Intensitätsverteilungen der Si Kβ-Bande und der C K-Bande

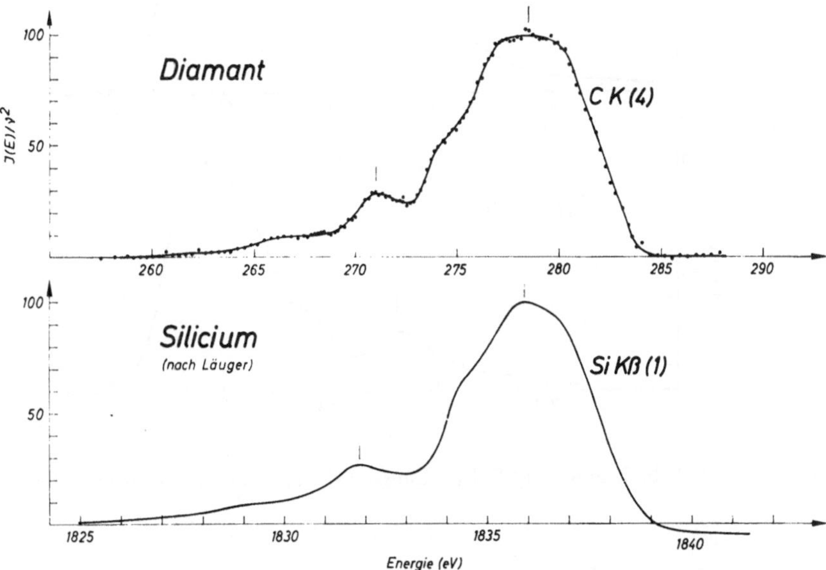

Abb. 4. C K-Emissionsbande von Diamant (a) und Kβ-Emissionsbande von elementarem Silicium (b); nach [11]

einander ähnlich sind. Das ist in der Tat der Fall, wie Fig. 4 zeigt[11].
— In einer neueren Untersuchung haben Umeno und Wiech[14] an der
C K-Bande von Diamant noch einige weitere Strukturdetails beob-
achtet.

d) *Siliciumcarbid SiC*

Beim Übergang vom Diamant- zum Zinkblendegitter wird
die Entartung im Punkt X_1 aufgehoben. Dadurch ist das unterste
Energieband von den drei oberen getrennt, d. h. der in der Zustands-
dichtekurve von Silicium (Abb. 2a) mit ν_1 bezeichnete Bereich ist
von ν_2, ν_3 und ν_4 durch eine Energielücke getrennt. Diese Aufspaltung des Valenzbandes in einen oberen und unteren Bereich ist bei
der Si K- *und* bei der Si L-Bande zu sehen (Abb. 5)[15, 16]. Ansonsten besteht ein enger Zusammenhang mit den Ergebnissen für elementares
Silicium. Daß die Intensität in der Energielücke nicht auf Null zu-
rückgeht, ist auf den Augereffekt zurückzuführen.

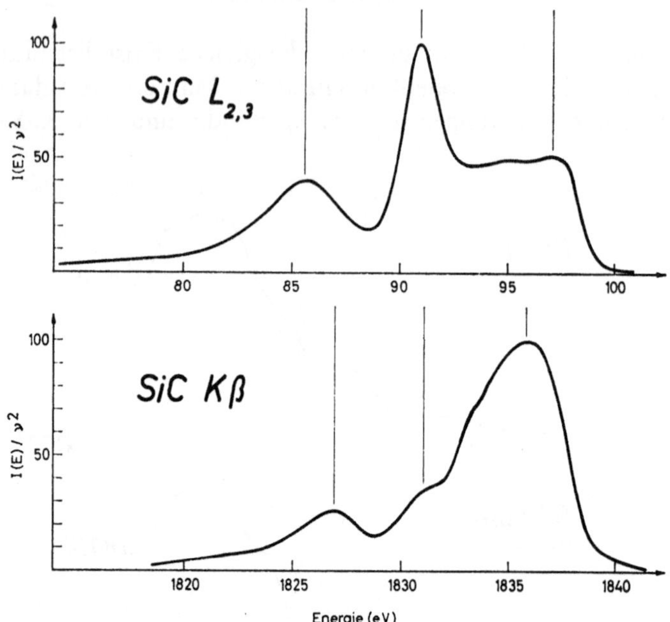

Abb. 5. Si K- und Si L$_{2,3}$-Emissionsbande von SiC; nach [15]

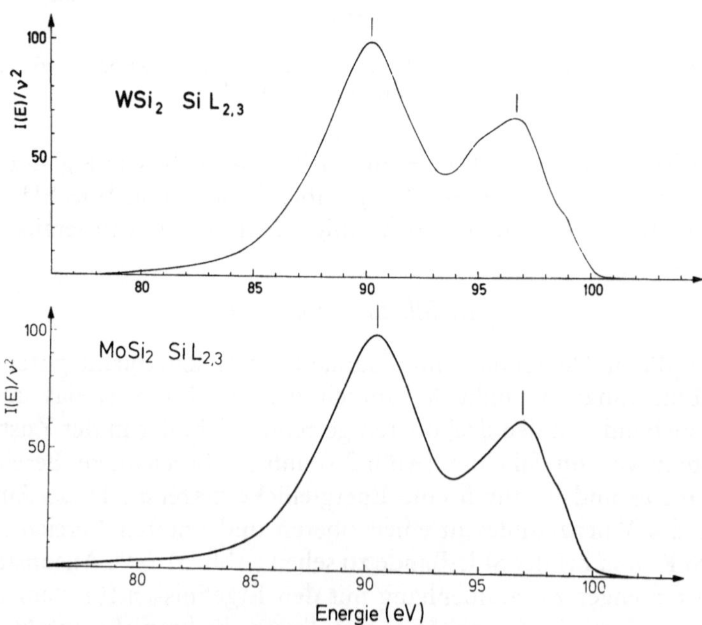

Abb. 6. Si L$_{2,3}$-Emissionsbanden von WSi$_2$ und MoSi$_2$; nach [1]

e) WSi₂ und MoSi₂

Die intermetallischen Verbindungen WSi₂ und MoSi₂, für die bisher keine Bandstrukturberechnungen vorliegen, gehören beide dem MoSi₂-Typ an. Jedes Siliciumatom ist von 5 W- bzw. Mo-Atomen und 5 weiteren Si-Atomen im gleichen Abstand umgeben, hat also 10 äquidistante nächste Nachbarn. Dieser Gleichheit der Struktur entspricht eine weitgehende Ähnlichkeit der Intensitätsverteilungen der Si L-Spektren (Abb. 6)[1]; es bestehen jedoch quantitative Unterschiede.

Gegenüber den bisher gezeigten Spektren weisen die Spektren in Fig. 6 eine ganz andere Struktur auf. Darin spiegeln sich die anderen Bindungsverhältnisse (überwiegend metallische Bindung) wieder.

f) Die Lavesphasen CaAl₂, CeAl₂ und ErAl₂

Bei den Dialuminiden CaAl₂, CeAl₂ und ErAl₂ handelt es sich um Lavesphasen vom MgCu₂-Typ. Hier bilden die Al-Atome Tetraeder, die über die Ecken miteinander verknüpft sind.

In den Abb. 7 a, b und c sind die Al K- und die Al L₂,₃-Banden dargestellt; ihre energetische Zuordnung erfolgte wieder mit Hilfe der entsprechenden Kα₁-Linien[1]. Hier zeigen besonders die L-Spek-

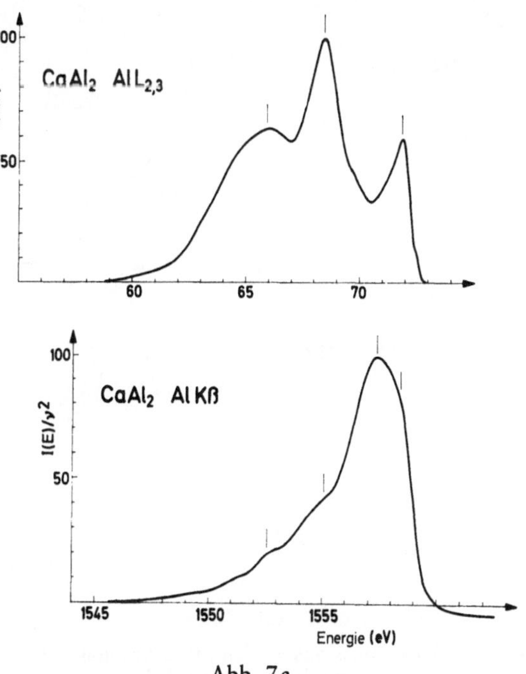

Abb. 7a

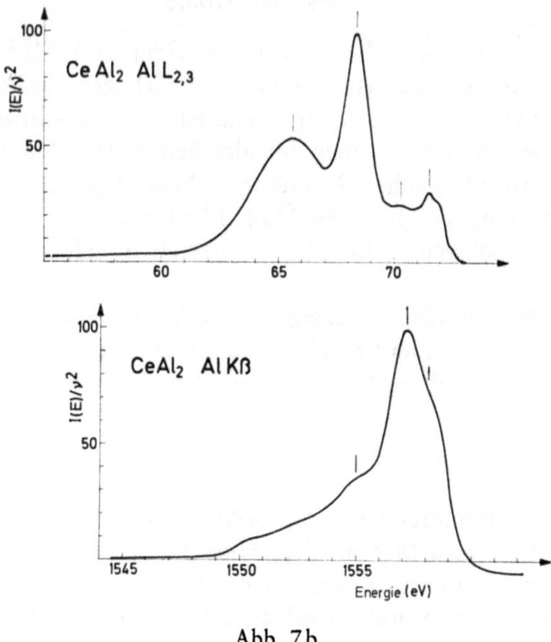

Abb. 7 b

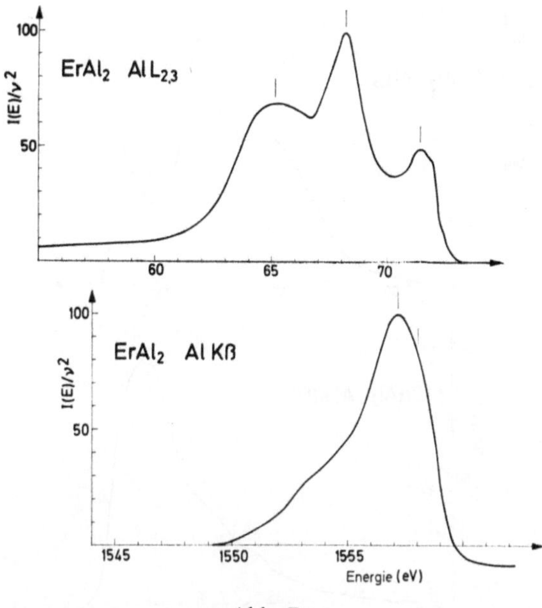

Abb. 7 c

Abb. 7. Al Kβ- und Al L₂,₃-Emissionsbanden der Lavesphasen CaAl₂ (a), CeAl₂ (b) und ErAl₂ (c); nach [1]

tren eine starke Strukturierung mit einem ausgeprägten, schmalen Maximum in der Mitte der Bande. Auf der hochenergetischen Seite der Bande beobachtet man einen steilen Intensitätsabfall wie er typisch für Metalle ist (Fermienergie). Eine Reihe weiterer Seltenerd-Dialuminide, die von Wiech und Zöpf[17] untersucht wurden, zeigt ebenfalls die aus den Abb. 7b und c ersichtlichen typischen Intensitätsverteilungen. Von Substanz zu Substanz (La Al$_2$, ..., ErAl$_2$) ergeben sich systematische Veränderungen bezüglich der energetischen Lage und Intensität der Strukturen.

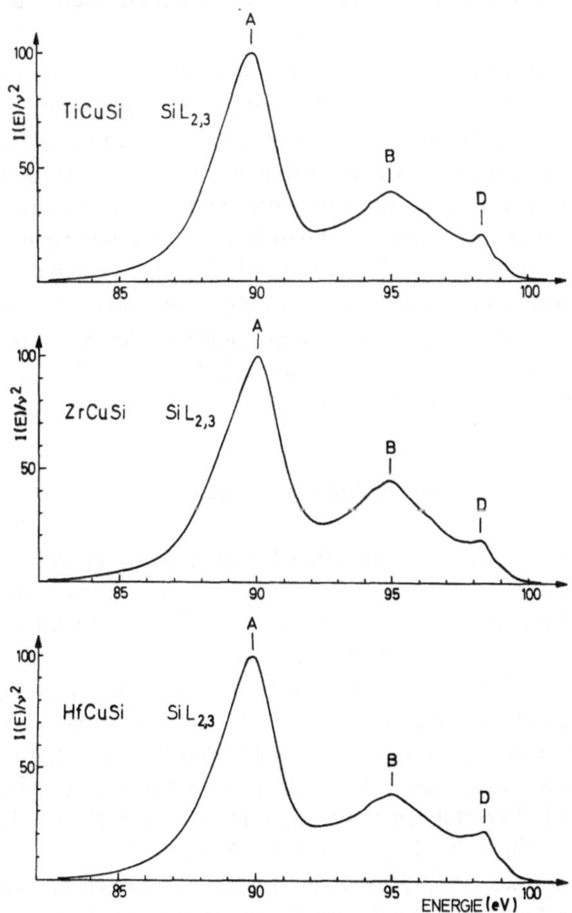

Abb. 8. Si L$_{2,3}$-Emissionsbanden der E-Phasen TiCuSi, ZrCuSi und HfCuSi; nach [18]

g) Die E-Phasen TiCuSi, ZrCuSi und HfCuSi

Bei den E-Phasen haben wir es mit ternären Systemen zu tun, die dem geordneten Anti-PbCl$_2$-Typ angehören. Die Si L$_{2,3}$-Banden von TiCuSi, ZrCuSi und HfCuSi, die in Abb. 8 dargestellt sind[18], haben nahezu identische Gestalt, weichen aber, was den Typ des Spektrums betrifft, wieder erheblich von den bisher aufgeführten Spektren ab.

Die fast völlige Übereinstimmung der Si L-Banden dieser E-Phasen wird verständlich, wenn man bedenkt, daß die Elemente, in denen sich die Substanzen unterscheiden, nämlich Ti, Zr und Hf, der gleichen Gruppe des Periodensystems angehören, nahezu gleichen Atomradius haben und insbesondere Zr und Hf ein sehr ähnliches chemisches Verhalten aufweisen. Dies spiegelt sich auch in den Emissionsbanden wieder.

Von den intermetallischen Verbindungen liegen bis jetzt — verglichen mit halbleitenden und ionogenen Verbindungen — nur wenige Bandstruktur- und Zustandsdichteberechnungen vor, was mit der z. T. komplizierten Struktur der Verbindungen und der großen Anzahl von Atomen in der Elementarzelle zusammenhängt. Daher ist ein Vergleich Experiment—Theorie nur bei einer verhältnismäßig kleinen Zahl von Verbindungen möglich. Andererseits stellen aber gerade die intermetallischen Verbindungen mit ihrer großen Vielzahl von Strukturtypen und dem Formenreichtum der Spektren ein ausgezeichnetes Studienobjekt dar, um Einblick in die elektronische Struktur und die chemische Bindung zu gewinnen.

h) K_3AlF_6 und Na_2SiF_6

Ein weiteres Beispiel dafür, daß Emissionsbanden von Verbindungen, in denen die unmittelbare Umgebung des emittierenden Atoms ähnlich aufgebaut ist, auch dann eine ähnliche Intensitätsverteilung aufweisen, wenn die emittierenden Atome verschiedene Ordnungszahl haben, stellen die Verbindungen K_3AlF_6 und Na_2SiF_6 dar[12]. In beiden Fällen ist das Zentralatom, Al bzw. Si, oktaedrisch von Fluor umgeben. Die Al $K\beta$- und die Si $K\beta$-Emissionsbande (Abb. 9) zeigen analog gebaute Spektren mit einem fast linienförmigen Hauptmaximum. Die Halbwertsbreite beträgt nur etwa 1,5 eV. — Bemerkenswert ist die schwache Linie rund 20 eV vom Maximum der Bande entfernt, bei etwa 1532,5 eV bzw. 1813,5 eV. Diese als $K\beta'$ oder als langwelliger Satellit bezeichnete Linie ist typisch für alle Fluorverbindungen und auf die Lage des F$2s$-Niveaus in bezug auf das Si K-Niveau zurückzuführen. Ähnliche „Satellitenlinien" beobachtet man für Sauerstoff- und Stickstoffverbindungen, wobei der Abstand des Satelliten von der K-Bande in der genannten Reihenfolge kleiner wird (vgl. folgendes Kapitel).

5. Anwendungsmöglichkeiten in der Analyse

Wie in den vorangegangenen Kapiteln ausgeführt wurde, treten zwischen den Röntgenspektren verschiedener Substanzen zum Teil ziemlich große Unterschiede auf, die auch mit weniger stark auflösenden Geräten beobachtet werden können und somit für die Analyse zusätzliche Information liefern.

So liegen die Verschiebungen der Kα-Linien beim Übergang vom Element zum Oxid für Elemente der 3. Periode zwischen etwa 0,5 eV und 1 eV. Eine Verschiebung oder Verbreiterung des beobachteten

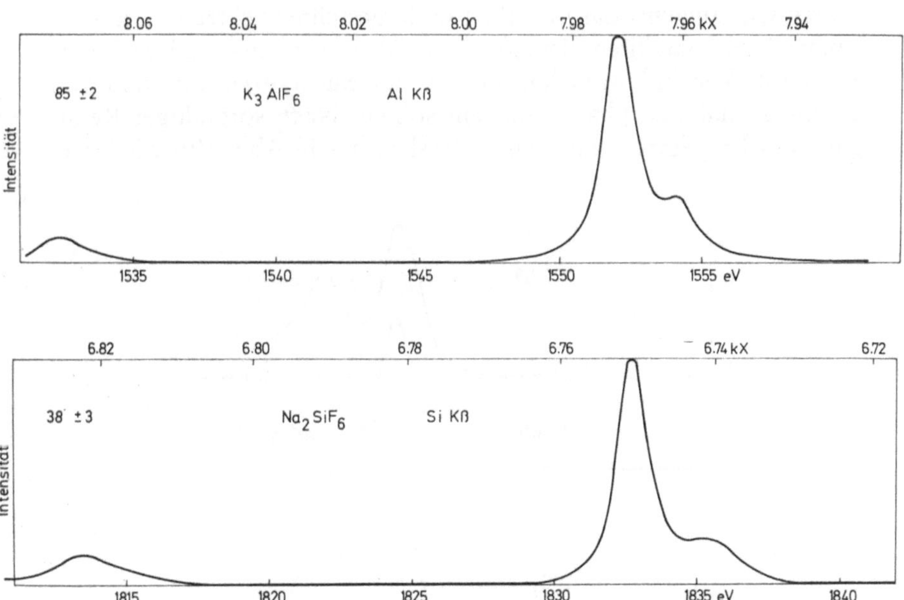

Abb. 9. Al Kβ-Emissionsbande von K₃AlF₆ und Si Kβ-Emissionsbande von Na₂SiF₆; nach [12]

Kα-Dubletts nach der hochenergetischen Seite würde also auf Oxidbildung hindeuten. — Es sei noch erwähnt, daß bei den Satellitenlinien K$\alpha_{3,4}$ die Verschiebungseffekte rund doppelt so groß wie bei den K$\alpha_{1,2}$-Linien sind. Daneben ist auch das Intensitätsverhältnis Kα_3/Kα_4 stark bindungsabhängig.

Besonders große Effekte treten bei den Emissionsbanden auf. Beispielsweise ist das Maximum der Si Kβ-Bande von SiO₂ gegenüber dem Element um 4 eV nach kleineren Energien verschoben, und die Banden der bisher untersuchten Fluorverbindungen von Aluminium und Silicium sind im Vergleich zum Element wesentlich schmaler.

Eine weitere Möglichkeit für die Analyse bieten die sog. langwelligen Satelliten der $K\beta$-Banden ($K\beta'$), die für Fluor-, Sauerstoff- und Stickstoffverbindungen etwa 20 eV, 15 eV bzw. 10—12 eV vom Hauptmaximum der $K\beta$-Bande entfernt sind. Diese Satelliten können für die qualitative und quantitative Analyse F-, O- und N-haltiger Verbindungen herangezogen werden. Ein Beispiel dieser Art behandelt der Beitrag von H. Oppolzer und E. Wolfgang, siehe S. 311. Ein weiteres Beispiel, bei dem der auch in den L-Banden auftretende langwellige Satellit zur Analyse herangezogen wurde, ist in Abb. 10 dargestellt[19].

Bei der Untersuchung der Si $L_{2,3}$-Bande der E-Phase TiCoSi erhielten wir zunächst das in Abb. 10a dargestellte Spektrum. Die zwei langwelligen Satelliten deuteten auf Silicium-Flour- und Silicium-Sauerstoff-Verbindungen hin, obwohl die Substanzen aufgrund von Guinieraufnahmen phasenrein sein sollten. Nach sorgfältiger Reinigung des Präparats ergab sich schließlich das in Abb. 10b wiederge-

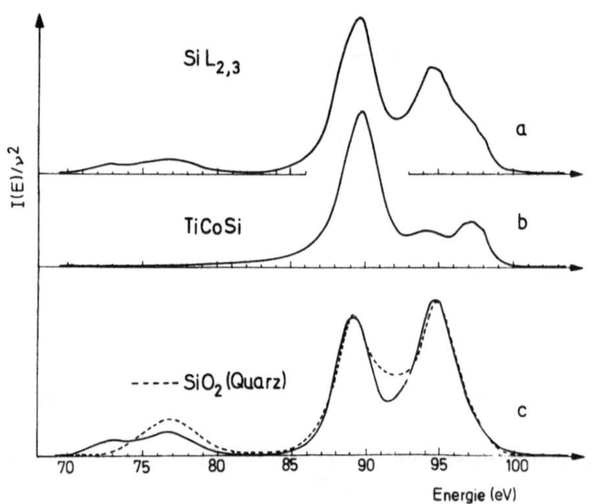

Abb. 10. a) Si $L_{2,3}$-Emissionsbande einer TiCoSi-Probe, die Siliciumoxid und eine Silicium-Fluor-Verbindung enthält. b) Si $L_{2,3}$-Emissionsbande von TiCoSi. c) Gestrichelte Kurve: Si $L_{2,3}$-Emissionsbande von Quarz (nach [15]). Ausgezogene Kurve: Differenz zwischen Kurve *a* und dem 0,65fachen der Kurve *b*, normiert auf das Maximum der Si L-Bande von Quarz

gebene Spektrum, das die Satelliten nicht mehr enthält. Durch Differenzbildung von Kurve a und Kurve b (siehe Bildbeschriftung) ergibt sich eine der Si L-Bande von Quarz ähnliche Intensitätsverteilung, die aber ihrerseits wieder, wenn auch mit geringerer Intensität, die Si L-Bande einer Silicium-Fluor-Verbindung enthält. — Offenbar ist bei der chemischen Naßbehandlung des Präparats Siliciumoxid und eine Silicium-Fluor-Verbindung in amorpher Form entstanden.

Wie dieses Ergebnis und die in dieser Arbeit dargestellten L-Spektren zeigen, dürften sich auch für die Analyse interessante neue Möglichkeiten ergeben, wenn die Analyse routinemäßig auf den Bereich der L-Spektren der Elemente der 3. Periode, d. h. auf den Wellenlängenbereich von 20 bis 200 Å ausgedehnt wird.

Zusammenfassung

Die Röntgenspektern chemisch verschieden gebundener Atome unterscheiden sich darin, daß man bei Linienspektren, die durch innere Übergänge entstehen, im wesentlichen eine Verschiebung der Linien und bei den durch Valenzelektronenübergänge entstehenden Emissionsbanden Änderungen der Bandenform beobachtet. Die Größe der Linienverschiebungen, die mit hochauflösenden Spektrometern gemessen wurden, sowie dabei auftretende Gesetzmäßigkeiten werden am Beispiel der Kα-Linien von Aluminium- und Siliciumverbindungen erläutert. Sodann wurde anhand einer größeren Zahl von Verbindungen, insbesondere intermetallischen Phasen, gezeigt, daß die Zugehörigkeit zu einem bestimmten Strukturtyp für die Form der Banden charakteristisch ist. In einigen Fällen werden die Spektren im Zusammenhang mit neueren theoretischen Ergebnissen diskutiert. — Die Effekte sind zum Teil so groß, daß sie auch mit Analysengeräten beobachtbar sind und damit dem Analytiker zusätzliche Information liefern können.

Summary

Röntgen Spectroscopy with Highly Resolving Spectrometers

The Röntgen spectra of chemically different bound atoms differ in that the line spectra which result from internal transitions, essentially exhibit a shift of the lines whereas the emission bands resulting from valence electron transitions exhibit changes in the band form. The extent of the line-displacement, which can be measured with highly resolving spectrometers, as well as the accompanying regularities, are shown in the example of the Kα-lines of aluminium- and silicon compounds. Then, on the basis of a larger number of compounds, especially inter-metallic phases, it is shown that the membership in a particular structural type is characteristic for the form of the bands. In several instances the spectra are discussed in combination with the theoretical results. In part the effects are so large that they are observable even with analytical devices and thus may furnish the analyst with additional information.

Literatur

[1] G. Wiech und E. Zöpf, in: Band Structure Spectroscopy of Metals and Alloys, Edit. D. J. Fabian and L. M. Watson. London: Academic Press. 1973. S. 173.

[2] E. Zöpf, in: The Electronic Structure and Properties of Transition Metals, Alloys and Compounds, Edit. V. V. Nemoshkalenko, Kiew. 1974. S. 188.

[3] B. Kern, Z. Physik **159**, 178 (1960).

[4] G. Wiech, E. Zöpf und H.-U. Chun, Physica Fennica **9**, Suppl. S 1, 165 (1974).

[5] H. Krämer, Dissertation Univ. München, 1960.

[6] K. Läuger, J. Phys. Chem. Solids **32**, 609 (1971).

[7] A. Faessler, Angew. Chem. **84**, 51 (1972).

[8] E. Zöpf, Dissertation Univ. München, 1972.

[9] G. Wiech und E. Zöpf, J. Physique **32**, Colloque C4, Suppl. n° 10, C-200 (1971).

[10] J. Klima, J. Phys. C (Solid State Physics) **3**, 70 (1970).

[11] G. Wiech und E. Zöpf, in: Proc. 3rd IMR, Symp. Electronic Density of States, Nat. Bur. Stand. (U. S.) Spec. Publ. 323, p. 335, 1971.

[12] K. Läuger, Dissertation Univ. München, 1968.

[13] G. Wiech und E. Zöpf, in: Band Structure Spectroscopy of Metals and Alloys, Edit. D. J. Fabian and L. M. Watson. London: Academic Press. 1973. S. 629.

[14] M. Umemo und G. Wiech, Physica status solidi (b) **59**, 145 (1973).

[15] G. Wiech, Z. Physik **207**, 428 (1967).

[16] G. Wiech, in: Rentgenovskii spektri i elektronnaya struktura veschtschestva, Vol. 2, Inst. of Metal Physics, Acad. Nauk SSSR, Kiew. 1969. S. 25.

[17] G. Wiech und E. Zöpf, in: The Electronic Structure and Properties of Transition Metals, Alloys and Compounds, Edit. V. V. Nemoshkalenko, Kiew. 1974, S. 191.

[18] Chr. Beyreuther und G. Wiech, Physica Fennica **9**, Suppl. S1, 168 (1974).

[19] G. Wiech, Chr. Beyreuther und E. Hieke, Mh. Chem. **105**, 302 (1974).

Korrespondenz und Sonderdrucke: Prof. Dr. G. Wiech, Sektion Physik der Ludwig-Maximilians-Universität München, Geschwister-Scholl-Platz, D-8000 München 22, Bundesrepublik Deutschland.

Mikrochimica Acta [Wien], Suppl. 6, 1975, 311—319

Forschungslaboratorien der Siemens AG, München

A New Method of Electron-Probe Microanalysis for Determining the Degree of Oxidation in Silicon Oxides*

By

Helmut Oppolzer and Eckhard Wolfgang

With 3 Figures

(Received October 3, 1974)

Silicon oxides are used as isolating and passivating films in semi-conductor devices and as protective and anti-reflection layers in optical systems. The electrical and optical parameters of such films and layers depend greatly on the chemical composition, i. e. the degree of oxidation.

The degree of oxidation of solid samples can be quantitatively determined by measuring the oxygen K and silicon K_α X-ray emission intensities with an electron-microprobe followed by appropriate corrections (for atomic number and absorption). For analysing thin films a knowledge of the film thickness is essential for the purpose of correction[1].

The objective of this investigation was to develop and demonstrate experimentally a method of determining the degree of oxidation, independent of film thickness.

When an element is chemically bonded with another element, primarily those bands in its X-ray emission spectrum which are generated by transitions of valence electrons are known to undergo a change. For elements of the third row of the periodic system (e. g. Mg, Al, Si) bonded with light elements (e. g. C, N, O, F), such changes are particularly evident in the K_β spectrum of the first of these ele-

---

* Herrn Prof. Dr. Walter Koch zum 65. Geburtstag gewidmet und anläßlich des 7. Kolloquiums über metallkundliche Analyse mit besonderer Berücksichtigung der Elektronenstrahlmikroanalyse, Wien, 23.—25. 10. 1974 vorgetragen.

ments (Mg, Al, Si). Thus a satellite band $K_{\beta'}$ appears on the low energy side of the K_β band and has an energy difference with respect to the K_β band that is characteristic of the light element. This phenomenon can be utilized for the qualitative analysis of light elements[2]. From the intensity ratio $I_{K_{\beta'}}/I_{K_\beta}$ it is possible to determine the composition of SiO[3]. In an earlier work[4] the K_β spectrum was used in order to separate the aluminium radiation of a thin metallic aluminium film from the aluminium radiation of the Al_2O_3 substrate. The K_β spectrum of silicon will be used here in a similar way to determine the degree of oxidation of SiO_x films.

Change in the Silicon K Spectrum in Silicon-Oxygen System

When oxygen is bonded with silicon the X-ray emission spectra of both the silicon and the oxygen undergo a change. In spectra of silicon oxides the transitions involving valence electrons are the K_β and the $L_{2,3}$ bands of silicon and the K band of oxygen. Besides changes in the intensity and energy of the bands, new bands are seen to appear in the K_β spectrum of silicon. With the aid of molecular orbital theory it is possible to explain the appearance of the new bands and also to estimate their energy and intensity[5].

The chemical compound SiO_2 consists, irrespective of the modification (amorphous or "crystalline"), of SiO_4^{4-} tetrahedra between which there is only a weak covalent interaction via the oxygen atoms, whereas the interactions within the tetrahedra are strong, thereby giving rise to molecular orbitals in which the valence electrons of silicon *and* oxygen participate. Since the covalent interactions of the SiO_4^{4-} tetrahedrons are weak, the band structure of SiO_2 can be described by the molecular orbitals of a single SiO_4^{4-} tetrahedron.

The K_β band of silicon is due to the $3\,p$-$1\,s$ transition. In SiO_2 there are two molecular orbitals which correspond to the $3\,p$ orbital of silicon, involving the oxygen $2\,p$ and $2\,s$ orbitals as well as the silicon $3\,p$ orbital. Thus two bands appear in the K_β spectrum of SiO_2 which derive from the transitions of the two molecular orbitals (Si $3p$, O $2p$) and (Si $3p$, O $2s$) to the Si $1s$ orbital (K_β and $K_{\beta'}$ bands). The $K_{\beta'}$ band appears on the low-energy side of the K_β band. Its energy difference $(E_{K_\beta} - E_{K_{\beta'}} \approx 14 \text{ eV})$ corresponds to the difference between the ionization energies of the $2s$ and $2p$ orbitals in the oxygen atom $(\Delta E \approx 15 \text{ eV})$.

Furthermore the formation of molecular orbitals causes the maximum of the silicon K_β band of SiO_2 to shift to energies lower by about 4 eV than those of the line maximum of the silicon K_β band of Si (chemical shift, cf. the K_β spectra of Si and SiO_2 in Fig. 1). The effect of the various bonding situations of the silicon atoms in Si and SiO_2 on the silicon K_α line is substantially less[6] than on the K_β band because the Si $2p$ orbital involved does not belong to the valence band.

The X-ray emission spectra of silicon oxides, SiO_x, with a degree of oxidation of $1 \leqslant x \leqslant 2$, depend on the structure of the oxides. These structures have not as yet been definitely determined. Various

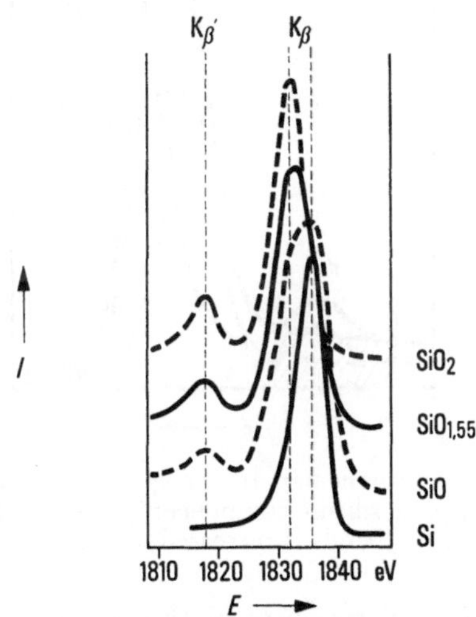

Fig. 1. Experimental K_β spectra (normalized to line maximum of Si K_β): Si, SiO_2 — solid samples; SiO, $SiO_{1,55}$ — films. With increasing oxygen content the maximum of the K_β bands shifts towards lower energies (E) and the intensity (I) of the $K_{\beta'}$ band increases

models have been given[7]. In the most common model a finely dispersed mixture of elementary silicon and SiO_2 is assumed to be present in SiO_x. This assumption has been confirmed for "silicon monoxide"[8,9]. The Si K_β spectrum of SiO is accordingly composed of Si and SiO_2 components (Fig. 2). Thus the intensity of the Si $K_{\beta'}$ band of SiO is lower than that of SiO_2 and the half-width of the Si K_β band of SiO is larger than that of SiO_2 and Si by the magnitude of the chemical shift (≈ 4 eV). The properties of the K_β spectrum of $SiO_{1,55}$ (Fig. 1) lie between those of SiO and SiO_2 with respect to the intensity of the $K_{\beta'}$ band and the half-width of the K_β band.

Method of Analysis

As stated above, SiO_x is assumed to consist of a finely dispersed mixture of silicon and SiO_2. For the following description of the method of analysis this assumption will be held to apply to the entire range of degrees of oxidation between SiO and SiO₂ (as will be substantiated in the discussion). Thus the Si K_β spectra of SiO$_x$ will be regarded as a superposition of Si and SiO₂ components throughout the range of oxidation. Since the $K_{\beta'}$ band derives exclusively from

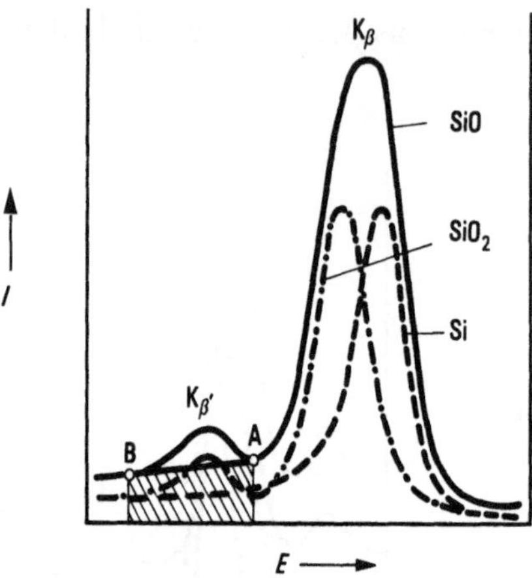

Fig. 2. Si K_β spectrum of SiO (schematic): The spectrum is composed of an SiO₂ component $(- \cdot - \cdot -)$ and a silicon component $(- - -)$. The background intensity between the K_β and $K_{\beta'}$ bands is increased owing to the dip in the Si curve

the SiO₂, its intensity is a measure of the silicon fraction present in the form of SiO₂ and, in correspondence with the stoichiometry of SiO₂, also of the oxygen content of the sample.

The degree of oxidation x is given by the atomic ratio of oxygen and silicon. If a denotes the atomic concentrations, c the concentrations by weight and $a_{\mathrm{Si}}^{\mathrm{SiO_2}}$ and $c_{\mathrm{Si}}^{\mathrm{SiO_2}}$ are the silicon fractions present as SiO₂, the degree of oxidation is given by

$$x = \frac{a_\mathrm{O}}{a_\mathrm{Si}} = 2\,\frac{a_{\mathrm{Si}}^{\mathrm{SiO_2}}}{a_\mathrm{Si}} = 2\,\frac{c_{\mathrm{Si}}^{\mathrm{SiO_2}}}{c_\mathrm{Si}} \tag{1}$$

In order to determine x experimentally, parameters must be found for Eq. (1) which are accessible to measurement. Because of the strong bonding effects on the shape and position of the K_β band it is more advantageous to use the K_α line as a measure of the silicon fractions. The K_α intensity (I_{K_α}) in the case of SiO$_x$ is composed of the components deriving from the fractions of SiO₂ $(I_{K_\alpha}^{\mathrm{SiO_2}})$ and elementary silicon $(I_{K_\alpha}^{\mathrm{Si}})$. With the aid of these intensities, which are proportional to the weight fractions, (1) gives:

$$x = 2\,\frac{I_{K_x}^{\mathrm{SiO_2}}}{I_{K_\alpha}} \tag{2}$$

Of these parameters, only $I_{K\alpha}$ can be measured directly. The intensity component $I_{K\alpha}^{SiO_2}$ is not accessible to measurement but can be determined with the aid of the $K_{\beta'}$ band. As explained above, this band derives exclusively from the SiO_2 fraction. If the intensity ratio

$$\left(\frac{I_{K\beta'}}{I_{K\alpha}}\right)_{SiO_2} = Q_{SiO_2} \tag{3}$$

for pure SiO_2 is known, the portion of the K_α intensity due to the silicon fraction present as SiO_2 can also be determined for an unknown oxide sample. With $(I_{K\beta'})_{SiO_x} = I_{K\beta'}$, (3) yields

$$I_{K_x}^{SiO_2} = \frac{I_{K\beta'}}{Q_{SiO_2}}$$

The degree of oxidation is then calculated from (2) and $\left(\dfrac{I_{K\beta'}}{I_{K\alpha}}\right)_{SiO_x} = Q_{SiO_x}$ as

$$x = 2\frac{\dfrac{I_{K\beta'}}{Q_{SiO_2}}}{I_{K\alpha}} = 2\frac{Q_{SiO_x}}{Q_{SiO_2}} \tag{4}$$

$I_{K\beta'}$ and $I_{K\alpha}$ were measured on the unknown sample and the ratio Q_{SiO_2} was measured according to (3) on an SiO_2 standard. The differences in the absorption for the $Si\,K_\alpha$ and $Si\,K_{\beta'}$ radiation in SiO and SiO_2 are only of minor significance. The difference between the absorption of $Si\,K_\alpha$ and $Si\,K_{\beta'}$ radiation by an SiO_2 film of thickness $1\,\mu m$ is 2%. If the depth of penetration of the electrons in SiO_2 is less than 1—$2\,\mu m$ (acceleration voltage $\leqslant 10\,kV$) or the SiO_x films are less than 1—$2\,\mu m$ thick, the differences in absorption can be neglected.

Experimental

For checking the method of analysis, SiO_x films were deposited on polished germanium wafers by reactive evaporation. Germanium has no X-ray emission lines in the spectral range investigated. The film thickness was chosen at $0.8\,\mu m$ so that the electrons would not penetrate the film at low acceleration voltage (6 kV) and the measurement of the $O\,K$ and $Si\,K_\alpha$ intensities would also allow a quantitative analysis of the films by the conventional methods used for bulk material. At 30 kV acceleration voltage the electrons still penetrate into the germanium substrate by about $4\,\mu m$ and the analysis represents a thin-film problem which can be solved by the method described here. Quartz glass was chosen as the SiO_2 standard. A carbon film about 20 nm thick was deposited on all samples and standards in order to prevent charging effects.

The microprobe measurements were performed with a Siemens ELMISONDE® at acceleration voltages of 6, 10 and 30 kV. Whereas the Si K_α intensities were determined by measuring the line maximum, the Si $K_{\beta'}$ intensities were determined by measuring the integral band intensities between points A and B in Fig. 2. Point A lies in the minimum between the bands K_β and $K_{\beta'}$ and point B in the dip of the curve of the $K_{\beta'}$ band. The hatched area in Fig. 2 represents the background intensity and was subtracted from the gross intensity measured between points A and B.

Results

The intensities of Si K_α and O K measured at 6 kV were corrected with respect to absorption and atomic number by the conventional method for the quantitative analysis of bulk material, using approved mass absorption coefficients for oxygen radiation[10]. The absolute error of the degree of oxidation x_{qu} determined by this method is $\leqslant \pm 0.03$.

The intensity ratio determined by the described thin-film method using acceleration voltages of 10 and 30 kV were normalized with

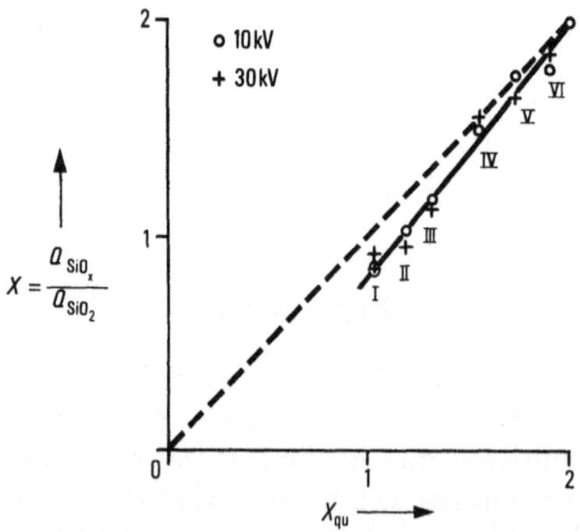

Fig. 3. The degrees of oxidation of six films (numbered I—VI) determined by quantitative analysis (abscissae) are compared with the values calculated from (4) (ordinates). The measurements lie along the solid line. The dashed line represents the nominal curve

respect to SiO_2 by using (4). The resulting degrees of oxidation are compared in Fig. 3 with the values obtained by the conventional correction method for bulk material. The values for acceleration voltages of both 10 and 30 kV lie approximately on a straight line. This straight line should pass through the points (2,2) and (0,0). The deviation in the case of low degrees of oxidation is due to the background measurement in the minimum between the K_β and $K_{\beta'}$ bands. Owing to the dip in the curve representing the silicon fraction of the K_β band, the background at the minimum (point A in Fig. 2) is increased compared with the low-energy side of the $K_{\beta'}$ band (point B). Thus too much background intensity is subtracted for films with low oxygen content and the slope is steeper than the nominal slope. The horizontal deviation of the measurements from the solid line represents the error of the degree of oxidation determined in this way. The maximum error of $\Delta x = \pm 0.1$ lies within the limits given by the statistical error of the $I_{K\beta'}$ measurement ($\leqslant \pm 0.07$) and the error of the quantitative analysis ($\Delta x_{qu} \leqslant \pm 0.03$).

The solid line in Fig. 3 represents the calibration curve. Thus the degree of oxidation ($x_{qu} \cong x$) can be read from the experimentally determined values $2 \cdot \dfrac{Q_{SiO_x}}{Q_{SiO_2}}$.

Discussion

For the method of analysis described, fractions of SiO_2 and Si were assumed to coexist in a silicon oxide. This assumption can be checked with the aid of the K_β spectra, which show

(1) the relative intensities of $K_{\beta'}$ and K_α increase linearly with the degree of oxidation;

(2) the energy of the $K_{\beta'}$ band is independent of the degree of oxidation;

(3) the K_β band is composed of two components — K_β of SiO_2 and K_β of Si — following from the analysis of the half-widths and energies of the K_β bands.

This means that throughout the investigated oxidation range between SiO and SiO_2 the molecular orbitals of SiO_2 as well as the orbitals of elementary silicon contribute to the X-ray emission. The assumption that both SiO_2 and Si fractions coexist in SiO_x (used above for the development of the method of analysis) is therefore confirmed by the experimental results and shown to be justified.

With the measurements presented here it was not possible to achieve the accurance customarily obtained by quantitative analysis using the conventional method of correction. Improving the counting statistics would reduce the statistical error, and through higher spectral resolution, which can be achieved, for instance, by increasing the resolving power of the spectrometer or by deconvolution of the spectra with the recording system response function[8], it should be possible to take the background into account more accurately. Once the ratio $I_{K\beta'}/I_{K\alpha}$ has been determined for SiO_2, the degree of oxidation can then be determined by measuring the ratio $I_{K\beta'}/I_{K\alpha}$ of the sample. The particular advantage offered by this method is the possibility of determining the degree of oxidation of thin SiO_x films in the micro-range without their thickness having to be known.

The reported method is not confined to the measurement of the degree of oxidation of silicon oxides. It can be applied, however, only in cases where in the spectrum of an element, the components of a chemical compound and the pure element or, for instance, the components of several chemical compounds of an element with various other elements, are superposed and can be separated with the aid of one or more $K_{\beta'}$ satellite bands.

Thanks are expressed to Mrs. I. Maurer for the preparation of the films, Mrs. E. Moldenhauer for microprobe measurements and to Dr. H. Rehme for helpful discussions.

Summary

A New Method of Electron-Probe Microanalysis for Determining the Degree of Oxidation in Silicon Oxides

The Si K_β X-ray emission spectra of silicon and SiO_2 differ with respect to the energies of the K_β bands and the appearance of the additional satellite band $K_{\beta'}$ for SiO_2. These properties indicate the Si K_β spectra of silicon oxide films (SiO_x, $1 \leqslant x \leqslant 2$) to be composed of components deriving from the silicon and SiO_2 fractions in the oxides. Thus SiO_x films deposited by reactive evaporation consist of a finely dispersed mixture of silicon and SiO_2. Since the $K_{\beta'}$ band is only due to SiO_2 its intensity can be used as a measure of the weight fraction of SiO_2 in the sample. From this phenomenon a method of analysis is developed for determining the degree of oxidation x of silicon oxides. The particular advantage offered by this method is that x can be determined simply by measuring the intensity ratio $I_{K\beta'}/I_{K\alpha}$ and that there is no need to know the film thickness in the case of thin films. The method has been checked experimentally by measuring six films having a degree of oxidation between 1 and 2.

Zusammenfassung

Die Si K_β-Röntgenemissionsspektren von Silizium und SiO_2 unterscheiden sich in der Energie der K_β-Bande und durch das Auftreten der zusätzlichen Satellitenbande $K_{\beta'}$ bei SiO_2. Mit Hilfe dieser Merkmale läßt sich erkennen, daß die Si K_β-Spektren von Siliziumoxid (SiO_x)-Schichten ($1 \leqq x \leqq 2$) aus Silizium- und SiO_2-Anteilen additiv zusammengesetzt sind. Daraus folgt, daß in den SiO_x-Schichten, welche durch reaktives Verdampfen von SiO hergestellt wurden, Silizium neben SiO_2 in feindisperser Verteilung vorliegt.

Aus der Tatsache, daß die $K_{\beta'}$-Bande nur vom SiO_2 herrührt und ihre Intensität somit dem Gewichtsanteil des in der Probe enthaltenen SiO_2 entspricht, wird eine Analysenmethode zur Bestimmung des Oxidationsgrades x von Siliziumoxiden entwickelt. Der besondere Vorteil der Methode liegt darin, daß zur Ermittlung von x nur die Messung des Intensitätsverhältnisses $I_{K\beta'}/I_{K\alpha}$ erforderlich ist. Für die Bestimmung des Oxydationsgrades dünner SiO_x-Schichten braucht deren Schichtdicke nicht bekannt zu sein. Die Methode wurde an Hand von sechs Schichten mit Oxydationsgraden zwischen 1 und 2 experimentell überprüft.

References

[1] H. Leistner, J. Herberger, and W. Kosak, Kristall und Technik 7, 693 (1972).

[2] E. I. Esmail, C. J. Nicholls, and D. S. Urch, Analyst **98**, 725 (1973).

[3] W. L. Baun and J. S. Solomon, Proc. 6th Nat. Conf. Electron Probe Analysis, Pittsbourgh 1971.

[4] E. Wolfgang, Siemens Forsch.- u. Entwickl.-Ber. **3**, 260 (1974).

[5] D. S. Urch, J. Phys. C., Solid State Phys. **3**, 1275 (1970).

[6] Y. Takahashi, K. Yabe, T. Sato, and T. Takahashi, Proc. 6th Intern. Conf. X-Ray Optics and Microanalysis, ed. Shinoda et al., University of Tokyo Press, 1972, p. 553.

[7] E. Ritter, Vakuum-Technik **21**, 42 (1972).

[8] J. W. Colby, Proc. 6th Intern. Conf. X-Ray Optics and Microanalysis, ed. Shinoda et al., University of Tokyo Press, 1972, p. 247.

[9] E. W. White and R. Roy, Solid State Communications **2**, 151 (1964).

[10] W. Weisweiler, Quantitative Elektronenstrahl-Mikroanalyse leichter Elemente, Habil. Thesis, Univ. Karlsruhe 1972.

Correspondence and reprints: Dr. H. Oppolzer, Siemens AG., Balanstraße 73, D-8000 München, Bundesrepublik Deutschland.

Mikrochimica Acta [Wien], Suppl. 6, 1975, 321—329
© by Springer-Verlag 1975

Sektion Physik der Martin-Luther-Universität Halle-Wittenberg, DDR

Über einige spezielle röntgenspektroskopische Anwendungen des Mikroanalysators*

Von

Otto Brümmer und **Günter Dräger**

Mit 6 Abbildungen

(Eingegangen am 26. November 1974)

Neben der Elementanalyse in kleinsten Probenbereichen lassen sich moderne Röntgenmikroanalysatoren wegen ihres guten spektralen Auflösungsvermögens auch zur Messung feinerer röntgenspektroskopischer Effekte, wie Bindungs- und Orientierungsabhängigkeiten der Spektren, einsetzen. Die Effekte können bei Nichtberücksichtigung mikroanalytische Analysenergebnisse verfälschen, andererseits ihren Informationsgehalt jedoch auch beträchtlich erhöhen. Darüber hinaus ergeben sich Möglichkeiten für röntgenspektroskopische Grundlagenuntersuchungen, wie etwa der Energiebandstruktur des Festkörpers.

Voraussetzung für derartige Messungen ist die volle Nutzung des erreichbaren Auflösungsvermögens des Gerätes und der Reproduzierbarkeit der Ergebnisse. Hierfür sind Kristallspektrometer hoher Güte, das Arbeiten mit ausreichend engen Spektrometerspalten (kleines spektrales Fenster), Stabilität der elektronischen Versorgungs- und Meßeinrichtungen, sorgfältige Spektrometerjustierung und reproduzierbare Probenanordnung und -manipulation notwendig. Der mit der Verkleinerung der Spektrometer-Spaltbreiten verbundene Intensitätsverlust macht gewöhnlich eine punktweise Registrierung

---

* Herrn Prof. Dr. Walter Koch zum 65. Geburtstag gewidmet und anläßlich des 7. Kolloquiums über metallkundliche Analyse mit besonderer Berücksichtigung der Elektronenstrahlmikroanalyse, Wien, 23.—25. 10. 1974 vorgetragen.

der Spektren erforderlich, welche durch den Einsatz von Schritt-schaltwerken an den Spektrometergetrieben automatisch erfolgen kann.

Wie seit langem bekannt, bestehen zwischen Lage und Form der Röntgenspektren und formaler Wertigkeit, Bindungstyp und Koordination der emittierenden Atome im Festkörper eindeutige Zusammenhänge. Die Abhängigkeiten sind am stärksten bei den Valenzbandspektren ausgeprägt. Jedoch zeigen auch die von Übergängen zwischen inneren Niveaus herrührenden Linien charakteristische Änderungen ihrer Parameter, und zwar vor allem Verschiebungen ihrer Maxima. Diese können mikroanalytische Meßergebnisse verfälschen, wenn das Spektrometer auf die Linie des Standards eingestellt ist und damit die verschobene Linie der Probe nicht voll erfaßt. Ein für die Mikroanalyse positiver Aspekt der chemischen Verschiebung ergibt sich aus ihrer Meßbarkeit und der damit zu gewinnenden Information über den Bindungszustand des analysierten Elementes[1].

Tabelle 1. Linienverschiebungen von Al Kα gegenüber dem Element

Substanz	Präzisionsmessungen von Läuger[2]		Messungen mit der ARL-Sonde	
	$\Delta\lambda$ (X)	ΔE (eV)	$\Delta\lambda$ (X)	ΔE (eV)
K(AlSi$_3$O$_8$) (Feldspat)	$-0,93$	$+0,17$	$-1,0$	$+0,2$
α-Al$_2$O$_3$ (Korund)	$-2,00$	$+0,36$	$-2,1$	$+0,4$
SiAl$_2$O$_5$ (Disthen)	$-2,18$	$+0,39$	$-1,9_5$	$+0,3_5$
Ca$_3$Al$_2$(Si$_3$O$_{12}$) (Granat)	$-2,73$	$+0,49$	$-2,6$	$+0,5$

Als Anwendungsbeispiel gibt Tabelle 1 die mit dem ADP-Spektrometer einer ARL-Sonde EMX-SM gemessenen Verschiebungen der Kα-Linien verschiedener Al-Verbindungen gegenüber Kα des reinen Elementes. Sie können u. a. zur Identifizierung der Komponenten eines Minerals genutzt werden. Die Abweichungen zwischen den mit einem hochauflösenden Spektrometer gemessenen Werten von Läuger[2] und den eigenen liegen innerhalb der von uns für diesen Wellenlängenbereich festgestellten Unsicherheit von $\pm 0,2$ X für die relative Wellenlängenbestimmung mit Referenzlinien.

Bei der Untersuchung oxydierter Si-Oberflächenschichten, wie sie in der Halbleitertechnik verwendet werden, sowie von reinem Si und SiO$_2$ wurden die in Abb. 1 gezeigten Si Kα-Linien gemessen. Das mit einer Anregungsspannung von 10 kV aufgenommene und in Si- und SiO$_2$-Linienkomponenten zerlegte Spektralprofil der oxydierten Oberfläche enthält einen überwiegenden Anteil der Linie des elementaren Si der Unterlage aufgrund der größeren Eindringtiefe der

Elektronen. Bei 4 kV wird die Strahlung praktisch nur noch von der Oxidschicht erzeugt. Untersuchungen dieser Art sollten sich zur Messung dünner Oberflächenschichten und ihrer Kinetik nutzen lassen.

Bei zu geringer chemischer Verschiebung der inneren Linien können die stark bindungsabhängigen Valenzbanden für die Identi-

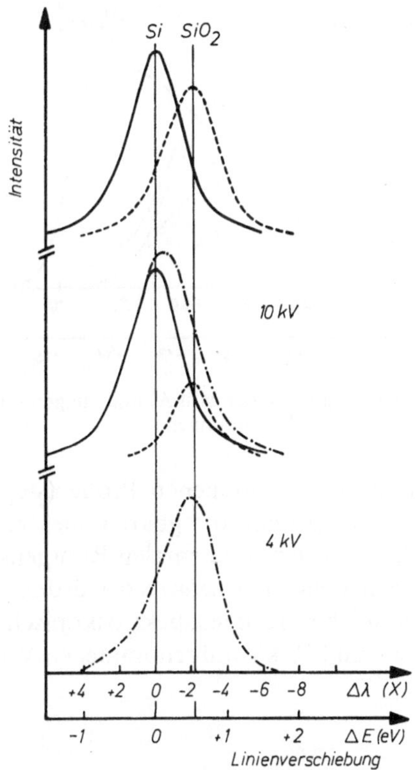

Abb. 1. Relative Lage der Si Kα-Linien von elementarem Si (——), SiO$_2$ (— — —) und einer oxydierten Si-Oberfläche (— · — · —)

fizierung einer Verbindung von Nutzen sein. Dies wird in Abb. 2 ebenfalls an einigen Al-Verbindungen demonstriert. Die mit der ARL-Sonde punktweise aufgenommenen Kβ-Valenzbanden des Al stimmen in Form und Lage gut mit den von Läuger[2] vermessenen Profilen überein und ermöglichen aufgrund ihrer charakteristischen Form Aussagen über Art und Modifikation der im untersuchten Mikrobereich der Probe befindlichen Verbindung.

Ihr gutes Auflösungsvermögen, das bequeme Arbeiten im Vakuumwellenlängenbereich bis 70 Å sowie die geringe thermische Belastung der Proben machen den Mikroanalysator zu einem wertvollen Hilfsmittel bei der Aufklärung der Bandstruktur des Festkörpers durch Röntgenspektroskopie seiner Valenzbänder. Durch schwache Anregung mit kleinen Probenströmen, Defokussierung des Brenn-

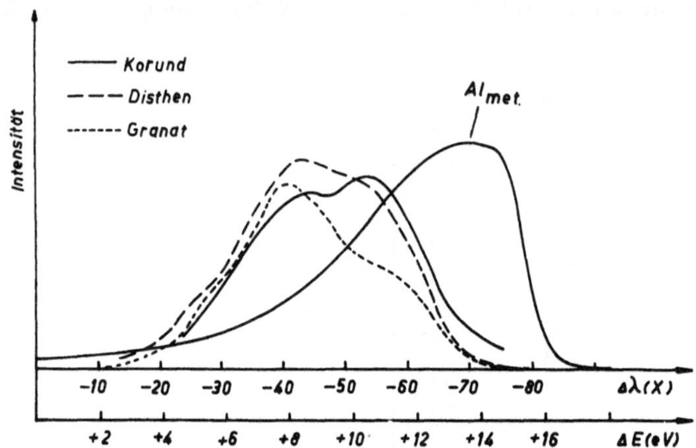

Abb. 2. Relative Lage der Kβ-Valenzbande von Al und einigen seiner mineralischen Verbindungen

fleckes und Bewegung einer homogenen Probe (step scan) können insbesondere auch die nur primär anregbaren Spektren von Substanzen untersucht werden, die sich in normalen Röntgenspektrographen infolge der thermischen Belastung zersetzen würden.

Als Beispiel einer solchen röntgenspektroskopischen Anwendung sind in Abb. 3 die bei 4 und 12 kV aufgenommenen V $L_{2,3}$-Emissions-

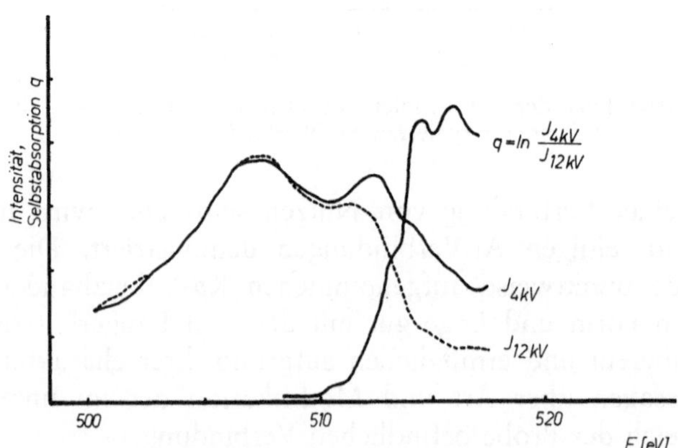

Abb. 3. V $L_{2,3}$-Emissionsspektren von VO_2 für verschiedene Anregungsspannungen und das aus ihnen abgeleitete $L_{2,3}$-Selbstabsorptionsspektrum

spektren von VO_2 wiedergegeben. Die Eichung der Wellenlängen- und Energieskalen des KAP-Spektrometers erfolgte hierbei mit der $L\alpha$-Linie und dem $K\alpha$-Dublett von metallischem Vanadin, die in 1. bzw. 10. Ordnung gemessen wurden. In Abhängigkeit von der Anregungsspannung treten Peakverschiebungen und Änderungen von Intensitätsverhältnissen infolge unterschiedlicher effektiver Brennflecktiefe und Selbstabsorption der austretenden Strahlung in der Probe auf. Die Größe $q = \ln (I_{4\,kV}/I_{12\,kV})$, die aus den mit geringer und starker Selbstabsorption gemessenen Intensitäten abgeleitet wurde, verläuft nach Liefeld[3] weitgehend proportional zum $V\,L_{2,3}$-Absorptionskoeffizienten der Verbindung. Er spiegelt den Verlauf der unbesetzten s, d-Zustandsdichten des VO_2 oberhalb des Ferminiveaus wieder, während die Emissionsspektren selbst die entsprechende Information über die besetzten Valenzzustände geben.

Einen zweiten mit dem Mikroanalysator meßbaren Effekt stellt die Orientierungsabhängigkeit der von Einkristallen emittierten Röntgenemissionslinien und -banden dar. Hierzu werden Form, Lage und Intensität verschieden polarisierter Strahlungskomponenten untersucht, welche von Einkristallen nichtkubischer Symmetrie emittiert werden. Die besonders in den K-Valenzbandspektren beobachteten Unterschiede der Spektrenverläufe beruhen auf der Aufspaltung von im freien Atom entarteten p-Zuständen durch Kristallfelder niedriger Symmetrie im Festkörper. Die spektroskopischen Auswahlregeln und das polarisationsabhängige Reflexionsvermögen der Spektrometerkristalle bzw. -gitter führen dann je nach relativer Lage von emittierender Einkristallprobe und Spektrometerkristall zur bevorzugten Registrierung der einen oder anderen Komponente der Strahlung[4].

Diese Orientierungsabhängigkeit kann starke Änderungen der Spektrenverläufe zur Folge haben. Sie führen zu Interpretations- und Analysenfehlern, wenn mit dem Mikroanalysator gemessene Valenzbänder zur Identifizierung einer Verbindung oder bei Elementen niedriger Ordnungszahl zu Analysenzwecken genutzt werden. Die Wahrscheinlichkeit hierfür ist umso größer, je stärker die Orientierungsabhängigkeit der Spektren ausgeprägt und je kleiner der Brennfleck ist. Mit kleinem Fokus besteht auch bei einer polykristallinen Probe die Möglichkeit, nur einen einkristallinen Bereich anzuregen und das entsprechende orientierungsabhängige Spektrum zu registrieren. Die gezielte Messung des Effektes erhöht andererseits den Informationsgehalt der Röntgenspektren beträchtlich, was insbesondere für die Grundlagenforschung zur Elektronenstruktur des Festkörpers von Bedeutung ist.

Es hat sich gezeigt, daß der Mikroanalysator für derartige Untersuchungen besonders geeignet ist. Neben den bereits genannten Vor-

teilen kommen hinzu die geringen Mengen des benötigten Einkristall-
materials und die bequemen Manipulationsmöglichkeiten der Probe
in Form von Drehungen um die Achse des Elektronenstrahls. Die
daraus folgenden konstanten Anregungsbedingungen bei verschiedenen Orientierungen der Einkristallprobe relativ zum Spektrometerkristall lassen verfälschende Einflüsse auf den gesuchten Effekt, z. B.
durch Elektronen-Channeling im Einkristall, nicht zur Wirkung
kommen[5].

Ein eindrucksvolles Beispiel für die Orientierungsabhängigkeit
der Röntgen-Valenzbanden stellt die C Kα-Bande von Graphit dar.
Graphit besitzt eine ausgeprägte Schichtstruktur mit einer Anordnung
der C-Atome in untereinander verbundenen Sechserringen. Innerhalb

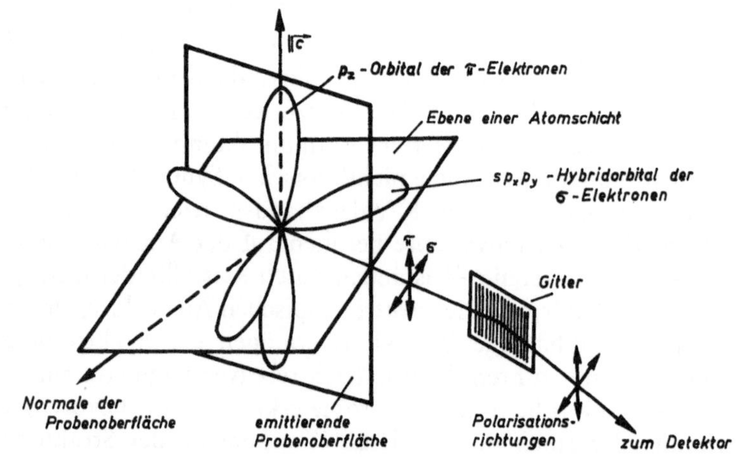

Abb. 4. Zur Untersuchung der anisotropen Emission langwelliger Röntgen-Valenzbanden am Beispiel des Graphit

der Schichten existieren starke Bindungen durch Überlappung von
$sp_x p_y$-Hybridorbitalen, deren Elektronen das σ-Band bilden. Eine
zusätzliche Bindung wird durch π-Elektronen in p_z-Orbitalen vermittelt (Abb. 4).

Die Übergänge aus dem π- bzw. σ-Band auf das $1s$-Coreniveau,
die zur Emission der Kα-Valenzbande führen, sind parallel bzw.
senkrecht zur hexagonalen $\vec{c}$-Achse polarisiert. Dieser Umstand ermöglicht die experimentelle Trennung der π- und σ-Teilbanden, die
sich in Pulverspektren überlagern, und gestattet einen Vergleich der
experimentellen Daten mit den aus Bandberechnungen ableitbaren
Parametern der Zustandsdichte[6]. Wir verwendeten dazu eine parallel
zur $\vec{c}$-Achse angeschnittene Graphitprobe und untersuchten die strei-
fend zur Probenoberfläche austretende Strahlung in einem Gitter-

spektrometer (Abb. 4). Bei einer Stellung der $\vec{c}$-Achse der Probe senkrecht zur Reflexionsebene der Gitteranordnung wurden eine π- und eine σ-Komponente der Kα-Strahlung gemessen und nach Drehung der Probe um 90⁰ um die Oberflächennormale zwei σ-Komponenten. Dadurch konnten mit Hilfe eines rechnerischen Verfahrens

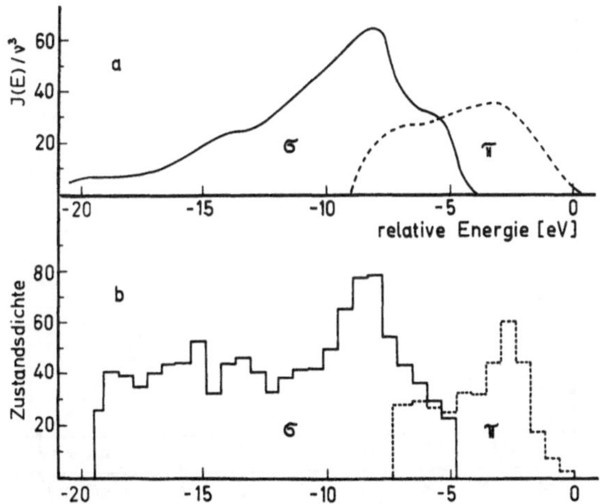

Abb. 5. Vergleich der experimentellen π- und σ-Emissionsbanden von Graphit mit berechneten Zustandsdichten

dic Teilbanden getrennt werden. Letztere geben sehr gut die p-Anteile der Zustandsdichten für Graphit nach den Bandberechnungen von Painter und Ellis[7] wieder, während die s-Anteile nicht abgebildet werden (Abb. 5.)

Von McFarlane[8] wurden derartige Messungen mit dem Mikroanalysator unter Verwendung eines OHM-Spektrometerkristalls durchgeführt, der bei einem Braggwinkel nahe 45⁰ linear polarisierte Komponenten der C Kα-Strahlung reflektiert. Dadurch können auch die reinen π- und σ-Banden getrennt gemessen werden. In den stark orientierungsabhängigen Spektren trat eine maximale Peakverschiebung von 0,8 Å bzw. 5 eV auf, welche in dieser Größe selbst Fehler bei der Elementanalyse hervorrufen würde.

Eigene Messungen mit dem ADP-Spektrometer der ARL-Sonde ergaben deutliche und gut reproduzierbare Orientierungsabhängigkeiten der Al Kβ-Valenzbande von einkristallinem α-Al$_2$O$_3$ (Korund). Erst eine der Verteilung der kristallographischen Richtungen entsprechende gewichtete Überlagerung der Einkristallspektren lieferte hier das für eine polykristalline Pulverprobe repräsentierte Al Kβ-Spektrum des Korund in Abb. 2. Dieses stimmt mit dem von Läuger[2] an einem Pulverpräparat gemessenen Spektrum ausgezeichnet über-

ein, was die Richtigkeit der experimentellen Ergebnisse und ihrer
theoretischen Interpretation bestätigt[5]. Gleiche Überlegungen gelten
auch für die an einem $FeCO_3$(Siderit)-Einkristall gemessenen O Kα-
Banden. Die parallel und senkrecht zur trigonalen Achse der CO_3-
Gruppen polarisierten Spektren zeigen deutliche Unterschiede (Abb. 6).

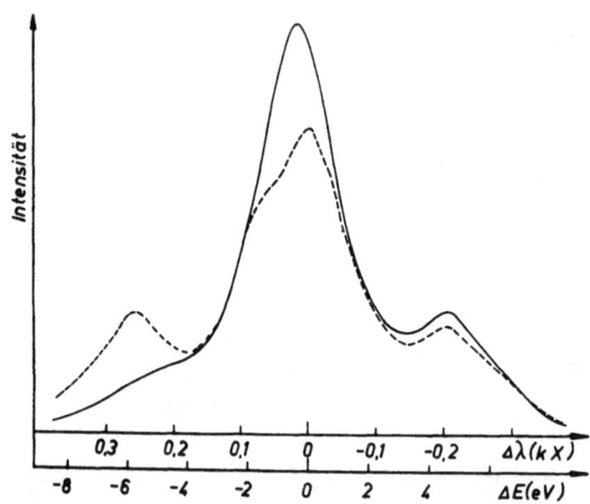

Abb. 6. O Kα-Valenzbande von $FeCO_3$ (Siderit), parallel (——) und senkrecht
(– – –) zur trigonalen Achse der CO_3-Gruppen polarisiert

Sie können auf der Grundlage von MO-Berechnungen interpretiert bzw. zu deren experimenteller Überprüfung benutzt werden.
Der kurzwellige Satellit gehört nicht zum O Kα-Spektrum, sondern ist
wahrscheinlich durch eine linienartige Reflexionsstruktur des KAP-
Spektrometerkristalls bei dieser Wellenlänge bedingt[9].

Eine kritische Einschätzung der bisher mit modernen Mikroanalysatoren durchgeführten speziellen röntgenspektroskopischen Arbeiten zeigt, daß spektrales Auflösungsvermögen und Reproduzierbarkeit der Meßergebnisse ihren Einsatz für derartige Untersuchungen anbieten. Die zusätzlichen Vorteile hinsichtlich Arbeitsaufwand
und -bedingungen werden die Anwendungsmöglichkeiten und -be-
reiche der Mikroanalysatoren für Praxis und Grundlagenforschung
auf röntgenspektroskopischem Gebiet wahrscheinlich in Zukunft
noch beträchtlich erweitern.

Zusammenfassung

Moderne Mikroanalysatoren sind auch für spezielle röntgenspektroskopische Untersuchungen, wie etwa der Bindungs- und
Orientierungsabhängigkeit der Spektren, einsetzbar. Einige Anwen-

dungsmöglichkeiten in der Praxis und der röntgenspektroskopischen Grundlagenforschung wurden demonstriert. Auf spezifische Vorteile des Einsatzes von Mikroanalysatoren wurde hingewiesen und festgestellt, daß die untersuchten röntgenspektroskopischen Effekte bei Nichtberücksichtigung mikroanalytische Meßergebnisse verfälschen können.

Summary

On Several Röntgenspectroscopic Applications of the Microprobe Analyser

It is shown that modern electron microprobe analysers can also be used for special X-ray spectroscopic investigations such as the dependence of the spectra on chemical bond and crystallographic orientation (of monocrystalline samples). Some possibilities of application for practical work and fundamental research in the field of X-ray spectroscopy are demonstrated. Specific advantages in using electron microprobe analysers are referred to and it is pointed out that microanalytic measuring data will be falsified if the spectroscopic effects investigated are neglected.

Literatur

[1] O. Brümmer, K.-H. Brauer und G. Suwalski, Z. angew. Phys. **16**, 27 (1963).

[2] K. Läuger, Dissertation München, 1968.

[3] R. J. Liefeld, Soft X-Ray Band Spectra, Ed. D. J. Fabian, London—New York: Academic Press. 1968. S. 133.

[4] O. Brümmer, G. Dräger und K. Machlitt, Konferenzband „Röntgenspektren und elektronische Struktur der Materie", Bd. II. Kiew: 1969. S. 300.

[5] G. Dräger, W. Beier, O. Brümmer und P. Krönert, Z. Krist. Techn. **9**, 1291 (1974).

[6] O. Brümmer, G. Dräger, W. A. Fomichew und A. S. Schulakow, Konferenzband „Röntgenspektren und elektronische Struktur der Materie", Bd. I. München: 1973. S. 78.

[7] G. S. Painter und D. E. Ellis, Phys. Rev. **B 1**, 4747 (1970).

[8] A. A. McFarlane, Carbon **11**, 73 (1973).

[9] R. J. Liefeld, S. Hanzely, T. Kirby und D. Mott, Adv. X-ray Anal. **13**, 373 (1970).

Korrespondenz und Sonderdrucke: Prof. Dr. O. Brümmer, Sektion Physik der Martin-Luther-Universität, Friedemann-Bach-Platz 6, DDR-4010 Halle/Saale, Deutsche Demokratische Republik.

Mikrochimica Acta [Wien], Suppl. 6, 1975, 331—344
© by Springer-Verlag 1975

Sektion Physik der Martin-Luther-Universität Halle-Wittenberg, DDR

Mikroskopische Kathodolumineszenzuntersuchungen an Halbleitern mit der Elektronenstrahlmikrosonde*

Von

Otto Brümmer und Jürgen Schreiber

Mit 7 Abbildungen

(Eingegangen am 26. November 1974)

Einleitung

Für die Untersuchung physikalischer Eigenschaften von Halbleitern in Mikrobereichen mit der Elektronenstrahlmikrosonde können sowohl elektrische als auch optische Wechselwirkungsphänomene zwischen Elektronenstrahl und Probe genutzt werden. Bei einer Reihe von Problemstellungen bietet sich insbesondere eine Analyse der Kathodolumineszenz an[1-3].

Die an Halbleitern bei Elektronenbeschuß auftretende Kathodolumineszenz ist eine Folge der neben der strahlungslosen Rekombination stattfindenden strahlenden Rekombinationsprozesse von Nichtgleichgewichtsladungsträgern. Die für das Grundgitter des Kristalls charakteristischen Rekombinationsmechanismen, der Band-Band-Übergang und (insbesondere bei tiefen Temperaturen) der strahlende Zerfall freier Exzitonen führen zu einer hinsichtlich der Photonenenergie materialspezifischen Emission. Die energetische Lage der entsprechenden Lumineszenzbande bzw. -linie wird dabei im wesentlichen durch den aus der Bandstruktur des Materials resultierenden,

---

* Herrn Prof. Dr. Walter Koch zum 65. Geburtstag gewidmet und anläßlich des 7. Kolloquiums über metallkundliche Analyse mit besonderer Berücksichtigung der Elektronenstrahlmikroanalyse, Wien, 23.—25. 10. 1974 vorgetragen.

effektiven Abstand zwischen Valenz- und Leitungsband bestimmt. Durch Störstellen (Eigendefekte, Fremdatome) bedingte Rekombinationsmechanismen, wie der Zerfall gebundener Exzitonen (Exziton-Defekt-Komplexe), die Störniveau-Band-Rekombination und die Paarrekombination, sind mit Lumineszenzbanden bzw. -linien verbunden, deren Intensität von der Störstellenkonzentration, und deren energetische Lage von der Störstellenart abhängen. Die Anwesenheit von Störstellen kann in bestimmten Fällen andererseits auch eine zusätzliche strahlungslose Rekombination bewirken. Neben Punktdefekten üben Kristallbaufehler und Oberflächen sowie die Wechselwirkung der Ladungsträger mit Phononen einen rekombinationswirksamen Einfluß aus. Durch die Beteiligung von Phononen an strahlenden Übergängen können vor allem bei den exzitonischen Prozessen[4] und den störstellengebundenen Übergängen[5,6] gleichzeitig neben den Emissionsbanden und -linien der ungestörten Übergänge Phononensatelliten auftreten. Typisch ist dabei das Erscheinen von Peakserien auf der langwelligen Seite mit energetisch nahezu äquidistanten Abständen, welche durch die Energie der beteiligten Phononen bestimmt sind.

Das Kathodolumineszenzverhalten steht bezüglich der Quantenausbeute und der spektralen Verteilung sowie auch hinsichtlich der Polarisation, der Temperatur- und Zeitabhängigkeit damit in enger Relation zur Energiebandstruktur des betrachteten Materials einerseits und andererseits zum Verhalten der Nichtgleichgewichtsträger im Kristall und insbesondere zu deren Wechselwirkung mit Gitterstörungen. Aus seiner Analyse lassen sich unmittelbar Aussagen über halbleiter-physikalisch interessierende Parameter gewinnen oder auch Informationen zur Materialcharakterisierung erhalten[7-10].

Durch die Untersuchung des Kathodolumineszenzverhaltens mit Hilfe der Elektronenstrahlmikrosonde können eine Variation der Lumineszenz in mikroskopischen Bereichen betreffs der spektralen Verteilung der Emission und Lumineszenzintensität mit einem relativ hohen lateralen Auflösungsvermögen quantitativ erfaßt und aufgrund der Anregungstiefe lokale Änderungen der Volumenrekombination von Ladungsträgern eindeutig nachgewiesen und untersucht werden. Solche mikroskopischen Kathodolumineszenzuntersuchungen sind für eine Bestimmung von Bandstrukturänderungen und Beobachtungen zum Rekombinationsverhalten von Nichtgleichgewichtsladungsträgern in ausgezeichneten Kristallbereichen, wie Bereichen mit chemischen Gradienten[11] oder mit Gradienten von Deformationsfeldern, an Hetero- und Schichtstrukturen[12], in kristallbaufehlergestörten Bereichen[13-15] und an p-n-Übergängen[2,16-18] von unmittelbarem Interesse. Die an p-n-Übergängen zu beobachtende

Lumineszenzverteilung kann in Verbindung mit den gleichzeitig mikroskopisch erfaßbaren elektrischen Parametern insbesondere auch für die Charakterisierung der optoelektronischen Eigenschaften der Struktur herangezogen werden.

Im folgenden werden Ergebnisse ausgewählter eigener Kathodolumineszenzuntersuchungen mit der Elektronenstrahlmikrosonde dargelegt, wobei insbesondere die spektroskopische Analyse der Lumineszenzstrahlung berücksichtigt wird. Es werden die Kathodolumineszenz an einem p-n-Übergang bezüglich der lokalen Änderung der spektralen Emission und der Intensität in ihrem Zusammenhang mit der Elektrolumineszenz der Diodenstruktur betrachtet sowie das mikroskopische Lumineszenzverhalten in kristallbaufehlergestörten Bereichen homogener Einkristalle für die Beobachtung der Rekombination von Nichtgleichgewichtsladungsträgern bei Anwesenheit von Versetzungen untersucht. Die experimentellen Untersuchungen umfaßten das Kathodolumineszenzverhalten im Bereich eines p-n-Überganges in GaP, mikroskopische Lumineszenzerscheinungen an Versetzungen in undotierten CdS-Einkristallen und die Änderung der Kathodolumineszenz von einkristallinem MgO infolge einer lokal inhomogenen plastischen Deformation.

Experimentelle Technik

Die Untersuchungen erfolgten mit der Elektronenstrahlmikrosonde EMX-SM (ARL, Bausch u. Lomb, USA). Die für die Kathodolumineszenzbeobachtungen verwendete Anordnung ist in Abb. 1 dargestellt.

Die Lumineszenzstrahlung wurde mit Hilfe des Spiegelobjektivs des apparateigenen Lichtmikroskops registriert. Zur spektroskopischen Analyse passierte sie ein Polarisationsfilter und einen als Spektrometer dienenden Spiegelmonochromator (Typ: SPM 2, VEB C. Zeiss, Jena). Als Strahlungsempfänger wurden SEV (M 12 FC 52, VEB C. Zeiss, Jena) benutzt. Für die Aufzeichnung der Spektren stand der zur Apparatur gehörende Kompensationsschreiber zur Verfügung. Für die Untersuchung der monochromatischen Kathodolumineszenzverteilung in Linienprofilmode und mit der Rasterflächenabbildung war eine Registrierung sowohl über das Spektrometer als auch insbesondere für geringe Vergrößerungen, über Spektralfilter oder ein Interferenzfilterspektroskop[22] möglich. Bei spektral integraler Registrierung gelangte die Lumineszenzstrahlung unmittelbar auf den Detektor. Für quantitative spektroskopische Untersuchungen bewährte sich zur Kontrolle der Anregungskonstanz eine gleichzeitige Registrierung eines Teils der Strahlung über einen zusätzlichen SEV, wie dies in der Abb. 1 durch die Anordnung des Strahlteilers (S) und des SEV 1 angedeutet ist. Es wurden Untersuchungen sowohl bei Raumtemperatur (RT) als auch bei 80⁰ K (LNT) durchgeführt. Der benutzte Tieftemperaturprobenhalter ist in Abb. 1 als Teilschnitt dargestellt. Der Probenhalter besteht hier aus dem fest mit dem Probenmanipulator gekoppelten Probenträger und einem mit

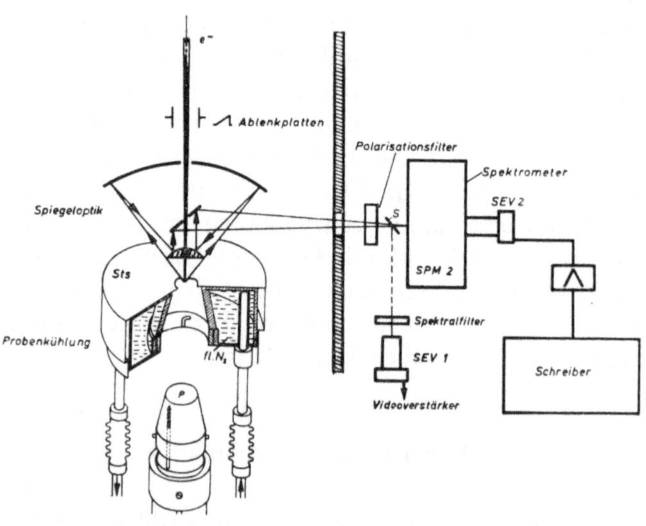

Abb. 1. Anordnung für Kathodolumineszenzuntersuchungen mit der Elektronenstrahlmikrosonde EMX-SM. Der Einsatz des Tieftemperaturprobenhalters ermöglicht Beobachtungen im Temperaturbereich von 300⁰ K bis 80⁰ K. Für die spektroskopischen Untersuchungen wird ein Spiegelmonochromator (SPM 2, VEB C. Zeiss, Jena) benutzt

S — halbdurchlässiger Spiegel; *Th* — Thermoelement; *Sts* — Strahlungsschirm; *fl.* N₂ — flüssiger Stickstoff; *P* — Probenort (in Arbeitsstellung befindet sich der Probenträger in dem Hohlkörper)

flüssigem Stickstoff beschickten Hohlkörper, der diesen Probenträger aufnimmt. Die Probenkühlvorrichtung erlaubt durch die Verwendung von Federkörpern in den Zuleitungen eine Manipulation der Probe in x-, y- und z-Richtung auch während der Tieftemperaturbeobachtungen. Die bei den Untersuchungen benutzten Elektronenstrahlenergien und -ströme betrugen 15—30 keV bzw. 10 nA bis maximal 10 μA. Das qualitative laterale Auflösungsvermögen der Kathodolumineszenz-Rasterabbildungen war bei 20 kV und 10 nA ungefähr 1 μm bei einem Sondendurchmesser von ~0,2—0,3 μm.

Ergebnisse und Diskussion

Kathodolumineszenzverteilung am p-n-Übergang

Nach Wittry[8] ist es möglich, mit der Kathodolumineszenz-abbildung die Lage und den Verlauf von elektrischen Homoüber-gängen zu bestimmen. Werden jedoch darüberhinaus das spektrale Verhalten und die lokale Verteilung der Lumineszenz in bezug auf

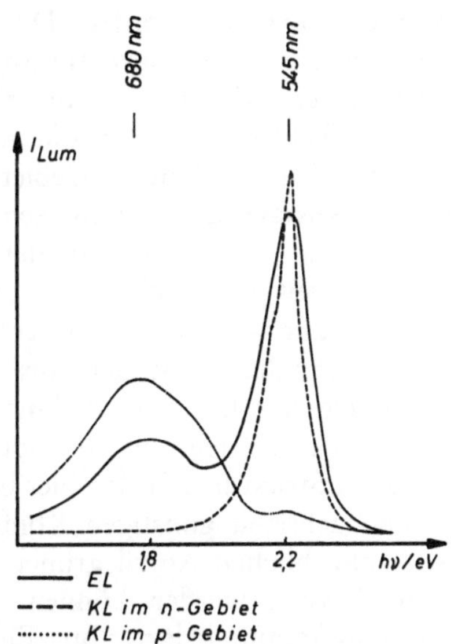

Abb. 2. Spektrale Verteilung der lokal registrierten Kathodolumineszenz im *p*- bzw. *n*-Gebiet unmittelbar in der Nähe eines *p-n*-Überganges vom Te/Zn-Typ in GaP (N-dotiert) und Elektrolumineszenzspektrum dieser Struktur. Die Spektren wurden auf einer Fläche senkrecht zum *p-n*-Übergang bei *RT* aufgenommen

die Lage des *p-n*-Überganges betrachtet, so können daraus be-stimmte Aussagen über die Elektrolumineszenzeigenschaften der Struktur erhalten werden[17,18]. Dabei kann gleichzeitig durch die Berücksichtigung des Diffusionsverhaltens der Minoritätsla-dungsträger mit Hilfe des EBIC-Signals der Zusammenhang mit den elektronischen Eigenschaften untersucht werden[16]. Abb. 2 zeigt in der Nähe des *p-n*-Überganges einer handelsüblichen GaP-Lumineszenzdiode im *p*- und *n*-Gebiet lokal registrierte Katho-dolumineszenzspektren und das Elektrolumineszenzspektrum. Die Spektren werden von einer Fläche senkrecht zum Übergang auf-genommen. Der Übergang ist hier vom Te/Zn-Typ[19] in stick-stoffdotiertem Material (*n*: Te $\sim 3 \times 10^{18}$, *p*: Zn $\sim 5 \times 10^{17}$,

$N \sim 2 \times 10^{18}$). Für das n-Gebiet dieser Struktur wird durch das Kathodolumineszenzspektrum eine grüne Emission bei 554 nm (A-Linie[20]) ausgewiesen. Diese ist auf die Wirksamkeit des N als isoelektronisches Zentrum zurückzuführen. Im p-Gebiet dagegen dominiert eine rote Lumineszenzbande bei ~ 680 nm. Die wirksamen Zentren sind hier durch die Zn-Dotierung bedingte Zn-O-Komplexe[21]. Die lokale Intensitätsverteilung der roten und grünen Lumineszenz in bezug auf den p-n-Übergang, dessen Lage bei den Untersuchungen durch das EBIC-Signal bestimmt wurde, ist durch monochromatische Lumineszenzlinienprofile beobachtet worden. Die durch die Lumineszenzverteilung angezeigte Zentrenkonzentrationsverteilung weist vom p-n-Übergang entferntere Maxima für die Konzentration der lumineszenzwirksamen N-Zentren und für die Konzentration der wirksamen Zn-O-Komplexe im n- bzw. p-Gebiet auf. Im Bereich des Überganges ist nach Aussage der Lumineszenzprofile die Konzentration wirksamer Zentren sowohl im Falle der N-Störstellen als auch der Zn-O-Komplexe weit geringer*. Die so erhaltene Kenntnis der lokalen Verteilung wirksamer Luminszenzzentren an dem p-n-Übergang gestattet in Verbindung mit den aus dem EBIC-Profil erhaltenen Diffusionslängen der Minoritätsladungsträger eine Aussage über die zu erwartende Effizienz und die spektrale Verteilung der Elektrolumineszenz der Struktur. Für den hier betrachteten Übergang sollte aus der beobachteten günstigen Konfiguration für die N-Zentren auf einen maßgeblichen Anteil grüner Emission bei der Elektrolumineszenz geschlossen werden können. Dies wird durch das Elektrolumineszenzspektrum belegt. Im Elektrolumineszenzspektrum dominiert die grüne Emission mit einem Verhältnis von 3:1 über die rote Emission.

Lumineszenzverhalten an Versetzungen und in plastisch deformierten Bereichen

Die Abbildung von Kristallbaufehlern in Halbleitereinkristallen mit der Elektronenstrahl-Rastertechnik unter Nutzung des Kathodolumineszenzsignals ist ein direkter Nachweis einer mit der Anwesenheit von Kristallstörungen verbundenen, lokalen Änderung des Rekombinationsverhaltens von Nichtgleichgewichtsladungsträgern. Die in früheren Arbeiten[15, 22, 23] beobachteten Konturen von Kleinwinkelkorngrenzen, Neigungskorngrenzen, Zwillingsgrenzen und Ver-

---

* Diese Beobachtungen können gleichzeitig für die Untersuchung der Rolle des Sauerstoffes bei der Zn-Dotierung von Interesse sein, da dieser bei den vorliegenden geringen Konzentrationen röntgenmikroanalytisch nicht mehr erfaßt werden kann.

setzungen in Kathodolumineszenz-Rasterabbildungen belegen die Rekombinationswirksamkeit dieser Kristallbaufehler-Typen in CdS.

Bei Versetzungsdichten $< 10^7/\text{cm}^2$ kann das Lumineszenzverhalten von Einzelversetzungen untersucht werden. Die von uns durchgeführten Lumineszenzuntersuchungen an Einzelversetzungen in CdS zeigen von der Matrix abweichende, verschiedenartige Rekombinationsprozesse auf und geben eindeutige Hinweise auf eine Abhängigkeit der Rekombination im Versetzungsbereich vom Dekorationszustand der Störung[23, 24].

Die Abb. 3 zeigt die inhomogene Kathodolumineszenzverteilung auf einer (10$\bar{1}$0)-Fläche eines tafeligen CdS-Einkristalls, wie sie in einem Bereich mit eingewachsenen Versetzungen auftritt. Hier sind

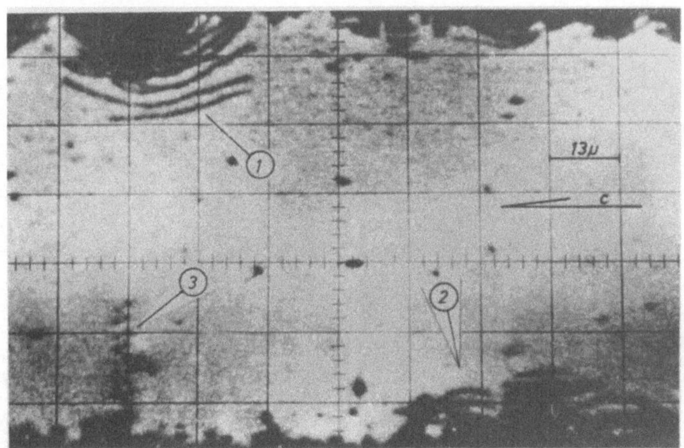

Abb. 3. Inhomogene Kathodolumineszenzverteilung auf einer (10$\bar{1}$0)-Fläche eines undotierten CdS-Einkristalls mit Lumineszenzdunkelkonturen von eingewachsenen Einzelversetzungen (20 kV, 10 nA, RT). In den Bereichen (1) und (2) sind Konturen von parallel zur Oberfläche verlaufenden Versetzungslinien und im Bereich (3) eine Anordnung von Konturen an Versetzungsdurchstoßpunkten zu finden

in ihrer Form für Einzelversetzungen typische Lumineszenzdunkelkonturen zu finden. Neben den linienförmigen Konturen in den Bereichen (1) und (2), die parallel zur Oberfläche verlaufenden Versetzungslinien entsprechen, sind im Bereich (3) punktförmige Lumineszenzkonturen von Versetzungsdurchstoßpunkten vorhanden.

Aus dem Auftreten von Lumineszenzdunkelkonturen an den Versetzungen kann auf einen erhöhten Anteil strahlungsloser Prozesse in Versetzungsnähe geschlossen werden, was durch Ergebnisse lokal integraler Messungen an warmplastizierten CdS-Einkristallen von Osipyan[25] bestätigt wird. Inwieweit es sich dabei um Prozesse über

Versetzungszustände oder über Störniveaus angelagerter Punktdefekte handelt, kann wegen des nicht bestimmten Dekorationszustan-
des der Versetzungen nicht entschieden werden. Die Untersuchungen
an undekorierten Versetzungen und das dort zu beobachtende anders-
artige Verhalten weisen darauf hin, daß die Annahme einer strahlungslosen Rekombination durch die alleinige Wirksamkeit der Versetzung
nicht gerechtfertigt ist.

Für durch Elektronenstrahldamage frisch erzeugte Versetzungen
konnten bei LNT, im Gegensatz zum Verhalten der eingewachsenen
Versetzungen, Lumineszenzhellkonturen beobachtet werden. Die
Abb. 4 zeigt die Kathodolumineszenzverteilung auf $(11\bar{2}0)$-Flächen
mit punktförmigen (Abb. 4a) und linienartigen (Abb. 4b) Hellkonturen von gleitfähigen Einzelversetzungen. Die punktförmigen Kon-

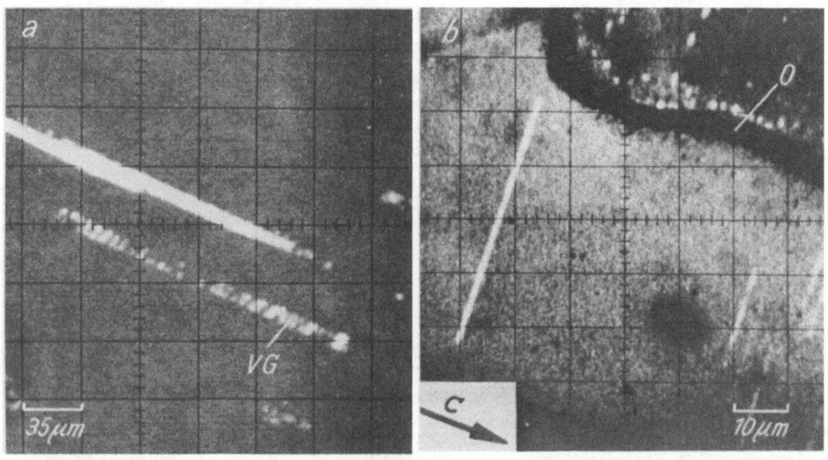

Abb. 4. Kathodolumineszenzhellkonturen auf Wachstumsflächen dünner CdS-Ein-
kristalltafeln an frisch erzeugten Versetzungen (20 kV, 30 nA, *LNT*). Punktförmige
Konturen an sehr kurzen Gleitversetzungen (*VG*), die sich in Richtung parallel
zur *c*-Achse des Kristalls anordnen (a). Linienkontur einer Einzelversetzungslinie
senkrecht zur *c*-Achse, die ihre Lage (durch eine Gleitung der Versetzung) in
Richtung parallel zur *c*-Achse verändern kann (b). O — Oberflächenstörung

turen ordnen sich bei ihrer Bewegung unter dem Einfluß einer inten-
siveren Elektronenbestrahlung zu parallel zur *c*-Achse des Kristalls
orientierten Konturen an und markieren dadurch, wie aus Abb. 4a
zu entnehmen ist, ihre Gleitrichtung. In Abb. 5 ist eine durch die
Versetzungsgleitung bedingte Änderung der Anordnung von Lumines-
zenzkonturen in der zeitlichen Folge $t_0 \rightarrow t_1 \rightarrow t_2$ dargestellt, wie sie
mit Hilfe der Kathodolumineszenz-Rasterabbildung beobachtet wer-
den kann. Die in den Abbildungen 4a und 5 zu findenden punktför-

migen Lumineszenzhellkonturen sollten nach einem Vergleich mit elektronenmikroskopischen Befunden[26] sehr kurzen Versetzungs-

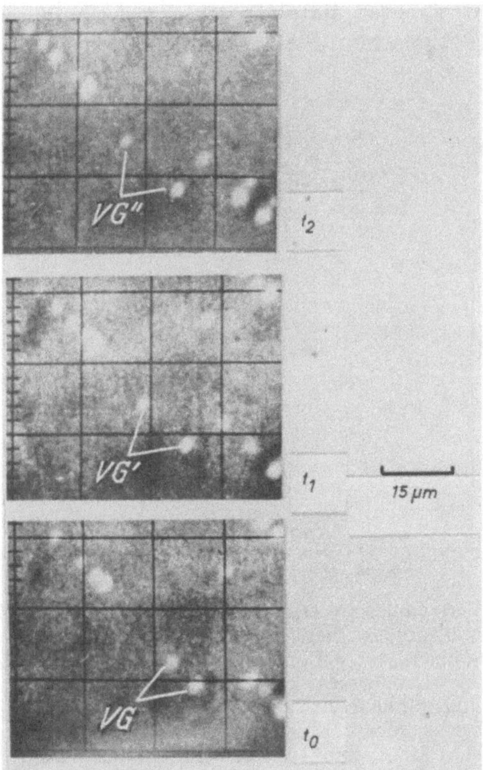

Abb. 5. Durch Versetzungsgleiten verursachte Änderung der Anordnung von Lumineszenzkonturen, dargestellt durch drei zeitlich nacheinander ($t_0 \rightarrow t_1 \rightarrow t_2$) aufgenommene Kathodolumineszenz-Rasterabbildungen im Bereich einer dünnen CdS-Einkristalltafel [20 kV, 15 nA, (11$\bar{2}$0), *LNT*]

schleifen zugeordnet sein. Diese Versetzungen sind offensichtlich vom gleichen Typ wie die in Abb. 4b erscheinende längere Versetzungslinie.

Die spektroskopische Untersuchung der Lumineszenzstrahlung der Hellkonturen weist eine in der Matrixstrahlung nicht enthaltene Emission mit dem Hauptpeak bei 508,5 nm und mehrere Satelliten auf der langwelligen Seite nach. Die spektrale Verteilung dieser versetzungsgebundenen Emission ist in Abb. 6 dargestellt. Diese Emission kann theoretischen Untersuchungen von Emtage[27] zufolge auf einen strahlenden Zerfall an die Versetzungen gebundener Exzitonen zurückgeführt werden. Die Bindung der Exzitonen kann schon allein durch das Spannungsfeld der Versetzung erfolgen[2]. Die spektrale Lage dieser versetzungsgebundenen Emission ist durch

$$h\,\nu_0 = E_{\text{gap}} - E_{\text{exc}} - E_b$$

bestimmt, wobei E_{gap} der Bandabstand des CdS bei 80° K, E_{exc} die Bindungsenergie zwischen Elektron und Loch im Exzitonzustand

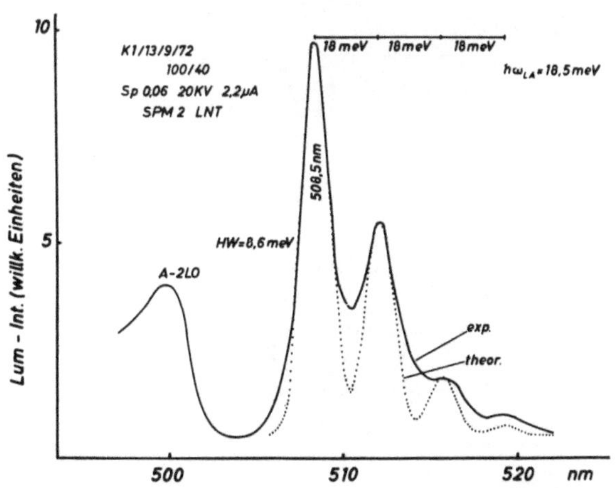

Abb. 6. Spektrale Verteilung der versetzungsgebundenen Emission (505 nm—525 nm) in CdS mit einem Hauptpeak bei 508,5 nm und Satelliten auf der langwelligen Seite mit Peakabständen von ~18 meV (20 kV, 22 nA, *LNT*). Zur Einordnung dieser Emission in das Lumineszenzspektrum von CdS ist der zweite LO-Phononensatellit der *A*-Exzitonstrahlung auch registriert. Die theoretische Spektralverteilung entspricht einer Überlagerung von Gauß-Kurven der Halbwertsbreite von 8.6 meV und Peakabständen von 18,5 meV. Für die Peakhöhen wird von einer Poisson-Verteilung (siehe Text) ausgegangen

und E_b die Bindungsenergie des Exzitons an die Versetzung sind. Für E_b ergibt sich hier aus der Lage der beobachteten Emissionsbande bei 508,5 nm ein Wert von 105 meV.

Die Seitenpeaks stellen Phononenemissionssatelliten gemäß

$$h\nu_n = h\nu_0 - n\cdot\hbar\,\omega_{\text{ph}} \qquad n = 1, 2, 3\ldots, \quad \hbar\,\omega_{\text{ph}} = \text{Phononenenergie}$$

dar, wie auch aus der hinreichend mit einer Poisson-Verteilung

$$I_n \sim I_0 \cdot \frac{\overline{N}^n}{n!} \qquad n = 0, 1, 2\ldots, \quad \overline{N} \sim 0,55$$

übereinstimmenden Peakhöhenverteilung und dem energetisch äquidistanten Abstand der Peaks gefolgert werden kann. Aus den Satellitenabständen ergibt sich eine Phononenenergie von

$$\hbar\,\omega_{\text{ph}} = 18 \text{ meV,}$$

die für die gleichzeitige Emission von LA-Phononen ($\hbar\omega_{LA} = 18{,}5$ meV[28]) beim strahlenden Zerfall der gebundenen Exzitonen spricht.

Mit diesen Untersuchungen konnte erstmals auch an CdS eine Rekombinationsstrahlung an undekorierten Versetzungen aufgezeigt und der Rekombinationsmechanismus experimentell näher bestimmt werden.

Das hier an den betrachteten Einzelversetzungen festgestellte Rekombinationsverhalten ist nicht zwangsläufig charakteristisch auch für das Lumineszenzverhalten plastisch stärker deformierter Bereiche[29], da dort neben der Wirksamkeit von Versetzungen zusätzlich die Veränderungen des Rekombinationsverhaltens infolge erzeugter Punktdefekte zu berücksichtigen sind. Unter diesem Aspekt erscheint für eine detailliertere Betrachtung die getrennte Untersuchung des Einflusses der plastischen Deformation auf Störstellenlumineszenz-banden zweckmäßig. Eine diesbezügliche Untersuchung wurde an MgO durchgeführt*.

Abb. 7 zeigt die Kathodolumineszenz-Verteilung auf einer Spaltfläche eines nominell reinen MgO-Einkristalls im Bereich einer durch Mikrohärteeindruck bewirkten plastischen Deformation (Abb. 7b) und die spektrale Verteilung der Emission bei LNT von Matrixstrahlung und Lumineszenz im deformierten Gebiet (Abb. 7c). Die Abb. 7a zeigt die Lage des Mikrohärteeindruckes. Die Katho-dolumineszenzverteilung gibt am Mikrohärteeindruck eine kristallo-grafisch $<100>$ orientierte Lumineszenzhellkontur in Form einer Rosette wieder. Hieraus kann unmittelbar auf eine im Zusammen-hang mit der plastischen Deformation des Kristalls stehende Erhö-hung der Lumineszenzausbeute geschlossen werden. Der Vergleich des Lumineszenzspektrums der Matrix mit dem des deformierten Gebietes läßt erkennen, daß die im plastisch deformierten Bereich höhere Lumineszenzausbeute im wesentlichen durch eine höhere Intensität bestimmter Störstellenbanden im Spektralbereich zwischen ~ 350 nm und ~ 600 nm bedingt ist. Im Gegensatz zum Verhalten der kurzwelligen Emission wird die Intensität der Liniengruppen bei ~ 700 nm stark vermindert.

Für den Einfluß der plastischen Deformation auf die hier er-faßten Störstellenlumineszenzen spielen nach Roshanski[30] die Er-zeugung von Zwischengitteratomen eine Rolle. Eine diesbezüg-liche eindeutige Zuordnung ist uns jedoch zur Zeit noch nicht möglich.

---

* Diese Untersuchungen wurden im Rahmen einer Zusammenarbeit mit Prof. Dr. W. N. Roshanski, Institut für Kristallografie, Akademie der Wissenschaften der UdSSR, Moskau, durchgeführt.

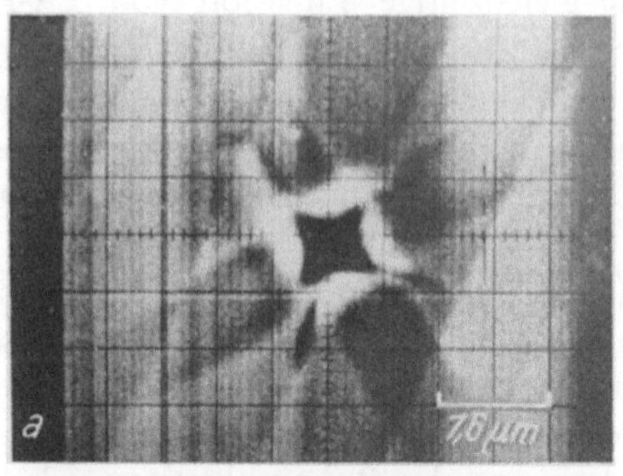

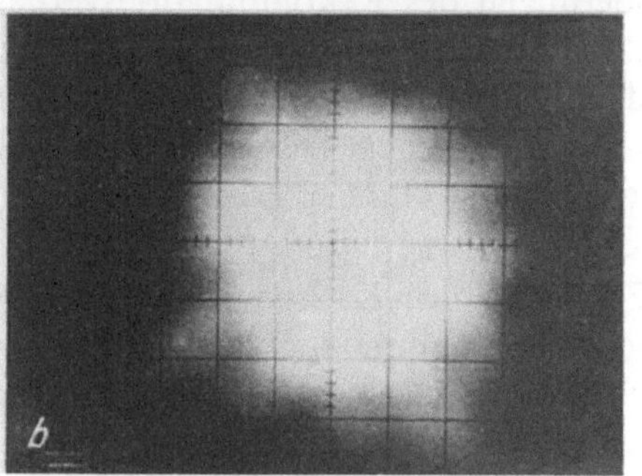

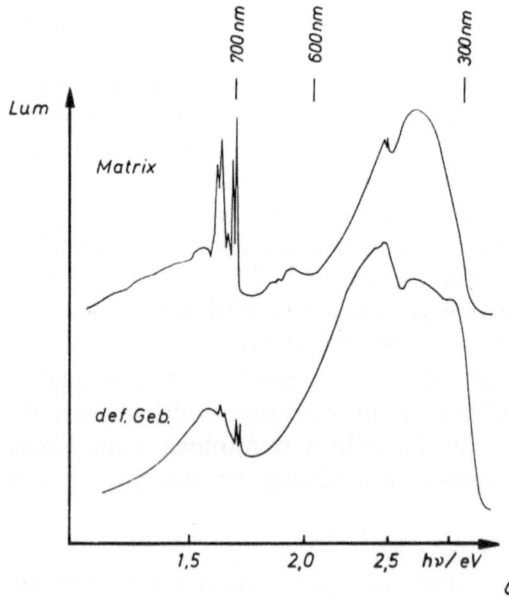

Abb. 7

Zusammenfassung

Über den Einsatz der Elektronenstrahlmikrosonde für halbleiter-physikalische Untersuchungen in Mikrobereichen durch die Beob-achtung der Kathodolumineszenz wurde berichtet. An einem *p-n*-Übergang vom Te/Zn-Typ in N-dotiertem GaP werden die Kathodo-lumineszenzverteilung in bezug auf die Lage des Überganges und ihr Zusammenhang mit der Elektrolumineszenz betrachtet. An un-dotiertem CdS und nominell reinem MgO wird der rekombinations-wirksame Einfluß von Versetzungen beziehungsweise einer plasti-schen Deformation untersucht. An undekorierten Einzelversetzun-gen in CdS wird durch mikroskopische Beobachtungen bei LNT und spektroskopische Untersuchungen insbesondere eine versetzungs-spezifische Emission exzitonischer Natur nachgewiesen. In plastisch deformierten Bereichen in einkirstallinem MgO konnte eine er-höhte Lumineszenzausbeute festgestellt werden, die aus einem Ein-fluß der plastischen Deformation auf die Intensität von bestimmten Störstellenlumineszenzen resultiert.

Summary

Microscopic Cathode Luminescence Studies on Semiconductors with the Electron Beam Microprobe

This paper reports the application of electron-beam microprobe for investigations of semiconductors using the cathode-luminescence mode. The microscopic cathode-luminescence distribution across a *p-n*-junction of Te/Zn-type in N-doped GaP is considered in respect to the position of the junction, and the connection of this distribution with the electroluminescence of the structure is discussed. In undoped CdS- and MgO-crystals the recom-binational influence of dislocations and of plastic deformation, respectively, is investigated. At undecorated single dislocations in CdS a dislocation bound emission of excitonic nature, particularly, has been detected by micro-scopic observations and spectroscopic investigations at *LNT*. In the plasti-cally deformed region of the MgO-crystal an increased luminescence could be observed, which resulted from an influence of the deformation on the intensity of defect induced emission.

Abb. 7. Lumineszenzänderung durch plastische Deformation an einem nominell reinen MgO-Einkristall. Lage des zur plastischen Deformation auf einer Spalt-fläche angebrachten Mikrohärteeindruckes (a — Probenstrombild) und rosetten-förmige, < 100 > orientierte Lumineszenzhellkontur (b — Kathodolumineszenzbild bei spektral integraler Registrierung). Spektrale Verteilung der Lumineszenz von Matrixstrahlung und der Emission im deformierten Gebiet (c). (20 kV, 50 nA, *LNT*)

Literatur

[1] P. R. Thornton, Scanning Electron Microscopy, London: Chapman & Hall. 1968.

[2] D. B. Wittry und D. F. Kyser, J. Appl. Phys. **38** (1), 375 (1967).

[3] W. Beier und O. Brümmer, Mikrochim. Acta [Wien], Suppl. IV **1970**, 263.

[4] E. F. Gross, S. A. Permogorov und B. S. Razbirin, Fiz. Tverd. Tela **8**, 1483 (1966).

[5] J. J. Hopfield, J. Phys. Chem. Sol. **10**, 110 (1959).

[6] H. Y. Fan, Proceedings IX. Int. Conf. on the Physics of Semicond., Moscow, 1968, S. 135.

[7] D. A. Shaw und P. R. Thornton, J. Mat. Sci. **3**, 507 (1968).

[8] D. B. Wittry, Appl. Phys. Lett. **8** (6), 142 (1966).

[9] G. V. Spivak et al., VII. Int. Conf. on X-Ray Optics and Microanalysis, Moscow, Kiev 1974.

[10] F. A. Gimmelfarb et al., VII. Int. Conf. on X-Ray Optics and Microanalysis, Moscow, Kiev 1974.

[11] H. C. Casey und F. A. Trumbore, Mater. Sci. Eng. **6**, 69 (1970).

[12] J. I. Alferov et al., Sov. Phys. Techn. Semiconductors **3**, 1470 (1969).

[13] D. B. Wittry und D. F. Kyser, J. Appl. Phys. **35** (8), 2439 (1964).

[14] P. M. Williams und A. D. Joffe, Nature **221**, 952 (1969).

[15] O. Brümmer und J. Schreiber, Ann. Physik **28** (2), 105 (1972).

[16] W. H. Hackett et al., J. Appl. Phys. **43** (6), 2857 (1972).

[17] B. D. Chase und D. B. Holt, Phys. stat. sol. (a) **19**, 467 (1973).

[18] A. A. Bergh und P. J. Dean, Proc. of the IEEE **60** (2), 156 (1972).

[19] R. A. Logan, H. G. White und W. Wiegmann, Appl. Phys. Lett. **13** (4), 139 (1969).

[20] P. B. Hart, Proc. of the IEEE **61** (7), 880 (1973).

[21] R. N. Bhargava, Phys. Rev. **2 B** (2), 387 (1970).

[22] O. Brümmer und J. Schreiber, Krist. u. Techn. **7** (6), 686 (1972).

[23] O. Brümmer und J. Schreiber, Krist. u. Techn. **9** (7), 817 (1974).

[24] O. Brümmer, J. Schreiber und A. Röder, VII. Int. Conf. on X-Ray Optics and Microanalysis, Moscow 1974.

[25] J. A. Osipyan und E. S. Shteinman, Isvest. AN SSSR, Ser. Fiz. **28** (4), 718 (1973).

[26] W. Möhling und J. Heydenreich, Phys. stat. sol. **7**, 155 (1964).

[27] P. R. Emtage, Phys. Rev. **163**, 865 (1967).

[28] M. Balkanski und J. Besson, J. Appl. Phys. **32**, 2292 (1961).

[29] O. Brümmer und J. Schreiber, II. Arbeitstagung „Mikrosonde", Berlin 1973, S. 330.

[30] W. N. Roshanski, priv. Mitteilung.

Korrespondenz und Sonderdrucke: Prof. Dr. O. Brümmer, Sektion Physik der Martin-Luther-Universität, Friedemann-Bach-Platz 6, DDR-4010 Halle/Saale, Deutsche Demokratische Republik.

Mikrochimica Acta [Wien], Suppl. 6, 1975, 345—358
© by Springer-Verlag 1975

Sektion Physik der Martin-Luther-Universität Halle-Wittenberg, DDR

Untersuchungen zum Kossel-Effekt nichtzentrosymmetrischer Kristalle*

Von

O. Brümmer und J. Nieber

Mit 6 Abbildungen

(Eingegangen am 26. November 1974)

1. Einleitung

Werden die Atome eines Kristallgitters durch fein fokussierte Röntgen- oder Elektronenstrahlen zur Emission ihrer Eigenstrahlung angeregt, so interferiert diese Strahlung an den Netzebenenscharen des umgebenden Raumgitters, sofern die Interferenzbedingung $\lambda < 2\,d_{\eta_1\eta_2\eta_3}$ erfüllt ist ($\lambda =$ Wellenlänge der Eigenstrahlung, $d_{\eta_1\eta_2\eta_3} =$ Abstand der Netzebenen mit den Millerschen Indizes η_1, η_2, η_3). Registriert man diese Strahlung auf einem Film, so findet man auf dem durch Bremsstrahlung und nichtgebeugter Eigenstrahlung geschwärzten Film neben hellen und dunklen Linien auch Linien mit helldunkler Feinstruktur. Diese Linien werden nach ihrem Entdecker auch Kossel-Linien genannt. Sie sind die Schnittlinien des Films mit den Kreiskegeln, die jeweils senkrecht auf den reflektierenden Netzebenen stehen und einen halben Öffnungswinkel von 90^0-θ_B besitzen ($\theta_B =$ Braggscher Winkel). In Abb. 1 ist die Geometrie der Kossel-Kegel dargestellt.

Die Kossel-Technik hat sich als leistungsfähige Methode für Gitterkonstanten- und Orientierungsbestimmungen bewährt. Dazu sind einfache geometrische Betrachtungen zur Lage der Kossel-Linien auf

---

* Herrn Prof. Dr. Walter Koch zum 65. Geburtstag gewidmet und anläßlich des 7. Kolloquiums über metallkundliche Analyse mit besonderer Berücksichtigung der Elektronenstrahlmikroanalyse, Wien, 23.—25. 10. 1974 vorgetragen.

dem Film ausreichend. Eine ausführliche Darstellung der entwickelten Methoden geben Tixier und Waché[1]. Der Vorteil des Kossel-Effekts besteht vor allem in der Möglichkeit, geringste Probenvolumina (Größenordnung μm^3) untersuchen zu können. Mit zunehmender Verbreitung von Elektronenstrahlmikrosonden und Rasterelektronenmikroskopen hat der Kossel-Effekt trotz der geringen Intensitäten der auftretenden Linien wieder an Bedeutung gewonnen. Nutzt man die Feinstruktur der Kossel-Linien, so lassen sich u. a. Aussagen über die Realstruktur des untersuchten Probenvolumens[2], über Distorsionen nach plastischer Deformation [3, 4] und über Streuphasen[5] gewinnen.

Ziel dieses Beitrages soll es sein, einen umfassenden Überblick über die bei nichtzentrosymmetrischen Kristallen auftretenden Interferenzerscheinungen und die dabei gegenüber zentrosymmetrischen

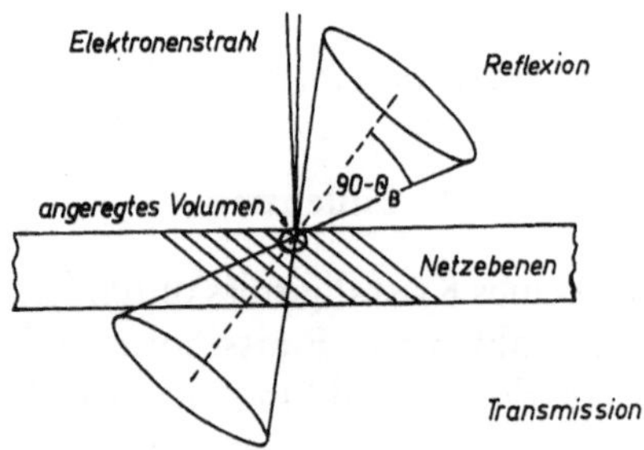

Abb. 1. Darstellung der Geometrie der Kossel-Kegel

Kristallen zu verzeichnenden Besonderheiten zu geben. Aus den Untersuchungen ergab sich ein Verfahren zur Bestimmung der Richtung der polaren Achse in nichtzentrosymmetrischen Kristallen mit Hilfe des Kossel-Effekts.

2. Die Gittergeometrie von Kristallen der Zinkblende- und Wurtzitstruktur

Die Interferenzerscheinungen werden am Beispiel von III-V- bzw. II-VI-Verbindungen der Zinkblende- und Wurtzitstruktur untersucht. Für ein besseres Verständnis der Ergebnisse ist eine kurze Behandlung der Gittergeometrie dieser Kristalle erforderlich.

In beiden Strukturen liegt eine tetraedrische Anordnung der Atome vor. In bestimmten kristallografischen Richtungen sind die Atome in Doppelschichten angeordnet, wobei die eine Schicht aus A-Atomen und die andere Schicht aus B-Atomen besteht. Der Abstand der beiden Schichten innerhalb der Doppelschicht beträgt 1/4 des jeweiligen Netzebenenabstandes $d_{\eta_1\,\eta_2\,\eta_3}$. In der Zinkblendestruktur trifft das auf alle Netzebenenscharen zu, deren Millersche Indizes sämtlich ungerade sind. Abb. 2 zeigt die Atomanordnung in der Zinkblendestruktur und deren Projektion auf die (1$\bar{1}$0)- und (001)-Ebene.

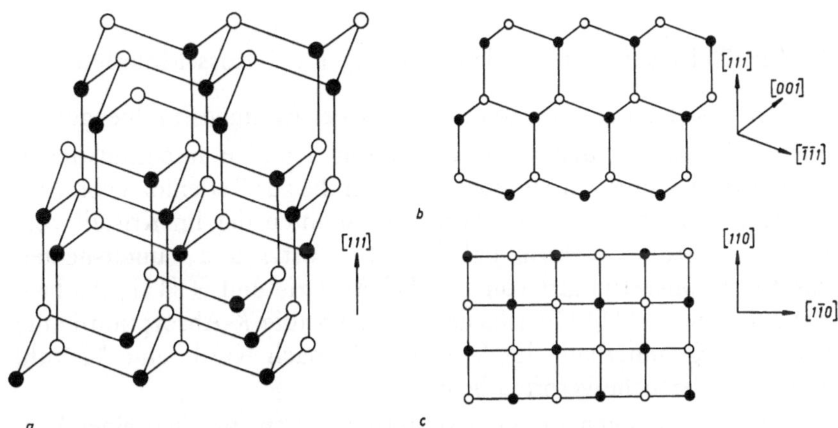

Abb. 2. a) Atomanordnung im Zinkblendegitter, b) verkleinerte Projektion der Atomanordnung a) auf die (1$\bar{1}$0)-Ebene, c) verkleinerte Projektion der Atomanordnung a) auf die (001)-Ebene
● A-Atome,   ○ B-Atome

Wegen der unterschiedlichen Netzebenenfolge hat man z. B. zwischen Richtungen vom Typ $\langle 111\rangle$ und $\langle\bar{1}\bar{1}\bar{1}\rangle$ und demnach zwischen {111}- und {$\bar{1}\bar{1}\bar{1}$}-Reflexen zu unterscheiden. In der Wurtzitstruktur liegt z. B. in [0001]- und [000$\bar{1}$]-Richtung eine verschiedene Netzebenenfolge vor, der ein (0002)- oder ein (000$\bar{2}$)-Reflex zugeordnet werden kann. Die Richtung $\langle 111\rangle$ in der Zinkblende- bzw. [0001] in der Wurtzitstruktur wird als Richtung der polaren Achse bezeichnet. In $\pm\langle 110\rangle$- bzw. $\pm\langle 11\bar{2}0\rangle$-Richtung findet man dagegen eine identische Netzebenenfolge vor, und die zugeordneten Reflexe können, wenn sie unter gleichen geometrischen Bedingungen aufgenommen werden, keine Unterschiede zeigen.

Nach Renninger[6] ist es zweckmäßig, einmal von unpolaren und zum anderen von polaren Netzebenen zu sprechen, je nach dem, ob die betreffenden Netzebenen eine Symmetrieebene besitzen oder nicht. Unpolare Netzebenen können ja auch in nichtzentrosymmetrischen Kristallen auftreten, z. B. {110}-Ebenen in der Zinkblendestruktur. Danach lassen sich auch die Interferenzen klassifizieren. Polare Interferenzen sind demnach solche, bei denen der zugeordnete reziproke Gittervektor $\vec{b}_h$ (h_α Lauesche Indizes) keine zu ihm senkrechte Spiegelebene besitzt.

Denkt man sich in Abb. 2 sowohl die A-Atome als auch die B-Atome durch Ge-Atome ersetzt, so erhält man die (zentrosymmetrische) Diamantstruktur.

3. Zur Gültigkeit der Friedelschen Regel bei Kossel-Interferenzen

Schon seit langem ist bekannt, daß bei Röntgenstrahlbeugungsuntersuchungen in den polaren Reflexen h und $\bar{h}$ Intensitätsunterschiede beobachtet werden können, wenn die zur Reflexion gebrachte Röntgenstrahlung einer der Absorptionskanten der im Kristall vorhandenen Atome spektral nahekommt. Coster u. a.[7] untersuchten das Reflexionsvermögen von $\pm\{111\}$-Au Lα_1- und $\pm\{111\}$-Au Lα_2-Reflexen an $\pm\{111\}$-Oberflächen von ZnS (die K-Absorptionskante von Zn liegt innerhalb des Dubletts). Danach wurde eine Vielzahl ähnlicher Versuche veröffentlicht.

Die beobachteten Intensitätsunterschiede entsprechen einer Verletzung der Friedelschen Regel. Diese Regel besagt, daß bei der Röntgenstrahlbeugung die Symmetrieelemente der Punktgruppe um die Inversion erweitert werden. Somit ist die Friedelsche Regel im Falle unpolarer Interferenzen von selbst erfüllt. Das Vorliegen eines polaren Interferenzfalls ist also notwendige, aber nicht hinreichende Bedingung für eine Verletzung der Friedelschen Regel. Weiterhin sind enantiomorphe Kristalle nach dieser Regel röntgenografisch nicht unterscheidbar.

Ein Beispiel für das Versagen der Friedelschen Regel bei der Elektronenbeugung erbrachten die Messungen von Miyake und Uyeda[8]. In Reflexionsversuchen von Elektronenstrahlen an (110)-Spaltflächen von ZnS stellten sie Intensitätsunterschiede in den Reflexen $(\eta_1\eta_1\eta_3)$ und $(\eta_1\eta_1\bar{\eta}_3)$ fest (die (001)-Ebene ist keine Spiegelebene des Kristallgitters). Die Autoren können dieses Streuverhalten mit der dynamischen Theorie ohne Einbeziehung der Absorption erklären.

Über experimentelle Untersuchungen zur Gültigkeit der Friedelschen Regel für Kossel-Interferenzen wurde erstmals von Brümmer u. a.[9] berichtet. v. Laue[12] weist darauf hin, daß es beim Fehlen der zu $\vec{b}_h$ senkrechten Spiegelebene mit Hilfe des Kossel-Effektes möglich sein sollte, anhand der Feinstruktur der Kossel-Linien zwischen den Richtungen $\vec{b}_h$ und $\vec{b}_{\bar{h}}$ unterscheiden zu können. Dies konnte am GaAs überprüft und bestätigt werden.

Dazu wurden die Kristallatome mit Elektronenstrahlen angeregt und die Kossel-Interferenzen in Reflexion aufgenommen. Für die

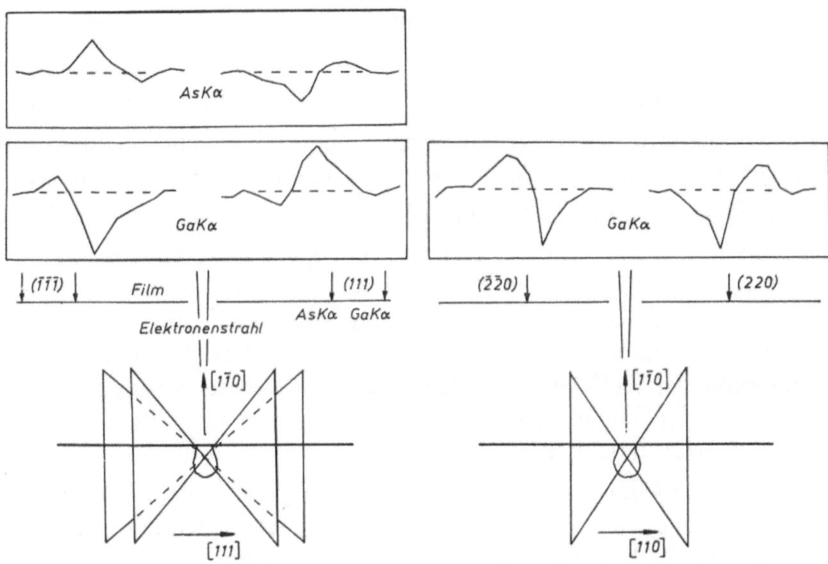

Abb. 3. a) Geometrie und Feinstruktur verschiedener GaKα- und AsKα-Reflexe im symmetrischen Laue-Fall in Reflexion an einer (11̄0)-Spaltfläche von GaAs

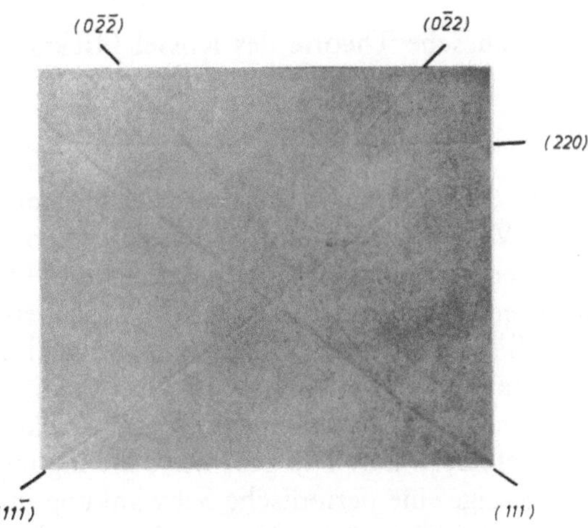

Abb. 3. b) Kossel-Aufnahme von (11̄0)-oberflächenorientiertem GaAs mit GaKα-Strahlung in Reflexion; Ausschnitt aus der Umgebung des (21̄0)-Pols [der (111̄)-Reflex gehört zum Typ {1̄1̄1}]

Versuche sind {110}-Spaltflächen besonders geeignet, weil bei ihnen jeweils Reflexe vom Typ $\pm\{111\}$ und $+\{220\}$ im symmetrischen Laue-Fall (d. h. die reflektierenden Netzebenen stehen senkrecht zur Oberfläche) auftreten. Die Abb. 3 zeigt die Anordnung, einen Ausschnitt aus der Kossel-Aufnahme und die Fotometerkurven verschiedener Reflexe.

Während die {111}- und {$\overline{111}$}-Reflexe deutlich unterscheidbare Feinstrukturen aufweisen, zeigen die {220}- und {$\overline{220}$}-Reflexe übereinstimmende Feinstrukturen. Aus den Fotometerkurven ist weiterhin ersichtlich, daß die {111}-Ga Kα- und {$\overline{111}$}-As Kα-Reflexe sowie die {$\overline{111}$}-Ga Kα- und {111}-As Kα-Reflexe ähnliche Feinstrukturen besitzen. Da bei der Aufnahme der Ga Kα- und As Kα-Reflexe verschiedene Filter verwendet wurden, sind die Fotometerkurven untereinander nicht quantitativ vergleichbar. Die eindeutige Indizierung der Reflexe sei als Resultat der Theorie vorweggenommen. Nach der Theorie treten in den diskutierten Kristallstrukturen die {111}- bzw. (0002)-A Kα-Reflexe als überwiegend dunkle und die {$\overline{111}$}- bzw. (000$\overline{2}$)-B Kα-Reflexe als überwiegend helle Linien auf, wenn sie im symmetrischen Laue-Fall beobachtet werden. Damit läßt sich die Richtung der polaren Achse eindeutig festlegen.
Ein umfassendes Verständnis dieser Erscheinungen ist aber nur auf der Grundlage der dynamischen Theorie der Röntgenstrahlinterferenzen möglich.

4. v. Lauesche Theorie des Kossel-Effekts

4.1. Einführung

Die theoretische Behandlung des Kossel-Effekts gelang v. Laue durch eine elegante Verknüpfung der dynamischen Theorie der Röntgenstrahlinterferenzen mit dem Reziprozitätssatz der Optik, wobei die Absorption vorerst unberücksichtigt blieb. Man betrachtet also zunächst den Einfall einer ebenen Welle auf eine Kristallplatte. Dabei tritt im Interferenzfall im Kristall eine den Grenzbedingungen entsprechende Überlagerung der durchgehenden und reflektierten Welle in Form von Wellenfeldern auf. Die gesamte Schwingung der Röntgenstrahlamplitude zeigt eine periodische Schwankung innerhalb der reflektierenden Netzebenen und im Laue-Fall (d. h. der reflektierte Strahl tritt an der Rückseite der Kristallplatte aus) zusätzlich eine mit der Tiefe periodische Intensitätsänderung. Letztere ist die Periode der Ewaldschen Pendellösung. Sie ist groß gegen die Netzebenenabstände und beträgt in den untersuchten Beispielen ungefähr 10 μm. Dabei hängt die Lage der Schwingungsmaxima und -minima bei gegebenem Einfallswinkel von der Tiefe unter der Kristallvorderfläche und von der Phasenbeziehung zwischen durchgehender und reflektierter Welle ab. Diese Phasenbeziehung wird durch das Azimut der Strukturamplitude des entsprechenden Reflexes bestimmt.

Es herrscht also am Ort der Gitteratome eine vom Einfallswinkel innerhalb des Reflexionsbereiches abhängige Erregung. Zur Ausmessung der gesamten Erregung am Ort der Gitteratome kann die Intensitätsverteilung in der Kossel-Linie herangezogen werden. Nach dem Reziprozitätssatz der Optik ist nämlich die von einem Atom in den Außenraum abgestrahlte Intensität gleich der bei Zustrahlung von außen am Ort des Atoms auftretenden Intensität. Dabei hängt die Überlagerung der zugestrahlten Intensitätsbeiträge der einzelnen Atome 1. von der Geometrie des angeregten Volumens und

> 2. von der spektralen Verteilung der ausgesandten Strahlung ab.

Die Feinstruktur der Kossel-Linien kann also nach dem Reziprozitätssatz zur teilweisen Abbildung der bei Außeneinstrahlung vorliegenden Amplitudenverteilung der Erregung herangezogen werden, wobei jeweils der Ausschnitt am Ort der Atome beobachtet wird. Damit ist auch der Weg zur Berechnung der Feinstruktur einer Kossel-Linie vorgezeichnet. Über dessen Durchführung muß aber an anderer Stelle berichtet werden.

Aus diesen kurzen Betrachtungen lassen sich auch ohne aufwendige Rechnungen einige interessante Schlußfolgerungen ziehen.

4.2. *Zur Abhängigkeit der Feinstruktur der Kossel-Linie von der Geometrie des angeregten Volumens*

Die Geometrie des angeregten Volumens wird von der Art der Anregung bestimmt. Während bei Elektronenanregung je nach Beschleunigungsspannung mittlere Anregungstiefen von μm auftreten, liegen die Anregungstiefen bei Röntgenstrahlung bei einigen 10 μm (abhängig vom Massenabsorptionskoeffizienten). Damit kommt dann jeweils ein anderer Ausschnitt der beim Umkehrvorgang auftretenden Amplitudenverteilung zur Abbildung, woraus unterschiedliche Feinstrukturen resultieren können. Quantitative Aussagen sind natürlich nur auf der Basis der Theorie unter genauer Berücksichtigung des angeregten Volumens möglich.

Wegen der geringen Eindringtiefen der Elektronen kann der Einfluß der Absorption (auf die von den Atomen ausgesandte Strahlung) bei Beobachtungen in Reflexion meist vernachlässigt werden. Die nachfolgenden Betrachtungen beschränken sich auf Untersuchungen von Kossel-Interferenzen im Laue-Fall.

4.3. Zur Abhängigkeit der Feinstruktur der Kossel-Linien von der Phase

Die Lage eines Atoms innerhalb der reflektierenden Netzebene ist durch die Größe $r_h = 2\pi\,(\vec{b}_h\,\vec{r})$ bestimmt ($\vec{r}$ = Ortsvektor des Atoms). Bei festem Einfallswinkel wird die Lage der Schwingungsmaxima und -minima durch das Azimut der Strukturamplitude, d. h. durch die Größe o_h, gegeben. Außerdem ist ihre Lage noch mit der Tiefe periodisch veränderlich. Die Intensität am Ort eines Atoms hängt demnach von der Relativlage des Atoms zu den Schwingungsextremen, d. h. von der Größe $r_h + o_h$, und von dessen Tiefe unter der Kristallvorderfläche ab. Die Größe $r_h + o_h$ ist infolge der Gitterperiodizität des Schwingungsvorganges bis auf ganzzahlige Vielfache von 2π bestimmt. Sie wird im weiteren als Phase bezeichnet und im Bereich $0^0 \leqslant r_h + o_h < 360^0$ angegeben.

Kristalle der Zinkblende- und Wurtzitstruktur sind für die Untersuchungen besonders geeignet, weil bei ihnen *alle* Atome einer Sorte die gleiche Lage zu den reflektierenden Netzebenen besitzen. Deshalb werden alle Atome einer Sorte innerhalb eines Tiefenintervalls, das groß gegen die Gitterabstände ist, gleich stark angeregt. Bei geeigneter Wahl der Reflexe und Materialien gelingt es, in verschiedenen Kristallen bei jeweils gleichem Einfallswinkel eine Amplitudenverteilung der Erregung so herzustellen, daß sich zwar die Lage der Atome zu den Schwingungsextremen, nicht aber (zumindest in guter Näherung) die Tiefenverteilung der Schwingungsextreme ändert. Bei der Umkehrung im Kossel-Effekt wird also jeweils ein anderer Ausschnitt der Amplitudenverteilung abgebildet, wobei die verschiedenen Abbildungen durch die Größe $r_h + o_h$ bestimmt sind. Danach lassen sich die Feinstrukturunterschiede zugeordneter polarer Reflexe auf deren unterschiedliche Phasen zurückführen. Bei Außeneinstrahlung im Interferenzfall h bzw. $\bar{h}$ stellt sich im Kristall stets exakt die gleiche Amplitudenverteilung der Schwingungsextreme ein, die Lage der Schwingungsextreme zu den Atomen ist aber um die Größe $o_h - o_{\bar{h}}$ verschoben. Ist nun $o_h \neq o_{\bar{h}}$, so wird also dasselbe Atom im Interferenzfall h bzw. $\bar{h}$ verschieden stark angeregt und strahlt demnach unterschiedliche Intensitäten längs der Kossel-Kegel h und $\bar{h}$ aus. In Abb. 4 sind Fotometerkurven von A Kα-Reflexen mit verschiedenen Phasen und eines Ge Kα-Reflexes dargestellt.

Am unpolaren {220}-Ga Kα-Reflex (Phasenwinkel = 180⁰) findet sich die schon von zentrosymmetrischen Kristallen her bekannte symmetrische Helldunkel-Struktur. Zum Vergleich ist deshalb ein {111}-Ge Kα-Reflex mit angegeben*. Reflexe mit einem Phasenwinkel

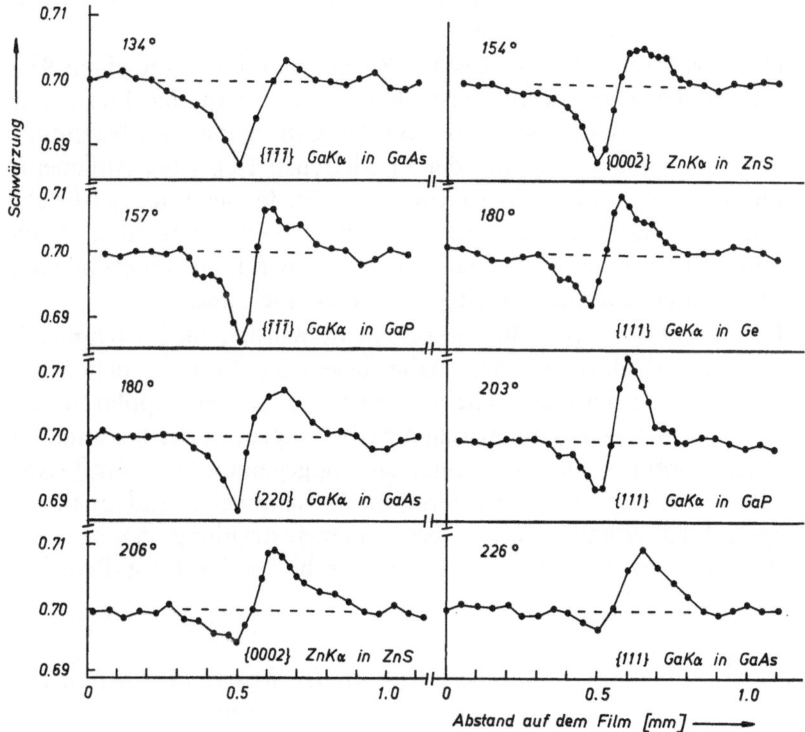

Abb. 4. Photometerkurven verschiedener Kossel-Linien im symmetrischen Laue-Fall in Reflexion; die dem Reflex zugeordnete Phase ist jeweils links oben angegeben

kleiner als 180⁰ erscheinen als überwiegend helle Linien, Reflexe mit einem Phasenwinkel größer als 180⁰ als überwiegend dunkle Linien. Dabei wird der symmetrische Ausstrahlungsanteil der Kossel-Linie mit zunehmender Phasenwinkeldifferenz zu 180⁰ größer. Alle Reflexe der Abb. 4 zeigen die Aufhellung auf der konvexen

---

* In einer {111}-GeKα-Linie sind (im Gegensatz zu allen anderen untersuchten Reflexen) Intensitätsanteile mit verschiedener Phase überlagert. Der eine Anteil entspricht der Zustrahlung in eine {111}-Ga Kα-Linie, der andere der Zustrahlung in eine {1̄1̄1̄}-Ga Kα-Linie. Ihre Überlagerung ergibt eine Kossel-Linie mit symmetrischer Helldunkel-Struktur und dem (mittleren) Phasenwinkel von 180⁰.

Seite der Kossel-Linie. Die Lage der helldunklen Feinstruktur läßt sich vollständig mit dem Wellenfeldmodell der dynamischen Theorie deuten[10, 11]. Danach tritt in der Ausstrahlung der Atome bei Phasenwinkeln im 1. oder 4. Quadranten eine Umkehr der Lage der helldunklen Feinstruktur ein. Die Aufhellung liegt nun auf der konkaven Seite der Kossel-Linie. Das kann z. B. an (unpolaren) {002}-S Kα-Linien von ZnS beobachtet werden.

Die Verletzung der Friedelschen Regel ist in der allgemeinen Abhängigkeit der Feinstruktur einer Kossel-Linie von der Phase mit enthalten. Dabei wird die Phase von der Gittergeometrie bestimmt. Im Gegensatz zur Verletzung der Friedelschen Regel bei Außeneinstrahlung können die Feinstrukturunterschiede beim Kossel-Effekt ohne notwendige Annahme von Absorption gedeutet werden. Auch enantiomorphe Kristalle sollten sich mit seiner Hilfe unterscheiden lassen[12]. Untersuchungen dazu stehen aber noch aus.

Die hier kurz vorgestellten Experimente wurden alle im symmetrischen Laue-Fall durchgeführt. Dabei liegen die Vorteile, neben der gleichzeitigen Aufnahmemöglichkeit von zugeordneten polaren Reflexen unter gleichen geometrischen Bedingungen, in der bekanntlich geringen Empfindlichkeit der Ausstrahlung gegenüber den Einflüssen der Realstruktur. Ähnliche Interferenzerscheinungen sind auch im Bragg-Fall zu erwarten (d. h. bei Außeneinstrahlung gemäß dem Reziprozitätssatz tritt der reflektierte Strahl an der Kristallvorderfläche aus).

4.4. *Zur Abhängigkeit der Feinstruktur der Kossel-Linien von der Tiefenlage der strahlenden Atome*

Betrachtet man die Ausstrahlung eines Atoms aus größeren Tiefen (unter der Strahlenaustrittsfläche), so muß der Einfluß der Absorption auf die Ausstrahlung berücksichtigt werden. Die Abhängigkeit der Feinstruktur einer Kossel-Linie von der Tiefenlage der strahlenden Atome wurde von Schülke und Brümmer[10] an Ge untersucht. Mit zunehmender Tiefenlage der angeregten Atome zeigte sich eine Umkehr der Lage der helldunklen Feinstruktur. Auch diese Erscheinung kann man mit dem Wellenfeldmodell der dynamischen Theorie erfassen. Danach tritt eine Umkehr der Lage der helldunklen Feinstruktur zwischen Beobachtungen in Reflexion und in Transmission bei größeren Kristalldicken in jedem Falle ein, ganz gleich, ob die Aufhellung der Kossel-Linie in Reflexion auf der konkaven oder konvexen Seite vorlag. Die Feinstruktur der Ga Kα-Linien in Transmission muß demnach die Aufhellung auf der konkaven Seite der Kossel-Linie zeigen. Dies wird durch die Abb. 5 a und b bestätigt.

Die Feinstrukturunterschiede in den $\pm\{111\}$-Ga Kα-Reflexen sind aber verschwunden (zumindest wenn man von ihrer Größenordnung bei Beobachtungen in Reflexion ausgeht). Polare Interferenzen kön-

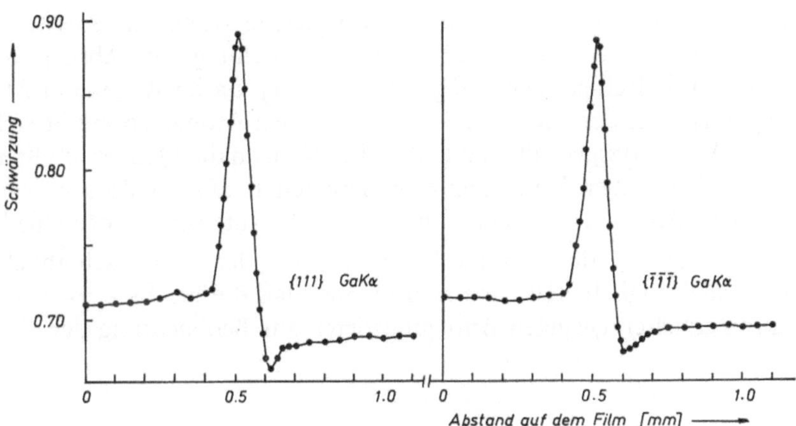

Abb. 5. a) Photometerkurven der $\pm\{111\}$-GaKα-Reflexe im symmetrischen Laue-Fall in Transmission; Kristalldicke 210 μm

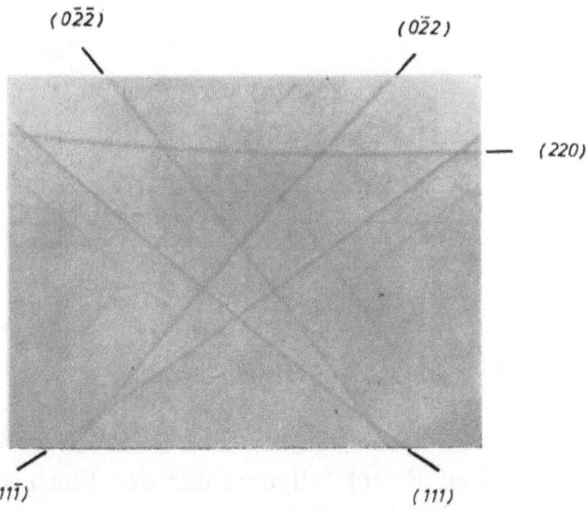

Abb. 5. b) Kossel-Aufnahme einer (11̄0)-oberflächenorientierten GaAs-Scheibe mit Ga Kα-Strahlung in Transmission; Kristalldicke 210 μm; Ausschnitt aus der Umgebung des (21̄0)-Pols

nen also bei diesen Ausstrahlungstiefen experimentell nicht mehr unterschieden werden. Die Verletzung der Friedelschen Regel ist aufgehoben. Diese Aussage bezieht sich aber nur auf die Kossel-Linie,

d. h. auf die Intensitätsaddition aller strahlenden Atome, und keineswegs auf die Ausstrahlung eines einzelnen Atoms in dieser Tiefe. Die Ausstrahlung eines einzelnen Atoms in Richtung der Kossel-Kegel h und $\bar{h}$ ist nach der Theorie weiterhin verschieden. Doch die Intensitätsunterschiede mitteln sich bei der Summation über alle angeregten Atome aus, und zwar umso besser, je größer die Ausstrahlungstiefe ist. Berechnet man unter Einbeziehung der Absorption das integrale Reflexionsvermögen für $\pm\{111\}$-Ga Kα-Reflexe in Abhängigkeit von der Tiefenlage der strahlenden Atome, so ergibt sich der in Abb. 6 dargestellte Verlauf. Oberflächennahe Quellen mußten aufgrund gewisser Konvergenzschwierigkeiten ausgeschlossen werden. Der Abb. 6 ist zu entnehmen, daß die Intensitätsunterschiede in den polaren Reflexen h und $\bar{h}$ mit zunehmender Tiefe rasch abnehmen. Nachträglich stellt sich also heraus, daß die bei Elektronenanregung erzielten geringen Anregungstiefen zur Beobachtung der Ver-

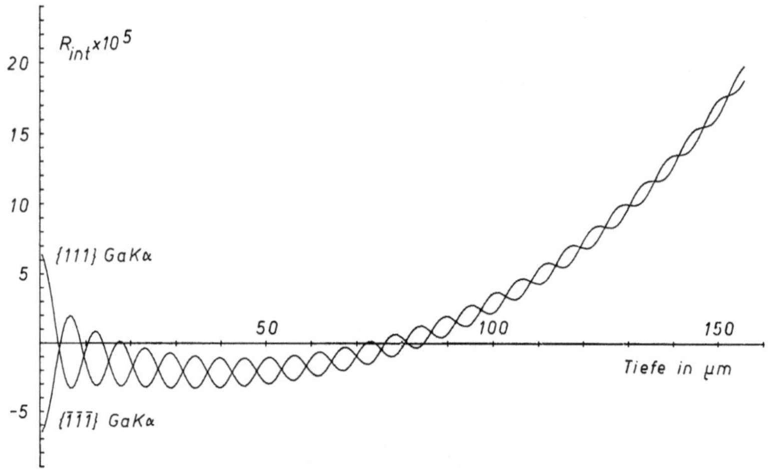

Abb. 6. Abhängigkeit des integralen Reflexionsvermögens von $\pm\{111\}$-GaKα-Reflexen im symmetrischen Laue-Fall von der Tiefe, aus der die Zustrahlung erfolgt

letzung der Friedelschen Regel (allgemeiner der Phasenabhängigkeit der Feinstruktur) günstig sind. Schon bei Röntgenanregung sollten sich kaum Feinstrukturunterschiede in den zugeordneten polaren Reflexen finden lassen.

Es tritt ein interessanter Pendellösungseffekt auf. Die zu seinem Nachweis erforderliche Meßgenauigkeit konnte aber bei den dafür notwendigen, äußerst geringen Kristalldicken nicht erreicht werden. Über eine Möglichkeit der Beobachtung von Pendellösungserscheinungen an Kossel-Interferenzen ist bisher nicht berichtet worden.

Zusammenfassung

An Kossel-Interferenzen nichtzentrosymmetrischer Kristalle lassen sich viele interessante Erscheinungen beobachten: vor allem die Abhängigkeit der Feinstruktur der Kossel-Linien von der Phase und der Einfluß der Absorption auf diese Feinstruktur. Untersuchungen an nichtzentrosymmetrischen Kristallen im Bragg-Fall[*], der Nachweis von Pendellösungserscheinungen an Kossel-Interferenzen sowie Untersuchungen an Kossel-Interferenzen enantiomorpher Kristalle sollten auch in Zukunft von Interesse sein.

Summary

Investigations on the Kossel Effect of Non-Centrosymmetric Crystals

Many interesting phenomena can be observed on Kossel lines of noncentrosymmetric crystals. Above all these are the fine structure dependence of the Kossel lines on the phase and the influence of absorption on the fine structure. Investigations of non-centrosymmetric crystals in Bragg case diffraction[*], the experimental proof of Pendellösung phenomena and the study of Kossel lines of enantiomorph crystals may be of interest in future.

Literatur

[1] R. Tixier und C. Waché, IRSID-Bericht, Met. Phys. 419-RT/CC (1970).

[2] O. Brümmer und W. Schülke, Z. Naturforsch. 17 a, 203 (1962).

[3] O. Brümmer, W. Schülke und H. Böhnel, Phys. Stat. Sol. 8, 701 (1965).

[4] T. Ichinokawa, Jap. J. Appl. Phys. 5, 36 (1965).

[5] W. Blau, M. Schreiber, G. E. R. Schulze und H.-J. Ullrich, Naturwiss. 54, 535 (1967).

[6] R. Bucksch, J. Otto und M. Renninger, Acta Cryst. 23, 143 (1964).

[7] D. Coster, K. S. Knol und J. A. Prins, Z. Physik 63, 345 (1930).

[8] S. Miyake und R. Uyeda, Acta Cryst. 3, 314 (1950).

[9] O. Brümmer, W. Beier und J. Nieber, Phys. Stat. Sol. 20 a, K119 (1973).

[10] W. Schülke und O. Brümmer, Z. Naturforsch. 17 a, 208 (1962).

---

[*] Erste experimentelle Ergebnisse dazu wurden von H.-J. Ullrich (Sektion Physik der Technischen Universität Dresden, DDR) in einer Diskussionsbemerkung vorgestellt (7th International Congress on X-Ray Optics and Microanalysis, Moskau 1974).

[11] G. Borrmann, Z. Kristallographie **120**, 143 (1964).

[12] M. v. Laue, Röntgenstrahlinterferenzen, Frankfurt/Main: Akad. Verlagsges. 1960.

Korrespondenz und Sonderdrucke: Prof. Dr. O. Brümmer, Sektion Physik der Martin-Luther-Universität, Friedemann-Bach-Platz 6, DDR-4010 Halle/Saale, Deutsche Demokratische Republik.

Mikrochimica Acta [Wien], Suppl. 6, 1975, 359—371

Analytische Laboratorien der August-Thyssen-Hütte AG,
Duisburg-Hamborn

Versuche zur Verbindungsanalyse durch Sekundärionenmassenspektrometrie*

Von

Jürgen Dittmann

Mit 6 Abbildungen

(Eingegangen am 18. November 1974)

In den durch Primärionenbeschuß von Festkörperoberflächen erzeugten Sekundärionenspektren tauchen bekanntlich neben den Linien der Atomionen zahlreiche Linien von Molekülen auf. Dies gilt sowohl für positiv geladene Sekundärionen als auch in verstärktem Maße für die negativen.

Der naheliegende Gedanke, diese Informationen über die Aussagemöglichkeit einer „Elementaranalyse" hinausgehend zur „Verbindungsanalyse" zu benutzen, wurde schon frühzeitig von vielen Autoren genutzt[1-3]. Dieser Gedanke lag umso näher, als seit vielen Jahren in der klassischen Massenspektrometrie organischer Verbindungen diese Technik zur Strukturaufklärung eingesetzt wird. Das Auftreten charakteristischer Molekülionen und Bruchstückionen — oft kennzeichnend als Schlüsselbruchstücke bezeichnet — ist hier in vielen Fällen ein nicht mehr wegzudenkendes Hilfsmittel.

Solche Aussagen über die Bindungsformen der Bestandteile sind aber auch für die Metallkundler und den anorganischen Chemiker von großem Interesse. Hier sei nur kurz auf die Möglichkeiten mit dem „chemical shift" bei der Elektronenstrahlmikroanalyse und der

---

* Herrn Prof. Dr. Walter Koch zum 65. Geburtstag gewidmet und anläßlich des 7. Kolloquiums über metallkundliche Analyse mit besonderer Berücksichtigung der Elektronenstrahlmikroanalyse, Wien, 23.—25. 10. 1974 vorgetragen.

Energieverschiebung in den Photoelektronenspektren in Abhängigkeit von der Bildungsform verwiesen.

Solche Informationen sind sowohl hinsichtlich Oberflächen und Schichtgrenzflächen von Verbundwerkstoffen als auch hinsichtlich Phasen und Phasengrenzflächen im Gefüge der Werkstoffe nicht nur von wissenschaftlichem, sondern auch von großem technologischem Interesse. In diesen Fällen handelt es sich fast durchwegs um sehr komplexe Systeme.

Der Nachweis von Verbindungen auf Oberflächen und in oberflächennahen Bereichen durch Sekundärionen-Massenspektrometrie wurde vor allem durch die Arbeiten von Benninghoven gefördert[4, 5]. Dabei gelang beispielsweise der Nachweis verschiedener Verbindungen auf Katalysatoroberflächen[6] und kontaminierten Metalloberflächen. Ferner liegen von Benninghoven und Mitarbeitern sowie von Werner[7, 8] Erfahrungen über metallische Oberflächen vor, die vor allem den Oxydationsvorgang betreffen.

Diese Spektren wurden vorwiegend unter primärem Argonionenbeschuß aufgenommen. Zur Erhöhung der Sekundärionenausbeute, die in charakteristischer Weise von der Art des Primärionenbeschusses abhängt, werden seit längerer Zeit bevorzugt Primärionen elektronegativen Charakters, besonders Sauerstoffionen verwendet[9]. Dies führt bekanntlich zu einer gleichbleibend hohen Sekundärionenemission, die bei Argonionenbeschuß nach Abbau der sauerstoffhaltigen Oberflächenschicht stark absinkt. Das für eine quantitative Auswertung zugrundegelegte Modell geht dabei von der Vorstellung lokalen thermischen Gleichgewichtes im Plasma an der Oberfläche aus[10].

Die im folgenden geschilderten Untersuchungen an technischen Metall-Verbundwerkstoffen hatten als Untersuchungsziel Aussagen über den Schichtaufbau und die Elementverteilungen. Darüber wurde früher bereits kurz berichtet[11, 12]. Nunmehr soll versucht werden, die Frage zu erörtern, ob daneben aus den Spektren zusätzliche Aussagen zur Bindungsform abzuleiten sind, und wo grundsätzlich die methodischen Schwierigkeiten dieser Untersuchungstechnik liegen.

Die einfachste Möglichkeit, Verbindungen nachzuweisen, ist dann gegeben, wenn es gelingt, Verteilungsbilder der sekundären Ionen verschiedener Elemente zu erzeugen und auf ihre örtliche Koinzidenz zu prüfen. Diese Methode wird bei anderen Verfahren seit längerem mit Erfolg verwendet. Ein Beispiel der Sekundärionen-Massenspektrometrie zeigt Abb. 1. Man erkennt auf einer zinkphosphatierten Stahloberfläche im rasterelektronenmikroskopischen Bild und den Ionenbildern von Zink und Phosphor die nadelig-dendritische Kristallisation der Verbindung Zinkphosphat, die in ihrer Art typisch ist. Als zusätzliche Information kommt hinzu, daß Phosphor besonders stark in Form des Ions $^{47}PO^+$ auftaucht (unter Ar^+-Beschuß),

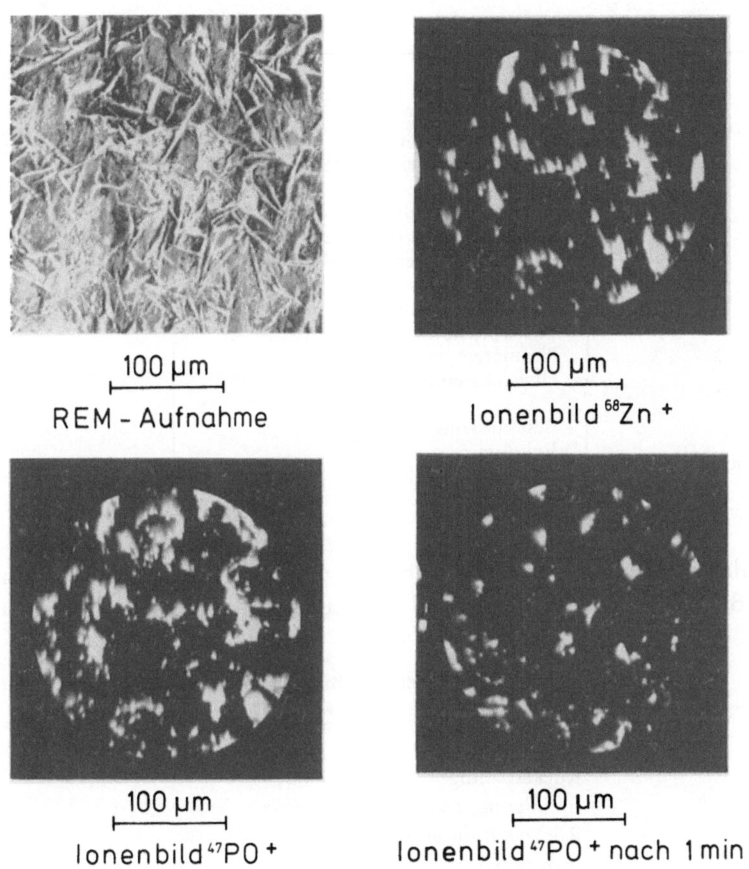

Abb. 1. Indirekte Verbindungsanalyse

und daß die balkenförmigen Emissionen nach kurzer Beschußzeit durch den Abbau verschwinden.

Der zur Sekundärionenemission führende Vorgang ist sehr komplexer Natur. Tabelle 1 zeigt schematisch zusammengefaßt einige der wichtigsten Einflußgrößen mit dem Versuch, sie nach ihrem hauptsächlichen Entstehungsbereich einzuordnen. Offensichtlich müssen die verschiedenen Parameter miteinander in Wechselwirkung stehen und in ihrer Gesamtheit die Sekundärionenentstehung beeinflussen. Gleiches gilt für die verschiedenen Vorgänge in Tabelle 2. Für die Bildung von Bruchstückionen sind dabei vor allem die Fragmentierung von Molekülen sowie die Assoziierung von Atomen und

Molekülen zu neuen komplexen Ionen von Bedeutung. Diesen beiden Vorgängen soll im folgenden besondere Beachtung geschenkt

Tabelle 1. Einige Einflußgrößen auf die Sekundärionenbildung

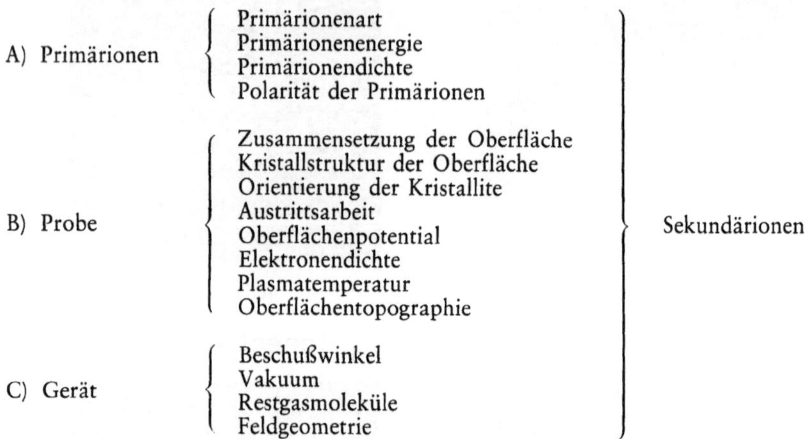

werden. Vor allem der letzte Punkt ist deshalb von Bedeutung, weil die Bildung neuer Moleküle und ihr massenspektrometrischer Nach-

Tabelle 2. Einige Vorgänge bei der Bildung von Sekundärionen

Channeling
Rückstreuung
Ioninierung ($+$ und $-$)
Rückneutralisierung
Neutralteilchenausstoß
Fragmentierung von Molekülen
Assoziierung von Atomen und Molekülen
Bildung freier Elektronen
Photonenbildung
Wechselwirkungen mit Restgasmolekülen
Adsorption und Desorption

weis als Ionen zu Fehldeutungen ihres Vorhandenseins auf der Probenoberfläche führen kann.

Die untersuchten Spektren stammen von kunststoffbeschichteten Blechen. Untersucht wurden:

1. Polyvinylfluorid mit TiO_2 als Pigment auf Stahlblech und

2. Siliconmodifiziertes Acrylat mit TiO_2 auf Stahlblech.

Abb. 2 zeigt das positive Sekundärionenspektrum der Probe 1 unter Beschuß mit primären $^{32}O_2{}^+$ bei niedriger Nachweisempfindlichkeit (10 μA).

Neben den leichten Elementen (Wasserstoff bis Aluminium, Massenzahlen 1—27) und etwas Silizium (Isotope 28—30) fallen vor allem 2 Liniengruppen um die Massenzahlen 48 und 64 auf. Die Liniengruppe 46—50 mit der stärksten Intensität bei 48 ist den 5 Titanisotopen zuzuordnen. Ihre Intensitäten stimmen mit den natürlichen

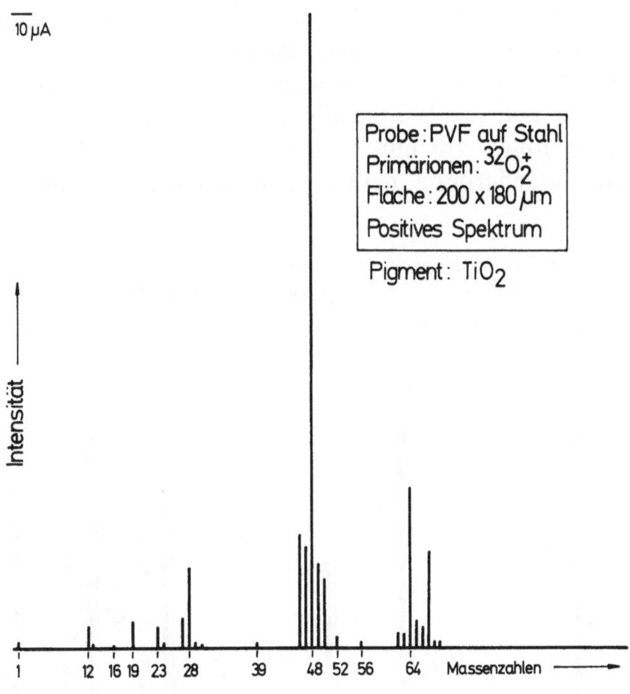

Abb. 2. Zinkphosphat auf einer Stahloberfläche

Häufigkeiten der Isotope überein. Die 8 Linien 62—69 dagegen sind als TiO bzw. TiF zu deuten, wobei 65 und 66 als Überlagerungen beider Arten von Molekülen zu betrachten sind. Bei höherer Nachweisempfindlichkeit tauchen darüber hinaus bei höheren Massenzahlen weitere, noch linienreichere Gruppen auf, die dem TiO_2, TiOF und TiF_2 sowie ihren Überlagerungen zuzuordnen sind. Eine Intensitätsberechnung derartiger Liniengruppen, von ungestörten Linien ausgehend, und ihr Vergleich mit den gemessenen Intensitäten läßt die Exaktheit dieser Deutung überprüfen.

Abb. 3 zeigt das Ergebnis. Die Übereinstimmung läßt erkennen, daß die Linienzuordnung richtig ist. Das Ergebnis zeigt ferner, daß

unter Sauerstoffionenbeschuß Fluor aus dem Polyvinylfluorid frei-
gesetzt wird, das aktiv unter Bildung neuartiger Molekülionen mit
Bestandteilen der Probe reagiert. Hinzu kommt, daß Ti-O-Ionen mit
zunehmendem Gehalt an Sauerstoff mit ständig niedriger werdender
Intensität auftreten. Ein Schluß auf die Titan-Sauerstoff-Bindung
in der Probe ist so nicht möglich.

Unter Argonionenbeschuß dagegen zeigen die relativen Intensitäten der titan-sauerstoffhaltigen Molekülionen ein anderes Verhalten.

Abb. 4 zeigt das Ergebnis der Probe 2, einem fluorfreien System,
und den Vergleich zwischen Argon- und Sauerstoffbeschuß. Man
erkennt, daß bei gleicher relativer Intensität der Ionen der Titan-
isotope die sauerstoffhaltigen Molekülionen ein von ihrer Zusammensetzung in anderer Weise abhängiges Verhalten zeigen. Unter
diesen Molekülionen tritt nun bei Argonprimärionenbeschuß TiO_2^+
als stärkste Liniengruppe hervor. Die Intensitäten nehmen über

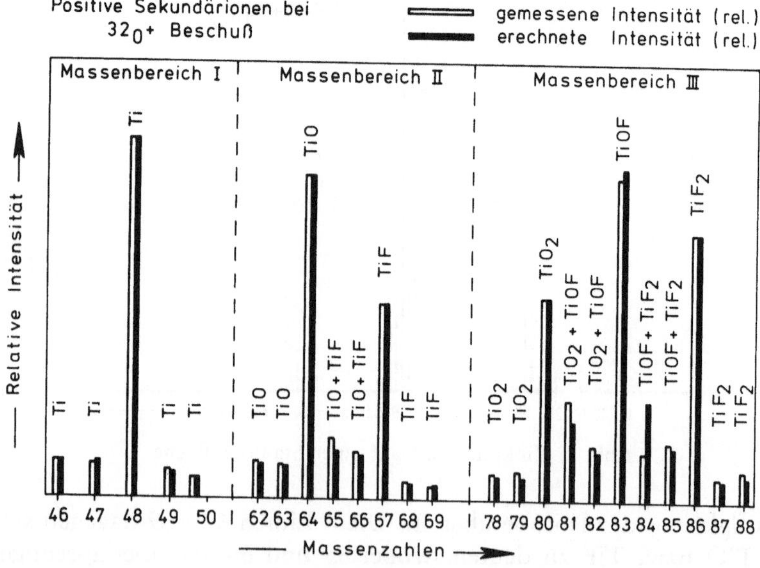

Abb. 3. Gemessene und berechnete relative Intensitäten von Ti-Kombinations-
Ionen im PVF mit TiO_2-Pigment

TiO_3^+ sowie weitere Ionen TiO_4^+, TiO_5^+ usw. gleichmäßig ab. Hier
ist also offensichtlich ein deutlicher Hinweis auf TiO_2 vorhanden,
wohingegen bei Sauerstoffionenbeschuß TiO^+ stärkste Liniengruppe
ist und die Intensität steil über TiO_2^+ usw. abnimmt.

Daß auch Molekülionen mit höheren Titan-Sauerstoff-Verhält-
nissen auftreten, darf nicht verwundern, wenn man bedenkt, daß

Ti im TiO_2-Gitter (Rutil), $P\,4_2/mnm - D_{4h}^{14}$ in oktaedrischer Koordination von Sauerstoffionen umgeben ist.

Im Gegensatz zu den positiven Sekundärionenspektren — sie enthalten im wesentlichen die Atomionen der metallischen Elemente — treten in den negativen Sekundärionenspektren bevorzugt die Elemente Wasserstoff, Kohlenstoff, Stickstoff, Sauerstoff, Fluor, Chlor

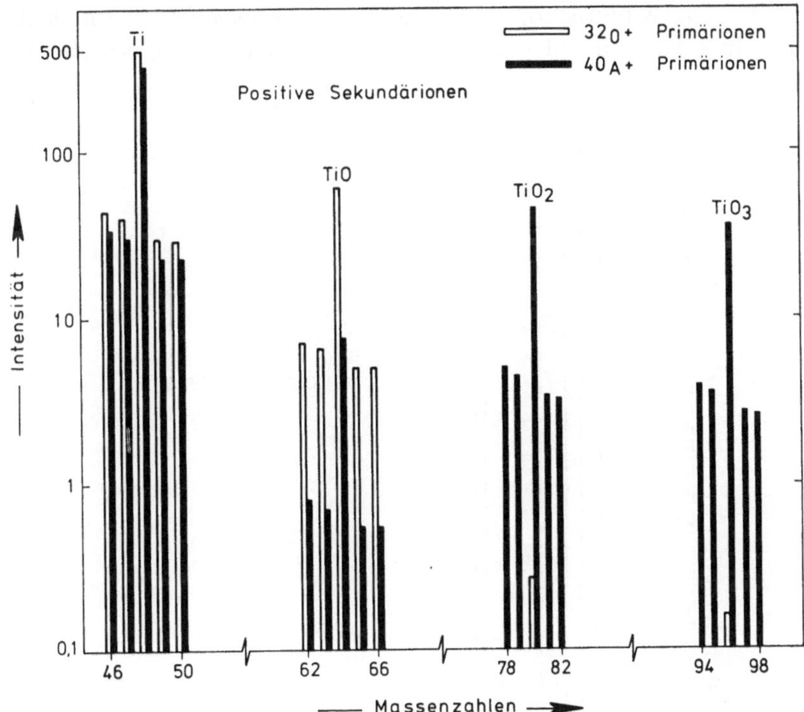

Abb. 4. TiO_2-Pigment in kunststoffbeschichtetem Stahl. Intensität von Titan-Sauerstoff-Sekundärionen bei Beschuß mit primären Sauerstoff- oder Argonionen

sowie kombinierte Molekülionen dieser Elemente auf, die Bestandteile also, die die organischen Verbindungen aufbauen. Man kann bei den kunststoffbeschichteten Blechen folglich mit hohen Intensitäten dieser Ionen rechnen. Wie schon früher gezeigt wurde, kann man leicht feststellen, ob die analytische Aussage tatsächlich aus dem Bereich dieser Auflageschichten stammt: Eisen ist in den positiven Spektren nicht vorhanden, tritt dagegen beim Erreichen der Grenzschicht Kunststoff — Stahl sofort stark hervor[14]. Dies ist insofern von Bedeutung, als die oben genannten elektronegativen Elemente auch Bestandteil der Stahlmatrix sind, ihre Herkunft so aber eindeutig feststellbar ist. Das ist wichtig, wenn es sich nur um sehr dünne Oberflächen- oder Zwischenschichten handelt, bei denen die Gegenwart dieser Elemente oder ihrer Verbindungen festgestellt werden soll.

Abb. 5 zeigt das negative Sekundärionenspektrum der Probe 1 unter Beschuß mit primären Sauerstoffionen. Hohe Intensitäten sind auf den Massenbereich 1—40 beschränkt. Man erkennt neben $^1H^-$, $^{12}C^-$, $^{13}CH^-$ sowie Sauerstoffionen $^{16}O^-$ $^{32}O_2^-$, $^{17}OH^-$ vor allem $^{19}F^-$ und die Chlorisotope $^{35}Cl^-$ und $^{37}Cl^-$ sowie $^{24}C_2^-$ mit deutlicher Intensität. In allen derartigen Spektren treten praktisch nur

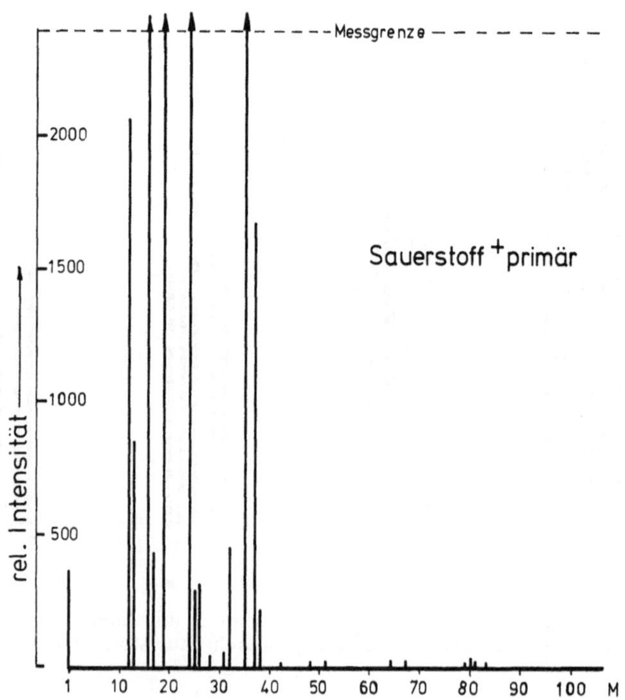

Abb. 5. Polyvinylfluorid auf Stahlblech. Negative Sekundärionen

Atomionen und sehr kleine Molekülionen auf, obgleich in Untersuchungen am PVC — dessen Verhalten man wohl als dem des PVF sehr ähnlich annehmen kann — von Ardenne in EA-Massenspektrogrammen bevorzugt Ionen im Massenbereich über 190 mit hoher Intensität nachwies[15]. Negative Ionen der Elektronenanlagerungs-Massenspektrometrie nach von Ardenne treten allgemein durch Wechselwirkung mit langsamen, also niederenergetischen Elektronen auf. Beim Ionenbeschuß hingegen ist mit diesen Bedingungen nicht zu rechnen. Hinzu kommt, daß nach Untersuchungen von Feicht-mayr und Mitarbeitern[16] über die Entstehung von Radikalen durch elektrische Entladungen am PVC festgestellt wurde, daß die Lebensdauer derartiger Radikale bei Gegenwart von Luftsauerstoff etwa nach einer e-Funktion mit der Zeit abnimmt. Zwar ist die Aufenthaltsdauer ionisierter Teilchen in einem Massenspektrometer um Zehnerpotenzen kleiner, doch muß man grundsätzlich damit rechnen, daß derartige Reaktionen, die über einen Mechanismus der Peroxidbildung zum Kettenbruch führen, bei Gegenwart hochbeschleunigter Sauerstoffionen ebenfalls wesentlich schneller ablaufen.

Für den Nachweis von Verbindungen in den negativen Spektren durch Bruchstückbildung beim Ionenbeschuß ist ein Vergleich zwischen verschiedenen Primärionenarten wichtig. Abb. 6 zeigt dies am Beispiel der negativen Ionen der Probe 2.

Unter Sauerstoffbeschuß (untere Bildhälfte) zeigen sich grundsätzlich ähnliche Verhältnisse wie bei Probe 1, auch hier bevorzugte Sekundärionenemission im niedrigen Massenbereich 1—40. Darüber hinaus erkennt man in den Massenbereichen um 80 und 96 wiederum titan-sauerstoffhaltige Molekülionen in gleicher Intensitätsabstufung wie zuvor bei den positiven Ionen dargestellt. Titan selbst taucht dagegen erwartungsgemäß nicht auf.

Im Argonspektrum dagegen (obere Bildhälfte) zeigen sich einige charakteristische Unterschiede. Vor allem sind dies die stark erhöhten Intensitäten bei den Massenzahlen 36, 48, 60 und 72. Diese liegen bei Vielfachen von $^{12}C^-$, so daß der Schluß naheliegt, daß es sich um Bruchstücke der ehemaligen Kettenstruktur handelt. Eine sichere Identifizierung vor allem auch weiterer Molekülbruchstücke mit Silizium aus dem Silicon scheint so nicht möglich. Lösbar wird diese Aufgabe sicherlich, wenn höher aufgelöste Spektren zur Verfügung stehen. In den üblichen Geräten zur Sekundärionen-Massenspektrometrie werden Massenauflösungen $M/\Delta M$ von etwa 100—1000 erreicht. Durch zusätzliche Einrichtungen ist es dagegen heute möglich, etwa um den Faktor 5 höhere Massenauflösungen zu erreichen[17]. Auch Quadrupolmassenfilter höherer Auflösung stehen zur Verfügung[18].

Das Intensitätsverhältnis zwischen charakteristischen Anionenmolekülen und ihren Bruchstücken hängt außerdem nach Untersuchungen von Benninghoven im Falle der Ionenbindung vom elektronegativen Charakter des Kations ab[19]. Hinzu kommt, daß die Anfangsenergien komplexer Ionen von ihrer Größe abhängen[20]. Das bedeutet in der Praxis, daß bei schlecht- oder nichtleitenden Oberflächen die Emission dieser negativen Ionen stark unterdrückt wird. Zwar wurden die Kunststoffoberflächen der Proben leitend

bedampft, doch läßt sich lokal, zumindest nach längeren Beschuß-
zeiten, der Einfluß dieses Effektes nicht ausschließen.

Der durch die Verwendung primärer Sauerstoffionen erzielte
und für die Elementaranalyse erwünschte Effekt einer künstlichen

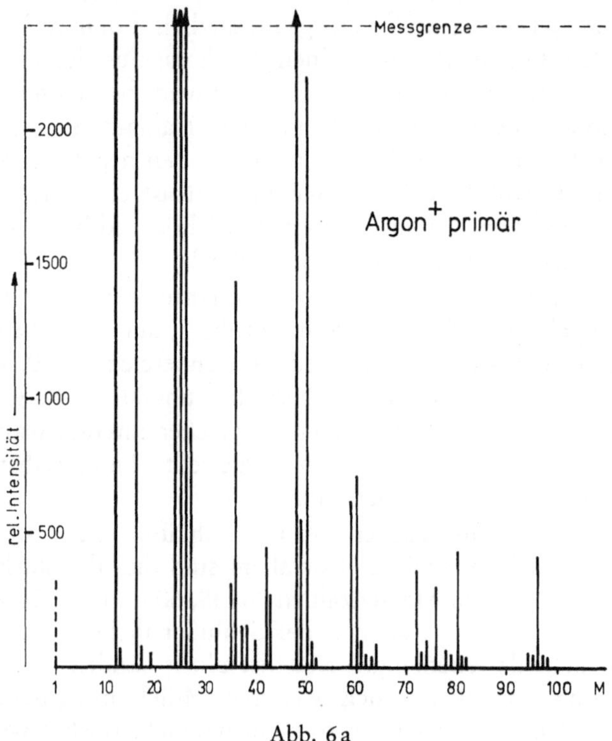

Abb. 6a

Abb. 6. Silicon-modif. Acrylat auf Stahlblech. Negative Sekundärionen

Oberflächenchemie im Plasma einer Ionenbeschußquelle auf der
Probenoberfläche führt zu einer weitgehenden Zerstörung ehemali-
ger Strukturen und zur Neubildung von Molekülen. Auch unter
Argonionenbeschuß scheint dies, zumindest bei hohen Primärionen-
dichten und -energien für die Fragmentierung, wenn auch in abge-
schwächtem Maße, zu gelten.

Die von anderen Autoren berichteten sicheren Nachweise von
Verbindungen auf Oberflächen sind vorwiegend unter den besonderen Bedingungen der statischen Oberflächenanalyse erzielt worden.
Hinzu kommt, daß sicherlich besonders unter salzartigen Verbindungen sehr stabile Komplexionen bestehen, deren Nachweis auch
unter energetisch extremeren Bedingungen sicher gelingt. Dazu zäh-

len auch nach unseren Untersuchungen z. B. Sulfat- und Phosphat-
reste.

Die aus der massenspektrometrischen Praxis bekannten Identifi-
zierungsmerkmale des charakteristischen Molekülpeaks (Parent-peak)

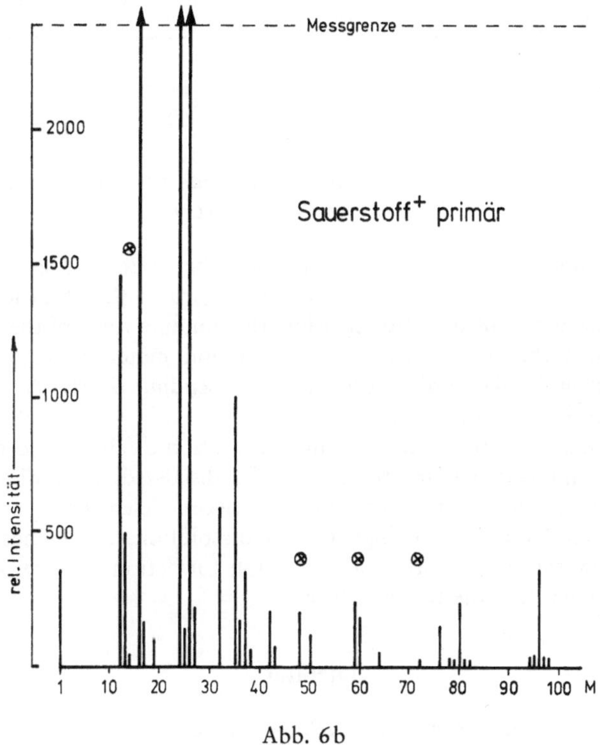

Abb. 6b

gehen offensichtlich bei der Anregung durch Primärionenbeschuß
oftmals verloren.

Weitere Untersuchungen müssen die Bedingungen zu einer Optimierung zwischen Abbaugeschwindigkeit, Sekundärionenausbeute
und Verbindungsnachweis, einschließlich höherer Massenauflösung,
neu erarbeiten.

Zusammenfassung

Die Sekundärionen-Massenspektrometrie liefert in positiven und
negativen Spektren neben den Atomionen in Form der Molekülionen
Informationen über die Bindungsform der Elemente.

Am Beispiel von Verbundwerkstoffen Stahl—Kunststoff wird
gezeigt, daß es dabei abhängig von der Anregungsart der Beschuß-
quelle auch zur Bildung neuartiger Molekülionen kommt.

Die Vorgänge der Fragmentierung und Assoziierung von Atomen und Molekülen wird an positiven und negativen Spektren kurz diskutiert.

Neben einer Optimierung der Anregungsparameter zwischen „Elementar-" und „Verbindungsanalyse", einschließlich höherer Massenauflösung müssen die Grundlagen der Molekülionenbildung im Hinblick auf ihre Aussage über die Bindungsform neu erarbeitet werden.

Summary

Trials Dealing with the Analysis of Compounds by Means of Secondary Ionic Mass Spectrometry

The secondary mass spectrometry furnishes information about the positive and negative spectra not only with regard to the atom ions in the form of molecular ions but also regarding the bonding force of the elements. It was shown that in the case of combination materials such as steel-plastic, new molecular ionic species arise, depending on the type of excitation of the bombardment source.

The processes of fragmentation and association of atoms and molecules in positive and negative spectra are briefly discussed. In addition to an optimization of the exciting parameter between "elemental" and "compound analysis" inclusive of higher mass dissolution, it was necessary to explore anew the bases of the molecular ion formation with respect to its revelations regarding the bonding force.

Literatur

[1] R. E. Honig, J. Appl. Phys. **29**, 549 (1958).

[2] G. Slodzian, Thèse de l'université de Paris, 1964.

[3] A. Benninghoven, Ann. Physik **15**, 113 (1965).

[4] A. Benninghoven, Z. Physik **230**, 403 (1970).

[5] A. Benninghoven und L. Wiedmann, Quantitative Analysis with Electronmicroprobe and Secondary Ion Masspectrometry, Meeting Oct. 1972 KFA Jülich, S. 343.

[6] A. Benninghoven, Surface Science **35**, 427 (1973).

[7] A. Benninghoven, C. Plog und N. Treitz, Int. J. Mass. Spectr. Ion Phys. **13**, 415 (1974); E. Stumpe und A. Benninghoven, Phys. stat. sol. (a) **21**, 479 (1974).

[8] H. W. Werner und H. A. M. de Grefte, Surface Science **35**, 458 (1973).

[9] C. A. Andersen, Int. J. Mass. Spectr. Ion Phys. **2**, 61 (1969); **3**, 413 (1970).

[10] C. A. Andersen und J. R. Hinthorne, Analyt. Chemistry **45**, 1413 (1973).

[11] J. Dittmann und E. Büchel, Beitr. elektronenopt. Direktabb. Oberfl. **4**, 185 (1971).

[12] W. Koch, Z. Werkstofftechnik **2**, 135 (1971).

[13] J. Dittmann, Mikrochim. Acta [Wien], Suppl. 5, **1974**, 411.

[14] J. Dittmann, Interner Bericht der August-Thyssen-Hütte AG, Duisburg.

[15] M. v. Ardenne, K. Steinfelder und R. Tümmler, Elektronenanlagerungsmassenspektrografie organischer Substanzen, Berlin—Heidelberg—New York: Springer-Verlag. 1971.

[16] F. Feichtmayr, J. Schlag und F. Würstlin, Kunststoffe **64**, 405 (1974).

[17] CAMECA — Firmenmitteilung, Paris (1973).

[18] Extra Nuclear Lab. Inc. — Firmenmitteilung, Pittsburgh (1974).

[19] A. Benninghoven, Z. Naturforsch. **24 a**, 859 (1969).

[20] A. Benninghoven, Z. Physik **199**, 141 (1967).

Korrespondenz und Sonderdrucke: Dr. J. Dittmann, Analyt. Laboratorien der August-Thyssen-Hütte AG, D-4100 Duisborn-Hamburg, Bundesrepublik Deutschland.

Mikrochimica Acta [Wien], Suppl. 6, 1975, 373—382
© by Springer-Verlag 1975

Max-Planck-Institut für Metallforschung,
Institut für Werkstoffwissenschaften, Stuttgart

Augerelektronenspektroskopie an Bruchflächen von Nickel-Wolfram-Verbundwerkstoffen und Siliziumnitrid*

Von

S. Hofmann, L. J. Gauckler und L. Tillmann

Mit 6 Abbildungen

(Eingegangen am 22. November 1974)

1. Einleitung

Die Frage nach der Ursache von interkristallinen Sprödbrüchen ist sowohl wissenschaftlich wie technisch von großer Bedeutung. Einen wesentlichen Beitrag kann hier ein Vergleich der chemischen Zusammensetzung eines Werkstoffes im Breich weniger Atomlagen um die Bruchfläche mit der im Korninneren, das nicht unmittelbar an der Rißbildung und Rißausbreitung beteiligt ist, liefern. Die Augerelektronenspektroskopie (AES) ermöglicht eine chemische Analyse der freigelegten Bruchflächen mit hoher Tiefenauflösung (Größenordnung 10 Å) und in Verbindung mit der Sputtertechnik die Aufnahme von Konzentrations-Tiefenprofilen[1,2,3]. Die im Augerelektronenspektrometer erhaltene Information (Energie und Peakhöhe) erlaubt unmittelbar eine qualitative Analyse aus der Energie der beobachteten Augerlinie. Eine zumindest halbquantitative Analyse aus dem Peakabstand des positiven und negativen Extremwerts der differenzierten Augerelektronen-Energieverteilungsfunktion $dN(E)/dE$, die im allgemeinen als Augerspektrum bezeichnet wird, ist ebenfalls möglich. Neben dem Einfluß der Spektrome-

---

* Herrn Prof. Dr. Walter Koch zum 65. Geburtstag gewidmet und anläßlich des 7. Kolloquiums über metallkundliche Analyse mit besonderer Berücksichtigung der Elektronenstrahlmikroanalyse, Wien, 23.—25. 10. 1974 vorgetragen.

terparameter, die sich grundsätzlich ermitteln oder wenigstens konstant halten lassen, ist vor allem der Einfluß der Probenparameter auf die Augersignalhöhe schwer zu kontrollieren. Die wichtigsten sind die energie- und winkelabhängige mittlere freie Weglänge der Augerelektronen, der matrixabhängige Rückstreukoeffizient der Primärelektronen und die Rauhigkeit der Probenoberfläche durch den damit variierenden Einfallswinkel für den Primärstrahl[4, 5, 6]. Die letztere Einflußgröße erschwert insbesondere bei der Bruchflächenuntersuchung eine quantitative Augeranalyse selbst unter Zuhilfenahme von Eichstandards. Sowohl unsere Erfahrungen als auch die anderer Arbeitsgruppen[4, 7] haben jedoch gezeigt, daß auf der Basis der relativen Peakhöhen der von P. W. Palmberg et al.[8] zusammengestellten, mit einem Zylinderspiegelanalysator aufgenommenen Augerspektren der Elemente eine Genauigkeit von $\leqslant \pm 50\%$ erreicht werden kann. Die erreichbare Empfindlichkeit liegt in günstigen Fällen bei etwa 0,1 Atomprozent. Eine exakte quantitative Analyse, etwa vergleichbar mit der der Elektronenstrahl-Mikrosonde, ist zur Zeit noch mit erheblichen Schwierigkeiten verbunden und Gegenstand intensiver Grundlagenforschung[4, 5, 9].

Im folgenden soll versucht werden, anhand von Bruchflächenuntersuchungen eines metallischen Verbundwerkstoffes (W/Ni) und eines keramischen Hochtemperaturwerkstoffes (Siliziumnitrid) die Leistungsfähigkeit der AES für die metallkundliche Analyse von Grenzflächen darzustellen.

2. Experimentelles

Die Untersuchungen wurden in einem Auger-Spektrometer (Physical Electronics Inc.) mit Zylinderspiegelanalysator durchgeführt. Der Totaldruck des ausheizbaren, mit Ionengetterpumpen bestückten Systems lag unter $3 \cdot 10^{-10}$ Torr. Eine Bruchvorrichtung erlaubte das Brechen der Proben (im Biegebruch) im Rezipienten.

Die Energie des Primär-Elektronenstrahls lag bei 3 KeV, die Stromstärke bei 30 μA. Bei senkrechtem Strahleinfall auf die Probe lag der Strahldurchmesser bei 150 μm, bei Verwendung einer seitlich angeflanschten Elektronenkanone für einen Einfallswinkel von etwa 20^0 zur Probennormalen (im Falle der Siliziumnitridproben) lag er bei etwa 1 mm.

Die verwendeten Proben waren in Nickel eingebettete Wolframdrähte von 2 mm Durchmesser (Gesamtdurchmesser 3 mm) und 30 mm Länge. Die Siliziumnitridproben wurden aus heißgepreßtem Material in Scheibenform herausgesägt und hatten einen rechteckigen Querschnitt der Kantenlänge 2 mm.

Nach dem Bruch wurden die im Probenhalter verbliebenen Bruchflächen zunächst augerspektroskopisch untersucht. Danach wurde hochreines Argon in den Rezipienten (bei abgeschalteten Ionengetterpumpen und gekühltem

Titansublimationsbaffle) bis zu einem Druck von $5 \cdot 10^{-5}$ Torr eingelassen und die Probenoberflächen mit auf 1 KeV beschleunigten Argon-Ionen abgesputtert. Die Ionenstromdichten lagen zwischen 5 und 30 μA/cm^2.

3. Ergebnisse und Diskussion

3.1. Nickel-Wolfram-Verbundwerkstoffe

In einer vorangegangenen Arbeit[10] wurde bereits auf die dem Einsatz der Augerspektroskopie zugrundeliegenden Festigkeitsfragen bei Nickel-Wolfram-Verbundwerkstoffen hingewiesen. Im folgenden soll vor allem auf die Auswertmöglichkeiten und die Fehlerquellen bei der Augeranalyse eingegangen werden.

Die Abb. 1 läßt am Vergleich der Augerspektren im Bereich der Wolframdrahtbruchfläche für ungeglühte Ni/W-Proben (1) und Proben, die bei 1350⁰ C über 7 Stunden geglüht wurden (2) erkennen,

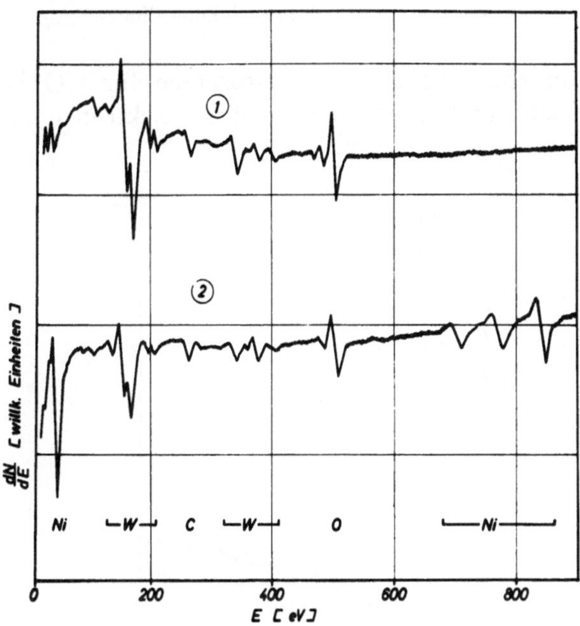

Abb. 1. Augerspektren der Bruchflächen der Wolframfaser eines Ni/W-Verbundwerkstoffes: (1) ungeglühte Probe, (2) 7 Stunden bei 1350⁰ C geglühte Probe

daß im ersten Fall kein Nickel an der Bruchfläche vorhanden ist, im zweiten Fall jedoch das Nickelsignal an der Bruchfläche auftritt. Die noch vorhandenen Restverunreinigungen an Kohlenstoff und

Sauerstoff stammen nur zum Teil aus dem Probenmaterial. Eine
Kontamination aus dem Restgas kann nicht ausgeschlossen werden,

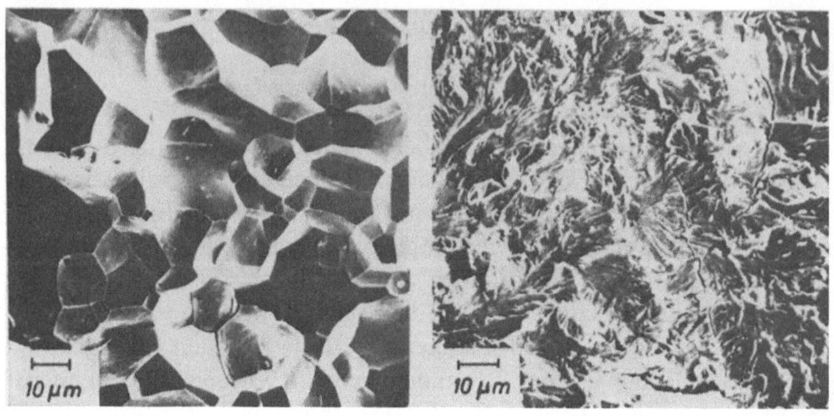

Abb. 2. Rasterelektronenmikroskopische Aufnahme der Wolframbruchflächen vor
(rechtes Bild) und nach der Glühung (linkes Bild)

da Wolfram einen hohen Haftkoeffizienten für CO besitzt. Aus
dem Vergleich der Bruchflächen im Rasterelektronenmikroskop ist

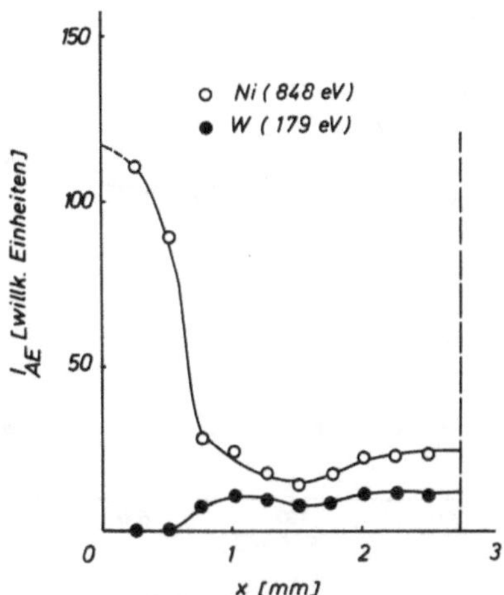

Abb. 3. Augersignalhöhen von Ni (848 eV) und W (179 eV) über einen Durchmesser der Bruchfläche der geglühten Probe (gestrichelte Linie = Begrenzung
durch Probenhalterung)

ersichtlich, daß es sich bei der ungeglühten, nicht rekristallisierten
Probe um einen vorwiegend mikroduktilen, transkristallinen Bruch

handelt (Abb. 2). Bei der geglühten und damit rekristallisierten Probe liegt dagegen ein interkristalliner Sprödbruch der Wolframfaser vor.

Einen Eindruck von der örtlichen Verteilung von Nickel und Wolfram über die gesamte Bruchfläche erhält man durch schrittweises Bewegen (und Analysieren) der Probe senkrecht zur Achse des Analysators. Den Verlauf der Nickelsignalhöhe bei 848 eV und der Wolframsignalhöhe bei 179 eV über einen Durchmesser der Bruchfläche gibt Abb. 3 am Beispiel einer geglühten Probe wieder.

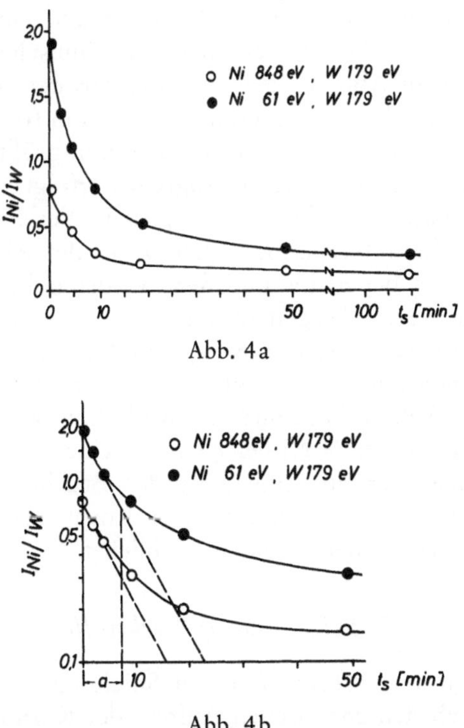

Abb. 4. Verhältnis der Augersignalhöhen von Nickel und Wolfram an der Bruchfläche in Abhängigkeit von der Abtragzeit beim Argon-Ionenbeschuß a) linearer, b) logarithmischer Ordinatenmaßstab

Durch Beschuß mit Argon-Ionen läßt sich im Bereich der Wolframfaser das Konzentrations-Tiefenprofil ermitteln. In Abb. 4a sind die Verhältnisse der Nickel-Augersignalhöhen bei 61 eV und bei 848 eV zur Wolframsignalhöhe bei 179 eV gegen die Sputterzeit aufgetragen. Die so erhaltenen Kurven stellen ein Maß für die relative Nickelkonzentration in Abhängigkeit von der Tiefe dar, da die Sputterzeit t_s bei gleichmäßigem Sputtering proportional zur Abtragtiefe angenommen werden darf. Abb. 4a erlaubt bereits den

Schluß auf eine Anreicherung von Nickel an den Wolframkorngrenzen, wobei wegen des kleinen mittleren Korndurchmessers von etwa 20 μm über nahezu 100 Kornflächen gemittelt wird.

Überraschend ist dabei der selbst bei langer Sputterzeit noch vorhandene Nickelanteil, der weit über der Löslichkeitsgrenze von Nickel in Wolfram ($<0,3$ Gew.-%) liegt. Neben der Möglichkeit eines selektiven Sputtering[11] können durch die Rauhigkeit der Probe und den die Wolframbruchfläche umgebenden Nickelrand Abschattungseffekte und Rücksputtering von Nickel auftreten, die mit zunehmender Sputterzeit zur Geltung kommen und ein vollständiges Abtragen verhindern. Aus der einfach-logarithmischen Darstellung der Abtragkurven in Abb. 4b geht hervor, daß der Anfangsbereich für beide Nickelsignale einer Exponentialfunktion folgt. Dies ist ein Hinweis dafür, daß die Nickelanreicherung zum größten Teil in der ersten atomaren Schicht an der Korngrenze erfolgt[12]. Eine weitere Stütze dieser Deutung ist der nahezu gleiche Verlauf der Sputterkurven (gleiche charakteristische Länge a auf der Abszisse) für die beiden Nickelpeaks bei 61 eV und 848 eV, deren Informationstiefe durch die mittlere freie Weglänge der Augerelektronen λ sehr verschieden [λ (61 eV) $\approx 4,5$ Å; λ (848 eV) ≈ 15 Å], aber größer als die Dicke einer monoatomaren Schicht ($\approx 2,8$ Å) ist. Nach [4] und [8] läßt sich hieraus ein Anfangskonzentrationsverhältnis von $c(\mathrm{Ni})/c(\mathrm{W}) = 0,8$ angeben, d. h. 40 At.-% Ni bezogen auf reines Wolfram. Berücksichtigt man, daß hier nur eine Seite der Bruchfläche untersucht wurde, läßt sich auf das Vorliegen einer Korngrenzenanreicherung von Nickel von etwa einer Monolage schließen[14].

3.2. Siliziumnitrid-Werkstoffe

Die Festigkeit von Werkstoffen auf Siliziumnitrid-Basis wird in erster Linie durch den chemischen Aufbau der Kornoberflächen bestimmt, der durch den Herstellungsprozeß (Heißpressen) und durch spätere Wärmebehandlungen beeinflußt wird. Augerspektrometrische Untersuchungen der Bruchflächen an Si_3N_4, das mit 5 Gew.-% MgO heißgepreßt wurde, haben die Vorstellung von einer glasartigen Silikatschicht an den Kornoberflächen bestätigt[15].

Die Verwendung von 5 Gew.-% Al_2O_3 anstelle von MgO beim Heißpressen wirkt sich günstig auf die mechanischen Eigenschaften bei höherer Temperatur aus. Das Kriechverhalten wird dabei von der Zusammensetzung der Korngrenzen ganz entscheidend beeinflußt. Da Siliziumnitrid bei Raumtemperatur spröde und interkristallin bricht[15], kann die Bruchflächenanalyse Auskunft über den chemischen Aufbau der Korngrenzen geben. Abb. 5 zeigt die Augerspektren der Bruchflächen einer mit MgO (Probe 1) und einer mit Al_2O_3 (Probe 2) heißgepreßten Siliziumnitridprobe. Probe 2 zeigt gegenüber der Probe 1 deutlich schwächere Sauerstoff- und Silizium-

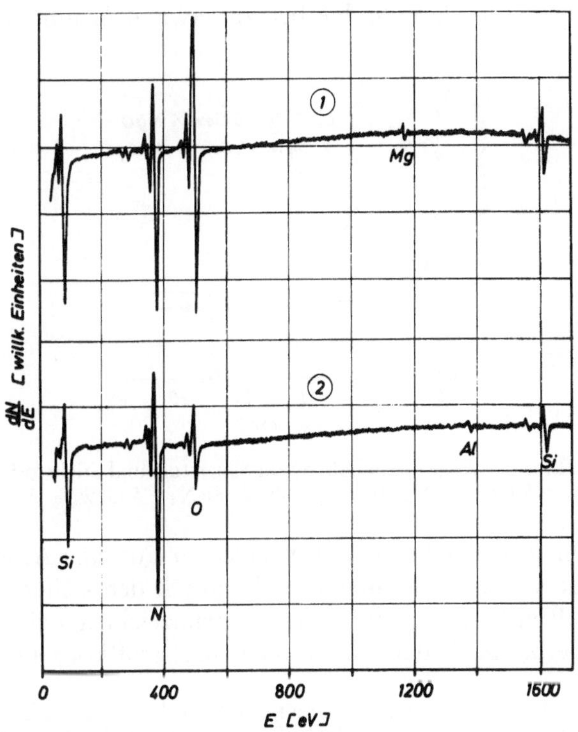

Abb. 5. Augerspektren der Bruchfläche von Siliziumnitrid, das mit 5 Gew.% MgO (1) und mit 5 Gew.% Al_2O_3 (2) heißgepreßt wurde

peaks. Weitere Untersuchungen ergaben, daß auch das Aluminium der Probe 2 kaum an der Bruchfläche angereichert ist im Gegensatz zum Magnesium der Probe 1[15]. Das Auftreten des niederenergetischen Silizium-Augerpeaks bei 78 eV anstelle des 92-eV-Peaks für reines Silizium deutet darauf hin, daß an der Oberfläche Silizium in einer Sauerstoffbindung vorliegt[2,15]. Eine eindeutige Zuordnung der Änderung der Augersignalform mit der durch Sputtering abgetragenen Schichtdicke zu der ursprünglich im Material selbst vorliegenden Bindung, wie sie in [15] vorgenommen wurde, ist jedoch nur mit Einschränkungen möglich. Es kann nämlich auch durch den Argonionenbeschuß eine Änderung der Bindungsverhältnisse eintreten (d.h. in diesem Fall Zerstörung der Sauerstoffbindung), wie sich durch Sputtern von Quarzglas zeigen läßt. Auch eine quantitative Aussage über den Siliziumgehalt wird dadurch erschwert.

Den Unterschied der beiden Siliziumnitridproben in der Anreicherung an Sauerstoff an den Bruchflächen zeigt Abb. 6, in der
das Verhältnis I(O)/I(N) der Augersignalhöhen von Sauerstoff und
Stickstoff mit der Abtragzeit für Probe 1 und Probe 2 wiedergegeben
ist. Die Abtragrate konnte hierbei zu etwa 4 Å/min abgeschätzt

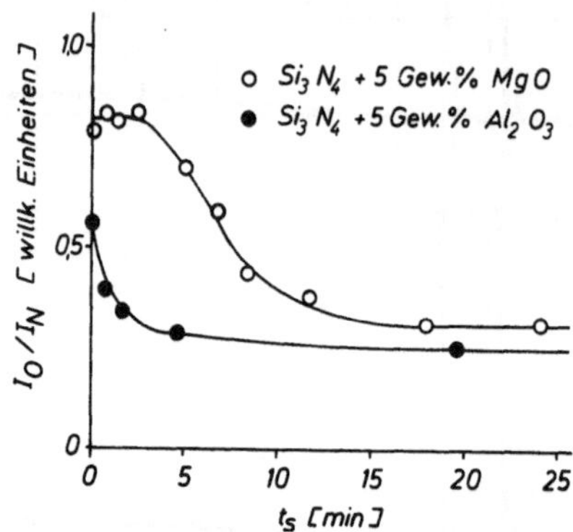

Abb. 6. Verhältnis der Augersignalhöhen von Sauerstoff und Stickstoff für Probe 1
(Si₃N₄ + 5 Gew.% MgO) und Probe 2 (Si₃N₄ + 5 Gew.% Al₂O₃)

werden[15]. Im Fall der Probe 2 liegt eine nur auf eine Atomlage be-
grenzte Sauerstoffanreicherung vor, die durch den steilen, exponen-
tiellen Abfall am Anfang der Kurve gekennzeichnet ist[12]. (Deshalb
läßt sich hierbei auch der Anteil einer Sauerstoffkonzentration aus

Tabelle 1. Durch AES bestimmte Konzentration (in At.-%) der Elemente Si, O,
N, Mg, Al in Si₃N₄ + 5 Gew.% MgO (Probe 1) und Si₃N₄ + 5 Gew.% Al₂O₃
(Probe 2) an der Bruchfläche vor (a) und nach (b) dem Abtragen durch Sputtering
und Vergleich mit den Einwaagewerten (c)

	Probe 1			Probe 2		
	a	b	c	a	b	c
Si	26	46	40,7	25	37	40
N	40	47	54,3	54	53	54,3
O	19	5	2,5	12	3	2,9
Mg	7	—	2,5	—	—	—
Al	—	—	—	4	3	2,0

dem Restgas während der Zeit bis zur Aufnahme des Spektrums
nicht völlig ausschließen). Dagegen liegt bei Probe 1 eine Oxidschicht
von etwa 30 Å Dicke vor. Sie entspricht einer aus röntgenographischen Untersuchungen und Biegefestigkeitsmessungen gefolgerten
intergranulären Glasphase[15, 16].
Ein Vergleich der Augersignalhöhen von Silizium und Sauerstoff
mit vorangegangenen Messungen an Quarzglas und mit den rela-

tiven Intensitäten von Sauerstoff und Stickstoff nach Palmberg et al.[8] erlaubte eine quantitative Analyse innerhalb der bereits erwähnten relativen Fehlerbreite (von maximal $\pm 50\%$), deren Ergebnis in Tabelle 1 wiedergegeben ist. Sie zeigt eine befriedigende Übereinstimmung der (durch Atomabsorptionsanalysen überprüften) Einwaagedaten (c) mit den nach dem Abtragen durch Sputtering erhaltenen Werten aus der Augeranalyse (b).

4. Schlußbemerkung

Die angeführten Beispiele zur Bruchflächenuntersuchung sollten zeigen, daß sich die Augerelektronenspektroskopie in der metallkundlichen Analyse besonders für solche Probleme erfolgversprechend einsetzen läßt, bei denen der chemischen Zusammensetzung im Bereich weniger Atomlagen um eine Grenzfläche eine entscheidende Rolle für die Eigenschaften eines Werkstoffs zukommt.

Herrn Prof. Dr. G. Tölg danken wir für die Anregung zu dieser Arbeit. Der Deutschen Forschungsgemeinschaft gilt unser Dank für die Bereitstellung von Sachmitteln.

Zusammenfassung

Die Augerelektronenspektroskopische Untersuchung von Bruchflächen gestattet es, deren chemische Zusammensetzung mit hoher Tiefenauflösung (Größenordnung 10 Å) und darüber hinaus in Verbindung mit Argon-Ionen-Sputtering Konzentrations-Tiefenprofile zu ermitteln. Dies wird an Hand der Bruchflächen eines metallischen Verbundwerkstoffes (Nickel-Wolfram) und eines keramischen Hochtemperaturwerkstoffes (Siliziumnitrid) gezeigt. Im ersten Fall läßt sich die durch eine Wärmebehandlung hervorgerufene Anreicherung von Nickel an den Wolfram-Korngrenzen nachweisen, im zweiten Fall das Auftreten einer durch MgO-Zusatz verursachten sauerstoffreichen Phase an den Korngrenzen. Möglichkeiten und Fehlerquellen einer quantitativen Auswertung werden diskutiert.

Summary

Auger Electron Spectroscopy on Fracture of Nickel-Tungsten Materials and Silicon Nitride

The Auger electron spectroscopic investigation makes it feasible to determine the chemical constitution of fracture surfaces with high depth resolution (order of magnitude 10 Å) and additionally to determine depth profiles of concentration by means of sputtering with argon ions. This has been shown by means of the fracture surface of a metallic substance (Nickel-Tungsten) and of a ceramic high-temperatur material (Silicon nitrid). In the first case it was possible to detect this by means of the enrichment of nickel on the tungsten grain boundaries caused by a thermal treatment. in the second case by the occurrence of an oxygen accumulation on the grain boundaries resulting from an addition of MgO. The possibilities and the sources of error were discussed with regard to a quantitative evaluation.

Literatur

[1] E. Bauer, Z. Metallkunde **63**, 437 (1972).

[2] C. C. Chang, Surface Sci. **25**, 53 (1971).

[3] P. W. Palmberg, J. Vac. Sci. Tech. **9**, 160 (1972).

[4] P. W. Palmberg, Analyt. Chemistry **45**, 549 A (1973).

[5] M. P. Seah, Surface Sci. **40**, 595 (1973).

[6] J. H. Neave, C. T. Foxon und B. A. Joyce Surface Sci. **29**, 411 (1972).

[7] M. P. Seah, private Mitteilung.

[8] P. W. Palmberg, G. E. Riach, R. E. Weber und N. C. Mac Donald, Handbook of AES, Phys. El. Ind., Inc., Edina, Minn. (1972).

[9] C. Argile und G. E. Rhead, J. Physics C 7, L 261 (1974).

[10] J. Hoffmann, S. Hofmann und L. Tillmann, Z. Metallkunde **65**, 721 (1974).

[11] M. L. Tarng und G. K. Wehner, J. Appl. Phys. **43**, 2268 (1972).

[12] A. Benninghoven, Z. Physik **230**, 403 (1970).

[13] C. J. Powell, Surf. Sci. **44**, 29 (1974).

[14] B. D. Powell und H. Mykura, Acta Met. **21**, 1151 (1973).

[15] S. Hofmann und L. J. Gauckler, Powder Met. Int. **6**, 90 (1974).

[16] J. Coloquhoum, D. P. Thompson, W. J. Wilson, P. Grievson und K. H. Jack, Proc. Brit. Ceram. Soc. **22**, 181 (1973).

Korrespondenz und Sonderdrucke: Dr. S. Hofmann, Max-Planck-Institut für Metallforschung, Seestraße 92, D-7000 Stuttgart, Bundesrepublik Deutschland.

Mikrochimica Acta [Wien], Suppl. 6, 1975, 383—390
© by Springer-Verlag 1975

Max-Planck-Institut für Eisenforschung, Düsseldorf

Chemische und strukturelle Analysen an Eisenoberflächen mittels Auger-Elektronen-Spektroskopie und LEED*

Von

H. Viefhaus, G. Tauber und **H. J. Grabke**

Mit 6 Abbildungen

(Eingegangen am 1. Oktober 1974)

Die Beugung langsamer Elektronen (LEED) und die Augerelektronen-Spektroskopie (AES) sind Methoden zur Oberflächenuntersuchung, die sehr gut in einem UHV-System kombiniert und gemeinsam angewandt werden können. LEED liefert Informationen über die atomare Struktur der Oberfläche und AES ermöglicht eine chemische Analyse der Oberfläche.

Gemeinsam eingesetzt bieten diese Methoden ausgezeichnete Möglichkeiten zur Untersuchung von Anreicherungsgleichgewichten, d. h. der Oberflächenanreicherung von gelösten Atomen an Metalloberflächen, gemäß der allgemeinen Gleichung

$$\text{gelöstes Atom} \rightleftharpoons \text{adsorbiertes Atom.}$$

In unserem Fall wurde die Oberflächenanreicherung von gelösten Nichtmetallatomen, wie Kohlenstoff, Stickstoff und Schwefel, an Eiseneinkristallflächen in Abhängigkeit von der Lösungskonzentration, der Temperatur und der Orientierung der Fläche untersucht.

Die Untersuchungen wurden an Eiseneinkristallen durchgeführt, die aus Reinsteisen durch Rekristallisation hergestellt wurden. Die Proben werden orientiert, geschnitten und poliert, so daß die Flächen (100), (110) und (111) erhalten werden. Durch Gleichgewichtsein-

---

* Herrn Prof. Dr. Walter Koch zum 65. Geburtstag gewidmet und anläßlich des 7. Kolloquiums über metallkundliche Analyse mit besonderer Berücksichtigung der Elektronenstrahlmikroanalyse, Wien, 23.—25. 10. 1974 vorgetragen.

stellung in Gasgemischen (CH_4-H_2, NH_3-H_2 oder H_2S-H_2) bei er-
höhter Temperatur werden definierte Konzentrationen an C, N oder
S in den Proben eingestellt. Die Proben werden in die UHV-Anlage
eingesetzt und nach Reinigung der Probenoberfläche kontrolliert
aufgeheizt und auf verschiedenen Temperaturen gehalten.

Die beiden Untersuchungsmethoden, LEED und AES, beruhen
auf der Wechselwirkung eines Strahls niederenergetischer Elektronen
mit einer Festkörperoberfläche[1-4]. Für LEED-Untersuchungen muß
eine definierte Einkristalloberfläche vorliegen. Die elastisch reflektierten Elektronen erzeugen ein Beugungsbild der Oberfläche auf
einem der Probe gegenüberliegenden Leuchtschirm, eine reziproke
Abbildung der Anordnung der Atome in der ersten Ebene des Metallgitters. Beim Vorliegen einer geordneten Adsorption auf der untersuchten Oberfläche können Zusatzreflexe im Beugungsbild und
Intensitätsveränderungen der Reflexe des Metallgitters auftreten; aus

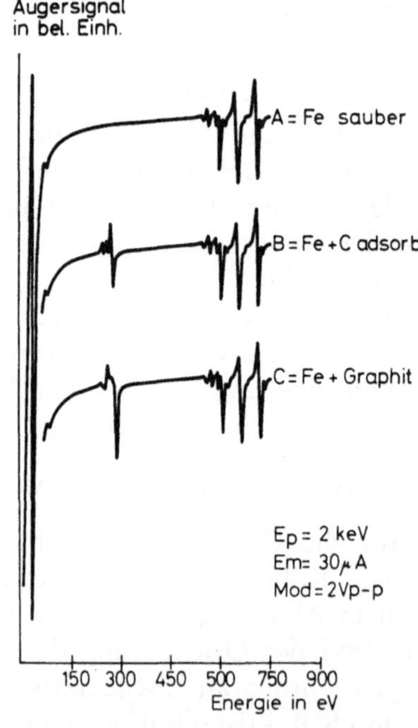

Abb. 1. Gegenüberstellung von Auger-Spektren

solchen Beobachtungen können Schlüsse auf die Anordnung der
adsorbierten Atome auf der Oberfläche gezogen werden. Welche
Atome adsorbiert vorliegen, kann mit Hilfe der AES kontrolliert
werden, auch ist nach entsprechender Eichung eine quantitative
Oberflächenanalyse möglich. Die Auger-Elektronen sind unter den

Sekundärelektronen, die durch einen Elektronenstrahl aus einer Oberfläche ausgelöst werden. Die Auger-Elektronen stammen aus dem folgenden Vorgang: einem Stoß eines Primärelektrons mit einem Oberflächenatom, das ionisiert wird unter Abgabe eines Sekundärelektrons aus einem tiefliegenden Niveau; dieses Niveau wird wieder

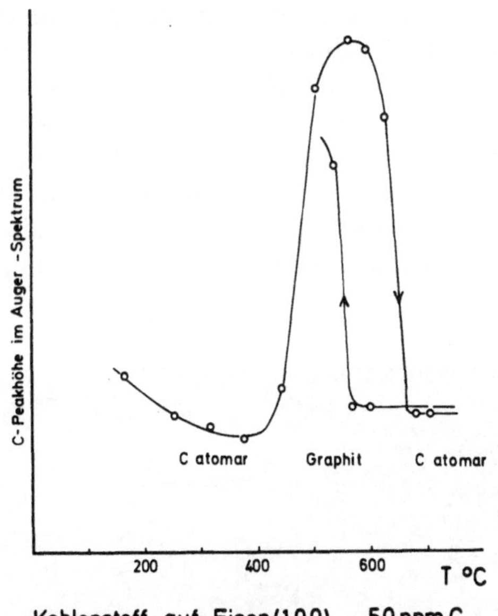

Abb. 2. Temperaturabhängigkeit der Kohlenstoffanreicherung

besetzt durch Elektronensprung aus einem höheren Niveau; hierbei wird die Energie frei für die strahlungsfreie Abgabe eines Auger-Elektrons. Die Auger-Elektronen haben somit Energien, die charakteristisch sind für ihre Herkunft, das heißt für die Atome, aus denen sie stammen.

Die bevorzugt gemessenen Auger-Elektronen haben Energien < 1000 eV, können daher ohne Energieverlust nur aus den obersten Atomlagen austreten und geben Auskunft über die Zusammensetzung der äußersten Oberfläche. Die Empfindlichkeit der AES ist sehr gut und liegt in einigen Fällen in der Größenordnung 1/1000 Monoschicht. Auch über den Bindungszustand des Herkunftatoms lassen sich Aussagen gewinnen; dies ist in Abb. 1 gezeigt, wo Spektren von Eisen mit atomar adsorbiertem Kohlenstoff und von Eisen mit einer Graphitbedeckung einander gegenübergestellt sind.

Die Kohlenstoffanreicherung an Eisenoberflächen soll hier als ein Beispiel für die von uns durchgeführten Untersuchungen näher betrachtet werden. Abb. 2 zeigt die Änderungen in der Höhe des

Auger-Elektronen-Peaks für Kohlenstoff auf einer (100)-Fläche, die
bei langsamen, stufenweisen Änderungen der Temperatur auftreten.
Die Probe enthielt 50 ppm Kohlenstoff, d. h. es kann unterhalb von
600⁰ C Graphitabscheidung erfolgen und oberhalb 870⁰ C die Um-
wandlung in γ-Eisen; besonders interessant ist daher der Bereich
des α-Mischkristalls zwischen diesen Temperaturen. Beim Aufheizen
der Probe, ausgehend von einer bei Raumtemperatur sauberen Eisenoberfläche, zeigt sich, daß bis ca. 350⁰ C eine Oberflächenanreicherung mit atomar adsorbiertem Kohlenstoff erfolgt. Im Temperaturbereich 350—450⁰ C kommt es zu einer deutlichen Änderung der
Peakform des Kohlenstoffs im Auger-Spektrum, bis schließlich die
für Graphit charakteristische Peakform erreicht ist. Hierdurch wird
die Bildung von Graphitkeimen angezeigt. Oberhalb 450⁰ C findet
an der Oberfläche Abscheidung relativ dicker Graphitschichten statt,

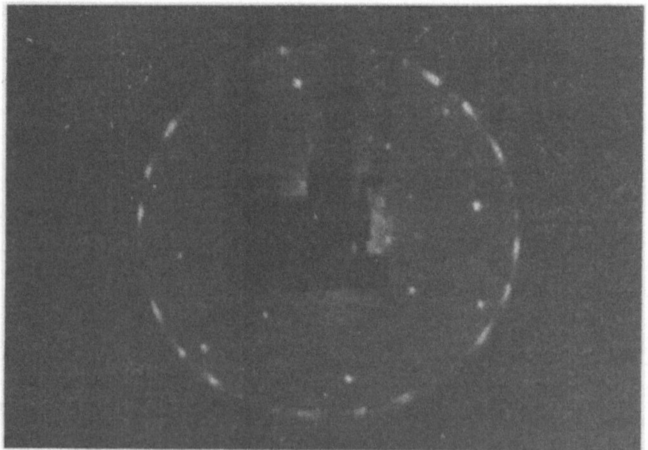

Abb. 3. LEED-Bild Fe(100) + Graphitabscheidung

die Abscheidung erfolgt durch Kohlenstoffdiffusion aus dem Volumen an die Oberfläche. Oberhalb ca. 600⁰ C kommt es zu einer
starken Abnahme des Auger-Peaks für Kohlenstoff, offenbar durch
Auflösung des Graphits im Gitter. Der restliche, bis zu Temperaturen von 800⁰ C an der Oberfläche verbleibende Kohlenstoff zeigt
wieder die für atomar adsorbierten Kohlenstoff typische Auger-Peak-
form.

Auch im LEED-Bild sind die aus dem Auger-Spektrum ersichtlichen Unterschiede zwischen atomar adsorbiertem Kohlenstoff und
Graphitabscheidung deutlich zu erkennen. Abb. 3 zeigt das Beugungsbild einer mit einer Graphitschicht bedeckten Eisenoberfläche,

durch die hexagonale Struktur und die domänenweise Ablagerung des Graphits entstehen typische ringförmige Reflexe. Das Beugungsbild einer von Fremdatomen freien (100)-Fläche zeigt Abb. 4, bei

Abb. 4. LEED-Bild Fe(100) sauber

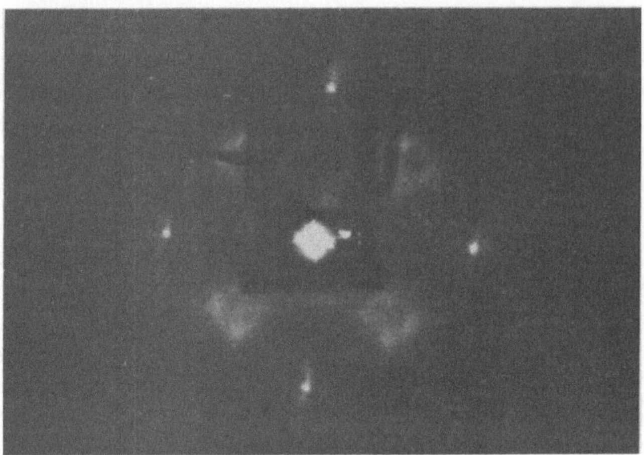

Abb. 5. LEED-Bild Fe(100) + C (atomar)

atomarer Adsorption von Kohlenstoff (Abb. 5) treten Zusatzreflexe auf, die durch eine (2 × 2)-Struktur gedeutet werden können. Dies besagt, daß jede zweite Elementarmasche in x- und y-Richtung ein adsorbiertes C-Atom enthält. Der Einbau des C-Atoms erfolgt wahrscheinlich in den Zwischengitterplatz in der Flächenmitte der (100)-

Orientierung (Abb. 6). Das ist der gleiche Platz, den das C-Atom im Volumen des raumzentrierten α-Eisens besetzt, und es konnte auch an einer leichten Verschiebung der Eisenreflexe die Kontraktion der Eisenatome zur Flächenmitte nachgewiesen werden, die auch beim Einbau in das Volumen erfolgt. Beim Einbau des Kohlenstoffatoms im Volumen muß eine Abstoßung der beiden benachbarten

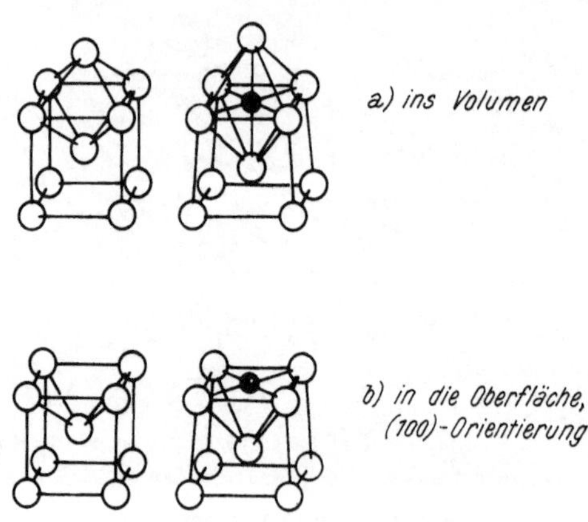

Abb. 6. Modell für den Einbau von Kohlenstoff (Stickstoff) im Eisengitter

raumzentrierenden Eisenatome erfolgen (Abb. 6a), beim Einbau in die Oberfläche entfällt diese abstoßende Wechselwirkung teilweise (Abb. 6b). Der Einbau des C-Atoms in einen interstitiellen Platz in der Oberfläche ist insofern energetisch günstiger als der Einbau ins Volumen — hiermit ist die physikalisch-chemische Ursache der Oberflächenanreicherung gegeben. Es muß noch betont werden, daß nicht etwa dreidimensionaler Martensit an der Oberfläche vorliegt, sondern eine zweidimensionale Oberflächenverbindung, in der die Martensit-Struktur durch die energetisch günstigen Verhältnisse an der Oberfläche auch bei Temperaturen bis etwa 800° C stabilisiert ist. Die Beobachtungen können zusammengefaßt mit der Annahme gedeutet werden, daß die Oberflächenanreicherung des Kohlenstoffs zur Ausbildung einer Oberflächenverbindung führt, die eine ähnliche Struktur hat wie eine Netzebene des Martensits.

Die Oberflächenanreicherung von Stickstoff zeigt Ähnlichkeit zum Verhalten des Kohlenstoffs. Bis zu ca. 450° C kommt es zu einer deutlichen Stickstoffanreicherung auf der Oberfläche, bei höheren Temperaturen erfolgt dann eine Abnahme des Bedeckungsgrades bei gleichzeitiger Desorption von N_2. Die im LEED-Bild zu beobachtenden Veränderungen durch die Stickstoffadsorption sind denen bei der Kohlenstoffanreicherung im Bereich atomarer Ad-

sorption analog. Auch hier liegt wahrscheinlich die in Abb. 6b gezeigte Anordnung der Stickstoffatome in der Eisenoberfläche vor.
Diese Struktur entspräche der Anordnung in einer Gitterebene des
metastabilen α''-Nitrids Fe_8N (N-Martensit).

Zur Oberflächenanreicherung von Schwefel wurden ebenfalls
zahlreiche Untersuchungen durchgeführt. Bereits sehr geringe Schwe-
felgehalte < 10 ppm geben bei Temperaturen oberhalb 700^0 C Anlaß zur Oberflächenanreicherung. Hierbei werden zahlreiche Adsorptionsstrukturen mit unterschiedlicher Struktur und unterschiedlichem
Schwefelgehalt in Abhängigkeit von Temperatur, Schwefelkonzen-
tration und Orientierung des Eisens gebildet.

Durch strukturelle und chemische Analysen bei der Oberflächenanreicherung gelöster Nichtmetallatome konnte mittels LEED und
AES in den Systemen Fe-C, Fe-N und Fe-S gezeigt werden, daß zweidimensionale Oberflächenverbindungen mit definierten Strukturen,
bestimmten Zusammensetzungen und bestimmten Existenzbereichen
bezüglich der Temperatur und der Nichtmetallaktivität auftreten.
Diese Oberflächenverbindungen treten bei niedrigen Nichtmetall-
aktivitäten und hohen Temperaturen auf, bei denen die dreidimen-
sionalen Verbindungen nicht mehr stabil sind.

Zusammenfassung

In einem UHV-System wurden Anreicherungsgleichgewichte von
gelösten Nichtmetallatomen (C, N, S) an Eiseneinkristalloberflächen
untersucht, mittels AES wurde die Temperaturabhängigkeit der Ober-
flächenkonzentration bestimmt und durch LEED die Adsorptionsstrukturen beobachtet. Beide Methoden und die Durchführung der
Untersuchungen werden kurz beschrieben und die Ergebnisse zur
Kohlenstoff-Anreicherung werden erläutert. Es wird gezeigt, daß in
Abhängigkeit von Temperatur und Lösungskonzentration entweder
Bildung von Graphitschichten auf der Oberfläche beobachtet werden
kann oder Anreicherung von atomarem Kohlenstoff, wobei zweidimensionale Adsorptionsstrukturen auftreten, die mit der Marten-
sitstruktur verwandt sind.

Summary

*Chemical and Structural Analyses on Iron Surfaces by Means of Auger-
electronic Spectroscopy and LEED*

Equilibria of surface segregation have been studied for dissolved non-
metal atoms (C, N, S) on iron single crystals. The temperature dependence
of the surface concentration was studied by AES and adsorption structures

have been observed with the aid of LEED. Both methods and the experiments are described shortly and the results on carbon segregation are discussed. It is shown that dependent on the temperature and on the solute concentration either formation of graphite layers can be observed on the surface or the segregation of atomic carbon, in the latter case two-dimensional adsorption structures occur which are related to the structure of martensite.

Literatur

[1] C. C. Chang, "Auger Electron Spectroscopy", Surf. Sci. **25**, 53 (1971).

[2] E. N. Sickafus, "Surface Characterization by Auger Electron Spectroscopy", J. Vacuum Sci. Technol. **11**, 299 (1974).

[3] P. J. Estrup und E. G. McRae, „Surface Studies by Electron Diffraction", Surf. Sci. **25**, 1 (1971).

[4] J. W. May, Advan. Catalysis **21**, 151 (1970).

Korrespondenz und Sonderdrucke: Dr. H. Viefhaus, Max-Planck-Institut für Eisenforschung, Max-Planck-Straße 1, D-4000 Düsseldorf, Bundesrepublik Deutschland.

Mikrochimica Acta [Wien], Suppl. 6, 1975, 391—402

Aus dem Institut für allgemeine Physik der Technischen Hochschule Wien

Untersuchung der Oxidbildung an Metallen mit der Augerelektronenspektroskopie*

Von

W. Färber und P. Braun

Mit 6 Abbildungen

(Eingegangen am 25. November 1974)

1. Einleitung

Wie bereits allgemein bekannt, ist die Augerelektronenspektroskopie bestens dazu geeignet, qualitative[1-4] sowie auch quantitative[5-8] Aussagen über die chemische Zusammensetzung der obersten Atomlagen eines Festkörpers zu machen. Darüber hinaus kann man aus Form und Lage der Auger-Peaks auch Informationen über die Art der chemischen Bindung, die Reaktionsgeschwindigkeit und im vorliegenden Fall über den Verlauf der Oxidbildung erhalten[9-11].

Für die Augerelektronenspektroskopie sind bei der chemischen Bindung vor allem zwei Effekte von Bedeutung. Erstens ändert sich durch die chemische Bindung die Zustandsdichte im Valenzband und zweitens verschiebt sich durch den Ladungsübertrag die Lage der inneren Elektronenniveaus.

Diese Änderung der inneren Niveaus kann man dazu benützen, um bei der Oxidbildung die dabei auftretenden verschiedenen Oxide zu unterscheiden. Dies haben z. B. Szalkowski und Somorjai[12] für die Oxydation von Vanadin gezeigt (Abb. 1). Betrachtet wird das Verhältnis des $L_2 M_{2,3} M_{2,3}$ Überganges des Vanadins zum KVV Übergang des Sauerstoffs. Die Ordinate gibt den Energie-

---

* Herrn Prof. Dr. Walter Koch zum 65. Geburtstag gewidmet und anläßlich des 7. Kolloquiums über metallkundliche Analyse mit besonderer Berücksichtigung der Elektronenstrahlmikroanalyse, Wien, 23.—25. 10. 1974 vorgetragen.

shift in eV an und die Abszisse das Verhältnis der beiden erwähnten Augerpeaks. Die vollen Punkte sind die bekannten Vanadinoxide als Referenzpunkte. Bei Oxydation bei Raumtemperatur zeigt sich zuerst das einfache Metalloxid, bei fortgeschrittener Reaktion das höhere Oxid V_2O_3.

Augerübergänge, die das Valenzband einbeziehen, zeigen im wesentlichen keine solchen Shifts wie jene, die von inneren Niveaus

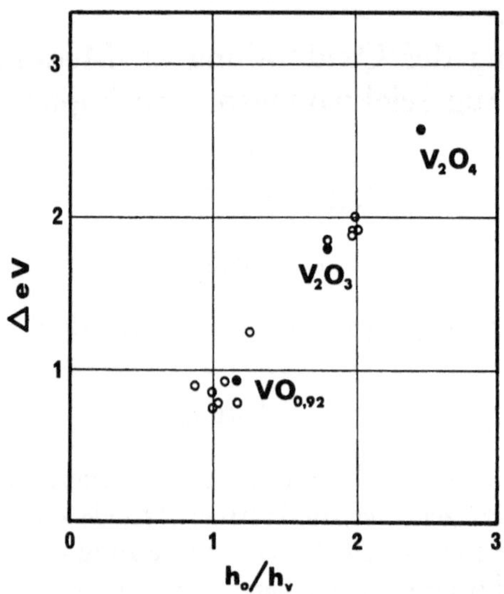

Abb. 1. Chemical-Shift des Vanadin $L_2\,M_{2,3}\,M_{2,3}$ Auger-Überganges als eine Funktion des Sauerstoff KVV zum Vanadin $L_2\,M_{2,3}\,V$ Peakhöhenverhältnisses während der Oxydation von Vanadin (●). Die bekannten Vanadin-Oxide sind als Referenzpunkte eingetragen (○)

kommen. Hier erhält man für das Oxid infolge der oft drastischen Änderungen der Zustandsdichte im Valenzband neue Augerübergänge mit verschiedener energetischer Lage[13].

2. Experiment

Als Spektrometer diente ein zylindrischer Spiegelanalysator[3] mit koaxial angeordneter Elektronenkanone. Eine genaue Beschreibung des Versuchsaufbaus wurde bereits in früheren Arbeiten gegeben[9]. Die Energie der Primärelektronen betrug 1700 eV bei einem Strahlstrom von 30 μA. Die Auflösung lag bei 0,4%, gemessen am elastischen Peak. Der Ausgangsdruck in der Apparatur lag bei einigen 10^{-10} Torr.

Alle untersuchten Proben waren polykristallin und wurden im Rezipienten durch abwechselndes Ionenätzen und Elektronenbombardement gereinigt. Dies kann man bei Reinelementen noch einigermaßen bedenkenlos machen, vorausgesetzt, man beendet diesen Prozeß jeweils mit einer Ausheizphase, um die beim Ionenätzen entstandenen Obeflächenschäden auszuheilen. Bei Untersuchungen von

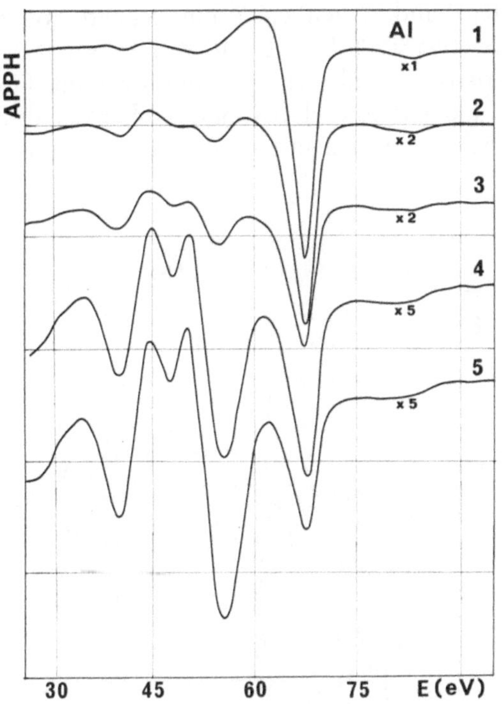

Abb. 2. Augerspektren von Aluminium im Bereich der Valenzübergänge, aufgenommen während der Oxydation bei Raumtemperatur. Spektrum 1 reines Al, 2 67 L, 3 160 L, 4 600 L, 5 1500 L. $APPH$ = Augerpeakhöhen [$dN(E)/dE$], ×1, ×2, ×5 = Verstärkungsfaktor

Legierungen ist diese Art der Probenreinigung nicht zu empfehlen, da dadurch die Zusammensetzung der Oberfläche ganz bedeutend verändert wird[14].

Ausgehend von der so erhaltenen reinen Oberfläche wurden die Proben definierten Sauerstoffdosen ausgesetzt und die sich ergebenden Änderungen im Augerspektrum festgehalten.

Die sich durch die Änderung der elektronischen Zustandsdichte im Valenzband während der Oxydation ergebenden Änderungen der Augerübergänge sollen nun an Hand der Elemente Al, Mg, Mn und Sm erläutert werden.

2.1. *Aluminium*

Abb. 2 zeigt ausgewählte Spektren im Energiebereich der Valenz-übergänge[9]. Kurve 1 zeigt das Spektrum des reinen Metalls mit dem Übergang $L_{2,3}VV$ bei 68 eV als Hauptpeak. Während des Oxyda-tionsverlaufes wird dieser Peak kleiner und gleichzeitig entstehen neue, bedingt durch die Änderungen der elektronischen Zustands-dichte im Valenzband. Nach einer hinreichend hohen Sauerstoff-exposition von etwa 1000 L ($1 L = 10^{-6}$ Torr sec.) ist der für das Oxid charakteristische Peak bei 54 eV dominierend. Für die Oxyda-tionsgeschwindigkeit ist die Haftwahrscheinlichkeit des Sauerstoffes an der Oberfläche von Bedeutung. Bei den von uns untersuchten

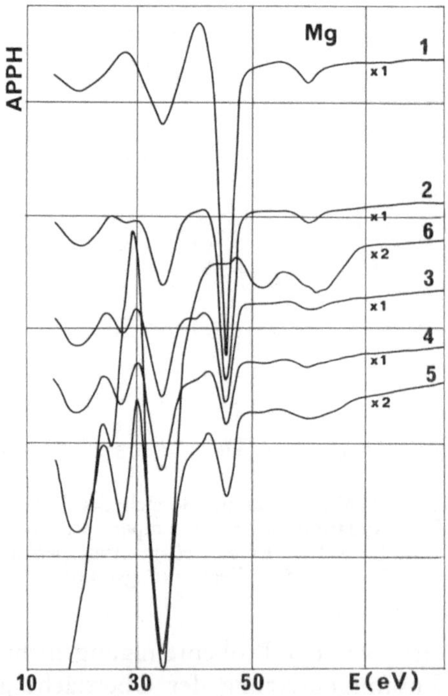

Abb. 3. Augerübergänge von Magnesium, aufgenommen während der Oxydation. Spektrum 1 reines Mg, 2 3 L, 3 5 L, 4 8 L, 5 9 L, 6 570 L

polykristallinen Proben ist die Haftwahrscheinlichkeit wesentlich größer als bei Einkristallen. Dies erklärt auch, warum die Oxydation von Aluminium bereits nach 1000 L beendet ist, während z. B. Jenkins und Chung[15] für die Oxydation eines Al-Einkristalles we-sentlich höhere Sauerstoffexpositionen benötigen.

2.2. *Magnesium*

Beim Magnesium (Abb. 3) ist die Oxydation wesentlich rascher abgeschlossen als beim Al, man benötigt dazu lediglich einige 10 L. Auch beim Mg ist wieder typisch zu beobachten, wie neben dem $L_{2,3}VV$ Übergang bei 45 eV des reinen Metalls der für das Oxid charakteristische Übergang bei 35 eV anwächst, verursacht durch die Veränderungen der Zustandsdichte im Valenzband.

2.3. *Mangan*

Abb. 4 zeigt wieder die Änderungen der Augerübergänge aus dem Valenzband während der Oxydation des Mn. Hier sieht man beson-

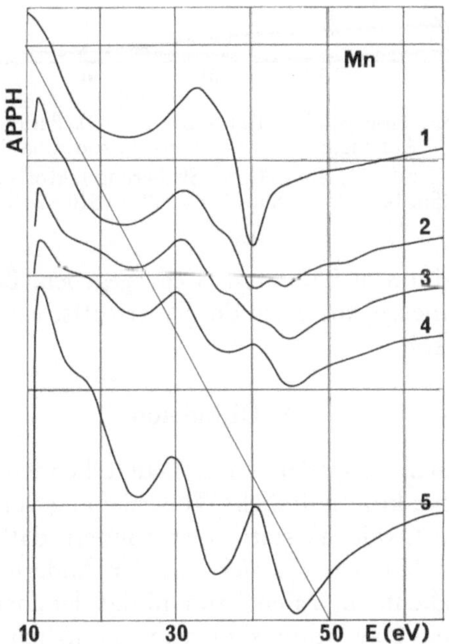

Abb. 4. Augerspektren von Mangan, aufgenommen während der Oxydation. Spektrum 1 reines Mn, 2 29 L, 3 48 L, 4 67 L, 5 150 L

ders deutlich, wie neben dem Augerpeak des reinen Metalls jene des Oxids heranwachsen. Nachdem eine entsprechend starke Oxydationsschicht entstanden ist, ist der ursprüngliche Metall-Übergang restlos verschwunden.

2.4. *Samarium*

In Abb. 5 sind die Änderungen der wesentlichsten Augerübergänge des Sm sowie die Zunahme des Sauerstoffs in Abhängigkeit zur

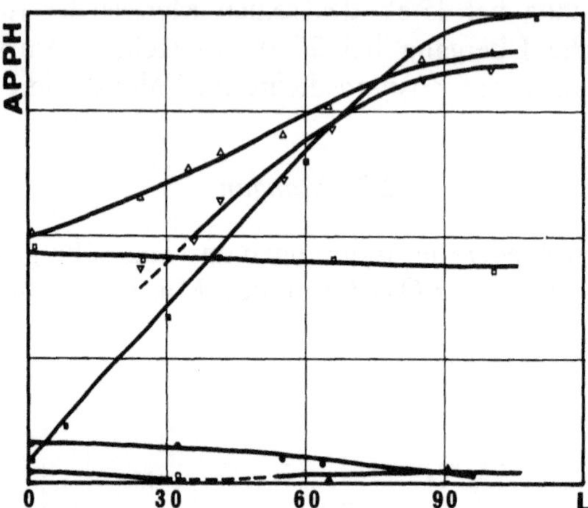

Abb. 5. Änderungen ausgewählter Peaks bei der Oxydation von Samarium in Abhängigkeit zur Sauerstoffexposition.
APPH's: ●, Sm 61 eV. □, Sm 100 eV (Skalierungsfaktor 0,5). ▽, Sm 118 eV. △, Sm 133 eV. ▲, Sm 141 eV. ○, Sm 149 eV. ■, O 510 eV (Skalierungsfaktor 0,5)

Sauerstoffexposition in Langmuir wiedergegeben. Bemerkenswert ist das zu Beginn lineare Ansteigen des Sauerstoffs, was später noch diskutiert werden soll.

3. Diskussion

Aus all diesen Beispielen kann man erkennen, daß bei diesen Übergängen keine kontinuierliche Verschiebung vom ursprünglichen Metallpeak zum Oxidpeak stattfindet, sondern daß es sich um neue Augerübergänge handelt, die sich aus der Änderung der elektronischen Zustandsdichte im Valenzband infolge der chemischen Bindung ergeben. Bei der Oxydation sind also anfänglich Metallpeak und Oxidpeak nebeneinander vorhanden und bei fortschreitender Oxydation verschwindet der erstere und der Oxidpeak wird dominierend. Bei entsprechender Eichung eines solchen Oxydationsvorganges kann man aus dem Verhältnis von Metall- zu Oxidpeak auch Aussagen über den Fortschritt der Oxydation machen, wie dies Baker und McNatt für Yttrium gezeigt haben[18].

Für das Sm soll nun das Verhalten des Valenzbandes genauer untersucht werden[16]. Dazu wurden XPS-Messungen von Hagström[17] über die elektronische Zustandsdichte zum Vergleich herangezogen. Es gibt eine einfache Formel, mit der man die kinetische Energie der Augerelektronen aus den Bindungsenergien der beteiligten Elektronenniveaus errechnen kann:

$$E_{WXY}(Z) = E_W(Z) - E_X(Z) - E_Y(Z) - \Delta E_Y(Z) - \Theta_A \qquad (1)$$

$E_{WXY}(Z)$ ist die kinetische Energie des Auger-Elektrons und $E_W(Z)$, $E_X(Z)$, $E_Y(Z)$ stellen die Bindungsenergien der beteiligten Niveaus dar, welche von Siegbahns ESCA-Messungen[19] gut bekannt sind. Θ_A ist die Austrittsarbeit des Analysators, wobei bei entsprechender Eichung des Spektrometers Θ_A nicht in die Rechnung eingeht. Außerdem ist die gemessene Energie des Augerelektrons unabhängig von der Austrittsarbeit der Probe. $\Delta E_Y(Z)$ ist ein Korrekturglied, das die Änderung der Elektronenniveaus durch die primäre Ionisation berücksichtigt.

$$\Delta E_Y(Z) = \Delta Z [E_Y(Z+1) - E_Y(Z)] \qquad (2)$$

Der Parameter ΔZ ist durch das Experiment bestimmt. Für die Leichtmetalle und Übergangselemente ergibt sich ein $\Delta Z = 1$, während für die Lanthaniden $\Delta Z = 1/2$ ist. Manche Autoren korrigieren die Bindungsenergie $E_X(Z)$ ebenfalls durch einen analogen Ausdruck, $\Delta E_X(Z)$. Dies haben Coghlan und Clausing[20] getan, die sämtliche Augerenergien für alle Elemente mit einem Rechenprogramm ermittelt haben. Für die hier behandelten Elemente ergab sich jedoch ohne zusätzliche Korrektur eine bessere Übereinstimmung mit dem Experiment. Somit ergibt sich für die Leichtmetalle und Übergangselemente Formel (3)

$$E_{WXY}(Z) = E_W(Z) - E_X(Z) - E_Y(Z+1) \qquad (3)$$

und für die Lanthaniden Formel (4)

$$E_{WXY}(Z) = E_W(Z) - E_X(Z) - 1/2 [E_Y(Z) + E_Y(Z+1)] \qquad (4)$$

Die Tabelle 1 zeigt nun einen Vergleich der gemessenen Augerelektronenenergien mit nach den angegebenen Formeln berechneten Werten. Außerdem sind in den ersten Spalten die Art des Überganges und ein Maß für die betreffende Übergangswahrscheinlichkeit angegeben. Dies ist einfach das Produkt der Besetzungszahlen der am Übergang beteiligten Elektronenniveaus normiert auf 100[20]. In der Spalte „density of states" finden sich nun jene Energiewerte, die unter Zuhilfenahme von Ergebnissen aus den XPS-Messungen von Hagström[18] errechnet wurden. Im Fall des hier behandelten Sm ergibt sich eine bemerkenswert gute Übereinstimmung.

Allgemein ist zu bemerken, daß zu Beginn jeder Oxydation der Sauerstoff zunächst einmal physisorbiert[21, 22] wird. Dieser schwach gebundene Sauerstoff wird auf Grund der hohen Desorptionswahr-

Tabelle 1. *Auger-Übergänge für Samarium im Energiebereich 10—150 eV*

Übergang			Norm. Mult.	Berechnete E (eV)		Beobachtete E (eV)	
				Bindungsenerg. Tab.	Density of States[12]	Metall	Oxid
N_2	N_3	$N_{6,7}$	13	14.5	14		
N_1	N_2	O_1	2	44.5			
$N_{4,5}$	O_1	O_1	11	55.5			
N_1	N_2	$O_{2,3}$	7	58			
N_1	N_3	O_1	4	62.5			
$N_{4,5}$	O_1	$O_{2,3}$	33	69		61	
N_1	N_3	$O_{2,3}$	13	76			
N_1	N_2	$N_{6,7}$	7	76.5	76		
N_3	$N_{4,5}$	O_1	22	83.5			
N_1	$N_{4,5}$	$N_{4,5}$	56	85			
$N_{4,5}$	$O_{2,3}$	$O_{2,3}$	100	86		80	80
$N_{4,5}$	$N_{6,7}$	O_1	33	87.5	89		
N_1	N_3	$N_{6,7}$	13	94.5	94		
N_3	$N_{4,5}$	$O_{2,3}$	67	97			
$N_{4,5}$	$N_{6,7}$	$O_{2,3}$	100	101	102	100	100
N_2	$N_{4,5}$	O_1	11	101.5			
N_2	$N_{4,5}$	$O_{2,3}$	33	115			
N_3	$N_{4,5}$	$N_{6,7}$	67	115.5	115		
$N_{4,5}$	$N_{6,7}$	$N_{6,7}$	100	119.5	120	121 123 127	118
N_2	$N_{4,5}$	$N_{6,7}$	33	113.5	133	133 149	133 141

scheinlichkeit[22, 23] durch den einwirkenden Primärelektronenstrahl sehr schnell wieder desorbiert. Aus diesem Grund kann mit AES nur chemisorbierter Sauerstoff nachgewiesen werden.

Abschließend soll nun noch die Oxydationsrate anhand der Lanthaniden näher betrachtet werden. Aus diesem Grund sind in Abb. 6 die Sauerstoffpeaks für die Elemente Samarium, Gadolinium und Terbium in Abhängigkeit von der Sauerstoffdosis aufgetragen. Wie in Abb. 5 zu sehen ist, wächst der Sauerstoffpeak zunächst linear. Nach Ausbildung einer Monolage folgt das Wachstum einer logarithmischen Gesetzmäßigkeit[21, 24, 25]. Der Anstieg der Kurven ist ein Maß für die Oxydationsrate dieser drei Elemente. Das spätere Einsetzen des logarithmischen Anstieges beim Sm ist wahrscheinlich

bedingt durch eine heftige Agglomeration des Sauerstoffes. Die
höchste Reaktionsrate zeigt das Samarium als unedelstes Metall,
dagegen wird Gadolinium sehr langsam oxydiert. Dies ist durch die
höhere Stabilität des Gadoliniums bedingt, das gerade ein halb auf-

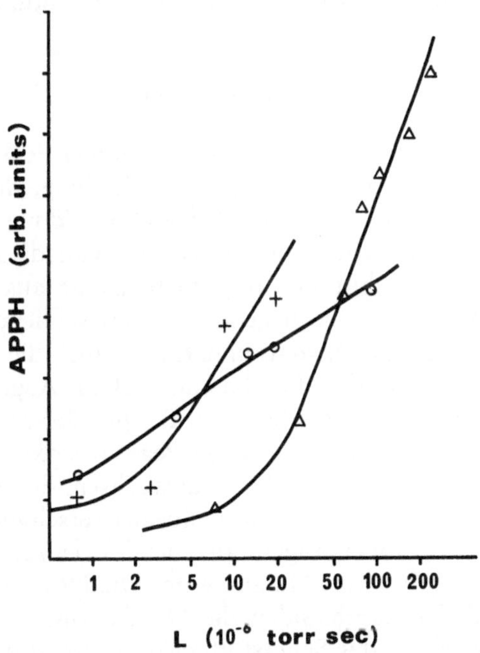

Abb. 6. Semilogarithmische Darstellung des ○-Peaks gegen die Sauerstoffexposition
△, Sm. ○, Gd. +, Tb

gefülltes $4f$-Niveau besitzt. Das logarithmische Wachstum kann allerdings nur soweit verfolgt werden, als durch die limitierte Austritts-
tiefe der Augerelektronen Grenzen gesetzt werden[26].

Vorteilhafterweise werden bei Experimenten dieser Art mehrere,
verschiedene Techniken simultan angewendet, wie z. B. AES, SIMS
und UPS, und die Ergebnisse korreliert. Dabei ist aber die unterschiedliche Informationstiefe dieser Verfahren zu beachten. Zum
Beispiel kommt bei der AES die Information aus der ersten bis fünften
Atomlage und bei der UPS aus der fünften bis zehnten Atomlage.
Deshalb sind die mit UPS gemessenen elektronischen Zustandsdichteverteilungen mehr charakteristisch für die Bulk-Verhältnisse, wogegen die Zustandsdichteverteilung der Oberfläche, d. h. der obersten
ein bis drei Atomlagen, wahrscheinlich etwas anders aussehen wird.
Dies wird zum Teil durch die Form und Struktur der Augerübergänge aus dem Valenzband bestätigt.

Schlußbemerkung

Die Autoren danken Prof. Dr. F. Viehböck, der diese Arbeit ermöglichte, sowie der Österreichischen Nationalbank und dem Fonds zur Förderung der wissenschaftlichen Forschung, Antrag Nr. 1501, die die Anschaffung der Apparatur und die Durchführung der Arbeit finanzierten.

Zusammenfassung

Aus Form und energetischer Lage der Auger-Peaks kann man Rückschlüsse auf die Art der chemischen Bindung, die Reaktionsgeschwindigkeit und auf den Verlauf der Oxidbildung ziehen. Szalkowski und Somorjai haben am Beispiel des Vanadins gezeigt, wie man aus dem Energieshift der Auger-Übergänge aus den inneren Elektronenniveaus auf die vorliegende Oxidart schließen kann. Ferner ändert sich durch die Oxydation natürlich auch die elektronische Zustandsdichte im Valenzband und damit auch die Auger-Übergänge, die das Valenzband miteinbeziehen. Am Beispiel der Metalle Al, Mg, Mn und Sm wird gezeigt, daß die Auger-Peaks des oxydierenden Metalls neben den reinen Metallpeaks heranwachsen, dominierend werden, während die ursprünglichen Metallpeaks verschwinden. Es findet bei diesen Augerübergängen aus dem Valenzband also kein kontinuierlicher Shift vom Metall- zum Oxidpeak statt. Weiters wurde an Hand der Lanthaniden die Oxydationsrate näher untersucht. Das Anwachsen des Sauerstoffpeaks während der Oxydation erfolgt zunächst linear bis zur Ausbildung einer Monolage und dann logarithmisch.

Summary

Investigations of the Oxide-formation on Metals with the Auger Electronspectroscopy

From the shape and the energetic position of the Auger peaks, it is possible to draw conclusions with regard to the nature of chemical binding, the reaction velocity and the course of the oxide formation. Szalkowski and Somorjai, by means of the example of vanadium, have shown how conclusions, with respect to the kind of oxide being considered, can be drawn from the Auger transition from the internal electron level. Furthermore the electronic density state in the valence band is of course changed by the oxidation and hence also the Auger transitions, which are related to the valence binding. By means of Auger-peaks, in the case of the metals, Al, Mg, Mn and Sm, it was shown, that the Auger-peaks of the oxidizing metal rise in comparison with the pure metal peaks, and become dominating, whereas the original metal peaks disappear. In these Auger transitions from the valence band there occur no continuous shift from metal-to oxide peak. In addition, the oxidation rates were studied more closely by means of the lanthanides. The growth of the oxygen peaks during the oxidation occurs initially in a linear fashion until the development of a monolayer, and then logarithmically.

Literatur

[1] E. H. S. Burhop, The Auger Effect and Other Radiationless Transitions, Oxford: University Press. 1952.

[2] C. C. Chang, Surface Sci. **25**, 53 (1971).

[3] P. W. Palmberg, G. K. Bohn und J. C. Tracy, Appl. Phys. Lett. **15**, 254 (1969).

[4] P. W. Palmberg und T. N. Rhodin, J. Appl. Phys. **39**, 2425 (1968).

[5] S. Thomas und T. W. Haas, J. Vac. Sci. Technol. **9**, 840 (1971).

[6] L. L. Levenson, L. E. Davis, C. C. Bryson, J. J. Melles und W. H. Kov, J. Vac. Sci. Technol. **9**, 608 (1972).

[7] M. P. Seah, Surface Sci. **32**, 703 (1972).

[8] F. Meyer und J. J. Vrakking, Surface Sci. **33**, 271 (1972).

[9] P. Braun, G. Betz und W. Färber, Mikrochim. Acta [Wien] **1974**, 365.

[10] H. E. Bishop, J. C. Riviere und J. P. Coad, Surface Sci. **24**, 1 (1971).

[11] T. W. Haas, J. T. Grant und G. J. Dooley, III, J. Appl. Phys. **43**, 1853 (1972).

[12] F. J. Szalkowski und G. A. Somorjai, J. Chem. Phys. **56**, 6097 (1972).

[13] P. Braun und W. Färber, Vak. Technik **23**, 7 (1974).

[14] P. Braun und W. Färber, Surface Sci. **47**, 57 (1975).

[15] L. H. Jenkins und M. F. Chung, Surface Sci. **28**, 409 (1971).

[16] W. Färber und P. Braun, Surface Sci. **41**, 195 (1974).

[17] S. B. M. Hagström, in: Proc. Intern. Conf. Electron Spectroscopy, Asilomar, California, 1971 (North-Holland, Amsterdam, 1972) 515.

[18] J. M. Baker und J. L. McNatt, J. Vac. Sci. Technol. **9**, 792 (1972).

[19] K. Siegbahn et al., ESCA; Atomic, Molecular and Solid State Structure, Studied by Means of Electron Spectroscopy, Uppsala: Almquist & Wiksells. 1967.

[20] W. A. Coghlan und R. E. Clausing, A Catalog of Calculated Auger Transitions for the Elements (USAEC Report ORNL-TM-3576, Oak Ridge National Laboratory, 1971).

[21] K. Hauffe, Reaktionen in und an festen Stoffen. Berlin—Heidelberg: Springer-Verlag. 1966. S. 710.

[22] T. E. Madey und J. T. Yates Jr., J. Vac. Sci. Technol. **8**, 525 (1971).

[23] A. Klopfer, J. Vac. Sci. Technol. **9**, 301 (1972).

[24] D. H. Loescher, G. E. Pike und J. A. Borders, J. Vac. Sci. Technol. **9**, 159 (1972).

[25] Y. Murata und S. Ohtani, J. Vac. Sci. Technol. **9**, 789 (1972).

[26] M. L. Tarng und G. K. Wehner, J. Appl. Phys. **44**, 1534 (1973).

Korrespondenz und Sonderdrucke: Dipl.-Ing. Dr. W. Färber, Institut f. allgem. Physik der Technischen Hochschule Wien, Karlsplatz 13, A-1040 Wien, Österreich.

Mikrochimica Acta [Wien], Suppl. 6, 1975, 403—420

Institut für technische Physik, Technische Hochschule Wien

Die Röntgenphotoelektronenspektrometrie als zweidimensionales Analysenverfahren*

Von

Maria F. Ebel

Mit 12 Abbildungen

(Eingegangen am 23. Dezember 1974)

Prinzip

Die Photoelektronenspektrometrie baut auf dem äußeren lichtelektrischen Effekt auf, d. h., daß Quantenstrahlung ausreichender Energie $h\nu$ Elektronen aus ihrer Bindung zum Atom lostrennen kann, wobei für das freie Atom die Energiebilanz gilt:

$$h\nu = E_B + E_k \tag{1}$$

E_B ... Bindungsenergie des Elektrons
E_k ... kinetische Energie des Elektrons

Befindet sich das Atom in einem Festkörperverband, so muß das Elektron zusätzlich noch die Austrittsarbeit des Probenmaterials W_p aufbringen.

$$h\nu = E_B + W_p + E_k \tag{2}$$

Da die Bindungsenergie der Elektronen in den verschiedenen Niveaus eines Atoms elementspezifisch ist, kann bei Auslösung des Photoelektrons durch Röntgenstrahlung bekannter Energie und Messung der kinetischen Elektronenenergie E_k die Bindungsenergie E_B gefun-

---

* Herrn Prof. Dr. Walter Koch zum 65. Geburtstag gewidmet und anläßlich des 7. Kolloquiums über metallkundliche Analyse mit besonderer Berücksichtigung der Elektronenstrahlmikroanalyse, Wien, 23.—25. 10. 1974 vorgetragen.

den werden und damit auf die Atomsorte, die Ursprung des Photoelektrons war, rückgeschlossen werden.

Die bisherigen Ausführungen mögen durch die Abb. 1 und 2 illustriert werden. Abb. 1 zeigt die prinzipielle Anordnung in der Probenkammer eines Röntgenphotoelektronenspektrometers ohne Monochromator und ohne Verzögerungsfeld.

Von dem von der Anode der Röntgenröhre emittierten weißen und charakteristischen Röntgenspektrum interessiert hier nur der letztere Anteil. Zwischen der Anode und der Probe befindet sich eine dünne metallische Fensterfolie (z. B. Aluminium), deren Funktion in der Absorption der an der Röhrenanode zurückgestreuten Elektronen

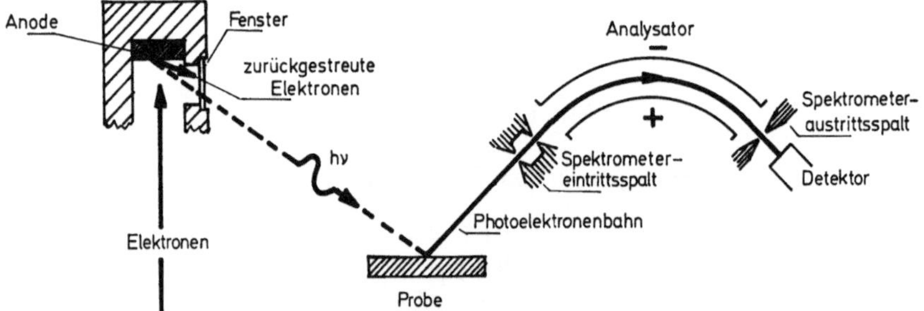

Abb. 1. Prinzipieller Aufbau einer Anordnung zur Erzeugung und Auflösung von Röntgenphotoelektronenspektren

besteht. Die charakteristische Röntgenstrahlung löst in der Probe Photoelektronen aus, von denen ein Teil in das Elektronenspektrometer gelangt. Als Spektrometer finden häufig elektrostatische Ablenkeinheiten (z. B. Kugelkondensatoren) Verwendung. Durch Variation der Potentialdifferenz an den beiden Platten der Ablenkeinheit können Elektronen bestimmter Energie das Spektrometer via Ein- und Austrittsspalt durchsetzen und zum Elektronendetektor (z. B. channeltron) gelangen.

Das in Abb. 2 wiedergegebene Teilspektrum einer Goldblechprobe wurde mit charakteristischer Magnesium Kα-Strahlung aufgenommen. Hier ist außerdem die Energiebilanz entsprechend Gl. (3) eingetragen.

Aus der Literatur[1a] ist für die Energie der Röntgenstrahlung ein Wert von $h\nu_{MgK\alpha} = 1253{,}6$ eV zu entnehmen. Im Zusammenhang mit der Austrittsarbeit W_s ist noch eine Ergänzung erforderlich. Gl. (2) beschreibt die Energie der Photoelektronen beim Verlassen der Probenoberfläche. Die Probe und der Spektrometereintrittsspalt sind in elektrisch leitender Verbindung, so daß die Ferminiveaus der beiden Materialien übereinstimmen. Zufolge der unterschiedlichen

Austrittsarbeit besteht jedoch eine Potentialdifferenz zwischen der Probenoberfläche und dem Eintrittsspalt. Aus diesem Grunde wird

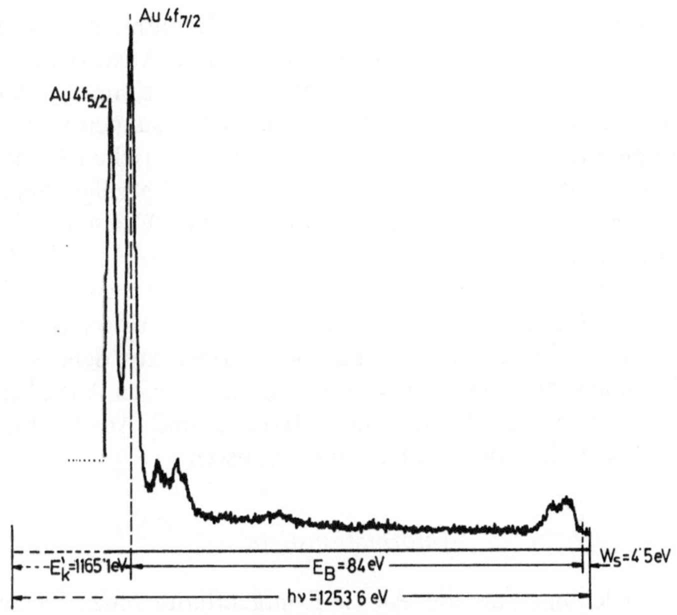

Abb. 2. Teil eines Photoelektronenspektrums einer Goldblechprobe (Anregung mit Mg $K\alpha$-Strahlung)

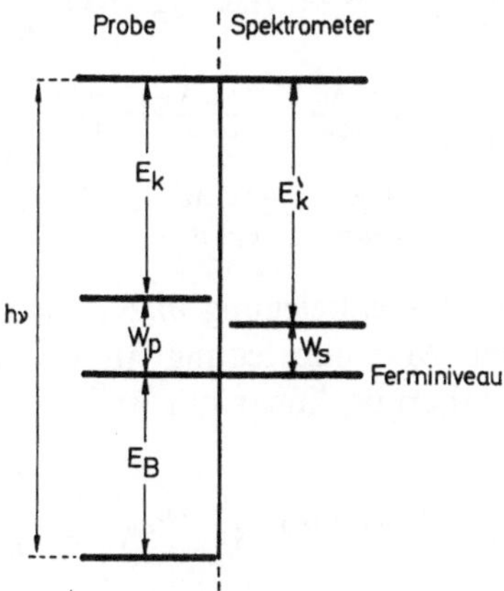

Abb. 3. Energieschema für ein Röntgenphotoelektronenspektrometer ohne Verzögerungsfeld

mit dem Spektrometer die von E_k geringfügig unterschiedliche Elektronenenergie E_k' gemessen, wie aus dem Energieschema der Abb. 3 zu entnehmen ist.

Gl. (2) kann daher auch in der Form

$$h\nu = E_B + W_s + E_k{}'$$ (3)

angeschrieben werden. Hier erübrigt sich die Kenntnis der von Probe zu Probe unterschiedlichen Austrittsarbeit. Die Austrittsarbeit W_s des Spektrometersystems stellt eine einmalig zu bestimmende Gerätekonstante dar, die im Verlaufe aller weiteren Messungen immer wieder Verwendung finden kann. Der Unterschied zwischen E_k und $E_k{}'$ beträgt maximal einige Zehntel eV. Das in Abb. 2 gezeigte Spektrum wurde mit einem Gerät aufgezeichnet, für welches $W_s = 4{,}5$ eV betrug. Zusammen mit der gemessenen Energie $E_k{}'$ von 1165,1 eV folgt daraus für die aus dem Spektrum ausgewählte Linie eine Bindungsenergie von 84,0 eV. Ein Vergleich mit Literaturwerten[1a] lehrt, daß es sich bei dieser Linie um Photoelektronen aus dem Au $4f_{7/2}$-Niveau handelt. Mit diesem Ergebnis seien die kurzen Ausführungen über das Prinzip der Entstehung, Messung und Auswertung der Röntgenphotoelektronenspektren abgeschlossen.

Informationstiefe

Die Gleichung für die Au Lα-Röntgenfluoreszenzzählrate n_{Au} ebener dünner Goldschichten

$$n_{\mathrm{Au}} = F \cdot \frac{S_{\mathrm{L\,Au}}-1}{S_{\mathrm{L\,Au}}} \cdot W_{\mathrm{Au}} \cdot p_{\mathrm{Au}} \cdot \frac{\Omega}{4\pi} \cdot \varkappa_{\mathrm{Au}} \cdot \int_{\lambda_0}^{\lambda_{\mathrm{L\,Au}}} x_\lambda \cdot \tau_{\lambda\,\mathrm{Au}} \cdot$$

$$\cdot \frac{1 - e^{-\left(\frac{\mu_{\lambda\,\mathrm{Au}}}{\cos\alpha} + \frac{\mu_{\mathrm{Au,\,Au}}}{\cos\beta}\right)\cdot\frac{m}{F}}}{\frac{\mu_{\lambda\,\mathrm{Au}}}{\cos\alpha} + \frac{\mu_{\mathrm{Au,\,Au}}}{\cos\beta}} \cdot d\lambda$$ (4)

enthält einen von der Massenbelegung m/F abhängigen Exponentialausdruck. Für geringe Massenbelegung ändert sich n_{Au} von Null ausgehend in guter Näherung linear mit m/F.

$$n_{\mathrm{Au}} = F \cdot \frac{S_{\mathrm{L\,Au}}-1}{S_{\mathrm{L\,Au}}} \cdot W_{\mathrm{Au}} \cdot p_{\mathrm{Au}} \cdot \frac{\Omega}{4\pi} \cdot \varkappa_{\mathrm{Au}} \cdot \frac{m}{F} \cdot \int_{\lambda_0}^{\lambda_{\mathrm{L\,Au}}} x_\lambda \cdot \tau_{\lambda\,\mathrm{Au}} \cdot d\lambda$$ (5)

Mit weiter zunehmender Massenbelegung erreicht n_{Au} den für eine kompakte Goldprobe gültigen Grenzwert N_{Au}

$$N_{\mathrm{Au}} = F \cdot \frac{S_{\mathrm{L\,Au}}-1}{S_{\mathrm{L\,Au}}} \cdot W_{\mathrm{Au}} \cdot p_{\mathrm{Au}} \cdot \frac{\Omega}{4\pi} \cdot \varkappa_{\mathrm{Au}} \cdot \int_{\lambda_0}^{\lambda_{\mathrm{L\,Au}}} \frac{x_\lambda \cdot \tau_{\lambda\,\mathrm{Au}}}{\frac{\mu_{\lambda\,\mathrm{Au}}}{\cos\alpha} + \frac{\mu_{\mathrm{Au,\,Au}}}{\cos\beta}} \cdot d\lambda$$ (6)

Abb. 4a zeigt die Abhängigkeit der relativen Au Lα-Röntgenfluoreszenzzählrate $r_{Au} = n_{Au}/N_{Au}$ für Goldschichten mit unterschiedlicher Massenbelegung, mit $\alpha = \beta = 45^0$ und für eine Röntgenröhrenspannung von 30 kV.

Man ersieht daraus, daß bei dickeren Proben die Fluoreszenzzählrate keine meßbare Änderung mehr erfährt. Wird beispielsweise jene Massenbelegung als charakteristischer Wert verwendet, für welche

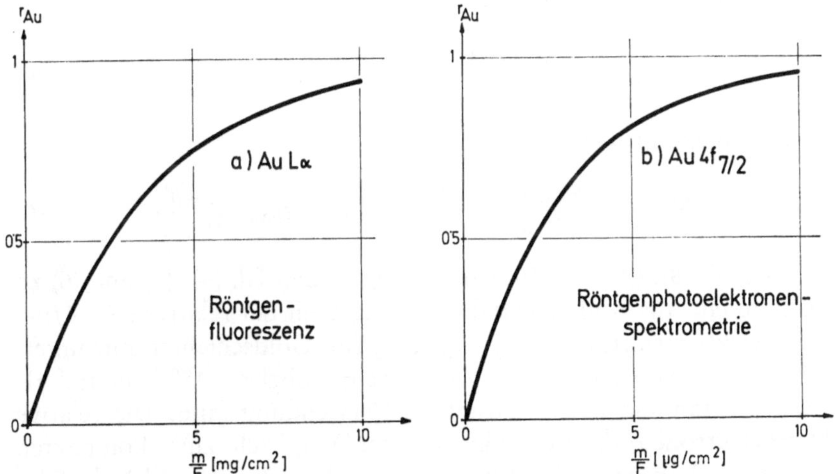

Abb. 4. a) Abhängigkeit der relativen Au Lα-Röntgenfluoreszenzzählrate r_{Au} ebener dünner Goldschichten von der Massenbelegung m/F (Röntgenröhrenspannung 30 kV, $\alpha = \beta = 45^0$). b) Abhängigkeit der relativen Au 4f$_{7/2}$-Photoelektronenzählrate r_{Au} ebener dünner Goldschichten von der Massenbelegung m/F (Mg Kα-Strahlung, $\beta = 45^0$)

die relative Zählrate $0{,}632 = (1 - 1/e)$ beträgt, so sind aus Abb. 4a $3{,}5$ mg·cm^{-2} abzulesen. Diese Massenbelegung entspricht einer Schichtdicke von 1,8 μm. Als grobe Abschätzung ist festzustellen, daß bei der Röntgenfluoreszenzanalyse die Information — das ist die gemessene Fluoreszenzzählrate — aus einem Probenvolumen $F \cdot d$ herrührt, wobei die „dritte Dimension" der Proben- oder Informationstiefe d in der Größenordnung von einigen μm liegt.

Nunmehr seien die Verhältnisse für die Röntgenphotoelektronenspektrometrie betrachtet. Die Gleichung für die Photoelektronenzählrate der Au 4f$_{7/2}$-Linie ebener dünner Goldschichten lautet in Analogie zur Röntgenfluoreszenzzählrate

$$n_{Au} = F \cdot \frac{S_{N\,Au} - 1}{S_{N\,Au}} \cdot \frac{\Omega}{4\pi} \cdot k \cdot E_{Au} \cdot x_i \cdot \tau_{i\,Au} \cdot \frac{1 - e^{-\left(\frac{\mu_{i\,Au}}{\cos\alpha} + \frac{\sigma_{Au,\,Au}}{\cos\beta}\right) \cdot \frac{m}{F}}}{\dfrac{\mu_{i\,Au}}{\cos\alpha} + \dfrac{\sigma_{Au,\,Au}}{\cos\beta}} \tag{7}$$

Der Massenschwächungskoeffizient $\mu_{\mathrm{Au,\,Au}}$ wird durch den inelastischen Streukoeffizienten $\sigma_{\mathrm{Au,\,Au}}$ ersetzt. Zunächst ist festzustellen, daß $\mu_{i\,\mathrm{Au}}$ mehr als zwei Größenordnungen kleiner ist als $\sigma_{\mathrm{Au,\,Au}}$ und somit vernachlässigt werden kann.

$$n_{\mathrm{Au}} = F \cdot \frac{S_{N\,\mathrm{Au}} - 1}{S_{N\,\mathrm{Au}}} \cdot \frac{\Omega}{4\pi} \cdot k \cdot E_{\mathrm{Au}} \cdot x_i \cdot \tau_{i\,\mathrm{Au}} \cdot \frac{\cos\beta}{\sigma_{\mathrm{Au,\,Au}}} \cdot \left(1 - e^{-\frac{\sigma_{\mathrm{Au,\,Au}}}{\cos\beta} \cdot \frac{m}{F}} \right) \tag{8}$$

Für dünne Proben gilt wieder

$$n_{\mathrm{Au}} = F \cdot \frac{S_{N\,\mathrm{Au}} - 1}{S_{N\,\mathrm{Au}}} \cdot \frac{\Omega}{4\pi} \cdot k \cdot E_{\mathrm{Au}} \cdot x_i \cdot \tau_{i\,\mathrm{Au}} \cdot \frac{m}{F} \tag{9}$$

und für dicke Proben

$$N_{\mathrm{Au}} = F \cdot \frac{S_{N\,\mathrm{Au}} - 1}{S_{N\,\mathrm{Au}}} \cdot \frac{\Omega}{4\pi} \cdot k \cdot E_{\mathrm{Au}} \cdot x_i \cdot \tau_{i\,\mathrm{Au}} \cdot \frac{\cos\beta}{\sigma_{\mathrm{Au,\,Au}}} \tag{10}$$

Die Gl. (8), (9) und (10) sind analog zu den Gl. (4), (5) und (6) zu diskutieren. Aus Abb. 4b ist die Abhängigkeit der relativen Au $4f_{7/2}$-Photoelektronenzählrate $r_{\mathrm{Au}} = n_{\mathrm{Au}}/N_{\mathrm{Au}}$ für Goldschichten mit unterschiedlicher Massenbelegung zu ersehen, wobei $\beta = 45^0$ war und als Röntgenstrahlung Mg Kα-Strahlung Verwendung fand. Die relative Photoelektronenzählrate sinkt hier im Vergleich zum kompakten Material schon bei $m/F = 3\ \mu\mathrm{g}\cdot\mathrm{cm}^{-2}$ auf den Wert $(1 - 1/e)$ ab. Dies entspricht einer Goldschichtdicke von 1,6 nm. Abhängig vom Probenmaterial und der kinetischen Energie der Elektronen liegt bei der Röntgenphotoelektronenspektrometrie die Informationstiefe d bei einigen nm und ist damit um annähernd drei Größenordnungen geringer als bei der Röntgenfluoreszenzanalyse. Wie aus den Gl. (4) und (8) zu ersehen ist, bestimmen im Falle der Röntgenfluoreszenzanalyse die Massenschwächungskoeffizienten die Informationstiefe und bei der Röntgenphotoelektronenspektrometrie die inelastischen Streukoeffizienten. Abb. 5 zeigt die Abhängigkeit der zum inelastischen Streukoeffizienten σ gemäß

$$\Lambda = \frac{1}{\varrho \cdot \sigma} \tag{11}$$

umgekehrt proportionalen mittleren freien Weglänge Λ der Photoelektronen von deren kinetischer Energie E_k in verschiedenen chemischen Elementen.

Das Minimum der freien Weglänge und damit das Minimum der Informationstiefe für die Photoelektronenspektrometrie wird bei $E_k \sim 50$ eV gefunden. Es repräsentieren also nur mehr die ersten Atom- bzw. Moleküllagen im Bereiche der Probenoberfläche die

Probe und in diesem Sinne ist die Bezeichnungsweise „zweidimensionales Analysenverfahren" zu verstehen.

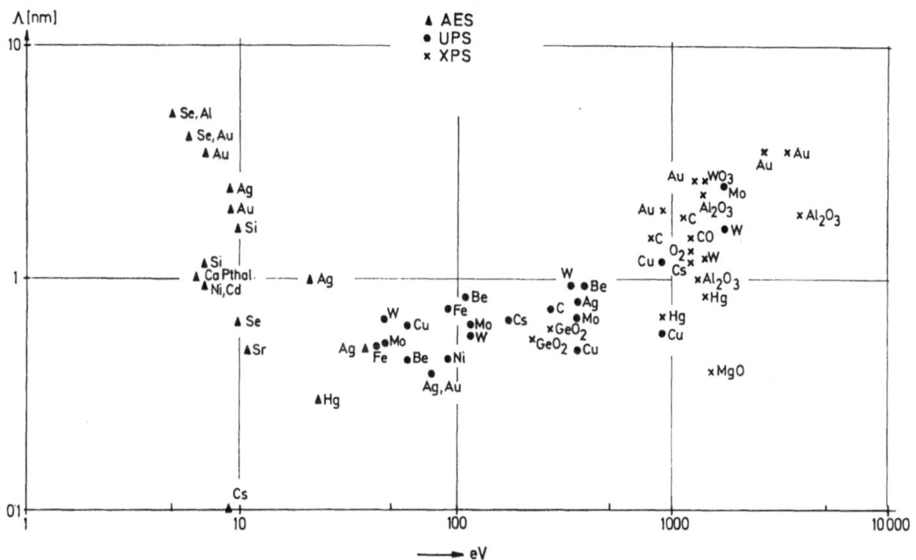

Abb. 5. Die mittlere freie Weglänge Λ der Photoelektronen in verschiedenen chemischen Elementen in Abhängigkeit von der kinetischen Energie

Aus der Sicht des Analytikers ergeben sich daraus die folgenden Konsequenzen:

a) Die an Festkörperoberflächen stets vorhandenen Kontaminationsschichten beeinträchtigen in Abhängigkeit von ihrer Dicke das Versuchsergebnis. In den meisten Fällen ist eine Abhilfe durch Argonionenbeschuß, Ausheizen und Arbeiten im Vakuum besser als 10^{-5} Pa zu erreichen. Abb. 6a zeigt das Übersichtsspektrum eines Goldplättchens, dessen Oberfläche vor dem Einbringen in die Probenkammer mit Stahlwolle mechanisch gereinigt worden war. In Abb. 6b ist das entsprechende Übersichtsspektrum nach kurzem Argonionenbeschuß dargestellt. Während das Kohlenstoffsignal der teilweise abgetragenen Kontaminationsschicht auf etwa die Hälfte abgesunken ist, erfahren die Goldlinien eine Intensitätssteigerung auf mehr als den doppelten Wert.

b) An metallischen Oberflächen sind zusätzlich zu den Kontaminationen häufig noch Oxidschichten vorhanden. Eine Abhilfe ist ähnlich wie unter a) zu verwirklichen. Abb. 7a zeigt das Übersichtsspektrum einer mit Stahlwolle gereinigten Aluminiumblechprobe. Das nach kurzem Argonionenbeschuß gemessene Übersichtsspektrum

(Abb. 7b) zeigt ein vermindertes Kohlenstoffsignal und verstärkte Aluminium- und Sauerstoffsignale. Das Sauerstoffsignal rührt von der Al_2O_3-Deckschicht her.

Auf dem Aluminiumplättchen war die kohlenstoffhaltige Kontaminationsschicht offenbar dünner als auf dem Goldplättchen. Eine

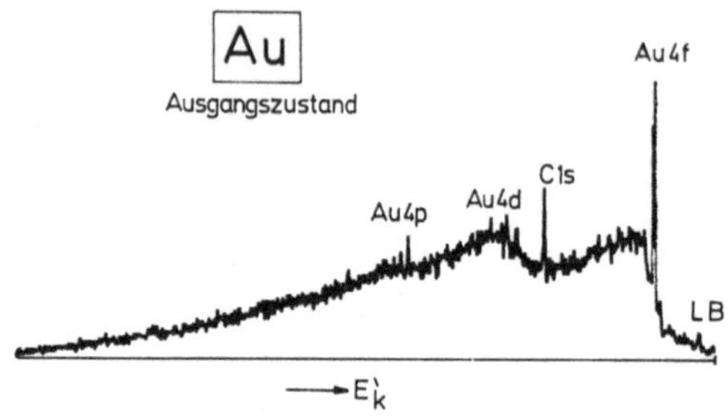

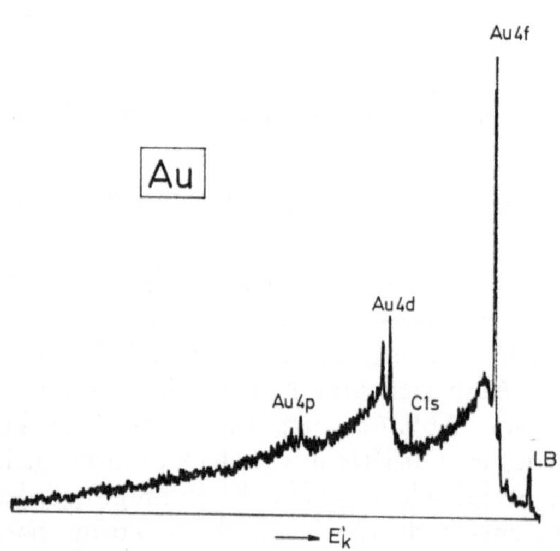

Abb. 6. a) Übersichtsspektrum einer Goldblechprobe nach dem Einbringen in das Spektrometer. b) Übersichtsspektrum der Goldprobe nach kurzem Argonionenbeschuß

systematische Fortführung des Argonionenbeschusses führt zur vollständigen Abtragung der Oxidschicht, so daß schließlich nur mehr das Aluminiumspektrum verbleibt.

c) Interessieren oberflächliche Reaktionen, wie beispielsweise im Falle der Katalyse, der flächigen Korrosion, der Adsorption oder der

Chemisorption, so ist die Röntgenphotoelektronenspektrometrie in hervorragender Weise einzusetzen. Gleiches gilt auch für die Bestim-

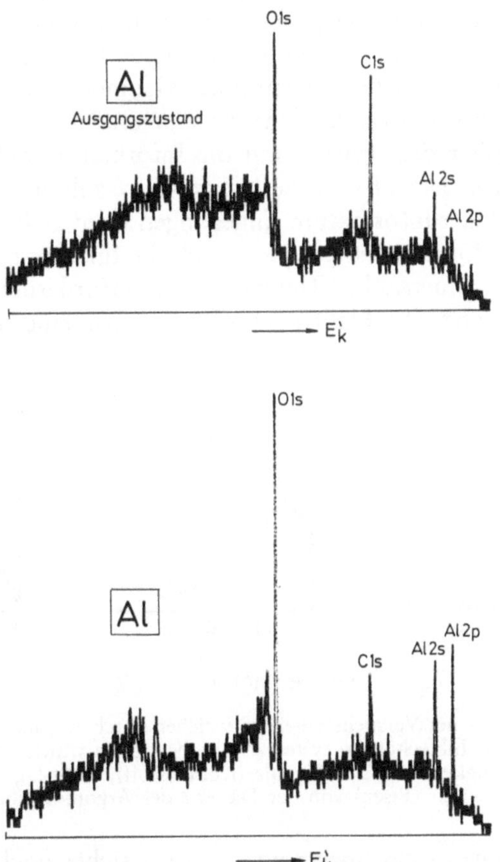

Abb. 7. a) Übersichtsspektrum einer Aluminiumblechprobe nach dem Einbringen in das Spektrometer. b) Übersichtsspektrum der Aluminiumprobe nach Argonionenbeschuß

mung von Oxidschichten. Abb. 8 zeigt das Ergebnis einer Versuchsreihe zur Ermittlung der Oxidschichtdicke auf einer Stahlprobe.

Während das Kohlenstoffsignal rasch gegen Null abklingt — zufolge des durch den Argonionenbeschuß bedingten Abtrages der vergleichsweise dünnen Kontaminationsschicht — nimmt das Sauerstoffsignal zuerst zu, um dann ebenfalls gegen Null zu gehen. Das Maximum des Sauerstoffsignals fällt natürlich mit dem Erreichen des Nullwertes des Kohlenstoffsignals — keine Kontaminationsschicht mehr — zusammen. Das Eisensignal weist schließlich eine stetige

Zunahme auf, um dann einen Sättigungswert anzunehmen. Dieser ist erreicht, wenn die Oxidschicht abgetragen ist, was umgekehrt dem Erreichen des Nullwertes für das Sauerstoffsignal entspricht. Bei bekannter Abtragungsrate der Sputtereinrichtung kann die Oxidschichtdicke quantitativ angegeben werden. In vorliegendem Fall betrug die Dicke 80 nm. Bei wesentlich dünneren Oberflächenschichten ist deren Dicke durch eine Variation der Geometrie zu finden. Diese Methode wird noch etwas ausführlicher behandelt.

Wurden bisher das Prinzip und die Informationstiefe der Röntgenphotoelektronenspektrometrie erörtert, so soll im weiteren auf die damit erzielbare Information eingegangen werden. Im Zusammenhang mit der Informationstiefe steht auch die für eine röntgenphotoelektronenspektrometrische Untersuchung erforderliche Mindestmenge an Substanz. Die Elektronen gelangen von einer Probenfläche

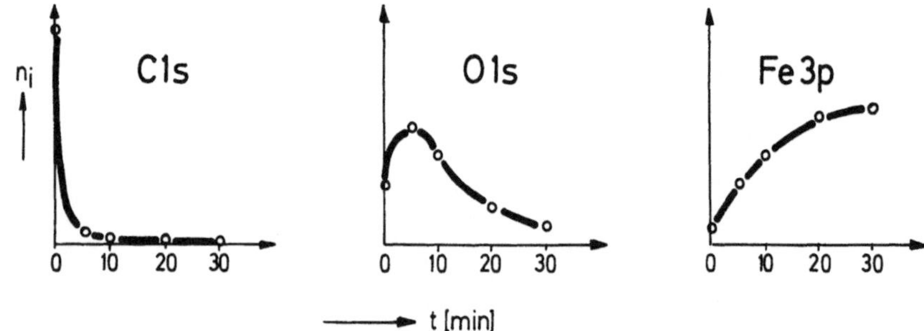

Abb. 8. Ergebnisse einer Versuchsreihe, bei welcher durch Argonionenbeschuß die Oberfläche einer Stahlblechprobe systematisch abgetragen wurde. Die Diagramme zeigen die Abhängigkeit des C 1s-Signals (Kohlenstoff), O 1s-Signals (Sauerstoff) und Fe 3p-Signals (Eisen) von der Dauer t des Argonionenbeschusses

von $10 \times 0,5$ mm^2 in das Spektrometer. Eine sicher noch nachzuweisende Schichtdicke an der Probenoberfläche ist mit 0,1 nm anzugeben. Wird noch eine durchschnittliche Dichte der Probenmaterialien von $5 \, \mathrm{g \cdot cm^{-3}}$ angenommen, so errechnet sich daraus die Mindestsubstanzmenge zu $(1,0 \cdot 0,05 \cdot 1 \cdot 10^{-8} \cdot 5) = 2,5$ ng.

Ergänzend sei noch bemerkt, daß die Röntgenphotoelektronenspektrometrie auf sämtliche Elemente $Z > 2$ des Periodensystems anwendbar ist.

Information

Die aus den Spektren erhältlichen Informationen im chemisch-analytischen Sinne sind:

1. Die Existenz elementspezifischer Linien, die eine qualitative Analyse der an der Probenoberfläche befindlichen Elemente ermög-

lichen. Als Beispiel dafür mögen die bereits gezeigten Übersichtsspektren dienen.

2. Die Lage der Linien, die Aussagen über die Bindung und Molekülstruktur ermöglicht. Diese Information verhalf der Röntgenphotoelektronenspektrometrie zu ihrem Durchbruch. Da hier bereits Übersichtsspektren von Aluminiumoberflächen gezeigt wurden, sei

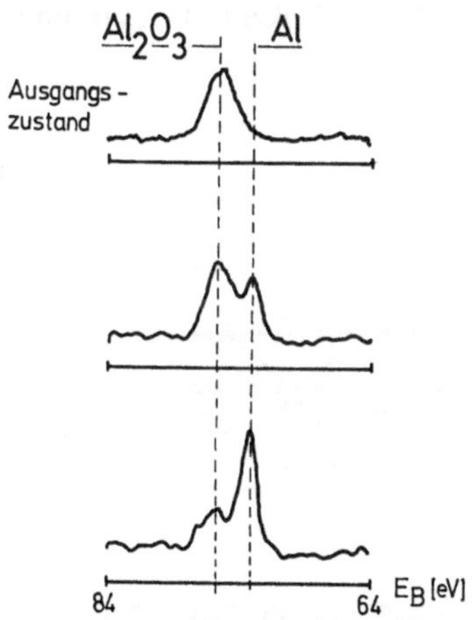

Abb. 9. Al $2p$-Signal eines Aluminiumplättchens, dessen Oberfläche durch Argonionenbeschuß schrittweise abgetragen wird, wodurch die Aluminiumoxidschicht verschwindet und das metallische Aluminium zum Vorschein kommt

als Beispiel in Abb. 9 das stark aufgelöste Signal der Probe im Ausgangszustand und nach Argonionenbeschuß dargestellt. Es sind deutlich zwei Aluminiumsignale zu erkennen, die von Al_2O_3 bzw. von metallischem Aluminium herrühren. In gleichem Maße wie das Aluminiumsignal von Al_2O_3 sinkt auch das Sauerstoffsignal ab, so daß eine eindeutige Zuordnung möglich ist.

Nun zur Erklärung der Verschiebung: Da das Al $2p$-Signal von Al_2O_3 bei niedrigen kinetischen Energien gefunden wird, bedeutet dies, daß die Photoelektronen im Vergleich zum metallischen Aluminium von einem positiven Potential ausgehen. Am Ort der Entstehung — Aluminiumatom im Al_2O_3 — muß also ein positives Potential existieren. Dies steht in völliger Übereinstimmung mit der Vorstellung, daß bei der Oxidation ein oder mehrere Elektronen aus dem äußersten noch besetzten Niveau an den Sauerstoff abgegeben werden und damit am Ort des Aluminiumatoms ein Elektronenmangel, also ein positives Potential herrscht. Die gemessene Verschiebung beträgt 2,5 eV.

Nach der phänomenologischen Erklärung der Ursache für die chemische Verschiebung der Spektren sei der Vollständigkeit halber

erwähnt, daß die bisher beobachteten maximalen Verschiebungen
etwa bei 10 eV lagen, in den meisten Fällen jedoch geringer sind.

Wie bereits angekündigt, wird nun noch ein Beispiel gebracht,
das der Bestimmung der Dicke dünner Oxidschichten mit Hilfe einer
Variation der Strahlengeometrie gewidmet ist[2]. Zunächst mögen
noch einige theoretische Betrachtungen zum Verständnis dieser Methode beitragen. Das Beispiel bezieht sich auf eine SiO_2-Schicht auf
Reinstsilizium. Wie bereits bei Al_2O_3 auf Al zu sehen war, ist bei dünnen

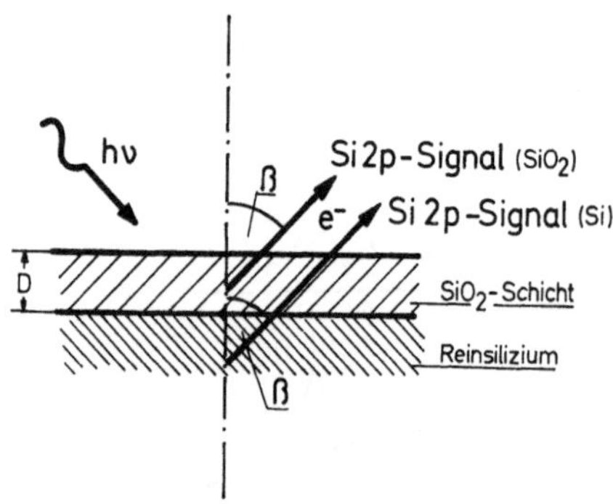

Abb. 10. Zur Veranschaulichung der geometrischen Verhältnisse bei der Untersuchung dünner Oxidschichten

Oxidschichten das Signal des Trägers und das chemisch verschobene
Signal der Schicht zu beobachten (siehe Abb. 9b, c). Mit der in Abb. 10
dargestellten Geometrie errechnet sich die Photoelektronenzählrate
des Si $2p$-Signals des SiO_2-Films zu

$$n_{\text{Sif}} = F \cdot \frac{S_{\text{L Si}} - 1}{S_{\text{L Si}}} \cdot \frac{\Omega}{4\pi} \cdot k \cdot E_{\text{Si}} \cdot x_i \cdot c_{\text{Si}} \cdot \tau_{i\,\text{Si}} \cdot \frac{\cos\beta}{\sigma_{\text{Si, SiO}_2}} \cdot$$
$$\cdot \left(1 - e^{-\frac{\sigma_{\text{Si, SiO}_2}}{\cos\beta} \cdot \frac{m}{F}} \right) \tag{12}$$

(vgl. Gl. 8).

Für die Photoelektronenzählrate des Si $2p$-Signals des darunterliegenden Reinstsiliziums folgt

$$n_{\text{Si}} = F \cdot \frac{S_{\text{L Si}} - 1}{S_{\text{L Si}}} \cdot \frac{\Omega}{4\pi} \cdot k \cdot E_{\text{Si}} \cdot x_i \cdot \tau_{i\,\text{Si}} \cdot \frac{\cos\beta}{\sigma_{\text{Si, Si}}} \cdot e^{-\frac{\sigma_{\text{Si, SiO}_2}}{\cos\beta} \cdot \frac{m}{F}} \tag{13}$$

Der Quotient $r_{\text{Sif, Si}} = n_{\text{Sif}}/n_{\text{Si}}$ lautet

$$r_{\text{Sif, Si}} = c_{\text{Si}} \cdot \frac{\sigma_{\text{Si, Si}}}{\sigma_{\text{Si, SiO}_2}} \cdot \left(e^{\frac{\sigma_{\text{Si, SiO}_2}}{\cos\beta} \cdot \frac{m}{F}} - 1 \right) \tag{14}$$

Nun ist die freie Weglänge bei konstanter kinetischer Energie für Si
und SiO_2 annähernd gleich groß und damit kann der Quotient aus

den beiden Streukoeffizienten durch Eins ersetzt werden. c_{Si} ist die Konzentration des Siliziums in SiO_2 in Gewichtsanteilen und beträgt

$$c_{Si} = \frac{C_{Si} \cdot A_{Si}}{C_{Si} \cdot A_{Si} + C_0 \cdot A_E} = 0{,}467 \tag{15}$$

entsprechend 46,7 Gew.%. Wird nun noch σ_{Si, SiO_2} im Exponenten unter Verwendung der Gl. (11) durch die freie Weglänge Λ_{Si, SiO_2} ersetzt, so erhält man $\Lambda_{Si, SiO_2} = 4$ nm[8] für $r_{Sif, Si}$

$$r_{Sif, Si} = 0.467 \cdot \left(e^{\frac{D}{4.10^{-9} \cos \beta}} - 1\right) \tag{16}$$

Prinzipiell könnte mit einer einzigen Messung bei definiertem Beobachtungswinkel β bereits die Dicke D der SiO_2-Schicht angegeben wer-

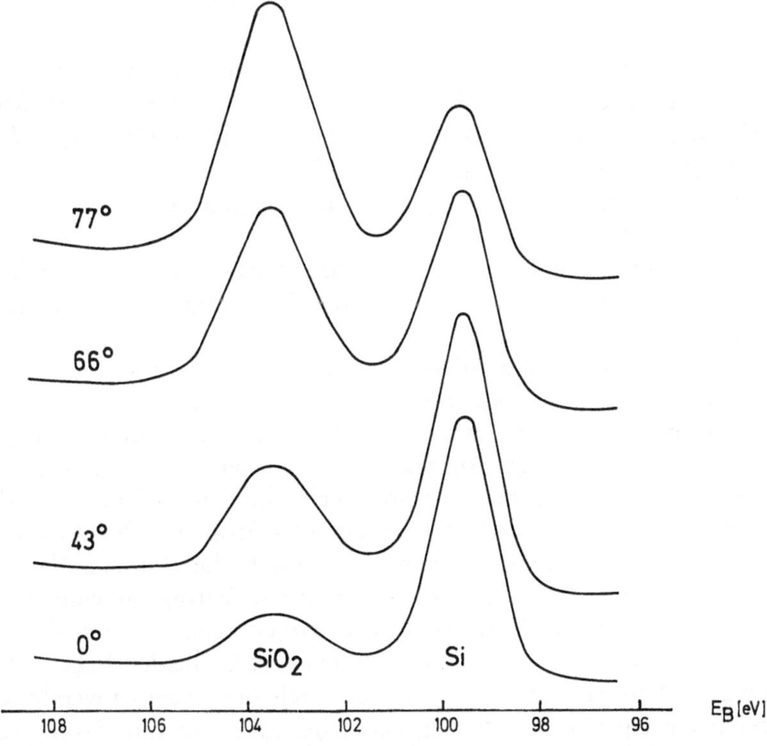

Abb. 11. Das gemessene Si $2p$-Signal von SiO_2 und dem darunterliegenden Si bei verschiedenen Abnahmewinkeln β

den, da Gl. (16) sonst keine unbekannte Größe mehr beinhaltet. Um aber die Gültigkeit des theoretischen Ansatzes überprüfen zu können und außerdem aus mehreren Messungen eine gute Signifikanz für

die gesuchte Schichtdicke zu erhalten, wurden die Versuche an ein
und derselben Probe bei verschiedenen Beobachtungswinkeln β ausgeführt. Das Ergebnis der experimentellen Untersuchungen zeigt
Abb. 11.

Werden nun nach Separation der von Si und SiO_2 herrührenden
Photoelektronenlinien die Flächen unter denselben als repräsentative
Größen verwendet, so folgt daraus das in Tabelle 1 zusammenge-
stellte Versuchsergebnis.

Tabelle 1

β (°)	$r_{Sif, Si}$	D (nm)
0	0,26	1,77
43	0,33	1,56
66	1,15	2,02
77	1,95	1,48

In Tabelle 1 sind zusätzlich noch die unter Verwendung von
Gl. (16) errechneten SiO_2-Schichtdickenwerte D eingetragen. Als Mittelwert wird $D = 1,7$ nm gefunden. Wird damit aus Gl. (16) $r_{Sif, Si} = f(\beta)$
errechnet, so ergibt sich die in Abb. 12 gezeigte Kurve. Zum Vergleich sind in dieser Abbildung die experimentell gefundenen $r_{Sif, Si}$-
Werte enthalten.

Zur Methode des variablen Beobachtungswinkels ist noch festzustellen, daß das Versuchsergebnis durch oberflächliche Kontaminationen nicht beeinträchtigt wird.

Die sich aus der Linienlage bzw. Linienverschiebung ergebende
Information findet — wie bereits erwähnt — in erster Linie bei
Strukturuntersuchungen und der Aufklärung von Bindungsverhältnissen ihre Anwendung. An anderer Stelle[3] wird über *XPS*-Unter-
suchungen an organischen Stickstoffverbindungen berichtet. Da die
Linienlage im Falle elektrisch nichtleitender Proben nicht nur durch
die chemische Bindung, sondern auch durch die Probenaufladung
mitbestimmt wird, ist auch diesem Effekt ein Beitrag[4] gewidmet.

3. Für die Intensität der Photoelektronenlinien ist entweder die
Fläche unter der Linie oder der Maximalwert (in beiden Fällen nach
Abzug des Untergrundes) ein Maß. Da auch zu diesem Anwendungsbereich ein eigener Beitrag gegeben wird[5], sei hier nur darauf verwiesen, daß die Intensität zur quantitativen Analyse nichtstöchio-
metrischer Verbindungen herangezogen werden kann.

4. Die Form der Photoelektronenlinien wird neben der Zustandsdichte durch die Spektralverteilung der verwendeten Röntgenstrahlung, das inelastische Streuvermögen der Probensubstanz und die
Spektrometerfunktion bestimmt. Durch ein Entfaltungsverfahren[6],

das gesondert behandelt wird, ist es möglich, z. B. die Zustandsdichte der Elektronen im Valenz- oder Leitungsband zu ermitteln.

Am Ende dieser Ausführungen, die nur einen knappen Überblick über die Röntgenphotoelektronenspektrometrie vermitteln sollten, sei auf eine vor kurzer Zeit erschienene Arbeit[7] verwiesen. Diese

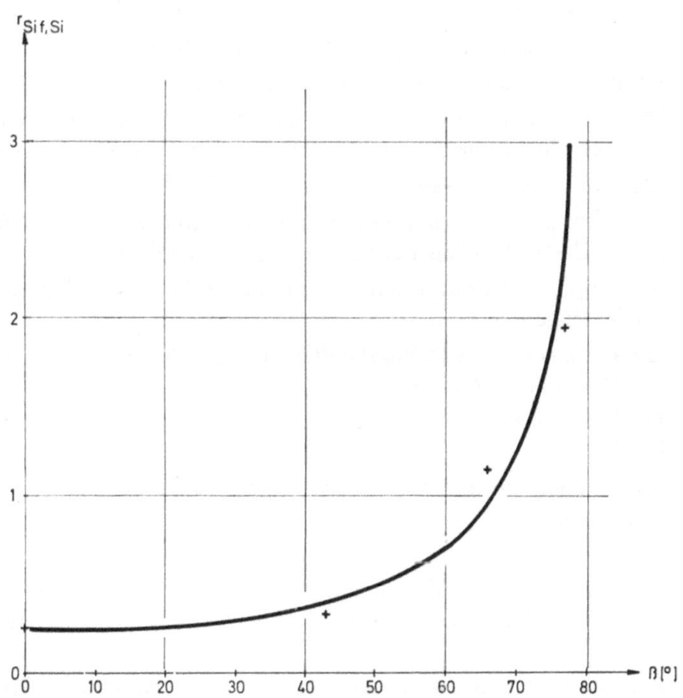

Abb. 12. Die aus Abb. 10 gefundene Winkelabhängigkeit von r_{Si}. Die eingetragene Kurve wurde mit $\Lambda = 4$ nm und einer Dicke der SiO_2-Schicht von $D = 1{,}7$ nm berechnet

beschäftigt sich ausführlich mit der Elektronenspektroskopie (Röntgen, UV, Auger) im Zusammenhang mit Oberflächenuntersuchungen und enthält überdies ein reichhaltiges Schrifttumverzeichnis.

Verwendete Symbole

E_B Bindungsenergie der Elektronen (in bezug auf das Ferminiveau)

E_k Kinetische Energie der Elektronen beim Verlassen der Probenoberfläche

W_p Austrittsarbeit des Probenmaterials

W_s — Austrittsarbeit des Spektrometers (in erster Näherung die Austrittsarbeit des Materials, aus dem der Spektrometereintrittsspalt besteht)

E_k' — Die mit dem Spektrometer gemessene kinetische Energie der Photoelektronen

n_{Au} — Röntgenfluoreszenzzählrate einer Dünnschichtprobe für die Au $L\alpha$-Strahlung bzw. Photoelektronenzählrate für das Au $4f_{7/2}$-Niveau

F — Effektive Probenfläche

m/F — Massenbelegung

S_{LAu} — Absorptionskantensprung für das Au $2p_{3/2}$-Niveau

W_{Au} — Fluoreszenzausbeute für die Au $L\alpha$-Strahlung

P_{Au} — Übergangswahrscheinlichkeit für die der Au $L\alpha$-Strahlung entsprechenden Übergänge Au $3d_{3/2} \rightarrow$ Au $2p_{3/2}$ und Au $3d_{5/2} \rightarrow$ Au $2p_{3/2}$

Ω — Der vom Detektorsystem erfaßte Raumwinkel

$\varkappa_{Au}$ — Verhältniszahl der vom Detektor registrierten Au $L\alpha$-Quanten zu den in das wellenlängendispersive System einfallenden

$\tau_{\lambda Au}$ — Massenphotoabsorptionskoeffizient einer Röntgenstrahlung mit der Wellenlänge λ in Gold

$\mu_{\lambda Au}$ — Gesamtmassenschwächungskoeffizient einer Röntgenstrahlung mit der Wellenlänge λ in Gold

$\mu_{Au, Au}$ — Gesamtmassenschwächungskoeffizient der Au $L\alpha$-Röntgenstrahlung in Gold

λ_0 — Wellenlänge entsprechend dem kurzwelligen Ende des weißen Kontinuums

λ_{LAu} — Wellenlänge der Au $2p_{3/2}$-Absorptionskante

N_{Au} — Röntgenfluoreszenzzählrate einer kompakten Goldprobe für die Au $L\alpha$-Strahlung bzw. Photoelektronenzählrate für das Au $4f_{7/2}$-Niveau

r_{Au} — Relative Röntgenfluoreszenzzählrate bzw. relative Photoelektronenzählrate

x_λ — spektrale Häufigkeitsverteilung der Röntgenquanten des die Probe treffenden Röntgenstrahlenbündels

$k \cdot E_{Au}$ — Breite des „Energiefensters des Spektrometers" für die Au $4f_{7/2}$-Photoelektronen mit der Energie E_{Au} (diese hängt von der Energie der auslösenden Röntgenquanten ab)

x_i — Anzahl der pro Zeit- und Flächeneinheit auf die Probe auftreffenden monochromatischen Röntgenquanten (z. B. Al $K\alpha_{1,2}$ oder Mg $K\alpha_{1,2}$)

τ_{iAu} — Massenphotoabsorptionskoeffizient der verwendeten charakteristischen Röntgenstrahlung in Gold

μ_{iAu} — Gesamtmassenschwächungskoeffizient der verwendeten charakteristischen Röntgenstrahlung in Gold

$\sigma_{Au, Au}$ — Inelastischer Massenstreukoeffizient der von der verwendeten charakteristischen Röntgenstrahlung aus dem Au $4f_{7/2}$-Niveau ausgelösten Photoelektronen

$S_{N_{Au}}$　　Absorptionskantensprung des Au $4f_{7/2}$-Niveaus

Λ　　Mittlere freie Weglänge eines Elektrons in Materie. Diese hängt wesentlich von der kinetischen Energie des Elektrons und in geringem Maße vom Element ab

ϱ　　Dichte des Probenmaterials

c_i　　Konzentration des Elements i in Gewichtsprozent

C_i　　Konzentration des Elements i in Atomprozent

A_i　　Atomgewicht des Elements i

Die Untersuchungen wurden durch Unterstützung des Fonds zur Förderung der wissenschaftlichen Forschung (Projekt Nr. 2146) ermöglicht, wofür ich an dieser Stelle danken möchte.

Zusammenfassung

Ein Überblick über die Röntgenphotoelektronenspektrometrie wurde gegeben, der sich zunächst mit dem physikalischen Prinzip der Entstehung und dem Nachweis der Photoelektronen beschäftigt. Anschließend wurde im Vergleich zur Röntgenfluoreszenzanalyse die um etwa drei Größenordnungen geringere Informationstiefe und die sich daraus ergebenden Problemstellungen bei der Untersuchung von Oberflächen behandelt. Den Abschluß bilden die mit diesem Verfahren erhältlichen Informationen aus chemisch analytischer Sicht.

Summary

The Röntgenelectronspectrometry as a Two-dimensional Analytical Procedure

This paper intends to give a review of the XPS-method. In the first chapter the principle of production and detection of photoelectrons is treated. This is followed by a comparison with X-ray fluorescence analysis, showing that the information depth of XPS is approximately three orders of magnitude smaller. Problems due to surface effects are also dealt with. The last chapter finally summarizes the informations available by this method from the chemical analytical view.

Literatur

[1] A. D. Baker und D. Betteridge, Photoelectron Spectroscopy, London: Pergamon Press. 1972. (1 a S. 12, 1 b S. 159).

[2] P. Larson, private Mitteilung (Fa. GCA/McPherson).

[3] H. Falk, Mikrochim. Acta [Wien], Suppl. VI, 1975, 457.

[4] E. Vakil und M. F. Ebel, Mikrochim. Acta [Wien], Suppl. VI, **1975**, 421.

[5] H. Ebel und Maria F. Ebel, Mikrochim. Acta [Wien], Suppl. VI, 1975, 441.

[6] N. Gurker, H. Ebel und H. Falk, Mikrochim. Acta [Wien], Suppl. VI, 1975, 431.

[7] C. R. Brundle, J. Vac. Sci. Technol. **11**, 212 (1974).

[8] M. Klasson et al., J. Electr. Spectr. **3**, 427 (1974).

Korrespondenz und Sonderdrucke: Dr. Maria F. Ebel, Institut für technische Physik der Technischen Hochschule Wien, Gußhausstraße 28—30, A-1040 Wien, Österreich.

Mikrochimica Acta [Wien], Suppl. 6, 1975, 421—430

Institut für technische Physik, Technische Hochschule Wien

Die Probenaufladung und ihre Kompensation bei röntgenphotoelektronenspektrometrischen Untersuchungen*

Von

E. H. Vakil und **Maria F. Ebel**

Mit 12 Abbildungen

(Eingegangen am 23. Dezember 1974)

Einleitung

Beim Auftreffen von Röntgenstrahlung auf Materie werden Photo-, Auger-, Compton- und Sekundärelektronen emittiert. Ist die Probe ein Nichtleiter, so kann die Probenoberfläche einen Potentialwert annehmen, der die Genauigkeit der Meßergebnisse beeinflußt. Auf der Probenoberfläche herrscht ein Elektronendefizit, da mehr Elektronen die Oberfläche verlassen, als Elektronen vom Röntgenröhrenfenster und von Bauteilen der Probenkammer auf die Probe auftreffen. Auch eine oberflächlich auftretende Photoleitung reicht zur Kompensation der fehlenden Elektronen nicht aus.

Probenaufladung[1]

Eine sehr dünne, auf Glas aufgedampfte Edelmetallschicht (z. B. Goldschicht mit einer Dicke <6 nm) kann wegen ihrer Inselstruktur als Nichtleiter bezeichnet werden. Die einzelnen Inseln sind leitend, jedoch von einander isoliert und nehmen das Potential des Substrates an.

---

* Herrn Prof. Dr. Walter Koch zum 65. Geburtstag gewidmet und anläßlich des 7. Kolloquiums über metallkundliche Analyse mit besonderer Berücksichtigung der Elektronenstrahlmikroanalyse, Wien, 23.—25. 10. 1974 vorgetragen.

Abb. 1 zeigt die Verschiebung der Au 4f-Linie eines nichtleitenden dünnen Goldfilms auf Glassubstrat gegenüber einer auf Erdpotential liegenden Goldprobe.

Da sowohl kinetische Energien, als auch Bindungsenergien von Elektronen in eV gemessen werden, ergibt sich eine Beziehung zwischen der absoluten Linienverschiebung und dem Oberflächenpotential der Probe. Eine Linienverschiebung von z. B. 0,5 eV deutet

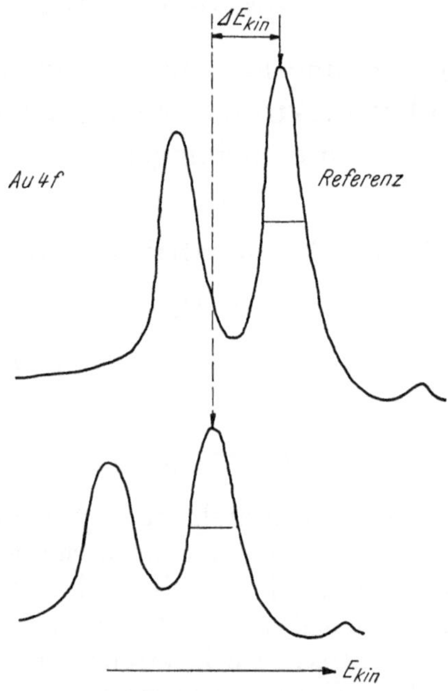

Abb. 1. Au 4f-Linie eines nichtleitenden dünnen Goldfilms (Glassubstrat) und einer kompakten Goldprobe

auf ein mittleres Ladungspotential $V_{ch} = 0,5$ V hin. Die bei der aufgeladenen Probe beobachtete Linienverbreiterung[2] kommt dadurch zustande, daß die Probenoberfläche unterschiedlich aufgeladene Zonen aufweist. Jede Zone hat eine andere Linienverschiebung zur Folge, so daß eine Verbreiterung des Summenprofils zustande kommt. Aus diesem Grunde spricht man auch von einem „mittleren Ladungspotential C_{ch}".

Aus einer großen Anzahl von Meßreihen ergibt sich für das mittlere Ladungspotential folgender Zusammenhang mit den Parametern V (Röntgenröhrenspannung) und i (Röntgenröhrenstrom).

a) Röntgenröhrenspannung.

Eine Variation der Röntgenröhrenspannung V bei konstant gehaltenem Röntgenröhrenstrom i führt zu einer Verschiebung der

Spektren in Richtung größerer Bindungsenergien, also größeren Aufladungswerten. Vollständige Entladung tritt bei $V = 2{,}8$ kV auf (Abb. 2).

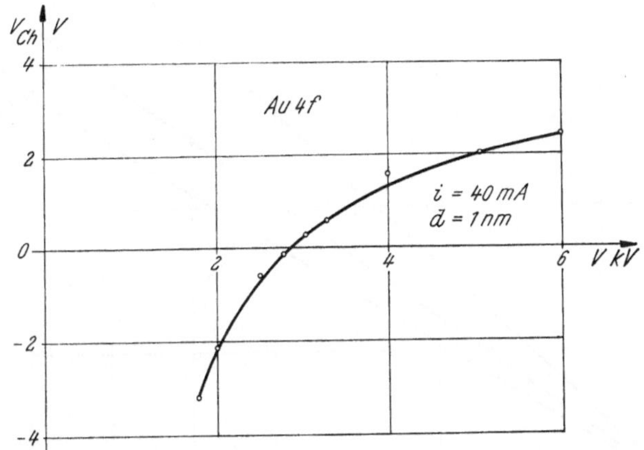

Abb. 2. Abhängigkeit des mittleren Ladungspotentials V_{ch} für einen nichtleitenden dünnen Goldfilm (Au 4f) von der Röntgenröhrenspannung V

Bei einem Vergleich zwischen diesen Meßergebnissen und Meßergebnissen an unterschiedlichen Nichtleitern zeigt sich, daß der Kurvencharakter in allen Fällen erhalten bleibt.

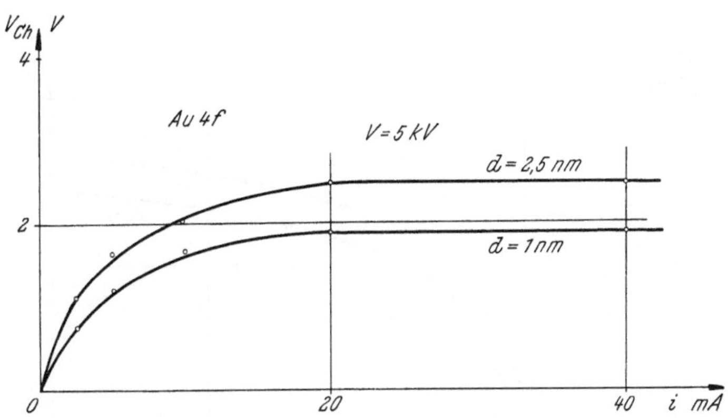

Abb. 3. Abhängigkeit des mittleren Ladungspotentials V_{ch} für zwei nichtleitende dünne Goldschichten (Au 4f) vom Röntgenröhrenstrom i

b) Röntgenröhrenstrom.

Abb. 3 zeigt die Abhängigkeit des Ladungspotentials vom Röntgenröhrenstrom für zwei dünne Goldschichten. Bei $i > 20$ mA tritt

Sättigung von V_{ch} auf. Diese Sättigung kommt dadurch zustande, daß ein von i linear abhängiger Strom von der Probenhalterung in

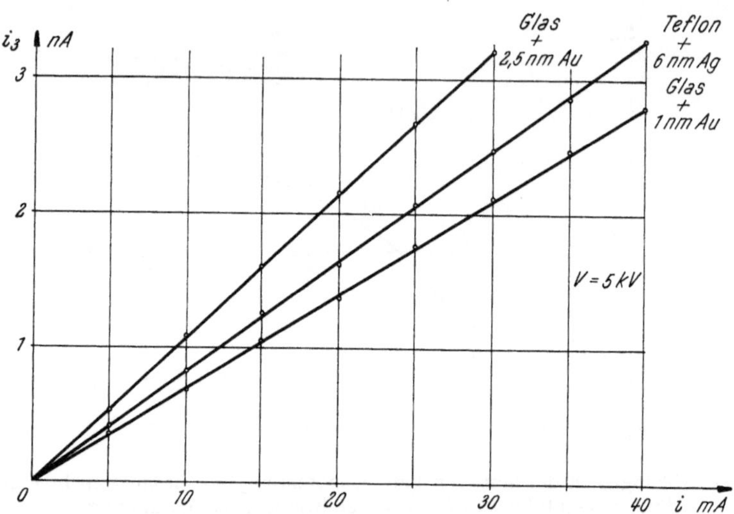

Abb. 4. Abhängigkeit des Oberflächenstromes vom Röntgenröhrenstrom i

die Probenoberfläche fließt. Dies konnte experimentell bestätigt werden, wie Abb. 4 für verschiedene Proben zeigt.

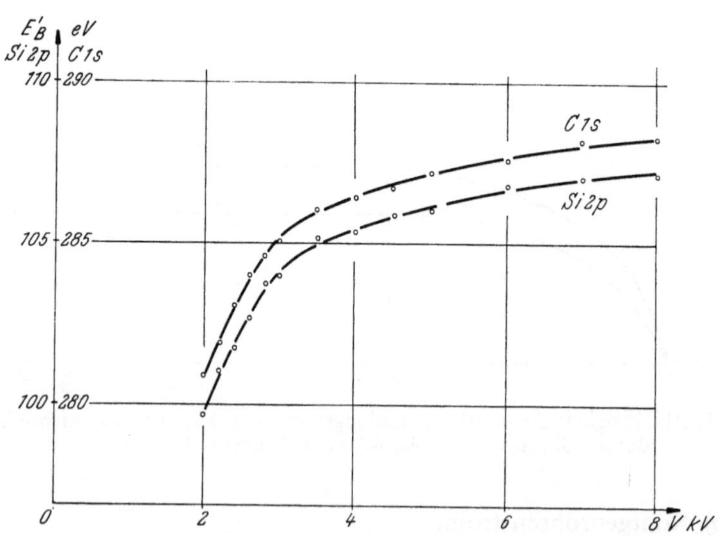

Abb. 5. Abhängigkeit der gemessenen Bindungsenergie E_B' von der Röntgenröhrenspannung V für ein Glasplättchen mit Kontaminationsschicht

Korrekturverfahren

Auf die Korrekturverfahren wurde an anderer Stelle[3] bereits ausführlich eingegangen und sie werden deshalb hier nur kurz zitiert. Alle diese Verfahren können aber die durch die Aufladungsverteilung auftretende Verbreiterung der Linienprofile nicht wettmachen.

a) Kohlenstoff-Kontaminationsschicht.

Vergleicht man das C 1s-Kontaminationssignal einer unbekannten nichtleitenden Probe mit dem einer leitenden Probe, so läßt sich aus der Linienverschiebung das mittlere Ladungspotential mit einer Genauigkeit von $\pm 0{,}2$ V bestimmen.

Abb. 5 zeigt die Lage des C 1s-Signals eines Glasträgers in Abhängigkeit von der Spannung V.

Zum Vergleich ist in Abb. 6 das C 1s-Signal auf Gold in Abhängigkeit von der Spannung V dargestellt.

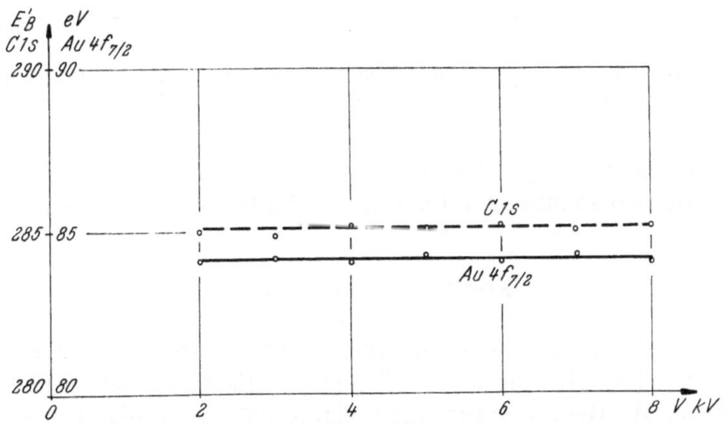

Abb. 6. Abhängigkeit der gemessenen Bindungsenergie E_B' von der Röntgenröhrenspannung V für ein Goldplättchen mit Kontaminationsschicht

b) Aufdampfen einer dünnen Edelmetallschicht.

Wird auf eine unbekannte nichtleitende Probe eine dünne Edelmetallschicht aufgedampft und ihr Signal mit dem einer kompakten Probe des gleichen Materials verglichen, so stellt man eine Linienverschiebung fest. Diese Abweichung wird als Korrekturgröße verwendet.

Abb. 7 zeigt die Abhängigkeit der Au 4f-Linie einer auf Glas aufgedampften Goldschicht und jene der Si 2p-Elektronen aus dem Glassubstrat von der Röntgenröhrenspannung V. Der Nachteil dieser Methode liegt in der Beschichtung und in der Abhängigkeit des Meßfehlers von der Schichtdicke.

c) Ermittlung der Nulldurchgangsspannung.

Wie bereits in Abb. 2 gezeigt, erhält man bei einer von Gerät zu Gerät unterschiedlichen Röhrenspannung einen Nulldurchgang von V_{ch}. Wird diese Nulldurchgangsspannung einmal ermittelt, so kann

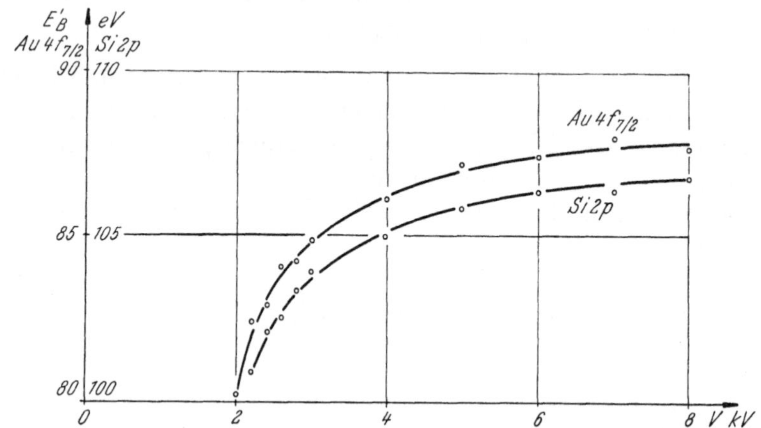

Abb. 7. Abhängigkeit der gemessenen Bindungsenergie E_B' von der Röntgenröhrenspannung V für ein mit Gold beschichtetes Glasplättchen ($d = 2$ nm)

durch Messung einer Probenlinie bei dieser Spannung und der normalen Betriebsspannung V die mittlere Aufladung gefunden werden.

Kompensationsverfahren

Hier wird ein Kompensationsverfahren[4] beschrieben, bei welchem der durch Photoleitung an der Probenoberfläche fließende Elektronenstrom als Meßgröße für eine vollautomatische Entladungseinheit dient. Als Elektronenquelle wird ein Glühfaden verwendet. Das System Probe—Glühfaden bildet in der evakuierten Probenkammer eine Hochvakuumdiode (Abb. 8).

Der Glühfaden wird mit einer Wechselspannung von 4 V erdpotentialfrei angespeist. Die Arbeitspunkteinstellung für diese Diode erfolgt durch eine veränderliche Gleichspannung zwischen Glühfadenmittelpunkt und Erde. Je nachdem welcher Strom benötigt wird, um i_3 auf Null zu kompensieren, wird diese Gleichspannung zwischen -6 V und $+6$ V eingestellt. Der Kennlinienverlauf hängt hauptsächlich von der Form des Glühfadens, der Heizspannung, der Probenfläche, dem Probenmaterial und vom räumlichen Aufbau ab.

Diese Methode war erfolgversprechend, hat sich jedoch in dieser Ausführung als mühsam und unpraktisch erwiesen, zumal die Spannung V_m laufend nachgestellt werden mußte. Aus diesem Grund wurde eine vollautomatische Regeleinrichtung (Abb. 9) entwickelt,

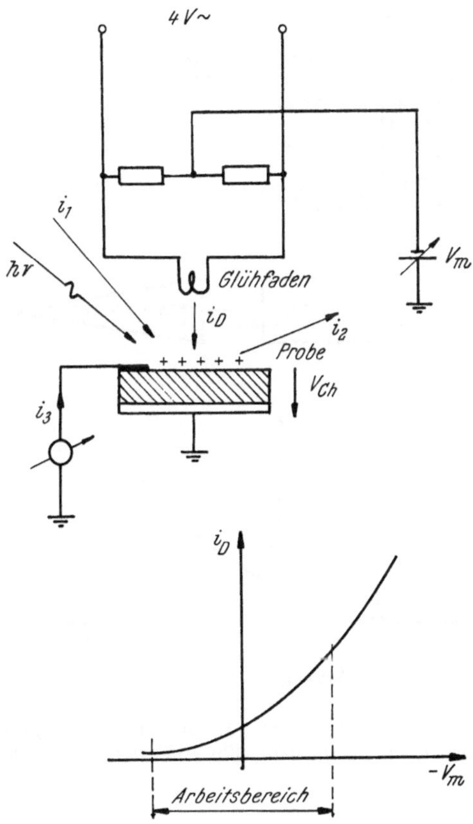

Abb. 8. Kompensationseinrichtung (Diodensystem) mit Kennlinie

um bei jeder Röntgenröhrenspannung, jedem Röntgenröhrenstrom und beliebiger positiv aufgeladener Probe arbeiten zu können.

Versuchsergebnisse

An folgenden Proben wurden Untersuchungen durchgeführt:

1. Kupfer auf Pertinax isoliert (C 1s-Niveau) 300—280,19 eV (Abb. 10). Bedingt durch den Aufladungseffekt zeigt sich gegenüber der Referenzlinie (Probe mit Erdpotential verbunden) eine Verschiebung von 2,5 eV. Mit der Entladungseinrichtung wurde eine Verschiebung von 0,2 eV ermittelt.

2. Teflon (C 1*s*-Niveau) 300—280,19 eV (Abb. 11). Die Linienverschiebung gegenüber der Referenzlinie betrug 1,35 eV. Mit der

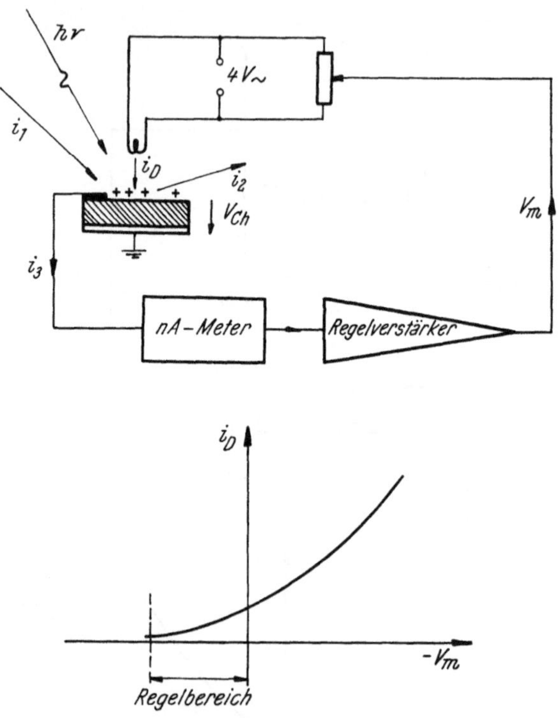

Abb. 9. Schematische Darstellung der vollautomatischen Entladungseinrichtung zum Photoelektronenspektrometer ESCA-36 der Fa. McPherson

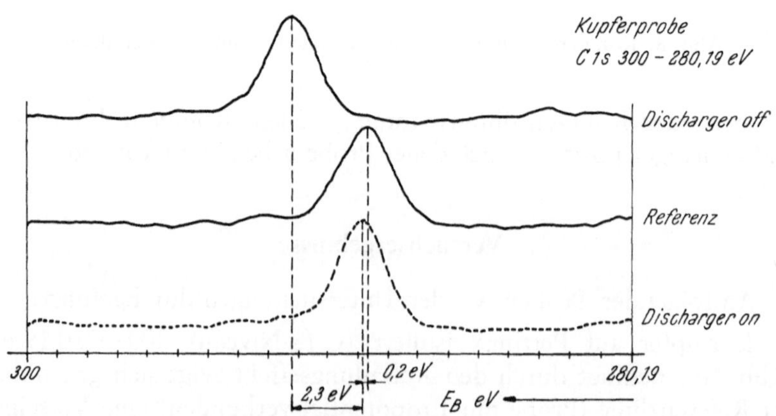

Abb. 10. Anwendung der vollautomatischen Entladungseinrichtung auf eine Kupfer-Probe (auf Pertinax isoliert)

Entladungseinrichtung wurde eine Verschiebung von 0,2 eV gemessen.

3. Teflon (F 1s-Nieauv) 695—675,19 eV (Abb. 12). Die Linienverschiebung gegenüber der Entladungs-Referenzlinie betrug 1,7 eV.

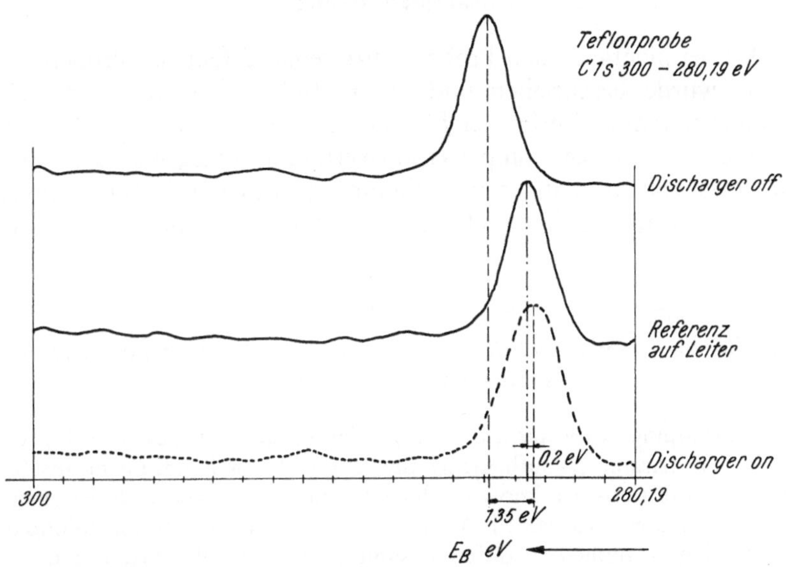

Abb. 11.
Anwendung der vollautomatischen Entladungseinrichtung auf eine Teflon-Probe

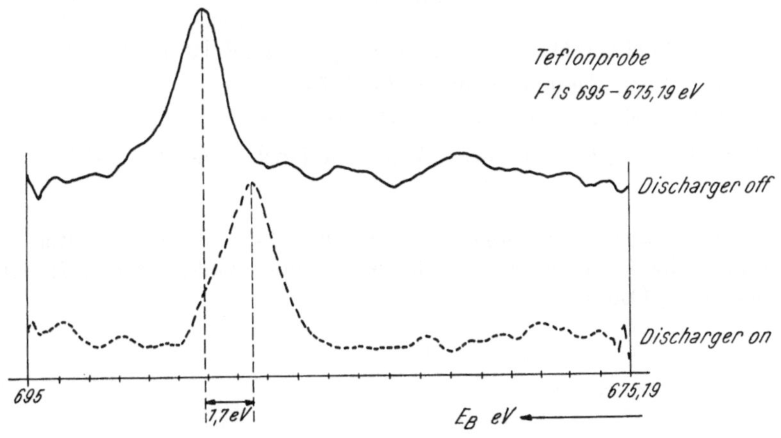

Abb. 12
Anwendung der vollautomatischen Entladungseinrichtung auf eine Teflon-Probe

Alle Versuchsergebnisse, von denen hier nur eine kleine Auswahl
wiedergegeben wurde, erwiesen sich als hinreichend genau und zu-
friedenzustellend.

Die Untersuchungen wurden durch Unterstützung des Fonds zur Förderung der wissenschaftlichen Forschung (Projekt Nr. 2146) ermöglicht, wofür wir unseren Dank aussprechen möchten.

Zusammenfassung

Der bei nichtleitenden Proben auftretende Effekt der Probenaufladung wurde beschrieben und die Einflußgrößen analysiert. Die literaturbekannten Verfahren für die Aufladungskorrektur wurden zitiert und ein neues Kompensationsverfahren angegeben. Der Einsatz eines vollautomatischen Entladungsgerätes wurde für mehrere Proben gezeigt und kann als zufriedenstellend bezeichnet werden.

Summary

Charging the Sample and Its Compensation in Röntgenphotoelectronic Spectrometric Investigations

The charging of the surface of an insulating sample is described together with the parameters influencing this effect. From literature means for charging corrections are known, which are mentioned and a development for compensation is explained. An apparatus for dynamically controlling of the charging is applied to different samples and the obtained results are satisfactory.

Literatur

[1] M. F. Ebel und H. Ebel, J. Electron Spectrosc. Relat. Ph. 3, 169 (1974).
[2] M. F. Ebel, Vakuumtechnik 2, 33 (1974).
[3] M. F. Ebel, Acta Phys. Austr., 41, 125 (1975).
[4] E. H. Vakil, Diplomarbeit, Technische Hochschule Wien, 1974.

Korrespondenze und Sonderdrucke: Dr. Maria F. Ebel, Institut für technische Physik der Technischen Hochschule Wien, Gußhausstraße 28—30, A-1040 Wien, Österreich.

Mikrochimica Acta [Wien], Suppl. 6, 1975, 431—440

Institut für technische Physik, Technische Hochschule Wien, und
Lehrkanzel für Organische Chemie, Universität Wien

Die Entfaltung von Röntgenphotoelektronenspektren[*]

Von

N. Gurker, H. Ebel und H. Falk

Mit 4 Abbildungen

(Eingegangen am 23. Dezember 1974)

Einleitung

Die Röntgenphotoelektronenspektrometrie (XPS) gestattet bei
entsprechendem Auflösungsvermögen des Spektrometers eine sehr
gute Wiedergabe der Zustandsdichteverteilung der besetzten Niveaus
im Valenzband[1]. Eine Möglichkeit, das Auflösungsvermögen zu verbessern, besteht in der Verwendung eines Monochromators für die
Röntgenstrahlung[2]. Wir schlagen eine Entfaltungsmethode vor, die
neben der Spektralverteilung der charakteristischen Röntgenstrahlung
auch die durch das Spektrometer bedingte Verbreiterung der gemessenen Spektren zu berücksichtigen gestattet[3].

Die UV-Photoelektronenspektrometrie (UPS) hat im Vergleich
zur XPS ein höheres Auflösungsvermögen, doch werden damit ‚joint
densities of states' (JDOS) gefunden, die sich von der oben erwähnten
Zustandsdichte (DOS) unterscheiden[4, 5]. Außerdem ist bei der XPS
der Einfluß oberflächlicher Kontaminationen auf das Versuchsergebnis nicht so stark ausgeprägt[4].

Als Beispiel für theoretische und experimentelle Untersuchungen
wird häufig das Leitungsband von Gold verwendet[1]. Aus diesem
Grund haben wir unsere Untersuchungen ebenfalls schwerpunkt-

---

[*] Herrn Prof. Dr. Walter Koch zum 65. Geburtstag gewidmet und
anläßlich des 7. Kolloquiums über metallkundliche Analyse mit besonderer
Berücksichtigung der Elektronenstrahlmikroanalyse, Wien, 23.—25. 10. 1974
vorgetragen.

mäßig auf Gold ausgerichtet. Messungen an Einkristallen verschiedener Orientierung ergaben nur geringfügige Unterschiede[1], weshalb die hier behandelten Versuche an vielkristallinen Goldproben vorgenommen wurden.

Faltung

Das gemessene XPS-Spektrum wird von mehreren Einflußgrößen bestimmt. Für eine genaue Abbildung der Zustandsdichteverteilung wäre zunächst eine streng monochromatische Strahlung für die Auslösung der Elektronen aus dem betrachteten Niveau notwendig. Verwendet man Röntgenstrahlung für die Freisetzung der Elektronen, so hat man es mit einer Spektralverteilung der Strahlung zu tun, die sich über ein Energieintervall von etwa 1 eV erstreckt. Weiters müßten alle Elektronen die Probe ohne Energieverlust verlassen, während bei einem realen Experiment immer inelastische Streuprozesse auftreten, die zu einem Anheben des Untergrundes zum niederenergetischen Ende des gemessenen Spektrums hin führen. Letztlich liegt es am Analysator des Spektrometers, der das Photoelektronenspektrum zusätzlich verbreitert. Die Folge der genannten Einflüsse ist ein Auflösungsverlust. Mit ihrer Kenntnis kann man aus einer gegebenen Zustandsdichteverteilung das zu erwartende gemessene Spektrum berechnen. Durch Umkehrung dieses Weges (Entfaltung) läßt sich dann aus einem gemessenen Spektrum die Zustandsdichteverteilung bestimmen.

Um die Auslösung der Photoelektronen mathematisch zu beschreiben, muß man bestimmte Annahmen über die Spektralverteilung der verwendeten Röntgenstrahlung treffen. Die bei dem hier verwendeten Spektrometer (ESCA 36, GCA/McPherson) verwendete $K\alpha$-Strahlung wird folgendermaßen dargestellt[6, 7, 8]:

1. Die Mg $K\alpha$-Strahlung ist eine Überlagerung von vier Linien.

2. Jede dieser Linien wird durch eine Gaußverteilung beschrieben.

3. Die Intensitäten von $\alpha_1 : \alpha_2 : \alpha_3 : \alpha_4$ verhalten sich wie 20 : 10 : 3 : 1.5.

4. α_1 hat sein Maximum bei 1253,6 eV.

5. Der Abstand zwischen α_1 und α_2 sowie zwischen α_3 und α_4 beträgt 0,34 eV.

6. Der Abstand zwischen α_1 und α_3 beträgt 9 eV.

7. Die Halbwertsbreite aller Linien beträgt 0,5 eV.

Die Spektralverteilung sei mit $f_2(h \cdot \nu)$ bezeichnet.

Die kinetische Energie eines Elektrons der Bindungsenergie E_B ergibt sich aus

$$h \cdot \nu = E_B + E_K + W \tag{1}$$

In dem betrachteten Niveau befinden sich $f_1(E_B) \cdot dE_B$ Elektronen mit der Bindungsenergie $E_B \div E_B + dE_B$, wenn $f_1(E_B)$ die Zustandsdichteverteilung darstellt. Diese Elektronen ergeben ein Energiespektrum der Form

$$d\,\overline{f_3(E_K)} = f_1(E_B) \cdot dE_B \cdot f_2(E_B + E_K + W). \tag{2}$$

Integriert man nach der Bindungsenergie, so erhält man das Energiespektrum, wie es sich bei der Auslösung von Elektronen aller Bindungsenergien ergibt.

$$f_3(E_K) = \int_{E_B{}^a}^{E_B{}^e} f_1(E_B) \cdot f_2(E_B + E_K + W) \cdot dE_B \tag{3}$$

Bei der Berücksichtigung des Untergrundes wird die beim Experiment beobachtete Tatsache verwendet, daß der Untergrund proportional zur Fläche unter der Photoelektronenlinie anhebt. Deshalb wird angenommen, daß der Beitrag jedes Elementes $f_3(E_K) \cdot dE_K$ proportional dazu, also $k \cdot f_3(E_K) \cdot dE_K$ ist. In diesem Fall ergibt sich ein Integraluntergrund[4]. Die entstehende Verteilung sei $f_4(E_K)$.

$$f_4(E_K) = f_3(E_K) + k \cdot \left[\int_{E_K{}^a}^{E_K{}^e} f_3(E_K) \cdot dE_K - \int_{E_K{}^a}^{E_K} f_3(E_K') \cdot dE_K' \right] \tag{4}$$

$E_K{}^a$ und $E_K{}^e$ sind die untere und obere Grenze der kinetischen Energie, für die $f_3(E_K)$ berechnet wurde. Die Konstante k wurde so bestimmt, daß sich der Untergrund beim berechneten Spektrum gleich wie beim gemessenen Spektrum ergibt. Die Verteilung $f_4(E_K)$ beschreibt die Energieverteilung der Photoelektronen, wie sie die Probe verlassen und wie sie nun durch den Analysator abzubilden ist. Die zusätzliche Verbreiterung durch den Analysator, die hauptsächlich auf die nicht unendlich schmalen Eintritts- und Austrittsspalte zurückzuführen ist, wird durch Einführung einer Spektrometerfunktion berücksichtigt. Diese Funktion beschreibt jene Form des Spektrums, die man bei der Abbildung eines monoenergetischen Elektronenstrahls messen würde.

Ein Strahl von Elektronen gleicher Energie η_K und der Intensität $f_4(\eta_K)$ wird als Spektrum $\overline{f_6(E_K)}$ wiedergegeben.

$$\overline{f_6(E_K)} = f_4(\eta_K) \cdot f_5(E_K - \eta_K) \tag{5}$$

$f_5 (E_K - \eta_K)$ stellt die Spektrometerfunktion dar. Wird ein Elektronenspektrum abgebildet, so muß über alle in diesem Spektrum vorkommenden Energien integriert werden. Die Abbildung durch den Analysator wird also genau wie die Freisetzung der Photoelektronen mit Hilfe einer Faltungsintegralgleichung beschrieben. Als analytische Form der Spektrometerfunktion wird eine Gaußverteilung angenommen. Für das betrachtete Spektrometer ist die Halbwertsbreite dieser Gaußverteilung eine lineare Funktion $c \cdot E_K$ von der kinetischen Energie. Die Integralgrenzen $\pm \infty$, die im streng mathematischen Sinn hier erforderlich wären, wurden durch endliche Grenzen ersetzt. Deshalb ergeben sich am Anfang und am Ende des errechneten Spektrums Ungenauigkeiten, die jedoch durch entsprechende Wahl von $E_K{}^a$ und $E_K{}^e$ für den eigentlich interessierenden Teil des Spektrums hinreichend klein gehalten werden können.

$$f_6 (E_K) = \int_{E_K a}^{E_K e} f_4 (\eta_K) \cdot e^{- \frac{4 \cdot \ln 2}{(c \cdot \eta_K)^2} \cdot (E_K - \eta_K)^2} \cdot d\eta_K \tag{7}$$

Um die Konstante c zu erhalten, wurde die Linienbreite des Au $4f_{7/2}$-Niveaus in Abhängigkeit von der kinetischen Energie der in den Analysator eintretenden Elektronen gemessen. Eine Änderung der kinetischen Energie wurde durch Anlegen einer variablen Verzögerungsspannung zwischen der Probe und dem Eintrittsspalt des Analysators erreicht. Die Halbwertsbreite B_3 dieser Linie wurde nun bei den verschiedenen Verzögerungsspannungen und somit verschiedenen Energien E_K gemessen. Die Halbwertsbreite steigt mit zunehmender Energie immer rascher an, wobei die Meßpunkte annähernd auf einer Parabel liegen. Faltet man zwei Gaußverteilungen, mit den Halbwertsbreiten B_1 und B_2, so ergibt sich wieder eine Gaußverteilung, deren Halbwertsbreite $B_3 = \sqrt{B_1{}^2 + B_2{}^2}$ ist. Diese Beziehung wird verwendet, um die Halbwertsbreite der Spektrometerfunktion $B_2 = c \cdot E_K$ zu bestimmen.

Es wird angenommen, daß die Energien der aus dem Au $4f_{7/2}$-Niveau kommenden Elektronen einer Gaußverteilung gehorchen, was auf Grund der kleinen Breite des Niveaus und auch wegen der nahe benachbarten $K\alpha_1$- und $K\alpha_2$-Linien gerechtfertigt ist. Die Halbwertsbreite B_1 und die Konstante c können nun nach der Methode der kleinsten Fehlerquadrate ermittelt werden.

Das Entstehen des Spektrums soll an einem Beispiel gezeigt werden. Abb. 1 zeigt die einzelnen Schritte, wobei von der theoretisch berechneten Zustandsdichteverteilung nach Connolly[9] ausgegangen wurde. Zum Vergleich ist auch das mit unserem Gerät gemessene Spektrum enthalten.

Entfaltung

Aus Abb. 1 geht deutlich hervor, daß man bei der Abbildung einen beträchtlichen Informationsverlust hinnehmen muß. Eine rechnerische

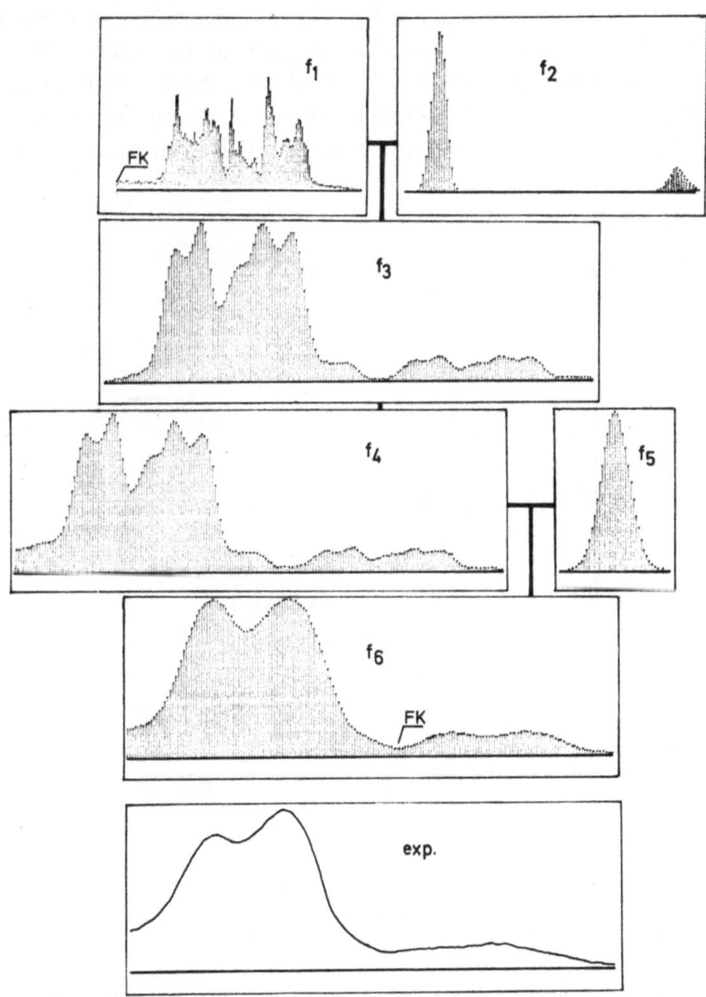

Abb. 1. Flußschema, welches die Entstehung des „gemessenen" Profils aus den einzelnen Beiträgen veranschaulicht. Zum Vergleich ist ein gemessenes Profil eingetragen. Das theoretisch berechnete baut auf der DOS-Verteilung nach Connolly[9] auf

Verbesserung der Auflösung erscheint daher auf jeden Fall wünschenswert. Anstatt die Zustandsdichteverteilung durch schrittweises

Lösen der Integralgleichungen zu errechnen, wurde ein mathematisch weniger aufwendiger Lösungsweg gewählt[10].

Aus den verwendeten Gleichungen erkennt man, daß aus einem k-fachen Eingangssignal $f_1\,(E_B)$ ein k-faches Ausgangssignal $f_6\,(E_K)$ folgt. Wird die Zustandsdichteverteilung in eine Summe von Rechtecken zerlegt, so ergibt sich das gemessene Profil als Summe der Profile der einzelnen Teilrechtecke. Diese Linearität der Abbildung wird für die Entfaltung verwendet. Ausgehend von einer beliebigen Anfangsverteilung aller Rechtecke wird das dieser Verteilung entsprechende „gemessene Spektrum" durch Faltung berechnet und mit der gemessenen Kurve verglichen. Die Differenzen, die sich zwi-

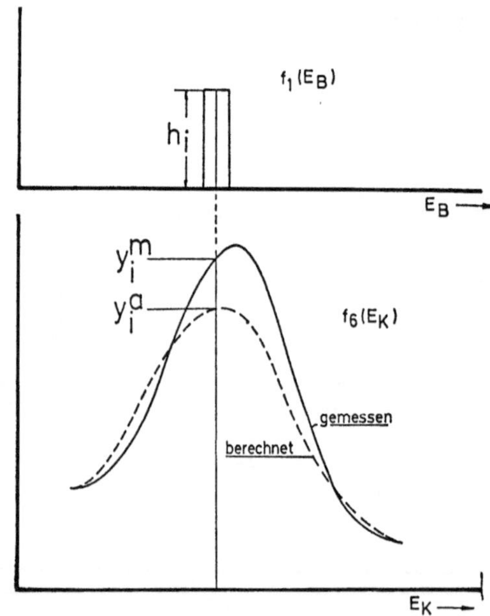

$$h_i \longrightarrow h_i \cdot \left(1 + \frac{y_i^m - y_i^a}{y_i^a}\right)$$

Abb. 2. Zur Korrektur der Höhe eines Teilrechteckes der Zustandsdichteverteilung durch Vergleich des berechneten mit dem gemessenen Profil

schen der Näherung und der Meßkurve ergeben, werden nun zur Korrektur der Rechteckhöhen herangezogen. Die Höhe des i-ten Rechteckes h_i wird mit einem Korrekturfaktor $1 + \frac{y_i^m - y_i^a}{y_i^a}$ multipliziert, wie dies aus Abb. 2 zu ersehen ist.

Die Verteilung f_6 wird mit den korrigierten Rechteckhöhen erneut berechnet und die Korrektur wiederholt. Dieser Iterationsprozeß wird so lange fortgesetzt, bis ein Minimum der Summe der

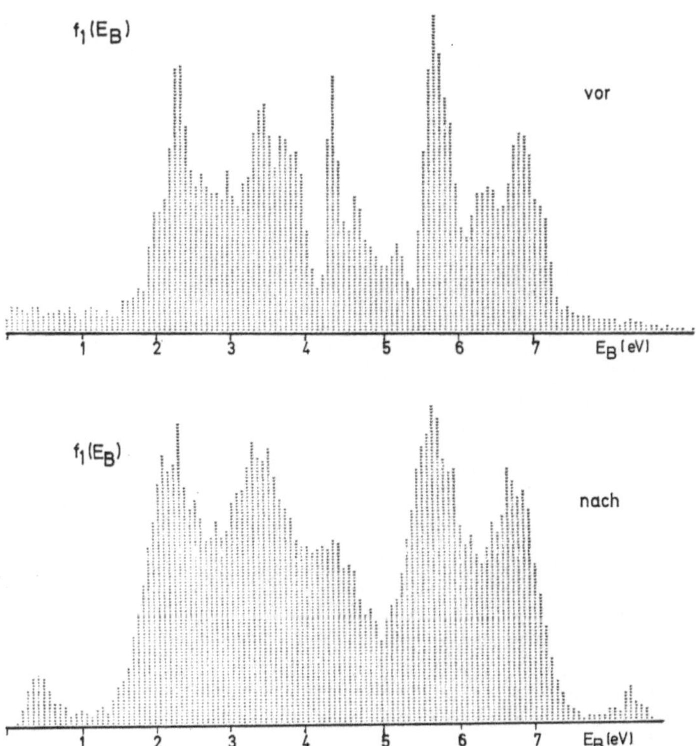

Abb. 3. Zur Qualität der Entfaltung. Die DOS-Verteilung nach Connolly[9] (oberes Teilbild) wurde gefaltet (vgl. Abb. 1) und anschließend wieder entfaltet

Quadrate der Abweichungen erreicht ist. Um nun die Qualität der Entfaltungen zu überprüfen, wurde aus Abb. 1 wieder die ursprüngliche Verteilungsfunktion iterativ ermittelt (siehe Abb. 3).

Ein Vergleich mit der Ausgangsfunktion (s. a. Abb. 1) lehrt, daß durch die Entfaltung Information verlorenging, jedoch die Struktur im wesentlichen wiederkehrt. Eine Verbesserung ist durch die Wahl einer anderen Korrekturfunktion als $1 + \dfrac{y_i{}^m - y_i{}^a}{y_i{}^a}$ möglich, doch besteht hier entweder die Möglichkeit, daß die Verteilungsfunktion nach der Entfaltung noch mehr an Information einbüßt oder umgekehrt die Lösung instabil wird. Aus diesem Grunde wurde der hier gezeigte Informationsverlust in Kauf genommen.

Praktische Anwendung

Zahlreiche Untersuchungen haben ergeben, daß die Anzahl der Meßpunkte das Ergebnis nur sekundär beeinflußt. Weiter genügt

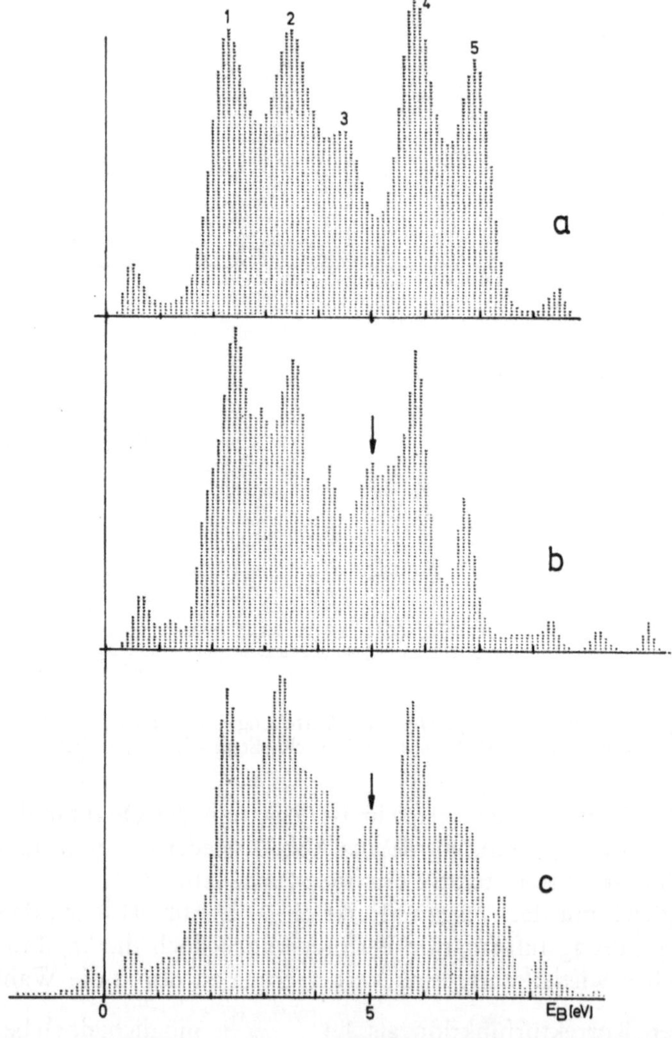

Abb. 4. Vergleich der entfalteten Spektren experimentell gefundener Profile mit der ge- und wieder entfalteten DOS-Verteilung des Leitungsbandes von Gold nach Connolly[9]. Beachtenswert ist die Übereinstimmung der Lage der Maxima. Ein sechstes Maximum wird bei den beiden experimentellen Verteilungen, die von völlig unabhängigen Messungen herrühren, beobachtet und bedarf noch einer Erklärung

es, gemessene Kurven mit Hilfe eines Glättungsprogrammes von den statistischen Schwankungen zu befreien, ohne dadurch einen essentiellen Informationsverlust hinnehmen zu müssen.

In Abb. 4 sind folgende Ergebnisse einander gegenübergestellt:

a) Die nach der Faltung wieder entfaltete Zustandsdichte nach Conolly[9]. Diese Verteilung stellt, da bei allen Entfaltungen gemessener Spektren analoge Informationsverluste auftreten müssen, die gegebene Vergleichsverteilung dar.

b) Die mit unserem Gerät an polykristallinem, kompaktem Gold gefundene Zustandsdichteverteilung (nach Entfaltung der gemessenen Verteilung).

c) Die aus der Literatur[2] bekannte, mit einem Monochromator-Gerät gemessene Verteilung wurde durch eine entsprechende Variation der Spektralfunktion und der Gerätebreite ebenfalls nach unserer Methode entfaltet. Die Streuung der letztgenannten Verteilung an den hoch- und niederenergetischen Enden rührt daher, daß hier die gemessene Kurve für die vorliegende Auswertung zu früh abgebrochen wurde.

Die aus den gemessenen Kurven erhaltenen Zustandsdichteverteilungen sind für die beiden Gerätetypen vergleichbar und bestätigen außerdem in sehr gutem Maße die theoretisch gefundene[9]. Der Vollständigkeit halber ist zu bemerken, daß bei unserem Gerät für die exakte Angabe der E_K-Werte der relativistische Beitrag zur gemessenen Elektronenenergie zu berücksichtigen war.

Die Untersuchungen wurden durch Unterstützung des Fonds zur Förderung der wissenschaftlichen Forschung (Projekt Nr. 2146) ermöglicht, wofür wir unseren Dank aussprechen möchten.

Zusammenfassung

Die Röntgenphotoelektronenspektren des Valenzbandes geben die Zustandsdichteverteilung der besetzten Niveaus gut wieder. Die Aussagekraft wird aber durch das Auflösungsvermögen beeinträchtigt. Da das Auflösungsvermögen durch die Spektralverteilung der verwendeten Röntgenstrahlung und durch die Spektrometerfunktion bestimmt wird, sind wesentliche Verbesserungen durch die Verwendung eines Monochromators und/oder eine Entfaltung der gemessenen Spektren zu erzielen.
Hier wird eine iterative Entfaltungsmethode entwickelt und deren Anwendung auf das Leitungsband von Gold behandelt. Dabei zeigte sich, daß zwischen den entfalteten Verteilungen von Spektren mit

und ohne Monochromator kein signifikanter Unterschied besteht. Die Übereinstimmung der entfalteten Spektren mit den von Connolly theoretisch errechneten ist so gut, daß fünf Maxima der Verteilung innerhalb 0,1 eV übereinstimmen. Ein sechstes Maximum, das in der theoretischen Verteilung fehlt, ist den beiden unabhängig voneinander gemessenen Verteilungen gemeinsam und bedarf noch einer Erklärung.

Summary

The Deconvolution of Röntgenphotoelectronic Spectra

The XPS-spectra of the valence band of solids agree with the occupied levels of the DOS. The significance of measured spectra is reduced by the resolution of the instruments. Since the resolution depends on the spectral distribution of the X-rays and the spectrometer-function, an essential improvement is possible by the use of a monochromator and/or a deconvolution of the experimentally found spectra.

This paper deals with an iterative deconvolution method and its application to the conduction band of gold. From our results the following conclusions can be drawn: There is no essential difference between the deconvoluted spectra of measurements with and without monochromator. The peak-position of five maxima of the deconvoluted spectra agrees with those of the theoretical DOS-distribution according to Connolly within 0.1 eV. An additional sixth peak, which is found from both of the independently measured spectra does not exist in the theoretical distribution and needs an explanation.

Literatur

[1] D. A. Shirley, Electron Spectroscopy, (edited by D. A. Shirley) Amsterdam: North Holland Publ. Comp. 1972. S. 603.

[2] K. Siegbahn et al., Science **176**, 245 (1972).

[3] H. Ebel und N. Gurker, Proceedings des Meetings "Electron-Spectroscopy", Namur 1974.

[4] S. B. M. Hagström, l. c. 1. S. 515.

[5] N. V. Smith und M. M. Traum, l. c. 1. S. 541.

[6] E. Källne und T. Åberg, XRS (im Druck).

[7] K. Siegbahn et al., ESCA, Stockholm: Almquist & Wiksells. 1967. S. 38.

[8] D. Chalaupka, Diplomarbeit Technische Hochschule Wien, 1974.

[9] D. E. Eastman, l. c. 1. S. 502.

[10] P. H. van Cittert, Z. Physik **65**, 298 (1930).

Korrespondenz und Sonderdrucke: Prof. Dr. H. Ebel, Institut für technische Physik der Technischen Hochschule Wien, Gußhausstraße 28—30, A-1040 Wien, Österreich.

Mikrochimica Acta [Wien], Suppl. 6, 1975, 441—455

Institut für technische Physik, Technische Hochschule Wien

Quantitative Analyse metallischer Verbindungen mit Hilfe des Röntgenphotoelektronenspektrometers*

Von

H. Ebel und **Maria F. Ebel**

Mit 9 Abbildungen

(Eingegangen am 23. Dezember 1974)

Theorie

Betrachtet man für eine binäre Legierungsreihe die Photoelektronenzähler je eines elementspezifischen Niveaus der beiden Partnerelemente, so ist daraus ein eindeutiger Zusammenhang zwischen den Werten der Linienmaxima und der Zusammensetzung zu erkennen. Derartige empirische Zusammenhänge sind von verschiedenen spektroskopischen Verfahren her bekannt und es ist im speziellen Fall der Röntgenphotoelektronenspektrometrie (XPS) abzuklären, inwieweit das Versuchsergebnis neben der Zusammensetzung auch noch von anderen Parametern beeinflußt wird. Um diese Frage beantworten zu können, wird die aus Analogiebetrachtungen[1] zur Röntgenfluoreszenzanalyse hergeleitete Beziehung für die Photoelektronenzählrate des Elementes 1 einer Legierung angeschrieben.

$$n_1 = N \cdot A \cdot \tau_1 \cdot \frac{S_1 - 1}{S_1} \cdot \frac{\Omega}{4\pi} \cdot \cos \beta \cdot \varphi\,(\theta, \psi) \cdot \varkappa_1 \cdot \frac{c_c}{\sigma_{1c}} \tag{1}$$

n_1 Maximalwert der Zählrate der gemessenen Linie des Elementes 1 (nach Abzug des Untergrundes).

---

* Herrn Prof. Dr. Walter Koch zum 65. Geburtstag gewidmet und anläßlich des 7. Kolloquiums über metallkundliche Analyse mit besonderer Berücksichtigung der Elektronenstrahlmikroanalyse, Wien, 23.—25. 10. 1974 vorgetragen.

N　　　Anzahl der charakteristischen Röntgenquanten je Zeit- und Flächeneinheit (normal zur Ausbreitungsrichtung der Röntgenstrahlung).

A　　　Effektive Probenoberfläche (das ist jene von Röntgenstrahlung getroffene Probenfläche, deren Photoelektronen in das Spektrometersystem gelangen).

τ_1　　　Photoabsorptionskoeffizient $(\mathrm{cm}^2\,\mathrm{g}^{-1})$.

S_1　　　Absorptionskantensprung des Elementes 1 für die zur gemessenen Photoelektronenlinie gehörige Absorptionskante des Photoabsorptionskoeffizienten τ_1.

Ω　　　Der vom Spektrometer erfaßte Raumwinkel.

β　　　Winkel zwischen der Normalen auf die Probenoberfläche und der Beobachtungsrichtung.

$\varphi\,(\theta, \psi)$　　　Ein Faktor, der die Abhängigkeit der Photoelektronenzählrate in einer vorgegebenen Beobachtungsrichtung in bezug auf eine allfällige Polarisationsrichtung der einfallenden Röntgenstrahlung berücksichtigt.

$\varkappa_1$　　　Quotient aus der gemessenen Elektronenzahl des Elementes 1 zu jener, die durch den Spektrometereintrittsspalt in den Analysator gelangt.

c_1　　　Konzentration des Elementes 1 in Gew.%.

σ_{1c}　　　Inelastischer Streukoeffizient $(\mathrm{cm}^2\,\mathrm{g}^{-1})$ der durch die charakteristische Röntgenstrahlung $(h\cdot v)$ aus einem bestimmten Niveau des Elementes 1 (E_{B1}) ausgelösten Photoelektronen, deren kinetische Energie E_{k1} beträgt, in der durch den Index c gekennzeichneten Legierungsprobe.

$$E_{k1} = h\cdot v - E_{B1} \tag{2}$$

E_{B1}　　　Bindungsenergie der Elektronen in dem für die Messung verwendeten Niveau des Elementes 1.

$$\sigma_{1c} = \sum_{i=1}^{n} c_i\cdot\sigma_{1i} \tag{3}$$

i　　　laufender Index.

n　　　Gesamtzahl der in der Probe enthaltenen Elemente.

c_i　　　Konzentration des Elementes i in der Probe.

σ_{1i}　　　Inelastischer Streukoeffizient $(\mathrm{cm}^2\,\mathrm{g}^{-1})$ der Photoelektronen des Elementes 1 mit der Energie E_{k1} im Element i.

Der Faktor $\varphi\,(\theta, \psi)$ kann, da das von uns verwendete Gerät ohne Monochromator arbeitet, durch Eins ersetzt werden. Ebenso konnten bisher keine Evidenzen für einen von der Elektronenenergie abhängigen Zählverlust, wie er durch den Faktor $\varkappa_1$ berücksichtigt wird, beobachtet werden. Es wird deshalb auch $\varkappa_1$ durch Eins ersetzt. Umgekehrt fehlen in Gl. (1) drei wesentliche Einflußgrößen. Die Gl. (1) gilt nämlich nur für ideal ebene Proben ohne Kontaminationsschicht. Außerdem findet die bei dem von uns verwendeten Gerät (ohne Verzögerungsfeld) mit zunehmender Elektronenenergie sich linear ändernde „Öffnung des Energiefensters" keine Berücksichtigung. Deshalb ist Gl. (1) in modifizierter Form anzuschreiben

$$n_1 = \cdot NA \cdot \tau_1 \cdot \frac{S_1 - 1}{S_1} \cdot \frac{\Omega}{4} \cdot \cos \beta \cdot R \cdot e^{-\frac{\sigma_{1f}}{\cos \beta} \cdot \frac{m}{F}} \cdot E_1 \cdot \frac{c_1}{\sigma_{1c}} \qquad (4)$$

Im Rahmen einer Untersuchung des Einflusses der Oberflächenrauhigkeit[2] auf die Photoelektronenzählrate war festgestellt worden, daß dieser in erster Linie als Abschattungseffekt in Erscheinung tritt. Dieser Tatsache wird durch den Faktor R Rechnung getragen, der von Probe zu Probe verschieden ist. Allerdings ist R von der Elektronenenergie unabhängig und somit als probenspezifische Konstante zu behandeln.

Die Schwächung S des Meßsignals durch die Kontaminationsschicht beschreibt

$$S = e^{-\frac{\sigma_{1f}}{\cos \beta} \cdot \frac{m}{F}} \qquad (5)$$

σ_{1f} Inelastischer Streukoeffizient $(cm^2\ g^{-1})$ der Photoelektronen des Elementes 1 mit der Energie E_{k1} in der durch den Index f gekennzeichneten Kontaminationsschicht.

m/F Massenbelegung der Kontaminationsschicht.

E_1 berücksichtigt schließlich die der kinetischen Elektronenenergie direkt proportionale Öffnung des Energiefensters.

Wie Gl. (4) zeigt, bestimmen gerätespezifische Größen N, A, $\frac{\Omega}{4\pi}$, $\cos \beta$, E_1, für die Probenoberfläche spezifische Größen R, S, elementspezifische Größen τ_1, $\frac{S_1 - 1}{S_1}$, sowie schließlich legierungsspezifische Größen c_1, σ_{1c} das Meßergebnis. Die beste Lösung für die analytische Anwendung stellt die Verwendung von Zählratenverhältnissen der Art n_1/n_2 usw. für die zu untersuchende Probe dar[3].

So lautet

$$r_{1,2} = \frac{n_1}{n_2} = \frac{\tau_1 \cdot \dfrac{S_1 - 1}{S_1} \cdot e^{-\frac{\sigma_{1f}}{\cos \beta} \cdot \frac{m}{F}} \cdot E_1 \cdot \dfrac{c_1}{\sigma_{1c}}}{\tau_2 \cdot \dfrac{S_2 - 1}{S_2} \cdot e^{-\frac{\sigma_{2f}}{\cos \beta} \cdot \frac{m}{F}} \cdot E_2 \cdot \dfrac{c_2}{\sigma_{2c}}} \qquad (6)$$

und in gekürzter Form

$$r_{1,2} = K_{1,2} \cdot e^{(\sigma_{2f} - \sigma_{1f}) \cdot \frac{1}{\cos \beta} \cdot \frac{m}{F}} \cdot \frac{\sigma_{2c}}{\sigma_{1c}} \cdot \frac{c_1}{c_2} \tag{7}$$

mit

$$K_{1,2} = \frac{\tau_1 \cdot \dfrac{S_1 - 1}{S_1} \cdot E_1}{\tau_2 \cdot \dfrac{S_2 - 1}{S_2} \cdot E_2} \tag{8}$$

In den Gln. (6), (7) und (8) wurden die für das Element 2 der Legierungsprobe gültigen Größen sinngemäß mit dem Index 2 versehen. Es werden nun zwei Näherungen eingeführt, deren Zulässigkeit experimentell zu überprüfen ist.

Mit

$$\sigma_{1f} = \sigma_{2f} \tag{9}$$

könnte der Einfluß der Kontaminationsschicht eliminiert werden und mit

$$\sigma_{1c} = \sigma_{2c} \tag{10}$$

ein linearer Zusammenhang zwischen $r_{1,2}$ und c_1/c_2 realisiert werden. Die letztere der beiden Näherungen ermöglicht schließlich die Analyse von Mehrstofflegierungen unter Verwendung binärer Standards.

Die nachstehend behandelten, experimentellen Untersuchungen bauen auf der sich so ergebenden einfachen Beziehung

$$r_{1,2} = K_{1,2} \cdot \frac{c_1}{c_2} \tag{11}$$

auf und sollen belegen, inwieweit die Näherungen [Gln. (9) und (10)] vertretbar sind.

Experiment

a) Versuchsdurchführung

Sämtliche Messungen wurden mit dem Röntgenphotoelektronenspektrometer ESCA-36 (G. C. A. — McPherson, Acton, Mass.) ausgeführt.

Mg-Anode $(h \cdot \nu = 1253{,}6 \text{ eV})$

Anodenspannung   6 kV

Anodenstrom   40 mA

Vakuum besser als 10^{-5} Pa   (Vorvakuumpumpe,

Turbomolekularpumpe, Kryopumpe)

Austrittsarbeit (Spektrometersystem)   4,5 eV

Als Proben fanden:

vier binäre Ag-Au-Legierungen (Proben 1—4),

vier binäre Ag-Cu-Legierungen (Proben 5—8),

vier binäre Au-Cu-Legierungen (Proben 9—12) und

vier ternäre Ag-Au-Cu-Legierungen (Proben 13—16)

Tabelle 1. Versuchsergebnisse

Probe	Konzentration (Gew.%)			Konzentrationsquotient (−)			Photoelektronenzählrate (s^{-1})			Zählratenquotient (−)			Messdauer (min.)			Gesamtmessdauer (min.)
	c_{Ag}	c_{Au}	c_{Cu}	$\frac{c_{Au}}{c_{Ag}}$	$\frac{c_{Cu}}{c_{Ag}}$	$\frac{c_{Cu}}{c_{Au}}$	n_{Ag}	n_{Au}	n_{Cu}**	$\frac{n_{Au}}{n_{Ag}}$	$\frac{n_{Cu}}{n_{Ag}}$	$\frac{n_{Cu}}{n_{Au}}$	t_{Ag}	t_{Au}	t_{Cu}	
1	20	80		4.00			290	790		2.72			2	2		4
2	30	70		2.33			550	860		1.56			2	2		4
3	50	50		1.00			660	450		0.68			2	2		4
4	70	30		0.43			950	290		0.31			2	2		4
5	40*		60*		0.88*		540		200		0.074		2		10	12
6	50*		50*		0.59*		590		130		0.044		2		10	12
7	60.1*		39.9		0.39*		790		150		0.038		2		10	12
8	80*		20*		0.15*		1150		70		0.012		2		10	12
9		20	80			4.00		150	330			0.44		2	10	12
10		30	70			2.33		230	250			0.22		2	10	12
11		50	50			1.00		410	230			0.11		2	10	12
12		70	30			0.43		000	300			0.05		2	10	12
13	10	60	30	6.00	3.00	0.50	200	930	250	4.65	0.250	0.05	2	2	10	14
14	20	30	50	1.50	2.50	1.67	410	330	330	0.80	0.161	0.20	2	2	10	14
15	30	20	50	0.67	1.67	2.50	590	190	290	0.32	0.098	0.31	2	2	10	14
16	50	10	40	0.20	0.80	4.20	780	100	280	0.13	0.072	0.56	2	2	10	14

Verwendung. Die Geräteeinstellungen entsprechend den zu analysierenden Elementen zeigt die nachstehende Aufstellung:

Ag $3d$-Niveau

kinetischer Elektronen-Energiebereich   869,1— 888,9 eV

110 Meßpunkte

Schrittweite   0,1817 eV

Meßdauer je Meßpunkt   1 s

Au $4f$-Niveau

kinetischer Elektronen-Energiebereich   1154,1—1173,9 eV

110 Meßpunkte

Schrittweite   0,1817 eV

Meßdauer je Meßpunkt   1 s

Cu   3s-Niveau

kinetischer Elektronen-Energiebereich   1119,1—1183,9 eV

110 Meßpunkte

Schrittweite   0,1817 eV

Meßdauer je Meßpunkt   5 s

Nach Vorversuchen, deren Ergebnisse aus den Abb. 8 und 9 zu ersehen sind, wurden die Oberflächen aller Proben vor dem Einbringen in das Spektrometer einheitlich mit Stahlwolle gereinigt.

b) Versuchsergebnisse:

Die Ergebnisse der Versuche sind aus den Abb. 1 bis 4 für die einzelnen Probengruppen zu entnehmen.

In der Tabelle 1 sind die entsprechenden Auswertungen enthalten.

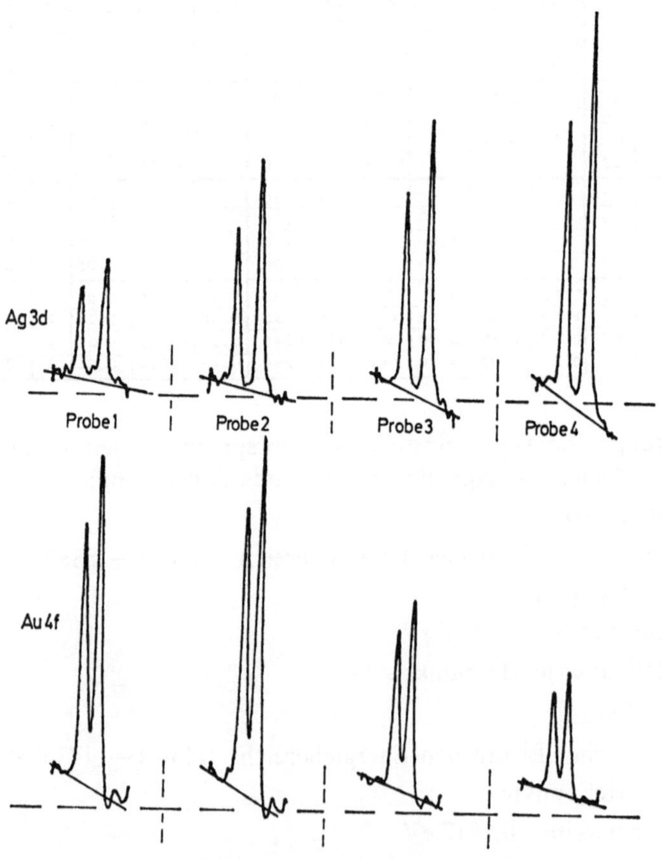

Abb. 1. Versuchsergebnisse (System Ag-Au)

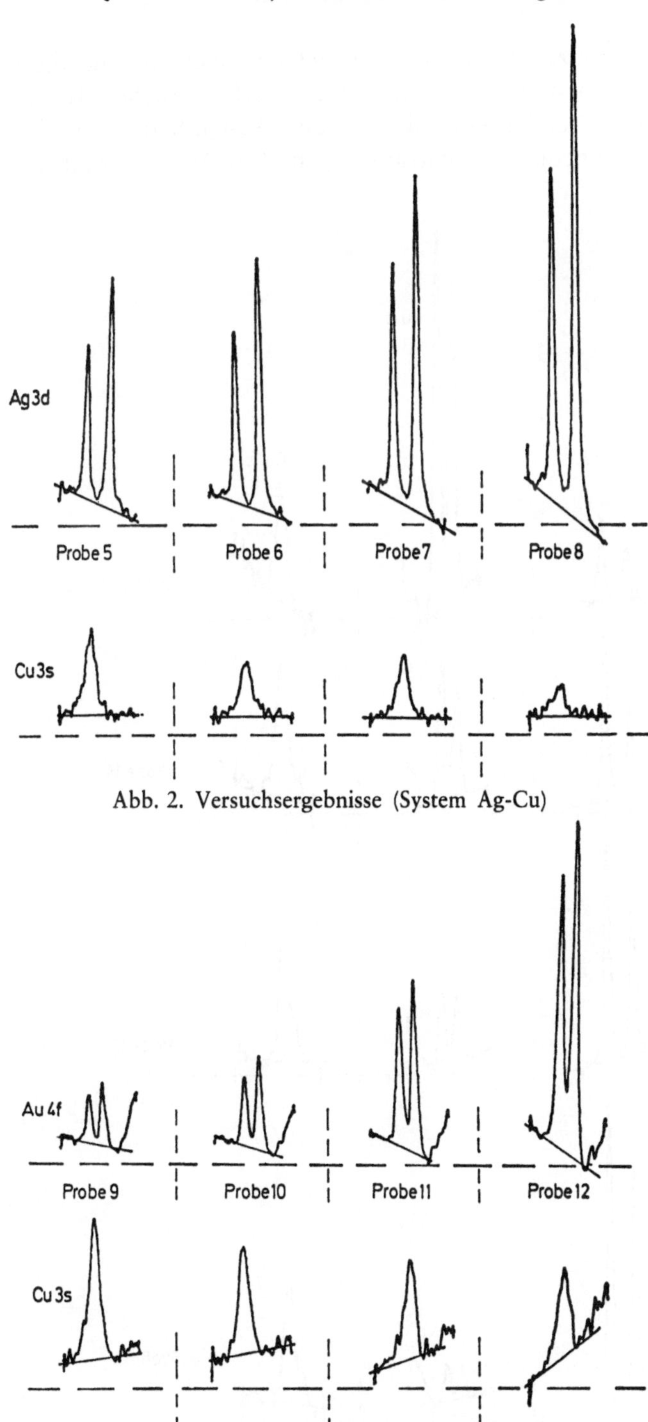

Abb. 2. Versuchsergebnisse (System Ag-Cu)

Abb. 3. Versuchsergebnisse (System Au-Cu)

Neben den Konzentrationen der einzelnen Elemente sind die für die graphische Darstellung gemäß Gl. (11) erforderlichen Konzentrationsquotienten enthalten. Die bei der Ag-Cu-Serie mit einem Stern gekennzeichneten Konzentrationen sind in Atomprozent ange-

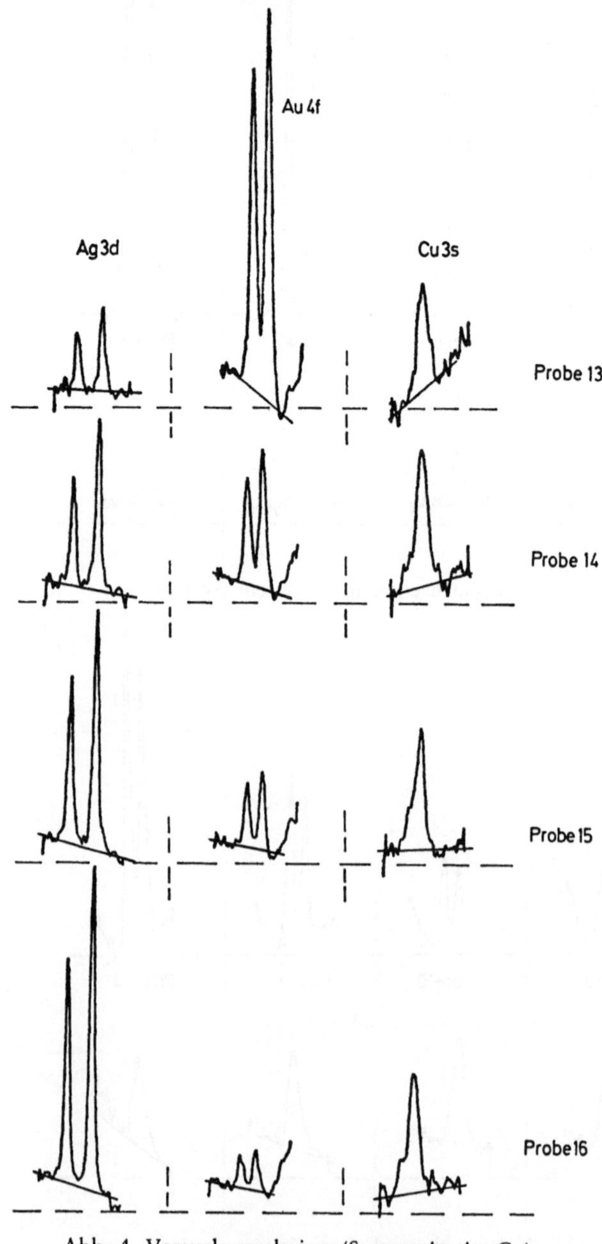

Abb. 4. Versuchsergebnisse (System Ag-Au-Cu)

geben. Die entsprechenden Konzentrationsquotienten wurden jedoch bereits mit dem erforderlichen Umrechnungsfaktor A_{Cu}/A_{Ag} multipliziert.

Die Photoelektronenzählraten wurden aus den Registrierdiagrammen der Abb. 1 bis 4 ausgewertet. Die mit Doppelstern gekennzeichneten n_{Cu}-Werte sind mit 1/5 zu multiplizieren, da hier — im Vergleich zu den anderen Zählraten — die Meßdauer je Meßpunkt 5 s betrug. Nach den Zählratenquotienten sind schließlich die für die jeweiligen Messungen benötigten Zeiten vermerkt, um so einen Über-

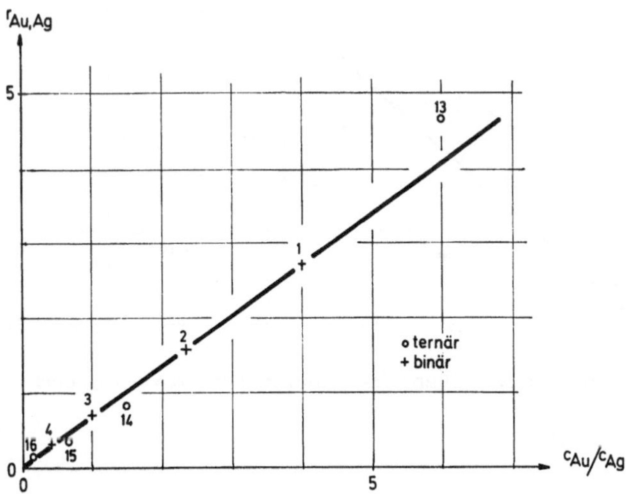

Abb. 5. Graphische Darstellung des Zählratenquotienten $r_{Au,Ag}$ über c_{Au}/c_{Ag}

blick über den erforderlichen Zeitaufwand zu erhalten. Zu der für das dargestellte Versuchsprogramm erforderlichen Gesamtmeßdauer von total 168' kommen noch die für das Einbringen der Proben, Evakuieren und Ausschreiben benötigten Zeitspannen (zusammen 2^h), so daß sich insgesamt etwa 5^h ergeben.

In den Abb. 5, 6 und 7 wurden von binären Legierungen die aus den Meßwerten abgeleiteten Zählratenquotienten zur Aufstellung einer Eichgeraden verwendet. Außerdem sind die von den ternären Proben her gefundenen Werte enthalten.

Wäre die Zusammensetzung der ternären Proben unbekannt, so ergäben über die Eichgeraden den Zählratenquotienten entsprechende Konzentrationsquotienten Aufschluß über die Zusammensetzungen der ternären Proben. Das Ergebnis dieser Auswertung ist in Tabelle 2 enthalten.

Für eine ternäre Probe lassen sich aus zwei bekannten Konzentrationsquotienten z. B.

$$c_1/c_2 = M, \quad c_1/c_3 = N$$

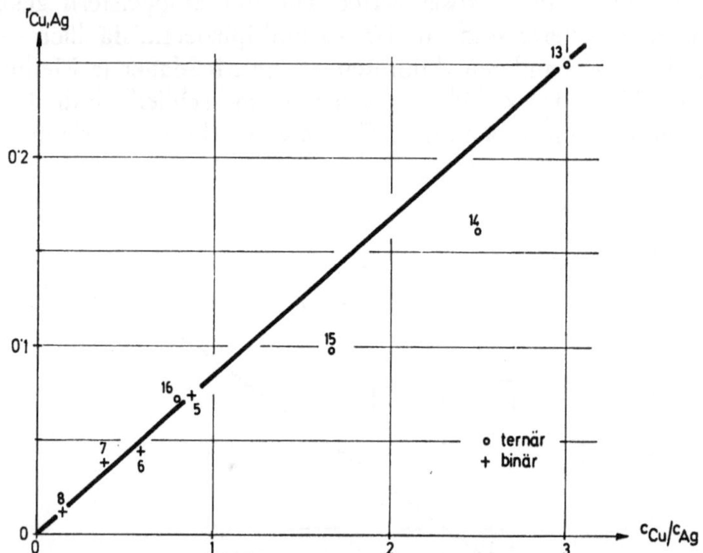

Abb. 6. Graphische Darstellung des Zählratenquotienten $r_{Cu,Ag}$ über c_{Cu}/c_{Ag}

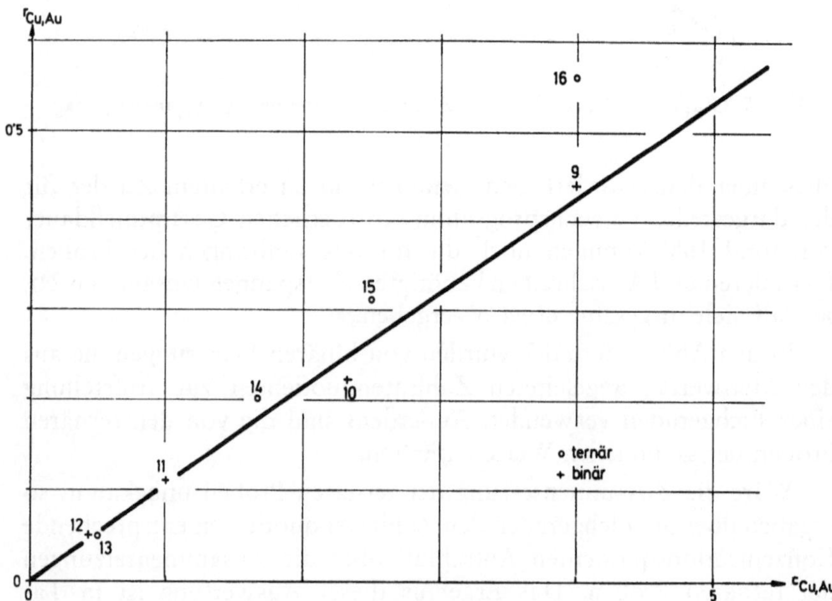

Abb. 7. Graphische Darstellung des Zählratenquotienten $r_{Cu,Au}$ über c_{Cu}/c_{Au}

und der Beziehung

$$c_1 + c_2 + c_3 = 100$$

die unbekannten Konzentrationen c_1, c_2 und c_3 errechnen. Das Ergebnis ist für die drei Kombinationen von jeweils zwei Konzentra-

Tabelle 2. Auswertung der Versuchsergebnisse

| Probe | gemessene Konzentrationsquotienten (–) | | | errechnete Konzentrationswerte (Gew.%) | | | | | | | | | gemittelte Konzentrationswerte (Gew.%) | | |
| | | | | $c_{Au}/c_{Ag}, c_{Cu}/c_{Ag}$ | | | $c_{Au}/c_{Ag}, c_{Cu}/c_{Au}$ | | | $c_{Cu}/c_{Ag}, c_{Cu}/c_{Au}$ | | | | | |
	$\frac{c_{Au}}{c_{Ag}}$	$\frac{c_{Cu}}{c_{Ag}}$	$\frac{c_{Cu}}{c_{Au}}$	c_{Ag}	c_{Au}	c_{Cu}	c_{Ag}	c_{Au}	c_{Cu}	c_{Ag}	c_{Au}	c_{Cu}	c_{Ag}	c_{Au}	c_{Cu}
13	6.85	2.97	0.45	9.2	63.3	27.4	9.1	62.7	28.2	9.5	62.4	28.1	9.3	62.8	27.9
14	1.22	1.91	1.87	24.2	29.5	46.3	22.2	27.1	50.7	25.4	26.0	48.6	23.4	27.5	48.5
15	0.48	1.16	2.90	37.9	18.2	43.9	34.8	16.7	48.5	39.1	15.6	45.3	37.3	16.8	45.9
16	0.20	0.86	5.25	48.5	9.7	41.7	44.4	8.9	46.7	49.4	8.1	42.5	47.4	8.9	43.6

tionsquotienten ebenfalls in Tabelle 2 enthalten. Schließlich sind noch die aus den Auswertungen errechneten Mittelwerte angeführt.

Tabelle 3. Fehleranalyse

| Probe | c_{Ag} (Gew.%) | | | $\frac{\Delta c_{Ag}}{c_{Ag}} \cdot 100(\%)$ | c_{Au} (Gew.%) | | | $\frac{\Delta c_{Au}}{c_{Au}} \cdot 100(\%)$ | c_{Cu} (Gew.%) | | | $\frac{\Delta c_{Cu}}{c_{Cu}} \cdot 100(\%)$ |
	Ö	XPS	Δc_{Ag}		Ö.	XPS	Δc_{Au}		Ö.	XPS	Δc_{Cu}	
13	10	9.3	–0.7	–7	60	62.8	+2.8	+5	30	27.9	–2.1	–7
14	20	23.4	+3.4	+17	30	27.5	–2.5	–8	50	48.5	–1.5	–3
15	30	37.3	+7.3	+24	20	16.8	–3.2	–16	50	45.9	–4.1	–8
16	50	47.4	–2.6	–5	10	8.9	–1.1	–11	40	43.6	+3.6	+9

Da vom Probenhersteller (Fa. Ögussa, Wien) her die Konzentrationswerte bekannt waren, ergab sich die Möglichkeit einer Fehleranalyse. Diese ist aus Tabelle 3 zu ersehen. Mit Ö (Ögussa), XPS (röntgenphotoelektronenspektrometrische Untersuchungen) sind die angegebenen und die gemessenen Konzentrationen bezeichnet. Der

Unterschied zwischen diesen beträgt Δc und der relative Fehler $\frac{\Delta c}{c} \cdot 100$. Aus den insgesamt zwölf gemessenen Konzentrationswerten folgt damit für den

mittleren relativen Fehler $\pm 3,5\%$

und für den

mittleren absoluten Fehler ± 1 Gew.%.

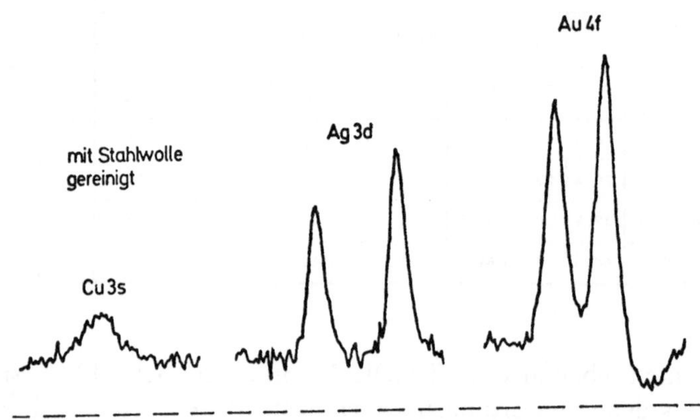

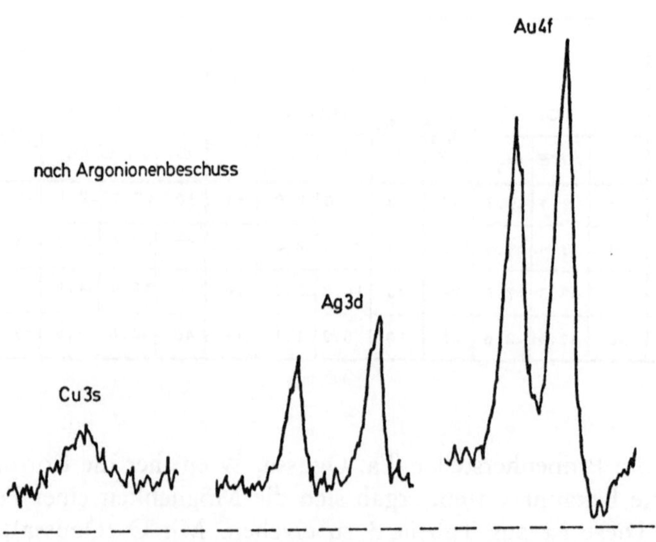

Abb. 8. Cu 3*s*-, Ag 3*d*- und Au 4*f*-Signal einer ternären Probe nach Reinigung mit Stahlwolle und nach Argonionenbeschuß

Wären nur zwei Konzentrationsquotienten zur Auswertung herangezogen worden, so erhöhten sich beide Fehler auf nahezu den doppelten Wert. Es empfiehlt sich also, die Aufgabenstellung als überbestimmtes System zu lösen.

Diskussion

Zunächst ist mit Sicherheit festzustellen, daß eine längere Meßdauer eine Herabsetzung der Fehlerschranken mit sich bringt. Trotzdem bleiben zwei systematische Fehler enthalten, die von der Vorbehandlung der Probenoberfläche und der Verwendung von $\sigma_{1c} = \sigma_{2c}$ herrühren.

a) Vorbehandlung der Probenoberfläche.

Eine gern geübte Vorbehandlung stellt der Beschuß der Probenoberfläche mit Edelgasionen (z. B. Argon) dar, mit dem Ziel, oberflächliche Kontaminationen abzutragen. Hier kann aber ein unerwünschter Effekt auftreten, wie dies aus Abb. 8 hervorgeht. Eine Abtragung der Kontamination sollte nur ein Anwachsen der elementspezifischen Linien bewirken, jedoch deren Verhältnis zueinander ungestört belassen. Abb. 8 zeigt jedoch auch Änderungen der relativen Zählrate an.

Als Ursache sind die bevorzugte Abtragung der Cu- und der Ag-Atome an der Oberfläche anzusehen. Bei von Probe zu Probe völlig gleichartigem Argonionenbeschuß wird zwar wieder eine lineare Abhängigkeit von $r_{1,2} = K_{1,2} \cdot (c_1/c_2)$ gefunden, wie dies aus Abb. 9 hervorgeht.

Außerdem sind in Abb. 9 auch die gemessenen Daten für andere Oberflächenbehandlungen eingetragen. Die Reinigung mit Stahlwolle erscheint uns als die zielführendste, während eine Reinigung mit Arklone P bzw. mit Aceton vermutlich einen Film an der Oberfläche hinterläßt, der die Zählratenquotienten gegen kleinere Werte hin verschiebt. Wie bereits an anderer Stelle[4] gezeigt wurde, läßt sich der Einfluß einer Oberflächenschicht durch eine Variation der Versuchsgeometrie eliminieren. Derartige Untersuchungen stehen zur Zeit noch aus.

b) Die Näherung $\sigma_{1c} = \sigma_{2c}$

Aufgrund der hier gezeigten Versuchsergebnisse an binären Proben dürfte die Näherung zulässig sein, da in allen Fällen ausgezeichnete Linearität zu beobachten ist. Allerdings können hier nur umfangreiche Versuchsreihen mit einer größeren Anzahl von Legierungen und längeren Meßzeiten zum Ziele führen. Trotzdem erscheint die hier verwendete Linearapproximation von r über dem Konzentrationsquotienten mit einer für eine rasche quantitative Abschätzung vertretbaren Genauigkeit gegeben zu sein.

Inwieweit allerdings der durch Berücksichtigung der letztgenannten Punkte a) und b) zu erhaltende Gewinn an Genauigkeit durch

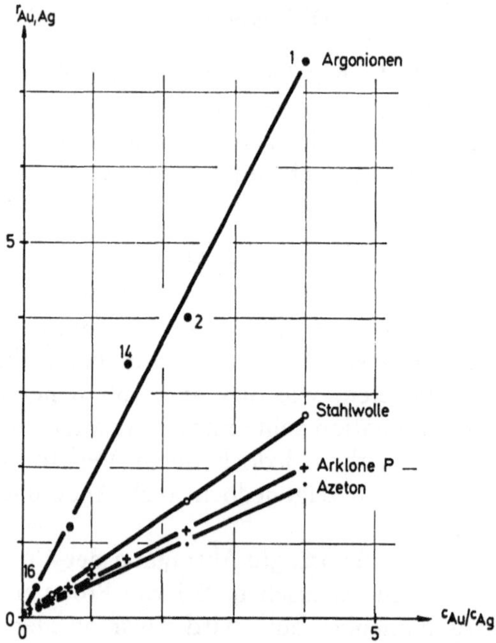

Abb. 9. $r_{Au,Ag}$ binärer und ternärer Proben in Abhängigkeit von c_{Au}/c_{Ag} für verschiedene Probenvorbehandlungen

den damit erhöhten Meß- und Rechenaufwand zu rechtfertigen sein wird, ist derzeit noch nicht abzuschätzen.

Die Untersuchungen wurden durch Unterstützung des Fonds zur Förderung der wissenschaftlichen Forschung (Projekt 2146) ermöglicht, wofür wir unseren Dank aussprechen möchten. Herrn Dr. K. Persy danken wir für den experimentellen Beitrag zur Argonionenabtragung.

Zusammenfassung

Die für die quantitative Analyse mit Hilfe des Röntgenphotoelektronenspektrometers erforderlichen Gleichungen werden angegeben und eine Auswertung beschrieben, die das Ergebnis von den Einflüssen der Oberflächenrauhigkeit und Kontaminationen befreit.

Dabei handelt es sich um eine Näherung, deren Qualität durch eine Versuchsreihe überprüft wurde. Ein weiterer Vorteil besteht darin, daß für die Analyse eines n-Stoffsystems $\binom{n}{2} = \dfrac{n!}{2!\,(n-2)!}$ binäre Referenzproben erforderlich sind. Die Genauigkeit kann mit ± 1 Gew.% bzw. $\pm 3{,}5$ Rel.% angenommen werden; die Nachweisgrenze liegt bei 1 Gew.%.

Summary

Quantitative Analysis of Metallic Compounds with the Aid of the Röntgenphotoelectronic Spectrometer

A theoretical expression is discussed, which enables a quantitative analysis by means of *XPS*. It takes into account the influence of surface roughness and contamination. By the use of neglections a very simple evaluation is realized, which makes for the analysis of an n-element sample only $\binom{n}{2} = \dfrac{n!}{2!\,(n-2)!}$ binary references necessary. The quality of this method was proofed by experiments and the accuracy is within 1 wt% or 3.5 rel%. The detection limit is in the range of 1 wt%.

Literatur

[1] H. Ebel und M. F. Ebel, X-Ray Spectrom. **2**, 19 (1973).

[2] H. Ebel, M. F. Ebel und E. Hillbrand, J. Electron Spectrom. Relat. Ph. **2**, 277 (1973).

[3] M. F. Ebel, Proceedings des Meetings „Electron-Spectroscopy", Namur 1974.

[4] M. F. Ebel, Mikrochim. Acta [Wien], Suppl. VI, **1975**, 403.

Korrespondenz und Sonderdrucke: Prof. Dr. H. Ebel, Institut für technische Physik der Technischen Hochschule Wien, Gußhausstraße 28—30, A-1040 Wien, Österreich.

Mikrochimica Acta [Wien], Suppl. 6, 1975, 457—466

Lehrkanzel für organische Chemie der Universität Wien

Röntgenphotoelektronenspektrometrische Untersuchungen an organischen Stickstoffverbindungen*

Von

Heinz Falk

Mit 2 Abbildungen

(Eingegangen am 20. September 1974)

Einleitung

Stickstoff ist neben Kohlenstoff und Wasserstoff eines der verbreitetsten „Gerüst"-Elemente im Bereich der organischen Chemie; darüber hinaus kommt ihm eine zentrale Stellung im Rahmen anorganischer Strukturen zu. Die moderne organische Chemie ist ohne den Einsatz differenzierter strukturanalytischer Methoden nicht mehr denkbar. Stellt hier die Kernresonanzspektroskopie von Wasserstoff und Kohlenstoff die Methode der Wahl dar, so ist man für den Stickstoff lange Zeit auf indirekte und zum Teil unbefriedigende Verfahren eingeengt gewesen. Der Grund hiefür liegt in der starken Signalverbreiterung durch das Quadrupolmoment des ^{14}N-Kernes und in dessen geringem magnetischen Kernmoment, das die Aufnahmetechnik für solche Spektren an die Grenze des Möglichen rückt. ^{15}N-Kernresonanzspektren sind wohl eine Lösung des Problems in prinzipieller Hinsicht, die routinemäßige Anwendung dieses doch eher kostspieligen Isotops ist jedoch kaum realistisch. Eine weitere solche kernspezifische Methode für die Analytik des Stickstoffs ist die Kernquadrupolresonanzspektrometrie, die aber in der Regel wegen ihres enormen Substanzbedarfes nicht anwendbar ist[1].

---

* Herrn Prof. Dr. Walter Koch zum 65. Geburtstag gewidmet und anläßlich des 7. Kolloquiums über metallkundliche Analyse mit besonderer Berücksichtigung der Elektronenstrahlmikroanalyse, Wien, 23.—25. 10. 1974 vorgetragen.

Die für strukturanalytische Zwecke zu Anfang wegen ihres engen chemischen Verschiebungsbereichs bei vergleichsweise großer Linienhalbwertsbreite eher skeptisch betrachtete Röntgenphotoelektronenspektrometrie des Stickstoff-$1s$-Niveaus hat in den letzten Jahren vielversprechende Leistungen gebracht und ist zur Zeit in einem Stadium der Verfeinerung: Der hohe technische Stand der Aufladungskorrekturverfahren[2] vor allem im Falle von Nichtleitern (da ja der größte Teil der organischen Verbindungen Nichtleiter sind, ist dies für die analytische Anwendung von besonderem Interesse; die Spektren werden dadurch erst miteinander vergleichbar!) und die Möglichkeit der Verwendung monochromatischer Röntgenstrahlung, bzw. einfacher, eines auf physikalischen und mathematischen Prinzipien beruhenden Banden-Entfaltungsverfahrens[3], geben nunmehr Anlaß zu einigem Optimismus. Röntgenphotoelektronenspektrometrische Untersuchungen bieten gegenüber der Kernresonanzspektrometrie einen weiteren Vorteil: Die Lage des Zeitbereichs, innerhalb dessen das Elektron emittiert wird, gestattet Aussagen über die Struktur, die nicht durch Phänomene dynamischer Natur überdeckt sind.

Bemerkungen zur Methodik

Bei der röntgenphotoelektronenspektrometrischen Untersuchung organischer Stickstoffverbindungen wird man es zumeist mit Materialien zu tun haben, die keinen nennenswerten Dampfdruck haben. Zumeist wird es sich um Festkörper handeln. Im Gegensatz zur Spektroskopie von Gasen ist die Probenbereitung bei Festkörpern für die Erzielung artefaktfreier Spektren ausschlaggebend; wir konnten gute Erfahrungen mit dem Aufbringen dünnster Schichten des fein zerriebenen Materials auf mattgeätzte Aluminiumträger machen. Diese Präparationstechnik gibt bei einiger Übung gut reproduzierbare Daten[4].

Für die Aufladungskorrektur stehen eine Anzahl von Möglichkeiten zur Verfügung, über die zusammenfassend referiert wurde[2]. Bei organischen Probenmaterialien führt die Korrektur aus der Verschiebung des C_{1s}-Probensignals mit der Röntgenröhrenspannung zu reproduzierbaren und mit anderen Methoden übereinstimmenden Ladungskorrekturen. Hiezu wird die Verschiebung des C_{1s}-Signals bei der Arbeitsspannung (z. B. 6 kV/40 mA) mit dem Wert verglichen, der bei jener Röhrenspannung gemessen wird, die zu keiner Aufladung der Probe führt (beim verwendeten Spektrometer 2,8 kV/40 mA). Bei dieser Spannung wäre zwar die Aufnahme anderer probenrelevanter Signale, wie das des Stickstoffs optimal, wird jedoch durch die zu geringe Signalintensität dieser Linien verhindert.

Es wird für sämtliche Proben die gleiche Austrittsarbeit angenommen, ein problematisches Vorgehen, für das aber die Erfahrung spricht.

Ein weiterer Aspekt ist auch die Kontrolle der Proben nach Aufnahme von Röntgenphotoelektronenspektren, um sicherzustellen, daß diese keine Artefakte enthalten, die von einer durch die Röntgenstrahlung hervorgerufenen Zersetzungserscheinung herrühren. Drei Kriterien sollten im Hinblick darauf immer beachtet werden: eine Verfärbung der Probe während oder nach der Aufnahme, die Kontrolle der UV-VIS-Spektren der nach der Aufnahme abgelösten Probe und die Zeitabhängigkeit des Photoelektronensignals, was bei Durchführung einer Spektrenakkumulation (die bei Stickstoffverbindungen meist nötig ist, um das Signal-Rausch-Verhältnis zu verbessern) leicht möglich ist.

Die für die Interpretation überaus nützliche Banden-Entfaltung, die vor allem die Form der Erreger-Röntgenlinie und die von den Spektrometerfunktionen verursachten Linienverbreiterungen eliminiert und so zur „hochauflösenden Photoelektronenspektrometrie" führt, wird in einer begleitenden Mitteilung[3] beschrieben und diskutiert.

An dieser Stelle sei darauf hingewiesen, daß das genannte Entfaltungsverfahren zunächst auf solche Testfälle angewendet wurde, bei denen das Resultat a priori feststeht. Dies ist bei gasförmigen Proben der Fall[5], wobei sich eine auch schon früher bei Valenzbändern festgestellte[3], zweifelsfreie Wiedergabe der Primärinformation herausstellte. Das Verfahren liefert demnach keine Artefakte in Hinblick auf die Halbwertsbreite und die Anzahl der Banden.

Anwendungsbeispiele

Wo liegen nun die Anwendungsmöglichkeiten und besonderen Ansatzpunkte für die Röntgenphotoelektronenspektrometrie von organischen Stickstoffverbindungen? Einige typische Beispiele für solche Untersuchungen sollen die wesentlichen Aspekte dieser Methodik illustrieren:

1. Klärung von Bindungsfragen

Abgesehen von der chemischen Verschiebung, die durch den Ladungs- und Umgebungs-Effekt verursacht wird, ist aus dem N_{1s}-Röntgenphotoelektronensignal besonders in solchen Fällen brauchbare Information zu erhalten, in denen ein Molekül mehr als ein Stickstoffatom enthält. Sieht man von der trivialen Möglichkeit ab, daß diese Atome in verschiedenen funktionellen Gruppen mit unterschiedlichem Oxydations- oder Bindungs-Zustand enthalten sein können (eine Frage, die sich mit der klassischen analytischen Methodik einfach und rasch klären läßt), sind es meist solche Problemstellungen, bei denen sich zwei oder auch mehrere Stickstoffatome in Umgebungen befinden, zwischen denen mehr oder minder rasche Austauschvorgänge auftreten können, oder aber gar über geeignete Bindungssysteme hinweg Bindungsalternanz- und Ladungsausgleich stattfinden kann. Hierbei handelt es sich um Alternativen folgender Art:

a) Die Symmetrie intramolekularer Wasserstoffbrücken.

Wie Modellrechnungen[6,7] an Wasserstoffbrückensystemen des Typs $N-H \dots N$ zeigen, ist bei Unterschreiten eines bestimmten Abstandes zwischen den beiden Stickstoffatomen die Möglichkeit gegeben, daß das Wasserstoffbrückenpotential über ein einziges Minimum genau zwischen diesen beiden Atomen verfügt, eine Erscheinung, die noch zusätzlich durch entsprechende Konjugationssysteme zwischen den beiden Stickstoffatomen gefördert werden kann. Die in den meisten Fällen nur mit Hilfe der Röntgenphotoelektronenspektrometrie entscheidbare Frage nach der Natur der Wasserstoffbrücke, d. h. also

$$\diagdown N-H \cdots\cdots N \diagup \qquad oder \qquad \diagdown N \cdots H \cdots N \diagup$$

wurde in den bislang bekannt gewordenen Untersuchungen immer zugunsten der unsymmetrischen Form geklärt. Ein Beispiel hiefür ist das symmetrisch substituierte Pyrromethen 1, dessen N_{1s}-Röntgenphotoelektronenspektrum (Abb. 1) sofort erkennen

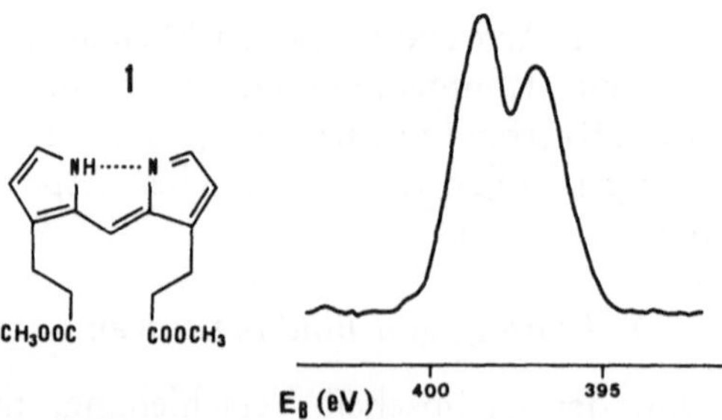

Abb. 1. Röntgenphotoelektronenspektrum des N_{1s}-Niveaus von 1

läßt, daß sich die beiden Stickstoffatome in unterschiedlicher chemischer Umgebung befinden, d. h. also, daß eine kanonische Strukturformel mit alternierenden Bindungen und unsymmetrischer Wasserstoffbrückenbildung, wie sie in Abb. 1 zum Ausdruck kommt, ein zutreffendes Bild darstellt. Die Anwendung des Entfaltungsverfahrens schärft diese Banden auf eine Halbwertsbreite von ca. 0,7 eV und läßt die Satelliten (vermutlich aus „shakeup-Prozessen"), die zu einer scheinbaren ungleichen Intensität der beiden Banden führen, hervortreten. Mit Hilfe der ^{1}H-Kernresonanzspektrometrie ist diese Entscheidung an analogen Modellverbindungen nicht zu treffen, da der Austausch des Protons (Tautometriegleichgewicht zwischen identen Formen!) zwischen den beiden Zentren gegenüber der NMR-Zeitskala zu rasch abläuft[8]. Als weitere typische Beispiele dieses Problemtyps sind Porphine[4, 9, 10], Chlorine[4] und das N,N-Diphenyl-6-aminopentafulven-2-aldimin[11] zu nennen.

b) Klassische oder nicht-klassische Struktur von Protonierungsprodukten.

Die Protonierung nur eines von zwei strukturell äquivalenten Stickstoffatomen, die durch ein geeignetes Konjugationssystem miteinander in Verbindung stehen können und die sich räumlich sehr nahe kommen, kann prinzipiell zur Ausbildung einer symmetrischen, nicht-klassischen Struktur führen, bei der das Proton als symmetrische Brücke fungiert:

Aus der Literatur sind für diese Problemsituation zwei Untersuchungen bekannt, der Fall des monoprotonierten 1,8-Bis-N,N-dimethylaminonaphthalins[12] und des monoprotonierten Azobenzols[13]. Bei beiden wurde mit Hilfe der Röntgenphotoelektronenspektrometrie des N_{1s}-Niveaus eine klassische Struktur aufgefunden, wie dies auch bei mehreren analogen monoprotonierten Di-Stickstoffheterocyklen und Diaminoverbindungen, bei welchen aber die geometrischen Verhältnisse eine solche symmetrische Brückenstruktur ausschließen, der Fall ist[14].

c) Ladungsdelokalisation

Hier handelt es sich um die Entscheidung, ob eine positive Ladung (verursacht durch Protonierung oder Quarternierung, X = H, X = Alkyl) in einem Konjugationssystem, an dessen Enden sich die beiden Stickstoffatome befinden, lokalisiert an einem der beiden Zentren vorliegt, oder ob sie vielmehr durch Vermittlung des konjugierten Systems delokalisiert wird, d. h. die beiden Stickstoffatome gleiche Ladungsdichte aufweisen:

Das eine Extrem wird vom Protonierungsprodukt von *1* (*1*·HCl) repräsentiert, bei dem eine einzige Linie (399,7 eV) für das N_{1s}-Niveau erhalten wird, welche auch nach Anwendung der Entfaltungstechnik lediglich schmäler wird, jedoch keine Anzeichen für eine Dublettstruktur zeigt. Die Struktur dieser Verbindung wird demnach am besten, wie dies in der folgenden Skizze gezeigt ist (C_{2v}-Symmetrie), beschrieben. Ein weiteres Beispiel ist das Diprotonierungsprodukt von Porphinen, bei denen der Chromophor eine vierzählige Symmetrie annimmt[9].

Das andere Extrem ist der Farbstoff Malachitgrün, für den man nach Anwendung des Entfaltungsverfahrens zwei N_{1s}-Linien (399,1 und 399,9 eV) erhält, d. h. also, daß hier offenbar die kanonische Schreibweise für die Struktur ein relevantes Bild darstellt:

d) Die Struktur von Metallkomplexen

Ersetzt man in Verbindungen, wie *1* die Bindung N—H durch N-Metall, so kann es zu einer festeren Bindung weiterer Stickstoffatome an das Metall kommen, je nachdem inwieweit das betreffende Metall in der Lage ist, seine Nebenvalenzen zu betätigen, bzw. der Ligand über das nötige Konjugationssystem und die sterischen Voraussetzungen verfügt. Diese Bindungen können bis zur völligen Äquivalenz sämtlicher koordinierender Stickstoffatome ausgeglichen werden. Hiezu zwei Beispiele, die die angedeuteten Extremsituationen illustrieren sollen:

Während, wie unter Punkt a) angedeutet, das Oktamethylporphin zwei N_{1s}-Banden für die beiden Stickstoffatom-Paare der Art —N= und =N—H aufweist[4], führt der Ersatz dieser beiden pyrrolischen Protonen durch Zn^{++} zu einem einzigen N_{1s}-Signal (397,3 eV),

d. h. wie im oben zitierten Fall des Dianions zur vierzähligen Symmetrie des Ligandsystems (vgl. auch [9,10]).

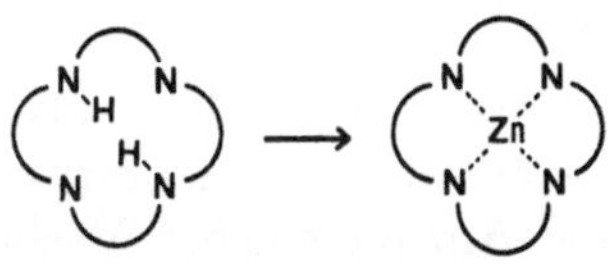

Ein ausgesprochen komplexes Problem dieser Art stellen Chelate des Corrin-Ligandsystems (dieses ist das Ringsystem des Vitamin B_{12}) dar. Die denkbaren Möglichkeiten für die Bindungen des Metallions reichen von einem „Gemisch" von vier unterschiedlichen Stickstoffsorten bis zu vier gleichartigen, wie dies die folgende Skizze verdeutlichen soll (es wurde vom Liganden jeweils nur das Konjugationssystem angedeutet).

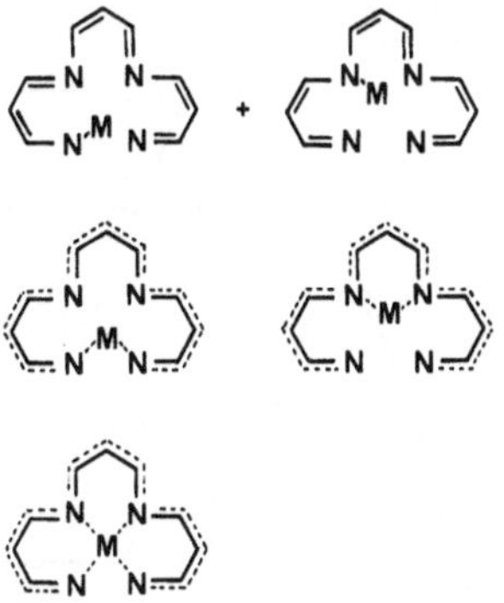

Die Abb. 2 zeigt das N_{1s}-Niveau der beiden Komplexe *2* und *3* vor und nach Anwendung des Entfaltungsverfahrens. Letzteres legt die Aussage nahe, daß man es mit vier Sorten von Stickstoffatomen mit etwas unterschiedlichem Bindungscharakter zu tun hat, ein Befund, der mit röntgenstrukturanalytischen Untersuchungen an 3^{15} vereinbar ist. Es sei darauf hingewiesen, daß die Nitrilgruppe im N_{1s}-Spektrum von *3* in einem Bereich auftritt, der für diese typisch ist (ca. 399 eV). Die *3* und *2* entsprechenden Dicyano-Cobalt-Chelate zeigen ebenfalls mehrere Banden, deren Interpretation jedoch kaum voraussetzungslos möglich sein dürfte.

2. Bestimmung der Ladungsdichteverteilung

Bei bekannten Bindungsverhältnissen kann es sowohl aus empirischen, als auch aus Gründen der theoretischen Durchdringung interessant sein, die Ladungsdichteverteilung (die ja proportional der Bindungsenergie ist) an verschiedenen Stickstoffatomen eines Mole-

464   H. Falk:

küls zu messen. Für diese beiden Aspekte seien ebenfalls zwei Beispiele diskutiert:

a) Empirische Zwecke

4-N,N-Dimethylaminoazobenzol dient als Standard für die Be-
urteilung der Canzerogenität von Azofarbstoffen gegenüber der
Rattenleber. Eine große Anzahl solcher Verbindungen wurde syn-
thetisiert, von denen manche hochaktiv, andere völlig wirkungslos
sind[16]. Es ist auffällig, daß diese Eigenschaft parallel mit einem größeren Unterschied in den Ladungsdichten von Azo- und Amino-
Gruppierung geht (a), wogegen die harmlosen Analoga (b) geringere

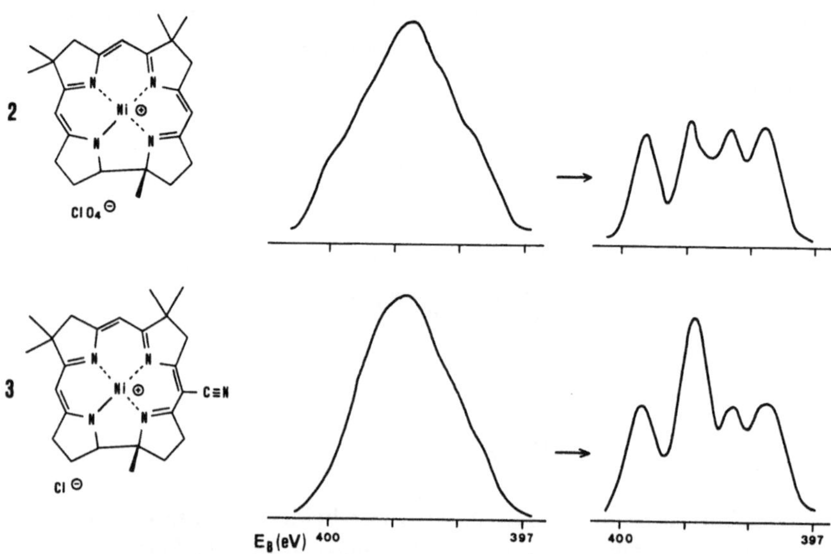

Abb. 2. Die N_{1s}-Niveaus der Corrinkomplexe 2 und 3

Ladunsdichtedifferenz aufweisen. Obwohl solche Korrelationsversu-
che mit äußerster Vorsicht zu beurteilen sind, da ja für die biologische
Aktivität wesentliche Parameter (wie Löslichkeit etc.) bei solchen
Betrachtungen nicht berücksichtigt werden, stellen sie doch einen
Hinweis auf entscheidende Sachverhalte dar. Die folgende Zusam-
menstellung gibt die Größe von beobachteten Differenzen der N_{1s}-
Signallagen (eV) zwischen Azo- und Amino-Gruppierung wieder:

(a) 4-N,N-Dimethylaminoazobenzol: 2,8;
     4-Methyl-4'-N,N-dimethylaminoazobenzol: 2,6.

(b) 4-Dimethylamino-4'-azobenzolsulfonsaures Na: 0,7;
     4-Nitro-4'-N,N-dimethylaminoazobenzol: 0,7;
     4-N,N-Dimethylaminobenzalanilin: 1,0.

b) Vergleiche mit quantenchemischen Rechnungen

Wie es vor allem bei der He(I)-Photoelektronenspektrometrie in hervorragender Weise möglich geworden ist, detaillierteste Aussagen quantenchemischer Rechnungen dem Experiment gegenüberzustellen und diese so in eindrucksvoller Weise zu verifizieren[17], ist auch die Röntgenphotoelektronenspektrometrie der inneren Schalen in der Lage, diesbezügliche Aussagen zu ermöglichen. Es zeigte sich nämlich, daß die Ladungsdichte an einem Zentrum proportional der Bindungsenergie von tiefliegenden Schalen ist (in manchen Fällen muß zusätzlich auch ein Madelung-Potential berücksichtigt werden). So ist für das N_{1s}-Niveau zwischen der Ladungsdichte und der chemischen Verschiebung ein Proportionalfaktor (im Rahmen der CNDO/2-Näherung) von 10 eV pro Elektronenladung gefunden worden[18].

Umfangreiche CNDO/2-Studien des Pyrromethensystems, das der Verbindung *1* zugrunde liegt, ergaben ein energetisches Optimum, dessen Struktur der für *1* in Abb. 1 skizzierten entspricht und die in dieser Lage durch eine Wasserstoffbrückenbindung fixiert ist[7]. In diesem Optimum beträgt der Unterschied der Ladungsdichten an den beiden Stickstoffatomen 0,168 Elektronenladungseinheiten — ein Wert, der über den Proportionalfaktor von 10 eV/e mit der chemischen Verschiebung der beiden N_{1s}-Signale für *1* (Abb. 1) von 1,6 eV in bester Übereinstimmung ist. Entsprechendes wurde auch im Fall einer CNDO/2-Studie des Porphins[19] gefunden: der Ladungsdichteunterschied beträgt dort 0,197 Elektronenladungen; im Röntgenphotoelektronenspektrum fanden wir für drei Porphinderivate einen mittleren Differenzwert von 2,0 eV[4]!

Danksagungen

Für die großzügig bemessene Möglichkeit, das Röntgenphotoelektronenspektrometer McPherson-ESCA-36 (Projekt 2547 aus den Mitteln des Fonds zur Förderung der Wissenschaftlichen Forschung in Österreich) am Institut für technische Physik der Technischen Hochschule, Wien, benützen zu können, danke ich Herrn Prof. Dr. H. Ebel und Frau Dr. M. F. Ebel sehr herzlich. Herr N. Gurker aus diesem Institut hat freundlicherweise die Entfaltungsrechnungen durchgeführt. Herrn Prof. Dr. A. Eschenmoser, ETH—Zürich, verdanke ich einige Corrinchelate und die Anregung zu deren Untersuchung. Herrn Dr. O. Hofer, Lehrkanzel für Organische Chemie der Universität Wien, danke ich für die Ausführung von CNDO/2-Rechnungen.

Zusammenfassung

Anhand einiger ausgewählter Beispiele wird gezeigt, bei welchen Problemstellungstypen die röntgenphotoelektronenspektrometrische Untersuchung des N_{1s}-Niveaus von organischen Stickstoffverbindungen besondere Aussicht auf Erfolg verspricht.

Summary

Röntgen Photoelektronic Spectrometric Investigation of Organic Nitrogen Compounds

The usefulness of X-ray photoelectron spectroscopy for certain problems concerning organic nitrogen compounds is demonstrated discussing several typical examples.

Literatur

[1] Vgl. hiezu die Standardliteratur über [1]H-, [13]C-, [14]N-, ^{15}N-Kernresonanzspektrometrie und ^{14}N-Quadrupolresonanzspektrometrie, insbesondere aber den Übersichtsartikel: H. G. Fitzky, D. Wendisch und R. Holm, Angew. Chem. **84**, 1037 (1972).

[2] E. Vakil und M. F. Ebel, Mikrochim. Acta [Wien], Suppl. VI, 1975, 421.

[3] N. Gurker, H. Ebel und H. Falk, Mikrochim. Acta [Wien], Suppl. VI, **1975**, 431.

[4] H. Falk, O. Hofer und H. Lehner, Mh. Chem. **105**, 366 (1974).

[5] H. Falk und N. Gurker, unveröffentlichte Ergebnisse.

[6] J. R. Sabin, Int. J. Quantum Chem. **2**, 31 (1968).

[7] H. Falk und O. Hofer, Mh. Chem. **105**, 995 (1974).

[8] H. Falk, S. Gergely und O. Hofer, Mh. Chem. **105**, 853 (1974).

[9] M. V. Zeller und R. G. Hayes, J. Amer. Chem. Soc. **95**, 3855 (1973).

[10] Y. Niwa, H. Kobayashi und T. Tsuchiya, J. Chem. Phys. **60**, 799 (1974).

[11] H. L. Ammon und U. Müller-Westerhoff, Tetrahedron **30**, 1437 (1974).

[12] E. Haselbach, A. Henriksson, F. Jachimowicz und J. Wirz, Helv. Chim. Acta **55**, 1757 (1972).

[13] E. Haselbach, A. Henriksson, A. Schmelzer und H. Berthou, Helv. Chim. Acta **56**, 705 (1973).

[14] L. E. Cox, J. J. Jack und D. M. Hercules, J. Amer. Chem. Soc. **94**, 6575 (1972).

[15] J. D. Dunitz und E. F. Meyer, Jr., Helv. Chim. Acta **54**, 77 (1971).

[16] Siehe die Untersuchungen von E. V. Brown, wie z. B.: E. V. Brown und W. H. Kipp, Cancer Res. **29**, 1341 (1969).

[17] Vgl. H. Bock und B. G. Ramsey, Angew. Chem. **85**, 773 (1973).

[18] J. M. Hollander und D. A. Shirley, Ann. Rev. Nucl. Sci. **20**, 435 (1970).

[19] G. M. Maggiora, J. Amer. Chem. Soc. **95**, 6555 (1973).

Korrespondenz und Sonderdrucke: Doz. Dr. H. Falk, Lehrkanzel für organische Chemie der Universität Wien, Währinger Straße 38, A-1090 Wien, Österreich.

Mikrochimica Acta [Wien], Suppl. 6, 1975, 467—480

Institut für Material- und Festkörperforschung,
Kernforschungszentrum Karlsruhe

Analyse von Röntgenbeugungsprofilen zur Bestimmung von Mischkristallanteilen*

Von

D. Vollath und C. Ganguly**

Mit 6 Abbildungen

(Eingegangen am 14. Oktober 1974)

Die beiden Ausgangsstoffe für den Schnellbrüterbrennstoff, Urandioxid und Plutoniumdioxid, bilden eine lückenlose Mischkristallreihe. Bei der technischen Fertigung der entsprechenden Sinterkörper, die aus einem mechanisch vermischten Uran- und Plutoniumdioxidpulver hergestellt werden, erhält man wegen der begrenzten Homogenisierungszeiten beim Sintern nur relativ geringe Anteile von Mischkristallen. Da die Größe der Teilchen von reinem Plutoniumdioxid aus Sicherheitsgründen begrenzt ist, ist es notwendig, diesen Anteil zu bestimmen. Da dies über eine entsprechende metallographische Ätztechnik nicht möglich ist und eine Autoradiographie keine absoluten Ergebnisse liefert, ist es notwendig, andere Verfahren dafür heranzuziehen.

In Frage kommen dabei:
1. die Mikrosonden-Analyse und
2. die Röntgenbeugungsanalyse.

Da man bei der Mikrosonde sehr lange Zeiten benötigt, um einen einigermaßen signifikanten Anteil der Probe zu untersuchen, ist es

---

* Herrn Prof. Dr. Walter Koch zum 65. Geburtstag gewidmet und anläßlich des 7. Kolloquiums über metallkundliche Analyse mit besonderer Berücksichtigung der Elektronenstrahlmikroanalyse, Wien, 23.—25. 10. 1974 vorgetragen.

** Bhabha Atomic Research Center, Bombay.

im vorliegenden Fall wohl günstiger, diese Analyse mit Hilfe der Röntgenbeugung durchzuführen.

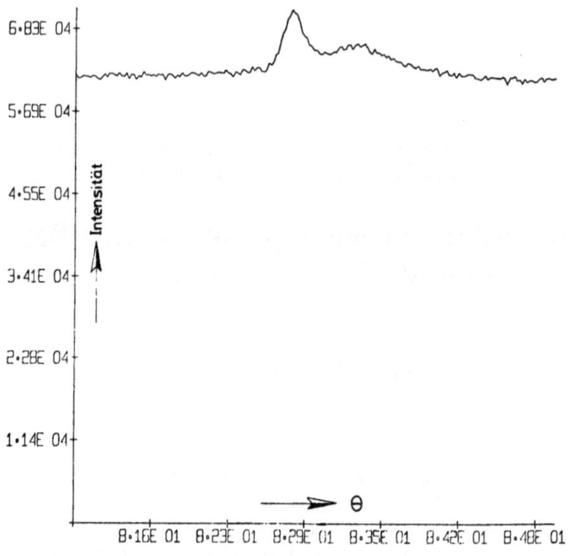

Abb. 1a

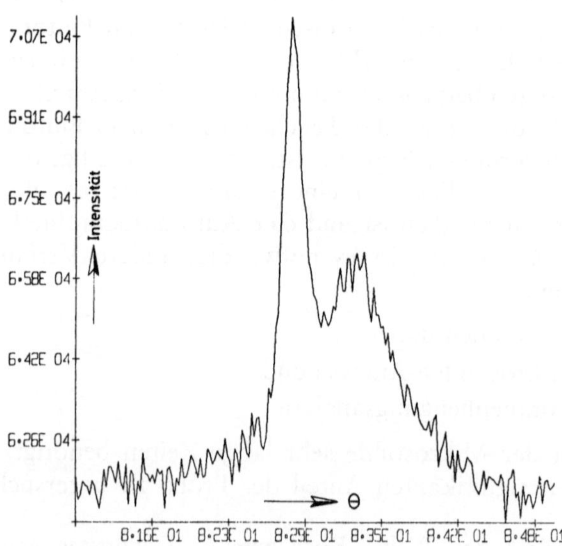

Abb. 1b

Abb. 1. Profil des $\binom{511}{333}$-Reflexes von UO_2-PuO_2, aufgenommen mit Cu-$K\beta$-Strahlung. Probe Nr. 1: a) ohne Unterdrückung des Untergrundes, b) bei unterdrücktem Untergrund

Ein typisches Beispiel eines solchen Linienprofils ist in Abb. 1 zu erkennen. Dabei handelt es sich um das Profil des $\binom{511}{333}$-Reflexes, aufgenommen mit Cu $K\beta$-Strahlung. Die Anwendung einer so hoch indizierten Beugungslinie war notwendig, um eine möglichst gute Auflösung zu erhalten. Die Verwendung der $K\beta$-Linie war nicht zu umgehen, da die Verwendung des $K\alpha$-Dubletts zu erhöhten Schwierigkeiten bei der Auswertung führt. Das in Abb. 1 dargestellte Linienprofil ist die Faltung einer Verteilungsfunktion $\alpha(\vartheta)$, welche mit Ausnahme des Bereiches zwischen $\vartheta = \Theta_A$ und $\vartheta = \Theta_E$ überall null ist, mit einer Verbreiterungsfunktion $f(\vartheta, \Theta, S)$. S ist die die Verbreiterung charakterisierende Konstante. Diese Verbreiterungsfunktion enthält alle instrumentellen Verbreiterungsfaktoren und die von der Probe herrührenden Einflüsse. Es wird vorausgesetzt, daß die Konstante S unabhängig von der Konzentration ist.

Die gemessene Intensität läßt sich nach diesen Annahmen durch das Integral

$$I(\Theta) = = a + b\,\Theta + \int_{\Theta_A}^{\Theta_E} \alpha(\vartheta)\, f(\vartheta, \Theta, S)\, d\vartheta \tag{1}$$

darstellen. Die Konstanten a und b der Formel (1) sollen den Untergrund approximieren. Während man für die Funktion $f(\vartheta, \Theta, S)$ theoretische Annahmen treffen kann, muß die Funktion $\alpha(\vartheta)$, die das Ziel der Analyse ist, ermittelt werden. Das kann auf zwei grundsätzlich verschiedenen Wegen geschehen.

Die erste Möglichkeit ist, aus der kontinuierlichen Funktion $\alpha(\vartheta)$ eine diskrete Folge von α-Werten zu machen.

$$I(\Theta) = a + b\,\Theta + \int_{\Theta_A}^{\Theta_E} \alpha(\vartheta)\, f(\vartheta, \Theta, S)\, d\vartheta$$

$$= a + b\,\Theta + \sum_{i=1}^{N} \alpha_i\, f_i(\Theta, S) \tag{2}$$

wobei näherungsweise

$$\alpha_1 = \alpha(\Theta) \,\ldots\, \alpha_i = \alpha\left(\Theta_A + \frac{\Theta_E - \Theta_A}{N-1}(i-1)\right) \,\ldots\, \alpha_N = \alpha(\Theta_E)$$

ist. Diese Art der Approximation gibt den Verlauf der Funktion $\alpha(\vartheta)$ durch einige diskrete Punkte wieder. Man wird diese Auswertung wählen, wenn man grundsätzliche Betrachtungen über das Verhalten, insbesondere das Diffusionsverhalten solcher Systeme anstellen will. Wenn man aus den α-Werten die Häufigkeit der Gitterkonstanten berechnen will, so muß man das unterschiedliche Streuvermögen der Atome der beiden Komponenten in Rechnung stellen.

Im vorliegenden Fall, dem System UO_2-PuO_2 sind diese Fehler allerdings vernachlässigbar[1].

Zerlegt man das Integral (1) in die Summe mehrerer Teilintegrale

$$I(\Theta) = a + b\Theta + \int_{\Theta_A}^{\Theta_E} \alpha(\vartheta) \cdot f(\vartheta, \Theta, S)\, d\vartheta$$

$$= a + b\Theta + \sum_{i=1}^{N} \int_{\Theta_i}^{\Theta_{i+1}} \alpha(\vartheta) \cdot f(\vartheta, \Theta, S)\, d\vartheta$$

und bildet nach dem verallgemeinerten Mittelwertsatz der Integralrechnung die Mittelwerte von $\alpha(\vartheta)$ innerhalb den jeweiligen Integrationsgrenzen, so erhält man

$$I(\Theta) = a + b\Theta + \sum_{i=1}^{N} \bar{\alpha}_i \int_{\Theta_i}^{\Theta_{i+1}} f(\vartheta, \Theta, S)\, d\vartheta$$

$$= a + b\Theta + \sum_{i=1}^{N} \bar{\alpha}_i\, F_i(\Theta, S) \tag{3}$$

Die Funktion $F_i(\Theta, S)$ ist definiert als

$$F_i(\Theta, S) = \int_{\Theta_i}^{\Theta_{i+1}} f(\vartheta, \Theta, S)\, d\vartheta$$

Um zu einer Deutung der $\bar{\alpha}$-Werte zu kommen, führen wir die folgende Normierung durch:

$$\alpha_i^+ = \frac{\bar{\alpha}_i}{\sum_{i=1}^{N} \bar{\alpha}_i}$$

Aufgrund der Vegardschen Regel kann man nun den Winkeln Θ_i Konzentrationen c_i zuordnen. Unter diesen Voraussetzungen sind die α_i^+-Werte der Anteil von Mischkristallen im Konzentrationsbereich zwischen c_i und c_{i+1}.

Tabelle 1

f	F
$e^{-(\Theta-\vartheta)^2 S^2}$	$\dfrac{\sqrt{\pi}}{2S} \left[\operatorname{erf} S(\Theta-\Theta_i) - \operatorname{erf} S(\Theta-\Theta_{i+1})\right]$
$\dfrac{1}{1+^2(\Theta-\vartheta)S^2}$	$\dfrac{1}{S}\left[\operatorname{arctg} S(\Theta-\Theta_i) - \operatorname{arctg} S(\Theta-\Theta_{i+1})\right]$

Für die Funktion $f(\vartheta, \Theta, S)$ wählt man üblicherweise eine Gauß- oder eine Cauchy-Verteilung. Die Funktionen F sind dann entweder das Fehlerintegral oder die Arcustangensfunktion. Die Tabelle 1 gibt eine Zusammenstellung dieser Funktionen. In ihrer weiteren mathematischen Behandlung unterscheiden sich die beiden aufgeführten Fälle nicht. Daher beschränken wir uns auf den für den vorliegenden Fall interessanten zweiten Fall mit der Funktion F.

Kennt man nun den Linienbreitenfaktor S, so lassen sich die α_i-Werte leicht aus der Bedingung

$$\phi\,(a, b, \alpha) = \sum_{l=1}^{M} [I\,(\Theta_l)_{\exp}\, -a-b\,\Theta_l- \sum_{i=1}^{N} \bar{\alpha}_i\, F_i\,(\Theta_l,\, S)]^2 = \mathrm{Min} \tag{4}$$

berechnen. In der Formel (4) ist $I\,(\Theta_l)_{\exp}$ die am Winkel Θ_l gemessene Intensität der Röntgenbeugungslinie. Die Summation in Formel (4) läuft über alle M einzelnen Meßpunkte. Die α_i-Werte sowie a und b berechnen sich aus dem linearen Gleichungssystem

$$\frac{\partial \phi}{\partial a} = 0 \qquad \frac{\partial \phi}{\partial b} = 0 \qquad \frac{\partial \phi}{\partial \alpha_i} = 0 \quad \text{für } i=1,\, N \tag{5}$$

Dieses Gleichungssystem läßt sich grundsätzlich exakt lösen. In der Realität aber kann das Lösen dieses Gleichungssystems große Schwierigkeiten bereiten, da man den Schnittvektor von $N+2$ nahe zu parallelen Ebenen auffinden muß. Bei Benützung von digitalen Rechenmaschinen muß man daher entweder mit doppelter Genauigkeit (16 Stellen) arbeiten oder ein iteratives Verfahren zur Lösung des Gleichungssystems heranziehen[2].

Wenn man einen geeigneten Algorithmus zur Lösung des Gleichungssystems (5) heranzieht, wird man immer eine mathematisch exakte Lösung erhalten. Diese mathematisch exakte Lösung muß aber nicht in jedem Fall eine physikalisch sinnvolle Lösung sein. Es kann durchaus sein, daß bei der Lösung, die das Minimum der Formel (5) gibt, die Vorzeichen der α-Werte alternieren. Das tritt im allgemeinen bei der Annahme von mehr als fünf α_i-Werten auf. Ein System mit fünf α_i-Werten hat fast immer nur positive Lösungen. Will man mehr α_i-Werte, also eine feinere Unterteilung des Konzentrationsbereiches, so muß man andere Methoden zur Lösung des Problems heranziehen.

Die Bedingung, die erfüllt werden muß, ist

$$\phi\,(a, b, \alpha) = \mathrm{Min}$$

mit den Restriktionen

$$\alpha_i \geqslant 0 \qquad \text{für } i=1,\, N.$$

Jetzt handelt es sich um ein Problem der mathematischen Optimierung. Da die Funktion ϕ quadratisch in ihren Variablen ist, handelt es sich hier um den Fall der quadratischen Optimierung. Lösungen erhält man mit den von Beale[3] und Wolfe[3] angegebenen Algorithmen. In dem Buch von H. P. Künzi et al.[3] befinden sich Rechenprogramme, die auf diesen Algorithmen beruhen. Die Anwendung dieser Methoden bringt aber weiters noch die zusätzliche Möglichkeit, Nebenbedingungen einzuführen. Die Einführung solcher Nebenbedingungen ist von Vorteil, da sie den Freiheitsgrad der unbekannten Parameter einschränken und damit die Wahrscheinlichkeit, das absolute Optimum zu finden, größer wird. Im vorliegenden Fall bietet sich

$$0 = \overline{C} - \frac{1}{N} \frac{\sum\limits_{i=1}^{N} \overline{\alpha}_i (i - 0,5)}{\sum\limits_{i=1}^{N} \overline{\alpha}_i} \tag{6}$$

als Nebenbedingung an. Gl. (6) ist die Formulierung der Forderung, daß die aus den α_i-Werten ermittelte mittlere Konzentration der Probe, gleich der bekannten mittleren Konzentration $\overline{C}$ der Probe sein soll. Da die hier angegebenen Methoden der nichtlinearen Optimierung Startwerte für die Durchführung der Optimierungsrechnung benötigen, hat sich das folgende Ablaufschema für die Durchführung der Rechnung als zweckmäßig herausgestellt.

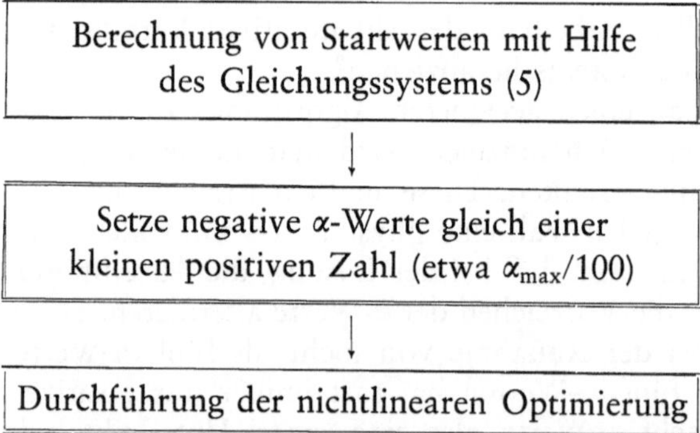

Ein Rechenprogramm, das diesen Ablauf hat, kann in vernünftigen Zeiten bis zu zehn α-Werte berechnen. Eine Erhöhung der Anzahl der Unbekannten ist zwar möglich, muß aber mit einer drastischen Verlängerung der Rechenzeit bezahlt werden. Darüber hinaus ist mit einer Erhöhung der Anzahl der Konzentrations-Intervalle über 10 hinaus kaum eine Vermehrung des aus den Experimenten erzielbaren Informationsinhaltes verbunden.

Im folgenden seien die Auswertungsergebnisse, die an drei Proben gewonnen wurden, diskutiert. Dabei handelt es sich einmal um eine

Probe (Probe 1), die den normalen Herstellungsprozeß durchlaufen hat (2 Stunden Sinterung bei 1600⁰ C) und einen verschwindend kleinen Anteil fester Lösung besitzt. Die zweite Probe stellt den anderen Extremfall dar. Hierbei handelt es sich um eine Probe, mit der vorher ein Kriechversuch durchgeführt wurde. Das Temperatur-Zeit-Programm dieses Versuches war

$$96 \text{ h bei } 1700^0 \text{ C}$$
$$120 \text{ h bei } 1600^0 \text{ C}$$
$$168 \text{ h bei } 1500^0 \text{ C}$$
$$216 \text{ h bei } 1400^0 \text{ C}$$
$$144 \text{ h bei } 1300^0 \text{ C}$$

Während dieses Kriechversuches wurde die Probe um etwa 50% verformt. Die Abb. 1 zeigt nun das Profil der $\binom{511}{333}$-Beugungslinie der Probe Nr. 1. Die Abb. 2 a, b, c, d geben die Ergebnisse verschiedener Auswertungen an. Dabei geben 2a und 2b den Verlauf der Gitterkonstanten bei der Auswertung mit Hilfe der Gauß- bzw. Cauchy-Funktion wieder. Die Abb. 2c und 2d geben die Mischkristallanteile in den verschiedenen Konzentrationsintervallen bei Auswertung nach dem Fehlerintegral bzw. nach der arctg-Funktion wieder. Die Anpassung mit Hilfe der Cauchy-Verteilung ist besser als mit der Gauß-Verteilung, da die Gauß-Verteilung zu rasch gegen null konvergiert. Aber selbst die Cauchy-Verteilung konvergiert schneller gegen null als die experimentell gefundenen Linienprofile. Dennoch sind die Ergebnisse, die mit Hilfe der Cauchy-Verteilung bzw. der arctg-Funktion erhalten wurden, als brauchbar anzusehen. Der Hauptunterschied, im Ergebnis der Auswertung nach diesen beiden Verteilungstypen, ist bei diesem Experiment in der unterschiedlichen Bewertung des kleinen Nebenmaximums zwischen 60 und 70% Plutonium zu sehen. Dieses Nebenmaximum ist bei der Annahme einer Gauß-Funktion etwa 1,5 mal größer als bei der Annahme einer Cauchy-Verteilung. Anhand dieses kleinen Nebenmaximums läßt sich noch eine weitere für die vorliegende Analyse charakteristische Erscheinung diskutieren. Sowohl bei der Annahme des Fehlerintegrals als auch bei der arctg-Funktion liegt dieses Maximum zwischen 60 und 70% Plutonium. Im Verlauf der Gitterkonstanten liegt dieses Maximum jedoch einmal bei 60% Plutonium (Gauß-Verteilung) und einmal bei 70% Plutonium (Cauchy-Verteilung). Offenbar liegt dieses Maximum recht genau bei 65% Plutonium. Es handelt sich um einen typischen Fehler, den man erhält, wenn man eine kontinuierliche Funktion durch einzelne diskrete Punkte annähert. Da dieses kleine Nebenmaximum bei wiederholter Aufnahme des Linienprofils reproduzierbar war, kann an seiner Realität nicht gezweifelt werden. Erklären kann man es wohl durch die Homogenisierung der feinsten Pulverfraktion.

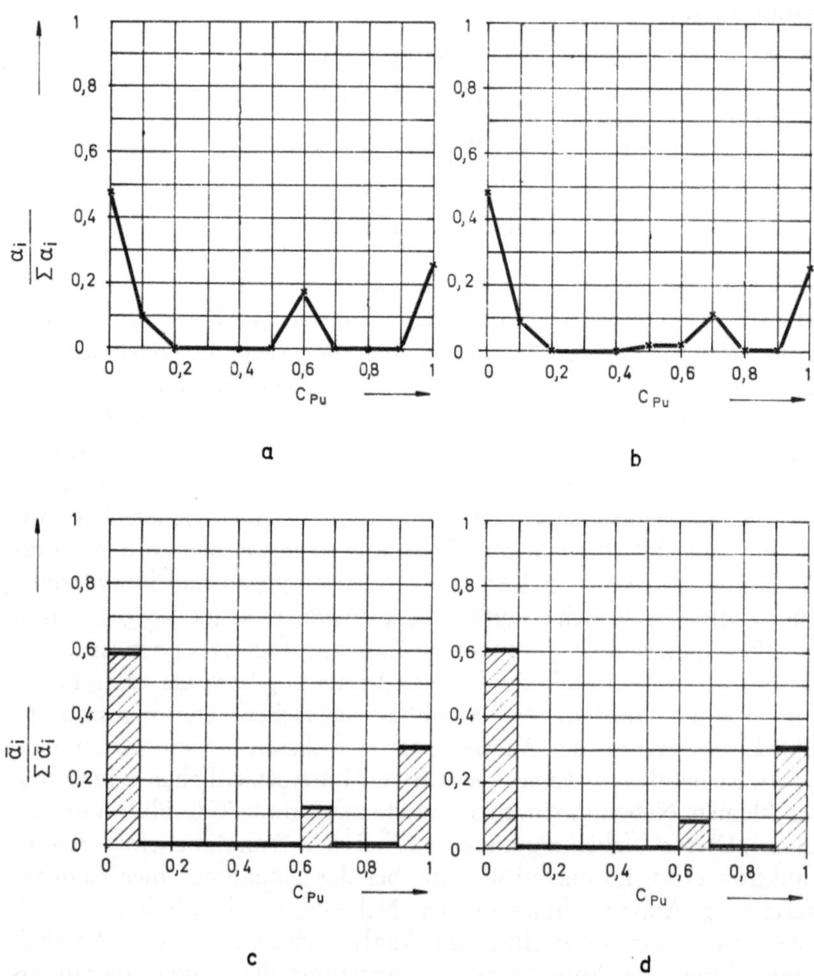

Abb. 2. a) Häufigkeitsverteilung der Plutonium-Konzentration in Probe 1 unter Annahme der Gauß-Verteilung, b) Häufigkeitsverteilung der Plutonium-Konzentration in Probe 1 unter Annahme der Cauchy-Verteilung, c) Mischkristallanteil als Funktion der Plutonium-Konzentration in Probe 1 unter Annahme des Fehlerintegrals, d) Mischkristallanteil als Funktion der Plutoniumkonzentration in Probe 1 unter Annahme der arctg-Funktion

Etwas anders liegen die Verhältnisse bei der Probe 2. Die Abb. 3 zeigt das ausgewertete Linienprofil. Man sieht nur mehr eine breite

Linie, d. h. daß die Mischkristallbildung schon sehr weit fortgeschritten ist. Die Abb. 4 a, b, c zeigen die gleiche Auswertung wie

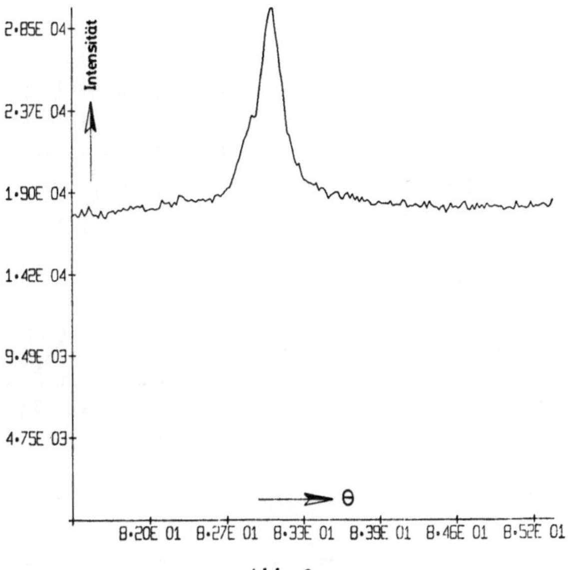

Abb. 3a

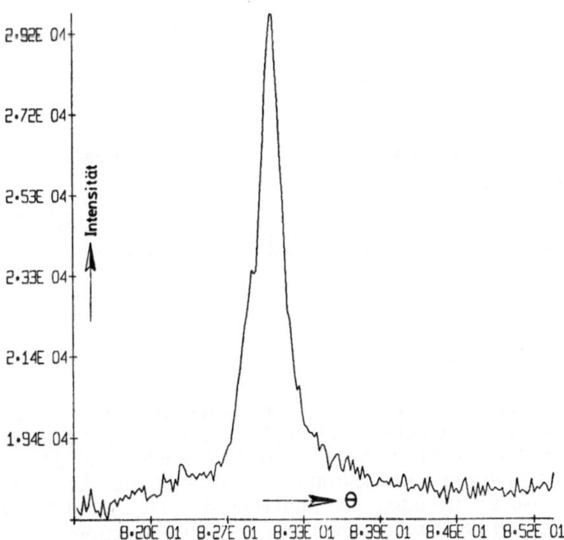

Abb. 3b

Abb. 3. Profil des $\binom{511}{333}$-Reflexes von UO_2-PuO_2, aufgenommen mit Cu-$K\beta$-Strahlung.
Probe Nr. 2: a) ohne Unterdrückung des Untergrundes, b) bei unterdrücktem
Untergrund

die Abb. 2 a, b, c, d. Beim Verlauf der Gitterkonstanten über die
Konzentration sehen wir ein Maximum der Häufigkeit bei 40%. Des
weiteren beobachten wir zwei Nebenmaxima bei den reinen Phasen.

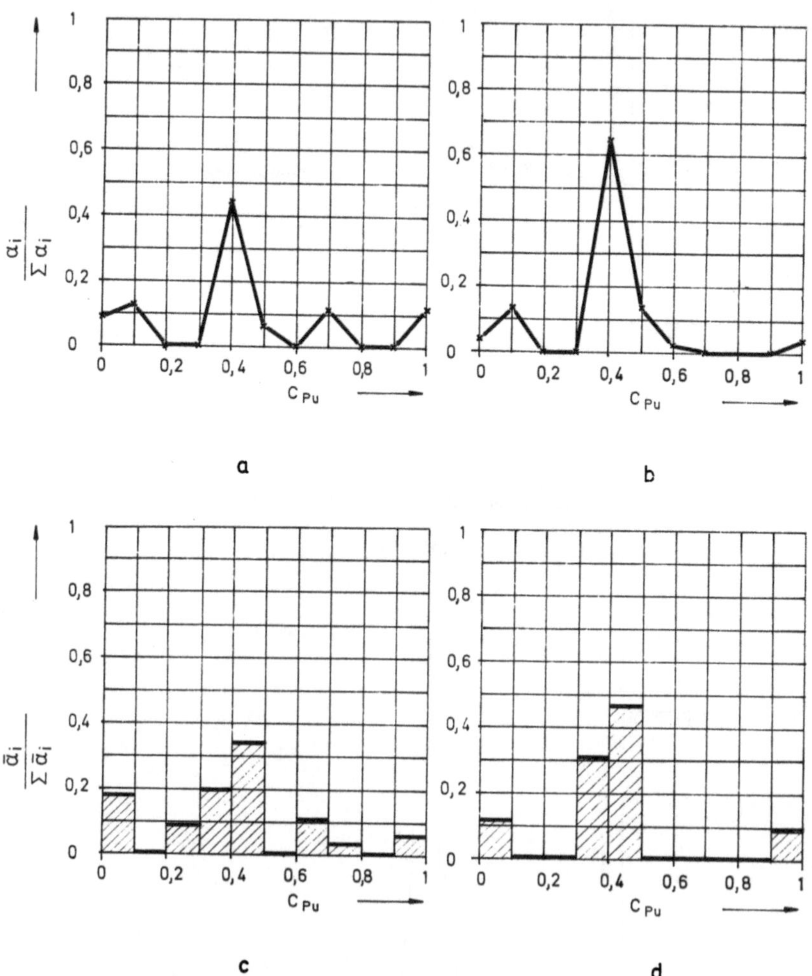

a   b

c   d

Abb. 4. a) Häufigkeitsverteilung der Plutoniumkonzentration in Probe 2 unter
Annahme der Gauß-Verteilung, b) Häufigkeitsverteilung der Plutonium-Konzentration in Probe 2 unter Annahme der Cauchy-Verteilung, c) Mischkristallanteil
als Funktion der Plutonium-Konzentration in Probe 2 unter Annahme des Fehlerintegrals, d) Mischkristallanteil als Funktion der Plutonium-Konzentration in
Probe 2 unter Annahme der arctg-Funktion

Bei den Mischkristallanteilen (Abb. 4c, d) sehen wir ein Maximum
im Konzentrationsbereich zwischen 40 und 50% Plutonium. Das
etwas verstärkte Auftreten der reinen Phasen ist auch bei diesen Bil-

dern zu beobachten. Offenbar handelt es sich hier um die Reste besonders großer Urandioxid- und Plutoniumdioxidteilchen. Wie im

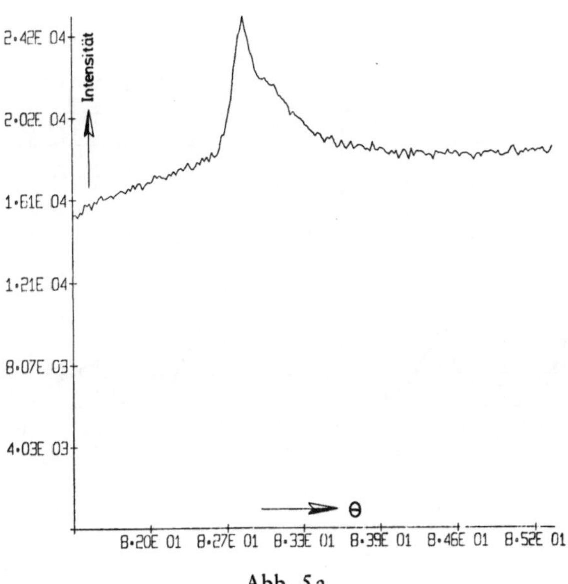

Abb. 5a

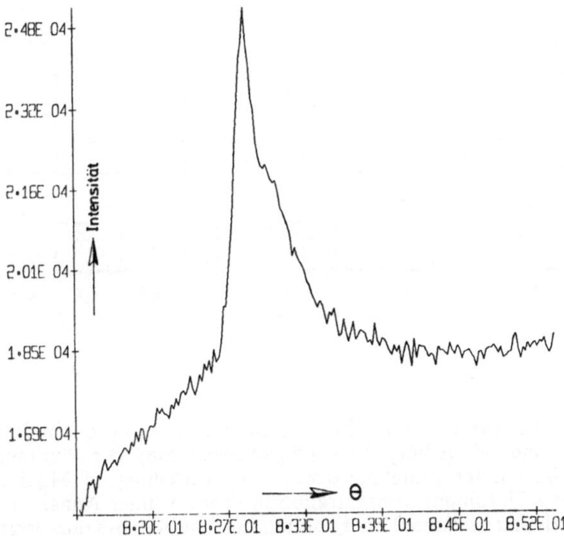

Abb. 5b

Abb. 5. Profil des $\binom{511}{333}$-Reflexes von UO_2-PuO_2, aufgenommen mit Cu-$K\beta$-Strahlung. Probe Nr. 3: a) ohne Unterdrückung des Untergrundes, b) bei unterdrücktem Untergrund

Fall der Probe 2 sehen wir auch hier durch das zu rasche Konvergieren der Gauß-Verteilung in diesem Fall eine leichte Überbetonung der Nebenmaxima. Auch für diese Probe gilt, daß selbst die Cauchy-Ver-

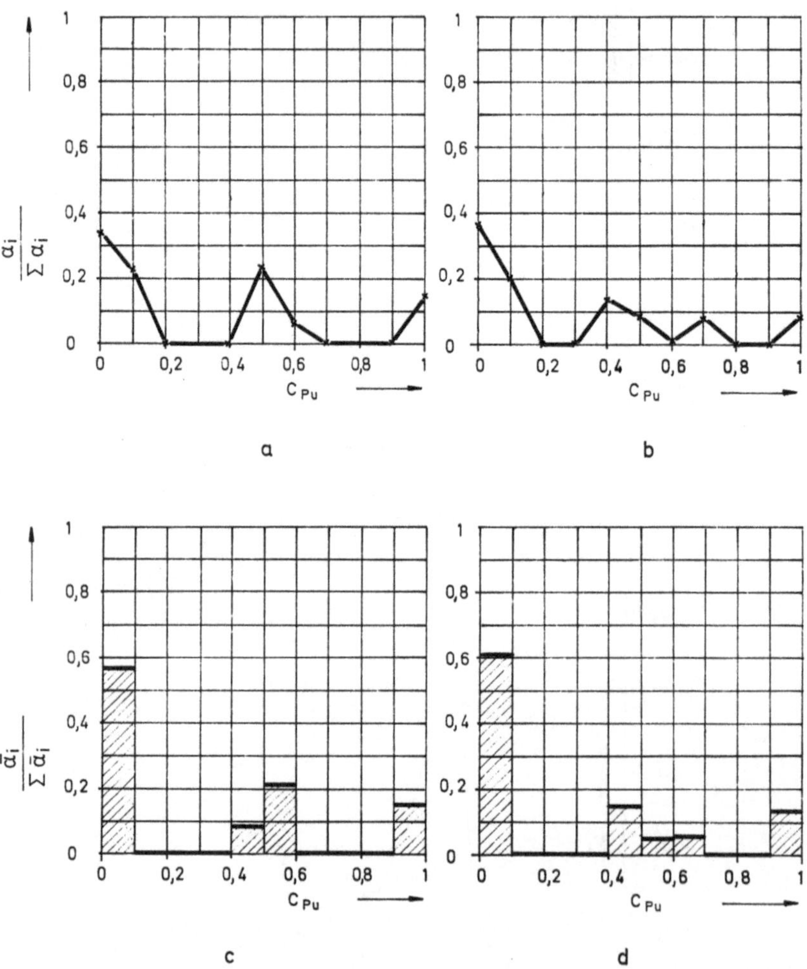

Abb. 6. a) Häufigkeitsverteilung der Plutonium-Konzentration in Probe 3 unter Annahme der Gauß-Verteilung, b) Häufigkeitsverteilung der Plutonium-Konzentration in Probe 3 unter Annahme der Cauchy-Verteilung, c) Mischkristallanteil als Funktion der Plutonium-Konzentration in Probe 3 unter Annahme des Fehlerintegrals, d) Mischkristallanteil als Funktion der Plutonium-Konzentration in Probe 3 unter Annahme der arctg-Funktion

bindung schneller gegen Null konvergiert als die experimentell gefundenen Linien. Diesem könnte man durch die Überlagerung von zwei Verteilungen mit verschiedener Amplitude und Linienbreite abhelfen. Allerdings hängt dann das Ergebnis sehr stark von den getroffenen Annahmen ab, so daß die Auswertung der Meßergebnisse einen stark willkürlichen Charakter enthält.

Die Probe 3 ist ebenfalls eine Kriechprobe. Sie wurde bei 1600^0 C 240 h lang einer Kriechverformung unterworfen. Die Abb. 5 zeigt das Profil der $\binom{511}{333}$-Linie dieser Probe. Wir erkennen eine stark verbreiterte Linie ohne erkennbares Nebenmaximum. Die Analyse dieses Linienprofils läßt jedoch deutlich große Anteile der reinen Phasen UO_2 und PuO_2 erkennen. Dies war auch auf den metallografischen Aufnahmen zu sehen. Stark auffallend ist, daß das Maximum der Mischkristallbildung bei den mittleren Konzentrationen und nicht am Rande liegt. Daraus muß man, wie auch bei der Probe 1, schließen, daß für die Mischkristallbildung vorwiegend die feinen Pulverfraktionen maßgebend sind. Der Anteil der Diffusionszonen der großen Teile ist gering. Diese Anteile würde man vor allem durch erhöhte Mischkristallanteile in der Nähe der reinen Phasen erkennen.

Zusammenfassung

Am Beispiel der lückenlos mischbaren Oxide des Urans und des Plutoniums wird eine Auswertungsmethode von Röntgenbeugungsprofilen zur Bestimmung. der Mischkristallanteile angegeben. Die Auswertung geht von einer linearen Superposition der zu diskreten Konzentrationen gehörenden Linienprofile aus. Die Mengenanteile dieser Konzentrationen werden mit Hilfe einer quadratischen Optimierungsrechnung nach der Methode der kleinsten Quadrate ermittelt. Die Ergebnisse der Analysen geben interessante Hinweise auf den Verlauf der Mischkristallbildung beim Sintern.

Summary

Analysis of Röntgen Diffraction Profiles for the Determination of Mixed Crystal Constituents

Using the example of the flawless mixable oxides of uranium and plutonium, a method has been stated for the application of Röntgen diffraction profiles for the determination of the mixed crystal components. The evaluation proceeds from a linear superposition of the linear profile belonging to the discrete concentrations. The quantity portions of these concentrations were determined with the aid of a quadratic optimization computation employing the method of least squares. The results of the analysis yield interesting indications as to the course of the mixed crystal formation on sintering.

Literatur

[1] D. Vollath und C. Ganguly, KFK 2049 (1974)

[2] H. J. Bowdler, R. S. Martin, G. Peters und J. H. Wilkinson, Numerische Mathematik **8**, Nr. 6 (1966).

[3] H. P. Künzi, H. G. Tzschach und C. A. Zehnder, Numerische Methoden der mathematischen Optimierung, Stuttgart: B. G. Teubner. 1967.

Korrespondenz und Sonderdrucke: Dr. D. Vollath, Institut für Material- und Festkörperforschung des Kernforschungszentrums Karlsruhe, Postfach 3640, D-7500 Karlsruhe, Bundesrepublik Deutschland.

Druck: Buchdruckerei Herbert Hießberger, A-2563 Pottenstein, NÖ